Prähistorische Textilkunst

Die Entwicklung der Textiltechnik und der Bekleidung in Zentraleuropa

Zweite, erweiterte Auflage

Karina Grömer

mit Beiträgen von
Regina Hofmann-de Keijzer (Färben)
und
Helga Rösel-Mautendorfer (Nähen und Schneidern)

Veröffentlichungen der Prähistorischen Abteilung (VPA) 6
Naturhistorisches Museum Wien, 2023

naturhistorisches museum wien

Impressum

naturhistorisches museum wien

Verlag des Naturhistorischen Museums Wien, 2023
ISBN 978-3-903096-64-6
ISSN 2077-3943
Naturhistorisches Museum Wien, w. A. ö. R.,
Burgring 7, 1010 Wien, Österreich

Autorinnen:
Karina Grömer (S. 1–145, 175–224, 251–545)
Regina Hofmann-de Keijzer (Färben: S. 145–174)
Helga Rösel-Mautendorfer (Nähen und Schneidern: S. 224–250)

Redaktion: Andreas Kroh und Andrea Krapf

Lektorat: Ilse Eichler, Christl Haidvogel und Kayleigh Saunderson

Layout: Gerhard Withalm, Baden

Druck: Wograndl Druck GmbH, Mattersburg

Erscheinungsdatum: 21. März 2023

Zitiervorschlag: Grömer, K. (2023): Prähistorische Textilkunst. Die Entwicklung der Textiltechnik und der Bekleidung in Zentraleuropa, Zweite erweiterte Auflage (mit Beiträgen von Regina Hofmann-de Keijzer und Helga Rösel-Mautendorfer). – x+544 S., Wien (Verlag des Naturhistorischen Museums Wien).

Link zur Offenlegung gem. §25 MedienG: https://www.nhm.at/impressum

Veröffentlichungen der Prähistorischen Abteilung (VPA) 6

Bildnachweise: siehe S. 488–494. Sofern die Nutzungsrechte einzelner Werke gem. UrhG nicht beim NHM liegen, bemüht sich das NHM nach bestem Wissen und Gewissen um die Zustimmung der Urheber zur Verwendung des Bildmaterials. Sollte eine solche Vereinbarung aufgrund der Nicht-Identifizierbarkeit des Urhebers in Einzelfällen nicht möglich sein, kann es zu einer Nutzung gem. § 42f Abs 1 Z 1 UrhG als Bildzitat im wissenschaftlichen Rahmen kommen.

Titelbild: Collage aus hallstattzeitlichen Textilien, Textilgeräten und Schmuck aus der Sammlung des Naturhistorischen Museums, Foto: Martina Jandl & Andreas Hermann. Buchrückseite: Frühbronzezeitliche Tracht nach dem Gräberfeld von Franzhausen, NÖ, Model Andrea Krapf, Foto: Alice Schumacher/NHM und Bilder von Textilien aus Hallstatt, OÖ, 800–600 v. Chr., Fotos Andreas Rausch/NHM.

gedruckt nach der Richtlinie „Druckerzeugnisse" des Österreichischen Umweltzeichens, UW-Nr. 924

Klimaneutral Druckprodukt
ClimatePartner.com/18005-2111-1001

100% GEDRUCKT IN ÖSTERREICH

Prähistorische Textilkunst

Die Entwicklung der Textiltechnik und der Bekleidung in Zentraleuropa

Vorwort

Seit der ersten Auflage des Buches „Prähistorische Textilkunst in Mitteleuropa – Geschichte des Handwerkes und der Kleidung vor den Römern" hat sich die Forschungslandschaft in der Textilarchäologie stark erweitert. Entstand die erste Ausgabe des Buches im Zuge des internationalen Textilforschungsprojektes „DressID – Clothing and Identities. New Perspectives on Textiles in the Roman Empire", finanziert 2007 bis 2012 durch das EU-Culture Programme unter der Leitung der Curt-Engelhorn-Stiftung der Reiss-Engelhorn-Museen Mannheim, so blicken wir in den letzten 10 Jahren auf zahlreiche internationale Forschungsprojekte, Forschungsinitiativen und spezialisierte Institute zurück. Nicht zuletzt sei die COST Action CA19131 „EuroWeb – Europe Through Textiles: Network for an integrated and interdisciplinary Humanities" genannt*, das sich 2020 bis 2024 unter Beteiligung von mehr als 300 Teilnehmer*innen aus über 40 Ländern mit unserem textilen Kulturerbe beschäftigt. Es ist ein paneuropäisches Netzwerk für die Erforschung von Textilien, von ihren Rohstoffen bis zur Secondhand-Nutzung, unter Einbeziehung von Wissenschaftsdisziplinen der Geistes-, Sozial- und Naturwissenschaften und mit Anbindung an Handwerk und Industrie. Das Hauptziel des Netzwerkes ist, die oft übersehene gesellschaftliche und wirtschaftliche Relevanz von Textilien und deren Produktion durch die Jahrtausende zu unterstreichen.

Die Datenbasis zu prähistorischen Textilfunden in Mitteleuropa hat sich durch viele Forschungen in mehr als zehn Jahren vermehrt und ich danke den vielen Kolleg*innen, die mir erlaubt haben, ihre neueste Forschung in diese hier nun vorliegende erweiterte Fassung des Buches mit einfließen zu lassen.Dieses Buch wendet sich gleichermaßen an Historiker*innen, Kostümgeschichtler*innen, Archäolog*innen und an handwerksgeschichtlich Interessierte. Es wurde vom Standpunkt der Archäologie aus geschrieben, um die schriftlose Epoche der mitteleuropäischen Urgeschichte zu beleuchten. Für eine gute Lesbarkeit für das breite, wissenschaftlich interessierte Publikum werden Grundbegriffe der prähistorischen Archäologie und ihrer Methoden kurz erläutert, wenn sie für die Inhalte dieses Buches relevant sind. Das fachspezifische Glossar (archäologische und textilkund-

* Agata Ulanowska, Francisco B. Gomes, Alina Iancu, Christina Margariti, Paula Nabais, Marie-Louise Nosch, Louise Quillien, Francesco Meo, Hana Lukesova and Magdalena Woźniak (2022): EuroWeb COST Action CA 19131 'Europe through Textiles. Network for an integrated and interdisciplinary Humanities'. In: Archaeological Textiles Review 64, 2022, 147–154.

liche Begriffe) im Anhang soll ebenfalls den Zugang zur Materie erleichtern. Da dieses Werk am Naturhistorischen Museum Wien verfasst wurde, liegt der Fokus auf Österreich und seinen angrenzenden Nachbarländern.

Das textile Handwerk und die Kleidungsgeschichte hatten und haben einen wesentlichen Einfluss auf die technische, wirtschaftliche, aber auch soziale Entwicklung der jeweiligen Gesellschaften. Das Naturhistorische Museum hat es sich daher zur Aufgabe gemacht, mit seiner Forschung Grundlegendes zum Verständnis des Handwerkes und der Kleidungsgeschichte von der Steinzeit bis zum Mittelalter und darüber hinaus beizutragen. Dies geschieht durch die Erforschung von Textilien aus archäologischen Kontexten, bildlichen Darstellungen aber auch Textilgeräten und ihres Kontextes.

In der klassischen Antike war das Textilhandwerk, besonders das Spinnen und Weben, mythologisch verbrämt. Die Schicksalsgöttinnen (die Parzen im antiken Rom, die Moiren in Griechenland), drei weise Frauen, spannen den Lebensfaden und schnitten ihn ab – ihnen oblag mit dieser rituellen Handlung symbolisch die menschlichen Lebenszeit.

Diese Wertschätzung gegenüber dem textilen Handwerk, die durch sprachliche und mythologische Symbolik zum Ausdruck kam, ist in der modernen Welt der Massenproduktion und globalen Wirtschaft von heute nicht mehr spürbar.

Interessanterweise hat jedoch das Textilhandwerk, allem voran die Weberei, vieles zur allgemeinen Technikentwicklung beigetragen. Webstühle, in der Jungsteinzeit entwickelt, stellen durch ihre mechanisierte Funktionsweise die ersten Maschinen der Menschheitsgeschichte dar. So machten Lochkarten, entwickelt für die Automatisierung in der Weberei, als frühe Anwendung der Digitaltechnik die Entwicklung des modernen Computers überhaupt erst möglich. Joseph-Marie Jaquard[**] (1752 bis 1834) baute in den österreichischen Musterwebstuhl Lochstreifen ein, die Informationen über das zu webende Muster enthielten. Diese wurden von Nadeln abgetastet, wobei ein Loch Fadenhebung, kein Loch Fadensenkung bedeutete. Durch die Lochkarten – modern ausgedrückt ein mechanisches Speichermedium für Daten – wurde der sogenannte Jaquard-Webstuhl zur ersten „programmierbaren" Maschine, die nach Bedarf für endlose Muster von beliebiger Komplexität umgerüstet werden konnte.

** A. Bohnsack 1993: Jacquards Webstuhl. Deutsches Museum, München 1993.

Die Wurzeln unserer Geschichte – auch der Geschichte des textilen Handwerks – liegen weit vor den Römern im „Dunkel" der Schriftlosigkeit. Bereits in der Stein- und Bronzezeit wurden die wesentlichen Techniken entwickelt, die uns in der Textilherstellung bis heute begleiten. Der prähistorischen Archäologie gelingt es, durch die Kombination verschiedenster, teils unscheinbarer Quellen in einem detektivischen Puzzlespiel ein plastisches Bild der textilen Handwerksgeschichte zu entwerfen.

Beginnend mit der Beschreibung der einzelnen Arbeitsschritte des Textilhandwerks und ihrer archäologisch fassbaren Hinterlassenschaften wird komplexen Fragestellungen zur Soziologie des Handwerks und zu den dahinterstehenden Personen ebenso nachgegangen wie Fragen zu den Produktionsorten. Es wird auch thematisiert, ob das Handwerk rein als Haushandwerk betrieben wurde oder ob wir bereits in vorrömischer Zeit in Mitteleuropa mit organisierten Produktionsformen (Spezialistentum, Massenproduktion) rechnen können.

Das Buch schließt mit einem Kapitel über die Geschichte der Kleidung vor den Römern ab. Kleidung ist eines der wesentlichen Merkmale einer jeden Kultur. Hier wird versucht, sowohl die verschiedenen Bildquellen, die Funde aus den Gräbern als auch die zeitgenössischen Textilreste heranzuziehen, um dem Phänomen Kleidung nachzugehen. Der Zeitraum von der Stein- zur Eisenzeit ist sehr lang; die Quellenlage macht es uns unmöglich, ein vollständiges Bild der „prähistorischen Kostümgeschichte" zu entwerfen. Einzelne Gewandformen können jedoch auch für diese frühe Zeit bereits erschlossen werden. Viele Aspekte prähistorischer Bekleidung können anhand des überlieferten Materials aufgezeigt werden, auch weiterführende Interpretationen, etwa zur sozialen Funktion der Kleidung sind möglich.

Für technische Hilfestellungen, Kommentare, Vorschläge und Druckerlaubnisse für Abbildungen möchte ich den folgenden KollegInnen (in aphabetischer Reihenfolge) danken: Eva Andersson-Strand (Copenhagen), Walpurga Antl-Weiser (Stillfried), Ines Balzer (Glauberg), Johanna Banck-Burgess (Esslingen), Marta Bazzanella (San Michele), Lise Bender Jørgensen (Trondheim), Sophie Bergerbrant (Stockholm), Anna Maria Bietti Sestieri (Salento), Christoph Blesl (Wien), Maarten R. van Bommel (Amsterdam), Ida Demant (Lejre), Kerstin Dross-Krüpe (Marburg), Alexandrine Eibner (Wien), Angelika Fleckinger (Bolzano), Melitta Franceschini (Bozen), Astrid Geimer (Frankfurt), Margarita Gleba (Padua), Kordula Gostenčnik (Magdalensberg), Vera Hammer (Wien), Susanna Harris (Glasgow), Anna Hartl (Wien), Andreas G. Heiss (Wien), Berit Hildebrandt (Hannover), Eva

Hölbling-Steigberger (Wien), Franz Humer (Carnuntum), Sebastian Ipach (Jena), Ineke Joosten (Amsterdam), Albrecht Jockenhövel (Münster), Katrin Kania (Erlangen), Fleming Kaul (Copenhagen), Matthijs de Keijzer (Wien), Anton Kern (Hallstatt), Marianne Kohler-Schneider (Wien), Kerstin Kowarik (Wien), Robert Kralofsky (Wien), Andrea Krapf (Wien), Alexandra Krenn-Leeb (Wien), Andreas Kroh (Wien), Ernst Lauermann (Asparn), Gloria Lekaj (Wien), Jutta Leskovar (Linz), Urs Leuzinger (Thurgau), Wolfgang Lobisser (Wien), Ulla Mannering (Copenhagen), Bianca Mattl (Wien), Michaela Maurer (Horn), Susanne Mayrhofer (Wien), Sylvia Mitschke (Mannheim), Susan Möller-Wiering (Schleswig), Marie-Luise Nosch (Copenhagen), Anna Palme (Wien), Christina Peek (Esslingen), Gabriela Popa (Wien), Anna und Fritz Preinfalk (Wien), Art Néss Proaño Gaibor (Amsterdam), Antoinette Rast-Eicher (Ennenda), Peter Ramsl (Wien), Katharina Rebay-Salisbury (Leicester), Anne Reichert (Ettlingen-Bruchhausen), Martina Reitberger (Linz), Hans Reschreiter (Wien), Ursula Rothe (London), Angelika Rudelics (Wien), Annette Schieck gen. Paetz (Krefeld), Ingrid Schierer (Wien), I. Schneebauer-Meißner (München), Alice Schumacher (Wien), Susanne Stegmann-Rajtár (Nitra), Thomas Stöllner (Bochum), Tereza Štolcová-Belanová (Nitra), Claudia Theune-Vogt (Vienna), Peter Trebsche (Asparn), Otto H. Urban (Wien), Agata Ulanowska (Warschau), Ernst Vitek (Wien), und John Peter Wild (Manchester).

Besonderen Dank verdient meine Familie für ihre Hilfe und Geduld.

Karina Grömer, im Februar 2023

A EINLEITUNG

Die textile Handwerks- und Kleidungsgeschichte muss immer im Kontext der Urgeschichtsforschung betrachtet werden. Zum Überblick wird in der Einführung eine kurze Übersicht zur Stein-, Bronze- und Eisenzeit gegeben. Hier wird nicht nur auf technische und kulturelle Errungenschaften eingegangen, sondern auch soziale, gesellschaftliche und wirtschaftliche Aspekte erwähnt.

A Einleitung

1 Mitteleuropa vor den Römern

Die prähistorische Archäologie[1] widmet sich der Erforschung der schriftlosen Epoche vom Beginn der Menschheitsgeschichte bis zur Verbreitung der Schrift. So endet etwa in Ägypten die Urgeschichte im 4. Jahrtausend v. Chr., während in Mitteleuropa nördlich der Alpen erst mit den Expansionen der Römer um Christi Geburt die Schriftgeschichte Einzug hält.

Die Aufgabe des Prähistorikers ist es, aus den oft nur spärlichen Quellen der archäologischen Bodenfunde die Lebenswelt unserer Vorfahren zu erforschen – das alltägliche Leben, die Wirtschaftsweisen und Handwerkstechniken sowie die gesellschaftlichen und religiösen Vorstellungen, soweit sie sich z. B. in den Gräbern widerspiegeln. Es sind auch die bei archäologischen Ausgrabungen entdeckten Siedlungen mit all ihren Strukturen wie Häusern, Herdstellen, Befestigungsgräben oder Vorratsgruben eine unerschöpfliche Quelle des Wissens. Archäologie ist ein beliebtes Thema in Filmen wie in populärer Belletristik. Doch nicht die Jagd nach spektakulären Goldfunden – wie durch die bekannte Filmfigur des Indiana Jones suggeriert – steht im Zentrum des Interesses der Prähistoriker, sondern die gesamte Hinterlassenschaft der menschlichen Kultur: Gefäße, Steingeräte, Tierknochen, Metallartefakte, Werkzeuge, Schmuck, bis hin zur unscheinbaren Tonscherbe. Bei all dem ist die Betrachtung der Begleitumstände wichtig. Wird beispielsweise ein Schwert entdeckt, so verrät uns erst der Kontext Näheres dazu: Wurde es etwa in einem Grab aufgefunden, so diente es wahrscheinlich als Grabbeigabe, um den verstorbenen Krieger zu ehren. Ein Einzelfund in einer zerstörten Siedlung könnte auf ein Kampfgeschehen hindeuten, bei dem es verloren ging. Ein vergrabenes Schwert an einem heiligen Platz (etwa einer Quelle) ist eher als Weihefund für eine Gottheit zu interpretieren. Daher sind auch Funde, die von Raubgräbern ohne Rücksicht auf den Befund

[1] Allgemein zur Einführung in die Archäologie z. B.: Eggert 2001 – Trachsel 2008.

mit Metallsuchsonden aus dem Boden geholt werden, wissenschaftlich weitgehend wertlos, sei es auch ein noch so schönes Schmuckstück oder ein prachtvolles Schwert.

Wie auch immer Forscher die archäologischen Hinterlassenschaften deuten, es muss stets bewusst sein, dass der Großteil der Materialien, mit denen der Mensch der Urzeit sich umgab und mit denen er arbeitete, leider verloren ist. In unseren Breiten vergehen organische Materialien oft, sobald sie in den Boden gelangen – also alles, was aus Holz, Leder, Gras oder Wolle besteht, alle Arten von Nahrungsmitteln oder Kleidung. Das macht auch das Thema Textilhandwerk und Kleidungsgeschichte sehr kompliziert. Es bestehen in Europa nur wenige Gegebenheiten, unter denen derartige Materialien erhalten blieben (siehe Kapitel A2, S. 21).

Die Urgeschichte wird seit den Forschungen des Dänen Christian Thomsen aus dem Jahre 1836 nach den jeweils innovativen Werkstoffen in die Epochen Steinzeit, Bronzezeit und Eisenzeit unterteilt. Da in der schriftlosen Zeit (vor allem bis zu den Kelten um 400 v. Chr.) die Namen der Stämme, Völker und Herrscher unbekannt sind, werden sogenannte „archäologische Kulturen“ voneinander abgegrenzt und zeitlich eingeordnet. Diese Kulturen werden von den Wissenschaftlern aufgrund typischer Werkzeuge, Gefäßformen und Verzierungen, durch einheitlichen Grabbrauch oder Hausbau definiert. Die „archäologischen Kulturen“ und Zeitabschnitte sind nach einem diese Kultur bestimmenden Merkmal benannt, etwa Formen (z. B. Linearbandkeramik, Glockenbecherkultur) oder nach Befundgruppen (z. B. Hügelgräberkultur, Urnenfelderkultur). Und schließlich sind es auch besondere Fundorte wie Hallstatt, die einer Kultur oder einer Epoche ihren Namen geben können. Es ist dabei aber nicht immer zu entscheiden, ob diese archäologischen Kulturen mit ehemaligen Stämmen, Völkern oder Sprachgruppen übereinstimmen.

Im vorliegenden Buch liegt der Hauptschwerpunkt auf den sesshaften Kulturen ab der Jungsteinzeit, da hier die Weberei und somit auch gewobene Kleidung aufkommt – jene Errungenschaften, mit denen wir uns im Folgenden näher beschäftigen wollen. Vorerst sei als Orientierungshilfe ein kurzer Überblick

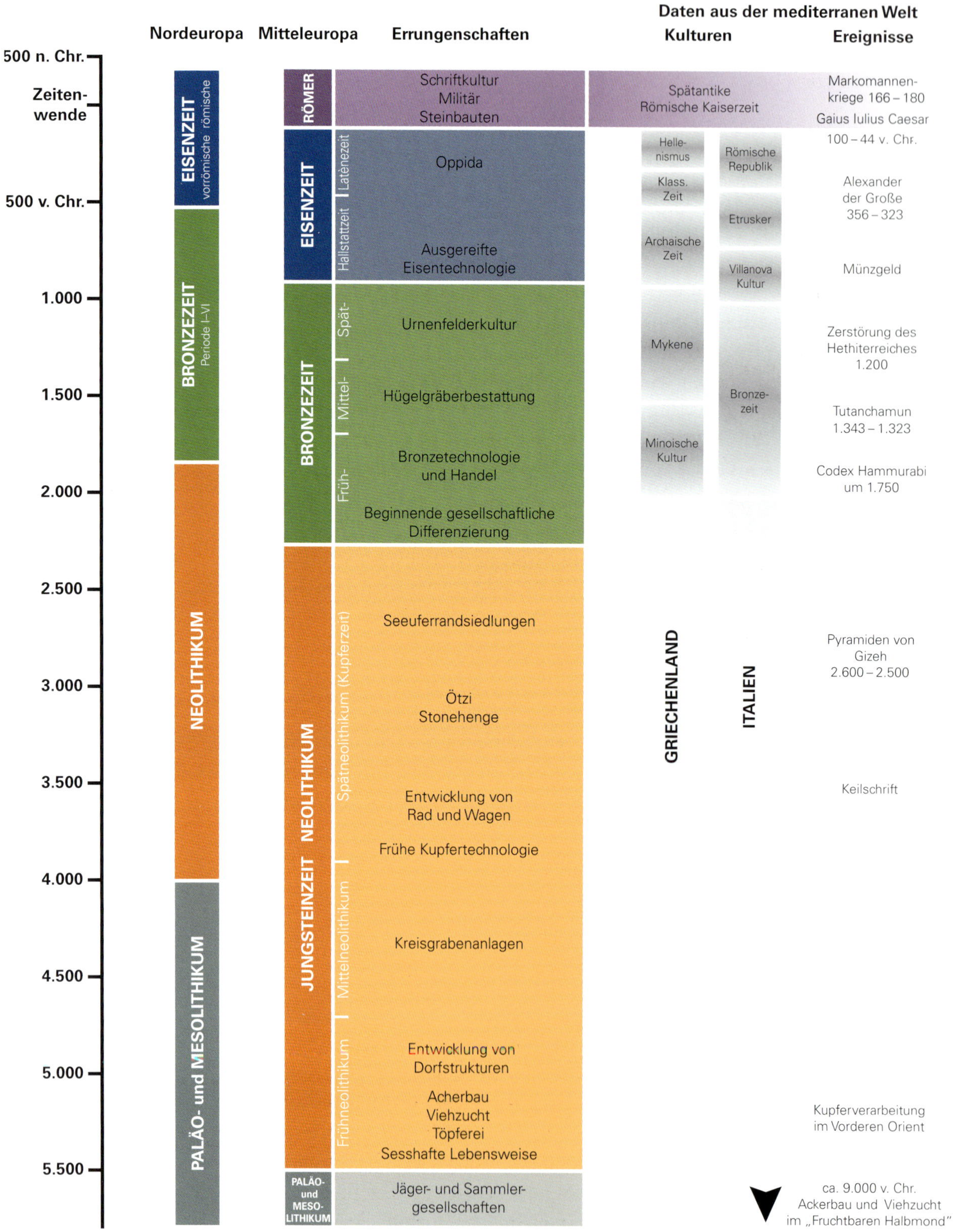

Abb. 1: Zeittabelle.

über die Urgeschichte Mitteleuropas gegeben[2]. In Nordeuropa beginnen die einzelnen Epochen zeitlich etwas verschoben zu Mitteleuropa (Abb. 1).

1.1 Steinzeit

Die Epoche **Altsteinzeit** ist jene, die die Menschheitsgeschichte am längsten geprägt hat. Seit der Mensch vor 4 Millionen Jahren den aufrechten Gang erlernte, lebten die Menschen bis zum Ende der letzten Eiszeit um 10.000 v. Chr. nomadisierend in Jäger- und Sammlerkulturen. Mit dem Auftauchen des anatomisch modernen Menschen in Mitteleuropa in der jüngeren Altsteinzeit um 40.000 v. Chr. erscheinen auch die ersten künstlerischen Äußerungen, die mit der Venus von Willendorf oder den ausdrucksstarken Höhlenzeichnungen von Lascaux und Altamira ihre berühmtesten Spuren hinterlassen haben.

Die **Jungsteinzeit**, das Neolithikum, begann am Anfang des Holozäns im Vorderen Orient nach dem Ende der letzten Eiszeit. Sie ist eng mit Umweltveränderungen verbunden, die bedeutende Umbildungen in der Tier- und Pflanzenwelt mit sich brachten. Die eiszeitliche Tierwelt mit den Großsäugern wie Mammut, Wollnashorn und Ren verschwand, statt der eiszeitlichen Steppenlandschaft breitete sich ein Eichenmischwald im Großteil Mitteleuropas aus.

Die Jungsteinzeit ist gekennzeichnet durch bäuerliche Kulturen mit Ackerbau und Viehzucht. Diese Errungenschaften erreichen Mitteleuropa vom Südosten her. Im Fruchtbaren Halbmond, dem Gebiet zwischen Euphrat und Tigris, Israel bis zur Halbinsel Sinai, wurden die Menschen im 9. Jahrtausend v. Chr. sesshaft. Die in diesem Gebiet vorkommenden Urformen des Getreides und der Haustiere begünstigten diesen Prozess. Es wurde Einkorn und Emmer angebaut, an Tieren Schaf, Ziege, Rind und Schwein domestiziert. Die Landwirtschaft führte zur Bildung von dauerhaften Ansiedlungen: Erste Häuser, Dorf- und Siedlungsgemeinschaften entstanden, was unter anderem

---

2 Siehe als Überblick etwa Urban 2000. – Cunliffe 1996. – von Freeden und von Schnurbein 2002. – oder die Reihe: Die Schweiz vom Paläolithikum bis zum frühen Mittelalter. Basel 1993; 1995; 1998; 1999.

auch zum Schutz der Rohstoffe und der Ernte notwendig geworden war. Durch den Ackerbau war jedoch auch eine Abhängigkeit vom Boden und vom Klima gegeben, wodurch sich Weltbild und Religion veränderten. Bereits in der Jungsteinzeit führte der Mensch Eingriffe in die Umwelt durch, um mittels Rodungen Land zu gewinnen. Es war nun möglich, an einem Platz von Ernte zu Ernte zu leben, gemeinsam mit den Haustieren als lebendem Fleischvorrat. Diese gesicherten Lebensumstände führten zu einem Anwachsen der Bevölkerung. Die Bauern suchten neues Land, und so verbreitete sich nach einer der vielen Theorien Getreideanbau und Viehzucht. Über Kleinasien mit einer der ältesten Stadtkulturen in Çatal Hüyük verbreitete sich diese neue Lebensweise und erreichte im 7. Jahrtausend Griechenland, um über das Karpatenbecken im 6. Jahrtausend nach Mitteleuropa zu gelangen. Um 5.500 v. Chr. ist hier eine große bäuerliche Kultur zu fassen, die aufgrund der charakteristischen Tongefäße die Bezeichnung „Linearbandkeramik" trägt. Neben der Herstellung von Gefäßen aus Keramik gab es nun weitere neue Handwerkstechniken. So wurden aus zähen Gesteinen wie dem Serpentin Felssteingeräte geschliffen, gesägt oder gebohrt, um diese dann als Werkzeuge für Rodungen und Bearbeitung von Hölzern und Hausbau zu nutzen. Ein weiteres Merkmal war nun die Herstellung von gewobenen Textilien. Flechtereien verschiedener Arten, ebenso wie Knüpfen, Netztechniken, Zwirnen und Ähnliches sind bereits aus dem Ende der Alt- und Mittelsteinzeit bekannt, die Weberei ist ein Novum.

Die Jungsteinzeit in Mitteleuropa umfasst den Zeitraum zwischen 5.600 und 2.300 v. Chr. Das Frühneolithikum ist durch eine starke europaweite Kultur, die Linearbandkeramik, charakterisiert, die zu den besterforschten Kulturen des prähistorischen Europa zählt. Die ersten Bauern bevorzugten als Siedlungsplatz fruchtbare Lössböden in Wassernähe – vor allem der Donauraum bot einen Siedlungsanreiz. Es wurden Dörfer mit einigen Häusern angelegt, die Felder lagen in der Nähe (Abb. 2). Zum ersten Mal finden sich Gräberfelder, teils mit hunderten Bestatteten, die Aufschluss über die religiösen Vorstellungen der Menschen geben. Kleidungsbestandteile und Schmuck aus Knochen und Muscheln lassen uns das Aussehen der Kleidung erahnen – ebenso wie die kleinen Idolfigürchen. Sicheln mit Feuersteinklingen dienten als Erntegerät, verschiedene Beile aus Grünstein wurden für Holzarbeiten eingesetzt. Erstmals in der europäischen Geschichte gab es nun Tongefäße zum Kochen und Aufbewahren der Nahrungsmittel.

Dennoch – das Zusammenleben war weit davon entfernt, ein paradiesisch-friedliches Bild abzugeben. Dies macht das „Massaker" von Asparn-Schletz in Österreich auf grausame Weise deutlich. Hier wurde um 5.000 v. Chr. eine Befestigungsanlage errichtet, in deren Graben die Archäologen hunderte Skelette fanden. Die gesamte Bevölkerung war dahingemetzelt worden, nur die jungen Frauen fehlen in der Statistik – sie wurden wahrscheinlich verschleppt. Man kennt die Ursache dafür nicht genau, die an den Knochen festgestellten Spuren von Mangelernährung könnten jedoch einen Hinweis darauf geben, dass Missernten und Hungersnöte für diese erste geschichtlich dokumentierte kriegerische Handlung auf europäischem Boden verantwortlich sein könnten.

Abb. 2: Lebensbild zu frühbäuerlichen Gemeinschaften in Mitteleuropa.

Ab 4.900 v. Chr., im Mittelneolithikum, ist eine Ausweitung des Siedlungsraumes feststellbar, auch ehemalige Waldlandschaften etwa im Voralpenland oder in gebirgigen Zonen wurden gerodet und landwirtschaftlich genutzt. Gleichzeitig gliedern sich die Kulturen in Mitteleuropa immer mehr auf. Im mittleren Donauraum war etwa die Lengyelkultur verbreitet, nach der bevorzugten Keramikverzierung auch Bemaltkeramik genannt. In Deutschland hingegen findet sich die Rössener Kultur, die völlig andere Keramikformen und Verzierungen hervorbrachte, aber auch andere Haus- und Bestattungsformen.

Das Siedlungsbild war nun stärker gegliedert. Es gab größere Dorfanlagen mit Befestigung als Zentrum für mehrere kleine Dörfer. Ein Charakteristikum dieser Zeit im Donauraum sind Kreisgrabenanlagen mit Durchmessern bis zu 160 m. Diese setzten sich aus bis zu drei ringförmig verlaufenden Gräben und dazwischen liegenden Erdbrücken zusammen, denen im Inneren öfters eine Palisade folgte. Die Anlagen dürften eine besondere rechtliche, politische und kultische Bedeutung gehabt haben – eventuell als Versammlungsplatz, Fluchtplatz oder Kultplatz. Im Bereich des Kultes finden sich nun kleine weibliche Idolfiguren, die uns später bei der Betrachtung der Quellen für die Kleidungsgeschichte interessieren werden.

Allgemein herrschte am Beginn des Neolithikums feuchtwarmes Klima vor, ab 3.800 v. Chr., dem Spätneolithikum (auch Kupferzeit genannt), gab es eine Klimaänderung mit einer etwas kühleren Übergangszeit.

Waren es in den Jahrtausenden vorher rein bäuerlich orientierte Kulturen, so setzten nun wirtschaftliche und gesellschaftliche Veränderungen ein. Es begannen sich verschiedene soziale Gruppen herauszubilden, die dann archäologisch in den Gräberfeldern fassbar sind. Unterschiedliche Werkzeug- und Waffenbeigaben lassen etwa den Schluss zu, dass es sich hier um Krieger und Handwerker gehandelt hat, die sich nun als neue Gesellschaftsschichten herausgebildet haben. In diese Zeit fallen die ersten Anfänge der Kupfermetallurgie, wobei vorerst vor allem Schmuck, später auch Werkzeuge aus diesem Metall hergestellt wurden; Gold wurde ebenfalls bereits verarbeitet. In dieser als Kupferzeit benannten Epoche bedeutete dieser neue begehrte Rohstoff einen wirtschaftlichen und kulturellen Aufschwung für Landschaften mit Kupfer- und Goldlagerstätten, besonders für den Karpatenraum. Es wurden auch alpine Gebiete besiedelt. Erstmals in der mitteleuropäischen Geschichte ist nun der vierrädrige Wagen nachgewiesen, es gibt etwa Rad-Funde aus der Schweiz und Slowenien und Hinweise auf das domestizierte Pferd.

Durch die Benutzung von Wagen und Pferd nahm die Mobilität des Menschen, der sich bisher über die Jahrtausende nur zu Fuß fortbewegen konnte, unvorstellbar zu. Rad und Wagen waren vor allem auch für die Entwicklung der Landwirtschaft von Bedeutung mit der Möglichkeit, nun größere Flächen zu bearbeiten. Eine der technischen Voraussetzungen für die Entwicklung des Rades ist die Kenntnis des Prinzips der Rotation um eine Achse – wie nicht zuletzt auch durch die Verwendung von Spindeln in der Jungsteinzeit geläufig.

Im Gegensatz zur großen europäischen Kultur der Linearbandkeramik im Frühneolithikum ist im Spätneolithikum eine starke Aufgliederung in viele verschiedene regionale Kulturgrup-

Abb. 3: Glockenbecher aus Laa an der Thaya, Österreich.

pen zu beobachten, die aber Kontakte zu den Nachbarräumen haben. Für die Textilforschung sind vor allem die Kulturen an den Seen rund um die Alpen interessant, da sich hier in den Feuchtbodensiedlungen organische Materialien und somit auch Textilien erhalten haben. So sind in der Schweiz im Spätneolithikum die Pfyner und Horgener Kultur beheimatet, in Österreich die Chamer Gruppe und Jevišovice-Kultur. Es würde in diesem Rahmen zu weit führen, die einzelnen Kulturerscheinungen näher zu charakterisieren. Hier bieten sie uns vor allem die Bezeichnungen des zeitlichen Nacheinanders verschiedener Regionalkulturen. Von besonderem Interesse ist die 1991 in der Nähe eines alten Passüberganges der Ötztaler Alpen gefundene Mumie mit Kleidung und Ausrüstungsgegenständen, die sich 5.300 Jahre im Gletschereis erhalten hat.

Nach den Forschungen der Sprachwissenschaftler bildete sich während der Kupferzeit die indogermanische Sprachfamilie heraus – archäologisch belegbar ist eine derartige Einheit bislang jedoch nicht.

Die Jungsteinzeit endet, wie sie begonnen hat – mit einer gesamteuropäischen Kultur, der Schnurkeramik/Glockenbecherkultur (Abb. 3), benannt nach den hervorragend gearbeiteten glockenförmigen Bechern mit Stempeleindrücken. Das Ende des 3. Jahrtausends v. Chr. ist auch durch große Wanderungsbewegungen in West- und Mitteleuropa gekennzeichnet. Es ist jene Zeit, in der im Ägypten der 4. Dynastie (2.639 bis 2.504 v. Chr.) unter den Pharaonen Cheops, Chefren und Mykerinos die großen Pyramiden entstehen.

1.2 Bronzezeit

Der mittlere Abschnitt des klassischen Dreiperiodensystems, die Bronzezeit, beginnt in Mitteleuropa um 2.300/2.200 v. Chr. und endet zur Zeit der ersten Olympiade in Griechenland um 800 v. Chr. Dazwischen liegt die Zeit des ägyptischen Staates des Mittleren und (Beginn des) Neuen Reiches, die Zeit des hethitischen Großreiches und der mykenischen Kultur in der ägäischen Welt.

Die Bronzezeit ist charakterisiert durch einen neuen Werkstoff, die Bronze, eine Legierung aus neun Teilen Kupfer zu einem Teil Zinn. Verwendung von Metall war im Vorderen Orient bereits um 5.000 v. Chr. bekannt. Die Entdeckungen und das Wissen um die Verarbeitung von Metall führten in Mitteleuropa zu einer technologische Umwälzung, die schließlich eine Umgestaltung aller gesellschaftlichen und wirtschaftlichen Bereiche nach sich zog. Bronze und später Eisen ermöglichten die Produktion von besseren Geräten (z.B. Abb. 4) und Waffen, weil beide Werkstoffe sehr stabil sind und sich gut formen lassen. Dies bewirkte wiederum vermehrte Arbeitsteilung und weitere politische und soziale Schichtendifferenzierung. Neue Berufe entstanden: Berg- und Hüttenleute, Holzfäller, Zimmerleute, Köhler, Träger, Schmelzer, Gießer, Grob- und Feinschmied, Blech- und Waffenschmied, Binnen- und Fernhändler... Der Handel war sehr wichtig und prägte die Zeit. Das in Mitteleuropa verarbeitete Zinn stammte meist aus England, Kupferlagerstätten sind auch im Zentrum des Kontinents vorhanden, etwa in den Alpen. Die Handelskontakte durch Metalle, auch durch Luxuswaren wie Bernstein von der Nordsee oder mit Lebensnotwendigem wie Salz von den alpinen Salzlagerstätten lassen sich quer über den Kontinent verfolgen. Durch den Handel lernten die Völker Mitteleuropas den Reichtum der Mittelmeerländer kennen. Das führte in den folgenden Jahrhunderten immer wieder zu kriegerischen Einfällen und Wanderungen in den kli-

Abb. 4: Bronzedepotfund von Sipbachzell in Oberösterreich.

matisch begünstigten Süden (z. B. „dorische Wanderung" um 1.100 v. Chr.).

Durch das Metall konnte ein Mehrprodukt erwirtschaftet und Reichtum angesammelt werden. Dies erforderte einen besseren Schutz der Siedlungen, einen Schutz, der von der herrschenden Oberschicht und den Kriegern gewährleistet wurde. Reich ausgestattete Fürstengräber und einfache Gräber belegen die soziale Gliederung und die Arbeitsteilung. Die bronzezeitliche Oberschicht hatte die Kontrolle über die Handelswege und die bedeutenden Erzlagerstätten. Sie sorgte für den Bau von Befestigungsanlagen.

Es sind zwei Burgenbau-Horizonte unterscheidbar, einer in der frühen und der andere in der späten Bronzezeit. Während dieser Zeiten boten die Burgen Schutz und dienten der Selbstdarstellung der Oberschicht. In der Mittelbronzezeit sind die Höhensitze weniger bedeutend, nun dienen monumentale Grabbauten dem Ausdruck der Repräsentation. Der Wohlstand breiter Bevölkerungskreise spiegelt sich in den Gräberfeldern dieser Zeit wider.

In der **Frühbronzezeit** zwischen 2.300 und 1.600 v. Chr. wurden mächtige Befestigungen mit Wall und Graben errichtet, wobei stets die Lage auf einem Geländesporn bevorzugt wurde. Als Wohnhäuser wurden rechteckige Pfostenbauten mit Flechtwerkwänden verwendet. In der Frühbronzezeit wurden große Gräberfelder angelegt, die Menschen in gehockter Lage bestattet. Durch die Gräber haben wir ein gutes Bild vom Aussehen der damaligen Bevölkerung. Es ist durch die anthropologische Analyse des Gräberfeldes Gemeinlebarn etwa sehr auffällig, dass jene Personen, die mit reichen Grabausstattungen beerdigt wurden, mit durchschnittlich 1,70 m (Männer) auch einen höheren Körperwuchs hatten. Die ärmere Bevölkerung misst im Schnitt nur 1,66 m (Männer). Frauen sind bei beiden Gruppen im Mittel je 10 cm kleiner. Dieser Körperwuchsunterschied zwischen Arm und Reich wird dadurch erklärt, dass die bessere Ernährung der reichen Schichten gemeinsam mit guten Lebensbedingungen, etwa dem Fehlen schwerer Arbeit im Kindesalter, das Wachstum begünstigt. Diese Gräber sind für unser Thema sehr wesentlich, da die darin erhaltenen metallenen Schmuck-

und Kleidungselemente Hinweise zum Gewand bieten. Außerdem sind durch Metallkorrosion teilweise Textilreste erhalten.

Die Frühbronzezeit war eine Umbruchszeit, in der viele kleinregionale Traditionen gebildet wurden, wie wir an den archäologischen Funden, vor allem der Keramik, ablesen können. Der Bronzeschmuck (Schmucknadeln, Arm- und Beinringe), die Waffen sowie die Werkzeuge wie Beile werden dagegen überregional verhandelt und gelangen durch Wanderkontakte auch in abgelegene Gebiete. Eine der größeren Kultureinheiten der Frühbronzezeit ist die Aunjetitzer Kultur, benannt nach einem Fundort bei Prag. Der Metallreichtum dieser Region schlägt sich in vielen Depotfunden und zahlreichen Schmuckbeigaben in Gräbern nieder.

In Bezug auf die Textilfunde ist wesentlich, dass es in der Frühbronzezeit nach wie vor im zirkumalpinen Raum Seeufersiedlungen gibt. Den bedeutendsten Bestand an Geweben kennen wir aus Norditalien.

In der **Mittelbronzezeit** zwischen 1.600 und 1.250 v. Chr. sind nicht so viele regionale Splittergruppen feststellbar. Der Hintergrund dafür, dass es nun wieder größere Kultureinheiten gibt, ist unklar. Die Menschen lassen sich in mächtigen Grabhügeln bestatten, was der Epoche die Bezeichnung Hügelgräberbronzezeit eingebracht hat. Für Personen der Oberschicht wurde eine beachtliche Arbeitsleistung erbracht, indem Grabhügel mit einem Durchmesser bis zu 15 m aufgeschüttet wurden. Oft sind mehrere Bestattungen in einem Grab vorzufinden. Wie bereits in der Frühbronzezeit ist zu beobachten, dass Personen mit reichen Beigaben größer gewachsen sind – ein Hinweis darauf, dass die Familien der Oberschicht einen deutlich besseren Lebensstandard hatten als die schwer körperlich arbeitende Unterschicht. Die Kriegerschicht kannte auch eigene Statussymbole – reich verzierte Streitäxte. In der Mittelbronzezeit entwikkelt sich langsam die Waffentechnik. Waren vorher nur Dolche in Gebrauch, so finden wir jetzt die ersten Schwertformen – eine Nahkampfwaffe für den Kampf Mann gegen Mann, die den Menschen noch bis weit ins Mittelalter begleitet. Die Frauen der Oberschicht schmücken sich mit reichem und schwerem Bronzeschmuck, der teils übertriebene Formen aufweisen kann: lange

Gewandnadeln, wuchtige Diademe, breite Metallgürtel, großer Brustschmuck – es herrscht eine regelrechte „Prunkwelle".

Ab der Mittelbronzezeit wurde in Hallstatt Salz bergmännisch abgebaut – für die Textilforschung ein Glücksfall, da sich im „Betriebsabfall" dieses Bergwerkes alle organischen Materialien erhalten haben und uns dies einen guten Einblick über die verwendeten Textilien gewährt.

In der **Spätbronzezeit** zwischen 1.250 und 800 v. Chr. änderte sich die Bestattungssitte. Die Toten werden nun verbrannt und in Urnen beigesetzt. Neben der Urne kamen auch Schüsseln mit Fleischbeigabe sowie teilweise Schmuckstücke und Waffen ins Grab. Die religiösen Hintergründe für die Änderung von Körper- zu Brandbestattung sind bisher nicht schlüssig enträtselt. In der so genannten Urnenfelderzeit werden wiederum auf Anhöhen große Befestigungsanlagen errichtet, wie etwa in Stillfried an der March. Sie sind teils bis zu 50 ha groß und von mächtigen Gräben und Erdwällen mit Palisaden umgeben. Im Inneren der Wälle der Wallanlagen finden sich Wohnhäuser, Speicherbauten und Werkstätten; die Befestigungsanlagen waren Herrschaftszentren mit Wohnplatz, Wirtschafts- und Produktionszentren in einem. Daneben gibt es im Flachland dorfähnliche Siedlungen mit bäuerlichem Charakter. In der Landwirtschaft vollzog sich bis zum Ende der Bronzezeit eine Intensivierung, die in der Dreiteilung Wald-Feld-Wiese gipfelte, die im Wesentlichen bis in das Mittelalter beibehalten wurde. Offene Wiesen, wie wir sie heute kennen, entstanden ebenfalls während der Bronzezeit. Es mehren sich im Laufe der Bronzezeit die Anzeichen, dass Spezialisten für die verschiedenen Handwerkszweige zuständig wurden (neben Metallurgie in Töpferei, Handel, aber auch in Kultausübung und Kriegswesen).

Aus dieser Zeit sind die ersten historischen Wanderungsbewegungen überliefert. Vor allem im Südosten Europas kommt es zu ausgedehnten Bevölkerungsverschiebungen. Die erste Welle der Wanderungen, der so genannte Seevölker-Sturm, brachte Unruhe in den ostmediterranen Raum. In dessen Verlauf wurde um 1.200 v. Chr. das Hethiter-Reich in Kleinasien zerstört. Die Dorer-Wanderung in Griechenland um 1.100 v. Chr. hatte das Ende der mykenischen Kultur zur Folge. In Mittelitalien wurde die Protovillanova-Kultur begründet, die Wurzeln für die Kultur der Etrusker im 9. Jahrhundert.

Vom archäologischen Gesichtspunkt sind derartige Wanderungen schwer beweisbar. Kommen etwa Waffen, Keramik und Schmuck in „fremden" Gebieten vor, so könnte dies sowohl auf Handel als auch auf die physische Anwesenheit von unterschiedlichen Personengruppen oder Stämmen hindeuten. Was aber die archäologische Evidenz klar macht, ist, dass es sich um eine sehr kriegerische Zeit gehandelt hat. Schon alleine der Aufwand, der mit dem Bau von Befestigungsanlagen betrieben wurde, spricht dafür – auch die Waffentechnologie unterliegt einer immer rasanteren Entwicklung. Neben der Verbesserung der Schwerter werden nun auch Schutzpanzerungen und Helme entwickelt. Typisch für diese Zeit sind Horte, also Verstecke von Bronzegegenständen. Man hatte demnach das Bedürfnis, Wertgegenstände sicher zu verwahren.

1.3 Eisenzeit

Am Ende des 8. vorchristlichen Jahrhunderts hatte sich die politische und kulturelle Situation Mitteleuropas nach den Wirren der Urnenfelderzeit einigermaßen stabilisiert. Während sich auf der Apennin-Halbinsel die etruskische Kultur durchsetzte, dehnte Griechenland seinen Einflussbereich durch die Gründung von Kolonien an der nordwestlichen Mittelmeerküste aus. Auf dem Balkan hatten sich neben den Thrakern und Makedoniern auch Illyrer und Skythen etabliert.

Wiederum war es der innovative Rohstoff, diesmal das Eisen, der einer Epoche den Namen gab. Das Wissen von der Schmiedekunst stammte aus dem östlichen Mittelmeerraum und verbreitete sich während des 9. und 8. Jahrhunderts bis Mitteleuropa. Eisen wurde zuerst nur als Schmuck verwendet, später für Waffen und Werkzeuge. Eisenlagerstätten finden sich auch in Mitteleuropa. Zur Produktion musste also nicht wie bei der Bronzeherstellung erst teures Zinn aus weit entfernten Gebieten herbeigeschafft werden. Eisengewinnung wurde schließlich billiger als Bronzeerzeugung, bei Verlust waren Eisengegenstände leichter zu ersetzen als solche aus Bronze.

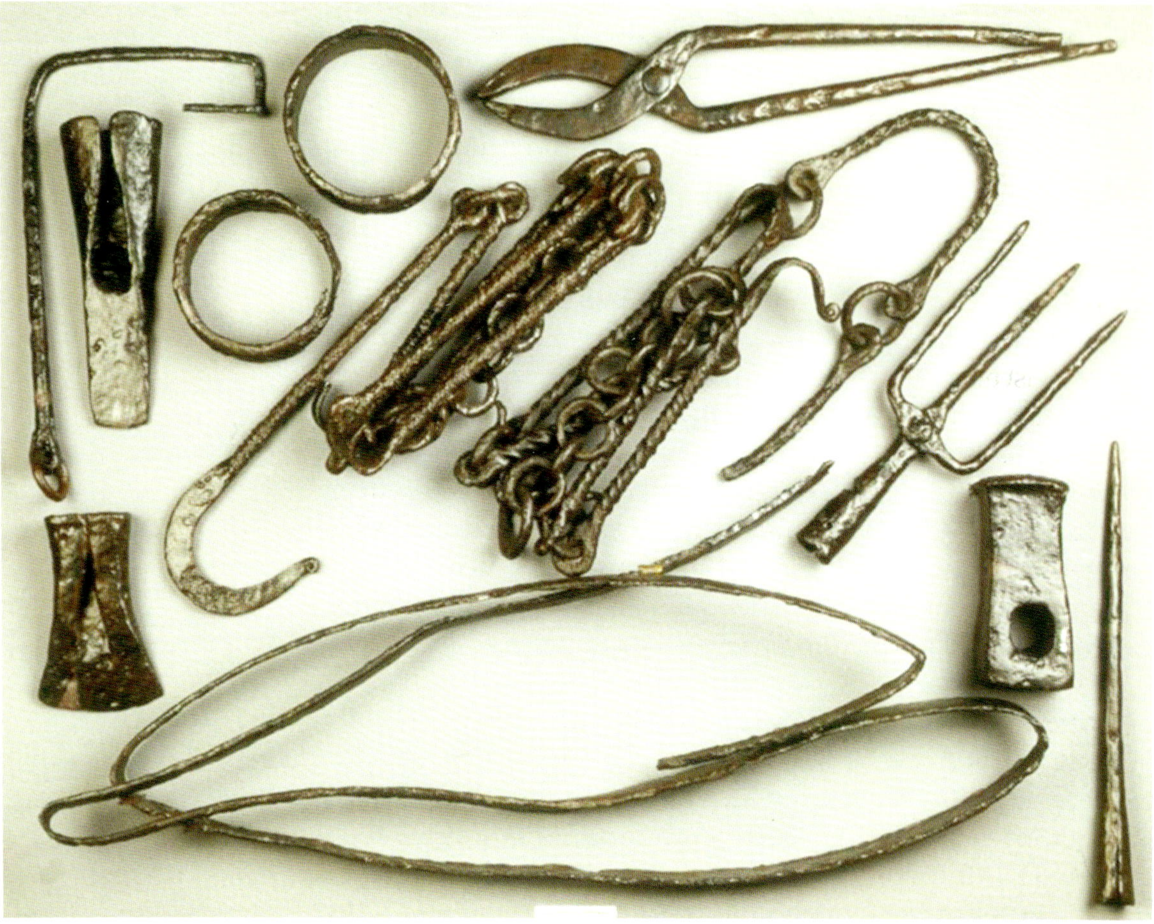

Abb. 5: Spätlatènezeitlicher Eisendepotfund vom Gründberg, Oberösterreich, mit Wagenbeschlägen, Gerätschaften und Werkzeug. Ausgrabungen Stadtmuseum Nordico Linz und Universität Wien.

Das Eisen wurde vor allem zur Herstellung von Waffen und Werkzeugen verwendet (Abb. 5). Dieser Rohstoff war für die Entwicklung von handwerklichen und bäuerlichen Gerätschaften wichtig, die oft kaum verändert bis in die vorindustrielle Zeit verwendet wurden: Pflugscharen, Zangen, Ketten, Radreifen, Trensen etc.

In der **älteren Eisenzeit** zwischen 800 und 400 v. Chr. wächst der Einfluss antiker Stadtkulturen auf die Zone nördlich der Alpen. Im 6. vorchristlichen Jahrhundert ist der Handel mit griechischen Kolonien in Südfrankreich nachgewiesen. Wein, Gewürze, Bronzegeschirr und Luxusgüter waren die Objekte der Begierde, die von der eisenzeitlichen Oberschicht geschätzt wurden.

Diese eisenzeitliche Oberschicht an der Spitze der Gesellschaft versuchte, die mediterrane Lebensweise nachzuahmen, importierte griechische Gebrauchs- und Luxusgüter. Die Macht, auch die Kontrolle über die Bodenschätze, konzentrierte sich auf einige Großfamilien. Feudale Wohnsitze und prunkvolle Bestattung in großen Grabhügeln dienten zur Repräsentation.

Die Lebenshaltung auf einer „Burg" in der älteren Eisenzeit (vor allem im Westen) ist vergleichbar mit dem historisch bekannten Bild eines mykenischen Fürstenhofes. Dies führen uns auch die szenischen Bilder der Situlenkunst aus dem Südostalpenraum zwischen dem 6. und 4. Jahrhundert lebendig vor Augen: Es gab Zweikämpfer, Akrobaten und Tänzer, Wein wurde mit Schöpfkellen in Trinkschalen geschenkt, man genoss Musik mit Harfe und Panflöte. Wagenfahrten und Prozessionen rundeten das Bild ab. Zentrale Siedlungsplätze sind die bewehrten Höhensiedlungen, sie bilden die schützenden und auch repräsentativen Wohnstätten für den Adel. Die Heuneburg an der oberen Donau in Deutschland ist ein besonders markantes Beispiel. In der Anlage gab es an zentraler Stelle einen großen Platz (einen Markt) mit einem palastartigen Bau für den Burgherrn. Die Heuneburg verfügte auch über eigene Handwerksviertel. Die Mauern waren 3–4 m hoch, in einer Siedlungsphase wurden sogar Bastionen aus Lehmziegeln nach mediterranem Vorbild errichtet – eine Technik, die für mitteleuropäisches Klima denkbar ungünstig ist und bald ersetzt wurde.

Die ältere Eisenzeit trägt ihren Namen auch nach den Funden aus Hallstatt. Die effiziente Ausbeutung der Salzlagerstätten und der ausgedehnte Handel brachten der ansässigen Bevölkerung Reichtum ein, der sich in exquisiten Beigaben des großen Gräberfeldes niederschlug. In Hallstatt gibt es aber nicht erst in der Eisenzeit ein Salzbergwerk. Der bergmännische Abbau von Salz reicht bis in die Mittelbronzezeit zurück. Sowohl in den bronzezeitlichen als auch in den eisenzeitlichen Bereichen des Hallstätter Salzberges wurden Textilreste entdeckt.

Die Hallstattkultur reichte von Frankreich über die Alpen bis Westungarn, weiter im Osten siedelte das Reitervolk der Skythen. Die Hallstattkultur wird in einen West- und Ostkreis unterteilt, bei denen unterschiedlich starke Aufnahme von mediterranen Elementen zu beobachten sind. Der Westkreis, in den verstärkt über Massalia griechische Importe gelangten, liegt

Abb. 6: Goldhalsreif aus einem hallstattzeitlichen Grab von Uttendorf, Oberösterreich.

zwischen Frankreich und Deutschland und reicht bis Oberösterreich. Hier finden sich in Sichtweite der Adelssitze große Grabhügel mit Steinkammern, Tote wurden auf vierrädrigen Wagen aufgebahrt. Berühmte Beispiele für derartige Fürstenbestattungen sind die Gräber von Hochdorf oder Hohmichele in Deutschland. Goldene Halsreife wie jener aus Uttendorf in Oberösterreich (Abb. 6) dienten als Abzeichen von hohem sozialem Rang, auch als Attribut von Göttern.

Der Ostkreis zwischen Ostösterreich, Slowakei und Ungarn lag für griechische und etruskische Händler etwas abseits. Er zählte eher zur Peripherie, wobei der reiche Westkreis imitiert wurde. So wurden etwa Bronzegefäße aus Ton nachgeformt. Andererseits gab es hier eigene Stilrichtungen vor allem in der Keramik, der sogenannten Kalenderbergkultur am Nordrand der Alpen. Im Ostkreis gibt es in den Gräbern keine Wagen und keine Goldbeigaben wie im Westkreis. Die Vermögenden sind ebenfalls in Grabhügeln bestattet, die einfache Bevölkerung in Flachgräbern.

Die **jüngere Eisenzeit** ab 400 v. Chr. ist nach dem Fundort La Tène am Neuenburgersee in der Schweiz benannt. Die Latènezeit endet in Österreich um 15 v. Chr., als Tiberius (Stiefsohn von Kaiser Augustus) zur Donau vorstieß und bei Carnuntum ein Winterlager für seine Legionen einrichtete. Somit wurde das Gebiet südlich der Donau Teil des römischen Weltreiches, nördlich der Donau siedelten sich schließlich germanische Stämme wie die Markomannen und Quaden an. Die Latènezeit ist bereits der Übergang zur Schriftgeschichte, da durch historische Überlieferung zumindest auszugsweise historische Ereignisse bekannt sind. Weiheinschriften der Stämme der Räter und Veneter in einem nordetruskischen Alphabet aus dem 3. Jahrhundert v. Chr. zählen zu den ältesten Schriftquellen des Alpenraumes.

Im 5. Jahrhundert v. Chr. erwähnt der griechische Geschichtsschreiber Herodot erstmals den Namen eines Volkes aus dem Gebiet nördlich der Alpen: Keltoi – die Kelten, die er „am Ursprung der Donau" lokalisierte. Später werden dann die Kelten in Westeuropa von den Römern als Gallier *(Gallii)* bezeichnet. Livius (um 250 v. Chr.) deutet an, dass es im 6. Jahrhundert einen keltischen König gegeben hat – somit haben wir neben den archäologischen Befunden auch einen schriftlichen Hinweis auf eine Adelsschicht.

Die Kelten, die ab 500 v. Chr. ihr Gebiet bis zu den Alpen ausgeweitet hatten, errichteten in Mitteleuropa jedoch nie ein Gesamtreich, sie blieben in Stämme und Stammesbündnisse gegliedert. Die Kelten stießen 387 v. Chr. bis nach Rom vor, 279 v. Chr. donauabwärts bis nach Delphi und schließlich nach Kleinasien, wo sie etwa auch in der Bibel erwähnt werden; als Galater in den Paulusbriefen.

In der Latènezeit gibt es große zentrale Höhensiedlungen. Deren Wallsystem, ein vernageltes Holzkastensystem mit Steinblendmauern davor, bot einen guten Schutz vor Brandpfeilen. Von Julius Cäsar ist die Bezeichnung *„murus gallicus"* für diese besondere Befestigungstechnik überliefert. Nach der Annexion durch die Römer wurden die keltischen Höhensiedlungen aufgelassen und am Talboden römische Städte gegründet.

Ab 120/100 v. Chr. entstanden in Mittel- und Westeuropa keltische Oppida. Cäsar unterschied in seinen „Commentarii de bello Gallico" (58–49 v. Chr.) das gallische oppidum *(urbs)* vom offenen Dorf *(vicus)* und dem Einzelgehöft *(aedificium)*. Oppida waren stadtartige Siedlungszentren mit Befestigung und dienten als Mittelpunkt eines Stammesgebietes, als „Fluchtburg" für die Bevölkerung und als Heeresversammlungsplatz. Da sie auch befestigte Adelswohnsitze waren, gab es im oppidum neben Werkstätten auch das Verwaltungszentrum, das Stammesheiligtum. Außerdem wurden in diesen Zentren Münzen geprägt. Münzen als Zahlungsmittel wurden von keltischen Söldnern in griechischen und ägyptischen Diensten ab der Mitte des 3. Jahrhunderts v. Chr. eingeführt, wobei keltische Herrscher zunächst griechische Münzen kopierten.

An den Höfen der Aristokratie entstand nun ein neuer Kunststil, der Latènestil (Abb. 7), bei dem pflanzliche und tierische Motive der mediterranen Kunst als Vorbild dienten: Palmetten, Lotosblüten, auch der skythisch-persische Tierstil aus dem Osten. Sie wurden zu fantasievollen Gebilden mit Symbolgehalt, teils auch zu Menschendarstellungen in diesem Stil, verändert.

Abb. 7: Armreif aus Getzersdorf in Österreich, Jüngere Eisenzeit.

In der Latènezeit änderten sich die Bestattungssitten, die prunkvollen Hügelgräber wurden von Flachgräberfeldern abgelöst, bei denen quadratische und runde Gräben die einzelnen Gräberareale abgrenzten. Die Betonung der Kriegergräber durch die Beigaben lässt darauf schließen, dass nun eine Kriegerschicht die hallstattzeitliche Aristokratie allmählich ablöste. Die Beigabe von Schmuck und Trachtelementen gibt uns in der Hallstatt- und Latènezeit zahlreiche Hinweise auf das Aussehen der Kleidung. Im Laufe des 2. Jahrhunderts v. Chr. ist nur noch die Brandbestattung in kleinen Grabgruben üblich, wodurch sich unsere Kenntnis zur Kleidung verringert.

In technologischer Hinsicht tut sich viel in den Jahrhunderten vor der Zeitenwende, so kommt erstmals die Herstellung von Tongefäßen mit Hilfe der Töpferscheibe auf. Ein wichtiges Handelsprodukt in der jüngeren Eisenzeit war nun das im Alpenraum hergestellte hochwertige Eisen (*ferrum noricum*), das für Rom als kriegerische Weltmacht bedeutend war. Ebenso wichtig war das Salz, das neben Hallstatt nun vor allem am Dürrnberg bei Hallein abgebaut und von dort aus gehandelt wurde.

2 Erhaltungsmöglichkeiten für Textilien

Hat man ein Bild vor Augen, etwa von einem keltischen Haus: Drinnen steht vor der Holzwand ein Webstuhl, an dem gerade eine Frau arbeitet, daneben ein Korb mit Wolle und Spindeln (Abb. 8). Das Herdfeuer prasselt, es wird eifrig im Eisenkessel gekocht, die Zutaten für eine Mahlzeit werden mit Eisenmessern geschnitten oder stehen in Tontöpfen bereit. Gemüse, Obst und Getreide lagern in Körben, in Griffweite zur Kochstelle. Eine Person lagert auf einer Bettstatt, die bequem mit Stroh und Fellen gepolstert ist …

Was bleibt davon übrig, wenn Wind, Regen und Bodenbakterien ihr Werk vollbracht haben? Von der oben geschilderten Szene finden Archäologen nur noch klägliche Reste. Die Holzwände und Pfosten des Hauses sind vergangen, dokumentierbar sind nur noch die Pfostengruben, in denen die tragenden Steher im Boden eingetieft wurden. Die Feuerstelle mit dem Steinkranz ist gut zu sehen, der durch die Wärme verziegelte Lehm und die Holzkohle überdauern ebenfalls. Die Kochutensilien, der Kessel, die Keramikgefäße und Metallmesser sind bei der Ausgrabung noch vorhanden, die Lebensmittel hingegen vergehen. Vom Webstuhl und dem Spindelkorb bleiben ebenfalls nur traurige Überbleibsel: die Webgewichte, bestenfalls die Standspuren des Rahmengestells und die tönernen Schwunggewichte der Spindeln.

Abb. 8: Keltisches Reenactment im Freilichtmuseum Mitterkirchen, Sommer 2014.

Die Erhaltungsbedingungen für organische Materialien – besonders für Textilien – sind, wie durch dieses Beispiel demonstriert, unter den klimatischen Bedingungen Mitteleuropas alles andere als erfreulich. So ist der Großteil jener Materialien, mit denen der prähistorische Mensch hantierte, mit denen er sich umgab, an herkömmlichen Fundstellen archäologisch nicht fassbar.

Erst archäologische Glücksfälle, wie die jungsteinzeitlichen und bronzezeitlichen Feuchtbodensiedlungen rund um die Alpen, die Funde aus den Salzbergwerken in Hallstatt und Dürrnberg/Hallein oder auch der jungsteinzeitliche Mann im Eis, besser bekannt als „Ötzi", zeigen uns die Vielfalt der Rohstoffe, die verwendet wurden.

Zudem kann es bei diesen unterschiedlichen Konservierungsbedingungen[3] auch zu einer selektiven Auswahl der organischen Funde kommen. So sind etwa bei manchen Fundorten keine Pflanzen, anderswo keine tierischen Materialien wie Wolle oder Leder vorhanden. Dies liegt an den unterschiedlichen Milieubedingungen.

Eine günstige Bodensituation für die Erhaltung von Faserstoffen, die auf Eiweiß aufgebaut sind (wie Wolle) oder auf Zellulose (wie Pflanzenfasern), ist ein pH-Wert, der die Fasern nicht angreift und in dem schädigende Bakterien und Pilze nicht überleben können. Tierische Faserstoffe erhalten sich am besten im neutralen Bereich mit einem pH-Wert 7 und lösen sich im alkalischen Milieu auf. Pflanzliche Fasern bauen sich in saurer Umgebung ab; tierische und pflanzliche Materialien sind daher nur in Ausnahmefällen am selben Fundort erhalten. Die Abbaugeschwindigkeit ist dabei von mehreren Faktoren abhängig. Wärme-, Wasser-, Sauerstoff- und Nährstoffmangel entscheiden über die Lebensbedingungen der Bodenorganismen, und das Vorhandensein von Gerbstoffen, wie sie etwa in Mooren oder Baumsärgen vorhanden sind, kann die Zersetzung stark verzögern[4].

---

3 Trockenerhaltung der Textilien ist hier ausgeschlossen, da diese in Mitteleuropa nicht vorkommt, im Gegensatz etwa zu den Wüsten des Niltals. Siehe Wild 1988, 7.

4 vgl. zu den Erhaltungsbedingungen Farke 1986. – Gillis und Nosch 2007. – Wild 1988, 7–12.

Die unterschiedlichen Erhaltungsumstände (Baumsarg, Feuchtbodensiedlung, an Metalle ankorrodiert, Salzbergwerk, Gletscher) repräsentieren auch verschiedene Deponierungs- und Befundumstände. Es ist also nicht nur eine eher geringe Anzahl an Textilien und Textilresten aus der mitteleuropäischen Urgeschichte erhalten, sondern auch eine stark selektive Auswahl aus verschiedenen Kontexten.

2.1 Erhaltung durch Metallkorrosion

In der Bronze- und Eisenzeit bieten vor allem die zahlreichen in den Gräbern mitgegebenen Metalle eine Möglichkeit zur Erhaltung von Textilien. Gelangen Textilien zusammen mit Bronze- und Eisenobjekten in den Boden (etwa bei Kleidungsbestandteilen in Gräbern oder mit Textilien umwickelten Grabbeigaben), so kann es an den Berührungspunkten der zumeist kupfer- oder eisenhaltigen Metalle und der benachbart liegenden Textilien über Metallkorrosion zur Entstehung einer dauerhaften Materialkombination kommen (Abb. 9).

Dabei wandern lösliche Metallsalze unter Feuchtigkeitseinwirkung in den textilen Werkstoff und durchdringen ihn. Während der Lagerung im Boden kommt es dann über die Zeit zu einer chemischen Verbindung der Materialien, wobei die textile Komponente abgebaut wird. Dieser als Mineralisierung bezeichnete Vorgang kann zu einer vollständigen Ersetzung des organischen Materials führen[5].

Die Übergänge von der Erhaltung des organischen Bestandes durch Metallsalze zu vollständiger Mineralisierung des Gewebes – sodass nur noch die äußere Hülle bzw. Abdrücke vorhanden sind – sind fließend. An den Funden aus Hochdorf konnte Johanna Banck-Burgess[6] die Zersetzungsprozesse rekonstruieren, die zu einem veränderten Aussehen der Textilien führen. So kann die Fasersubstanz abgebaut werden, die Fadenstärke dünnt aus, die Oberflächen können „verseifen", sodass die Gewebestruktur kaum mehr wahrnehmbar ist. In manchen Fäl-

5 vgl. Chen et al. 1998; Mitschke 2001, 29; Wild 1988, 8–11.
6 Banck-Burgess 1999, 93, Taf. 1 und 2.

len, wenn die Gewebe vollständig von den Metalloxiden ersetzt wurden, ist die Faserstruktur noch als Abdruck erhalten. Die Metalloxide können im Gegenzug eine Volumenvergrößerung der Fäden bewirken, durch das Aufblühen der Gewebestruktur kann das Textil in solchen Fällen auch verdichtet und damit unnatürlich kompakt erscheinen.

Abb. 9: Textilien an einem Bronzearmreifen aus dem römischen Friedhof von Mautern-Burggartengasse, Österreich.

Die in Gräbern durch Metallkorrosion erhaltenen Textilien sind meist mehr als unansehnlich, da bei diesem Vorgang normalerweise auch die ursprüngliche Färbung verloren geht. Zudem sind sie meist kleinstückig, beschränken sich teils nur auf wenige Quadratmillimeter und können bei der Ausgrabung und Restaurierung der Funde nur allzu leicht übersehen werden. Trotz dieser Einschränkung sind durch Metallkorrosion erhaltene Textilreste eine wichtige Quelle für die Forschung[7].

---

7 z. B. Bender Jørgensen 1992. – Rast-Eicher 2008.

Abb. 10: „Heidengebirge" mit Textilien aus dem Salzberg bei Hallstatt, Österreich, Ältere Eisenzeit.

2.2 Konservierung durch Salz

In den prähistorischen Fundstellen der österreichischen Salzbergwerke[8] Hallstatt und Dürrnberg/Hallein existieren für die Urgeschichte in Europa einmalige Erhaltungsbedingungen (Abb. 10). Salze können zur Erhaltung von Fasern beitragen, da sie auf Mikroorganismen wie Bakterien toxisch wirken. In einem salzigen Milieu trocknen einzellige Bakterien aus und sterben[9]. So wird die bakterielle Aktivität, also der Zersetzungsprozess organischer Materialien, unterbunden.

Der hohe Bergdruck verschließt vom Menschen geschaffene Hohlräume im amorphen, weichen Haselgebirge nach kürzester Zeit wieder, sodass die prähistorischen Überreste, das sogenannte Heidengebirge, luftdicht abgeschlossen werden. Durch diese luftdichte Einbettung im Salzgestein können keine oxida-

8 Hallstatt: Grömer et al. 2013a; Dürrnberg: Stöllner 2005.
9 Gengler 2005. – Van der Sanden 1996, 12.

tiven Abbauprozesse stattfinden und der mikrobiologische Abbau wird gehemmt. Die im Berg vorhandene relativ hohe Luftfeuchtigkeit verhindert ein Austrocknen der Fasern[10]. Auch die konstant niedrigen Temperaturen im Bergwerk verlangsamen die natürlichen Abbauprozesse. Die Gewebe sind daher in ihrer organischen Substanz vorzüglich erhalten und noch elastisch und geschmeidig.

Das Salz konserviert ohne Einschränkung jegliches organische Material, sowohl pflanzliches als auch tierisches. Es können also in einem Salzbergwerk keine Fundlücken durch erhaltungsbedingte Selektion entstehen – wie sie etwa an den Seeufersiedlungen und bei den nordischen Baumsärgen immer in Betracht gezogen werden müssen.

2.3 Feuchtbodensiedlungen

Im Neolithikum und der Bronzezeit kennt man Feuchtbodensiedlungen mit textilem Material im zirkumalpinen Raum: in der Schweiz, in Deutschland, Italien und Österreich[11]. Die Menschen errichteten ihre Häuser als Seeufersiedlungen am Wasser, teils auch als Pfahlbauten. Wenn organische Materialien ins Wasser gelangten und dort verblieben, bestanden gute Chancen, dass sie dort die Jahrtausende überdauern konnten.

Aufgrund des relativ geringen Sauerstoffgehaltes im Wasser werden der Oxidationsprozess von Geweben verlangsamt und zersetzende Bakterien an ihrer Arbeit gehindert. Auf den Grund des Sees gesunkene Textilien wurden von Ablagerungen, v. a. Seekreide, eingeschlossen. Wegen des hier vorherrschenden alkalischen Milieus wurden tierische Fasern allerdings mit der Zeit zerstört[12]. Das ist der Grund, warum sich in den Feuchtbodensiedlungen großteils nur pflanzliches Material wie Gewebe aus Flachs, Siebe und Körbe aus verschiedenen Bastarten und Hölzern erhalten hat (Abb. 11).

---

[10] Siehe dazu Gengler 2005, Kapitel 3.1.3.5 und 3.3.1.
[11] z. B. Bazzanella et al. 2003; 2012. – Médard 2010.
[12] vgl. dazu Farke 1986, 56. – Rast-Eicher 2012, 381.

Abb. 11: Jungsteinzeitliche Siedlung Arbon Bleiche 3, Schweiz. Fundlage von Holz und Textilien im Feuchtbodenbereich.

2.4 Eis

Seit dem spektakulären Fund des Mannes aus dem Eis, einer jungsteinzeitlichen Mumie, die mit ihren Habseligkeiten im Jahre 1991 aus dem Gletscher ausgeapert ist (Abb. 12)[13], rückten auch die Gebirgszonen Mitteleuropas vermehrt in den Fokus des archäologischen Interesses. Seitdem wurden in den Alpen weitere bedeutende Funde gemacht, etwa am Schnidejoch in der Schweiz[14]. Zu diesem Fundkomplex gehören ebenso Köcher, Bogen und Pfeile, Reste von neolithischen Schuhen und ein Fragment eines Beinkleides.

Die konservierende Wirkung des Eises beruht auf den tiefen Temperaturen. Die Kombination von Kälte und Trockenheit, die Gefriertrocknung, wird auch in der modernen Forschung eingesetzt, um organische Materialien haltbar zu machen.

13 Fleckinger 2011. – Spindler et al. 1995. – Spindler 1995.
14 Suter et al. 2006.

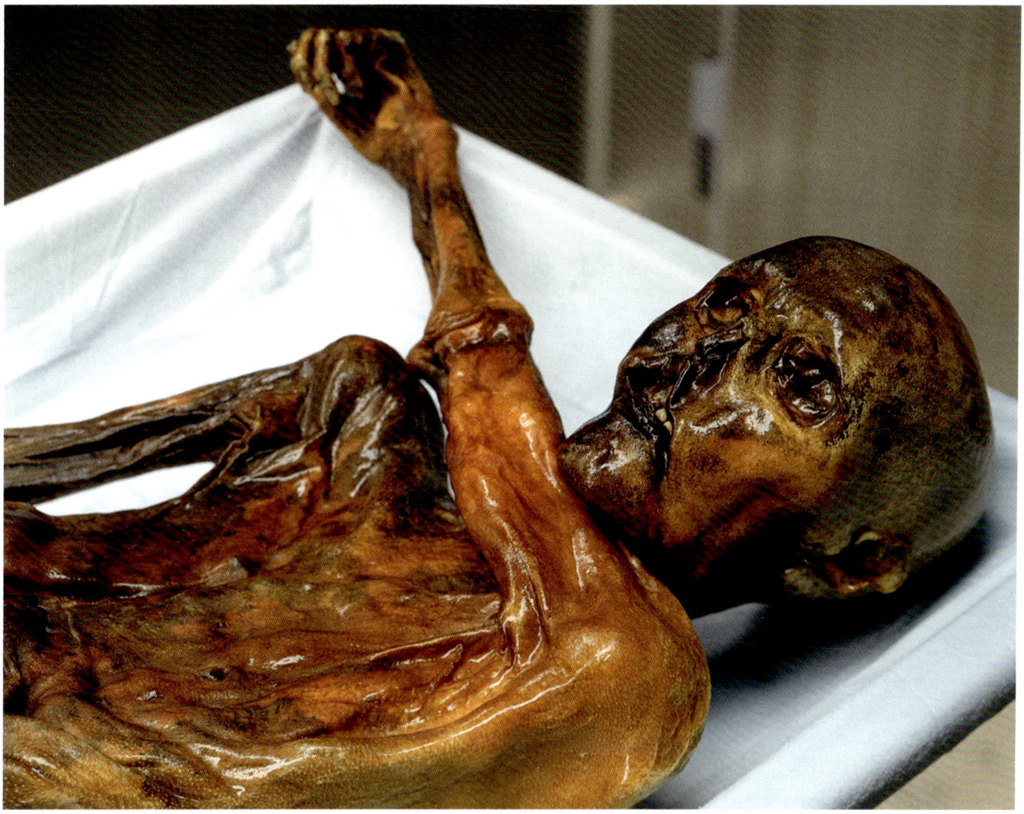

Abb. 12: Der Mann aus dem Eis, die jungsteinzeitliche Mumie vom Ötztaler Gletscher, ca. 3.300 v. Chr.

2.5 Moore

Besonders bedeutend für die Textil- und Kleiderforschung sind die Moore Nordeuropas[15]. Von berühmten Fundplätzen wie Thorsberg oder Huldremose kennen wir vollständige Gewänder, die bei der Gewinnung von Torf zum Vorschein kamen. Auch in Mitteleuropa gibt es Moore. Da jedoch aufgrund des Waldreichtums in dieser Gegend der Torfabbau zur Brennstoffgewinnung keine große Rolle spielte, wurden sie nicht ausgebeutet; wahrscheinlich schlummert in den mitteleuropäischen Mooren noch so mancher prähistorische (Textil-) Schatz.

In Mooren sorgt das Fehlen von Sauerstoff infolge eines Überangebots von Wasser und die Anwesenheit biozid wirkender Säuren dafür, dass oxidative Abbauprozesse und Schädigung durch Mikroorganismen verhindert werden. Bei den Erhaltungsbedin-

15 Mannering et al. 2012. – Möller-Wiering und Subbert 2012. – Schlabow 1976. – Van der Sanden 1996.

gungen muss jedoch zwischen Hoch- und Niedermooren unterschieden werden[16].

In Hochmooren ist für die Konservierung vor allem das Polysaccharid von *Sphagnum* (Torfmoos) wesentlich. Dieses Kohlenhydrat befindet sich im Torfmoos und wird bei der Zersetzung von Pflanzenzellwänden freigesetzt. Anschließend wird es in braune Humussäure umgewandelt, die Stickstoff und Kalzium bindet. Aufgrund des sauren pH-Wertes bleiben aber nur tierische Fasern erhalten. Die in diesem Milieu vorhandenen Humussäuren und Gerbstoffe konservieren eiweißhaltige organische Materialien (Wolle, Fell, Leder, Haut, Haare, Nägel, Horn), pflanzliche Stoffe und Knochen vergehen.

In den kalkreicheren Niedermooren werden dagegen Wolltextilien zersetzt und Gewebe aus pflanzlichen Rohstoffen können sich erhalten.

Für die in Mooren konservierten prähistorischen Stoffe ist relevant, dass sie zumeist aus Hochmooren stammen, also dass im Fundbestand lediglich Wolltextilien vorhanden sind.

2.6 Baumsargfunde

Die berühmten unversehrten Baumsärge in Grabhügeln (Abb. 13) befinden sich hauptsächlich im Gebiet des norddeutschen Schleswigs bis ins mittlere Jütland in Dänemark[17].

Die verstorbene Person wurde in einem ausgehöhlten Baumstamm in ihrer vollständigen Kleidung niedergelegt und mit einer Steinpackung, Erde, Lehm, Sand sowie mit Heidegras- und vermoosten Rasensoden bedeckt. Humussäuren drangen mit dem Regen in das Hügelinnere ein und bildeten in einer Tiefe von 1–1,5 m vom oberen Hügelrand eine gallertartige Masse. Diese entwickelte sich mit dem in der Aufschüttung vorhandenen Kalk und dem Eisen zu einer steinharten Humuseisenrinde und schloss das Innere des Hügels luftdicht ein. Durch diesen

16 vgl. dazu Farke 1986, 55–58 – van der Sanden 1996, 18, 20 und 120. – Wild 1988, 7–8.
17 Broholm und Hald 1940. – Hald 1980. – Mannering et al. 2012. – Schlabow 1976, 12.

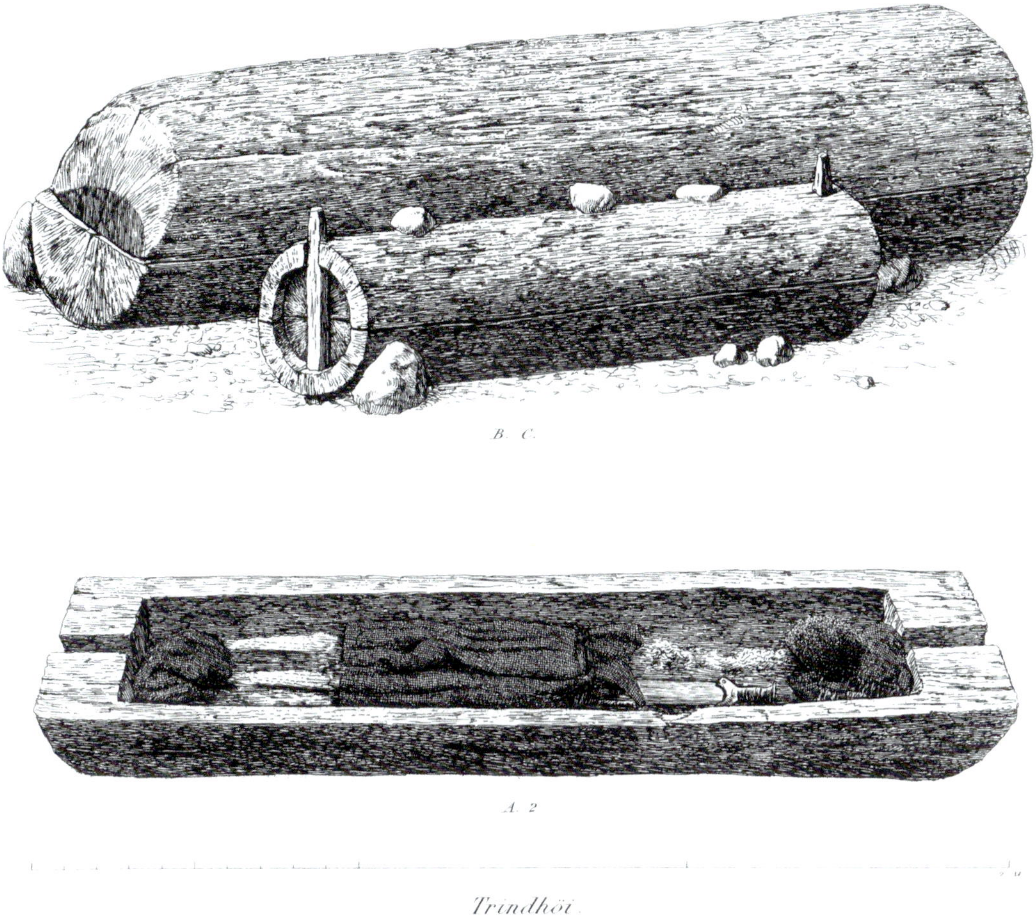

Abb. 13: Eichensarg aus Trindhøj in Dänemark, dendrochronologisch datiert auf 1355 v. Chr.

Vorgang ruhte der Baumsarg unter Luftabschluss in einer von Humussäuren angereicherten Flüssigkeit. Zusätzlich wirkten auch die Gerbstoffe aus den Baumstämmen von meist frisch gefällten Eichen konservierend. In diesem Milieu erhalten sich besonders Wolltextilien, Leder, Fell oder Horn. Die Knochen der Bestatteten sind infolge der Entkalkung meist in einem sehr schlechten Zustand.

Dieses Phänomen der gut erhaltenen Baumsargfunde ist vor allem aus der „Nordischen Bronzezeit", genauer zwischen dem 15. und 13. Jahrhundert v. Chr. bekannt, dadurch besitzen wir vollständige Gewänder aus dieser Zeit. Im südöstlichen Mitteleuropa ist bisher erst ein Fall bekannt geworden, bei dem wohl ähnliche Konservierungsbedingungen zur Erhaltung von Textilien geführt haben. Im frühbronzezeitlichen Hügelgrab von

Pustopolje in Bosnien-Herzegowina[18] hat man eine perfekt konservierte hölzerne Grabkonstruktion festgestellt, eine aus Ulmenbrettern gefertigte Grabkammer. Der in ein großes Wolltuch gehüllte Tote lag in Hockstellung auf Brettern, die mit einer dünnen Tierhaut überzogen waren.

2.7 Verkohlung

Es mag seltsam erscheinen, doch haben auch verkohlte Textilien eine gewisse Chance, die Zeit zu überdauern. Bei der nicht vollständigen Verbrennung wirken chemische Vorgänge zusammen mit physikalischen Veränderungen. Nach dem Verkohlungsprozess[19] erhalten sich die verkohlten, meist geschrumpften Gewebe dann in karbonisierter Form. Es gibt zwar partielle Umformungen, aber die Mikrostruktur der textilen Reste bleibt im Wesentlichen erhalten. Pflanzliche Fasern sind oft stabiler in karbonisiertem Zustand, wogegen tierische Fasern im Feuer meist vergehen.

Wenn die Gewebe unter Luftabschluss starker Hitze ausgesetzt sind, spricht man von Inkohlung. Dabei verringert sich der Anteil der flüchtigen Bestandteile der textilen Faserstoffe immer mehr zugunsten des Kohlenstoffgehaltes. Auch hier bleibt die Mikrostruktur aus pflanzlichen und tierischen Fasern weitgehend erhalten. Beispiele dafür sind die neolithischen Funde von Spitzes Hoch bei Latdorf sowie Kreienkopp bei Dietfurt[20].

2.8 Abdrücke auf Keramik

Informationen über Textilien können sich auch als Abdruck auf Tongefäßen oder Lehmbrocken erhalten[21].

Obwohl sich das organische Material nicht erhält, kann man technische Einzelheiten wie etwa Fadenstärke, Gewebebindung etc. feststellen und unter ausgezeichneten Bedingungen sogar

[18] vgl. Benac 1986, bes. 109.
[19] Siehe dazu Farke 1986, 57. – Rast-Eicher 2003. – Wild 1988, 11.
[20] Bender Jørgensen 1992, 115, 137, Fig. 1. – Schlabow 1959.
[21] Wild 1988, 11, Abb. 5.

Abb. 14: Schnurkeramik aus Franzhausen, Niederösterreich, Ende der Jungsteinzeit.

Hinweise zum Fasermaterial herausfinden. Die Schrumpfung während des Trocken- oder Brennvorgangs muss beachtet werden.

Diese Abdrücke entstehen meist eher zufällig, indem etwa ein noch nicht getrockneter Tontopf nach dem Formen auf eine Matte oder ein Gewebe gestellt wird. Andererseits wurden in verschiedenen prähistorischen Kulturen Abdrücke von textilen Elementen auch bewusst als Zierde verwendet. Die bekannteste dieser Kulturen ist die sogenannte Schnurkeramik (Abb. 14) vom Ende der Jungsteinzeit[22]. Damals entsprach es der gängigen Ästhetik, die Tongefäße mit Eindrücken von ca. 2–3 mm dicken Schnüren zu dekorieren.

[22] vgl. Grömer und Kern 2010.

3 Definition eines Textils

Was ist nun eigentlich ein Textil? Herkömmlich meint man mit dem Begriff Textil vor allem nur den gewobenen Stoff. Nach dem Großen Textil-Lexikon, Fachlexikon für das gesamte Textilwesen, das von Paul-August Koch und Günther Satlow 1966 herausgegeben wurde, versteht man unter dem Sammelbegriff Textilien „1. die textilen Faserstoffe 2. die Halbfabrikate der Textilindustrie, Chemiefaserindustrie und Seilerei 3. die Roh- und Fertigfabrikate der verschiedenen Zweige der Textilindustrie und der Seilerei sowie 4. die aus all diesen hergestellten Fertigwaren".

Die urgeschichtliche und auch völkerkundliche Forschung fasst den Begriff ebenfalls sehr weit. Textile Techniken sind hierbei etwas genauer definiert als „in erster Linie alle jene Verfahren, die die Bildung von Stoff aus kleinen Einheiten, z. B. aus Faden, Garn, Schnur, Bast, Blättern oder Teilen davon, Ruten, Holzspänen usw. bezwecken. Es gehören dazu aber auch die Gewinnung oder Herstellung jener Ausgangsmaterialien, also z. B. die Anfertigung von Schnur, Garn oder Faden, und andererseits die Verarbeitung fertiger Stoffe (Zuschneiden, Nähen) sowie die Verzierung derselben, z. B. Sticken und Applikationsverfahren".[23]

Es werden unter Textilien weiters nicht nur gewobene Stoffe verstanden, sondern sämtliche Produkte, die aus miteinander verbundenen Grundbestandteilen bestehen. Das können Matten in Flechttechnik genauso sein wie Objekte aus Maschenstoffen, Netze oder Gezwirne. Wie weit das Feld der stoffbildenden Techniken geht, zeigt das Durchblättern der völkerkundlichen Systematiken wie der Arbeit von Annemarie Seiler-Baldinger[24] – oder für die Urgeschichte die Aufarbeitungen des Textilbestandes etwa aus den Schweizer Pfahlbausiedlungen der Jungsteinzeit[25]. Wie der Blick in das Inhaltsverzeichnis lehrt, stehen im vorliegenden Buch vor allem die Gewebe und alle damit verbundenen Arbeitsschritte im Mittelpunkt. Zudem werden die wesentlichsten Endprodukte, allen voran die Kleidung, näher betrachtet. Das Arbeitsgebiet ist dabei zeitlich und räumlich auf das prähistorische Mitteleuropa fokussiert.

---

23 Bühler-Oppenheim 1948, 84.

24 Annemarie Seiler-Baldinger 1994. Erstmals 1973 publiziert als „Systematik der Textilen Techniken", herausgearbeitet am Museum der Kulturen in Basel, Schweiz.

25 Médard 2010; 2012. – Rast-Eicher 1997, 300–328.

B Handwerkstechniken: von der Faser zum Stoff

Bei der Herstellung von Textilien wurden in prähistorischer Zeit viele verschiedene Techniken verwendet, von der Faserausbereitung über das Herstellen des Fadenmaterials, verschiedene Web- und Musterungstechniken. Als Quellen für unser Verständnis der Herstellungsprozesse dienen die Textilreste selbst, aber auch bestimmte Geräte wie auch Bild- und Schriftquellen.

B Handwerkstechniken – von der Faser zum Stoff

Die Techniken, die bei der Herstellung prähistorischer Textilien zur Anwendung kamen, erschließen sich uns auf mannigfaltige Weise[26]. Schon die überlieferten Gewebereste selbst lassen Rückschlüsse auf verschiedene Herstellungsprozesse und auf die Verwendung bestimmter Gerätschaften zu. Werkzeuge und Geräte für das Textilhandwerk sind teils reichlich im archäologischen Fundgut vorhanden, vor allem wenn sie aus haltbaren Materialien wie Stein, Ton, Knochen oder Metall gefertigt wurden. Textilgerätschaften finden sich sowohl in Gräbern als auch in Siedlungen, was besonders aufschlussreich ist. Manchmal haben wir den Glücksfall, dass etwa in einem brandzerstörten Haus Werkzeug gefunden wird. Es ist dies eine Momentaufnahme, die im besten Falle darüber Aufschluss gibt, wie mit den entsprechenden Geräten hantiert wurde.

Manches mag aus der Sicht des heutigen Betrachters im 21. Jahrhundert sehr fremd escheinen – der Blick in die Zeit unserer eigenen Groß- und Urgroßelterngeneration hilft, das prähistorische Textilhandwerk zu verstehen. Noch vor nicht allzu langer Zeit, um die beiden Weltkriege des 20. Jahrhunderts, wurden in ländlichen Gegenden Flachs und Wolle verarbeitet, in den Häusern gesponnen, gewoben und Kleidung genäht. Dies geschah oft von Hand und mit Hilfsmitteln wie Spinnrad, Trittwebstuhl und Nähmaschine. Die europäische Volkskunde, in manchen Fällen auch die außereuropäische Völkerkunde, ist daher eine reiche Informationsquelle für unser Thema.

In Kapitel A3 (S. 34) wurde bei der Definition von Textilien und Textiltechniken bereits dargelegt, dass es die verschiedensten Arten von Textilien gibt – Gewebe, Geflechte, Gezwirne, Netze etc. Im Folgenden finden vor allem die archäologischen Hinter-

[26] Siehe Bender Jørgensen 2007, 8–9. – Ræder Knudsen 2007.

lassenschaften der Jungsteinzeit bis zur Eisenzeit, die mit Geweben und deren Herstellung zusammenhängen, Erwähnung.

Nächste Doppelseite: Abb. 15: Schema Arbeitsablauf Textiltechniken

Der Arbeitsablauf (Abb. 15) beginnt (nach Zucht der Tiere und Kultivierung der Faserpflanzen) mit der Gewinnung und Aufbereitung der pflanzlichen oder tierischen Rohmaterialien, aus denen schließlich die Fäden hergestellt werden. In diesem Buch wird bei der Fadenherstellung im Detail nur auf das Spinnen eingegangen[27], weil gesponnene Fäden das hauptsächliche Grundmaterial für Gewebe stellen. Verschiedene prähistorische Webtechniken werden beleuchtet. Färben und Verzierungstechniken dienen der Aufwertung von Textilien und sind bereits mannigfaltig vor der Römerzeit nachgewiesen. Die Nacharbeit, die nach Abnahme eines Gewebes vom Webgerät erfolgt, wird als Ausrüsten bezeichnet. Schließlich folgt Nähen und Schneiderei, ein Arbeitsschritt, der aus der textilen Fläche schließlich ein Kleidungsstück oder einen Gebrauchsgegenstand formt.

Die einzelnen nötigen Arbeitsschritte (Abb. 15) sollen nun im Hinblick auf die aus der Urgeschichte nachweisbaren Funde und Befunde betrachtet werden. Jeder Tätigkeitsbereich bedarf eigener Gerätschaften – teils ist es hoch spezialisiertes Werkzeug, teils sind dies Universalwerkzeuge wie Messer, die für viele verschiedene Handwerke oder häusliche Tätigkeiten eingesetzt werden. Auch Ressourcen wie Platzbedarf, Arbeitsflächen oder spezialisiertes *know how* sind für das urgeschichtliche Textilhandwerk in Erwägung zu ziehen.

1 Rohmaterialien

Die Rohstoffe, aus denen in der Urgeschichte Gewebe gefertigt wurden, sind sehr vielfältig. Zu ihrer Erforschung bedient sich die Wissenschaft des Blickes durch das Mikroskop (Abb. 16): Sind prähistorische Textilien noch als organischer Rest erhalten, so kann die Faserstruktur im Lichtmikroskop gut erkannt werden. Pflanzenfasern und Tierhaare unterscheiden sich klar von-

27 Es gibt auch Nachweise, dass Pflanzenfasern gezwirnt worden sind: Leuzinger und Rast-Eicher 2011. – Gleba und Harris 2019.

RESOURCEN

Anbauflächen

Weideflächen **Arbeitsflächen**

Schaf
Zucht
zupfen
ausraufen

Wolle
zupfen
kardieren
sortieren
kämmen
„Vorgarn"

Spinnen
ohne Rocken

Spinnen
mit kurzem
Rocken

Spinnen
mit langem
Rocken

Anbauflächen

Tauschwaren
zur Beschaffung
der Färbemittel

evtl. Garne/Zwirne
wässern

TÄTIGKEIT

Vorbereiten ➔ **Spinnen**
evtl. Zwirnen

Weben und
Vorbereitungen ➔

GERÄTE UND VORBEREITUNGSMASSNAHMEN

evtl. Vlies färben

Flachs
Anbau und Ernte

aufbereiten,
hecheln

diverse Geräte
zum Hecheln
und Riffeln
für Flachs

Spindel
Herstellung der Spindel

Keramikwirtel:
Tongewinnung,
formen, trocknen
und brennen

Spindelstab:
Holz schneiden,
schälen,
schnitzen

Rocken
Spinnrocken herstellen
aus Holz

evtl. Garne färben

Kette schären
evtl. Muster einrichten
evtl. Gewebeanfangskant

Schärbock bzw.
Hilfsstäbe
zum Kette schären

Färbedrogen
Beschaffung / Anbau
von Färbedrogen,
Beize, Pflanzen,
tierische Farbstoffe,
importierte Farbstoffe

Gefäße
für Färbung

Brennholz
zur Befeuerung

Platz für das Webgerät

Webstuhl im Haus oder außerhalb

mobile Geräte:
Band- und Brettchenwebgerät

spezielles Know how

Arbeitsflächen

weben mit einschäftigem Webstuhl
Leinwandbindung, Panama

weben mit mehrschäftigem Webstuhl
Köpervarianten

Farbe, Spinnrichtung
Streifen,
Musterkette,
Zusatzfäden,
Metalle einarbeiten

Ausrüsten
(Walken, Aufrauhen,
Dehnen, Glätten, etc.)

evtl. Zurechtschneiden
und Nähen des Textils

Weben ➔ Verzierungstechniken beim Weben

Nachbearbeiten ➔ Nähen

Bandweben
Brettchenweben

verschiedene Dekortechniken
beim Brettchenweben

Färben des Stoffes

Verzieren der Gewebe
(Sticken, etc.)

Webstuhl, Bandwebgerät, Brettchenwebgerät
Herstellung dieser Geräte

Holzrahmen, Litzenstäbe, Halterungen

Webgewichte
aus Ton formen, brennen

Brettchen, Webgitter
schnitzen

(hölzerne) **Hilfsgeräte zum Weben**
Webschwert, Webkamm,
Webschiffchen,
Eintragsstäbe, etc.

Nähnadeln,

diverse **Messer,**
flache Unterlage
zum Schneiden

Rauhgeräte,
Rahmen zum Aufspannen
Glättsteine

einander[28]. Die bambusartigen Faserverdickungen der Bastfasern wie Flachs oder Hanf und die Schuppenstruktur der Wolle/Tierhaare sind gut erkennbar. Spezialisten können dabei – entsprechende Erhaltung vorausgesetzt – auch einzelne Tierarten voneinander abgrenzen.

Lange Zeit galten in der archäologischen Textilforschung die Fasern mineralisierter Textilien, d.h. etwa in Metallkorrosion konservierte Reste, als unbestimmbar. Im Durchlicht- oder Auflichtmikroskop ist nur eine dunkle Masse sichtbar, Einzelheiten bleiben verborgen. Erst das Rasterelektronenmikroskop[29] und seine kommerzielle Nutzung brachten hier neue Erkenntnisse. Beim Rasterelektronenmikroskop wird die Oberfläche der untersuchten Fasern zeilenförmig abgetastet und in hoher Vergrößerung bei einer außerordentlichen Tiefenschärfe sichtbar gemacht. Auf diese Weise können nun auch an schlecht erhaltenen Resten wertvolle Erkenntnisse zu den Fasermaterialien gewonnen werden.

In der späten Eisenzeit geben uns auch Schriftquellen antiker Autoren über die verwendeten Fasermaterialien Auskunft, wie etwa eine Bemerkung von Herodot über Hanf (Hdt. 4.74).

Abb. 16: Arbeit am Durchlichtmikroskop (links) und am Rasterelektronenmikroskop (rechts) am Curt-Engelhorn-Zentrum für Archäometrie der Reiss-Engelhorn-Museen in Mannheim.

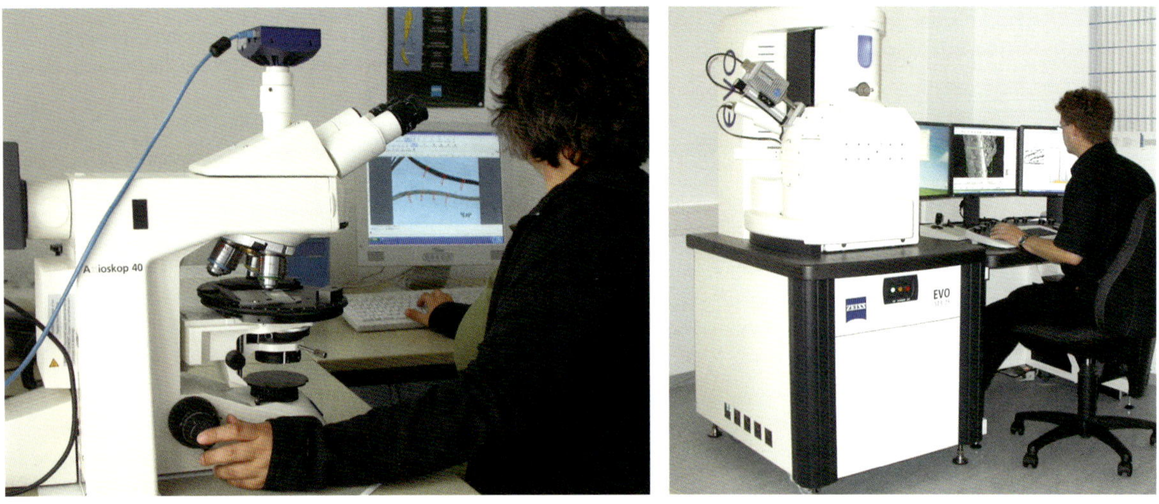

[28] z.B. Farke 1986. – Rast-Eicher 2008, 23–39. – Wülfert 1999.

[29] Siehe Analyse organischer Reste mit dem REM in: Fischer 2010, 57–58. – Rast-Eicher 2016.

Es sind vor allem Rohstoffe tierischen und pflanzlichen Ursprungs, die den prähistorischen Menschen zur Verfügung standen, um daraus Gewebe herzustellen[30].

In der Natur kommen auch mineralische Fasern vor, die zu Geweben verarbeitet werden könnten. Bekannt und ob seiner gesundheitlichen Nebenwirkungen heute in der EU verboten ist der Asbest (Abb. 17).

Im antiken Griechenland[31] hat man Asbest versponnen und verwoben, man bewunderte diesen Rohstoff vor allem wegen seiner Feuerbeständigkeit. So erfahren wir von Plinius dem Älteren (Plin. nat. 19,4): *„man hat auch Flachs entdeckt, welcher durch Feuer nicht verzehrt wird; er heißt der Lebendige, und ich habe daraus bereitete Tischtücher gesehen, welche bei Gastmählern auf dem Herde brannten, und nachdem der Schmutz verzehrt war, sauberer waren, als das Wasser sie gemacht haben würde* [...] *Anfangs stand er mit den besten Perlen in gleichem Preise. Die Griechen nennen ihn seiner Eigenschaft wegen, Asbest* [Anm. *asbestos* – unvergänglich]." In Unkenntnis der Gesundheitsgefährdung fertigte man aus Asbestgeweben Handtücher, Tischdecken, Kopftücher und Totenkleidung – wie passend, möge der Zyniker anmerken.

Abb. 17: Mineralfasern, amphibol Asbest aus Uri in der Schweiz, Inv. Naturhistorisches Museum Wien W A.I.160.

[30] vgl. Barber 1991. – Harris 2010; 2012. – Rast-Eicher 2016. – Zuletzt div. Artikel in Gleba und Mannering 2012.

[31] Pekridou-Gorecki 1989, 31–32.

Die Verwendung mineralischer Fasern ist bisher für die Urgeschichte nicht belegt. Es wurden aber Metallfäden (streifen- oder drahtförmig) verwendet, um als Musterelement in Gewebe eingearbeitet zu werden (Details siehe Kapitel B6.3, S. 192).

Chemiefasern wie Viskose, Nylon oder Polyester, die heutzutage die Textilindustrie prägen, wurden erst zu Beginn des 20. Jahrhunderts entwickelt und seit den 1960er und 1970er Jahren in immer größerem Umfang produziert[32].

1.1 Pflanzliche Fasern

Der Mensch verstand es bereits im Paläo- und Mesolithikum, pflanzliche Rohstoffe für die Herstellung textiler Flächen wie Matten, Netze etc. zu nutzen. Viele dieser Produkte basierten auf gedrehten Fäden, die mittels Flecht-, Netz- und Zwirntechniken weiterverarbeitet wurden[33]. Die Kenntnis um die Eigenschaften von Gräsern, Baumbasten und Faserpflanzen, ihre Vorbereitung und ihre Verarbeitung hat also eine lange Tradition. Eine Tradition, die dann von den frühen Bauern im Neolithikum um die neue Technik der Weberei erweitert wurde. Von den pflanzlichen Fasern ist in der mitteleuropäischen Urgeschichte vor allem der Flachs wichtig. Daneben wurden aber noch weitere Pflanzen wie Hanf oder Brennnessel zur Gewebeherstellung verwendet.

Bei der folgenden Besprechung der Faserpflanzen wird immer wieder auf archäobotanische Untersuchungen verwiesen. Die Archäobotanik ist jene Wissenschaft, die sich mit Pflanzenresten aus archäologischen Ausgrabungen beschäftigt. Sie kann also Hinweise darauf geben, wann welche Kulturpflanzen kultiviert und verwendet wurden und wo sie verbreitet waren.

32 vgl. Eberle et al. 1991, 30, 33.

33 Rast-Eicher 1997, 2005. – Rast-Eicher und Dietrich 2015. – Soffer et al. 2000.

Die Kulturpflanze Flachs

Der Flachs *(Linum usitatissimum)* ist eine vielseitige Kulturpflanze, was schon die überschwängliche Bezeichnung der Botaniker „*usitatissimum* – der Allernützlichste" andeutet. Er liefert sowohl Fasern als auch Öl, das aus den Samen gewonnen wird. Durch Auslese und Züchtung in diese beiden Richtungen sind heutzutage verschiedene Faserleine und Ölleine bekannt[34].

Die Flachspflanzen mit sehr pflegeintensivem Anbau sind meist einjährig, es gibt aber auch mehrjährige Sorten, die durchaus in der Jungsteinzeit verwendet worden sein könnten[35]. Die einzelnen Pflanzen sind je nach Sorte und Gegend im Schnitt ca. 60 bis 90 cm hoch, können auch größer werden. Die Gespinstfasern des Flachses[36] sind in die Stängelrinde eingebettet. Dabei sind die Fasern zu Bündeln zusammengefasst, die Einzelfasern des prähistorischen Flachses haben eine Länge von 4 bis 10 cm und eine Stärke von durchschnittlich 14,9 μm.

Die Wildform unseres Kulturleines, der schmalblättrige Wildlein *(Linum bienne)*, kommt im Mittelmeergebiet, in Nordafrika und Vorderasien vor. Auch die Fasern des Wildleines könnten versponnen werden. Flachs als Kulturpflanze gelangte – ähnlich wie viele andere Errungenschaften des Neolithikums – aus dem Süden zu uns. Die ältesten Hinweise auf diese Kulturpflanze zur Faserherstellung stammen aus dem Nahen Osten, aus dem Akeramischen Neolithikum um 9.000 v. Chr. Dies sind Pflanzenreste des kultivierten Flachses aus Jericho sowie Leinengewebe aus der Nahal-Hemar-Höhle in der Nähe des Toten Meeres.

Durch seine Widerstandsfähigkeit – er gedeiht auch in den eher ungünstigen Klimata und Böden der Mittelgebirgslagen – konnte sich der Flachs ebenso wie Emmer und Einkorn bei uns durchsetzen. Geschätzt wurde er wegen der Fasern und wegen der Samen zum Ölpressen. Lein wurde in der Urgeschichte auch gegessen, wie Krusten von verkohlten Leinsamen auf spätneo-

34 Körber-Grohne 1994, 366–379, auch zur Geschichte des Leines und zu archäologischen Funden von Flachs.

35 Karg 2020.

36 Körber-Grohne 1994, 370–371. – Leuzinger und Rast-Eicher 2011, 3643–3646.

Als Abbildung einer Flachspflanze wird hier ein über 200 Jahre alter Herbarbeleg (Abb. 18) herangezogen, wie sie als Archiv der Pflanzenkunde millionenfach in der Botanischen Abteilung des Naturhistorischen Museums in Wien aufbewahrt werden. Informationen über Pflanzen, deren Aussehen und Nutzung werden seit dem Beginn der Neuzeit durch Kupferstiche und Aquarelle festgehalten. Seit etwa 500 Jahren werden auch Herbarien angelegt. Pflanzen werden sorgfältig getrocknet und gepresst und dann auf dünnen Kartons oder lose in Papier-Briefchen aufbewahrt. Etiketten über Herkunft, Sammler und Funddatum ermöglichen dem Wissenschaftler einen Blick in die Vergangenheit und geben mitunter Aufschluss über Veränderungen in der Umwelt.

lithischen Topfscherben aus der Schweiz belegen[37].

Im archäologischen Fundgut aus den prähistorischen Siedlungen in Mitteleuropa begleitet uns der Flachs ab der Jungsteinzeit[38]. Seit der ältesten Bandkeramik wird diese Pflanze in Mitteleuropa angebaut. Besonders gut erforscht ist die Nutzungsgeschichte der Kulturpflanzen des Neolithikums und der Bronzezeit am Zürichsee in der Schweiz. Hier erreicht der Anbau des Flachses einen Höhepunkt im Spätneolithikum, besonders in der Horgener Kultur im 33. Jahrhundert v. Chr.[39] Dies geht Hand in Hand mit zahlreichen Funden von Hechelzähnen zur Flachsaufbereitung und mit Funden von Leinengeweben.

Kann nun für eine prähistorische Siedlung der archäobotanische Nachweis für Flachs erbracht werden, so ist also primär nicht klar, ob die dort ansässigen Menschen diese Pflanze der Faser oder des Öles wegen angebaut haben – wenn auch eine Synergienutzung wahrscheinlich ist. Die gesamte jungsteinzeitliche Textilproduktion beruht auf der Verarbeitung von Pflanzenmaterialien, was eine Fortführung der Tradition aus der Alt- und Mittelsteinzeit darstellt.[40] Lein ist auch in der Bronze- und Eisenzeit durch mehrere archäobotanische Hinweise belegt[41], ein Beispiel für Österreich ist die latènezeitliche Siedlung mit Heiligtum in Roseldorf in Niederösterreich.

37 Jacomet et al. 1990, 81–90.

38 Gleba 2012, 219–221. – Gleba und Harris 2019. – Kohler-Schneider 2007. – Lüning et al. 1997, 58–59.

39 Rast-Eicher 1997.

40 Bender Jørgensen 2013b. – Gleba und Harris 2019. – Rast-Eicher 2005, 117–120.

41 vgl. Roseldorf: Caneppele, Heiss und Kohler-Schneider 2010. – Allgemein Funde zur Bronze- und Eisenzeit: Lüning et al. 1997, 163.

Abb. 18: Herbarbeleg einer Flachspflanze (*Linum usitatissimum*), coll. Portenschlag, um 1800. Die ursprünglich blauen Blüten der Flachspflanze sind vergilbt.

Als frühbronzezeitliche Beispiele von Leinengeweben mögen die Funde aus den Feuchtbodensiedlungen Norditaliens dienen, wie jene schön gestalteten Leinenbänder vom Lago di Ledro[42]. Aus Hallstatt in Österreich[43] kennen wir mittelbronzezeitliche Leinengewebe. Wenn in der Hallstattzeit in Mitteleuropa die Wollgewebe überwiegen, so verwenden die Menschen der späten Eisenzeit (Latènezeit) auch Textilien aus Flachs. Namhafte Funde dazu wären das berühmte bestickte Leinen (Abb. 120, S. 211) aus Nové Zamky in der Slowakei[44], oder die Leinengewebe vom Dürrnberg bei Hallein in Österreich[45].

Das aus Wolle und Flachs bestehende Mischgewebe aus Unterteutschenthal, Deutschland[46] ist nach neuer Datierung neuzeitlich. Flachsfäden als Nähmaterial für Wolltextilien sind etwa bei der Hose der um 1900 entdeckten Moorleiche von Damendorf aus der römischen Kaiserzeit bekannt[47]. Die Verwendung von Flachs als Nähfaden ist durch die Stabilität und Reißfestigkeit des Materials erklärbar.

Flachsfasern sind gut zu glatten, glänzenden Fäden zu verspinnen, was wiederum verwoben einen festen, robusten Stoff ergibt. Flachs wirkt durch die hohe Wärmeleitfähigkeit der Fasern kühlend. Die blassgrauen bis hellbraunen Fasern lassen sich gut zu einem hellen bis weißen Farbton bleichen, das Einfärben des Materials bereitet hingegen Schwierigkeiten.

Die Faserpflanze Hanf

Hanf *(Cannabis sativa)* (Abb. 19) taucht seltener als Rohmaterial archäologischer Textilien auf. Vor allem im mineralisierten Zustand ist Hanf selbst im Rasterelektronenmikroskop (Abb. 20/2) schwer von Flachs zu unterscheiden. Die üblichen Materialbestimmungstests an rezentem Material wie Brennprobe,

42 Bazzanella et al. 2003, 161–171. – Bazzanella 2012.

43 Grömer 2012. – Grömer et al. 2013a.

44 Belanová 2005, Abb. 3–4, Belanová- Štolcová 2012. – Štolcová, Zajonc und Grömer 2021.

45 Stöllner 2005, Abb. 9.

46 Früher als bronzezeitlich datiert, Neudatierung siehe Hertel und Grömer 2019.

47 Van der Sanden 1996, 127, Abb. 176.

Anfärbereaktion etc. können an archäologischen Textilresten nicht durchgeführt werden. Daher wird in den letzten Jahrzehnten bei der Analyse archäologischer Textilien meist eher die neutrale Bezeichnung „Bastfaser" angegeben – wenn nicht klar ist, ob es sich bei einer Faser um Flachs, Hanf, Brennnessel oder ähnlichem handelt. Es ist durchaus möglich, dass sich hinter so manchem alt publizierten „Flachstextil" eigentlich ein Gewebe aus Hanf verbirgt. Bei ausreichend guter organischer Erhaltung eines Textils können Tests im Durchlichtmikroskop mehr Klarheit bringen[48].

Die einjährige Hanfpflanze[49] bildet nur einen dicken Stängel aus, der je nach Sorte und Gegend 1,2 bis 3 (5) m hoch werden kann. Hanf ist heutzutage vor allem als Rauschpflanze zur Herstellung der Droge Marihuana ein Begriff – wobei der Indische Hanf *(Cannabis indica)* die meisten halluzinogenen Wirkstoffe enthält. Moderne Züchtungen von Nutzhanf mit nur geringen Spuren des psychoaktiven Wirkstoffes Tetrahydrocannabinol werden seit einigen Jahren auch wieder in Mitteleuropa als Faserpflanzen kultiviert, während der Anbau des „Rauschhanfes" wegen der Gefahr des Drogenmissbrauchs weitgehend verboten ist.

Die Gespinstfasern des Hanfes unterscheiden sich nach ihrer Position in der Pflanze. Der untere Teil des Stängels bildet mehrere Bastfaserringe aus, der obere weniger. Im äußeren Ring sind die Fasern mit ca. 50 bis 70 μm Durchmesser gröber als im inneren Ring mit 12 bis 30 μm. Diese sind im Mittel sogar feiner als Flachsfasern und man kann mit ihnen feine Textilien herstellen. Aus den gröberen, sehr widerstandsfähigen und scheuerfesten Fasern des äußeren Ringes fertigte man Seile und gröbere, feste Stoffe an. In geschichtlicher Zeit wurden diese groben Stoffe wegen ihrer besonderen Haltbarkeit zu Segeltuch, Zelten, Feuerwehrschläuchen und Postsäcken verarbeitet.

48 Der „Herzog-Test" kann beispielsweise dazu eingesetzt werden, Bastfasern wie Flachs und Hanf voneinander zu unterscheiden. Die Unterscheidung ist möglich, da die Zellulosefibrillen bei diesen Fasern in der Zelluloseschicht Sekundärwand 1 unterschiedlich angeordnet sind. Daher ist im polarisierten Licht eine unterschiedliche Abfolge der Interferenzfarbe Rot und Blau bei Drehung der Fasern in Orthogonalstellung zwischen gekreuzten Polarisatoren und eingeschaltetem Lambdablättchen zu sehen. Nach Wülfert 1999, Polarisationsmikroskopie 283–293, zum Herzog-Test bes. 290–293.

49 Allgemein zum Hanf und seiner Geschichte bei Körber-Grohne 1994, 379–391.

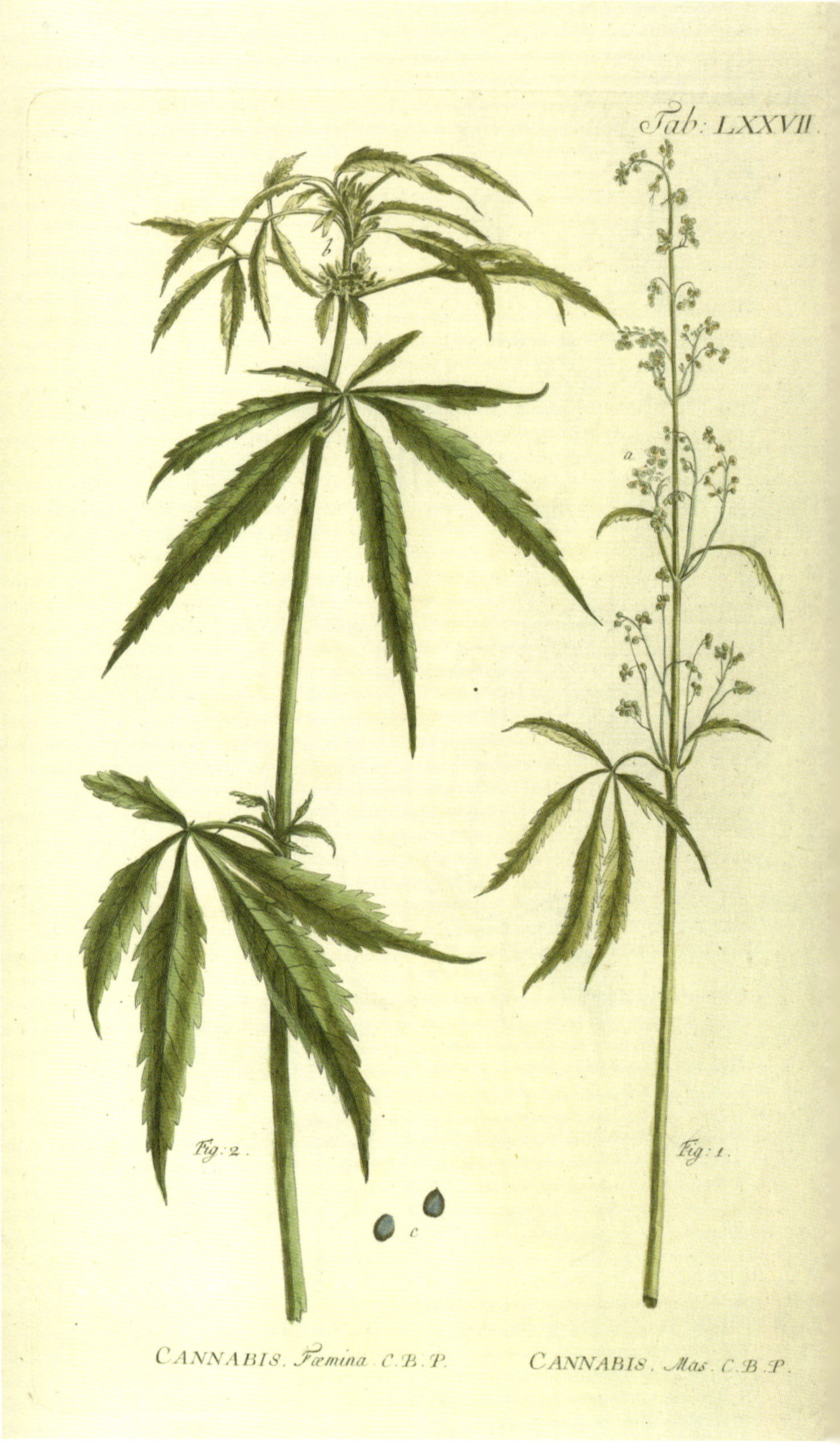

Abb. 19: Weibliche und männliche Hanfpflanze (*Cannabis sativa*): Kolorierter Kupferstich aus Miller 1782.

Sichere Nachweise für Hanf stammen aus dem frühkeltischen Fürstengrab von Hochdorf um 500 v. Chr.[50] Der Tote war in seiner Grabkammer auf einer Bronzeliege (Kline) niedergelegt worden. Auf dieser wurden mehrere Gewebe aus Hanfbast entdeckt, die als Auflage und Polsterung dienten. Der Hanfbast aus Hochdorf wurde nach den Untersuchungen von Udelgard Körber-Grohne nicht aus reinen Fasern hergestellt, sondern die Stängelrinde wurde in schmalen Streifen abgezogen, versponnen und verwoben. Dabei erreichte man Fadenstärken zwischen 0,2 bis 0,7 mm. Zuunterst lagen ein als Schussrips gewobenes sowie ein gestreiftes Hanfbastgewebe. Darauf fand sich eine Matratze mit einem aus Hanfbastgewebe gefertigtem Bezug und als Füllung eine Polstermasse aus Dachshaar und Pflanzenteilen. Ebenso konnten in Hochdorf Brettchengewebe gefunden werden, für deren Fertigung man Hanfbaststreifen und feine Wollfäden verwendete.

Johanna Banck-Burgess[51] recherchierte aufgrund der außergewöhnlichen Gewebe aus Hochdorf und konnte weitere Hanfgewebe aus der jüngeren Hallstattzeit und beginnenden Latènezeit ausfindig machen: so in Frankreich, Chavéria oder Saint-Colombe oder in Tschechien, Prag-Záběhlice oder Stehelčeves. Udelgard Körber-Grohne[52] berichtet auch von einem Seil aus Hanfbast, das im Salzbergwerk Dürrnberg bei Hallein gefunden wurde.

Für die indogermanischen Stämme im Balkanraum finden sich zu dieser Nutzpflanze auch schriftliche Nachrichten aus dem 5. Jahrhundert v. Chr. So berichtet etwa Herodot (490/480 bis 424 v. Chr.) in seinen Historien, dass die Thrakerinnen es verstanden, aus Hanffasern Kleider von ähnlicher Qualität wie Leinen zu weben (Hdt. 4,74).

---

50 Banck-Burgess 1999, 82–84, 100–101. Zu den Hanfbastgeweben und ihrer Funktion in der Grablege.

51 Banck-Burgess 1999, 83 zu Vergleichsfunden.

52 Körber-Grohne 1994, 385.

Brennnessel

Auch die Brennnessel *(Urtica dioica)*[53] wurde versponnen und zu Geweben aufbereitet. Was in heutigen Ohren eher befremdlich klingt, war noch vor gar nicht allzu langer Zeit durchaus gebräuchlich. So wurde etwa während des Zweiten Weltkrieges die Brennnessel in Deutschland und Österreich in großem Stil angebaut. Aus den Brennnesselstoffen fertigte man Kleidung und vor allem auch strapazierbare Uniformen für das Heer an. Da jedoch die Brennnessel nicht sehr ertragreich ist, wurde dieses Material im Zuge der Industrialisierung verdrängt – außer in wirtschaftlichen Notzeiten. Wildpflanzen haben einen Faseranteil im Stängel von nur 5 %, hochgezüchtete Sorten erreichen 15 %. Im Vergleich dazu hat Hanf einen Faseranteil zwischen 10 % bei Wildsorten und bis zu 40 % bei hochgezüchtetem Faserhanf. Im Mittelalter hat man aus Brennnessel vor allem Segel und Fischernetze hergestellt.

Die Brennnessel wächst auf sehr nährstoffreichen Böden z. B. in Auwäldern. Sie begleitet den Menschen seit den frühen Ackerbauern, da sie als Siedlungsfolger an Abhängen, in Siedlungen auftaucht, überall dort, wo der Mensch durch seine Aktivität freie Flächen schuf. Schon in bandkeramischen Siedlungen sind von Archäobotanikern Brennnesselpflanzen[54] gefunden worden, etwa in Mold in Niederösterreich. Besonders viele Pflanzen (über 200 Stück) wurden bei der mittelneolithischen Kreisgrabenanlage Kamegg in Niederösterreich gefunden. Prinzipiell gilt auch hier, dass allein das Vorhandensein dieser Pflanze noch nicht als Beleg für die Nutzung als Faserlieferant bürgt. Da die Methode, aus Stängeln von Flachs und Hanf Fasern zu gewinnen, ab der Jungsteinzeit bekannt war, wurde wahrscheinlich diese Technik der Aufbereitung auch auf die Brennnessel angewandt.

Ein echtes Gewebe aus Brennesselfasern ist aus Lusehøj in der Nähe von Voldtofte[55] in Dänemark überliefert. Es ist ein dichtes,

---

53 Allgemeine Angaben zur Brennnessel nach Bredemann 1959. – Siehe auch Barber 1991, 19–20.

54 vgl. Kohler-Schneider 2007 zu verschiedenen österreichischen Fundstellen sowie zu Kamegg. – Zu Mold: Kohler-Schneider, Caneppele und Geihofer 2008, 113–115.

55 Hald 1980, Abb. 117. – Mannering et al. 2012, 97, Abb. 3.3. – Neue Analysen: Bergfjord et al. 2012.

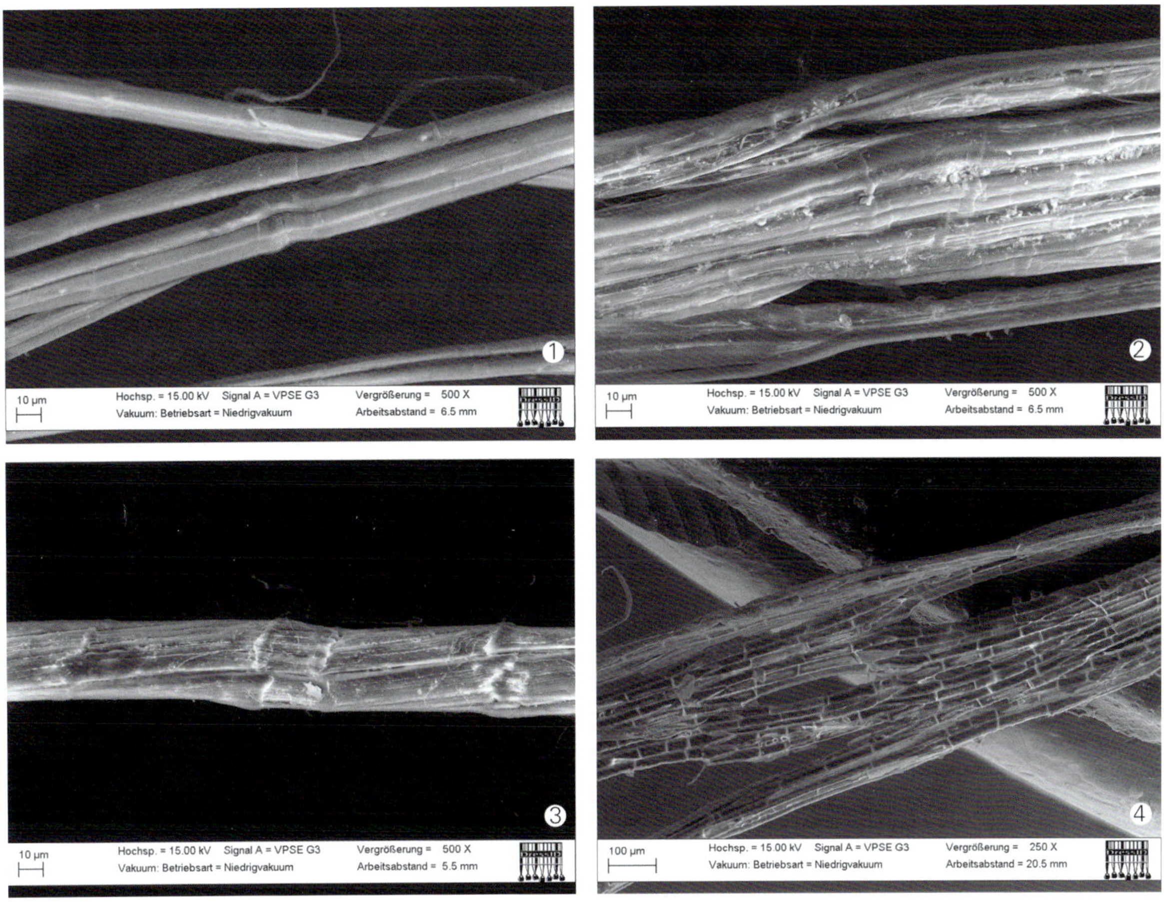

Abb. 20: Proben von Pflanzenfasern im Rasterelektronenmikroskop:
1 Flachs,
2 Hanf,
3 Brennessel,
4 Lindenbast.
Curt-Engelhorn-Zentrum für Archäometrie der Reiss-Engelhorn-Museen in Mannheim.

feines leinwandbindiges Gewebe und datiert in die Periode V der Nordischen Bronzezeit (ca. 900 bis 750 v. Chr.), was in Mitteleuropa schon in den Beginn der Eisenzeit fällt. Nach Analysen von Strontium-Isotopen stammt die Brennnessel aus Gebieten mit präkambrischem Gestein. Es wurde argumentiert, dass sie aus dem kärntnerisch-steirischen Raum Österreichs kommt.

Außerdem konnte anhand einer genauen Untersuchung der textilen Ausstattung der Frau von Huldremose (Huldremose I, 192–61 v. Chr.) festgestellt werden, dass sie auch ein Kleidungsstück aus Brennnesselfaser trug[56].

---

56 Gleba und Mannering 2010. – Mannering et al. 2012, 103–104.

Baumbast

Baumbaste wie von Linde *(Tilia)* (Abb. 20/4 und 21) oder Eiche *(Quercus)* wurden vor allem im Neolithikum für verschiedenste textile Techniken, besonders in der Seilerei, für Netze oder Zwirnbindung eingesetzt. Diese Fasern wurden meist direkt mit den Händen verarbeitet, also verdreht und verzwirnt. In Arbon Bleiche 3[57] konnte jedoch vom Archäologen Urs Leuzinger ein besonderer Fund getätigt werden: In der Kulturschicht von Haus 3 der Feuchtbodensiedlung, dendrochronologisch datiert zwischen 3.384 bis 3.370 v. Chr. (Übergangszeit zwischen der Pfyner und Horgener Kultur), fand man eine komplett erhaltene Spindel (Abb. 38, S. 84). Der Spindelstab war aus Hasel geschnitzt, der tönerne Wirtel noch aufgesteckt sowie das Spinngut aufgewickelt. Die Analyse ergab, dass es sich bei Letzterem um Lindenbast handelte. Die erstaunliche Erkenntnis: Man verstand es in der Jungsteinzeit auch, Baumbaste (hier Linde) so gut aufzubereiten, dass daraus ein feiner Faden von 0,7 mm Durchmesser gesponnen werden konnte.

Gewebe aus Baumbasten wurden in der mitteleuropäischen Urgeschichte erst selten entdeckt. So vermeldet die Schweizer Textilarchäologin Antoinette Rast-Eicher ein Gewebe aus Lindenbast aus Zürich-Mythenquai, das in die Zeit der Schnurkeramik am Ende der Jungsteinzeit datiert[58]. Aus Norditalien, Valle delle Paiole, sind 23 Fragmente eines leinwandbindigen Gewebes aus der Früh-/Mittelbronzezeit bekannt, das aus Fäden in Wolle und Baumbast gefertigt sein soll.[59]

Es wurden aus Lindenbast teils sehr feine flächige Stoffe in Zwirntechnik hergestellt, die in ihrer Feinheit gewobenen Stoffen in nichts nachstehen. Als Beispiel sei ebenso wieder auf die spätneolithischen Siedlungen am Zürichsee in der Schweiz verwiesen.[60] Das feuchte Milieu ermöglichte die Erhaltung von 23 Textilfragmenten aus Baumbast, die in Leinwandbindung mit ei-

57 Leuzinger 2002, 119, Abb. 147/3.

58 Rast-Eicher 1997, 315.

59 Nach Bazzanella et al. 2003, 198: Z-Zwirne. – Bazzanella 2012, Abb. 8.11.

60 Rast-Eicher 1997, 317–318.

Abb. 21: Lindenbast: Nach vier- bis sechswöchigem Rotten in Wasser lassen sich die inneren Bastschichten ablösen, die äußeren brauchen länger.

ner Fadenstärke von 0,5–1 mm gewebt wurden und wahrscheinlich allesamt zum selben Textil gehören.

Das Verspinnen und Verweben von Lindenbast zu Kleidungszwecken ist auch durch volkskundliche Überlieferung aus Lettland bekannt. Es wurden so Männerarbeitskleidung, Schürzen und Frauenröcke hergestellt[61].

1.2 Tierische Fasern

Der prähistorische Mensch bewies größte Kreativität im Einsatz verschiedenster tierischer Haare für Textilarbeit. Es eignen sich viele Tierhaare, die eine gewisse Stapellänge aufweisen, für eine Verarbeitung mittels Spinnen und/oder Weben – allen voran die Wolle des Schafes.

[61] vgl. dazu Bielenstein 1935, 19–27.

Manchmal geht die Forschung auch Irrwege. Als am Beginn der 1960er Jahre die Textilreste aus dem hallstattzeitlichen Fürstengrab von Hohmichele, Kreis Biberach in Deutschland, untersucht wurden, fielen feine Fadenreste auf, die als „Stickerei" ein komplexes Muster aus Winkeln, Haken, Mäandern und Dreiecken auf einem Wollripsfragment bildeten. Diese Musterfäden waren fein, gepaart mit heller, papierartig verseifter Oberfläche. Daher wurden sie vom Verfasser der textilkundlichen Berichte Hans-Jürgen Hundt für Seide gehalten, obwohl damalige naturwissenschaftliche Analysen einer Botanikerin die Fäden eher als pflanzlich ansahen*. Hundt stellte auch an gemusterten Geweben aus dem Fürstengrab Hochdorf Fäden mit ähnlicher heller, papierartig verseifter Oberfläche fest, was er ebenfalls als Seide interpretierte. Weitreichende Theorien (etwa über Handel auf der Seidenstrasse bis Mitteleuropa) wurden auf dieser Erkenntnis aufgebaut. In den 90er Jahren des 20. Jahrhunderts wurden diese Faserreste von Karlheinz Mann aus dem Max-Planck-Institut für Biochemie, Martinsried bei München, abermals mit modernen Mitteln unt**ersucht[27]. Man wollte mittels Aminosäurenanalyse das tierische Eiweiß nachweisen, das dieses Produkt einer Seidenraupe ja haben müsste. Aufgrund dieser Tests ist aber auszuschließen, dass es sich um Seide handelt. Es dürften vielmehr außerordentlich fein aufbereitete pflanzliche Fasern sein. Nach derzeitigem Forschungsstand gibt es also bislang keine Hinweise dafür, dass in der Späthallstatt/Frühlatènezeit kultivierte Seide nach Mitteleuropa, in das Gebiet nördlich der Alpen eing*** ırt wurde.[28] Man sieht, Textilarchäologie kann so spannend sein wie die beliebten amerikanischen TV-Serien zur Forensik.

* Hundt 1962, 206–208, mit Gutachten von A. Küntzel, M. Hopf und V. Thron. 213–215. Interpretation der Seidenfunde.

** In: Banck-Burgess 1999, 234–237, auch zur Forschungsgeschichte dieser Funde.

*** vgl. Bender Jørgensen 2013a, mit Diskussion rezenter Analysen von Irene Good.

Schafwolle

Mit den ersten Bauern in der Jungsteinzeit kamen auch Haustiere wie das Schaf nach Mitteleuropa, deren Domestikation in den vorderasiatischen Bergländern im Gebiet des Fruchtbaren Halbmonds erfolgte.

Knochen von Schaf und Ziege sind ab der Linearbandkeramik, ab den frühesten Bauernkulturen, bis in die Eisenzeit regelmäßig in den Siedlungen zu finden. Ihr Anteil gegenüber anderen Haustieren schwankt durch die Zeiten. Anhand der Knochen lassen sich die verschiedenen Phasen der Domestikation und auch die Einfuhr neuer Rassen nachvollziehen.[62]

Das Schaf (Abb. 22) war in der Urgeschichte ein viel genutztes Haus- und Wirtschaftstier, sein Fleisch und die Milch dienten als Nahrung. Die Wolle wurde versponnen und verwoben, Leder sowie Fell waren und sind begehrt. Selbst aus Knochen und Sehnen wurden noch Geräte gefertigt. Doch war das Schaf von Anfang an vor allem als Wolllieferant gefragt?

62 Barber 1991, 20–30. – Becker et al. 2020. – Benecke 1994, 228–238. – Breniquet 2020. – Grömer und Saliari 2018. – Lüning et al. 1997, 69, 84–86, 165–167. – Nikulina und Schmölcke 2020

Beim Knochenmaterial aus Siedlungen lässt sich von der Archäozoologie in gewissem Maße bestimmen, zu welchem Zweck die Tiere gehalten wurden. Wurden sie in sehr jungem Alter geschlachtet, so stand sicher die Fleischproduktion im Vordergrund. Woll- und Milchnutzung ist hingegen wahrscheinlich, wenn ein großes Quantum von Resten älterer weiblicher Tiere im Fundspektrum auftaucht.

Die frühesten Schafrassen hatten noch ein sehr kurzes Haarkleid, wie wir es auch von Wildtieren kennen. Das Wollschaf erreichte Mitteleuropa wahrscheinlich erst im Spätneolithikum. Eine kleine Figur eines Widders aus dem Namen gebenden Fundort der Jordansmühler Kultur in Polen um 4.300 bis 3.900 v. Chr. zeigt ein männliches Schaf mit längeren Haaren[63]. Osteologisch ist zu beobachten, dass im Spätneolithikum offenbar eine großwüchsige Schafrasse (Wollschafe?) aus Vorderasien oder den osteuropäischen Steppengebieten nach Mitteleuropa eingeführt wurde[64], wenn sich auch in manchen Gegenden noch länger kleinwüchsige Populationen von Haarschafen hielten, so beispielsweise im Gebiet der spätneolithischen Mondseekultur in Oberösterreich.[65]

Abb. 22: Soay-Schafe, eine urtümliche Schafrasse.

63 Müller-Karpe 1974, Taf. 458/B3.

64 Becker et al. 2020. – Breniquet 2020. – Lüning et al. 1997, 69, 85.

65 Pucher und Engl 1997, 22–27, 76–78. – Grömer und Saliari 2018.

Die Verwendung von Wollfasern ist ein Aspekt der *„Secondary Products Revolution"*.[66] Da die neuen Materialien für Stoffe vor allem von domestizierten Pflanzen- und Tierarten stammten, war die Verfügbarkeit abhängig von der Wirtschaft und Verwendung der Landschaft. Tierhäute werden nur nach der Tötung des Tieres gewonnen (Primärprodukt), wohingegen Schafwolle (Sekundärprodukt) oder Flachsfasern Jahr für Jahr gewonnen werden können.[67]

Das Vlies des Schafes unterlag einem langen Prozess züchterischer Entwicklung. Haarschafrassen (wie das heutige Mufflon in Sardinien, das eine verwilderte Form des frühen domestizierten Schafes ist), haben etwa 6 cm lange, gröbere Oberhaare. Wie bei Wildtieren verdecken diese die kürzere, feinere Unterwolle des Haarkleides. Die feine Wolle war aber das Objekt der Begierde, da sie sich im Gegensatz zu den steiferen Oberhaaren gut verspinnen lässt. Eines der züchterischen Bestrebungen des Menschen war es also, die Länge jener feinen Unterwolle zu beeinflussen. Außerdem sollte sich durch Zucht die Anzahl der groben Haare reduzieren. Die daraus resultierende Mischung des Vlieses aus groben und feinen Haaren ermöglicht es, Wolltypen und auch Schafrassen voneinander zu unterscheiden. Für diese komplexen Fragen sei auf die Arbeiten von Michael Ryder und vor allem auf die Neuinterpretation von Antoinette Rast-Eicher verwiesen[68], die mittels Wollfeinheitsmessungen den Faserqualitäten der urtümlichen Schafrassen auf der Spur sind.

Wird eine Probe von 100 Wollfasern eines Garns gemessen und die Verteilung der Faserdurchmesser als Histogramm aufgezeichnet, können Schlüsse zum Charakter des Vlieses von dem die Wolle stammt und zum Verarbeitungsprozess gezogen werden.

Was erzählen uns die Textilreste selbst? Die Gewebe der Jungsteinzeit sind fast ausschließlich aus pflanzlichem Material hergestellt worden. Es ist dabei allerdings zu bedenken, dass dies an den Erhaltungsbedingungen liegen mag: Der Großteil der

66 Sherrat 1981, 159, 180–181.

67 Siehe Harris 2012, 82.

68 Rast-Eicher 2008; 2012, 386, 392–395. – Ryder 1982, 1997.

fraglichen Textilien stammt aus Feuchtbodensiedlungen, in denen tierisches Material nicht überdauern kann.

Zu den frühesten überlieferten Wolltextilien[69] gehört etwa ein verkohltes Wollgewebe aus Clairvaux-les-Lacs in der Schweiz (um 2.900 v. Chr.). Ein weiterer Fund stammt aus Norddeutschland, Wiepenkathen, und datiert um 2.400 v. Chr. Es ist dies ein Flintdolch mit komplett erhaltener Lederscheide und Holzgriff, wo ein Stück Textil unter das Holz des Griffs gesteckt wurde. Es handelt sich um ein Wolltextil mit 1,6–2 mm Fadenstärke.

Selbst in der Frühbronzezeit ist der Anteil an Leinengeweben noch sehr hoch, ab dem 16. Jahrhundert v. Chr. sind dann vermehrt Wolltextilien fassbar[70]. So ist etwa der Großteil der mittelbronzezeitlichen Gewebe aus dem Salzbergwerk Hallstatt oder vom Kupferbergbau Mitterberg, beide in Österreich, aus Wolle. Der Blick nach Nordeuropa zeigt, dass die berühmten vollständigen Gewänder aus den Baumsärgen in Dänemark, welche aus der Zeit zwischen dem 14. und 12. Jahrhundert v. Chr. stammen, aus Wolle gefertigt wurden.

In der Hallstattzeit sind Textilien aus Schafwolle sehr beliebt – verwiesen sei hier nur auf die Funde aus dem Salzbergwerk Hallstatt oder die zahlreichen eisenzeitlichen Gewebefunde aus der Schweiz, die Antoinette Rast-Eicher (2008) kürzlich vorgelegt hat. Auch in den Siedlungen sind regelmäßig Schafknochen zu finden, so in der hallstattzeitlichen Siedlung von Göttlesbrunn in Niederösterreich[71]. Im Laufe der Latènezeit sind dann wieder Leinengewebe häufiger.

Weitere mögliche Methoden, die hier angewendet werden können, sind Strontium Isotopen- und DNA-Analysen[72] – beide erst vor kurzem entwickelt und an Wolle erprobt, um zum Beispiel die Herkunft des Rohmaterials archäologischer Textilien

---

69 Allgemein: Bender Jørgensen 1992, 51, 224 und Abb. 138. – Rast-Eicher und Bender Jørgensen 2013. – Clairvaux-les-Lacs: Hundt 1986.

70 Baumsargfunde: Hald 1980. – Mannering et al. 2012, 97. – Mitterberg und Hallstatt: Grömer 2014. – Rast-Eicher 2013.

71 Pucher 2004, 309–311.

72 Siehe Frei 2013. – von Holstein 2013.

zu identifizieren. Beim Huldremose Textil, Dänemark (Huldremose II, „Peplos", 180–50 v. Chr.), konnte sowohl eine lokale als auch eine nicht-lokale Herkunft der Wolle festgestellt werden.[73]

Sonstige Haare von Haustieren

Die **Ziege** gehört zusammen mit dem Schaf zu den ältesten Haustieren des Menschen. Auch bei der Ziege bietet das Haarkleid die Möglichkeit, in Form von Fell oder Wolle zu Bekleidung und Gebrauchsgegenständen verarbeitet zu werden. Römische Schriftquellen geben ebenfalls über Ziegenhaltung Auskunft, so bei Columella. Hier erfährt man, dass Ziegen auch geschoren wurden und Wert auf ein langes, dichtes Haarkleid gelegt wurde (Columella 7,6).

Ziegenhaar verarbeitete man besonders zu Stricken und Seilen. In urgeschichtlicher Zeit lässt sich in Europa umfangreiche Ziegenhaltung vor allem in den Gebirgsregionen Südwest- und Südosteuropas und im Alpengebiet belegen[74].

Ziegenhaar (Abb. 23/2) wurde bisher erst selten bei archäologischen Textilien identifiziert. Wie schon bei der Unterscheidung von Lein und Hanf angesprochen, so ist auch die feine Wolle von Ziege und Schaf schwer auseinander zu halten. Möglicherweise verbergen sich unter manchen (Schaf-) Wolltextilien eigentlich solche aus feinem Ziegenhaar.

Besonders spektakuläre Textilien aus Ziegenhaar sind die auf dem Rieserfernergletscher[75] gefundenen eisenzeitlichen Beinlinge aus dem Zeitraum zwischen dem 8. bis 6. Jahrhundert v. Chr. Die Ziegenwolle in beigebrauner, beigegrauer bis dunkelbrauner Naturfärbung wurde dabei zu mittelfeinen Fäden versponnen, in Leinwand- und Köperbindung verwoben und zu Beinbekleidung verarbeitet. Weiters konnte die Textilforscherin Antoinette Rast-Eicher im Gräberfeld von Solduno, Schweiz[76],

[73] Brandt et al. 2011. – Frei et al. 2009. – Mannering et al. 2012, Abb. 3.11.

[74] Benecke 1994, 238–242, bes. 244.

[75] Bazzanella et al. 2005.

[76] Rast-Eicher 2008, Abb. 27, Grab D20.

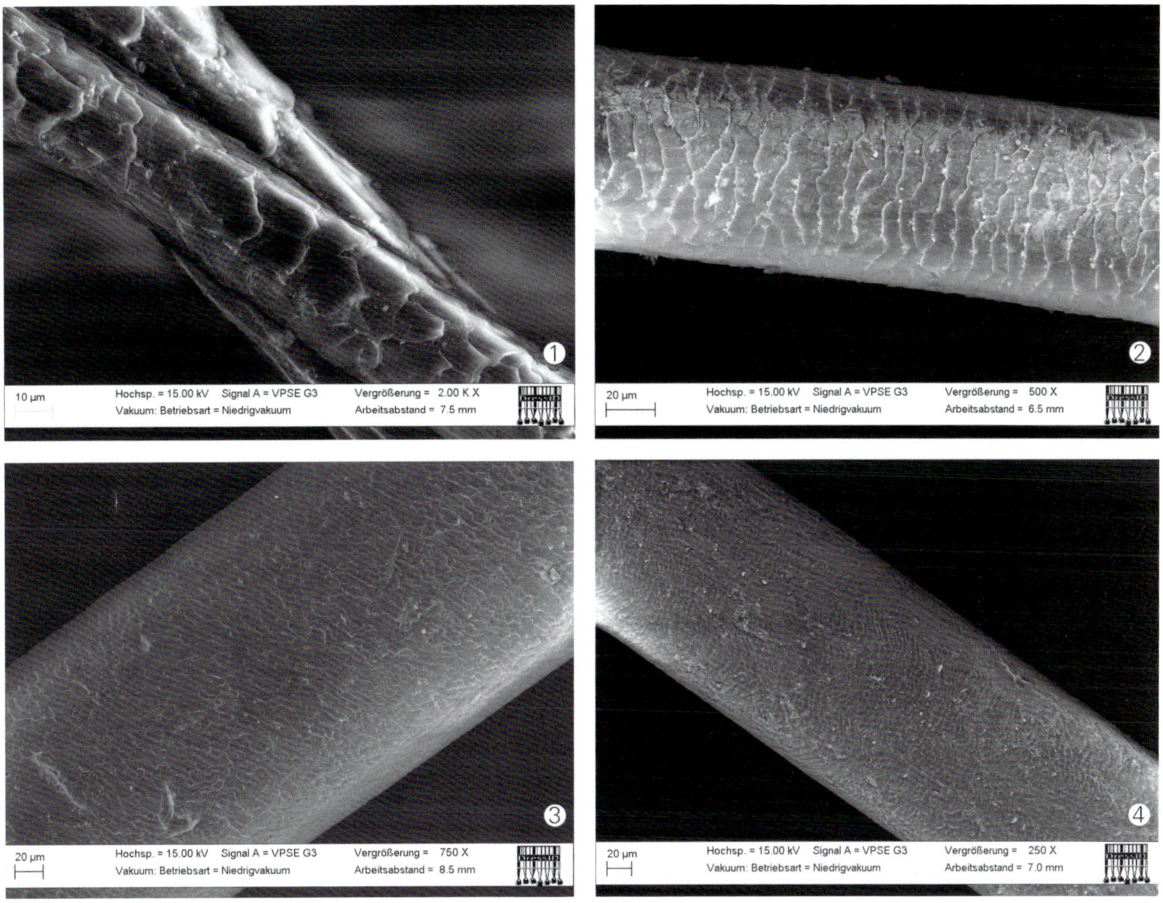

aus einem mittel-latènezeitlichen Grab ein leinwandbindiges Textil aus Ziegenhaar identifizieren.

Abb. 23: Proben von Tierhaaren im Rasterelektronenmikroskop: 1 Schafwolle, 2 Ziegenhaar, 3 Pferdehaar, 4 Dachshaar. Curt-Engelhorn-Zentrum für Archäometrie der Reiss-Engelhorn-Museen in Mannheim.

Erst kürzlich gelang der Nachweis für Textilien aus der feinen Wolle der Kaschmir-Ziege. Es handelt sich um Textilfragmente von einem etruskischen Fundort in Lattes, Frankreich, datiert um 470 bis 460 v. Chr.[77]

Das **Pferd**, als Haustier in Mitteleuropa[78] in seiner domestizierten Form spätestens um 4.000 v. Chr. verwendet, zeichnet sich durch seine langen Schweifhaare aus. Diese sind zwar zu steif, um sie gut verspinnen zu können, sie eignen sich aber aufgrund ihrer Länge und Stabilität vorzüglich dazu, direkt verarbeitet zu

[77] Landes 2003, 137–138, Nr. 10–6.2.

[78] Benecke 1994, 294–295.

werden. Pferdehaare des Schweifes (Abb. 23/3) wurden etwa als Schussfäden bei einigen Bändern aus dem ältereisenzeitlichen Hallstatt sowie frühlatènezeitlichen Dürrnberg verwendet[79]. Hier wusste man die besonderen Qualitäten dieses Materials gezielt einzusetzen: Die Bänder – sowohl Brettchenwebborten als auch ein kettgemusterter Gürtel in Rips – sollten zwar in ihrer Längsrichtung flexibel sein, jedoch stabil und fest in ihrer Breite (Abb. 24). Wer jemals ein weiches Stoffband als Gürtel getragen hat und sich darüber ärgerte, dass es sich in der Breite einrollt, weiß um die Problematik. Die steifen Pferdehaare konnten sicherstellen, dass die Form des Bandes in seiner Breite stets gewahrt blieb.

Zeitgleiche Funde von Geweben, bei denen in einem Fadensystem Rosshaar verwendet wurde, konnten von Archäologen im Gräberfeld Uttendorf im Pinzgau (HaC)[80] entdeckt werden. Ebenso wurde in einem hallstattzeitlichen Grab aus Hirschaid in Bayern[81] an einem leinwandbindigen Gewebe an einer eisernen Klinge ein „Durchschuss von Rosshaaren" festgestellt. Ein interessanter Befund für die Verwendung der Schweifhaare von Pferden stammt aus dem Moorfund von Damendorf 1934, datierend in die späte Bronzezeit, Montelius Periode V. Hierbei handelt es sich um einen Lederbehälter, der mit geflochtenen und gezwirnten Pferdehaaren verziert ist.[82] Ebenso findet sich im Baumsargfund des Frauengrabes von Skrydstrup ein aus Pferdehaar geflochtenes Haarnetz aus der Zeit um 1.300 v. Chr.[83].

Ein Rosshaar-Band zusammen mit einem Wolltuch wurde bei Cromaghs, Armoy in Irland gefunden[84] und datiert um 800 v. Chr. Das Tuch wurde um einen kleinen Hort Bronzewerkzeuge gewickelt und in ein Moor deponiert, wobei das Rosshaar-Ornament darauf abgelegt wurde. Sowohl die Kette als auch der Schuss wurden als ungesponnene, einzelne, schwarze Rosshaare beschrieben, die in einen 2/2 Fischgratköper gewebt

79 Grömer 2013, 55. – Grömer und Stöllner 2011, Abb. 6.

80 Moosleitner 1992, 27. Rosshaar wurde bei einem Gewebe für die Kette verwendet.

81 Analyse von Hundt in Pescheck 1972, 268–269.

82 Van der Sanden 1996, 95, Abb. 123.

83 Broholm und Hald 1940, 20. – Hald 1980.

84 Elliott-Minty 2020. – Wincott Heckett 2012, 433–435.

wurden. Das fein verarbeitete Rosshaar-Band hat Fransen an beiden Enden und beeindruckt durch seinen extrem hohen handwerklichen Standard.

Bei den bisherigen Funden von Textilien mit Pferdehaaren wurden jeweils dunkle, stark pigmentierte Schweifhaare verwendet.

Haare von Wildtieren

Eher wie eine kuriose Randnotiz erscheint der Nachweis von eisenzeitlichen Geweben aus Dachshaar (Abb. 23/4), doch sie zeigt, dass der prähistorische Mensch jedes geeignete Material für seine Zwecke einzusetzen wusste.

Im Fürstengrab von Hochdorf wurden nach den Analysen von Johanna Banck-Burgess[85] Gewebe gefunden, die aus Dachshaar bestehen[86]. Das Dachshaargarn wurde mittels verschiedener Webtechniken verarbeitet. Unter den Polsterschichten auf der prunkvollen Bronzeliege (Kline), auf der der Bestattete zur letzten Ruhe niedergelegt worden war, fand sich ein feines, leinwand-

Abb. 24: Band mit Pferdehaar aus dem Salzbergwerk Hallstatt, Ältere Eisenzeit.

[85] Banck-Burgess 1999. Dachshaargewebe, 102–103.

[86] Anmerkung zu Funden von Dachshaar in Gräbern bei Rast-Eicher 2008, 50.

bindiges Dachshaargewebe. Hierzu wurde die feine Grundwolle dieses Wildtieres zu 0,3 mm feinen Fäden versponnen und verzwirnt. Auch gemusterte Brettchengewebe wurden aus der feinen Grundwolle des Dachsfells hergestellt und zusätzlich mit Hanfbast verziert. Im selben Grab wurden auch gröbere Dachshaare entdeckt, also die vor dem Spinnen aussortierten Deckhaare. Diese Fasern wurden im Fürstengrab offenbar als Kissen- und Matratzenfüllung verwendet. Dieser Befund verdeutlicht sowohl die sorgfältige Aufbereitung dieses für uns eher ungewöhnlichen Materials wie auch den kreativen und sparsamen Umgang mit natürlichen Ressourcen.

Ein Bestimmungsfehler der frühen archäologischen Textilforschung begleitet vor allem die populärwissenschaftliche Literatur teilweise bis heute: Als zu Beginn des 20. Jahrhunderts erste Mikroskopaufnahmen von Fasern der Wolltextilien aus der Nordischen Bronze- und Eisenzeit (von Baumsärgen und Mooren) gemacht wurden, stellte man Abweichungen zu den in der Neuzeit üblichen Wollmaterialien fest: Die Fäden bestanden neben den bekannten feinen Wollhaaren auch aus sehr dicken Fasern. Man bedachte nicht, dass diese dicken Haare zum natürlichen Haarkleid der primitiven Schafrassen der Urgeschichte gehören könnten. Man schloss aus diesem Faserbild, dass es sich hierbei um Beimischungen von Reh- und Hirschhaaren handeln müsste[87]. Diese These ist seit den späten 30er Jahren wissenschaftlich widerlegt[88], und man weiß also in der heutigen Forschung, dass das Vlies des Schafes nicht mit anderen Haaren vermengt wurde.

2 Vorbereitungsarbeiten

Der Arbeitsschritt vom Rohmaterial zum verspinnbaren Fasergut ist ein wesentlicher Punkt des Herstellungsprozesses, da durch die Aufbereitungsarbeiten ein wichtiger Grundstock zur Qualität des Endproduktes gelegt wird. Die Sorgfalt und der Zeitaufwand der Durchführung sowie die Anwendung bzw. Weg-

87 Beispielsweise von Stokar 1938, 103–134.

88 Dazu Schlabow 1976, 31–33. – Siehe Diskussion Möller-Wiering 2012, 126–127.

lassung einzelner Handgriffe führen zu gröberen, unregelmäßigeren Fäden oder zu feinem, gleichmäßigem bis glänzendem Garnmaterial, aus dem wiederum Spitzenprodukte herstellbar sind. Von den Endprodukten, den Textilien der mitteleuropäischen Stein- bis Eisenzeit, kennen wir die gesamte Bandbreite verschiedener Qualitäten. Zu den Vorgängen der Faseraufbereitung sind archäologisch nur wenige Gerätschaften belegt. Daneben sind weitere Ressourcen nötig: So sind dies etwa Weiden für die Zucht der Tiere und Anbauflächen zur Kultivierung des Flachses. Man benötigt Arbeitsflächen, auf denen der Flachs ausgebreitet und gerottet, getrocknet wird sowie Flächen für das Brechen und Kämmen. Platz zum Lagern und Aufbewahren des Rohmaterials und des verspinnbaren aufbereiteten Faserguts muss ebenfalls vorhanden sein. Bei der Erforschung von prähistorischen Siedlungen sind all diese nötigen Freiflächen nur schwer bestimmten Tätigkeiten zuweisbar.

Der Vorteil des Schafehütens gegenüber Flachskultivierung ist, dass Wolle als Faser kein agrikulturelles Land benötigt. Nicht-agrikulturelle Bereiche können als Weiden genutzt werden. Wolle benötigt kein Pflügen, Sähen, Jäten oder Ernten, und ist weniger von Wetter betroffen. Nur wenige Schäfer sind notwendig, um die Herden zu hüten und sie können somit ein größeres Volumen von Fasern produzieren als die gleiche Anzahl an Personen bei der Flachskultivierung.[89]

Die Arbeitsvorgänge bei der Faseraufbereitung sollen jetzt anhand der beiden gebräuchlichsten pflanzlichen und tierischen Fasermaterialien – Flachs und Schafwolle – erläutert werden. Zum Verständnis des Arbeitsablaufes werden auch Forschungsergebnisse aus der Volkskunde herangezogen.

2.1 Vorbereitung bei Flachs

Die arbeitsintensiven und langwierigen Vorgänge bei der Aufbereitung des Flachses waren noch bis in die Mitte des 20. Jahrhunderts Teil des bäuerlichen Arbeitsprozesses. Heute werden diese Tätigkeiten nur noch in volkskundlichen Freilichtmuseen

[89] Siehe Gleba 2012, 222.

weitergeführt und wieder erlebbar gemacht.[90] Die diversen bäuerlichen Gerätschaften, die dabei Anwendung finden, waren natürlich in dieser Form für die Urgeschichte nicht belegt. Generell sind im archäologischen Fundgut nur sehr wenige Gerätschaften vorhanden, die mit Flachsaufbereitung in Verbindung gebracht werden können (siehe Kapitel B2.3, Seite 73).

Abb. 25: Flachsaufbereitung nach einem historischen Stich im Heimathaus Gallneukirchen, Oberösterreich.

Der Arbeitsvorgang (Abb. 25)[91] selbst folgt nach den volkskundlichen Berichten gewissen Regeln, die für die Urgeschichte wohl ähnlich waren, es wurden bisher nur wenige Abweichungen festgestellt. Bei der Ernte wird die Flachspflanze üblicherweise mit der Hand ausgerauft, um die Länge der zu gewinnenden

90 Beispielsweise im Freilichtmuseum Stübing in der Steiermark: http: //www.freilichtmuseum.at/index.php (Abrufdatum: 12.11.2022).

91 vgl. dazu auch Barber 1991, 13–14. – Körber-Grohne 1994, 370–371. – Leuzinger und Rast-Eicher 2011, 3643–3646. – Wild 1988, 21–22.

Fasern nicht durch Abtrennen der unteren Pflanzenpartien zu beschneiden. Im Neolithikum wurden die Pflanzen möglicherweise auch geschnitten. Die Samenkapseln werden durch Riffeln entfernt und separat als Öllieferant weiterverarbeitet. Wie in volkskundlichen Museen dargestellt, werden bei diesem Arbeitsschritt die Flachsbündel über große eiserne Kämme gezogen. In der Urgeschichte mag dies rein mit den Händen geschehen sein oder eventuell mit gröberen „Hechelzinken" (Abb. 30, S. 73), die aber auch genauso zum Riffeln dienen könnten.

Um das Fasermaterial in den Stängeln aufzuschließen, müssen sie gerottet („geröstet") werden. Dazu werden die Pflanzen ca. zwei Wochen in Wasser eingelegt oder bei der „Tauröste" auf einer Wiese ausgebreitet und ca. 3 bis 5 Wochen dem Regen und Tau ausgesetzt[92]. Bei diesem Vorgang vergären die Mittelteile der Zellwände in der Rindenschicht, sodass sich die Faserbündel von den Holzteilen im Stängel und von der Außenhaut gut lösen lassen. Nach dem Trocknen ist nun wieder mechanische Kraftanwendung nötig, um die Fasern von den holzigen Teilen zu trennen. Noch bis ins 20. Jahrhundert wurde im bäuerlichen Bereich der Flachs auf der „Brechelbank" gebrochen, mit einem stumpfen Reibeisen gerieben sowie geschwungen und geschlagen, womit man die letzten störenden Holzanteile beseitigte. In prähistorischer Zeit wird man diese Arbeitsschritte wohl mit der Hand, mit Steinen oder Holzkeulen bewerkstelligt haben.

Das anschließende Auskämmen, das Hecheln, fasert den Flachs der Länge nach fein auf. Dabei wurde das Material durch die Zinken des Hechelbretts gezogen – so lange, bis die feinen spinnfähigen Fasern vom Werg (den Kurzfasern und verunreinigten, gröberen Faserteilen) getrennt waren. Die Flachshecheln aus der europäischen Volkskunde sind wie Bürsten aufgebaut – Bretter mit vielen Reihen von Metallzinken. Dank der guten Erforschung der Pfahlbausiedlungen aus der Schweiz kennen wir verschiedene Typen von Geräten, die als Flachshecheln gedient haben könnten (Kapitel B2.3, S. 73).

92 In Dänemark wurden Gruben für das Rösten von Flachs im Zusammenhang mit der Siedlung von Frydenlund von Fünen gefunden. Fragmente von Flachshüllen aus diesen Gruben sind in die späte Nordische Bronzezeit (800–410 v. Chr.) und Vorrömische Eisenzeit (420–350 v. Chr.) datiert worden. Zitiert nach Mannering et al. 2012, 104.

Es liegen in antiken Quellen keine Informationen zur Fasermenge vor, die man von einem Flachsfeld ernten würde, jedoch präsentierte Eva Andersson-Strand[93] einige Berechnungen der heutigen Erzeugnisse im ländlichen Dänemark, basierend auf eine 100 m² Feldfläche:

100 m² = 1 Arbeitstag um die Flachsstängel mit der Hand zu ziehen

100 m² = ca. 25 kg Garn in unterschiedlichen Qualitäten + 14 kg Fasern („Werg") für Seile etc.

25 kg Garn = 287.500 m Faden

11 Fäden pro cm in Kette und Schuss = 2.200 m Faden pro m² = 130 m² Stoff

2.2 Vorbereitung bei Wolle

Das Fellkleid des Schafes besteht wie auch bei anderen Tieren aus verschiedenen Haarformen. Dies sind einerseits die dickeren, kräftigeren Leit- und Grannenhaare mit einem Durchmesser zwischen ca. 50 bis 100 μm und einem im Mikroskop sichtbaren dicken Markkanal. Die Grannenhaare bilden die Felloberfläche und dienen der Ableitung von Nässe. Die feineren Wollhaare andererseits bilden das Unterhaar und sind durch eine zarte wellige Struktur gekennzeichnet. Sie haben ihre primäre Funktion in der Wärmeisolation des Tieres. Die Länge und Dicke von Schafhaaren ist von Schafrasse, Jahreszeit und Klima abhängig. Wollhaare von mittlerer Qualität haben eine Stärke von ca. 30 bis 60 μm, feinere Qualitäten weisen Durchmesser unter 30 μm auf, teils bis zu 6 μm[94].

Der Blick durch das Mikroskop (Abb. 26) auf mittelbronzezeitliche Textilien aus Hallstatt zeigt deutlich, dass feine und grobe Fasern vermischt wurden[95]. Offenbar wurde zu dieser Zeit die

---

93 Andersson Strand 2010b, 11.

94 Rast-Eicher 2008. – Ryder 1973.

95 Rast-Eicher 2013, 172–175. – Rast-Eicher und Bender Jørgensen 2013.

Abb. 26: Hallstatt-Tuschwerk: Bronzezeitliche Wolle mit Grannenhaaren.

Wolle der primitiven Hausschafe nicht gezielt nach Feinheit sortiert. Die mikroskopische Analyse von eisenzeitlichen Fäden zeigt deutlich die Verbesserung der Faserverarbeitungstechniken seit der Bronzezeit und über die züchterische Entwicklung des Schafsfells. Die Fasern in den eisenzeitlichen Fäden sind wesentlich homogener, grobe Grannenhaare sind in den überlieferten Textilien nur selten zu finden.

Grundlegende Schritte zur Aufbereitung von Wolle

Die Schafwolle erschließt sich in ihrer Aufbereitung dem Handwerkenden viel leichter als Flachs, viel direkter. Primitive Schafrassen unterliegen wie viele Wildtiere einem jahreszeitlich bedingten natürlichen Haarwechsel; primitive Schafe wechseln ihr Fell im Frühling oder Frühsommer. Zupft man so flockenweise Wollvlies ab, dann kann man die Flocken im Prinzip sofort – ohne Zwischenschritt – mit den Fingern verdrehen oder auch mit einer Spindel verspinnen. Durch gezielte Aufbereitung der Wolle lässt sich aber eine wesentliche Qualitätssteigerung des Fadenmaterials erreichen.

Zumindest das Auffasern des Vliesmaterials durch Verarbeitung per Hand, das Reinigen (mechanisch oder waschen in Wasser) von gröberem und feinerem Schmutz sind auch schon in frühester Zeit vorauszusetzen. Völkerkundliche Hinweise zeigen, dass Wolle auch mit einem Bogen geschlagen wurde, um das Vlies aufzufasern (Abb. 27/1). Ebenfalls aus der Volks- und Völkerkunde gut bekannt ist das Kardieren (Abb. 27/2), das mittels zweier mit Häkchen besetzter Bretter geschieht. Das Wollvlies

Abb. 27: Vorbereitung von Wolle: Links Wolle schlagen mit einem Bogen. Türkei, Region Kusadasi, August 1995. Rechts Kardieren mit Handkarden. Tunesien, Matmata, Juli 2008.

wird eingelegt, die Karden gegeneinander gezogen, sodass das Vlies watteartig aufgelockert wird. Ist die Wolle nicht stark verschmutzt, dann ist sie auch vor dem Waschen zu einem Faden verspinnbar, wobei das Wollfett, das Lanolin, dem Spinnprozess sehr zuträglich ist.

Man wird für die prähistorische Zeit annehmen dürfen, dass die Haare per Hand vor dem „Haaren" ausgerauft wurden, um Verluste zu vermeiden. Auch bei heutigen Schafrassen, die primitiven nahe stehen, geschieht dies. Dabei löst sich die Unterwolle früher als die Grannenhaare und kann so von diesen selektiert werden, wie dies auch von Karl Schlabow aufgezeichnet wurde[96]: *„Folgende Beobachtungen konnten in Nordfriesland bei der Herstellung von besonders glatten Fäden gemacht werden. Die Wolle wird nicht, wie sonst üblich, geschoren. Ist die Wolle reif, so werden zunächst die Schafe gewaschen. Nach dem Trocknen wird dann nur die lange Rückenwolle mit der Hand in Faserrichtung zu einem kammzugähnlichen Band ruckweise aus der Haut gezogen, indem sich gewisser-*

[96] Schlabow 1974, 173. – Siehe auch Wild 1988, 14–17.

maßen dachziegelartig ein lockeres Haarbündel an das andere fügt. Es ist verständlich, dass man von einem so vorbereiteten, aus glatten und langen Haaren bestehenden Spinnband bei entsprechendem Geschick einen sehr feinen und gleichmäßigen Faden spinnen kann."

Wann in der Geschichte des Textilhandwerks man begann, Schafe zu scheren, ist nicht ganz klar. Der Wollforscher Michael Ryder[97] vertritt die Hypothese, dass, die Entwicklung des Schafes von Rassen mit natürlichem Haarwechsel zu solchen mit kontinuierlich wachsendem Fell um ca. 1.000 v. Chr. in Anatolien festmachen zu können.

Das Abschneiden von Haaren wäre prinzipiell mit jedem Typ von Messern möglich. Messer aus Feuerstein gibt es ab der Steinzeit, verschiedene Typen aus Kupfer, Bronze oder Eisen in späteren Zeiten. Doch ist es gerade die Schere, mit der sich die kontinuierlich wachsende Wolle eines Schafes, bei dem kein natürlicher Haarwechsel mehr stattfindet, besonders praktisch und schnell schneiden lässt. Diese Zucht würde dann mit der Erfindung von Scheren für die Schafschur Hand in Hand gehen. Die Schere als Werkzeug gibt es in Mitteleuropa ab der Latènezeit, sie taucht in der 2. Hälfte des 4. Jahrhunderts v. Chr. auf (Abb. 28)[98]. Alle bekannten Beispiele sind aus Eisen gefertigt. Tatsächlich ist ihre Erfindung mit der Verwendung von Eisen verbunden, welches besser federt als Bronze.[99] Interessanterweise kommen solche Scheren mit teils beachtlicher Länge bis 20 cm oft auch in Männergräbern vor (siehe Kapitel C2.2, S. 280).

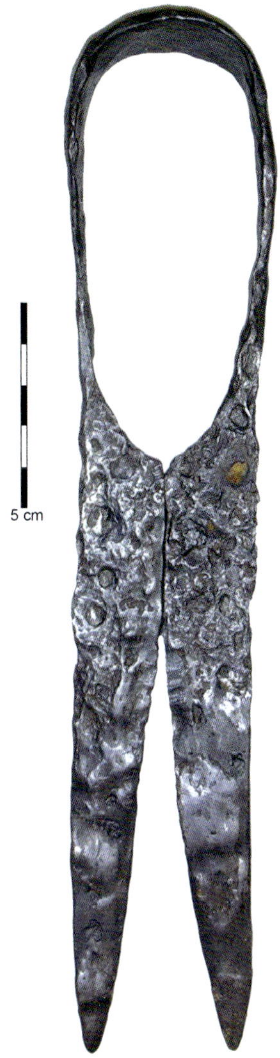

Abb. 28: Latènezeitliche Schere aus Mannersdorf, Österreich.

Aufbereitungsschritte zur Beeinflussung der Wolleigenschaften

Weitere Beobachtungen zur Faserqualität können am archäologischen Originalmaterial gemacht werden. Neben dem unterschiedlichen Anteil an groben und feinen Fasern im Faden ist ein weiteres Phänomen beim direkten Vergleich zwischen bronze-

[97] Ryder 1997.

[98] z. B. Pottenbrunn, Niederösterreich: Ramsl 2002. – Dürrnberg Grab 9, 10/2, 24/2: Penninger 1972. – Für Norditalien siehe Gleba 2008a, 173.

[99] Barber 1991, 29.

und eisenzeitlichen Textilien aus dem Salzbergwerk Hallstatt[100] zu vermerken: Bei den bronzezeitlichen Geweben aus der Zeit um 1.500 und 1.200 v. Chr. liegen die Fasern innerhalb eines Fadens ganz wirr. Am selben Fundort, fast 800 Jahre später: Es gibt nun in der Eisenzeit Fäden, in denen die Fasern parallel liegen (Abb. 29/2), wenn wir auch daneben noch die aus der Bronzezeit bekannten „flauschigen" Fäden finden (Abb. 29/1). Dies erscheint zunächst als ein unbedeutendes Detail, hat aber weit reichende Konsequenzen. Bei Fäden, in denen die Fasern wirr liegen, wurde das Vlies nur wenig aufbereitet. Man hat es wohl auseinandergezupft, gereinigt, geschlagen, eventuell auch grob gekämmt. Parallel liegende Fasern erreicht man nur durch einen sehr viel größeren Zeitaufwand, vor allem durch sorgfältiges und mehrmaliges Kämmen. Für das Hallstatt-Material wurden mikroskopische Analysen zur Gewinnung von weiteren Hinweisen zur Wollverarbeitung durchgeführt[101], wobei die Faserausrichtungen innerhalb der Fäden untersucht wurden. Je mehr das Vlies gekämmt wird, desto mehr Variation liegt in der Richtung der Faserschuppen vor und eine vermehrt parallele Ausrichtung der Fasern wird erreicht.

Eine weitere in der Eisenzeit, vor allem im Osthallstattkreis besonders beliebte Raffinesse, ist das sogenannte Spinnrichtungsmuster (Abb. 97, S. 177). Seine Wirkung beruht darauf, dass s- und z-gedrehte Garne das darauf fallende Licht unterschiedlich reflektieren und sich so bei einer gruppenweisen Verwendung im Gewebe ein feines Ton-in-Ton Streifenmuster ergibt. Diese raffinierte Musterungsart geht Hand in Hand mit dem Kämmen der Wolle, da nur glatte Fäden mit parallel liegenden Fasern diesen Effekt optimal unterstützen. Mit „flauschigen" Fäden würde sich der Aufwand kaum lohnen – die Streifenwirkung der s- und z-Fäden wäre nur sehr indifferent.

Auch heutzutage kennt man unterschiedliche Methoden, um Wolle vor dem Spinnen vorzubereiten. Die grundlegenden Verfahren sind das Kardieren und das Kämmen, was in den unterschiedlichen Qualitäten des Streichgarnes und Kammgarnes[102]

---

[100] Grömer 2013. – Grömer und Saliari 2018.

[101] Rast-Eicher 2013, 170–172, siehe z. B. Abb. 60.

[102] Eberle et al. 1991, 45–46. – Barber 1991, 20. – Wild 1988, 18–19.

Abb. 29: Salzbergwerk Hallstatt: verschiedene Wollqualitäten bei eisenzeitlichen Textilien: Fäden mit wirren Fasern (1) und parallelen Fasern (2) (verschiedene Maßstäbe).

resultiert. Ein sogenannter „Kammzug“ wird aus Grundwolle guter Qualität in einem intensiven und langwierigen Kämmvorgang hergestellt, wobei ein schmales Band mit parallel liegenden Fasern entsteht. Das daraus gesponnene Kammgarn ist glatt und gleichmäßig, die Kurzfasern sind ausgekämmt und die Fasern liegen parallel im meist scharf gedrehten Garn, wodurch es etwa Wasser abstoßend wird. Das mittels Kardieren hergestellte Streichgarn hingegen wird zu einem eher locker gedrehten Faden versponnen. Es hat ein grobes Aussehen mit abstehenden Fasern, es ist elastischer, saugfähiger und wärmender als Kammgarn, zudem ist es durch die abstehenden Härchen wesentlich besser verfilzbar.

Durch die unterschiedliche Aufbereitung verändert man also auch die Eigenschaften der Wolle zwischen weich-flauschig und glatt-glänzend-fest. Diese verschiedenen Charakteristika hat man in der mitteleuropäischen Eisenzeit bereits gekannt und bewusst gewählt. Die vorhin herausgestellten Qualitäten prähistorischer Garne sollen aber nicht komplett mit den heute gebräuchlichen Ausdrücken Kamm- und Streichgarn gleichgesetzt werden, da diese maschinell einen völlig anderen Vorbereitungs- und Spinnvorgang bedingen. Ich möchte in diesem Rahmen nur auf bereits in der Urgeschichte feststellbare Details der Faservorbereitung hinweisen.

Auch bei den Untersuchungen zu eisenzeitlichen Textilien aus der Schweiz von Antoinette Rast-Eicher[103] zeigte sich, dass schon in der Hallstattzeit sortierte Wolle zu Textilien verarbeitet wurde. Am Ende der keltischen Epoche, im ausgehenden 1. Jahrhundert v. Chr., wurden deutlich feinwolligere Schafe gezüchtet als in den früheren Jahrhunderten.

Für die Aufbereitung des Fasermaterials kommen verschiedene Gerätschaften in Frage. Zum „Kardieren" würden sich mit Dornen besteckte Bretter eignen, wie sie im Anschluss beschrieben werden. Jede Art von Kamm kann prinzipiell zum Wollekämmen herangezogen werden – für feine „Kammgarn"-Qualitäten sind sehr feinzinkige Geräte nötig.

Während der Latènezeit in der Schweiz treten eiserne Kämme auf, die für die Vorbereitung der Wolle verwendet werden können. Die Wolle wurde mit einem warmen Eisenkamm gekämmt, um die geraden, langen Fasern zu erhalten, während die kurzen Fasern verworfen wurden. Die Forscherin Antoinette Rast-Eicher[104] erkannte derartig ausgerichtete Wollfasern in Fäden aus latènezeitlichen Kontexten.

In der griechischen Antike hatte sich die Vorbereitung des Wollvlieses für das Spinnen zu einem komplexen Arbeitsablauf entwickelt, wie uns auch bildliche Darstellungen, spezialisierte Gerätschaften und Schriftquellen zeigen. Nach Anastasia Pekridou-Gorecki[105] hat man die Wolle nach dem Waschen und Kämmen auseinander gezogen und etwas gedreht, um die Fasern bzw. Flocken miteinander zu verbinden. Es wurde sogenanntes „Vorgarn" (ein gleichgerichtetes schmales Wollvliesband ähnlich eines Kammzuges) hergestellt, das dann gut zu feinen Fäden versponnen werden konnte. Es gab dafür drei unterschiedliche Verfahren: so wurde die Wolle entweder nur mit den Händen bearbeitet oder aber auf dem entblößten Bein. Die dritte Möglichkeit ist das Erzeugen des Vorgarnes auf dem tönernen Epinetron,

[103] Rast-Eicher 2008.

[104] Rast-Eicher 2012, 392, Abb. 19.24.

[105] Pekridou-Gorecki 1989, 16–19, Abb. 3–6. – Auch bei Barber 1991, 77, Epinetron auf Abb. 2.45.

einem Gerät in Form eines Hohlziegels, das auf Knie und Oberschenkel eines Beines gelegt wurde.

2.3 Archäologische Gerätefunde zur Faseraufbereitung

Überblickt man die archäologische Literatur, dann werden immer wieder einige Artefakte genannt, die mit dem Aufbereiten des Fasermaterials in Verbindung gebracht werden[106]. Aus der neolithischen Feuchtbodensiedlung Egolzwil, Schweiz, beispielsweise kennen wir Bündel von Schwarzdorn. Derartige harte, spitz zulaufende Geräte sind zur Aufbereitung des Flachses praktikabel. Die Schwarzdornzweige sind sehr strapazierfähig und so fein, dass sie das Material gut auffasern können. Möglicherweise waren die zusammengebundenen Rippenspitzen, wie aus Zürich-Mozartstrasse oder die zweizinkigen Knochengeräte aus Attersee in Oberösterreich (Abb. 30) grobe Flachshecheln oder dienten zum Riffeln. Ein weiteres Gerät aus dem Neolithikum ist bereits im Jahre 1937 durch die Pionierarbeit von Emil Vogt über Geflechte und Gewebe der Steinzeit bekannt geworden. Das sogenannte „Hechelbrett" aus Lattringen[107] ist ein Brett, in dem Dornenspitzen von Schwarzdorn eingelassen wurden.

Abb. 30: Zweizinkige Knochengeräte aus Attersee, Oberösterreich, Spätneolithikum.

Neben diesen spätneolithischen Funden sind ähnliche Geräte auch aus der Spätlatènezeit, aus den Jahrhunderten vor der Zeitenwende, zu nennen. Aus Hallstatt-Dammwiese, Österreich, und Liptovska Mara[108], Slowakei (Abb. 31), kennen wir schlankrechteckige Holzbrettchen mit Löchern und Stiel, im Falle von Hallstatt-Dammwiese steckten noch Dornen im Brettchen. Sie würden sich, wie schon für das Lattringer „Hechelbrett" diskutiert, prinzipiell als Hecheln für Flachs eignen. Möglicherweise hat man diese Geräte in der Eisenzeit auch als Handkarden zum Kardieren von Wolle verwendet (Abb. 32). Sie sind funktional

[106] Zu den einzelnen Fundorten: Zürich und Egolzwil: Rast 1990, Abb. 2. – Attersee: Willvonseder 1963–1968. – Lattringen: Vogt 1937. – Diskussion zu Versuchen über ihre Funktion bei Rast-Eicher 1997, 304.

[107] Vogt 1937, Abb. 72/6–7.

[108] vgl. dazu Belanová-Štolcová und Grömer 2010.

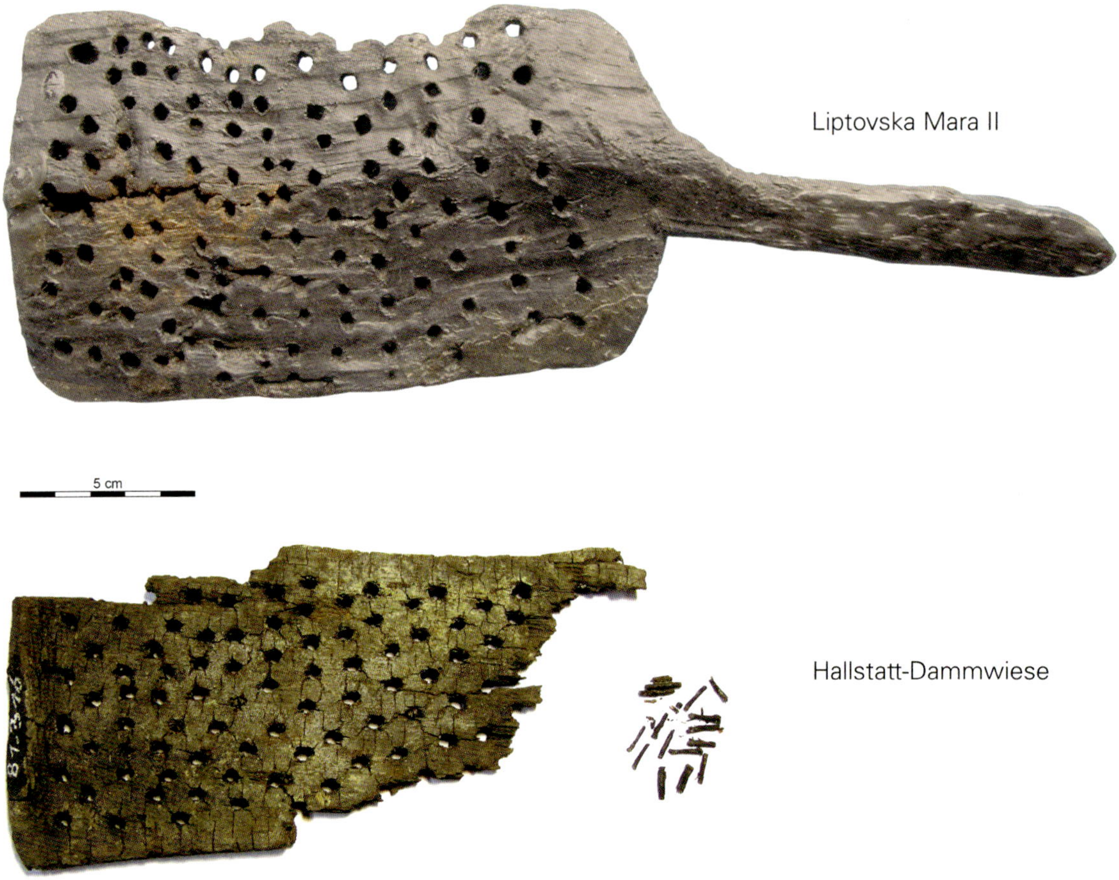

Abb. 31: „Hechelbretter" aus Hallstatt-Dammwiese in Österreich und Liptovska Mara in der Slowakei, Latènezeit.

den aus dem Bereich der Volkskunde bekannten Handkarden sehr ähnlich. Bei einer Verwendung der Stücke als Handkarden wäre die ältere These nach Elizabeth Barber relativiert, nach der solche erst ab dem Mittelalter verwendet wurden[109]. Die „Kardendistel" benannte Distelart *(Dipsacus sativus)* wurde nicht, wie häufig gedacht, zum Kämmen der Wolle verwendet, sondern zum Aufrauen (Ausrüsten) des fertigen Gewebes[110]. Es ist im Falle der „Hechelbretter" natürlich ebenso denkbar, dass diese als Werkzeuge zum Aufrauen von Geweben benützt wurden.

Kämme verschiedenster Art[111] kennen wir seit dem Neolithikum, etwa aus Arbon Bleiche 3. Bekannte Beispiele stammen aus den früh- und mittelbronzezeitlichen Feuchtbodensiedlungen

[109] vgl. Barber 1991, 22.

[110] Siehe auch Goldmann 1990, 432–433.

[111] Arbon Bleiche: Leuzinger 2002, 101. – Norditalien: Bazzanella et al. 2003, 141–142.

Abb. 32: Rekonstruktion der Hechelbretter aus Hallstatt-Dammwiese im Gebrauch. Ausführung: Wolfgang Lobisser.

Norditaliens. Diese Multifunktionsgeräte sind sowohl als Toilettegegenstand zum Kämmen und/oder Aufstecken der Haare verwendbar. Ebenso kann damit Wolle vorbereitet werden, auch beim Weben sind Kämme gut einsetzbar zum Anschlagen des Schusses.

Feinzinkige Wollkämme aus Eisen sind vor allem aus römischer Zeit bekannt[112] – hier geben uns auch Abbildungen Hinweise auf ihre Verwendung. In Avenches, Schweiz, wurde ein derartiger Wollkamm gefunden sowie ein Silberbecher aus dem 1./2. Jahrhundert n. Chr., auf dem ein männlicher (!) Wollkämmer dargestellt ist[113].

3 Fadenherstellung: Spinnen

Es gibt verschiedene Möglichkeiten, um Garn aus Fasern zu produzieren; sie können gesponnen oder aus Pflanzenfasern gespleißt

[112] Wild 1970, 25–26. – Wild 1988, 19, Abb. 10.

[113] Nach Rast-Eicher 2008, 161–162, Abb. 228–229.

werden.[114] Bei dieser Technik werden die Enden von vorgeformten Flachsfaserbündeln, 60–90 cm lang, die von ihren Stängeln gezogen wurden, gespleißt, sodass die Faserenden sich in Bündeln mit erheblichen Abständen überlappen. Die Enden der Bündel überlappen sich um ein paar Zentimeter und wurden an diesen Stellen gedreht, sodass es hält. Archäologische Nachweise für das Spleißen wurde auch vor kurzem bei neolithischen und bronzezeitlichen Textilien (teils sogar früheisenzeitliche) in Süd- und Mitteleuropa entdeckt.[115]

Nun steht das Spinnen im Fokus.

Heutzutage ist man sich nicht mehr bewusst, wie zeitaufwändig es ist, Kleidung für den Hausgebrauch selbst herzustellen. Früher waren viele Stunden des täglichen Arbeitspensums mit textiler Arbeit – allem voran Spinnen – ausgefüllt. Jeder kennt es, das „Spinnen"; etwa vom Märchen, wo sich Dornröschen an der Spindel sticht und in einen tiefen Schlaf fällt, bis es vom Prinzen erlöst wird. Auch Sprichwörter sind noch immer gebräuchlich, die sich auf das Spinnen beziehen, etwa: *„… der Geduldsfaden reißt"* oder *„… man hat den Dreh raus"*. Natürlich fällt einem zu diesem Wort auch ein *„… die spinnen"*, diese kleine Verrücktheit …

Spinnen ist eine sehr meditative Tätigkeit, bei der man – ausreichende Beherrschung des Handwerks vorausgesetzt – viel Zeit hat, sich Gedanken zu machen. Zudem ist Spinnen sehr kommunikativ. Noch in der Zeit um den 2. Weltkrieg war es etwa im oberösterreichischen Mühlviertel üblich, dass sich an den Bauernhöfen die Nachbarsfrauen mit ihren Spinnrädern zu einer sogenannten *„Rucka-Roas"* getroffen haben – eine Zusammenkunft, bei der gemeinsam gesponnen und Neuigkeiten ausgetauscht, über Probleme und Persönliches gesprochen wurde[116]. Vielleicht war es gerade dieser weibliche Informationsaustausch, der nicht so gerne gesehen und als *„… die spinnen"* negativ be-

114 Barber 1991, 47, 145. Spleißen wird insbesondere mit ägyptischem Leinen verbunden. Siehe z. B. Abb. 2.8 und 2.9.

115 Leuzinger und Rast-Eicher 2011. – Gleba und Harris 2019.

116 Freundliche Mitteilung von † Frau Anna Riener, Altbäuerin am Landlgut z`Oberwinkl, Altenberg bei Linz, Oberösterreich, Jänner 1999.

wertet wurde. – Diese Details nur am Rande, sie zeigen jedoch, dass das Spinnen als Tätigkeit zumindest in unserem Sprachgebrauch noch immer tief verankert ist. Assoziationen hat man viele zum Spinnen, aber wie funktioniert es eigentlich?

Das Grundprinzip des Spinnens mit der **Handspindel**[117] ist denkbar einfach: Durch Drehung werden die relativ kurzen Fasern zu einem beliebig langen Faden verbunden. Ob dies ohne Hilfsmittel, mit der Handspindel oder mit dem Spinnrad als technische Weiterentwicklung geschieht, ist dabei nebensächlich. Spätestens ab dem Beginn der Jungsteinzeit (in Zentraleuropa ab 5.600 v. Chr.) ist archäologisch belegt, dass der menschliche Erfindungsgeist diesen mühsamen Vorgang des Spinnens nur mit der Hand durch ein neues Werkzeug, der Spindel, vereinfacht und beschleunigt hat. Ein hölzerner Stab von ca. 20–30 cm Länge und ein am unteren Drittel befestigtes Schwunggewicht, der Spinnwirtel, dienen nun als Hilfsmittel, um einen Faden herzustellen. Der Wirtel stabilisiert die Fadenbildung, indem der Faden in schneller gleichmäßiger Rotation nach unten gezogen wird. Man kann die Spindel rechts oder links herum drehen, dabei entsteht ein rechts- bzw. linksgedrehter Faden (textiltechnisch: s- oder z-Faden, Abb. 33).

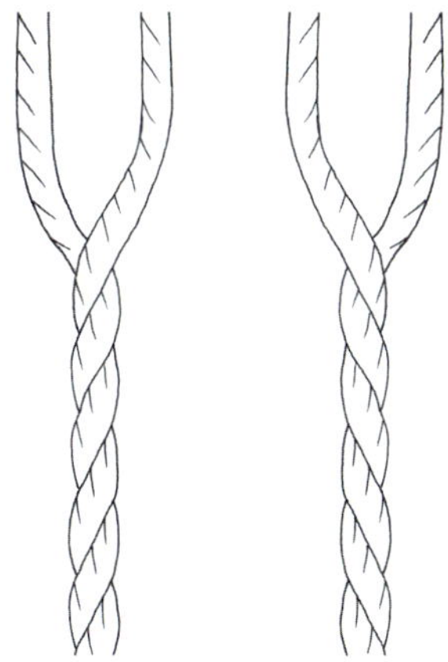

Abb. 33: Fäden: s- und z-Garn, sowie zusammengedreht zu Z- und S-Zwirn.

Die Spindel wird beim Spinnen (Abb. 34) an einem bereits daran befestigten Anfangsfaden in Drehung versetzt. Das Fadenende und das Wollvlies hält man in der einen Hand, während man mit der anderen Hand die Spindel in Schwung bringt. Zupft man während der Rotation der Spindel aus der Wollflocke gleichmäßig loses Fasermaterial heraus, verzwirbelt sich dieses durch die Drehungbewegung sofort zu einem Faden. Dieser wird, wenn er zu lange geworden ist, auf die Spindel aufgewickelt. Nach dem Aufwickeln wird das Fadenende einmal um das untere Spindelende und den Spinnwirtel geschlungen und an der Spindelspitze verknotet. Nun hängt die Spindel wieder frei am Anfangsfaden und der Spinnvorgang wird wiederholt: Auseinanderziehen und Ausgleichen des Wollvlieses zur gewünschten Fadenstärke, Verzwirbeln des Fadens durch Drehung der Spindel etc. Ist die Spindel schließlich voll, muss der Faden abgewickelt werden.

[117] Barber 1991, 39–78. – Crockett 1977. – Wild 1988, 25–29.

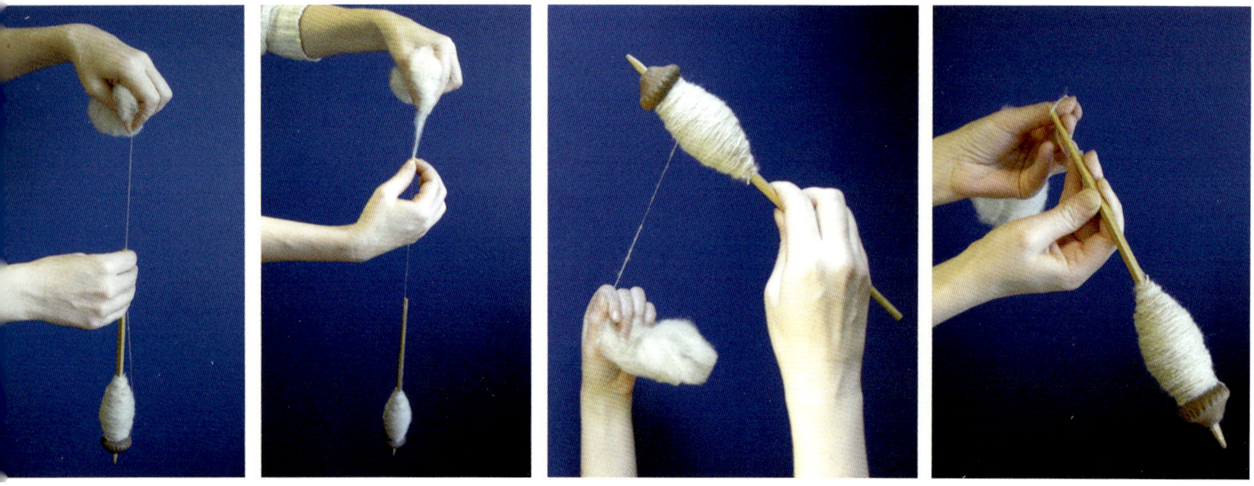

Abb. 34: Bewegungsablauf beim Spinnen von Wolle mit „hängender" Spindel (Fallspindel).

Soweit die einfache Grundtechnik beim Spinnen eines Fadens aus Schafwolle.

Das **Spinnrad**, besonders das noch bis in die jüngste Vergangenheit im bäuerlichen Handwerk verwendete Flügelspinnrad, ist eine technische Fortentwicklung und im Vergleich zur mehr als 7.000jährigen Geschichte der Handspindel sehr jung, da erst 800–600 Jahre alt[118]. Der ursprünglichere Spinnradtyp, das **Handspinnrad** (um 1300), hat eine horizontal liegende Spindel, die über einen Riemen durch ein großes Antriebsrad bewegt wird (Abb. 35/1). Der Wirtel als Schwungmasse wurde überflüssig. Das Antriebsrad wird mit der Hand in Drehung versetzt. Die andere Hand leitet der Spindel den Faden zu. Die Fadendrehung und das anschließende Aufspulen sind bei dieser Technik noch getrennte Arbeitsvorgänge.

Erst durch das **Flügelspinnrad** (Abb. 35/2), das im 15. Jahrhundert, am Ende des Mittelalters, in Mitteleuropa aufkommt, konnte das Spinnen und Aufspulen zu einem Arbeitsgang gekoppelt werden. Auch hier ist die Spindel waagrecht am Spinnrad befestigt und wird über ein Schwungrad per Pedal und Fuß betrieben. Der Faden läuft durch ein Einzugsloch über einen „Flügel" auf die Spule. Bei straffer Spannung drehen sich Spule und Flügel gleichermaßen, der Faden wird gedreht. Wird das Garn locker gehalten, so dreht sich die Spule schnell, der Flügel

[118] Allgemeines zum Spinnrad vgl. Sporbeck 1996, 472–480. – Crockett 1977.

1

2

Abb. 35: Handspinnrad aus der Türkei, Region Kusadasi August 1995 (1). Spinnrad aus Galicia, Spanien, frühes 20. Jahrhundert (2).

jedoch nur sehr langsam, das Garn wird wenig gedreht und aufgespult. Durch die „Automatik", dass man in einem Arbeitsgang nur durch Variation der Fadenspannung den Faden drehen und aufwickeln kann, ist ein sehr rasches Arbeiten möglich. Bei der Handspindel ist es dagegen nötig, das Spinnen zum Zwecke des Aufwickelns zu unterbrechen.

3.1 Verschiedene Spinntechniken mit der Handspindel

Die grundlegende Funktionsweise der Handspindel wurde bereits erörtert. Es haben sich jedoch unterschiedliche Spinntechniken herauskristallisiert, die in verschiedenen Regionen üblich waren beziehungsweise gezielt für verschiedene Rohmaterialien eingesetzt wurden.

Man kann die Spindel „hängend" verwenden, sodass die Spindel an dem gerade entstehenden Faden in der Luft hängt (Fallspindel) (Abb. 34). Andererseits ist es auch möglich, die Spindel in einer Tonschale oder auch auf dem Boden laufen zu lassen (Abb. 36/1), sodass die Schwerkraft nicht auf sie einwirkt. Diese Technik ist bei manchen nordamerikanischen Indianerstämmen, in Nordafrika oder auch in Tibet ethnographisch belegt.[119]

[119] vgl. Hirschberg und Janata 1986, 131. – Siehe auch Crawfoot 1931.

Abb. 36: Spinnen in unterschiedlichen Techniken: mit am Boden laufender Spindel, Tunesien, Matmata, Juli 2008 (1). Flachs spinnen mit langem Rocken, Aquarell, Rumänien, 1895 (2).

Das Spinnen in der Tonschale ist unter prähistorischen Bedingungen sinnvoller als das Gerät direkt am Boden laufen zu lassen, da so das kostbare Fadenmaterial nicht schmutzig werden kann. Es ist beim Spinnen auch möglich, die Spindel waagrecht in der Hand zu drehen.

Die einzelnen Spinntechniken sind einerseits regionale Traditionen, hängen aber auch mit generellen Arbeitsweisen zusammen. Das Spinnen mit der „hängenden" Handspindel hat unter anderem den Vorteil, dass man nicht wie beim Spinnrad oder beim Spinnen in der Tonschale an einen Ort gebunden ist. Man kann im Sitzen, Stehen und – mit Geschick – auch im Gehen spinnen. Es ist durchaus denkbar, dass in der mitteleuropäischen Urgeschichte die Spindel jederzeit mit sich geführt wurde, damit beispielsweise etwaige zu gehende Wegstrecken auch sinnvoll genutzt werden konnten.

Während bei der Schafwolle das Vlies in der Hand gehalten und sozusagen „aus der Hand gesponnen" werden kann, muss beim Spinnen mit Flachs oder anderen pflanzlichen Fasern ein Hilfsmittel, der Spinnrocken, verwendet werden. Auf dem Spinnrocken, einem ausreichend langen Stab, wird der gekämmte Flachs befestigt und beim Spinnen mit beiden Händen heruntergezupft (Abb. 36/2). Der Spinnrocken kann unter dem Arm eingeklemmt werden oder auch eigenständig auf einem Ständer stehen. Der übrige Arbeitsvorgang bleibt gleich: Drehen der Spindel, Verziehen der Fasern, Aufwickeln, Weiterspinnen. Doch ist nun die Verwendung eines Spinnrockens ein Zeichen dafür, dass Flachs verarbeitet wurde?

Auch bei Schafwolle sind weitere Raffinessen möglich: Wird zum Spinnen das bereits beschriebene besser aufbereitete „Vorgarn/Kammzug" verwendet, also ein gleichgerichtetes schmales Wollvliesband, so wird dieses ebenfalls auf einem Spinnrocken aufgewickelt. Dieser Arbeitsschritt erleichtert das Feinspinnen. Kurze Spinnrocken, die in der Hand gehalten werden, eignen sich nicht für das Verspinnen von pflanzlichen Fasern, wohl aber für derart sorgfältig vorbereitetes Vorgarn. Möglicherweise geht dies Hand in Hand mit der Entwicklung zu immer feineren und gleichmäßigeren Fadenqualitäten ab der Eisenzeit, teils auch solche mit parallel liegenden Fasern.

Kurze Spinnrocken tauchen archäologisch in metallener Form ab der Eisenzeit auf. In Österreich kennt man kurze Spinnrocken etwa aus einem eisenzeitlichen Grab aus Frög[120] sowie aus Gräberfeldern der Spätantike in Unterradlberg und Mautern[121] (Abb. 37). Auf antiken griechischen Vasenbildern sind kurze Spinnrocken oft bei textilverarbeitenden Szenen abgebildet[122], ebenso spinnt die Frau auf dem eisenzeitlichen Klapperblech von Bologna[123] Vorgarn von einem Spinnrocken (Abb. 147, S. 282).

---

120 Frög Tum. 50, Grab 1: Tomedi 2002, 161–162, Taf. 17. Die zuweilen vorkommende Deutung als Spindel muss hier in Frage gestellt werden.

121 Unterradlberg, Grab Verf. 4018: Neugebauer 2001, Abb. 43/7. – Mautern, Gr. 397: Grömer 2014.

122 Nach Barber 1991, 75. – Pekridou-Gorecki 1989.

123 Gleba 2008a.

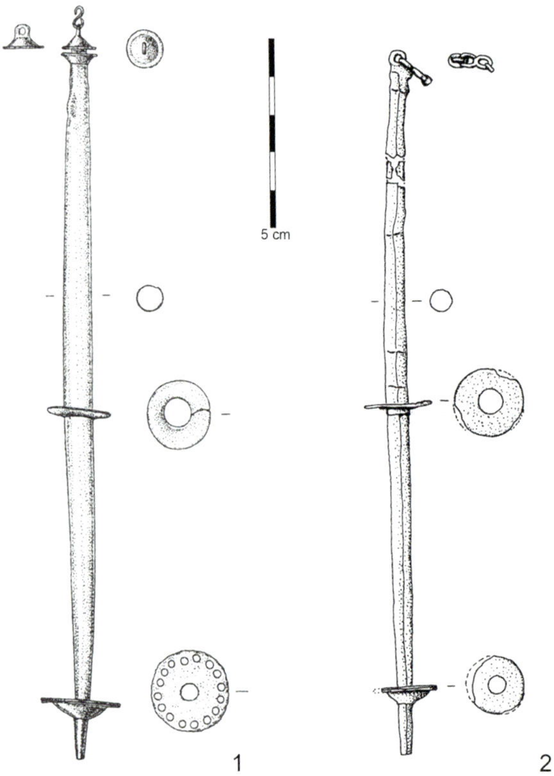

Abb. 37: Kurze Spinnrocken aus Mautern und Unterradlberg, römisch.

Objekte, die als Spinnrocken aus luxuriösen Materialien identifiziert wurden, sind in den reich ausgestatteten Gräbern der Villanova und frühen etruskischen Kulturen in Norditalien identifiziert worden.[124] Solche Spinnrocken dienten höchstwahrscheinlich als Statussymbole.

Eine der frühesten bildlichen Darstellungen eines langen Spinnrockens zum Verspinnen von Flachs aus dem erweiterten Bereich um Mitteleuropa führt uns Anastasia Pekridou-Gorecki[125] vor Augen, auch wenn sie das Gerät nicht als Rocken benennt. Auf dem Innenbild einer rotfigurigen Trinkschale (5. bis 3. Jahrhundert v. Chr.) ist eine spinnende Frau vor einem Gestell abgebildet. Es ist dies ein hoher hölzerner Stab auf einem Ständer mit Gestänge im oberen Teil. Um diesen wurden die Flachsfasern gewickelt, die dann mit beiden Händen zum Spinnen herausgezogen werden konnten.

Neben dem Spinnen eines Fadens wird die Spindel auch dazu verwendet, zwei oder mehrere Fäden zu verzwirnen, um einen festeren und strapazierfähigeren Faden zu erhalten. Dazu lässt man einfach zwei oder mehr in gleicher Richtung gesponnene Fäden durch eine Hand zusammenlaufen, dreht die Spindel und wickelt nach dem Verzwirnen wie gewohnt auf. Es wird dabei entgegengesetzt zur Fadendrehung der einzelnen Garne verzwirnt, wodurch der Faden stabilisiert wird. Wenn die Fäden links herum gesponnen wurden (z-Garn), werden sie also rechts herum verzwirnt; ein S-Zwirn entsteht (Abb. 33).

Es soll hier nur kurz erwähnt werden, dass die Verwendung von Garnen unterschiedlicher Drehrichtung ein Indiz für regional

[124] Gleba 2008a; 2012, Abb. 9.12.

[125] Pekridou-Gorecki 1989, Abb. 14.

verschiedene Herstellungstraditionen sind[126]. Ebenso wird in manchen Epochen und Regionen des urgeschichtlichen Europa bevorzugt einfaches Garn verwoben, in anderen eher verzwirnte Fäden, die haltbarer sind und den mechanischen Belastungen beim Weben besser standhalten. In der Hallstattzeit wird etwa im Osthallstattkreis in beiden Fadensystemen Garn benützt, während im Westhallstattkreis in mindestens einem Fadensystem gezwirnte Fäden verwendet werden.

3.2 Archäologische Funde von Spinngeräten

Funde von vollständigen Spindeln sind höchst selten. Aus den zirkumalpinen Seeufersiedlungen sind solche raren Entdeckungen gemacht worden[127], etwa der spätneolithische hölzerne Spindelstab mit aufgewickeltem Garn aus Twann in der Schweiz oder die bronzezeitlichen Holzspindeln aus Fiavé, Italien. Der Spindelfund von Arbon Bleiche 3 mit noch erhaltenem Spinngut (Abb. 38) wurde bereits beim Rohmaterial Lindenbast erwähnt. Daneben gibt es vom selben Fundort weitere vollständige Spindeln, Stäbe mit aufgestecktem Wirtel.

Wenn holzkundliche Untersuchungen vorliegen, wie etwa von den neolithischen Pfahlbausiedlungen aus der Schweiz[128], so wurde als Rohmaterial für die Spindelstäbe meist Hasel *(Corylus)* oder Schneeball *(Viburnum)* festgestellt. Die gefundenen Spindelstäbe sind meist bleistiftdick und haben eine Länge von mindestens 20 cm.

Im archäologischen Fundgut sind die Schwunggewichte, die Spinnwirtel, relativ häufig, da diese meist aus gebranntem Ton und seltener aus Stein oder Knochen bestehen und so über die Jahrtausende erhalten blieben (Abb. 39).

---

126 Siehe dazu Banck-Burgess 1999, 84–85. – Bender-Jørgensen 1992. – Rast-Eicher 2008, bes. 167–169. – Div. Artikel in Gleba und Mannering 2012.

127 Twann: Dunning 1992, 46, Abb. 6. – Fiavé: Bazzanella et al. 2003, 137–138.

128 Rast-Eicher 1997, 304.

Abb. 38: Vollständige Spindel aus der Feuchtbodensiedlung Arbon Bleiche 3 in der Schweiz um 3.370 v. Chr.

Es kann hier in der Kürze kein vollständiger typologischer Überblick[129] gegeben werden, wie er von den Archäologen bei der Sortierung des Materials gerne gemacht wird. Man kann jedoch bei den Spinnwirteln gut sehen, dass selbst diese Gebrauchsformen, die schon durch ihren Bestimmungszweck als Schwunggewicht keiner allzu drastischen Formgebungsvariation unterliegen können, doch Unterschiede in den verschiedenen Zeiten haben. Sie unterliegen in der Form und besonders in ihrer Verzierung – wie alles andere auch – den Modeerscheinungen, die es schon immer gegeben hat und heute noch gibt.

Die frühesten Spinnwirtelfunde kennen wir in Österreich[130] vom Beginn der Jungsteinzeit, der Zeit der ersten Bauern (sog. Bandkeramische Kultur um 5.600 bis 4.900 v. Chr.). In Oberösterreich sind aus Leonding bei Linz Spinnwirtel bekannt, die aus zerbrochenen Gefäßen gefertigt wurden. Bei dieser frühen Form des Recyclings hat man einfach Tonscherben auf die gewünschte Größe rund zugeschliffen und in der Mitte gelocht. Besonders große und schwere Spinnwirtel sind aus der späten Jungsteinzeit, der Chamer und Jevišovice Kultur um 3.000 v. Chr. bekannt. Funde gibt es etwa aus Krems-Hundssteig oder aus Pulgarn bei Steyregg. Die bislang bekannt gewordenen Spinnwirteln haben viele verschiedene Formen und Verzierungen. Aus anderen spätneolithischen Kulturen finden sich auch kleinere scheibenförmige bis kugelige Wirtel, wie etwa in der Horgener Kultur in der Schweiz vom Fundort Arbon Bleiche[131].

Besonders zu Beginn der Bronzezeit sind Spinnwirtel in Österreich[132] eher rar, eines der seltenen Beispiele sind jene aus der frühbronzezeitlichen Siedlung von Jetzelsdorf in Niederösterreich. Möglicherweise wurden zu dieser Zeit eher rein hölzerne

129 Diverse Zusammenfassungen und Fallstudien: Bazzanella 2012, 210–211. – Becker et al. 2020. – Belanová-Štolcová 2012, 309–314. – Belanová-Štolcová und Grömer 2010. – Gleba 2008a; 2012, 227–229, 234–236; 2013, 4–6. – Grabundžija und Schoch 2020. – Médard 2012, 369–370. – Möller-Wiering 2012, 127–129. – Potrebica und Files Kramberger 2020. – Rast-Eicher 2012, 382.

130 vgl. dazu die Referenzen zu den einzelnen österreichischen Fundorten bei Grömer 2004 (2006).

131 Leuzinger 2002, 115–118.

132 Referenzen nach Grömer 2004 (2006). – Belanová-Štolcová und Grömer 2010.

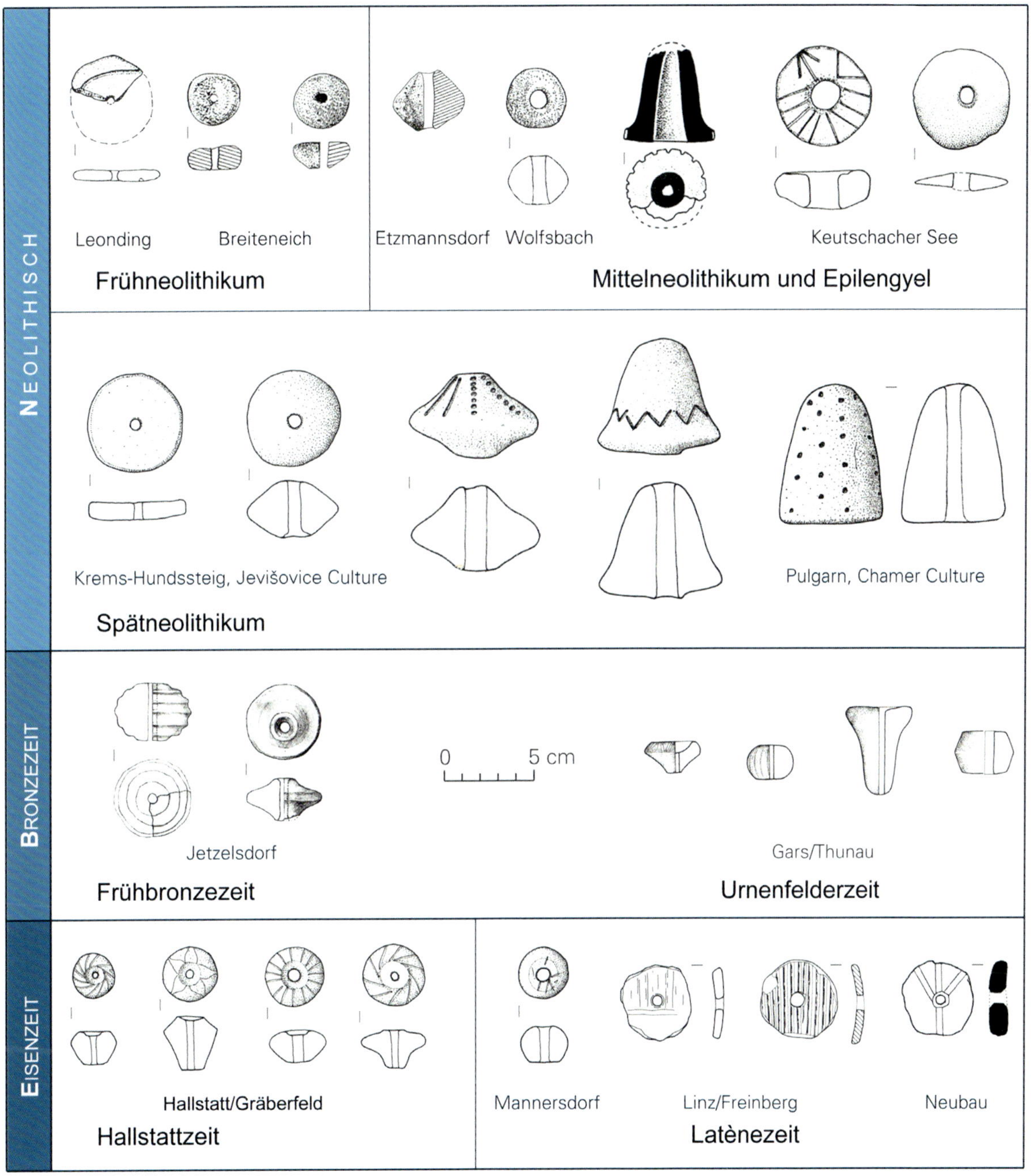

Abb. 39: Verschiedene Spinnwirtelformen aus der österreichischen Urgeschichte.

Spindeln[133] benutzt. Ganz anders ist das Bild, betrachtet man Spinnwirtel aus der Urnenfelderzeit und älteren Eisenzeit, wo eine Fülle von Wirtel erhalten ist. Diese sind klein und zierlich

[133] vgl. Spindeln aus Holz, Bronzezeit Norditalien: Bazzanella et al. 2003, 137.

und schön ausgestaltet in ihrer Form, wie jene aus Gars/Thunau und Hallstatt. Auch in der jüngeren Eisenzeit wurden wieder Scherbenwirtel verwendet, so das latènezeitliche Stück aus Neubau bei Traun.

Spinnwirtel kommen im archäologischen Fundgut als Verlustfunde in den Siedlungen vor, sie wurden aber auch den Menschen in Gräbern beigegeben, wobei sie oft in der Arm- bzw. Handgegend liegen. Besonders in der älteren Eisenzeit, im Osthallstattkreis, spielen Spinnwirtel eine große Rolle als Grabbeigaben (mehr dazu in Kapitel C, S. 251 ff.).

Neben den Spindeln selbst sind – selten aber doch – in der mitteleuropäischen Urgeschichte auch Abbildungen zum Spinnen belegt. Es sei nur kurz erwähnt, dass diese in den antiken Hochkulturen sehr häufig sind[134], etwa Darstellungen von Spindeln auf ägyptischen Wandmalereien, Skulpturen und in Hieroglyphen oder Bilder von Spinnerinnen auf griechischer Keramik.

In unserem Raum sind besonders die Darstellungen auf der sogenannten „Urne von Sopron" (ca. 700 v. Chr.) und auf dem villanovazeitlichen Klapperblech *(tintinnabulo)* aus Bologna (vgl. Kapitel Webtechniken, Seite 94, sowie Abb. 146, S. 281, und 147, S. 282) interessant. Dargestellt sind neben anderen Personen auch jeweils eine Frau mit einer Spindel und kurzem Spinnrocken.

Das gesponnene (oder auch gezwirnte) Fadenmaterial konnte nun aufbewahrt werden, bis es zum Weben oder Nähen benötigt wurde. Dazu hat man den Faden auf einem Stäbchen aufbewahrt oder gleich auf der Spindel belassen. Es gibt auch steinzeitliche Nachweise dafür, dass man die Fäden zu einem Knäuel aufgewickelt hat[135]. Der Funktion als „Fadenvorratsbehälter" werden aber auch tönerne Spulen gerecht, die von der Jungsteinzeit[136] bis zur Eisenzeit immer wieder in den Siedlungen, aber auch in Gräbern anzutreffen sind. Diese bestehen aus ca. 5–7 cm langen Tonzylindern mit aufkragenden Enden (Abb. 40).

---

[134] Barber 1991, 39–78.

[135] z. B. Molina di Ledro, Italien (Früh-/Mittelbronzezeit): Bazzanella et al. 2003, 173. – Schweiz: Vogt 1937.

[136] Grömer 2006a, Abb. 5.

Abb. 40: Hallstattzeitliche Spulen und Spinnwirtel aus Bad Fischau in Niederösterreich.

3.3 Spinnwirtelgewichte und erzielbare Fadenqualitäten

Das Gewicht der Spindel ist unter anderem abhängig von der Größe des Wirtels, aber auch vom Rohmaterial (ob etwa aus Keramik, Holz, Glas oder Stein gefertigt) sowie von der bereits gesponnenen und aufgewickelten Garnmenge. Das sind vorerst rein physikalische Tatsachen. Interessant ist nun, ob bei den in der Urgeschichte üblichen verschiedenen Formen und Größen ein Unterschied in der Handhabung und im erreichbaren Endprodukt festzustellen ist.

Die spätneolithischen Spinnwirtel aus der Schweiz, etwa aus Arbon-Bleiche, haben meist ein Gewicht um 16 bis 40 g[137], können aber bis zu 80 g schwer sein. Die über 100 g schweren „bombastischen" Beispiele aus den spätneolithischen Kulturen Cham und Jevišovice (Abb. 39) sind extreme Formen[138]. Von den Pfahlbauten am Ledrosee sind neben anderen Textilgeräten auch zahlreiche frühbronzezeitliche Wirtel erhalten. Diese sind kugelig

137 Leuzinger 2002, 119, Abb. 151.

138 Grömer 2004 (2006).

bis scheibenförmig und haben Gewichte zwischen 15 und 50 g, im Mittel um 30 g[139]. Insgesamt ist bei der typologischen Entwicklung der Spinnwirtel ab dem Neolithikum eine Verkleinerung und Verfeinerung dieser Arbeitsgeräte sichtbar, die in der Hallstattzeit bei ca. 5 bis 20 g leichten, teils sorgfältig mit Verzierungen ausgeführten Wirteln gipfelt. Als Beispiel möge hier die befestigte hallstattzeitliche Höhensiedlung Smolenice-Molpír in der Slowakei dienen. Hier wurden über 2.200 Spinnwirtel (Abb. 154, S. 299) und ca. 200 Webgewichte aufgefunden, die diesem Platz wohl eine herausragende Bedeutung in der Textilproduktion zuweisen. Die Gewichtsmessungen ergaben bei den meist zwischen 6 und 26 g wiegenden Wirteln ein ermitteltes Durchschnittsgewicht von 15,8 g[140].

Durch praktische Versuche in der Experimentellen Archäologie[141] kann man besser in die Lebenswelt des urgeschichtlichen Menschen eindringen als durch rein theoretische Betrachtung. Das Spinnen als Technik ist relativ leicht zu erlernen, aber um jene Geschicklichkeit zu erlangen, die die prähistorischen Menschen besessen haben, dauert es Jahre. Selten erreicht heute noch jemand beim „Hobbyspinnen" jene Feinheit eines von Kindheit an lebenslang geübten Handwerkers.

Anhand von Spinnleistungsexperimenten[142] konnte festgestellt werden, dass sich das Gewicht und auch die Form der Spindel direkt auf den entstehenden Faden auswirken. Es stellte sich die Frage, ob und in welcher Spinntechnik diese Arbeitsgeräte aufgrund ihrer Form und Größe die erforderlichen Fadenstärken erbringen können. Dazu wurden auch bei eigenen Experimenten technische Reihenversuche zu Drehfrequenz und Laufzeit an neolithischen bis spätantiken Originalspinnwirteln ausgewertet

139 Bazzanella et al. 2003.

140 Belanová-Štolcová und Grömer 2010.

141 Allgemein siehe Coles 1973. – Experimente zum Textilhandwerk siehe Mårtensson 2007, zu den Vorgehensweisen Abb. 2.

142 Grömer 2005 mit Details zu den Experimenten und Ergebnissen der Tests an Originalwirteln. Es wurden Versuche zur Laufzeit (Drehdauer) und Drehfrequenz (Anzahl der Umdrehungen in einem bestimmten Zeitabschnitt) durchgeführt. – vgl. auch die Experimente des „Tools and Textiles Research Program" des Centre for Textile Research Copenhagen: http: //ctr.hum.ku.dk/research/tools_and_textiles_/ (Abrufdatum 3.11.2022). – Mårtensson 2007. – Andersson Strand 2010a.

sowie das Spinnen verschiedener Fadenstärken mit einzelnen Originalen getestet.

So wurde unter anderem mit Originalspinnwirteln (8–12 g) aus dem Gräberfeld Hallstatt im Vergleich mit großen, über 100 g schweren Wirteln der spätneolithischen Jevišovice-Kultur aus Meidling/Kleiner Anzingerberg Flachs und Wolle probeweise zu unterschiedlich starken Fäden versponnen (Abb. 41). Wird die Spindel „hängend" verwendet, so ist das Gewicht und somit die Größe des Wirtels von entscheidender Bedeutung. Zu große und schwere Spinnwirtel haben ein starkes Zuggewicht zur Folge, das auf dem Faden lastet, an dem die Spindel hängt. Will man etwa einen dünneren Wollfaden mit etwa 0,4 mm Stärke herstellen, so kann dieser durch ein großes Wirtelgewicht beim Spinnen reißen. Dies geschieht, weil bei den für die Fadenproduktion verwendeten Tierhaaren die einzelnen Fasern doch eher kurz sind und beim fertigen Faden nur wenig ineinander greifen. Andererseits eignen sich die leichten Wirtel, wie jene aus dem Gräberfeld Hallstatt, vorzüglich für die Anfertigung des in der Hallstattzeit so gebräuchlichen feinsten Wollgarnes. Sie sind aber nicht so gut für stärkere Wollqualitäten brauchbar, wofür ihr geringes Eigengewicht und das geringere Trägheitsmoment verantwortlich sind.

Völlig anders verhält es sich beim Verspinnen von pflanzlichen Fasern wie Flachs, Hanf oder Brennnessel. Es handelt sich beim aufbereiteten Rohmaterial um längere Fasern, die an einem Rocken befestigt werden. Mit einer Hand wird die Spindel gedreht und mit beiden Händen wird der Faden gezogen, was mit etwas Übung viel schneller vor sich geht als bei der Wolle. Die langen Fasern drehen auf größeren Strecken ineinander, sodass die Gefahr des Reißens nicht so stark besteht. Selbst für die Herstellung eines dünnen Fadens ist beim Flachs ein etwas schwererer Spinnwirtel (ca. 30 g) vorteilhafter, da sich durch den vermehrten Schwung bei einem größeren und schwereren Gewicht der Faden schneller verdreht. Zu leichte Spindeln erreichen zwar beim Andrehen eine hohe Drehzahl, bremsen aber nach kürzester Zeit ab, sie können den rasch entstehenden Faden gar nicht so schnell verarbeiten.

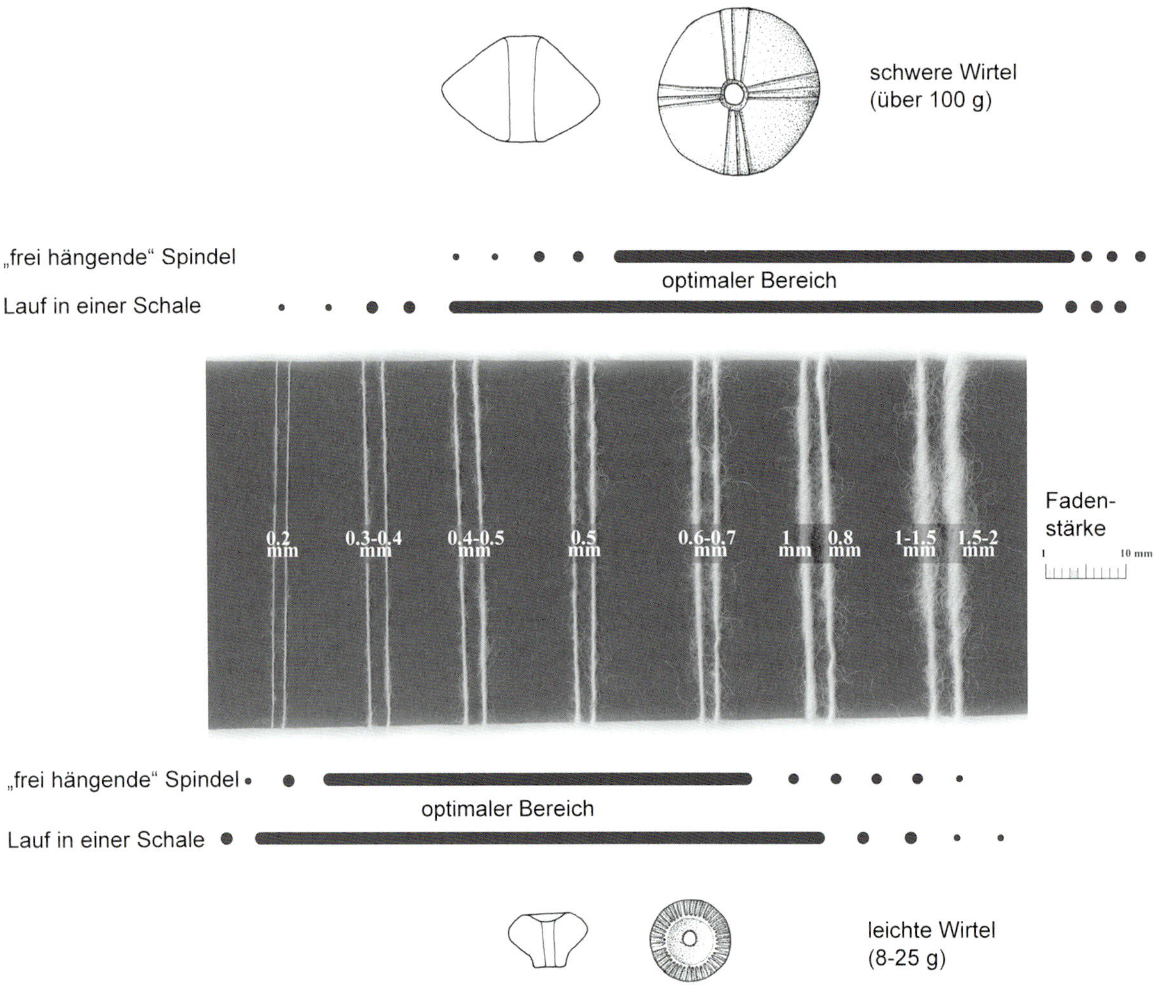

Abb. 41: Vergleich der mit unterschiedlich schweren Spinnwirtel erreichbaren Fadenstärken beim Verspinnen von Wolle.

Es kann also – beim Spinnen mit „hängender“ Spindel – eine Verbindung zwischen der Größe des Spinnwirtels und der im Idealfall zu spinnenden Fadenstärke gesehen werden (Abb. 41). Einen gewissen Einfluss hat auch die Form des Wirtels[143], ob konisch, glocken- oder scheibenförmig, der Spinnwirtel darf jedenfalls nicht unwuchtig sein.

Lässt man jedoch die Spindel in einer Tonschale oder am Boden laufen, so relativiert sich der Einfluss des Gewichtes. Dabei ist in einem bestimmten Rahmen egal, welches Rohmaterial und

143 Andersson Strand 2010b, 12–15. – vgl. auch Spinnexperimente bei Kania 2010 und 2013. – Verhecken 2010.

welche Fadenstärke gesponnen werden. Ein schwererer Wirtel bewirkt lediglich durch den „Kreiseleffekt", dass die Drehung im Vergleich zu einem leichteren Wirtel länger läuft.

Ebenso ist zu beobachten, dass bei den wenigen antiken Darstellungen die Spindel stets „frei hängend" verwendet wird.

An den Originalfunden sind auch die **Garnqualitäten** zu bestimmen, man kann diese also mit den Ergebnissen der Experimentellen Archäologie in Verbindung bringen.

Aus den Feuchtbodensiedlungen ist steinzeitliches Fadenmaterial[144] geborgen worden, einfaches Garn und auch gezwirnte Fäden in nicht verwobenem Zustand. Teilweise sind dies Reste von Spindeln, die noch Teile der hölzernen Spindelstäbe enthalten. Andere Knäuel waren sorgfältig gewickelt worden. Die Fadenstärken dieser Garne sind teils sehr fein, wie bei einem Knäuel aus Leinengarn von Zürich-Kanalisation Seefeld aus der spätneolithischen Horgener Kultur mit nur 0,5 mm Fadenstärke.

Besonders interessant ist hier die bereits erwähnte Spindel von Arbon Bleiche 3[145]: Diese Spindel zeigt eine Momentaufnahme. Es ist ein Arbeitsgerät mit einem Wirtel von 21 g Gewicht und mit aufgewickeltem Lindenbastfaden von 0,7 mm Stärke. Es lässt sich also hier aus dem Befund klar ablesen, dass mit einer ca. 20 g schweren Spindel ein 0,7 mm dicker Faden aus Pflanzenfasern versponnen werden konnte.

Anhand der erhaltenen frühbronzezeitlichen Gewebe der italienischen Seeufersiedlungen ist zu beobachten, dass es sich auch hierbei um feine Fäden aus Flachs handelt, die zudem meist verzwirnt wurden. Die Fadenstärken liegen hierbei ebenfalls um 0,5 bis 0,7 mm.[146]

Nach diesen feinen, relativ dünnen Flachsfäden der Jungstein- und beginnenden Bronzezeit sind dann die doch sehr dicken

[144] vgl. dazu Rast-Eicher 1997, 315. – Abbildungen verschiedener Garnknäuel bei Vogt 1937, Abb. 73–78.

[145] Leuzinger 2002, 119.

[146] Bazzanella et al. 2003.

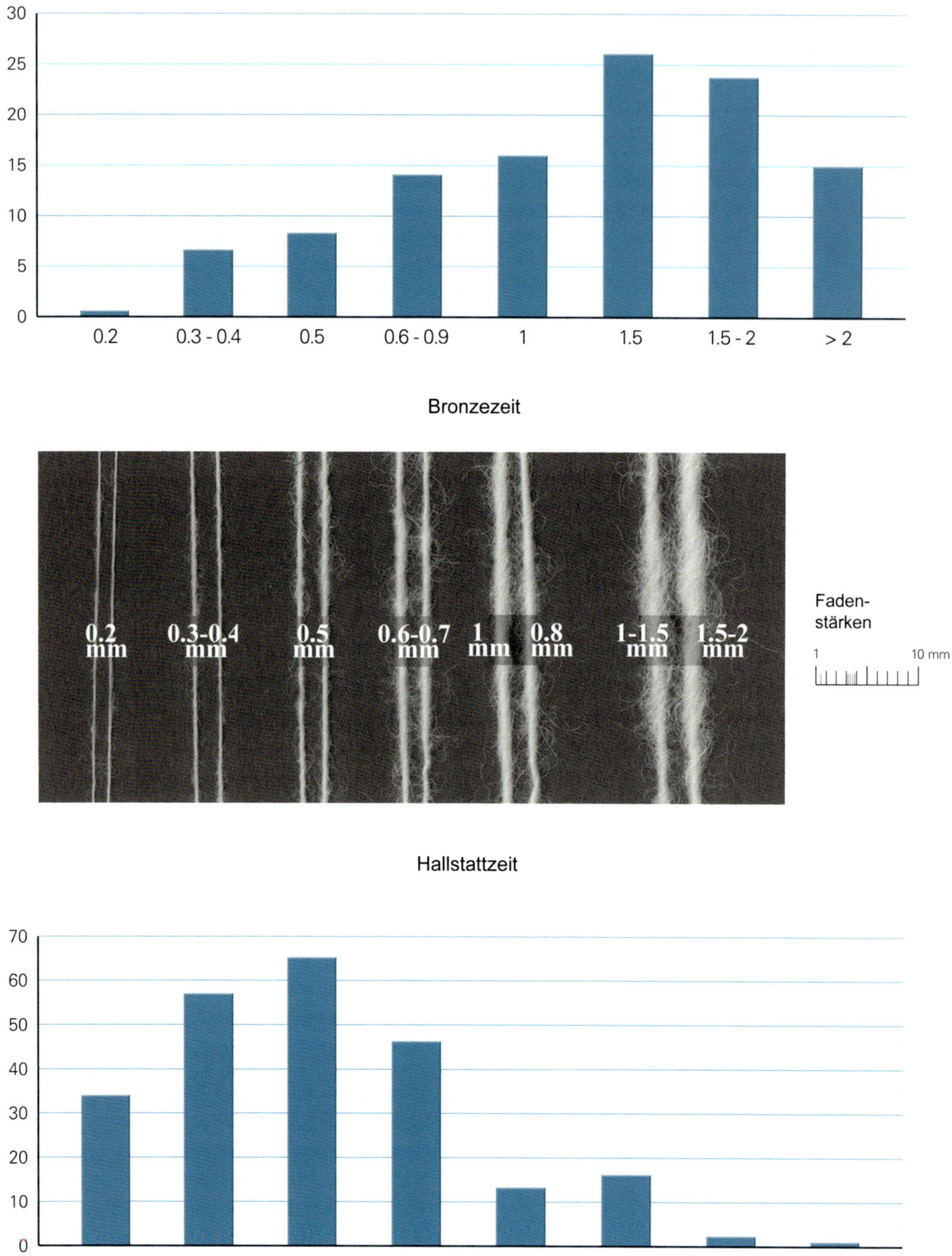

Abb. 42: Gegenüberstellung der Fadenstärken von bronze- und hallstattzeitlichen Wolltextilien aus dem Salzbergwerk Hallstatt in Oberösterreich.

Wollfäden auffällig, die vor allem ab der Mittelbronzezeit zur Textilherstellung verwendet wurden. Die Gewebequalitäten von Wollstoffen der mittleren Bronzezeit bis zur Hallstattzeit seien am immer wieder zitierten Fundmaterial aus Hallstatt aufgezeigt[147] (Abb. 42). Hier spiegeln sich die in ganz Mitteleuropa gängigen Fadenstärken von Wollgeweben wider. In der Mittelbronzezeit sind vor allem dickere Wollfäden zwischen 1,5 bis 2 mm Garndurchmesser üblich, wenn auch stärkere und – selten – dünnere Fadenqualitäten vorkommen. In der Hallstattzeit sind nun weitaus feinere Qualitäten zu beobachten. Es sind Fadenstärken um 0,3 bis 0,5 mm beliebt.

Es konnten also relativ früh, im Neolithikum, mit den langen Flachsfasern dünne Fäden gesponnen werden. Bei der kürzerfaserigen Wolle verfeinerten sich die Aufbereitungsarbeiten, die Spinn- und auch Webtechniken erst mit dem Ende der Bronzezeit so weit, dass man in der Hallstattzeit selbst bis zu 0,1 mm dünne Garne (entspricht heutiger „Nähseide") herzustellen vermochte. Man war auch im Stande, diese Garne ohne weiteres Verzwirnen zu verweben, eine Kunst, die vor allem in der Osthallstattkultur nachgewiesen ist, wie am Fundort Hallstatt (Abb. 43). In allen Zeiten finden sich jeweils auch Wirtel verschiedener Gewichtsklassen: Möglicherweise spiegeln sich in diesen spezialisierte Werkzeuge zur Herstellung verschiedener Fadenarten[148] wider.

Auch die Stärke der Verdrillung des Fadens ist wichtig bei der Weiterverarbeitung. Scharf gedrehtes und daher stabiles Garn aus gekämmtem Vlies etwa wird eher für Kettfäden und zum Brettchenweben verwendet. Weich gedrehtes Garn eignet sich gut als Schussfaden oder für saugfähige und warme Textilien. An den Textilien aus dem Salzbergwerk Hallstatt[149] findet sich die ganze Bandbreite dieser Möglichkeiten – die von den eisenzeitlichen Handwerkern gezielt eingesetzt wurden, um Produkte mit bestimmten Eigenschaften herzustellen (siehe auch unter Faseraufbereitung).

147 Grömer 2013, Abb. 17.

148 Belanová-Štolcová und Grömer 2010, 11–15.

149 vgl. Grömer 2013, 59–60; siehe auch im Katalog; Schlüsselwort „twist angle" (Drehwinkel).

Abb. 43: Hallstatt: Eisenzeitliches Gewebe mit 0,1 bis 0,2 mm dünnen Garnen.

4 Webtechniken

Weben war in der Antike ein sehr geschätztes Handwerk. Der Symbolismus des Webens wirkte so stark, dass Weben etwa in der griechischen Sprache als Synonym für planendes Handeln überhaupt galt. Dieses Denken fand auch in der Dichtkunst Eingang, etwa in der Komödie *Lysistrate* von Aristophanes (Aristoph., *Lys.*) (uraufgeführt 441 v. Chr.). Hier vergleicht die gleichnamige Heldin in einem Gespräch mit einem Ratsherrn die Politik auf humorvolle Weise mit den verschiedenen Phasen der Textilherstellung[150]. Die Wertschätzung von hochwertigen Webwaren ging so weit, dass in der Antike webkundige Frauen als wichtige Kriegsbeute galten[151].

Verschiedene Webtechniken standen dem prähistorischen Menschen zur Verfügung. Wie wir aus den archäologischen Funden wissen, setzte man schon in frühester Zeit gewisse Methoden und Werkzeuge beim Weben gezielt ein, um einen Stoff genau für einen bestimmten Zweck anzufertigen. Gerade durch die Gewebefunde aus den Hallstätter und Dürrnberger Salzbergwer-

[150] Pekridou-Gorecki 1989, 25–26.

[151] vgl. dazu Eibner-Persy 2000/2001, 107–110.

ken können Textilarchäologen aus einer vollen Fundgrube des Materials schöpfen. Wiederum sind es die prähistorischen Textilien selbst, die uns auch herstellungstechnische Details zum Weben verraten – selbst wenn sie meist nicht vollständig erhalten sind: So finden sich schmale Bandgewebe mit einfachen Seitenkanten. Diese Bänder dienten für verschiedene Zwecke, etwa als Gürtel, Trageriemen, Wickelbänder, als Besatz für größere Textilien etc. Unter den Bändern sind durch Bindung und Musterung verschiedene Webtechniken zu unterscheiden. Großflächige Gewebe etwa für Kleidung stellte man in der mitteleuropäischen Urgeschichte wahrscheinlich meist auf dem Gewichtswebstuhl her, wie durch die zahllosen Webgewichtsfunde aus den Siedlungen belegt ist. Selbst kleine Fragmente von am Gewichtswebstuhl gefertigten Großgeweben verraten sich durch die Gewebeanfangskanten – Details dazu später.

Beim Vorgang des Webens werden allgemein Fadensysteme miteinander verkreuzt, sodass ein Stoff entsteht. Man könnte nun spitzfindig anmerken, dass dies auch beim Flechten der Fall ist. Grundlegend könnte Weben wie Mattenflechten auch erfolgen, indem der Schussfaden per Hand in Schlangenlinien abwechselnd über und unter den Kettfäden geführt wird. Ein derartiger Webvorgang wird auch heutzutage noch gerne in Kindergärten und Volksschulen praktiziert, als Schulung der Fingerfertigkeit.

Das echte Weben unterscheidet sich jedoch vom Flechten dadurch, dass das Webgerät an den gespannten Kettfäden eine mechanische Fachbildung ermöglicht[152]. Es muss also nicht mehr, wie beim Flechten, jedes Element einzeln bewegt werden, der Eintrag per Hand unter bzw. über einzelne Fäden gelegt werden. Die Webvorrichtung (der Litzenstab) macht das Weben effizienter und schneller, weil damit die ganze Reihe der Fäden gleichzeitig bewegt wird. Der Mensch erfand mit dem Webstuhl wahrscheinlich eine der ersten „Maschinen" der Menschheitsgeschichte – eines der ersten komplexen Geräte, die eine mechanisierte Arbeitsweise zulassen. Entwickelt wurde dieses Prinzip

[152] Flechten und Weben sind technisch nur begrenzt verwandt: Beim Flechten wird mit mindestens 2 aktiven Fadensystemen gearbeitet, beim Weben gibt es ein aktives Fadensystem, die Kette, und ein passives, den Schuss. vgl. die Systematiken bei Seiler-Baldinger 1994.

wie andere Errungenschaften der Jungsteinzeit im Fruchtbaren Halbmond, irgendwo zwischen der Türkei und dem Nordirak.[153]

4.1 Bandgewebe: Ripsbänder

Schmale Ripsbänder mit einer Breite von ca. 1 bis 2 cm tauchen immer wieder im archäologischen Fundgut auf. Als separat gewobene Bänder, einfärbig oder gemustert, kennen wir sie etwa vom bronzezeitlichen Kupferbergbau in Mitterberg, Österreich, oder aus den eisenzeitlichen Fundpunkten des Salzbergwerkes Hallstatt[154]. Sie wurden sowohl aus einfachen Garnen als auch aus gezwirnten Fäden angefertigt. Letztere Technik macht sie noch reißfester und stabiler. Ripsbänder wurden aber auch als Gewebeanfangskanten gearbeitet. In dieser Funktion sind sie ab dem Neolithikum bekannt (dazu bei Kapitel B4.4.1, S. 122).

Bänder sind auch als Verzierungselemente in der bildlichen Kunst identifizierbar. So sind die Säume vieler in der Situlenkunst[155] abgebildeten Gewänder mit Bändern geschmückt. Die Borten sind oft gestrichelt dargestellt, was der Struktur nach auf Ripsborten hindeuten könnte.

Das für ihre Herstellung benützte Webgerät ist leider vom Aussehen des Bandes nicht exakt bestimmbar. Möglich sind etwa die Verwendung eines Webgitters (teilweise auch Webkamm genannt) oder eines Litzenstabgerätes. Archäologische Nachweise für Webgitter gibt es aus römischer Zeit, aus Mitteleuropa ist etwa der Fund aus Lauriacum, Enns in Oberösterreich (Abb. 45), zu nennen[156]. Das Gerät besteht aus einem Brettchen mit Schlitzen und zentralen Löchern in den Holzteilen dazwischen. Ein Litzenstabwebgerät hingegen wird rein aus Holzstäbchen und Fäden gefertigt. Diese könnten, abgesehen von den Schwierigkeiten mit der Erhaltung von Holz, nur dann als Webgerät identifiziert werden, wenn sie als In-situ-Befund entdeckt würden. Die einfachen Geräte wären nur mit noch anhängendem Werk-

---

153 vgl. Barber 1991, 79–122.

154 Mitterberg und Hallstatt in: Grömer 2006b; 2013, 69–70.

155 vgl. auch Kapitel E. – Allgemein zur Situlenkunst: Lucke und Frey 1962. – Turk 2005.

156 Gostenčnik 2012, Abb. 29d.

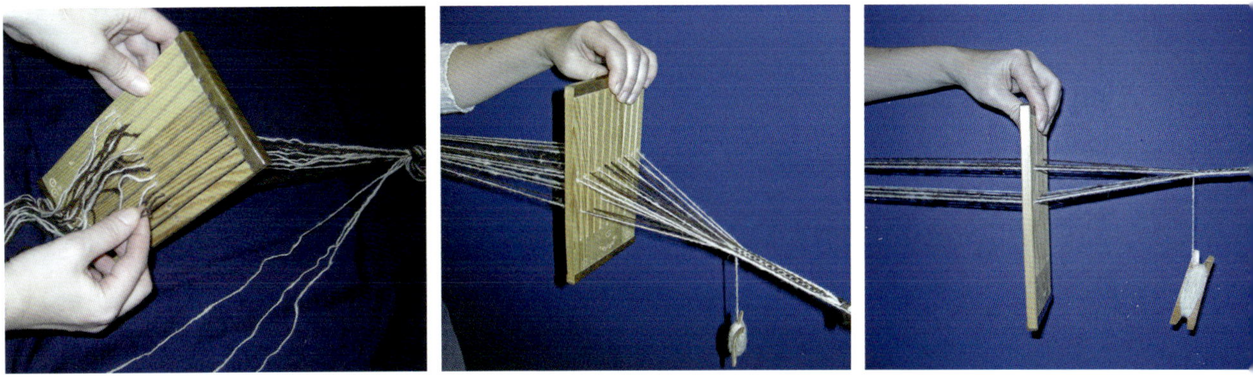

Abb. 44: Bandweben mit dem Webgitter: Einfädeln der Kette und die beiden Webfächer.

stück als Webhilfsmittel kenntlich, und ein derartiger Fund ist bisher noch nicht gelungen.

Die **Fertigung dieser Ripsbänder** ist denkbar einfach und mit dem Webgitter[157] (Abb. 44–45) besonders anschaulich. Die Kettfäden werden in der gewünschten Länge vorbereitet und abwechselnd durch die Löcher und Schlitze des Webgitters geführt. Indem der Litzenstab gehoben oder gesenkt wird, können zwei unterschiedliche Webfächer geöffnet werden, eines über und das andere unter der Grundhöhe der Kettfäden. Der Schussfaden wird dann in das Webfach eingefügt.

Die Ripsstruktur entsteht, indem die Kettfäden sehr dicht geführt werden, sodass die Fadendichte in einem Fadensystem mindestens doppelt so groß ist wie im anderen. Teilweise wird bei Bändern der Schuss so fest angeschlagen, dass die Kettfäden ihn beinahe überdecken. Diese Bindung wird vor allem bei schmalen Bändern bevorzugt angewandt, da sie den Webstücken große Festigkeit verleiht.

Genau dieselbe textile Struktur eines Ripsbandes kann auch ohne spezialisiertes Webgitter hergestellt werden. Die Arbeit mit dem sogenannten Litzenstabgerät (Abb. 46) ist wohl die ursprünglichere Technik. Bereits beim Schären der Kette bildet man eine obere und untere Lage von Fäden, indem man die Fäden kreisförmig um einen Schärbock führt. Der Abstand zwischen oberer und unterer Kettfädenlage wird mittels Trennstab oder mit einer Schnur fixiert. Nun werden die Fäden der unteren

Abb. 45: Webkamm aus Lauriacum, Römische Kaiserzeit.

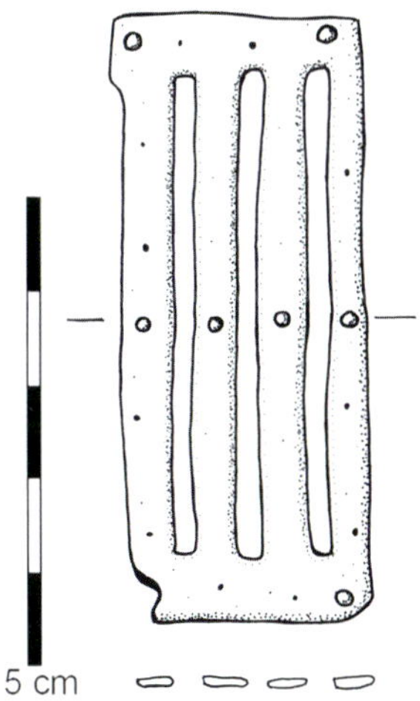

[157] Wild 1988, 38–39, Abb. 27.

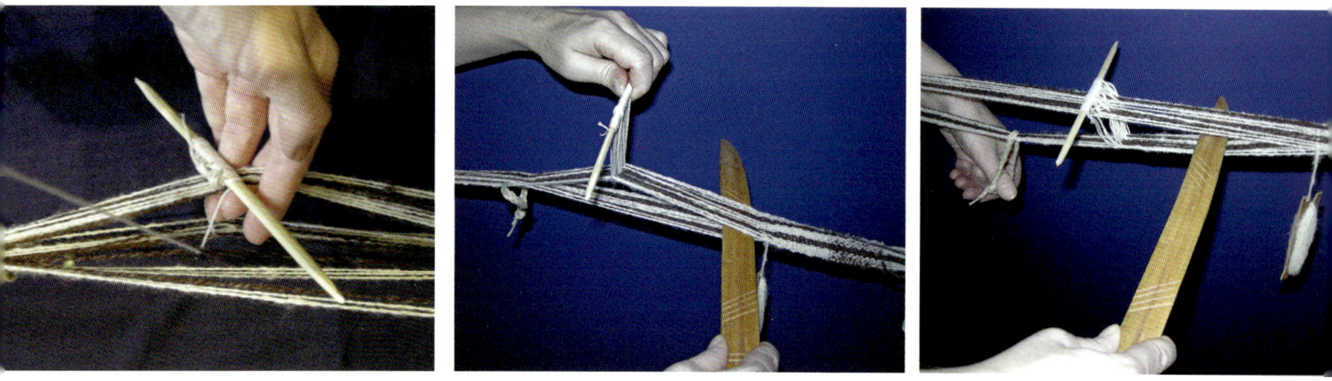

Abb. 46: Bandweben mit dem Litzenstabgerät: Anketteln des Litzenstabes und die beiden Webfächer.

Lage mit Führung durch die obere am Litzenstab befestigt. Ist die Kette straff gespannt, kann mit dem Weben begonnen werden, wobei durch die Bewegung des Litzenstabes das Webfach gebildet wird.

Die Befestigung der Webkette beim Arbeiten mit Webgitter oder Litzenstäben ist meist horizontal, angeknotet zwischen zwei Fixpunkten oder auch an einem Fixpunkt und am eigenen Körper. Es ist allerdings auch eine vertikale Aufspannung, mit Gewichten oder an einem Rahmen, möglich. Gerade bei Bandgeräten ist die Aufspannung sehr flexibel und die Handhabung erfolgt nach den Regeln von regionalen Webtraditionen und auch nach individuellen Vorlieben.

Abb. 47: Schema zur Fachbildung mit Litzenstäben (1) und Webkamm (2).

Von diesem einfachen schmalen Litzenstabgerät lassen sich andere Geräteformen ableiten. Verlängert man den Litzenstab in die Breite und befestigt eine breitere Webkette an einem stehenden Rahmen, so kann man die Kettfäden mit Webgewichten beschweren und der Gewichtswebstuhl ist entstanden. Verbreitert

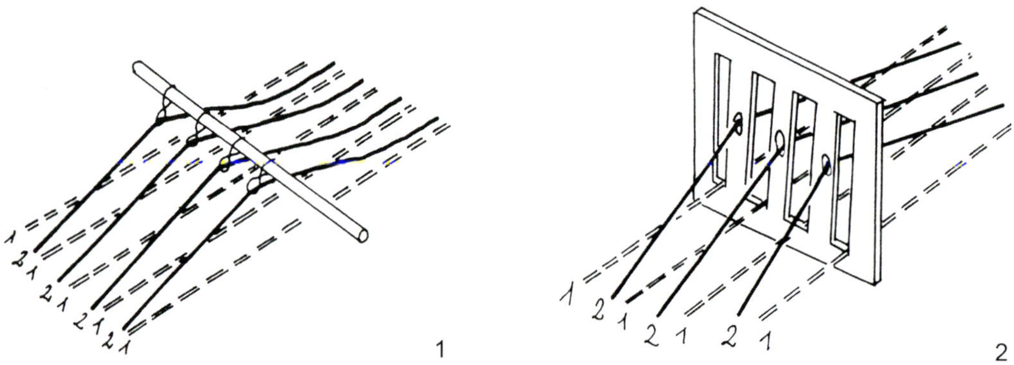

1

2

man jedoch die Kettfäden, den Litzen- und den Trennstab und befestigt die Kette an beiden Enden an Stäben, dann entsteht der Zweibaumwebstuhl, wie er etwa für die ägyptische Hochkultur typisch ist[158]. Dieses Webgerät wird dann in der Waagrechten, flach am Boden entlang bedient, aufgespannt. Auch der Rundwebstuhl[159], der stehende Zweibaumwebstuhl, leitet sich von diesem Prinzip ab.

Das bedeutet nun nicht, dass hier die These aufgestellt werden soll, dass sich die verschiedenen Webtechniken aus der Bandweberei entwickelt haben. Wahrscheinlich sind unterschiedliche Geräte zeitgleich, in aktivem Austausch entstanden.

4.2 Breite Bänder in verschiedenen Bindungen

Neben den nur bis 2 cm schmalen Ripsbändern finden sich unter den prähistorischen Webwaren auch breitere Bänder. Diese sind neben Rips nun auch in anderen Webstrukturen gefertigt und orientieren sich teils an den Bindungen, die auch an großflächigen Geweben am Gewichtswebstuhl hergestellt werden. Die Bänder sind teilweise auch verziert (vgl. Kapitel B6, S. 175), die Seitenkanten sind meist durch einfaches Wenden des Schussfadens gestaltet. Es kommen an den breiteren Bändern auch Seitenkanten in Rips vor.

Aus dem Neolithikum gibt es von den verschiedenen Pfahlbaustationen Bänder mit einer Breite um 10 bis 15 cm – sofern sie mittels zweier Seitenkanten eine gewisse Rekonstruierbarkeit aufweisen[160]. In Feldmeilen-Vorderfeld hat man Bandgewebe in Leinwandbindung entdeckt. Diese Bündel lagen verkohlt zwischen den Siedlungsresten der 2. Hälfte des 4. Jahrtausends und waren vor ihrer endgültigen Deponierung aufgerollt worden. Die verschiedenen Bänder von spätneolithischen Fundorten in der Schweiz sind stets aus Flachs mit gezwirnten Fäden hergestellt und haben oft verstärkte Seitenkanten. Die Kanten werden

158 Barber 1991, 83–91 und Abb. 11.1.

159 vgl. Goldmann 1990. – Hald 1980. – Stærmose-Nielsen 1999, 124–125.

160 vgl. bei Médard 2010, 2012. – Wininger 1995, Abb. 51 (Gewebe aus Zürich/Utoquai, Feldmeilen/Vorderfeld oder Montelier/Platzbünden).

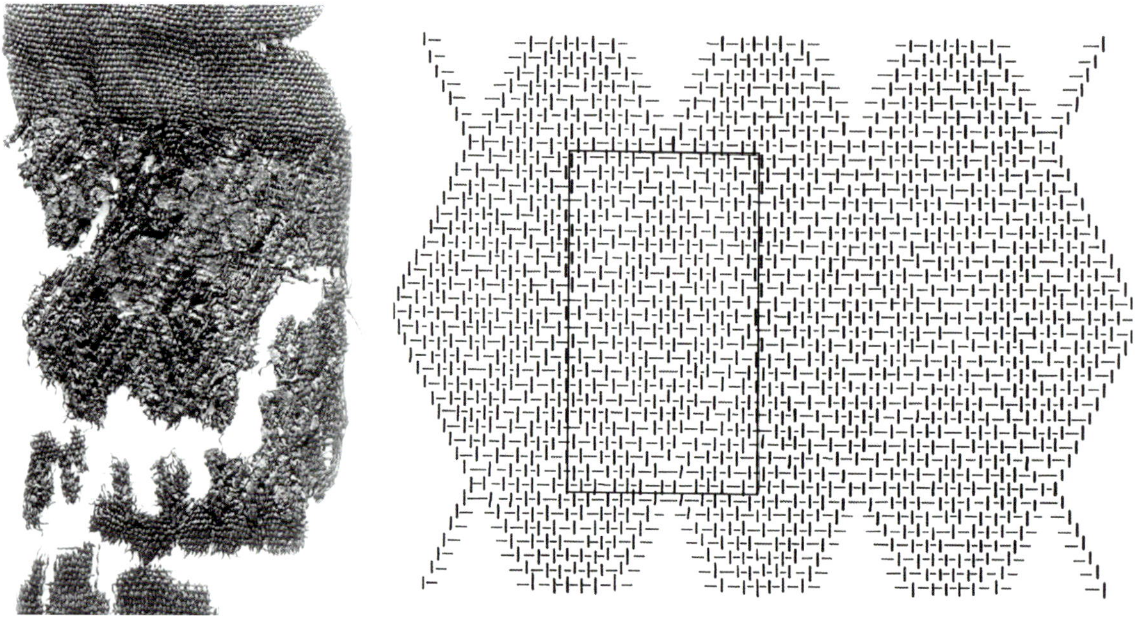

Abb. 48: Frühbronzezeitliches Band aus Molina di Ledro mit eingewobenen rautenartigen Mustern.

unter dem Kapitel „Gewichtswebstuhl" (S. 122) näher besprochen.

Auch aus der Bronze- und Eisenzeit sind aus der Fülle des Materials Beispiele zu nennen[161]: Aus dem frühbronzezeitlichen Unterteutschenthal, Deutschland, findet sich ebenfalls ein Band mit einer Breite von 10 cm. Besonders bekannt sind die zeitgleichen Bänder von den norditalienischen Feuchtbodensiedlungen in Molina di Ledro, Fundstelle Ledro A. Genannt seien hier als Beispiele das 6,8 cm breite prachtvolle Band, das mit ca. 2 m Länge vollständig erhalten ist und an dessen Enden rautenartige Muster angebracht sind (Abb. 48). Ein anderes Band von diesem Fundort mit der gleichen Länge ist 2,2 bis 3 cm breit und hat Fransen an einem Ende. Vom Fundort Hallstatt sind ebenfalls breitere Bänder bekannt. Ein bronzezeitliches Band mit ripsartiger Oberfläche ist 17 cm breit, aus der Hallstattzeit gibt es auch Bänder um 9 cm Breite in Köperbindung sowie ein 4,2 cm breites Ripsband mit Broschiermuster (Abb. 49).

[161] Unterteutschenthal: Hertel und Grömer 2019. – Ledro: Bazzanella et al. 2003, 161–163. – Hallstatt: Grömer 2013, 70, z. B. HallTex 22.

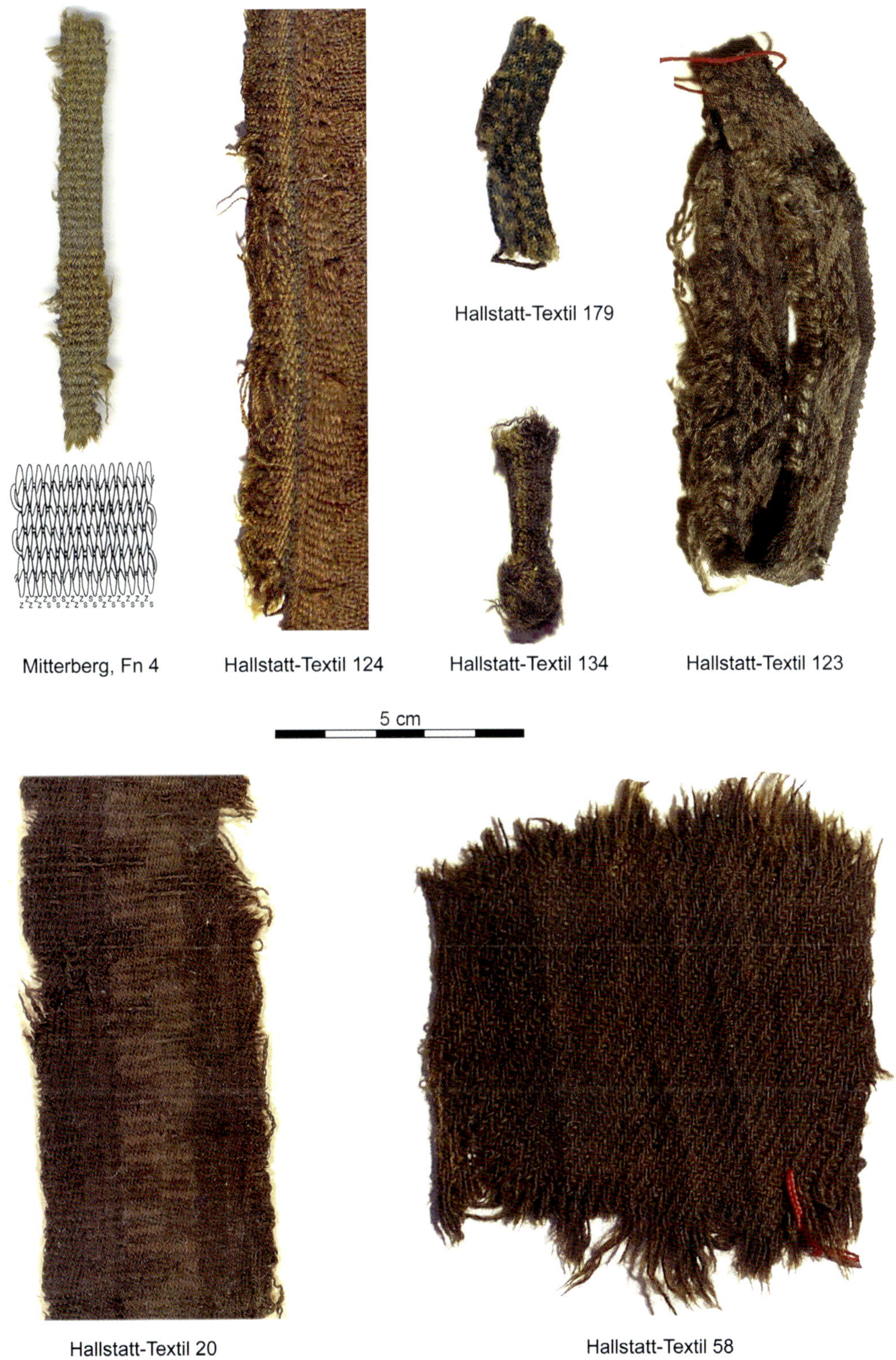

Abb. 49: Verschiedene eisenzeitliche Bandgewebe aus dem Salzbergwerk Hallstatt.

Abb. 50: Modernes Bandwebgerät mit vier Litzenstäben von Ingrid Schierer.

Das verwendete Webgerät ist hier noch schwerer zu rekonstruieren als bei den schmalen Ripsbändern. Die große Anzahl der Kettfäden (bei einem 8,5 cm breiten Köperband mit Kettdichte von 13 Fäden pro cm aus Hallstatt waren das 115 Kettfäden)[162] spricht eher gegen die Verwendung eines Webgitters, der dann sehr breit sein müsste. Litzenstäbe (Abb. 50) sind sowohl für Abarten der Leinwandbindung als auch für komplexere Bindungen wie Köper gut verwendbar – es variiert dabei nur ihre Anzahl und Bespannung. Ob nun jeweils die Aufspannung horizontal oder vertikal erfolgte, ist für die prähistorische Weberei nicht nachvollziehbar. Ebenso wissen wir nicht, ob die Webarbeit auf einem Rahmen aufgespannt war. Es wäre bei Bändern dieser Breite auch günstig, die Kettfäden an beiden Enden auf Stäbe aufzubringen und in der gewünschten Breite anzuordnen. Würde man bei breiten Bändern den Kettanfang und das Kettende einfach verknoten, so könnte man vor allem am Webbeginn die gewünschte Breite nur schwer erreichen. Als Ketthal-

[162] Grömer und Rösel-Mautendorfer 2013; Eisenzeit Katalog, HallTex 11.

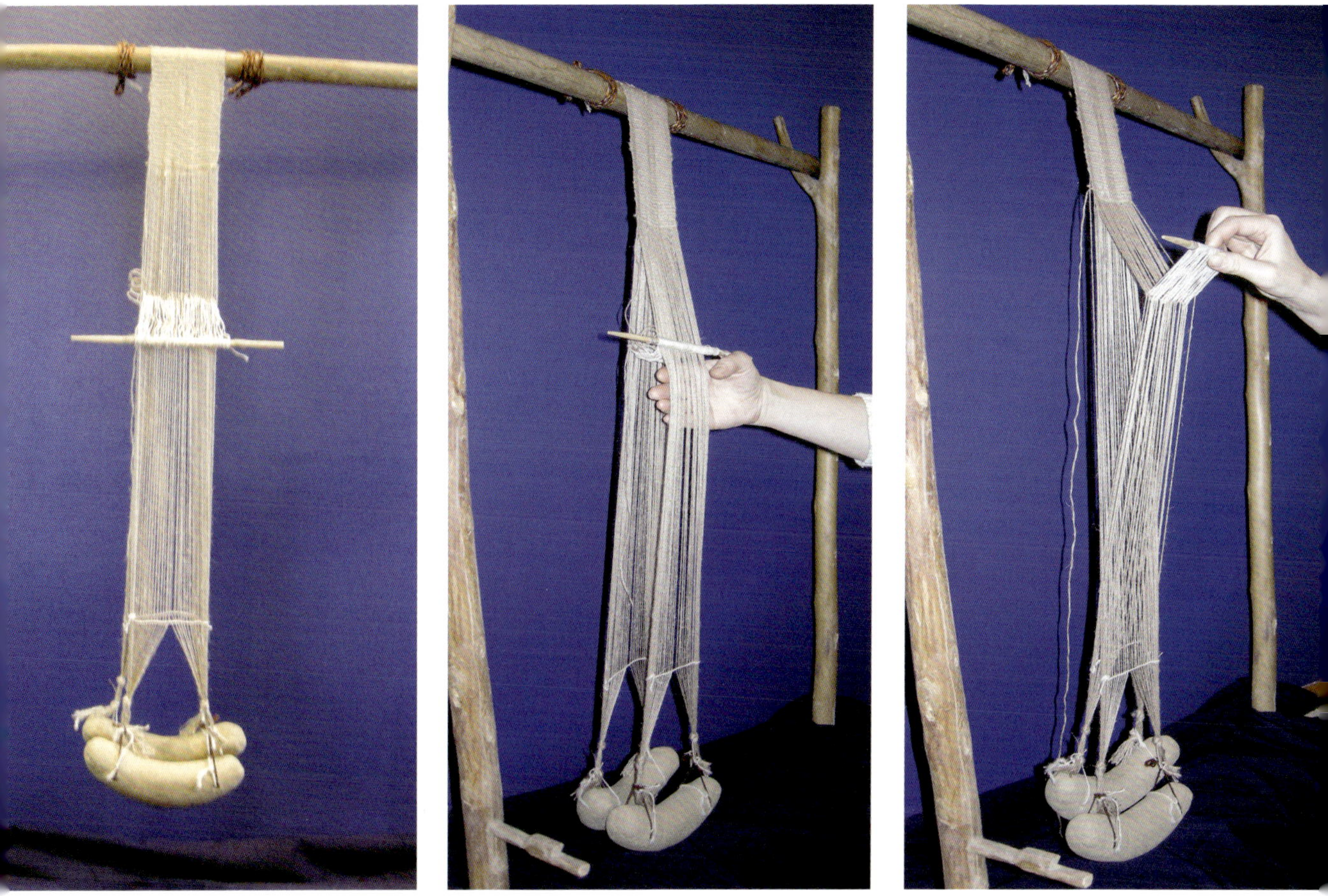

ter geeignete Stäbe wurden in Vinelz am Bielersee, Schweiz, aus dem 27. Jahrhundert v. Chr. entdeckt[163]. Sie haben Verdickungen an den Enden, was die Kette vor dem Abrutschen sichern kann.

Abb. 51: Bandweberei mit nierenförmigen Webgewichten nach Annemarie Feldtkellner. Rekonstruktion Karina Grömer und Ludwig Albustin.

Von Annemarie Feldtkellner wurde 2003 eine interessante Rekonstruktion eines Bandwebgerätes vorgeschlagen (Abb. 51), wie es in der Jungsteinzeit verwendet worden sein könnte. Dieses beruht auf den Funden von nieren- oder halbmondförmigen Webgewichten, die aus dem Spätneolithikum auch in Österreich bekannt sind[164]. Die Breite eines Bandes, die mit einem derartigen Gerät herstellbar ist, korrespondiert gut mit den spätneolithischen Geweberesten aus den Seeufersiedlungen.

---

163 Wininger 1995, Abb. 50. Die Stücke sind fragmentiert, möglicherweise sind sie auch anders zu interpretieren, als Enden von Pfeilbögen.

164 Grömer 2006a, Abb. 18. – Grömer 2018.

Nach Abschluss der Webarbeit empfiehlt es sich, die Kettfadenenden auf irgendeine Art zu sichern, damit das Band auch an seinen Enden haltbar ist. Nur wenige mitteleuropäische Stücke sind so gut erhalten, dass man sieht, wie der prähistorische Mensch die Bandabschlüsse gestaltet hat. Bei einem Band (Gürtel) von Lago di Ledro[165] wurde dieses Problem gelöst, indem man die Kettfäden geflochten und teilweise verknotet hat.

Ein Beispiel für die unendliche Kreativität im Bereich der Bandabschlüsse ist der Ripsgürtel von Itzehoe[166] aus der Nordischen Bronzezeit, bei dem der Abschluss als Quaste mit 10 cm langen Schnüren gestaltet ist. Diese bestehen aus geflochtenen Kettfadenenden, denen zwecks Vergrößerung der Fülle noch weitere Fäden beigefügt wurden.

4.3 Brettchenweberei

Die Brettchenweberei[167] wurde in Mitteleuropa schon in der Urgeschichte ausgeübt, dieses Handwerk fand aber noch bis weit in die Moderne im persischen Raum, in der Türkei, in China, Indien, Burma und Island Anwendung.

Die frühesten Hinweise auf diese Technik gibt es in unseren Breiten in Form der typischen quadratischen, an den Ecken gelochten Brettchen[168]. Ein derartiges Stück wurde in der jungbronzezeitlichen Schicht 6 (^{14}C datiert um 1.400 bis 1.075 v. Chr.) der Fundstelle Abri Mühltal I, Landkreis Göttingen, gefunden. Das quadratische Knochenbrettchen hat eine Kantenlänge von 3,5 bis 3,7 cm und ist 0,4 cm dick. Es ist an den Ecken gelocht und hat auf einer Seite eine Kreisaugenverzierung (Abb. 52/1). Das Webbrettchen war mit anderen Textilgeräten vergesellschaftet:

165 Bazzanella et al. 2003.

166 Ehlers 1998, 37, 43.

167 Grundlegend: Collingwood 1982.

168 Abri Mühltal: Grote 1994, Teil I/1, 149; Teil I/2, Taf. 101/2–3. – Dejbjerg: Collingwood 1982, Pl. 1. – El Cigarralejo: Hundt 1968, Abb. 5. – Viereckige, an den Ecken gelochte Keramikbrettchen finden sich auch im Spätneolithikum auf der iberischen Halbinsel (Cardito Rollán 1996, 124–126), aber auch im Bereich der Lengyelkultur um 4.900–4.300 v. Chr. in Mitteleuropa (z. B. Urban 2000, Abb. S. 92). Die Verwendung dieser Objekte für die Brettchenweberei ist jedoch mangels zeitgleicher eindeutiger Gewebefunde in dieser Technik nicht gesichert.

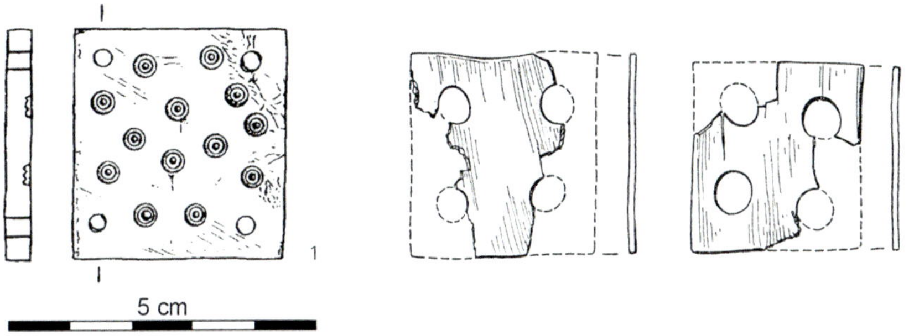

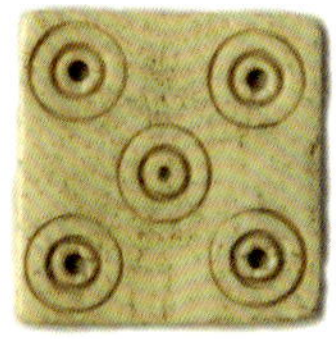

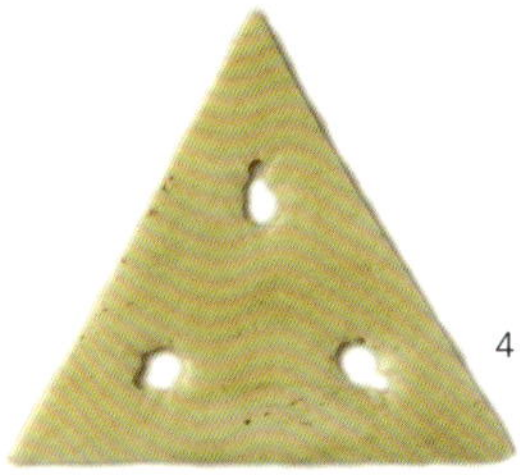

Abb. 52: Archäologische Funde von Webbrettchen:
1 Abri Altmühltal I, Jungbronzezeit.
2 El Cigarralejo, Grab 200, Latènezeit. Carnuntum, 1. Jahrhundert n. Chr. (3–4).

einem Spinnwirtelfragment und einem Glättstein (Saumglätter). Weitere Exemplare sind aus dem Nordischen Raum aus einem eisenzeitlichen Moorfund in Dejbjerg, Dänemark bekannt. Besonders eindrucksvoll ist der Befund aus Grab 200 von El Cigarralejo in Spanien, wo in einem latènezeitlichen Grab Brettchengewebe sowie das zugehörige Werkzeug, 3 cm kleine, viereckige dünne Webbrettchen aus Buchsbaumholz (Abb. 52/2), gefunden wurden. Aus der Römerzeit kennen wir etliche quadratische und dreieckige Webbrettchen (Abb. 52/3–4), vor allem in den Nordprovinzen[169].

Lange Zeit galten der sog. „Ramses-Gürtel" aus Ägypten, 1.200 v. Chr. und drei Leinenbänder aus der 22. Dynastie (945–745 v. Chr). als die ältesten Nachweise für Brettchenweberei. Dies ist jedoch von Peter Collingwood in seinen fundierten Studien widerlegt worden[170]. Die frühesten Gewebefunde dieser Webtechnik gibt es schon in der Bronzezeit. Heidemarie Farke untersuchte eine Anfangskante an einem Gewebe aus der mittelbronzezeitlichen Gräbergruppe in Schwarza, Deutschland[171], und erkannte, dass diese mit Vierlochbrettchen hergestellt wurde. Ein Fund aus dem bronzezeitlichen Bereich des Salzbergwerkes Hallstatt (1.500–1.200 v. Chr.) ist ein leinwandbindiges Gewebe mit brettchengewebter Anfangskante, gemustert mit blauen Streifen in der Kette (Abb. 53).[172]

Durch die zahlreichen gut erhaltenen Textilfunde der Eisenzeit steht in dieser Zeit die Brettchenweberei als voll entwickelte

169 Gostenčnik 2012. – Wild 1970.

170 Collingwood 1982, 10–12.

171 Hügel C1, Textil 13c: Farke 1993, 111.

172 Grömer 2013, 87, Katalog S. 312, HallTex 288.

Abb. 53: Hallstatt, Österreich: bronzezeitliches Gewebe mit einem mit Webbrettchen gewebten Rand.

Kunst vor uns. Es werden nun komplizierte Musterungsarten mit verschiedenen Techniken verwendet. Besonders prachtvolle Exemplare wurden im hallstattzeitlichen Fürstengrab von Hochdorf, Deutschland[173], entdeckt. Brettchengewobene Borten finden sich auch an den villanovazeitlichen Mänteln und Umhängen von Verucchio, Italien[174]. Aus Österreich gibt es außerdem Brettchenwebereien aus den ältereisenzeitlichen Bereichen des Salzbergwerkes von Hallstatt und vom Dürrnberg bei Hallein[175].

Der spektakulärste Fund zur Brettchenweberei stammt aus der Zeit um 800 n. Chr. Beim Grabfund der „Wikingerkönigin" Asa in Oseberg, Norwegen wurde eine vollständig erhaltene Gerätschaft entdeckt: eine Webvorrichtung mit aufgespannter Brettchenwebkette mit 52 Brettchen und teilweise gewebtem Band.

Die Brettchengewebe wurden in der Vergangenheit wegen ihrer großen Belastbarkeit geschätzt. Es wurden vor allem starke

173 Raeder Knudsen 1999, 80–82. – Weitere Beispiele für eisenzeitliche Brettchengewebe in Mitteleuropa wurden zusammengestellt in Grömer und Stöllner 2011.

174 vgl. dazu Raeder Knudsen 2012.

175 Hallstatt: Grömer 2013, 87–88; 2021. – Grömer, Ungerechts und Reschreiter 2021. – Dürrnberg: Ræder-Knudsen und Grömer 2012.

schmale und dekorative Bänder angefertigt. Sie sind sehr haltbar und zugfest. Dadurch, dass die Kette aus Strängen von meist vier miteinander verdrehten Fäden besteht, zerfasert das Gewebe selbst dann nicht, wenn einmal ein Kettfaden reißt. Außerdem kann man in Brettchenwebtechnik mit einfachen Mitteln komplizierte und farbenfrohe Muster herstellen.

In der Urgeschichte wurden Brettchengewebe aus diesen Gründen als Borten für Gewänder und als Gürtel verwendet. Manchmal wurden die Borten bei der Herstellung des Gewandes auch direkt am Gewichtswebstuhl mitgewoben.

Die **Handhabung** ist beim Brettchenweben sehr einfach, man benötigt keinen Webstuhl oder Webrahmen, die Brettchen und zwei feste Anhängepunkte genügen. Dennoch können verschiedene Muster und Gewebestrukturen erzeugt werden. Innerhalb eines einzigen Bandes ist eine erstaunliche Vielfalt an Mustervarianten möglich.

Die Breite des Gewebes wird von der Anzahl und der Stärke der Kettfäden bestimmt, wie dies auch bei anderen Webarten der Fall ist. Die Anzahl der Brettchen ist dabei beliebig, in der Ur- und Frühgeschichte wurden bis zu 178 Brettchen verwendet, wie bei den „Prachtmänteln" von Thorsberg in Deutschland im 3./4. Jahrhundert n. Chr.[176]

Die Webdynamik, also die Technik der Verbindung von Kett- und Schussfäden beruht hierbei nicht auf der Verkreuzung der Fadensysteme durch Heben und Senken etwa mit einem Litzenstab, sondern auf einem völlig anderen Grundprinzip. Das Gewebe entsteht durch Drehen der Brettchen. Dabei werden die durch die Löcher der Brettchen laufenden Fäden zu nebeneinander liegenden Schnüren verdreht, die dann mit dem Schussfaden zu einem Gewebe verbunden werden. Der Schuss ist im Gewebe nicht sichtbar, er taucht nur an den Umkehrstellen auf, wo sich die Drehrichtung der Brettchen ändert.

Bevor man die Brettchenweberei aufspannt, müssen die benötigten Kettfäden in der gewünschten Anzahl und Länge zuge-

[176] Schlabow 1976, Abb. 109–118.

schnitten werden. Dann werden die Kettfäden einzeln durch die Löcher der Brettchen gezogen (Abb. 54). Wenn die Kette befestigt und gespannt ist, sodass die Brettchenflächen parallel stehen, kann mit dem Eintrag des Schussfadens begonnen werden.

Beim Weben werden die Brettchen an der gespannten Kette um je eine Vierteldrehung gedreht, wodurch das Webfach gebildet wird (Abb. 54). Durch diese Drehungen werden jeweils andere Kettfäden an die Oberseite gebracht. Die Verschnürungsrichtung der Kettfäden – S- oder Z-Verschnürung – wird durch die Einzugsrichtung und Drehrichtung der Brettchen bestimmt. Da durch die Drehungen auch der Kettvorrat verdreht wird, sollte man von Zeit zu Zeit die Drehrichtung ändern. Diese Drehrichtungsänderungen sind es auch, die verschiedene Musterungen erlauben und die charakteristisch für die Brettchenweberei sind.

Je nachdem, in welcher Kombination bunte Fäden bei der Kette verwendet werden, sind vielfältige Musterungen möglich, da die Farben und die Anordnung der Fäden, die durch die Löcher laufen, das Muster bestimmen. Die Drehrichtung der Brettchen bietet eine weitere Möglichkeit der Motivgestaltung. Dreht man alle Brettchen abwechselnd vor und zurück, ergeben sich bei entsprechender Bespannung Zickzack- oder Rautenmuster, wie beim vorliegenden Beispiel (Abb. 55). Bei der Umkehr der Drehrichtung wird das Muster in Längsrichtung des Gewebes gespiegelt.

Außer dieser einfachen Grundtechnik der Schnurbindung gibt es noch viele weitere Gestaltungsmöglichkeiten. Für kompliziertere Motive (Kapitel B6.2.3, S. 186) muss man in einem Arbeitsvorgang einzelne Brettchen nach vorn, andere rückwärts drehen, bevor man den Schussfaden durch das Webfach führt. Auch das Klappen der Brettchen um die eigene Achse führt zu komplexen Mustern.

Ebenso können in ein Band Metallteile, Perlen, Quasten oder Fransen eingewebt werden. Durch Einsatz eines zusätzlichen Schussfadens (Broschierschuss) ist es möglich, komplexe bildhafte Muster zu weben. Diese Technik ist vor allem im Mittelalter beliebt, neben anderen Materialien wurden dazu sogar Gold- und Silberfäden benützt[177].

[177] z. B. Collingwood 1982, Taf. 197–198.

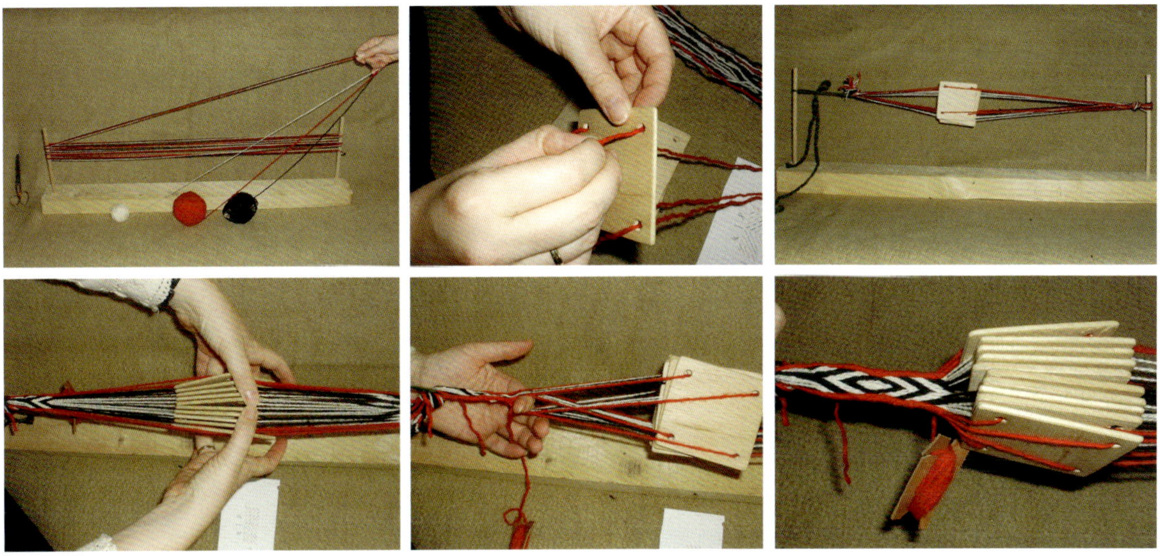

Abb. 54: Brettchenweben: Arbeitsschritte vom Aufspannen bis zum Gewebe.

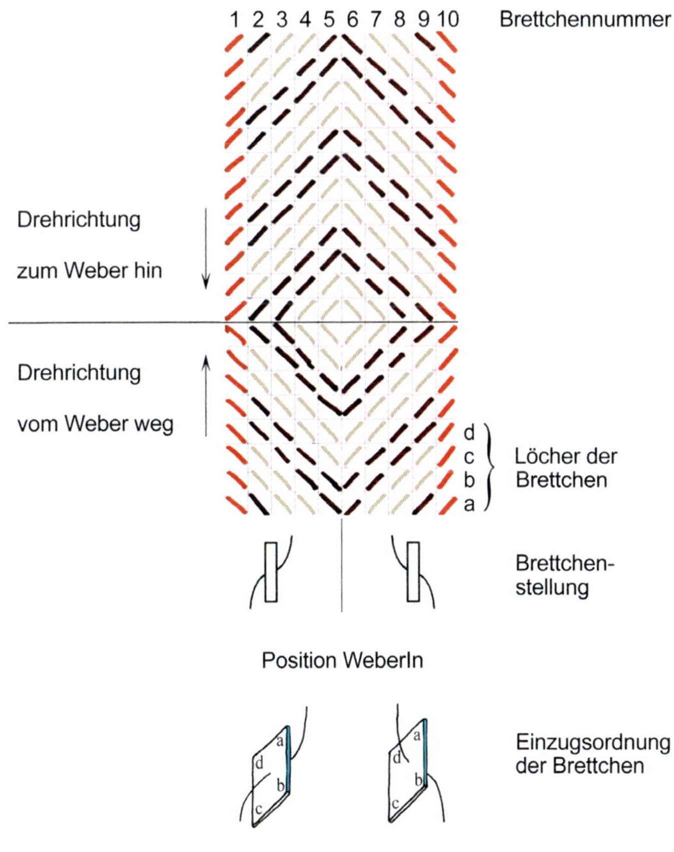

Abb. 55: Anleitung zum Brettchenweben mit Musterschrift eines Grundmusters in weiß-rot-braun.

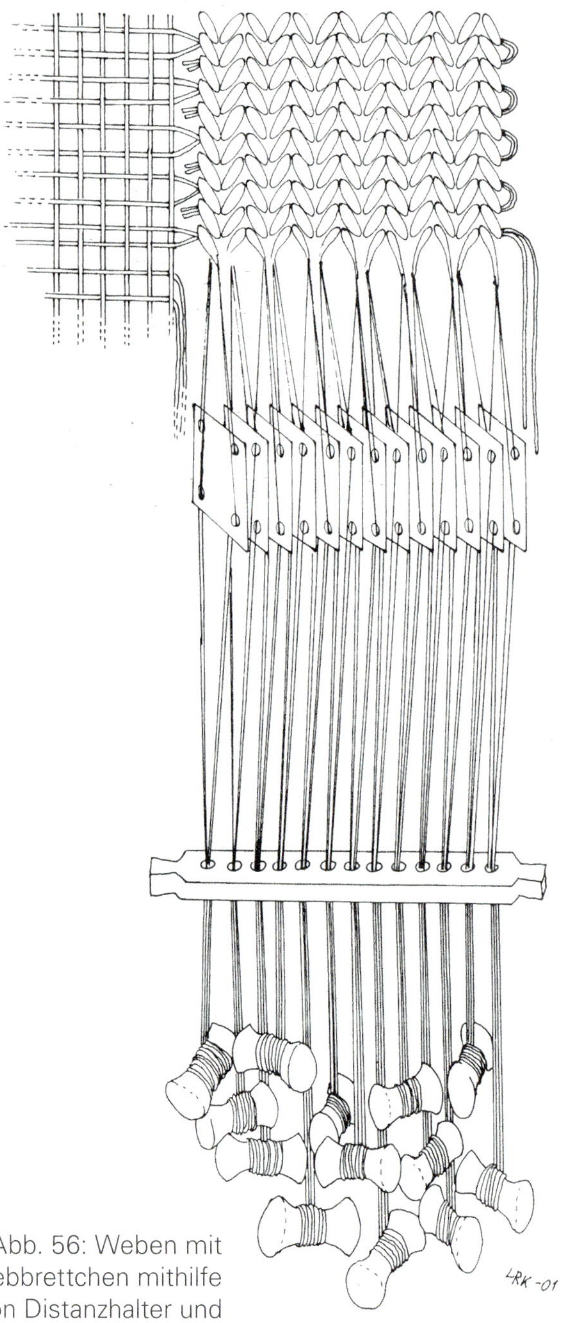

Abb. 56: Weben mit Webbrettchen mithilfe von Distanzhalter und Spulen.

Unter den eisenzeitlichen Funden aus Italien traten interessante Hinweise auf die Verwendung von Spulen und Abstandhaltern (Abb. 56) für die aufwendige Produktion der angewebten brettchengewebten Borten an den Kleidungsstücken von Verucchio in Italien auf.[178]

4.4 Flächige Gewebe am Gewichtswebstuhl

Unter den Webgeräten fasziniert den heutigen Menschen besonders der Gewichtswebstuhl[179], vor allem durch sein urtümliches Aussehen – gemessen an der Komplexität heutiger Webmaschinen – aber auch durch seine bestechend einfache Funktionalität.

Das Auffallendste sind wohl die Gewichte, die die Kettfäden spannen, und die Position des Gewebes am oberen Ende des Gerätes (Abb. 57/rechts). Für heutige Betrachter mag ein Webstuhl, bei dem man das Webfach nach oben hin anschlägt, seltsam und technisch unausgereift erscheinen. Die Arbeitsweise entspricht aber den Gegebenheiten der Zeit und der Region. Bei der Aufstellung dieses Webstuhltyps bedurfte es keines großen Platzes im Haus (Wohnraum oder Werkstätte), um das Gerät unterzubringen. Der

[178] Ræder Knudsen 2012, 259–261, Abb. 11.10–11.14. – Werkzeuge siehe auch Gleba 2008a und 2012.

[179] Grundlegend zum Gewichtswebstuhl und zur Arbeitsweise: Hoffmann 1964.

Webstuhl wurde einfach an die Wand gelehnt. Ein waagrecht aufgespannter Zweibaumwebstuhl hingegen benötigt viel mehr Platz, da er „liegend" den Boden bedeckte. Dieser war in wärmeren Gegenden, etwa im Vorderen Orient oder in Ägypten üblich[180], wo man die Arbeit durch das günstige Klima auch nach draußen verlagern konnte.

Abb. 57: Links: Krems-Hundssteig, NÖ: Walzenförmige Gewichte eines Webstuhles aus dem Spätneolithikum (vor der Schnittkante). Rechts: Rekonstruktion eines Gewichtswebstuhles für Leinwandbindung im Archeopark Schnals.

Der Gewichtswebstuhl ist bekannt von zahlreichen Abbildungen etwa auf griechischen Vasenbildern[181]. Auch in Mitteleuropa finden wir ihn auf wenigen, aber immer wieder zitierten Ob-

180 Barber 1991, 83–91, Abb. 11.1.

181 z. B. Pekridou-Gorecki 1989. – Griechische Vasenbilder werden in fast jeder Arbeit über prähistorische und antike Textilien zitiert und abgebildet. Ausführlichere Zusammenstellung auch in Stærmose-Nielsen 1999, 144–146.

jekten (Abb. 146 und 147, S. 281, 282) dargestellt, wie dem Kegelhalsgefäß von Sopron, dem Klapperblech von Bologna oder dem Thronsessel von Verucchio[182]. All diese Stücke datieren zwischen 500 und 800 v. Chr. Weitaus älter sind die Felsbilder aus der Valcarmonica in den italienischen Südalpen. Neben vielen anderen Motiven sind am Fundplatz „Grande Roccia" beim Dorf Naquane auch Gewichtswebstühle in den Fels eingepickt (Abb. 58)[183]. Sie werden in eine Zeit um 1.650 bis 1.400 v. Chr. datiert.

Es war von den Personen, die jene prähistorischen Bilder von Webstühlen geschaffen haben, natürlich keine naturalistische Darstellung des Gerätes beabsichtigt. Dennoch erkennt man an ihnen deutlich die technischen Gegebenheiten des Gewichtswebstuhles: das Rahmengestell, die Gewichte, den Trenn- und den Litzenstab. Bei den eisenzeitlichen Bildern (Abb. 147, S. 282) ist auch schematisiert das aufgespannte Gewebe zu sehen. Besonders bemerkenswert sind die Details beim Kegelhalsgefäß aus Sopron[184], die uns den Arbeitsvorgang vor Augen halten: das zu einem Knäuel aufgewickelte Schussfadenende und das durch Schraffur gekennzeichnete Gewebe – gibt dies Köperbindung wieder oder ist etwa ein Muster angedeutet?

Nachweise für die hölzerne Konstruktion eines Webstuhles sind höchst selten, erst vor kurzem gelang der Fund in einer späthallstattzeitlichen Siedlung in Kaptol in Kroatien[185]. Es handelt sich dabei um die charakteristischen seitlichen Steher mit den Ausnehmungen für die Litzenstabhalterungen.

Häufig sind archäologische Nachweise des Gewichtswebstuhles durch **Funde von Webgewichten**[186] vorhanden, die seit dem Neolithikum bekannt sind und vor allem in Siedlungen vorkommen. Sie belegen, dass schon der/die jungsteinzeitliche Bauer/

182 von Eles 2002, 235–237. – Gleba 2008a, Abb. 7. Auch Diskussion zu diesem Fund.

183 Nach Zimmermann 1988.

184 Eibner 1980.

185 Potrebica und Files Kramberger 2020, 95, Abb. 14.

186 Überblicke mitteleuropäischer Funde: Bazzanella 2012, 210–211. – Belanová-Štolcová 2012, 309–314. – Belanová-Štolcová und Grömer 2010. – Gleba 2008a; 2012, 227–229, 234–236. – Médard 2012, 369–370. – Möller-Wiering 2012, 127–129. – Potrebica und Files Kramberger 2020. – Rast-Eicher 2012, 382.

Abb. 58: Valcarmonica, Abriebe von Felsbilder aus der frühen Bronzezeit mit Darstellungen von Gewichtswebstühlen.

Bäuerin das flächige Weben beherrschte[187]. Der früheste Nachweis für diesen Typ liegt in Form von Webgewichten vor, die in Ungarn gefunden wurden und in das späte 7. Jahrtausend v. Chr. datieren.[188] Durch die gute Erhaltung der keramischen Gewichte stehen der Archäologie hier viele Informationen zur Verfügung. Ein vollständiger Überblick über die mitteleuropäischen Webgewichtsfunde würde zu weit vom Thema wegführen. Es sollen jedoch einige Details von österreichischen Fundorten kurz skizziert werden.

Die gängigen neolithischen und bronzezeitlichen Webgewichtstypen sind sehr groß, schwer und grob, sie sind kugelig bis walzenförmig[189]. Der älteste in-situ-Befund von Webgewichten (Abb. 57/1) aus Österreich ist von der befestigten Höhensiedlung Krems-Hundssteig bekannt (Jevišovice Kultur, um 3.000 v. Chr.)[190]. Die Gewichte lagen parallel zu einer Hüttenwand des Grubenhauses auf einer Länge von 1,20 m in drei Reihen, die links und rechts davon angetroffenen Steinplatten dürften als Auflager des Rahmengestells gedient haben.

Spätbronzezeitliche und hallstattzeitliche Webgewichte sind zumeist pyramidenstumpfförmig. Sie können auch scheibenförmig sein oder flach-oval mit dezentralem Loch, wie ein Exemplar aus Hallstatt (Abb. 59). Einige Webgewichte aus der Osthallstattkultur haben Zeichen am oberen Ende: etwa Punkte, Kreuze, Striche etc., wie jene vom Burgstallkogel bei Kleinklein in Österreich[191]. Wir wissen nicht, warum die eisenzeitlichen Menschen ihre Webgewichte markiert haben. Möglicherweise waren es die Zeichen der Hersteller der Gewichte oder auch ihrer Besitzer. Die Zeichen könnten aber auch Markierungen sein, die während des Webens wichtig waren. Beispielsweise wären markierte Webgewichte bei der Musterungstechnik mit fliegendem Faden nützlich, um bestimmte Stellen in der Weberei leicht wieder zu finden.

---

187 Auf einem Gewichtswebstuhl, dessen Kettfäden mit Webgewichten gespannt sind, könnten neben Geweben auch feine Kettenstoffe in Zwirnbindungstechniken hergestellt worden sein. Siehe auch Rast-Eicher 1997, 2005.

188 Barber 1991, 93.

189 z. B. Grömer 2006a, Abb. 5.

190 Pieler 2001, 503–505, Abb. 59. – Grömer 2006a, vgl. auch zu anderen Funden.

191 Dobiat 1990. Handwerkstechnisches Statement dazu von Walter Slonek.

Aus der hallstattzeitlichen Höhensiedlung von Molpír bei Smolenice in der Slowakei[192] konnten sehr interessante Webgewichte geborgen werden. Zwei kleine Webgewichte aus Haus 17 trugen außergewöhnliche Darstellungen, geometrische Motive, aber auch annähernd tier- und menschengestaltige (Abb. 60). Die Bearbeiterin Susanne Stegmann-Rajtár interpretierte diese Stücke als „Webgewichtidole" für einen kultischen oder rituellen Gebrauch.

Abb. 59: Flachovales eisenzeitliches Webgewicht aus Hallstatt, Österreich.

Aus der Latènezeit gibt es ebenfalls pyramidenförmige Webgewichte. Es ist aber bemerkenswert, dass die Gesamtzahl der gefundenen Webgewichte gegenüber denen in hallstattzeitlichen Siedlungen nun deutlich geringer ist. Möglicherweise wurde in der Latènezeit ein anderer (neuer) Webstuhltyp eingeführt[193]. Ist dies der Zweibaumwebstuhl, wie er auch auf der hallstattzeitlichen Urne von Rabensburg abgebildet wird (s. u.)?

Es wurden verschiedene Webgewichtsformen vorgestellt, die sich im Laufe der Zeit herausgebildet haben. Ergibt sich ein Unterschied für das fertige Gewebe daraus, welche Form des Gewichtes verwendet wird? Spätneolithische bis mittelbronzezeitliche Gewichte sind sehr groß, schwer und rundlich. Ab der Urnenfelderkultur und in der Hallstattkultur werden die Webgewichte schmäler und scheiben- bis pyramidenförmig. Es gibt nun verschiedene Gewichtsklassen[194], so finden sich Webgewichte mit ähnlichem Gewicht wie im Neolithikum, aber auch bedeutend leichtere.

Nach **experimentalarchäologischen Versuchen**[195] benötigt man zum Spannen der Kettfäden am Webstuhl ein bestimmtes Gewicht pro Faden (ca. 30–40 g), um ein optimales, gut ausbalanciertes Gewebe anfertigen zu können. Nach Eva Andersson

---

192 Stegmann-Rajtár 1998, 278–282.

193 vgl. bei Stöllner 2005, 173.

194 Beispielsweise Webgewichte unterschiedlichen Gewichts auf dem großen Webstuhl von Kleinklein. Dobiat 1990.

195 Andersson-Strand 2010a. – Mårtensson et al. 2009. – Ulanowska 2018.

Abb. 60: Smolenice-Molpír, Slowakei: Pyramidenförmige Webgewichte, eines mit menschengestaltiger Verzierung, Hallstattzeit.

Strand[196] definiert größtenteils der Fadendurchmesser die geeignete Spannung, aber die notwendige Spannung wird auch von der Spinnstärke, der Faserqualität und dem Ausmaß der Faseraufbereitung beeinflusst. Wird zu viel Spannung eingesetzt, reißt der Faden, wohingegen der Wechsel des Webfaches schwieriger und zeitaufwändiger wird, wenn zu wenig Spannung vorhanden ist.

Zudem ist es so, dass durch die schmälere Form etwa ein 800 g schweres, scheiben- oder pyramidenförmiges Gewicht der Eisenzeit weniger Platz benötigt als ein gleichschweres kugeliges Gewicht aus dem Neolithikum. So ist beim Weben mit eisenzeitlichen Gewichten eine höhere Fadendichte in der Kette möglich (Abb. 61).

Diese theoretischen Überlegungen decken sich voll und ganz mit den Textilfunden: Hallstattzeitliche Stoffe haben im Schnitt viel höhere Gewebedichten als neolithische bis mittelbronzezeitliche. Somit könnten die Änderungen der Art (Form) der Webgewichte vielleicht anhand einer technologischen Änderung zu feineren Textilien erklärt werden.

Als Beispiel dient hier eine Aufstellung zu den Gewebequalitäten aus dem Salzbergwerk Hallstatt, aus dem wir hunderte prähistorische Textilien überliefert haben (Abb. 62). Die Stoffe aus der sogenannten Nordgruppe und dem Christian-Tuschwerk (ca. 1.500 bis 1.200 v. Chr.) sind jenen der hallstattzeitlichen Ostgruppe (ca. 900 bis 300 v. Chr.) gegenübergestellt[197]. In der Bronzezeit herrschen unter den Wollgeweben jene gröberen Qualitäten mit einer Gewebedichte unter 5 Fäden pro cm vor. In der Hallstattzeit hingegen gibt es feinere Stoffe mit 11 bis 15 Fäden pro cm. Jene mit feinen Fäden gewobene Textilien in Panamabindung können sogar Fadendichten bis 40 Fäden pro cm erreichen

[196] Andersson-Strand 2010b, 18.

[197] Grömer 2013, 62–65, Abb. 20.

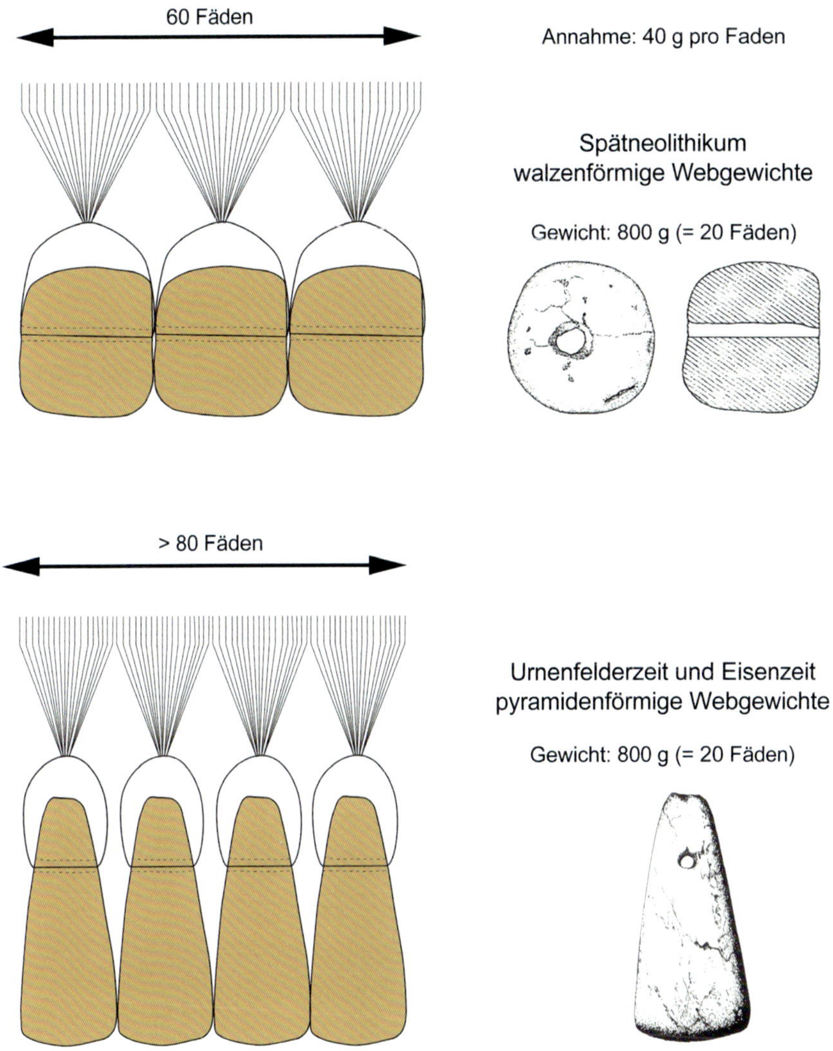

Abb. 61: Fadenabstände im Gewebe und Form der Webgewichte, Unterschiede zwischen Spätneolithikum und Eisenzeit.

und das bei Fadenstärken um 0,1 bis 0,2 mm[198]. Das ist, gemessen an der Einfachheit der verwendeten Gerätschaften, eine bemerkenswerte Leistung der hallstattzeitlichen Handwerker und Handwerkerinnen.

Von besonderem Interesse sind Funde von Webgewichten dann, wenn sie noch so liegen, wie sie am Webstuhl während der Arbeit in prähistorischer Zeit angeordnet waren. In den Jahrtau-

198 Vergleichbare Fadenanzahlen können aus ganz Mitteleuropa genannt werden: siehe Bender Jørgensen 1992. – Möller-Wiering 2012. – Grömer 2012. – Rast-Eicher 2008; 2012.

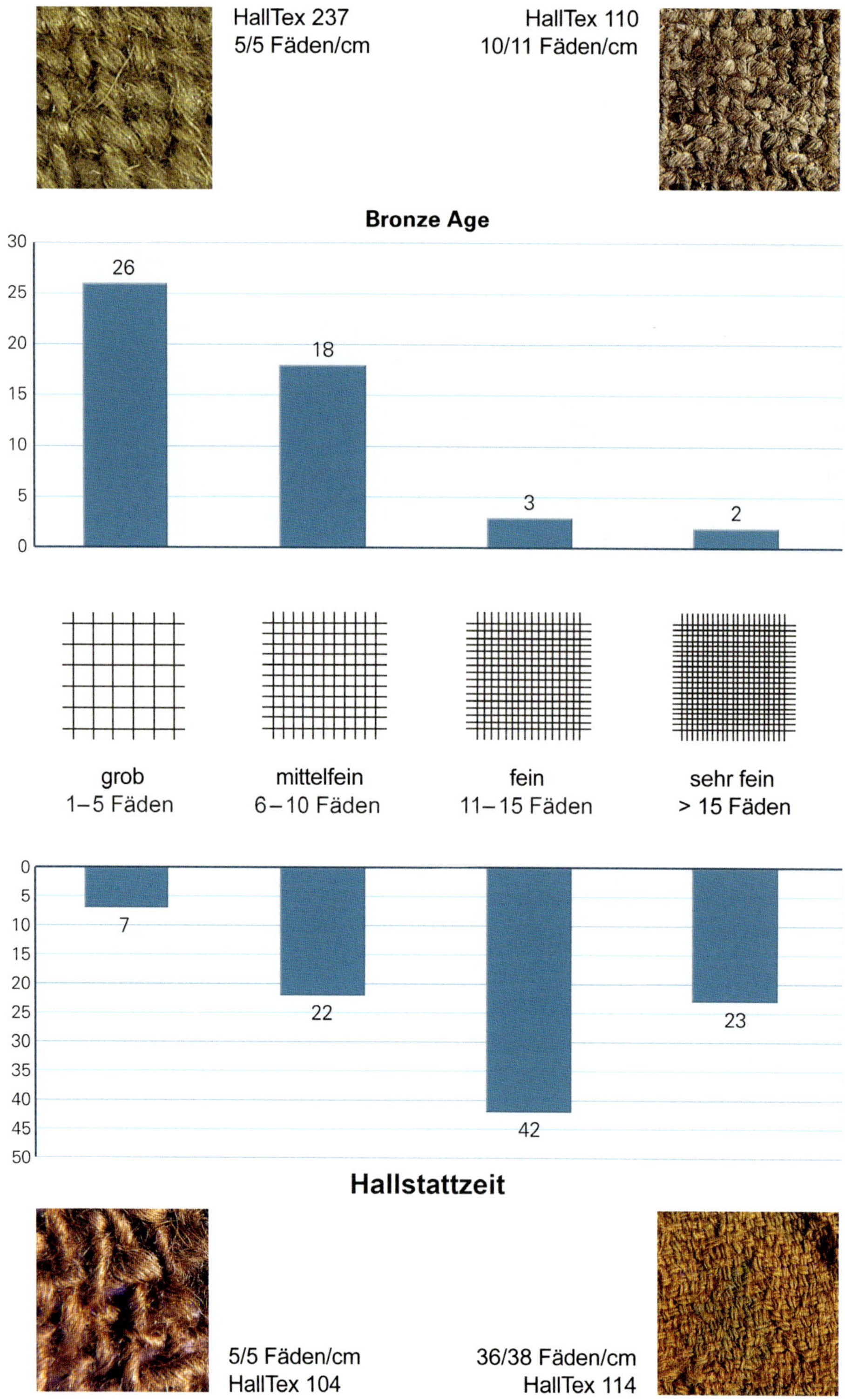

Abb. 62: Beispiele für unterschiedliche Gewebedichten bei Wollgeweben aus dem Salzbergwerk Hallstatt in Oberösterreich, Bronze- und Eisenzeit. Ausschnitte der Originaltextilien je 1 cm.

senden zwischen der Einbettung im Boden und der Ausgrabung vergehen die hölzernen Rahmengestelle und das Webgut vollständig. Was aber bleibt, sind die Reihen von Webgewichten in den Häusern und teilweise noch die Standspuren der Pfosten des Rahmengestells.

Diese eher seltenen Funde bieten uns dann als Überbleibsel des Webstuhles unschätzbare Informationen über diese Geräte. So kann man an den Webgewichtsreihen bei guter Erhaltung auf die ungefähre Breite des darauf gefertigten Gewebes schließen. Die Analyse von in-situ-Befunden eisenzeitlicher Webstühle (Webgewichtsreihen) aus Österreich und der Slowakei[199] ergab ein interessantes Bild. Für die Hallstattzeit, aus der bisher die meisten Webstuhlbefunde bekannt sind, gibt es anscheinend drei Standard-Webstuhlgrößen: Einerseits sind Webstühle mit nur 60 bis 90 cm Breite bekannt wie etwa aus Stillfried[200]. Diese sind offensichtlich zur Herstellung eines schmäleren Gewebes verwendet worden. Die deutlich häufiger belegten Webstühle mit 120 bis 160 cm Breite wie aus Michelstetten in Niederösterreich[201] oder Webstuhl 2 des Hauses 1/02 von Nové Košariská, Slowakei[202] (Abb. 63), waren möglicherweise die „Standardbreite". Gewebe dieser Breite können noch sehr gut von einer Person hergestellt werden.

Daneben gibt es, wiederum seltener, Webstühle mit über 3 m Breite. Bis vor kurzem war als großer Webstuhl nur jener aus Kleinklein in Österreich mit 148 pyramidenförmigen Webgewichten und einer Breite von 3,70 m bekannt. Dieser exzeptionelle Befund in einer Höhensiedlung wurde mit einer speziellen Produktion in Zusammenhang mit der ansässigen Adelsschicht gesehen, die in der nahen Nekropole bestattet wurde. In letzter Zeit mehren sich jedoch Hinweise, dass übergroße Webstühle zur Fertigung repräsentativer Gewebe nicht rein an (befestigte) Höhensiedlungen gekoppelt sind, da solche auch in den eisen-

199 vgl. Belanová-Štolcová und Grömer 2010.

200 Eibner 1974.

201 Lauermann 2000, 19–20, Abb. 18–19.

202 Čambal und Gregor 2005, 37. – Siehe auch Belanová-Štolcová und Grömer 2010. – Belanová-Štolcová 2012, 312–314, Abb. 15.6.

Abb. 63: Ausgegrabene Ecke des Hauses 1/02 in einer hallstattzeitlichen Siedlung mit zwei Webstühlen (kurz und lang) von Nové Košariská, Slowakei.

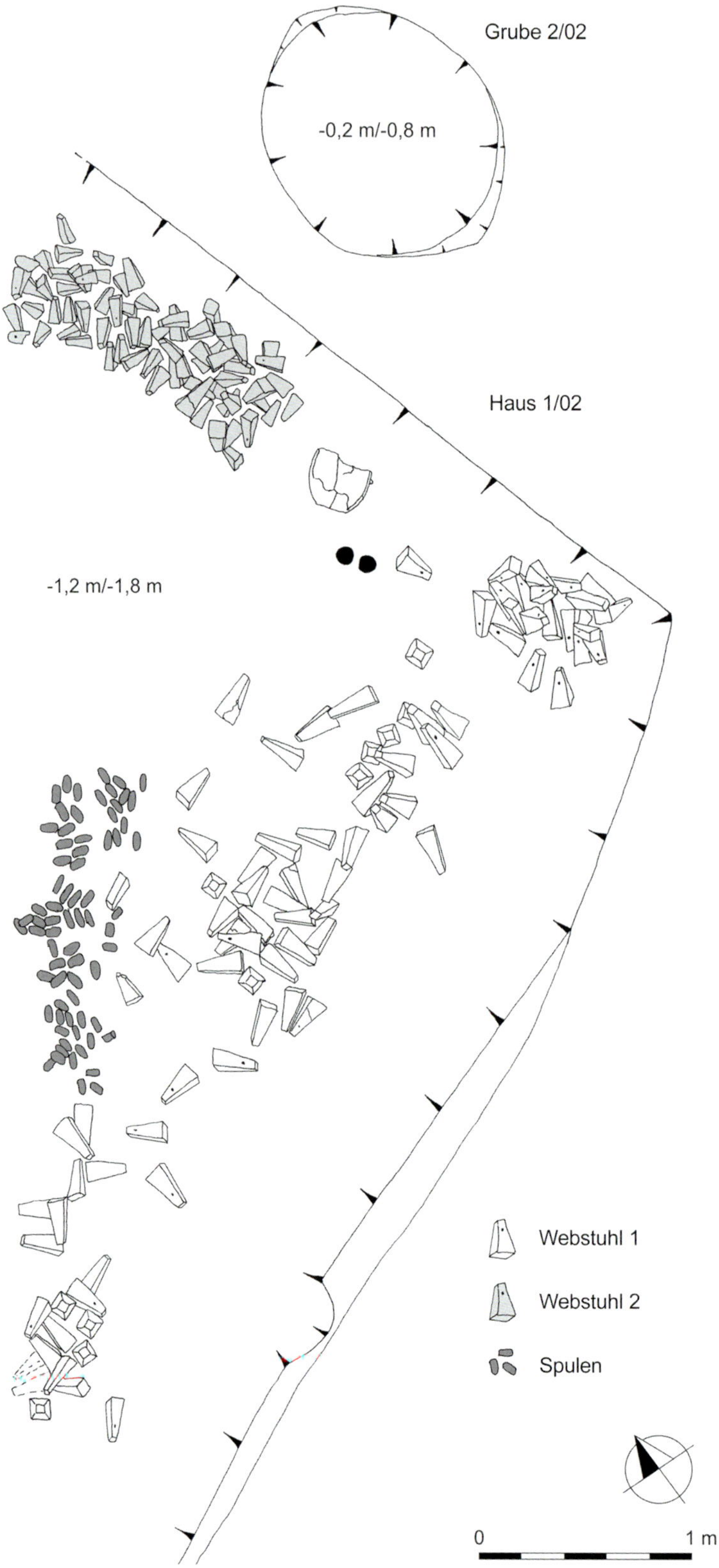

zeitlichen Flachlandsiedlungen Hafnerbach (Abb. 150, S. 292)[203] und Freundorf[204], beide Niederösterreich, ausgegraben worden sind. Der Webstuhl von Hafnerbach hatte sogar 4 m Breite.

Nach Ingrid Schierer[205] findet sich bei vielen Ausgrabungsbefunden neben den Webgewichtslagen ein Tongefäß. Diente dies als Behältnis für die Garne oder war es etwa mit Wasser gefüllt, zum Befeuchten des Garnes? Wird der Schussfaden bei Wolle oder Leinen im feuchten Zustand verwoben, so wird er weicher und nachgiebiger und kann leichter zu einem dichten Gewebe zusammengedrückt werden.

Weitere **Zusatzgeräte**, die beim Weben auf dem Gewichtswebstuhl (aber auch bei anderen Webgeräten) vonnöten sind, sind Werkzeuge, mit denen das Webfach angeschlagen werden kann[206]: Webschwerter und Webkämme. Ein Knochengerät mit zwei spitzen Enden ist ein weiteres Zusatzgerät für Weber, um Knoten und Wirrungen zu lösen. Jedem handwerklich Tätigen ist klar, dass sich die Verwendung von bestimmten Geräten wie auch ihre Handhabung auf das Endprodukt auswirken[207]. Wird etwa das Webfach rein mit der Hand angeschlagen, so kann nicht viel Druck ausgeübt werden, woraus eine geringere Schussdichte resultiert. Das so entstehende Gewebe ist eher weich und geschmeidig. Wenn hingegen der Schuss mit einem schweren, langen Webschwert hart angeschlagen wird, so ergibt sich ein viel dichteres Webbild. Beim Anschlagen mit einem Webkamm, der nur eine kleine Auflagefläche hat, könnte sich im Webbild eine leicht unregelmäßige bis gewellte Schusslinienführung ergeben. Solche Gewebe wurden etwa unter den bronze- und eisenzeitlichen Textilien aus Hallstatt entdeckt[208].

[203] Preinfalk 2003, Abb. 12.

[204] Blesl und Kalser 2005, 88

[205] Schierer 1987, 81–82.

[206] Wild 1988, 33–35, – Abb. 23. Zu Webkämmen: Beamer 2022.

[207] vgl. Hammarlund 2004, 2013.

[208] Siehe Grömer und Rösel-Mautendorfer 2013, HallTex 247, 248 (Bronzezeit Katalog), HallTex 104 (Eisenzeit Katalog).

Hölzerne Webschwerter konnten in den neolithischen und auch bronzezeitlichen Feuchtbodensiedlungen identifiziert werden[209]. So gibt es etwa einen bereits altbekannten Fund eines 68 cm langen Webschwertes aus dem schweizerischen Wetzikon-Robenhausen. Kleinere Exemplare mit 13–16 cm Länge sind aus Fiavè im Trentino, Norditalien (15. Jahrhundert v. Chr., Stufe Mittelbronzezeit II) überliefert, ebenso wie Webkämme. Aus Hallstatt-Dammwiese, aus der Spätlatènezeit, kennt man Holzobjekte, die ebenfalls Webschwerter sein könnten[210] (Abb. 64). Ähnliche Objekte aus der gleichen Epoche stammen aus Fellbach-Schmieden und Porz-Lind in Deutschland.[211] Weitere Webschwerter, darunter auch beinerne, konnten in Österreich etwa unter den Kleinfunden vom Magdalensberg in Kärnten (ca. Mitte 1. Jahrhundert v. Chr. bis Mitte 1. Jahrhundert n. Chr.)[212] identifiziert werden.

4.4.1 Anfertigen der Gewebeanfangskante

Wie beginnt man nun eine Weberei am Gewichtswebstuhl? Zunächst muss man die Kette schären, also die Kettfäden vorbereiten, sodass sie am Warenbaum des Webstuhles befestigt werden können. Will man nicht hunderte Fäden einzeln und unregelmäßig an den Webstuhl hängen, so bedient man sich einer wiederum gewebten Anfangskante, wie dies bereits in der Steinzeit zur Perfektion gebracht wurde. Die Anfangskanten waren zwar eine Mehrarbeit, sie erfüllten jedoch einen einleuchtenden technischen Zweck: Mit ihnen wurde das Kettfadenmaterial sortiert und gleichmäßige Abstände zwischen den Fäden wurden gewahrt. Zudem schmückte die Anfangskante den Geweberand, an dem das Webstück während des Webens am Warenbaum des Webstuhles befestigt wurde Außerdem sind die Kanten eines Stoffes am empfindlichsten für Abnutzung, weshalb die prähistorischen WeberInnen Arbeitsschritte vornahmen, um sie an den notwendigen Stellen zu verstärken und widerstandsfähiger zu gestalten.

209 Bazzanella et al. 2003, Katalog: Fiavè S. 141, Wetzikon-Robenhausen S. 228–229.

210 Freundlicher Hinweis Hans Reschreiter, Naturhistorisches Museum Wien. Möglicherweise handelt es sich bei diesen Stücken aber auch um hölzerne Architekturteile.

211 Von Kurzynski 1996, 14–15.

212 Gostenčnik 2013, Abb. 4.5c.

Anfangskanten haben bereits jungsteinzeitliche Gewebe. Aus den neolithischen Seeufersiedlungen der Schweiz sind diverse Arten von Anfangskanten bekannt.[213] Das Stoffstück aus Gachnang/Niederwil-Egelsee[214] (Abb. 65) beispielsweise wurde in Leinwandbindung aus feinen Flachszwirnen mit einer Fadenstärke von nur 0,3–0,5 mm gefertigt. Der Stoff hat eine Gewebedichte von 8–9 Fäden pro cm. Er weist sowohl eine Gewebeanfangskante in Rips wie auch derartige Seitenkanten auf, eine der Kanten ist ca. 1 m lang erhalten. Das Textil stammt aus der jüngeren Pfyner Kultur (um 3.650 v. Chr.). Es war zum Fundzeitpunkt eingerollt.

Gewebeanfangskanten (Abb. 66) in Rips mit Breiten von 1 bis 1,5 cm finden sich häufig unter den bronze- und eisenzeitlichen Textilien aus dem Salzbergwerk Hallstatt. Bei der Untersuchung der Anfangskanten zeigt sich die Kreativität der Handwerker (Abb. 67): Allein in Hallstatt gibt es verschiedene Varianten in Rips, die sich durch unterschiedliche Fadenführung auszeichnen. Ab der Eisenzeit sind vermehrt Anfangskanten in Brettchenweberei üblich, wie in einem späthallstattzeitlichen Grab aus Bescheid in Rheinland-Pfalz, Deutschland[215], belegt. Die ältesten bekannten brettchengewebten Anfangskanten[216] wurden auf einem leinwandbindigen Textil in Schwarza, Thüringen, identifiziert, das in BzC datiert. Vor kurzem wurde ein bronzezeitliches (ca. 1.500–1.200 v. Chr.) Textil aus Hallstatt gefunden, das die gleichen Eigenschaften aufweist. Vor allem die sogenannten „Prachtmäntel" der römischen Kaiserzeit zeichnen sich teils durch sehr breite Brettchenborten aus[217].

Das Schären der Kette und das Herstellen einer Anfangskante sind uns auch durch bildliche Darstellungen bekannt, es wird auf dem berühmten Klapperblech von Bologna gezeigt. Hier

Abb. 64: Mögliche „Webschwerter" aus Hallstatt-Dammwiese in Oberösterreich, Spätlatènezeit.

213 siehe Médard 2010; 2012, 371, Abb. 18.–18.11.

214 Hasenfratz und Raemaekers 2006, 67, Abb. 80.

215 Banck-Burgess 1999, 66.

216 Schwarza: Farke 1993, 111. – Hallstatt: Grömer 2013, 72–74, Abb. 25 und Katalog S. 312, HallTex 288.

217 vgl. etwa Schlabow 1976: Mantel von Hunteburg (Abb. 64–74), Damendorf (Abb. 80–81), Thorsberg (Abb. 109), Vehnemoor (Abb. 126). Teilweise auch mit brettchengewobenen Seitenkanten.

arbeiten nach Elizabeth Wayland Barber[218] zwei Frauen zusammen, eine betätigt das Webgitter(?) für die Anfangskante, die andere führt die Fäden (Abb. 147, S. 282). Ein besonders eindrucksvoller Fund für diesen webtechnischen Arbeitsschritt ist die mittels brettchengewobener Anfangskante vorbereitete und in diesem Stadium in einem Moor deponierte Webkette von Tegle[219] in Norwegen aus dem 3. bis 5. Jahrhundert n. Chr.

Abb. 65: Leinwand bindiges Bandgewebe aus Gachnang/Niederwil-Egelsee mit Anfangskante und Rips-Seitenkanten, Spätneolithikum, um 3.650 v. Chr.

Bei der **praktischen Ausführung einer Anfangskante** (Abb. 66) wird zunächst die Kette des Ripsbandes vorbereitet, wobei diese etwas länger als die beabsichtigte Breite des Gewebes am Gewichtswebstuhl sein muss. Diese Kettfäden werden an einem Bandwebgerät, etwa einem Webgitter, aufgespannt. Als Schärbock kann ein Holzgestell verwendet werden, alternativ dienen einfach in den Boden gerammte Holzstäbe als Schärpflöcke. Man beginnt nun mit dem Bandwebgerät ein Band zu weben. Dabei dienen als Schussfäden des Ripsbandes die zukünftigen Kettfäden des Gewebes: Die Fäden werden durch das Fach geführt und dann jeweils um die Schärpflöcke, um die gewünschte Länge zu erhalten. Das Ripsband wird nach seiner Fertigstellung am Warenbaum des Gewichtswebstuhles angebracht. Die herabhängenden Fäden – im Idealfall während des Bandwebens nach vorderer und hinterer Lage gebündelt, werden vor und hinter dem Trennstab mit den Gewichten beschwert. Die hintere Fadenlage wird am Litzenstab angekettelt – dann kann am Gewichtswebstuhl in einfacher Leinwandbindung gewoben werden.

Der Übergang zwischen Anfangskante und dem Gewebe selbst wird oft gewissenhaft behandelt. Dies kann sich als Wechsel in der Dichte der Schussfäden, zusätzliche Fäden oder sogar überkreuzende Fäden unter der Anfangskante in der Verbindung zwischen Anfangskante und Grundgewebe kennzeichnen. Diese Technik ist besonders für Leinwandbindung geeignet und relativ häufig unter neolithischen und bronzezeitlichen Textilien.[220] (siehe Abb. 67, HallTex 217).

[218] Barber 1991, 116, Abb. 3.32.

[219] Halvorsen 2012, 284, Abb. 13.8.

[220] vgl. Grömer 2013, 74–75. – Médard 2012, 371, Abb. 18.11. – Rast-Eicher 2005, Abb. 13–16. – Rast-Eicher und Dietrich 2015.

Abb. 66: Anfertigen einer Gewebeanfangskante und Anbringen des Gewebes am Webstuhl. Entstanden 2005 im Freilichtmuseum Schwarzenbach, Niederösterreich.

4.4.2 Seitenkanten

Die einfachste und grundlegendste Variante einer Seitenkante (Webkante)[221] entsteht, wenn beim Weben nach dem Durchführen des Schussfadens dieser einfach wieder nach abermaliger Fachbildung in das nächste Fach eingelegt wird – also eine schlichte Rückkehr des Schusses in das Gewebe nach Umschlingen des letzten Kettfadens.

221 Barber 1991, 116–118. – Wild 1970, 63–64.

Ein ebenmäßiges Gewebe am Gewichtswebstuhl zu schaffen, ist allerdings eine Kunst! Im besonderen Maße gilt dies für die Seitenkanten. Selbst bei großer Sorgfalt tendieren die Seitenkanten sehr zur Unregelmäßigkeit und werden dadurch locker. Bereits früh ist am Fundgut das Bestreben zu erkennen, eine möglichst feste Seitenkante herzustellen, was dann auch dem Gebrauch des Webstückes zuträglich ist.

Ripsartige Kanten, durch eine dichtere Kettfadenstellung in diesem Bereich, eventuell sogar mit paarigen Fäden, sind die frühesten Lösungen für das Problem und sind seit dem Neolithikum (beispielsweise aus Gachnang) bekannt.[222]

Wiederum zeigen die Textilien aus dem Salzbergwerk Hallstatt zahlreiche Beispiele verschiedener Gewebekanten (Abb. 67), um sie vollkommen gerade, parallel, stabil und ästhetisch ansprechend zu gestalten. Möglich sind auch komplexe Seitenkanten in Rips bei köperbindigen Geweben. Zu den als Anfangskanten beschriebenen Exemplaren, bei denen vom Ripsband Doppelfäden ohne Überkreuzung ins Hauptgewebe übergehen, ließe sich kritisch anmerken, dass diese auch als komplexe Seitenkanten interpretiert werden könnten.

Zum Repertoire der Seitenkanten gesellt sich ab der Hallstattzeit auch die Schlauchkante (Abb. 67/Textil 31), wie an einem köperbindigen Exemplar aus dem Salzbergwerk Hallstatt[223] nachgewiesen ist. Bei dieser wird der Schussfaden durch das Hauptgewebe geführt und an der Seite durch ein zusätzliches Kantenband in Brettchenwebtechnik durch acht Kettfäden der Kante wieder zurück in das Gewebe geführt. Die dabei entstehende hohle Webkante verstärkt den Geweberand. Diese Technik ist ab der späten Nordischen Bronzezeit (Montelius V, 900 bis 740 v. Chr.) belegt[224].

Auch flache Brettchenborten können als Seitenkanten dienen, wiederum belegt durch die bereits oft zitierten nordischen Prachtmäntel. Die besondere Webtechnik, bei der die Brettchen-

[222] Siehe Médard 2012, 371.

[223] Hundt 1960, Taf. 20–21, Abb. 3–5. – Grömer 2013, 77–78, Abb. 25; HallTex 31, 34, 254.

[224] Broholm und Hald 1940, 249, 314, Abb. 37/2.

webgeräte seitlich neben den Litzenstäben für das Hauptgewebe am Gewichtswebstuhl hängen, wurde von Karl Schlabow hinlänglich bekannt gemacht[225]. Andererseits ist es ebenso möglich, nach Fertigstellung eines Gewebes Brettchenborten daran anzuweben, indem man den Schnitt und aufgetrennte Kett- und/ oder Schussfäden des Grundgewebes als Schussfäden für das Brettchenband verwendet. Ein sehr aufwändiges Beispiel da-

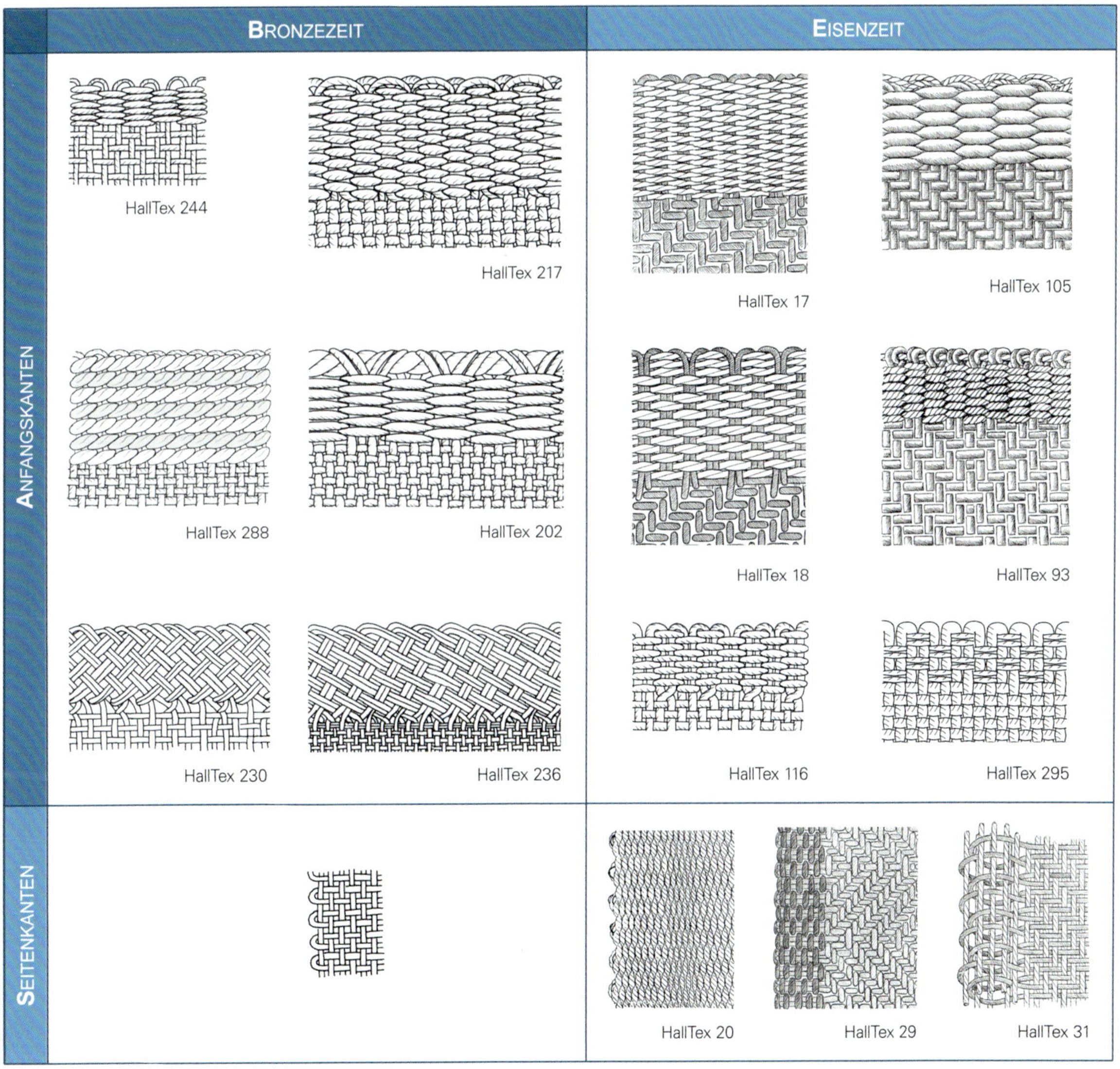

Abb. 67: Schema verschiedener Anfangs- und Seitenkanten aus den eisenzeitlichen Bergwerken von Hallstatt, Oberösterreich.

[225] Schlabow 1952.

von wurde in Verucchio in Italien gefunden.[226] Bei einer weiteren Methode, z. B. jene vom Vehnemoor Mantel, webt man eine brettchengewebte Borte an die Kante eines Stoffes anhand der Schlaufen der Kante, um sie mit dem Schussfaden der Brettchenborte zu verbinden.[227] Soweit wir den Fundbestand in Mitteleuropa überblicken, wurden Brettchenwebkanten teilweise mitgewoben, andere separat gefertigt und an die entsprechenden Gewebe angenäht.[228]

4.4.3 Gewebeabschlüsse

Ist schließlich das Gewebe so weit fertig, sodass es vom Webgerät abgenommen werden kann, empfiehlt es sich, die Kettfadenenden zu versäubern, damit sich das Textil an dieser Stelle nicht auflöst. Dies ist umso wichtiger, wenn das Webstück ohne weitere Zurichtung verwendet wird. Der prähistorische Mensch lieferte auch viele Ideen dazu, das untere Ende eines Gewebes gefällig zu gestalten: womöglich wurde die Versäuberung eines Textils je nach individuellen Vorlieben und Kenntnissen der WeberInnen vorgenommen. Am Naheliegendsten erscheinen Fransen – geflochten oder geknüpft. Schon stein- und bronzezeitliche Gewebekanten sind sorgfältig mit Fransen versehen, wie der Blick auf die berühmten Schweizer und norditalienischen Funde[229] aus Zürich-Mozartstrasse, Wetzikon-Robenhausen und Lucone di Polpenazze zeigt (Abb. 68). Der kreative Umgang mit dem Material lässt viele Gestaltungsmöglichkeiten zu: Bei den Geweben von Robenhausen wurden die Fransen etwa mit Schlaufen umfasst oder durch Verzwirnen der Kettfäden oder durch Flechten gestaltet. Fransen sind auch in der Eisenzeit ein gestalterisches Element, wir kennen damit beispielsweise Funde vom Dürrnberg[230] (Abb. 69). Vor allem die Prachtmäntel der nordischen Ei-

---

226 Raeder Knudsen 1998. – Ræder Knudsen 2012.

227 Siehe Möller-Wiering und Ræder Knudsen 2013, Abb. 6.

228 z. B. mitgewobene Borte aus Hochdorf: Banck-Burgess 1999, 104. – Angenähte Borten aus Hallstatt: 2013, 69–72. – Überblick in Grömer und Stöllner 2011.

229 Allgemein: Médard 2010; 2012, 373–376. – Zürich: Rast-Eicher 1997, 319. – Robenhausen: Vogt 1937, z. B. Abb. 87–89, 90–91, 100. – Lucone di Polpenazze: Bazzanella et al. 2003, 162.

230 Dürrnberg/Ferro-Schachtricht, Nr. 1357: Stöllner 2002, Taf. 309/1357; Katalog der Textilfunde (erstellt von Kurzynski) S. 21.

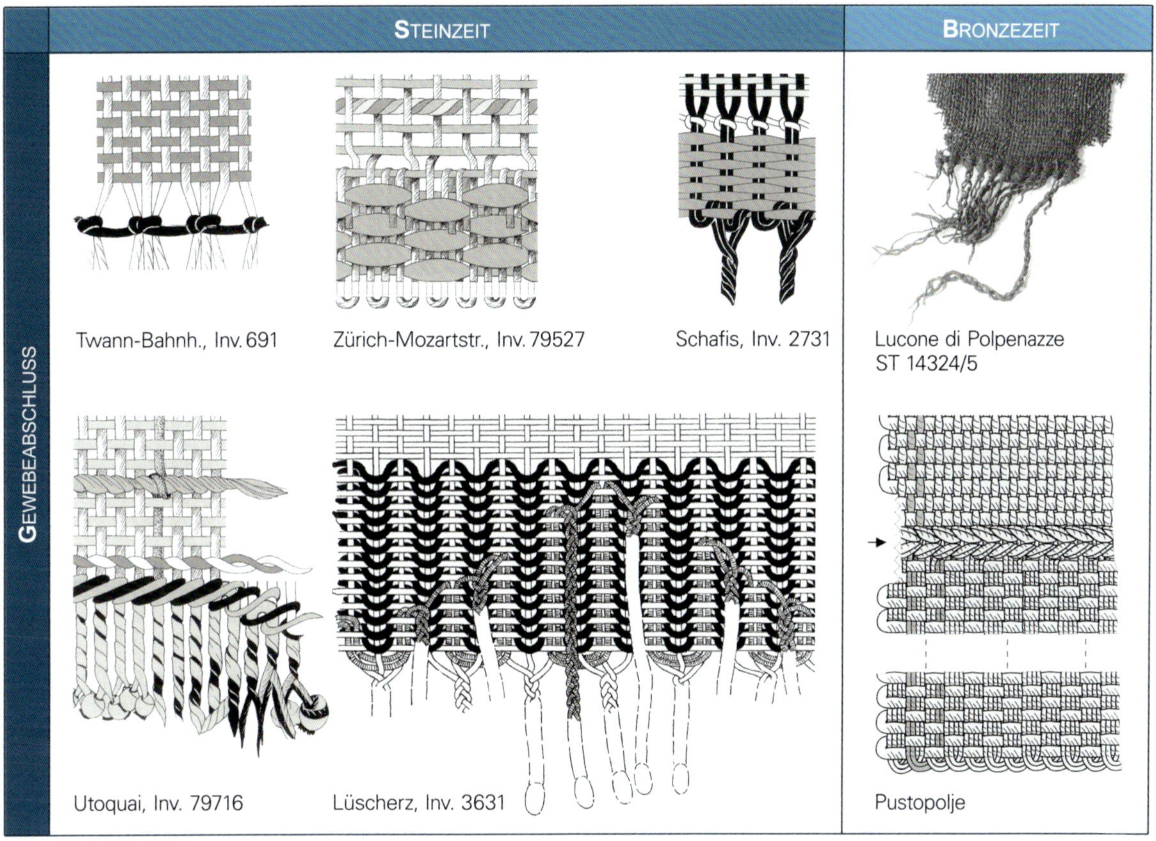

Abb. 68: Neolithische und frühbronzezeitliche Gewebeabschlüsse.

senzeit sind gerne mit Fransen geschmückt, zu den Paradebeispielen zählen die Mäntel von Thorsberg[231].

Keidungsteile mit Fransen tauchen auch in bildlichen Darstellungen auf. Beispielsweise findet sich dies auf der Situla Arnoaldi in Bologna, wo die mit Speer und Schild bewaffneten Krieger des zweiten Frieses Oberteile mit Fransen tragen oder auf dem Gürtelblech von Vače[232].

Eine andere Möglichkeit der Gestaltung des Gewebeabschlusses ist es, eine Flechtkante anzubringen. Aus Mitteleuropa ist uns die Technik der Flechtkante aus dem bronzezeitlichen Hall-

[231] Schlabow 1976, Abb. 123.

[232] Lucke und Frey 1962, besonders gut zu sehen auf den Fotos. Bologna: Taf. 14.

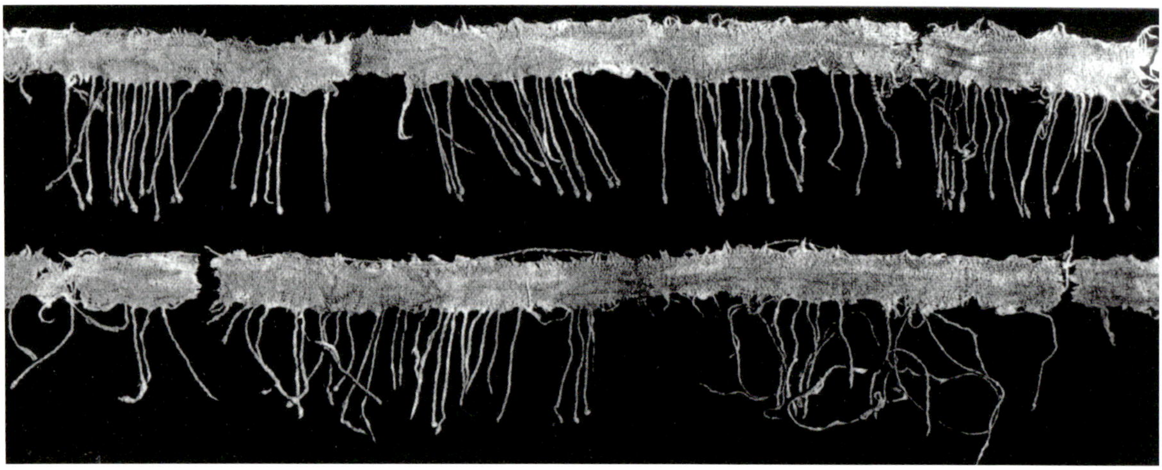

Abb. 69: Leinwandbindiges Gewebe mit gezwirnten Fransen, aus Dürrnberg bei Hallein, Österreich, Latènezeit.

statt[233] geläufig. An einem gröberen Gewebe mit Fadenstärken von 1,5–2,5 mm findet sich eine Flechtkante, erzeugt, indem die Fäden paarig genommen und paarweise miteinander zu einem Diagonalgeflecht geflochten wurden (Abb. 70). Da die Fäden einander beim Übergang von Grundgewebe zur Flechterei überkreuzen, könnte es sich auch um eine Flechterei als Geweheanfangskante handeln. Flechtkanten sind besonders in der Nordischen Bronzezeit bekannt[234]. Sie werden als Endkante oft bei Geweben angewandt, die auf dem Rundwebstuhl gefertigt wurden.

Den geschickten prähistorischen Handwerkern gelang es auch, die Kettfadenenden durch Band- und Brettchenwebereien zu versäubern – wiederum seien die spätneolithischen Funde aus der Schweiz, etwa Zürich oder Wetzikon-Robenhausen[235], für Bandwebtechniken genannt sowie die nordischen „Prachtmäntel" für Brettchenwebtechniken.

In Pustopolje, Bosnien und Herzegovina[236], wurde ein praktisch vollständiges Textil (nun in viele Fragmente gerissen) in einem Grab gefunden, das zwischen 1.495 und 1.435 v. Chr. datiert. Es handelt sich um einen leinwandbindigen Wollstoff mit einer

233 Grömer 2013, 76–77, Abb. 27.

234 Geijer und Ljungh 1937, 273–275, Abb. 6. – Sundström 2010, 233–234.

235 Rast-Eicher 1997, Abb. 312.

236 Grömer, Bender Jørgensen und Marić Baković 2018.

Abb. 70: Bronzezeitliches Gewebe mit Flechtkante, Hallstatt, Oberösterreich.

Rips-Anfangskante, einem Grundgewebe mit einfachen Kanten und einer aufwändigen, 9 cm breiten Abschlusskante. Sie beginnt mit zwei gegenüberliegenden Zwirnreihen aus doppelten Garnen, die an das Grundgewebe anschließen, gefolgt von einer breiten Rips 4/1 Kante. Die Zwirnung trennt in zwei Schritten das Ende der s-gedrehten Kettfäden des Grundgewebes zu Paaren, die als Schuss der Abschlusskante dienen. Jedes Paar solcher Fäden wurde durch das Webfach der Abschlusskante geführt, danach zusammen mit einem frischen Paar von Kettfäden wiederum zurück durch das nächste Webfach geführt und knapp unter der Zwirnung abgeschnitten.

Das Versäubern der Kettfadenenden mit Brettchenwebereien gelang sogar bei rundlich zugeschnittenen Webkanten. Die Rekonstruktion des Mantels von Verucchio[237] in Italien aus dem 8./7. Jahrhundert v. Chr. durch Anna Norgård hat dies eindrucksvoll bewiesen. Dabei werden bei einem halbrund zugeschnittenen Stoffstück die Enden der Schnittkante gezielt ausgefranst und so die freigelegten Gewebefäden als Schussfäden für das Brettchengewebe verwendet. Die Brettchenborte wird dabei in rundlicher Form um die Kanten des Mantels gewoben (Abb. 71). Hier haben wir handwerkstechnisches Können höchster Güte vor uns.

237 Siehe auch in: von Eles 2002. Schemazeichnungen Abb. 94 und 104. – Ræder Knudsen 2012, Abb. 11.3.

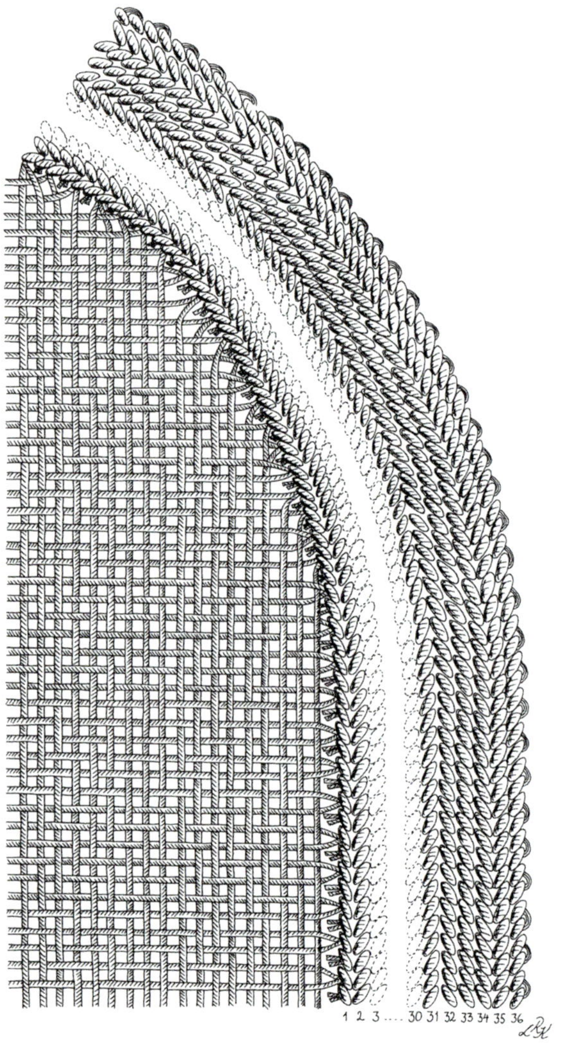

Abb. 71: Gewebeabschluss an runder Kante mittels einer direkt angewobenen Brettchenwebborte, Veruccio, Italien, Ältere Eisenzeit.

4.4.4 Einschäftiger Gewichtswebstuhl für Leinwandbindung und Varianten

Die grundlegende Arbeit beim Weben am Gewichtswebstuhl wurde bereits erörtert – der menschliche Erfindungsgeist hat dabei aber noch weitere Raffinessen entwickelt, nämlich den ein- und mehrschäftigen Webstuhl. Im Neolithikum und der Bronzezeit wurde meist auf einem Webstuhl mit einem Litzenstab und einem Trennstab gewoben. In einfacher Aufspannung, wobei jeder 2. Faden am Litzenstab befestigt wird, entsteht durch Heben und Senken des Stabes, Anschlagen des Webfaches und Durchführen des Schussfadens in rhythmischer Abfolge die Leinwandbindung (Abb. 72/1–2). Leinwandbindung ist die einfachste, aber zugleich auch die engste Verkreuzung. Bei dieser ist bei entsprechender Aufspannung die Dichte der Kettfäden und der Schussfäden relativ ausgewogen. Zusätzlich können Charakter und Eigenschaften eines Textils durch jede Entscheidung des/der Webenden beeinflusst werden. Wird in einem Fadensystem die Fadenstellung sehr viel dichter, so entsteht ripsartige Leinwandbindung (Abb. 72/3) bis hin zum Rips (Abb. 72/4). Bei Letzterem ist ein Fadensystem mindestens doppelt so dicht wie das andere, nicht mehr sichtbare System. Ein solcher Stoff ist steif und dick und nicht sehr flexibel. Ein Gewebe kann offen sein mit ein paar dünneren Fäden pro Zentimeter oder dicht mit nah einander liegenden Fäden. Dies wird mit Begriffen wie Fadenanzahl (Fäden pro cm) und Deckungsfaktor charakterisiert.[238]

[238] Siehe Andersson Strand 2010b, 15–19, Abb. 2.5. – Grömer 2013, 62–65; Abb. 21. – Hammarlund 2004.

Weitere gestalterische Möglichkeiten bieten sich bei dieser simplen Aufspannung am einschäftigen Webstuhl dadurch, dass die Fadenzahl verdoppelt wird. Wenn also Doppelfäden in Kette oder Schuss geführt werden und einfache Fäden im anderen System, ergibt dies die sogenannte Halbpanama-Bindung 2:1 (Abb. 72/5). Bei Doppelfäden in Kette und Schuss erhält man Panama 2:2 (Abb. 72/6). Der Webvorgang selbst bleibt gleich wie der für Leinwandbindung.

Die frühesten leinwandbindigen Gewebe sind der Forschung[239] aus dem Nordirak, aus Jarmo, und Anatolien, Çatal Hüyük, bekannt und datieren zwischen 7.000 und 6.000 v. Chr. Dies ist ein Hinweis darauf, dass die kulturelle Errungenschaft der Weberei ihren Ursprung im Fruchtbaren Halbmond hat. Von dort aus verbreitete sich diese Kunst nach Süden und Norden und erreichte im Zuge der Neolithischen Revolution auch Mitteleuropa.

Textilien in Leinwandbindung[240] sind in Mitteleuropa vom Beginn des Neolithikums an bekannt. Verstreut über das große Gebiet der ersten zentraleuropäischen Bauernkultur, der Linearbandkeramik, aus der Zeit um 5.000 v. Chr., finden sich immer wieder kleinflächige Reste leinwandbindiger Stoffe in Form von Abdrücken auf Lehmstücken oder Tonscherben. Beispiele dafür sind Funde aus Luleč in Mähren oder Hessenrode in Deutschland. Wir wissen nur nicht, ob die Gewebe auf den Abdrücken schon auf einem Gewichtswebstuhl gefertigt wurden oder das Produkt eines Bandwebgerätes sind. Vor allem das Spätneolithikum hat uns viele Beispiele zu leinwandbindigen Geweben aus den zirkumalpinen Pfahlbausiedlungen beschert. Es handelt sich ebenfalls meist um kleinere Reste, etwa ein dichtes Flachsgewebe aus Zürich-Mozartstrasse (Cortaillod-Kultur, ca. 3.900 v. Chr.). Vom Neolithikum bis in die Mittelbronzezeit kennen wir fast ausschließlich Leinwandbindung, seltener ripsartige Varianten wie ein Flachstextil aus Franzhausen in Niederösterreich (Abb. 98, S. 180) oder Straubing-Ortler, beide frühbronzezeitlich. In der Hallstattzeit tritt dann die Leinwandbindung gegenüber kom-

[239] vgl. Barber 1991, 126–128.

[240] Zitate zu den einzelnen Fundorten: Hessenrode: Lüning 2005, 52. Er gibt als Faserpflanze Lein an. – Luleč: Kostelnikova 1985, Abb. 1. – Zürich: Rast-Eicher 1997, 322. – Franzhausen und Hallstatt: Grömer 2006b. – Straubing: Möller-Wiering 2012, 129. – Dürrnberg: Von Kurzynski 1996, 34. – Stöllner 2005, Abb. 6.

Abb. 72: Textilien aus Hallstatt in Oberösterreich, ältere Eisenzeit: Beispiele für Leinwandbindung (1–2) und ihren Abwandlungen Rips (3–4), Panama 2:1 (5) und Panama 2:2 (6). Verschiedene Maßstäbe.

plexeren Köperbindungen zurück. In der späten Eisenzeit wird Leinwandbindung aber wieder allgemein beliebt, vor allem in der Mittel- und Spätlatènezeit.[241] Beim großteils frühlatènezeitlichen Textilmaterial vom Dürrnberg bei Hallein in Österreich zeichnet sich diese allgemeine Entwicklung zurück zur Leinwandbindung schon früher ab, so sind hier mehr als zwei Drittel der Gewebe Leinwandbindung. Auch im Römischen Reich sind in den zentraleuropäischen und nördlichen Provinzen Leinwandbindungen vorherrschend[242].

Die Panamabindung ist eine der Varianten von Leinwandbindung, die im mediterranen Raum schon früh bekannt ist, etwa die neolithischen und frühbronzezeitlichen Funde aus der Tür-

241 vgl. Belanová-Štolcová 2012, 314–317. – Grömer 2012, 44–47, Tab. 1.1. – Rast-Eicher 2008; 2012, Tab. 19.5.

242 vgl. Gostenčnik 2012, 82–84. – Möller-Wiering und Subbert 2012, 171–174.

kei oder Spanien.[243] Den frühesten Nachweis für Panamabindung in Mitteleuropa kennen wir aus Vösendorf[244], Österreich, von einem korrodierten Geweberest aus einem spätbronzezeitlichen Urnengrab. Weitere Gewebe in Panamabindung wurden im frühhallstattzeitlichen Gräberfeld Uttendorf im Pinzgau[245] und in Hallstatt[246] entdeckt.

4.4.5 Mehrschäftiger Gewichtswebstuhl für Köpervarianten

Köper als Struktur für Geflechte kennen wir schon von jungsteinzeitlichen Funden. So zeigt ein Abdruck auf dem Boden eines Gefäßes der späten Lengyelkultur (Mitte des 5. Jahrtausends) aus der Siedlung Michelstetten in Niederösterreich[247] eine komplex geflochtene Matte aus Binsen oder Gräsern (Abb. 73). Als Flechtstruktur wurde eine 2:2 und 2:4 Köperstruktur mit diagonalen Graten verwendet. Eine derartige Struktur kann man, flechtend mit den Händen, relativ einfach variieren. Wie gelingt es jedoch, dies dann auch auf einem Webstuhl – sozusagen mechanisiert – herzustellen? Hierzu bedarf es eines ausgefeilten Hebe- und Senkmechanismus für die Kettfäden, der beim Gewichtswebstuhl mit mehreren Schäften (bzw. Litzenstäben) bewältigt wird.

Während bei Leinwandbindung jeder zweite Faden auf einen Litzenstab eingezogen wird, müssen bei der einfachsten Köpervariante – dem Köper 2:1 – drei Litzenstäbe verwendet werden, an denen jeweils jeder erste, zweite, respektive dritte Faden befestigt wird. Durch Heben und Senken der verschiedenen Stäbe in bestimmter Abfolge wird das Webfach gebildet, durch das der Schussfaden durchgeführt werden kann, um das Gewebe abzubinden und die gewünschte Bindungsart zu erzielen.

243 Türkei, Çatal Hüyük, Neolithikum: Barber 1991, 127–128. – Spanien: Mazarrón (Murcia), Bronzezeit. Alfaro 2012, Abb. 16.7.

244 Grömer 2006b. – Talaa 1991.

245 Von Kurzynski 1996, 26, im Katalog 112, Nr. 84a und c. – Auch bei Moosleitner 1992, Abb. 23.

246 Grömer et al. 2013, 60–62.

247 Grömer 2006a. – Siehe für ungarische Funde Richter 2010, Abb. 34.2–34.3.

Abb. 73: Abdruck eines Mattengeflechtes auf dem Boden eines Tongefäßes aus Michelstetten in Niederösterreich, Mitte 5. Jahrtausend v. Chr.

Für die anderen Köperarten werden meist vier Litzenstäbe verwendet. Nach ethnographischen Belegen beispielsweise aus Island ist für einen vierschäftig zu webenden Köper auch eine Möglichkeit bekannt, diese mittels dreier Litzenstäbe und einem Trennstab herzustellen[248].

Je komplexer die Bindungsart – hier am Gewichtswebstuhl mit vier Litzenstäben demonstriert (Abb. 74) – etwa bei Fischgrätköper oder Rautenköper (Spitzkaroköper), desto komplizierter die Hebe- und Senkabfolge sowie die Zuordnung der einzelnen Fäden zu einzelnen Litzenstäben. So werden beim Köper 2:2 etwa die Kettfäden in gleichmäßiger Abfolge auf die Litzenstäbe eingezogen, beim (Längs-) Fischgrätköper oder waagrechten Spitzgratköper hingegen wechselt die Einzugsreihenfolge, sodass die Gratrichtung in Versetzungen bzw. symmetrischen Spitzen vom Z- zum S-Grat umbricht und umgekehrt. Spitzköper kann jedoch auch mit demselben Einzug wie einfache Köperbindung gewoben werden (senkrechter Spitzgratköper), dann allerdings werden die Schäfte in einer vom Gleichgratköper abweichenden Weise gehoben. Es können nach einer bestimmten Anzahl von Schussfäden die schrägen Linien des Gleichgratköpers wieder zurück gewoben werden, womit der Spitzköper entsteht.

248 vgl. dazu Broholm und Hald 1940, 305. – Hoffmann 1964, Abb. 91. – Stærmose Nielsen 1999.

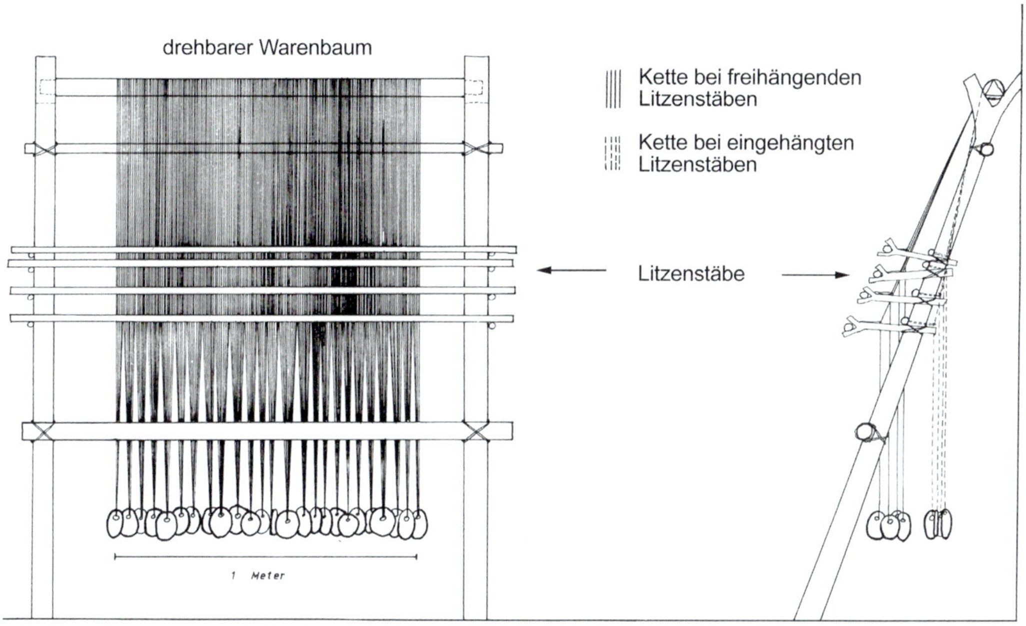

Abb. 74: Grafische Rekonstruktion eines mehrschäftigen Gewichtswebstuhles.

Für komplexere Bindungen muss man also den Webstuhl mit mehreren Schäften (Litzenstäben) ausbauen, was eine der größten webtechnischen Veränderungen vor der Einführung des Trittwebstuhles bedeutete – und Letztere geschah erst im Mittelalter. Es veränderte sich durch die komplexeren Bindungsarten des Köpers aber nicht nur der Webstuhl selbst, sondern auch seine Bedienung, sowohl bei den Vorbereitungsarbeiten als auch beim Weben.

Bei der Beurteilung dieser Webstuhlentwicklung kann uns wiederum die **Experimentelle Archäologie**[249] behilflich sein. Interessanterweise kann auch bei archäologischen Webstuhlbefunden (ausgezeichnete Bedingungen vorausgesetzt) indirekt auf das Weben von Köpergeweben geschlossen werden. Ausgehend vom urnenfelderzeitlichen Webstuhlbefund (Stufe HaB) von Gars-Thunau in Niederösterreich (Abb. 75) mit einer charakteristischen Lage der Webgewichte in drei Reihen, parallel zur Wand eines Hauses stehend, machte die Forscherin Ingrid Schierer gezielte Experimente.

[249] Ulanowska 2018. Zu Gars-Thunau: Schierer 1987, 44–47 zu den detaillierten Versuchsanordnungen.

Sie spannte in unermüdlichem Forschergeist immer wieder einen Webstuhl auf und gestaltete verschiedene Bindungen (Leinwand und Köper) in unterschiedlichen Fachbildungen. Sodann simulierte sie eine Zerstörung des Webstuhles, indem sie die Fäden abschnitt, abbrannte, den Webstuhl umstieß etc. All dies – so die Überlegung dahinter – sind Gegebenheiten, die auch mit den prähistorischen Webstühlen geschehen sein könnten, bevor sie von der Erde überdeckt wurden, die organischen Teile verrotteten und Webgewichtsreihen nach Jahrtausenden von den Archäologen wieder ausgegraben wurden. Die Lage der Webgewichte wurde bei den Experimenten mit Akribie aufgezeichnet und ausgewertet. Vor allem die auf dem Webstuhl angefertigte Bindung und die gerade benötigte Fachbildung wirkten sich auf das Lagebild der Webgewichte aus. So ergeben sich etwa bei Leinwandbindung im natürlichen Fach zwei deutliche Reihen von Gewichten, während hingegen beim künstlichen Fach die Gewichte wesentlich enger zusammenliegen. Bei Köperbindung sind mehrere Reihen von Gewichten bzw. eine breite haufenförmige Anordnung sichtbar. Die spezifische Fundlage der Webgewichtsreihen von Gars-Thunau deutet demnach darauf hin, dass an eben jenem Webstuhl vor seiner Zerstörung mit hoher Wahrscheinlichkeit Köperbindung gewoben wurde. Dies kann durchaus mit dem Vorkommen zeitgleicher Köperstoffe korreliert werden.

Ebenso zeigen uns die KollegInnen von der Experimentellen Archäologie, wie viel Zeit in der Herstellung von Geweben lag. Die Webgruppe des Freilichtmuseums Düppel bei Berlin[250] schafft es nach jahrzehntelanger Erfahrung, einen 3 × 2 m großen köperbindigen Stoff auf dem Gewichtswebstuhl in 529 Arbeitsstunden herzustellen. Die reine Spinnarbeit mit der Handspindel für Kett- und Schussfäden beträgt dabei 332 Stunden.

Wirft man nun einen Blick auf die **bildlichen Darstellungen von Textilgeräten** aus der Urgeschichte, so ist zu bemerken, dass schon bei der frühesten Webstuhldarstellung in der Valcarmonica („Grande Roccio"/Naquane) öfter ein mehrschäftiger Gewichtswebstuhl abgebildet ist[251] (Abb. 58, S. 113). Mit einer

[250] Pfarr 2005.

[251] Zimmermann 1988, Abb. 2–5.

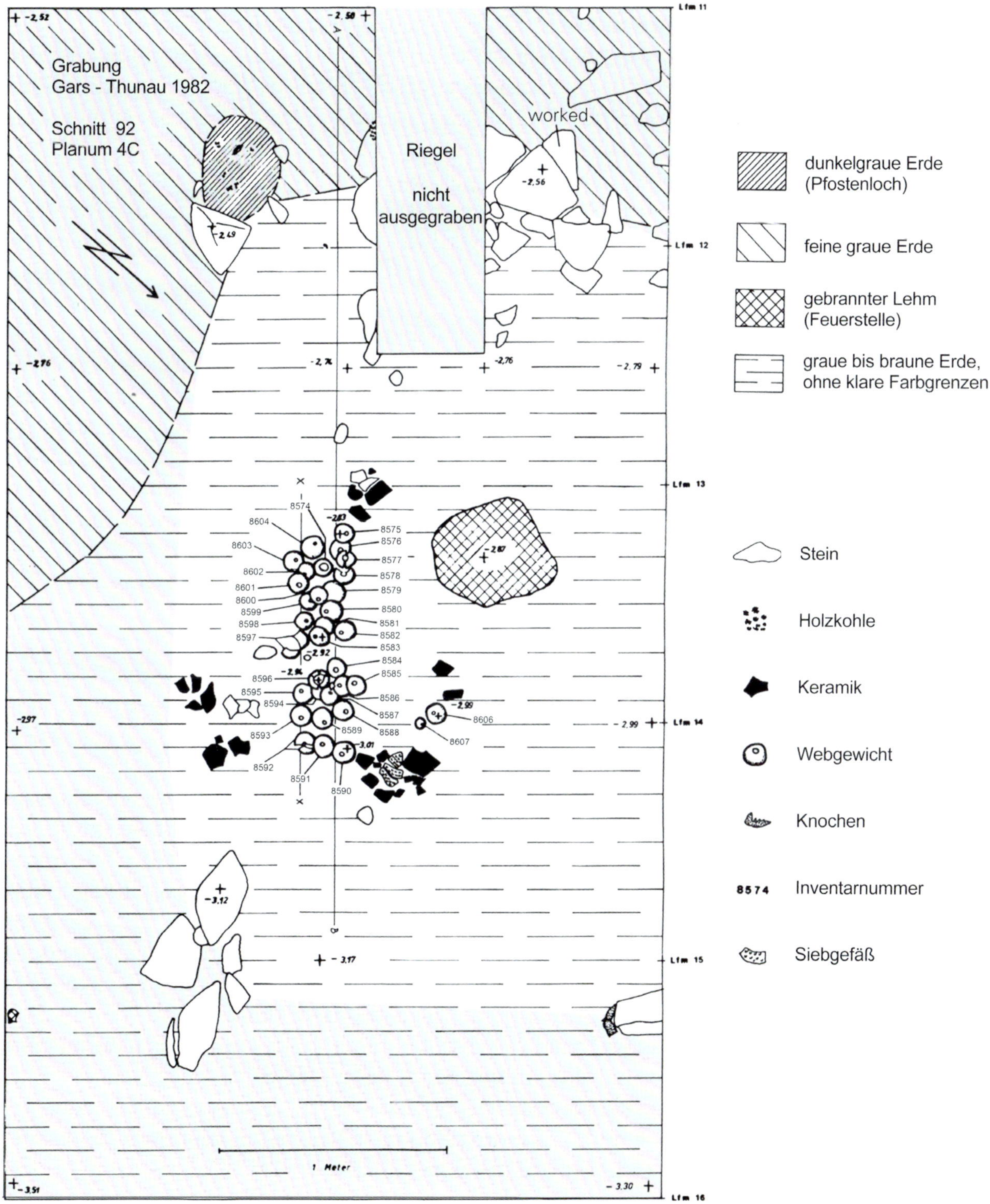

Abb. 75: Webstuhlbefund in der spätbronzezeitlichen Siedlung Gars-Thunau, Niederösterreich. Reihen von Webgewichten. Bereich der Hütte von Planum 5 hervorgehoben.

vermutlichen Datierung im Zeitraum zwischen 1.650 und 1.400 v. Chr (Mittelbronzezeit) trifft sich diese Abbildung mit den Funden von Köperbindung aus den mittelbronzezeitlichen Bereichen des Salzbergwerkes Hallstatt um 1.500 bis 1.200 v. Chr. Zwei Litzenstäbe sind auch beim Gewichtswebstuhl auf dem HaC2-zeitlichen Kegelhalsgefäß von Sopron erkennbar (Abb. 146, S. 281). Die bereits genannten schrägen Schraffuren beim gewobenen Teil könnten hier die Struktur des Gewebes wiedergeben – etwa einen Gleichgratköper.

Die Entwicklung von Köperbindung wird daher als ein großer Wendepunkt in der Textilgeschichte betrachtet. Wie bereits erwähnt, verlangt das Weben in Köperbindung einen Webstuhl mit einem komplexeren Aufbau mit mehreren Litzenstäben.

Welche archäologischen Nachweise von **Originaltextilien** können nun all dies belegen? Köperbindung erscheint in Mitteleuropa in etwa in der Mittelbronzezeit mit den frühesten Funden aus Hallstatt (um 1.500 bis 1.200 v. Chr.)[252]. Vom bronzezeitlichen Hallstatt kennen wir sowohl zwei Fragmente von 2:1 Köperstoffen aus Flachs wie auch zwei komplex gestaltete Spitzköper in Wolle. Dieses ist höchst bemerkenswert, hat es doch überaus feine Fäden (Fadenstärke: 0,3 mm), die paarig verarbeitet wurden, zudem wurde das Gewebe mit Färberwaid blau gefärbt.

Zwar erscheint ein Muster in Köperbindung bereits in der Frühbronzezeit an einem kleinen Teilstück auf einem leinwandbindigen Gurt aus Lago di Ledro (Abb. 48, S. 100). Dies ist aber lediglich eine Verzierung an einem in Leinwandbindung gestalteten Band – kein Beleg für flächendeckende Köperbindung mit einem mehrschäftigen Webstuhl. Weitere bekannte frühe köperbindige Überreste sind der Abdruck auf einer Tonscherbe vom Malanser in Liechtenstein aus dem Ende des 14. Jahrhunderts v. Chr.[253] und die spätbronzezeitlichen Funde aus Gevelinghausen in Deutschland.

Beginnend mit dem Ende der Urnenfelderzeit im 9. bis 8. Jahrhundert v. Chr. ist Köper die beliebteste Gewebebindung in der

[252] Grömer und Rösel-Mautendorfer 2013, Bronzezeitlicher Katalog, HallTex 26, 27, 211, 275.

[253] Bazzanella et al. 2003, Lago di Ledro: 161; Malanser: 273. – Gevelinghausen: Hundt 1974.

zentraleuropäischen frühen Eisenzeit[254] – was von Lise Bender Jørgensen als „Köperhorizont“ bezeichnet wurde.[255] Dabei sind komplexere Bindungsvarianten unterschiedlicher Schwierigkeitsgrade wie Spitzköper, Fischgrätköper oder auch Diamantköper Zeugen der Kreativität hallstattzeitlichen Handwerks. Diese Stoffe sind üblicherweise aus Wolle hergestellt. Köper zeichnet sich durch eine attraktive Musterung, aber auch durch eine bessere Wärmewirkung als etwa Leinwandbindung aus, da die Fäden länger über die Oberfläche des Stoffes flottieren und so teils mehrere Lagen von Fäden übereinander entstehen. Zudem ist Köperstoff geschmeidig und kann schräg zum Fadenlauf verzogen werden, ist also relativ elastisch. Die Vorzüge dieser Bindung kommen vor allem bei Wolle gut zur Geltung.

Aus der Fülle des Materials seien zur Demonstration der ältereisenzeitlichen Köpervarianten nur einige wenige Beispiele aus dem Salzbergwerk Hallstatt[256] herausgegriffen (Abb. 76). Die Köpervarianten aus Hallstatt bezeugen Textilhandwerk auf höchstem Niveau und zeichnen sich meist durch feine Fäden und hohe Gewebedichten aus.

Von diesem Fundort sind zwei besondere Zeugen der Kunstfertigkeit hallstattzeitlicher WeberInnen bekannt[257]: Man schaffte es auch, während des Webvorganges von Panamabindung in 2:2 auf Köper überzuwechseln (Abb. 77). Ein größeres rötlichbraunes Textil und ein Bandgewebe zeigen diesen Vorgang. Hierzu ist folgende Fertigungsmöglichkeit denkbar: Die Kette ist in vier verschiedene Litzenstäbe eingezogen (mit den Nummern 1–4 bezeichnet). Will man Panama weben, so hebt man die Stäbe 1 und 2 zusammen, trägt zwei Schussfäden ein und hebt dann Schaft 3 und 4 gemeinsam, um zwei Schussfäden einzutragen. Für den Köperteil (Köper 2:2) müssen die Litzenstäbe schließlich in folgender Reihenfolge gehoben werden: 1 + 2; 2 + 3; 3 + 4; 4 + 1.

---

254 Siehe dazu etwa die zusammenfassenden Arbeiten von Banck-Burgess 1999. – Bender Jørgensen 1992; 2005. – Gleba 2012, 228–229; 2017a. – Möller-Wiering 2012, 130–131. – Rast-Eicher 2008; 2012.

255 Bender Jørgensen 1992, 120.

256 Grömer 2013, 60–61, Abb. 19; siehe auch Eisenzeit Katalog.

257 Grömer und Rösel-Mautendorfer 2013, Eisenzeit Katalog, HallTex 64, 263.

Abb. 76: Textilien aus Hallstatt in Oberösterreich, ältere Eisenzeit: Beispiele für Köpervarianten: Gleichgratköper (1–3), Spitzgratköper (4–5), Diamantköper (6). Verschiedene Maßstäbe.

Im Laufe der Latènezeit wird Köperbindung in Mitteleuropa immer seltener verwendet, wie dies auch an den zahlreichen eisenzeitlichen Textilien aus der Schweiz beobachtet werden kann.[258] Unter den Textilien aus dem frühlatènezeitlichen Salzbergwerk Dürrnberg[259] begegnet uns manchmal Gleichgratköper 2:2, teilweise Köper 2:1. All die kreativen Umsetzungen wie Spitz- oder gar Diamantköper tauchen nicht mehr auf. Auch in der Mittel- und Spätlatènezeit der Schweiz dominiert klar die Leinwandbindung[260]. Dies setzt sich in römischer Zeit in den zentraleuropäischen Provinzen fort[261]. In Nordeuropa sind auch in den Jahrhunderten vor und nach der Zeitenwende Köperbindungen präsent[262] und werden grundsätzlich als Indikator

[258] Rast-Eicher 2012, Tab. 19.5.

[259] Stöllner 2005, Abb. 6.

[260] Rast-Eicher 2008, bes. 170–171.

[261] Gostenčnik 2012, 82–84, Abb. 2.12–2.13. – Saunderson et al. 2022.

[262] vgl. Harris et al. 2022. – Mannering et al. 2012, 110–114. – Möller-Wiering 2012, 132–133. – Möller-Wiering und Subbert 2012, 157–163 (Germania Libera).

Abb. 77: Textil aus Hallstatt, ältere Eisenzeit: mit Übergang von Panama auf Köperbindung.

der Verbreitung früheisenzeitlicher Textiltechnologie von Zentraleuropa in den Norden betrachtet.

4.5 Andere Webstuhltypen

Wir kennen aus Mitteleuropa eine Abbildung eines Webstuhles, der vom Typus des Gewichtswebstuhles abweicht. Es handelt sich um die Zeichnung auf einem hallstattzeitlichen Kegelhalsgefäß aus Rabensburg in Niederösterreich[263] (Abb. 78). Sie zeigt eine Frau und einen quadratischen Rahmen, bei dem es sich vermutlich um einen Webrahmen oder einen Webstuhl mit zwei Litzenstäben mit einem karierten Stoff handelt, und möglicherweise um einen Scherrahmen. Wir können die Existenz eines derartigen Webgerätes archäologisch nicht beweisen, da es keine Gewichte etc. aufweist, die ja von einem unteren Balken ersetzt sind. Ein Rundwebstuhl (Abb. 79), bei dem die Kette

[263] Franz 1927, 97, Abb. 1.

rund geschärt wurde, ist aber durch die dänischen Moorfunde öfter belegt[264]. Am Textilmaterial ist auf dem Rundwebstuhl gewobener Stoff kenntlich durch die umlaufende Kettfadenführung, wodurch die Kettfäden am Gewebeabschluss jeweils in Schlaufen enden. Besonders eindrucksvoll ist das auf einer entsprechenden Konstruktion rund gewebte Schlauchkleid von Huldremose[265].

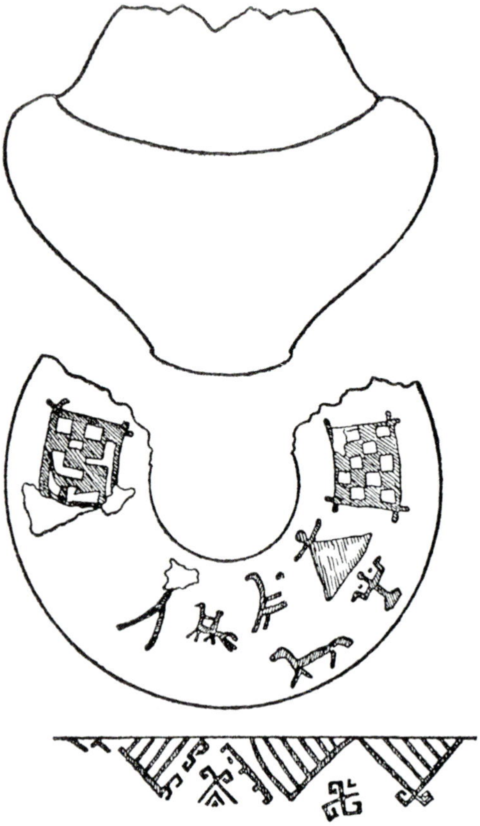

Abb. 78: Kegelhalsgefäß aus Rabensburg in Niederösterreich mit Graphitmalmuster: Personen mit einem Webrahmen.

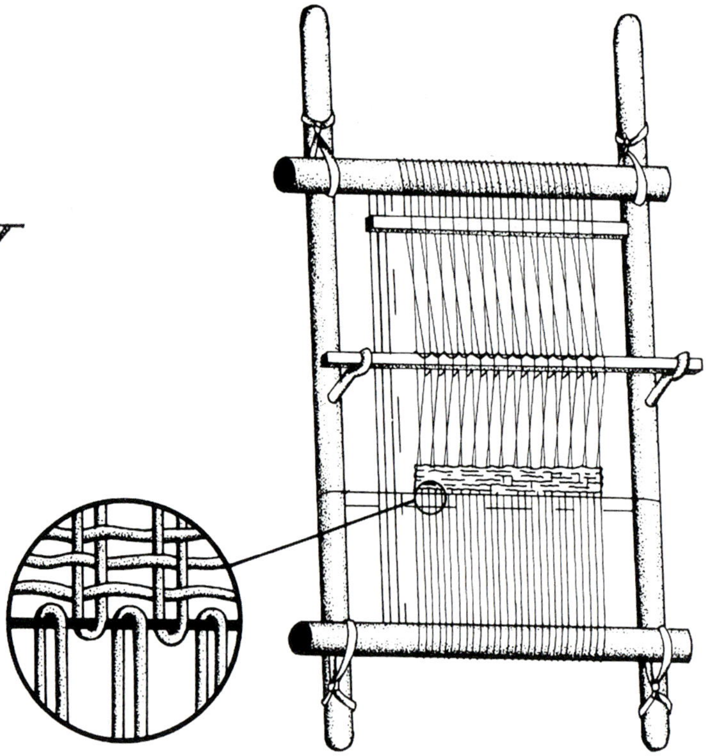

Abb. 79: Schema eines Rundwebstuhles.

264 Karen-Hanne Stærmose-Nielsen konnte bei einer Untersuchung im Jahre 1979 aus der Nordischen Frühbronzezeit (1.400–1.100 v. Chr.) aus Dänemark 22 eindeutig am Rundwebstuhl gewobene Stücke feststellen, darunter Mäntel, Oberteile, Blusen, Röcke und Fußbekleidung. Stærmose-Nielsen 1999, 124–125.

265 Hald 1980. – Mannering et al. 2012, Abb. 3.11.

Da wir in Mitteleuropa keine annähernd vollständigen Großgewebe haben, gelang bisher kein Nachweis für ein Rundgewebe. Manche Forscher führen an, dass Flechtkanten charakteristisch für Gewebe vom Rundwebstuhl seien. Würde das dann bedeuten, dass jene bronzezeitlichen Gewebe mit Flechtkante aus Hallstatt am Rundwebstuhl entstanden sind?[266]

Ein Rahmenwebstuhl (oder Zweibaumwebstuhl) ist jedenfalls in der mediterranen Welt gut bekannt – etwa in Ägypten. Solche Geräte, die stehend oder auch horizontal aufgespannt verwendet werden, finden sich zahlreich in Abbildungen und sogar als liebevoll gestalteten Modelle, die auch ins Grab mitgegeben wurden[267]. Bei den Römern war nach schriftlicher Überlieferung ebenfalls ein Zweibaumwebstuhl üblich. So erwähnt Seneca im 1. Jahrhundert n. Chr., dass zu seiner Zeit Gewebe nicht mehr auf dem Gewichtswebstuhl hergestellt wurden (Sen., ep. 90,19–20).

5 Färben

(Regina Hofmann-de Keijzer)

Es scheint ein Grundbedürfnis der Menschheit zu sein, den Lebensraum, Gebrauchsgegenstände und Kleidung farbig zu gestalten. Die dazu nötigen Färbemittel fanden sie in Mineralien, Pflanzen und Tieren. Wasserunlösliche mineralische Pigmente dienten zum Bemalen von Stein, Holz, Leder und Haut und als Schminke. Das Färben von Textilien war nur mit wasserlöslichen Farbmitteln, so genannten Farbstoffen, möglich. Die prähistorischen Menschen hatten zwei Probleme zu lösen, um dauerhafte Textilfärbungen zu erzeugen. Zuerst war es erforderlich, beständige Färbemittel in der Pflanzen- und Tierwelt zu suchen und Färbetechniken zu entwickeln, die es ermöglichten, lösliche gelbe und rote Farbstoffe mit den Fasern dauerhaft zu verbinden und mit unlöslichen organischen Pigmenten Blau und Purpur zu färben. Organische Farbstoffe gewannen sie aus Färbepflan-

266 vgl. Grömer 2013, 76–78.

267 vgl. bei Barber 1991, *horizontal ground loom* 83–91, Abb. 3.2–3.6, *vertical two beam loom* 113–116, Abb. 3.29, 3.30.

zen, Färbeflechten und Färbeinsekten, aber für die Gewinnung der organischen Pigmente aus Indigopflanzen und Meeresschnecken waren spezielle Techniken notwendig.

5.1 Färbemittel und Färbemethoden

Farbstoffanalytische Untersuchungen zeigen, dass die ältesten Funde gefärbter Textilien aus einer Zeit stammen, in der die Färberei bereits gut entwickelt war; für Mitteleuropa ist dies die Bronzezeit. Wie gelang es, die Farben der Natur mit pflanzlichen und tierischen Farbstoffen auf Textilien zu zaubern? Eine Zeitreise in die Urgeschichte lässt nachvollziehen, wie die Farbpalette in der Textilfärberei entstanden sein könnte.

In ihrer Umgebung nahmen die Menschen zahlreiche Farben wahr, die sie auf ihre Kleidung übertragen wollten. Das Gelb, Blau, Rot und Violett sollten so leuchten wie die Blumen und Früchte und das Grün wie die Blätter der Bäume. Doch es war weder mit den in Blüten und Früchten vorkommenden Farbstoffen, den Anthocyanen, noch mit dem Blattgrün, dem Chlorophyll, möglich, schöne und dauerhafte Textilfärbungen zu erzielen. In Rinden, Kräutern und Gallen[268] enthaltene Gerbstoffe ergaben auf Textilien beständige Brauntöne von Gelb- bis Rotbraun. Sie gehören zu jenen chemischen Verbindungen, die sich ohne Vorbehandlung oder Zusätze direkt mit den Textilfasern verbinden. Auf diese Weise kam die einfachste Färbetechnik, die Direktfärberei zur Anwendung. Für diese Färbemethode eignen sich neben den Gerbstoffen nur wenige Farbstoffe, das Orcein aus Orseille (ein Produkt aus Färbeflechten) für Rot, das Juglon aus den grünen Teilen von Walnussbäumen (*Juglans regia,* Juglandaceae) für Braun und das Crocetin aus den Narbenschenkeln von Safran (*Crocus sativus,* Iridaceae) für Gelb.

Das Blaufärben war in Europa erst nach der Entdeckung des Färberwaids (Abb. 80) und der Entwicklung einer speziellen Färbetechnik möglich. Zunächst war herauszufinden, dass sich aus den grünen Blättern des Färberwaids ein blaues Farbmittel ge-

268 Pflanzengallen sind anomale Gebilde des Pflanzengewebes, verursacht durch Viren, Bakterien, Pilze, aber vor allem durch parasitierende Insekten (Gallwespen) und Milben.

winnen ließ[269]. Das im Waidblau enthaltene wasserunlösliche, organische Pigment Indigotin eignete sich aber nicht unmittelbar zum Färben. Erst als es gelang, Waidblau in alkalischem Milieu in eine grünlichgelbe Flüssigkeit (Küpe) zu verwandeln, hatten die Menschen der Urgeschichte eine weitere Färbetechnik entdeckt, die Küpenfärberei. In die Küpe tauchten sie Vlies, Garn oder Gewebe ein und das Staunen war groß, als das Färbegut nach dem Herausnehmen einen Farbumschlag von gelb über grün zu blau zeigte (Abb. 81).

Abb. 80: Blühender Färberwaid *(Isatis tinctoria)* zwischen St. Michael und Spitz in der Wachau, Niederösterreich. Diese Pflanze ist als Kulturrelikt in Österreich eingebürgert. Sie blüht im zweiten Jahr, geerntet werden die Blattrosetten im ersten Jahr. Die Blätter enthalten eine Vorstufe des blauen Pigments Indigotin.

Einfacher war es, Materialien zum Gelbfärben zu entdecken. Alle grünen Pflanzenteile und viele gelbe Blüten enthalten gelbe Farbstoffe, die so genannten Flavonoide. Intensive Rotfärbungen waren nur mit anthrachinonhaltigen Färbematerialien möglich. Die Wurzeln (es handelt sich eigentlich um Rhizome, also unterirdische Sprosse) von Rötegewächsen (Rubiaceae) und Färbeinsekten (weibliche Blutschildläuse) sind die Quellen der farbechtesten roten Farbstoffe der Natur. Gelb- und Rotfärbungen waren zunächst weder kräftig noch dauerhaft. Durch die Entdeckung von Beizmitteln gelang eine Verbesserung der Wasch- und Farbechtheit. Außerdem erweiterten sie durch ihre farbverändernden Eigenschaften die Palette um Olivfarben und Schwarz. Für andere Farben war die Kombination von verschiedenen Färbematerialien und Färbetechniken notwendig. Ein Grün, wie es in Blättern und Kräutern vorkommt, war nur durch eine Kombination von Küpenfärberei mit dem Färberwaid und Beizenfärberei mit gelben Farbstoffen zu erzielen. Eine Küpenfärbung für Blau und eine Beizenfärbung mit roten Farbstoffen kreierte ein Violett, das dem Saft von Heidelbeeren oder Brombeeren glich.

269 Hartl 2012, 35. – Hartl et al. 2015a.

Abb. 81: Experimentelles Färben von Wollvlies, Garn und Gewebe in einer Indigoküpe durch Manuel Wandl. Nach dem Herausnehmen kommt es durch Reaktion mit Sauerstoff zu einem Farbumschlag von gelb über grün zu blau. Universität für angewandte Kunst Wien.

5.2 Naturwissenschaftliche Untersuchungen

Die Farbstoffanalytik hat in den letzten Jahrzehnten große Fortschritte gemacht. Neu entwickelte Analysemethoden ermöglichen die Untersuchung kleinerer Probemengen und die Detektion und Identifikation von Farbstoffen auch wenn sie in Textilien nur in geringer Konzentration vorhanden sind. Mikroskopische, chromatographische und spektroskopische Verfahren dienen zur Untersuchung prähistorischer Färbetechniken in Stoffen, Garnen und Fasern. Während für die Faseruntersuchung wenige Textilfasern ausreichen, sind für die Farbstoffbestimmung größere Probenmengen erforderlich. Für die Analyse mit Hochleistungs-Flüssigkeitschromatographie mit Photodiodenarray-Detektion (HPLC-PDA) ist eine Fadenprobe von ca. 5 mm Länge notwendig, für die modernere Ultra-Hochleistungs-Flüssigkeitschromatographie mit Photodiodenarray-Detektion (UHPLC-PDA) genügen 2 mm lange Fäden[270].

Die erste Aufgabe vor der Farbstoffanalyse ist die Untersuchung der Textilien und Textilproben mit einem Auflichtmikroskop (Abb. 82). Zu beobachten sind die Farbsättigung, die Gleichmäßigkeit der Färbung und ob ein Faden aus verschieden gefärbten Fasern besteht (‚melierter' Faden). Bei ausreichendem Probenmaterial ist es sinnvoll, Fasern von melierten Fäden unter

[270] Joosten und Van Bommel 2008. – Joosten et al. 2006. – Serrano et al. 2013.

dem Mikroskop nach Farben zu trennen und dann die gleichfarbigen Fasern gemeinsam farbstoffanalytisch zu untersuchen. Die Durchlichtmikroskopie verdeutlicht, ob die Färbung vor dem Spinnen, nach dem Spinnen oder nach dem Weben erfolgte. Bei entsprechender Vergrößerung sind in waidgefärbten Wollfasern Indigotin-Aggregate in Form blauer Pünktchen zu sehen, die auf eine Küpenfärbung hinweisen (Abb. 92, 93, S. 170–171). Die Rasterelektronenmikroskopie mit energie-dispersiver Röntgenanalyse (REM-EDX) ist die bevorzugte Methode zur Analyse der in Textilien vorkommenden chemischen Elemente. Der Schwerpunkt liegt bei den Metallen Aluminium, Eisen und Kupfer, welche auf die Verwendung von Beizmitteln schließen lassen.

Die optimalste Analysemethode für Textilfarbstoffe ist die UHPLC-PDA. Bei der Probenvorbehandlung führen kleine Mengen einer Salzsäurelösung zur Extraktion der (Beizen-) Farbstoffe, und Dimethylformamid zum Lösen der Küpenfarbstoffe und ein durch Mischen beider Extrakte hergestellter Probenextrakt kommt durch Injizieren in das UHPLC-Gerät zur Analyse

Abb. 82: Untersuchung von Proben aus Hallstatt-Textilien mit Durchlichtmikroskopie.

(Abb. 83 links)[271]. Mit dieser chromatographischen Technik lassen sich Farbstoffgemische auftrennen. In der Chromatographiesäule befindet sich ein Füllmittel, die stationäre Phase. Nach dem Injizieren des Probenextraktes durchläuft ein Lösungsmittelgemisch (mobile Phase) die Säule und die Farbstoffe wandern mit der mobilen Phase mit. Die Geschwindigkeit, mit der sich die Farbstoffe durch die Säule bewegen, ist von den Unterschieden in der Adsorption, den chromatographischen Eigenschaften und der Löslichkeit in der mobilen Phase abhängig. Jeder Farbstoff verlässt die Säule zu einer bestimmten Zeit, der Retentionszeit (Tr, in Minuten). Sobald eine Komponente die Säule verlässt, erstellt der PDA-Detektor ein UV-VIS Absorptionsspektrum dieser Substanz. Ein Farbstoff ist identifiziert, wenn sowohl die Retentionszeit als auch das UV-VIS-Absorptionsspektrum jenen eines Referenzfarbstoffes entsprechen. Bei der Übereinstimmung von nur einem Parameter ist die Komponente nicht identifiziert, sondern zeigt nur eine Ähnlichkeit mit einem Referenzfarbstoff. Leicht abweichende Daten sind auf die Degradation des Probenmaterials zurückzuführen[272]. Bei fragilen archäologischen Textilien ist die Identifikation von Farbstoffen oft schwierig, weil sie nur ein schwaches Analysesignal liefern und das Chromatogramm eine Störung der Basislinie aufweist (Abb. 83 rechts). Die kleine Erhebung in der Basislinie lässt sich wahrscheinlich auf die saure Hydrolyse während der Probenvorbereitung zurückführen, wodurch sich die degradierte Wolle teilweise auflöst und in den Probenextrakt gelangt.

Nur jene Färbematerialien sind identifizierbar, die auf Textilien einen charakteristischen chemischen Marker oder einen aus Haupt- und Nebenfarbstoffen in bestimmten Konzentrationen bestehenden Fingerprint hinterlassen. Auch wenn ein Farbstoff nicht zu identifizieren ist, gelingt oft die Bestimmung einer Farbstoffklasse, wie die der gelben Flavonoide und roten Anthrachinone, wodurch Aussagen zu einer bestimmten Färbemethode und zur Farbechtheit möglich sind. Die Herkunft unbekannter gelber und roter Komponenten ist nicht bestimmbar. Es kann sich um Abbauprodukte von Farbstoffen und Fasern handeln, aber sie können auch aus dem archäologischen Umfeld in die

[271] Joosten und Van Bommel 2008, 438–443.

[272] Hofmann-de Keijzer et al. 2013, 136–141.

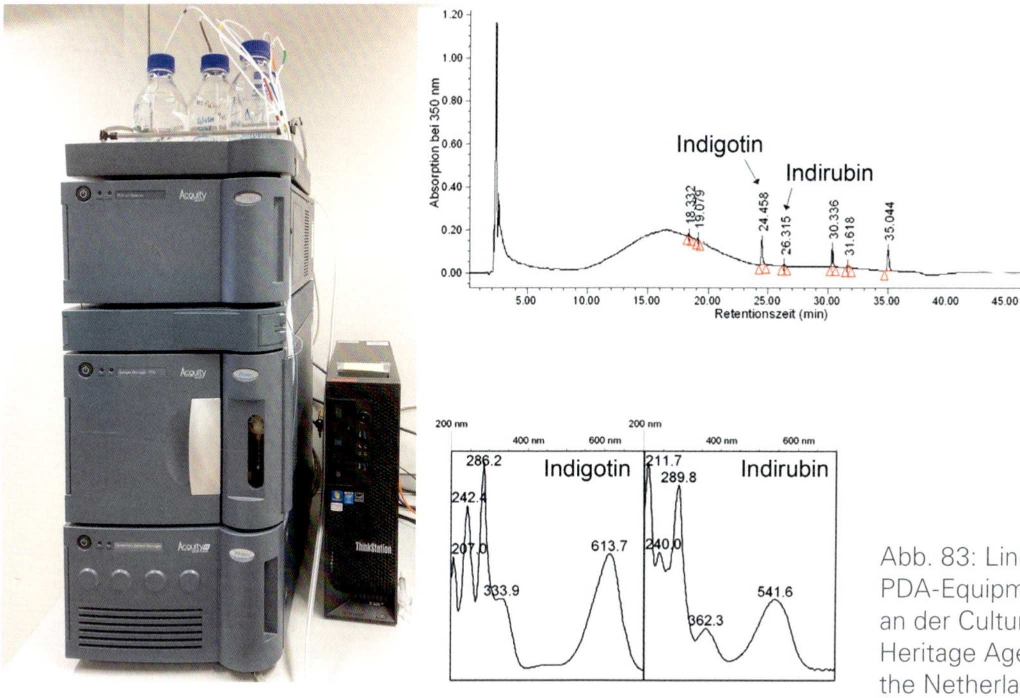

Abb. 83: Links: HPLC-PDA-Equipment an der Cultural Heritage Agency of the Netherlands in Amsterdam. Oben rechts: HPLC-PDA-Chromatogramm der Probe aus einem mit Färberwaid gefärbten bronzezeitlichen Hallstatt-Textil (HallTex 211). Eine kleine Erhebung (Basislinienstörung) tritt häufig in Chromatogrammen archäologischer Textilien auf. Unten rechts: Spektren der in HallTex 211 nachgewiesenen organischen Pigmente Indigotin und Indirubin.

Textilien gelangt sein (Abb. 84). Wenn die UHPLC-PDA-Analyse keine Farbstoffe zeigt, bedeutet dies nicht, dass das Textil nicht gefärbt war, denn ursprünglich vorhandene Farbstoffe können soweit abgebaut sein, dass sie unter der Nachweisgrenze des Analysesystems liegen.

5.3 Geschichte und Nachweis der Färbematerialien

Während die ältesten Funde anorganischer Farbmittel aus Höhlenmalereien über 20.000 Jahre alt sind, stammen die ältesten Belege organischer Farbmittel aus der Zeit der frühen Hochkulturen des Mittelmeerraums, Indiens und Amerikas[273]. Deren Verwendung ist in Form von Pflanzenfunden und durch chemische Nachweise in gefärbten archäologischen Objekten und Färbevorrichtungen belegt[274].

[273] Schweppe 1993, 17–59.

[274] Cardon 2007, 564 (Abb. 13): Oberer Teil eines Tongefäßes mit Spuren von Schneckenpurpur (Tel Shiqmona, Israel, 9.–8. Jahrhundert v. Chr.). – Seefelder 1982, 22 (Abb.): Mit Steinen ausgelegte Mulden mit Spuren von Indigo (Mohenjo-daro, Pakistan, 2.300–1.700 v. Chr).

Farbstoffklassen		Indigoide Pigmente		Rote Anthrachinonfarbstoffe						Rote Farbstoffe			Gelbe Flavonoidfarbstoffe					
				Rubiaceae			Insekten						Flavone		Flavonole			
Identifizierte Färbematerialien		Färberwaid	Schneckenpurpur	Purpurin-Typ	Purpurin-Alizarin-Typ	Färberkrapp-Typ	Kermes	Cochenille-Typ	Polygonaceae, Rhamnaceae	Orseille aus Flechten	Blüten oder Früchte	Unbekannte Pflanzen	Luteolin-Apigenin-Typ*	Apigenin-Typ	Rhamnus species	Unbekannte Pflanze	Unbekannte Pflanzen	Unbekannte Gerbstoffpflanzen
Detektierte Farbstoffe und Pigmente	Angaben zur Farbstoffanalyse	Indigotin / Indirubin	6,6´-Dibromo-Indigotin	Purpurin	Purpurin / Alizarin / Rubiadin	Alizarin / Purpurin	Kermessäure	Karminsäure	Chrysophanol, Emodin	Orcein	Anthocyaninfarbstoff	Unbekannte rote Komponenten	Luteolin / Apigenin	Apigenin	Rhamnetin	Quercetin	Unbekannte gelbe Komponenten	Gerbstoffbausteine
Bronzezeit																		
Pustopolje Bosnien-Herzegowina, 1.670 v. Chr. (+/– 120 Jahre)	A											+					+	
Mitterberg Österreich, 16. Jh. v. Chr.	A																o	
Hallstatt Österreich, 1.500 – 1.200 v. Chr.	A	+		+								+	+				+	+
Lefkandi, Euböa Griechenland, 1.260 – 900 v. Chr.	D		+															
Radfeld Österreich, 11./10. Jh. v. Chr.	B											o					o	
Eisenzeit																		
Sasso di Furbara Italien, 9. Jh. v. Chr.	D	+	+	+														
Hallstatt Österreich, Hallstattzeit, 800 – 400 v. Chr.	B	+			+			+?		+?	+?	+	+	+	+?		+	+
Cumae Italien, 8. – 7. Jh. v. Chr.	D		+															
Verucchio Italien, 700 – 650 v. Chr.	C	+		+									+					+
Vedretta di Ries Italien, 8. – 6. Jh. v. Chr.	D	+																
Tarquinia Italien, 7. Jh. v. Chr.	D	+	+															
Hochdorf Deutschland, Späte Hallstattzeit, 6. Jh. v. Chr.	E	+					+					+						+
Hohmichele Deutschland, Späte Hallstattzeit, 6. Jh. v. Chr.	E	+																
Grabenstetten Deutschland, Hallstattzeit	E	+																
Dürrnberg Österreich, Latènezeit, 6. – 2. Jh. v. Chr.	F	+				+	+						+					+
Glauberg Deutschland, Frühe Latènezeit, 420/380 v. Chr.	D	+					+		+									o
Altrier Luxemburg, Frühe Latènezeit, um 430 v. Chr.	D	+					+											
Sainte-Geneviève-des-Bois Frankreich, Frühe Latènezeit, 450 – 400 v. Chr.	G	+					+											
Padua Italien, 5. Jh. v. Chr.	D			+														
Kerameikos/Athen, Vergina Griechenland, 5. und 4. Jh. v. Chr.	I		+															
Strozzacapponi Italien, 2. – 1. Jh. v. Chr.	D		+							+?								
Torfmoortextilien Dänemark, Norwegen, 520 v. Chr. – 410 n. Chr.	D	+				+						+	+		+	+	+	+
Grabtextilien Dänemark, Norwegen, Schweden, 1 – 520/540 n. Chr.	H	+		+		+						+						

Abb. 84: In europäischen Textilfunden aus der Bronze- und Eisenzeit nachgewiesene Farbstoffe und Färbematerialien.

Erklärungen:
KAPITÄLCHEN: Hauptfarbstoffe; Minuskeln: Nebenfarbstoffe; +: identifiziert; +?: Identifizierung nicht ganz sicher, weil die Retentionszeit oder das Spektrum etwas vom Referenzfarbstoff abweicht; O: Komponente, die vermutlich aus dem archäologischen Umfeld stammt; *: der in Hallstatt-Textilien identifizierte LUTEOLIN-APIGENIN-Typ ist im LUTEOLIN-Apigenin-Typ inkludiert. Betreffend Literaturangaben (1. Spalte) und näheren Angaben zur Farbstoffanalyse (Buchstaben A–H in 2. Spalte) siehe Seite 495–496.

Da sowohl die Farbstoffe als auch die Textilfasern organischen Ursprungs sind, bedarf es spezieller Bedingungen für die Erhaltung gefärbter Textilien, wie das trockene Wüstenklima in Ägypten, Israel, Indien und Peru, das Salz von Hallstatt und Dürrnberg in Österreich und das Eis in den Permafrostböden des russischen Altaigebirges[275]. Nordeuropäische Torfmoortextilien sind durch die Einwirkung der Huminsäuren oft einheitlich braun gefärbt, aber die in den Geweben identifizierten Farbstoffe lassen auf deren ursprüngliche Farbigkeit und die angewandte Färbetechniken schließen[276]. In den letzten Jahrzehnten entwickelte sich die Farbstoffanalytik zu einem wichtigen Bereich bei der Erforschung prähistorischer Textilfunde (Abb. 84)[277].

Untersuchung der Farbstoffe in Hallstatt-Textilien

Ein interdisziplinäres vierjähriges Forschungsprojekt (HallTex) widmete sich den Färbungen bronze- und eisenzeitlicher Gewebe (1.500–1.200 bzw. 800–400 v. Chr.) aus dem Salzbergwerk

[275] Den ältesten Teppich (5.–4. Jahrhundert v. Chr.) fanden Archäologen im fünften Kurgan (Grabhügel der Skythen) bei Pasyryk im Altaigebirge (Han 2008, 50).

[276] Vanden Berghe, Gleba und Mannering 2009.

[277] Balzer, Peek und Vanden Berghe 2014. – Banck-Burgess 1999. – Bender Jørgensen und Walton 1986. – Geimer 2007. – Gleba 2012. – Gleba 2014a. – Hofmann-de Keijzer, Van Bommel und Joosten 2005. – Hofmann-de Keijzer et al. 2013. – Milcent und Moulherat 2000. – Rast-Eicher und Vanden Berghe 2015. – Stöllner 2005. – Vanden Berghe, Gleba und Mannering 2009. – Van Bommel, Joosten und Hofmann-de Keijzer 2013a–c. – Walton 1986. – Walton 1988. – Walton Rogers 1999.

Hallstatt in Oberösterreich[278]. Die an archäologischen Textilien durchgeführten Farbstoff-, Faser- und Elementanalysen trugen auch zur Erweiterung der Kenntnisse über die Textilfärberei im prähistorischen Mitteleuropa bei. Die Farbstoff-, Faser- und Elementanalysen erfolgten an der Cultural Heritage Agency of the Netherlands (RCE) in Amsterdam[279]. Parallel dazu entstand an der Universität für Bodenkultur Wien eine Referenzsammlung von in Österreich heimischen Färbepflanzen und damit gefärbten Wollgarnen, die als Referenzmaterial zur Farbstoffanalyse der Originaltextilien und zur Herstellung von Reproduktionen eisenzeitlicher Bänder dienten[280]. Außerdem waren Studierende der Universität für angewandte Kunst Wien in den Forschungsprozess integriert und ließen sich durch die Hallstatt-Textilien zu moderner Textilkunst inspirieren[281].

Gerbstoffe für Braun und Schwarz

Gerbstoffhaltige Rinden, Kräuter und Gallen färben Textilien braun und mit eisenhaltigen Beizmitteln schwarz. Mit Tanninen gefärbten Textilien zeigen bei der Farbstoffanalyse nur die Gerbstoffbausteine Ellagsäure und Gallussäure, weil bei der Probenvorbereitung durch Hydrolyse die großen Gerbstoffmoleküle in Gerbstoffbausteine zerfallen. Daher ist eine eindeutige Bestimmung der Gerbstoffpflanzenart nicht möglich. Besonders dunkle Schwarztöne waren durch das Färben von stark pigmentierter Wolle in einer Waidküpe oder mit Gerbstoffen und eisenhaltigem Material zu erzielen (Abb. 92, S. 170, Abb. 95, S. 173). Ein bronzezeitliches Textilfragment aus Hallstatt besteht aus stark pigmentierter Wolle, in der Indigotin, gelbe Flavonoide, Gerbstoffe und das chemische Element Eisen nachge-

278 Das vom österreichischen FWF – Der Wissenschaftsfonds geförderte Projekt *Färbetechniken der prähistorischen Hallstatt-Textilien* (Projektnummer L 431-G02, 2008–2011) war eine Kooperation zwischen der Abteilung Archäometrie der Universität für angewandte Kunst Wien, dem Institut für Ökologischen Landbau der Universität für Bodenkultur Wien, der Prähistorischen Abteilung des Naturhistorischen Museums Wien und dem Cultural Heritage Laboratory der Cultural Heritage Agency of the Netherlands in Amsterdam. – Hofmann-de Keijzer, Van Bommel und Joosten 2005. – Hofmann-de Keijzer et al. 2005. – Hofmann-de Keijzer et al. 2013.

279 Joosten et al. 2006. – Joosten und Van Bommel 2008.

280 Hartl 2012, 35–36.

281 Hofmann-de Keijzer, Kern und Putz-Plecko 2012.

wiesen sind (Abb. 84, 95, S. 173)[282]. Das Schwarz eines eisenzeitlichen Köpergewebes beruht ebenfalls auf der Färbung von stark pigmentierter Wolle mit Eisen-Gallus-Schwarz, Indigotin, Flavonoiden und vermutlich dem Insektenfarbstoff Karminsäure[283]. Eine vergleichbare Färbetechnik ist durch Analysen eines Textilfragments aus Altrier (Luxemburg) belegt, die braun pigmentierte Wollfasern und Indigotin ergaben[284]. In den Blauschattierungen eisenzeitlicher Gewebe dienten die Tannine zum Nuancieren oder als Beizmittel für die ebenfalls analysierten gelben und roten Farbstoffe[285]. In braunen Textilien aus Hallstatt war allerdings kein Gerbstoff nachzuweisen. Dies ist wohl darauf zurückzuführen, dass natürlich braune Schafwolle für Brauntöne zur Verfügung stand, wie durch ein bronzezeitliches, schwarzbraunes Leinwandgewebe belegt ist, das auch keine Farbstoffe enthielt[286].

Waidblau und Schneckenpurpur

Für Blau und Purpur dienen unlösliche organische Pigmente als Färbemittel. Sie lassen sich aus Vorstufen gewinnen, die in Blättern von Indigopflanzen und in den Hypobranchialdrüsen von Purpurschnecken vorhanden sind. Zum Färben bedarf es eines speziellen Verfahrens, der auf Reduktions- und Oxidationsvorgängen beruhenden Küpenfärbung. Fermentationsvorgänge führen durch Reduktion zur Umwandlung der Pigmente in wasserlösliche (gelbliche) Leukoformen. In dem als Küpe bezeichneten Färbebad können die Fasern die Leukoformen absorbieren, und beim Herausnehmen bewirkt der Kontakt mit Luftsauerstoff eine Oxidation, welche die Leukoformen wieder in wasserunlösliche Pigmente umwandelt. Auf diese Weise entstehen Blau- und Purpurfärbungen, die eine hervorragende Wasch- und Lichtechtheit aufweisen.

---

282 Grömer und Rösel-Mautendorfer 2013, HallTex 110.

283 Grömer und Rösel-Mautendorfer 2013, HallTex 160. – Ryder 2001.

284 Von Kurzynski 1996, 41.

285 Grömer und Rösel-Mautendorfer 2013, HallTex 55, 86, 87, 99, 137. – Hofmann-de Keijzer, Van Bommel und Joosten 2005, 64. – Hofmann-de Keijzer et al. 2005, 923–926. – Hofmann-de Keijzer et al. 2013, 156–157.

286 Grömer und Rösel-Mautendorfer 2013, HallTex 118.

Als Lieferanten des blauen organischen Pigments Indigotin kommen vor allem der Färberwaid *(Isatis tinctoria)* und mehrere *Indigofera*-Arten in Betracht. Pflanzen, die Vorstufen des blauen Pigments Indigotin enthalten, tragen die Bezeichnung Indigopflanzen. Der Nachweis des blauen Pigments Indigotin, oft in Kombination mit der Nebenkomponente Indirubin, lässt auf die Verwendung einer Indigopflanze schließen (Abb. 83, Chromatogramm und Spektren). Welche Indigopflanze die prähistorischen Menschen benutzten, ist durch chemische Analyse nicht festzustellen, da sie alle die gleichen Pigmente (Küpenfarbstoffe) liefern. Von tropischen und subtropischen *Indigofera*-Arten gewonnener Indigo diente nachweislich in der Indus-Kultur (Mohenjo-daro, Pakistan, 2.300–1.700 v. Chr.) zum Färben. Es ist auszuschließen, dass Menschen im prähistorischen Europa Indigo zum Blaufärben benutzt haben, denn in der Antike war das Färbmittel aus Indien noch nicht als Küpenfarbstoff, sondern nur als Pigment bekannt[287].

Der Färberwaid oder Waid (*Isatis tinctoria*, Brassicaceae; Abb. 80) kam ursprünglich in den Steppengebieten um den Kaukasus vor, ferner von Inner- und Vorderasien bis Ostsibirien. Durch Anbau und Verschleppung erfolgte die Verbreitung als Kulturpflanze bis Indien, Ostasien, Nordafrika und über den größten Teil Europas[288]. Blau gefärbte Pflanzenfasern aus der neolithischen Höhle Adouste in Frankreich gelten als der älteste Nachweis von Färberwaid in Europa[289], weitere Funde stammen aus der Eisenzeit[290]: Abdrucke von fünf Waidsamen an Keramik von der Heuneburg in Süddeutschland (6.–5. Jahrhundert v. Chr.), Waidfrüchte in Ablagerungen an der Nordwestküste Deutschlands (1.–2. Jahrhundert n. Chr.)[291], Waidfrüchte in einem Topf aus Ginderup in Dänemark[292] und Teile einer Waidpflanze in

[287] Hofenk de Graaff 2004, 253.

[288] Hegi 1919, 4/1.

[289] Cotte und Cotte 1917. – Banck-Burgess 1999, 86. – Barber 1991, 227. – Cardon 2007, 374. – Für diesen Befund ist eine Neubewertung erforderlich, weil das Vorkommen des Färberwaids für das Neolithikum nicht durch archäobotanische Funde belegt ist: Zech-Matterne und Leconte 2010. – Toulemonde 2015.

[290] Hall 1995, 33. – Landkarte mit eingezeichneten Fundorten: Hofmann-de Keijzer et al. 2013, 143–145.

[291] Körber-Grohne 1967. – Körber-Grohne 1981.

[292] Jessen 1933. – Bender Jørgensen und Walton 1986, 185.

Eberdingen-Hochdorf (Frühe Latènekultur)[293]. Die Entdeckung von Waid im eisenzeitlichen Dragonby (1. Jahrhundert v. Chr. – 1. Jahrhundert n. Chr.) beweist, dass diese Färbepflanze zur Römerzeit bereits bis England verbreitet war[294].

Aus farbstoffanalytischen Untersuchungen an prähistorischen Textilien ist ersichtlich, dass die Küpenfärberei bereits in der Bronzezeit in Europa bekannt war und in der Eisenzeit die am häufigsten angewandte Färbetechnik darstellte (Abb. 84)[295]. Der älteste waidgefärbte Fund Europas stammt aus dem bronzezeitlichen Hallstatt (Christian-von-Tuschwerk, 1.500–1.200 v. Chr., Abb. 94)[296] und in Dänemark aus der Eisenzeit (Rebild, 4.–3. Jahrhundert v. Chr.)[297]. Bei der Indigopflanze des bronze- und eisenzeitlichen Europas handelt es sich um den Färberwaid.

Im bronzezeitlichen Syrien haben die Menschen bereits entdeckt, dass sich aus Meeresschnecken ein wertvolles Färbemittel gewinnen ließ. Zur Herstellung des Schneckenpurpurs, auch bekannt als Tyrianischer Purpur und Phönizischer Purpur, standen drei im Mittelmeer heimische Arten aus der Familie der Muricidae zur Verfügung. Die Stumpfe Stachelschnecke *(Hexaplex trunculus,* syn. *Murex trunculus)* war die am häufigsten verwendete Spezies, weitere Arten sind die Herkuleskeule *(Bolinus brandaris,* syn. *Murex brandaris)* und die Rotmund-Leistenschnecke *(Stramonita haemastoma).* Im milchigen Sekret ihrer Hypobranchialdrüsen befinden sich Vorstufen des Schneckenpurpurs, welche sich durch den Einfluss von Licht und Sauerstoff in verschiedenfarbige Purpurpigmente verwandeln. Die bedeutendsten Pigmente sind das rötlich purpurfarbene 6,6'-Dibromoindigotin, das violette 6-Monobromoindigotin und das blaue Indigotin. Es gelingt, aus den in Textilproben analysierten indigoiden Pigmenten auf die verwendete Schneckenart zu schließen[298].

---

293 Stika 1999.

294 Van der Veen, Hall und May 1993, 367, 370.

295 Grömer und Rösel-Mautendorfer 2013, Bronzezeit: HallTex 211, 242/9; Eisenzeit: HallTex 13, 20, 55, 60, 62, 86/4, 87, 99, 100/3, 122, 137, 144, 179, 195, 263. – Hofmann-de Keijzer et al. 2013, 141–147.

296 Grömer und Rösel-Mautendorfer 2013, HallTex 211.

297 Vanden Berghe, Gleba und Mannering 2009, 1919–1920.

298 Koren 2022, 39–52.

Der früheste Beleg für Schneckenpurpur stammt aus Textilresten von Chagar Bazar in Syrien (18.–16. Jahrhundert v. Chr.)[299], aber auch in bronze- und eisenzeitlichen Textilien aus dem Mittelmeergebiet sind Purpurpigmente nachgewiesen. Dazu zählen Funde aus Griechenland von Lefkandi auf Euböa (1.260–900 v. Chr.)[300], Kerameikos/Athen (5. Jahrhundert v. Chr.)[301] und vom königlichen Grabmal Philipp II. von Makedonien nahe Vergina (4. Jahrhundert v. Chr.)[302] aber auch aus Italien von Sasso di Furbara (frühes 9. Jahrhundert v. Chr.), Cumae in der Nähe von Neapel (8.–7. Jahrhundert v. Chr.), der Etrusker-Stadt Tarquinia (7. Jahrhundert v. Chr.) und Strozzacapponi bei Perugia (2.–1. Jahrhundert v. Chr.)[303].

Beizmittel für Gelb, Rot und Schwarz

Fast alle roten und gelben Farbstoffe, so genannte Beizenfarbstoffe, sind mit metall- oder gerbstoffhaltigen Beizmitteln auf den Fasern zu fixieren, um dauerhafte und waschechte Färbungen zu erzielen. Das Beizen erfolgt entweder in separaten Beizbädern vor oder nach dem Färben oder durch das Hinzufügen eines Beizmittels ins Färbebad. Beizmittel sind Metallsalze, deren Metallionen sowohl mit den Farbstoff- als auch mit den Fasermolekülen eine chemische Bindung eingehen. Das wichtigste Beizmittel war Alaun, dessen Gewinnung, Handel und Verwendung sich durch schriftliche Quellen gut belegen lässt[304]. Aufgrund ihrer chemischen Eigenschaften erhalten tierische Fasern wie Wolle und Seide leuchtende Gelb- und Rottöne, während auf pflanzlichen Baumwoll- und Leinenfasern weniger intensive Farben entstehen. Mit der Zugabe von Beizmitteln lässt sich auch der Farbton beeinflussen. Kupfer- oder eisenhaltige Salze,

---

299 Breniquet et al. 2018, 11–47.

300 Margariti und Spantidaki 2020, 401–405, 410, Textil 3, Abb. 3. – Spantidaki und Moulhérat 2012, 192, Abb. 7.7.

301 Margariti et al. 2013. – Spantidaki 2016, 112, Cat.-Nr. 12, 128–129, Abb. A.58–A65. – Spantidaki und Moulhérat 2012, 195, 197, Abb. 7.21.

302 Hofenk de Graaff 2004, 270-272. – Spantidaki und Moulhérat 2012, 195–196, Fig. 7.17.

303 Gleba 2017b, 22. – Gleba, Mandolesi und Lucidi 2017, 35, 38–40, 42. – Gleba, Menale und Rescigno 2017, 46. – Gleba et al. 2020, 205–209. – Gleba und Vanden Berghe 2014. – Hofmann-de Keijzer et al. 2023, Kap. 9.2, Appendix N.

304 Bogensperger 2017.

eisenhaltiger Schlamm aus Niedermooren und aus Rinden oder Gallen gewonnene Gerbstoffe führen zum Abdunkeln. Gelbe Farbstoffe geben mit kupferhaltigen Beizmitteln olivgrüne und mit eisenhaltigen Beizmitteln olivgrüne bis bräunliche Nuancen. Nur aluminiumhaltige Beizmittel (Alaun und Bärlappgewächse) verändern kaum die Farbe.

Die Anwendung von Beizmitteln ist durch Plinius den Älteren (23/24–79 n. Chr.) belegt (NH 35.150). Er beschreibt die Kunst der ägyptischen Färber, auf einem mit verschiedenen Substanzen vorbehandelten Stoff in einem kochenden Färbebad unterschiedliche Farbnuancen zu erzeugen. Viele Farbstoffexperten halten das Färbebad für ein Krappbad, aber im ursprünglichen Text findet sich nur der Begriff „kochende Farbflotte“ [305]. Es ist nicht bekannt, ob in der Urgeschichte die Menschen in Mitteleuropa Alaun oder Kupfer- und Eisensalze verwendeten. Zusätzliche Quellen für Aluminium sind Bärlappgewächse (Lycopodiaceae), die Aluminiumsalze im Zellsaft anreichern, aber auch eisenhaltiger Schlamm aus Niedermooren stand zur Verfügung. In der prähistorischen Färberei könnten auch die für das Färbebad verwendeten Metallgefäße[306] oder ins Farbbad gelegte Metallgegenstände als „Beizmittel“ gewirkt haben.

In Textilien, die nicht aus Bodenfunden stammen, ist die Verwendung von aluminium-, eisen- und kupferhaltigen Beizmitteln durch Elementanalyse einfach nachzuweisen. Dies ist bei archäologischen Textilien nicht der Fall, da diese Elemente auch während der Lagerung aus anliegenden Mineralien oder Metallen in die Textilien gelangt sein können. Im Fall schwarzer bronze- und eisenzeitlicher Textilien aus Hallstatt gibt der Nachweis von Gerbstoffen einen Hinweis, dass Eisen aus einem Beizmittel stammt, um damit ein Eisen-Gallus-Schwarz zu erzeugen[307].

---

305 Rösel-Mautendorfer und Bogensperger 2017, 71–72.

306 Hundt 1959, 84–85.

307 Grömer und Rösel-Mautendorfer 2013, Bronzezeit: HallTex 110; Eisenzeit: HallTex 160. – Hofmann-de Keijzer, Van Bommel und Joosten 2005, 59–61, 64. – Hofmann-de Keijzer et al. 2005, 924–925. – Hofmann-de Keijzer et al. 2013, 156–157.

Abb. 85: Der Färberwau (*Reseda luteola*) im Nutzpflanzengarten des MAMUZ, Schloss Asparn/Zaya (1991). Die Blätter, Stämme und Blüten enthalten gelbe Flavonoidfarbstoffe.

Gelbfärbende Materialien

Zahlreiche Pflanzen enthalten gelbe Farbstoffe (Flavonoide), die sich zur Textilfärberei eignen. Bedeutende Farbstoffe dieser Klasse sind die Flavone Luteolin und Apigenin und die Flavonole Quercetin und Rhamnetin. Interessant ist, dass es sich bei fast allen der in prähistorischen Textilien nachgewiesenen gelben Farbstoffen um die Flavone Luteolin und Apigenin handelt und kaum um Flavonole[308]. Möglicherweise verwendeten die Menschen der Urgeschichte bevorzugt Materialien, die ein haltbares Gelb liefern, denn es ist erforscht, dass die Flavone eine bessere Lichtechtheit als die Flavonole[309] aufweisen. Eine andere Erklärung ist, dass zwar flavon- und flavonolhaltige Materialien als Farbstoffquellen zur Färberei dienten, die Flavone sich aber unter bestimmten Bedingungen, wie in Mooren, langsamer abbauen als die Flavonole[310].

Es ist schwierig, in prähistorischen Textilien den chemischen Fingerprint einer gelbfärbenden Pflanzenart zu finden, da diese Farbstoffe in der Natur weit verbreitet sind. Der Nachweis der Flavone Luteolin als Hauptfarbstoff und Apigenin als Nebenfarbstoff weist auf mehrere Färbepflanzen hin. Die bedeutendste ist der im Mittelmeerraum und Westasien heimische Färberwau oder

[308] Hofmann-de Keijzer et al. 2013, 151–154. – Vanden Berghe, Gleba und Mannering 2009.

[309] Zhang et al. 2010, 331–334.

[310] Vanden Berghe, Gleba und Mannering 2009, 1914.

Wau (*Reseda luteola,* Resedaceae), der sich in Europa als Kulturpflanze verbreitet hat (Abb. 85), wie Samenfunde in Zentraleuropa seit dem Neolithikum belegen[311]. Farbstoffanalysen zeigen Flavone in vielen Hallstatt-Textilien, aber Luteolin kommt in nicht viel höherer Konzentration als Apigenin vor, wie für Waufärbungen charakteristisch wäre[312]. Die Proben enthalten entweder die Farbstoffe in gleicher Menge oder Apigenin ist der Hauptfarbstoff oder selbst der einzige Farbstoff[313].

Andere bedeutende Luteolin- und Apigeninquellen sind die Färberscharte (*Serratula tinctoria,* Asteraceae) und der Färberginster (*Genista tinctoria,* Fabaceae, Abb. 86.b). In Textilien sind Färberwau, Färberscharte und Färberginster nur voneinander zu unterscheiden, wenn typische Nebenkomponenten vorhanden sind, die in prähistorischen Textilien meist degradiert sind[314]. Auch wildwachsende Pflanzen kommen als Quellen in Frage. Experimentell mit Schafgarbe (*Achillea millefolium,* Asteraceae, Abb. 86.a) und Löwenzahn (*Taraxacum officinale,* Asteraceae) gefärbte Wollgarne enthielten nämlich Luteolin und Apigenin in gleichen Verhältnissen wie Waufärbungen[315]. Die Analyse eines Wollgarns, gefärbt mit der geruchlosen Kamille (*Tripleurospermum inodorum,* Asteraceae, Abb. 86.c), ergab Apigenin als Hauptfarbstoff, daher kommt diese Pflanze als Farbstoffquelle für eisenzeitliche Hallstatt-Textilien in Betracht[316].

In eisenzeitlichen Fragmenten aus Dänemark und Norwegen ist das Vorkommen des Flavonols Quercetin ohne Neben-

---

311 Distribution: Janchen 1956–1960. – Landkarte mit eingezeichneten Fundorten: Hofmann-de Keijzer et al. 2013, 151–152. – Switzerland: Lundström-Baudais 1978. – Körber-Grohne 1994. – Schibler et al. 1997. – Hungary: Gyulai 2003. – Hochdorf: Stika 1995. – Fellbach: Körber-Grohne 1999. – Dragonby: Van der Veen 1996.

312 Grömer und Rösel-Mautendorfer 2013, Bronzezeit: HallTex 110, 275; Eisenzeit: HallTex 10, 20, 52, 65, 66, 67, 78, 86, 88, 104, 122, 126, 179, 191.

313 Hofmann-de Keijzer et al. 2013, 151–154. – Luteolin-Apigenin-Typ bedeutet, dass Luteolin der Hauptfarbstoff und Apigenin der Nebenfarbstoff ist, beim Luteolin-Apigenin-Typ kommen beide Farbstoffe in gleicher Konzentration vor und beim Apigenin-Typ ist ein Apigenin-ähnlicher Farbstoff der Hauptfarbstoff (Abb. 84).

314 Hofmann-de Keijzer et al. 2023, Kapitel 11.1: Weld and weld types.

315 Hofmann-de Keijzer et al. 2013, 153.

316 Grömer und Rösel-Mautendorfer 2013, HallTex 31A, 56, 59, 66, 67, 104, 160, 179, 191. – Hartl 2012. – Hofmann-de Keijzer et al. 2013, 153–154.

Abb. 86: Experimente mit gelbfärbenden Pflanzen durch Anna Hartl (BOKU Wien). a) Gewöhnliche Schafgarbe *(Achillea millefolium)*, b) Färberginster *(Genista tinctoria)*, c) Geruchlose Kamille *(Tripleurospermum inodorum)*, 1) mit Pflanzen gefärbte Wolle, 2) blühende Pflanze, 3) zum Färben gesammelte Pflanzenteile.

komponenten belegt[317]. Aus diesem Nachweis die Färbepflanze zu bestimmen ist unmöglich, weil Quercetin in 60 % aller Pflanzen vorkommt[318]. Der Nachweis des gelben Flavonols Rhamnetin in eisenzeitlichen Textilien aus Hallstatt und Torfmoortextilien

317 Vanden Berghe, Gleba und Mannering 2009, 1916–1917. – Der in früheren Publikationen erwähnte Nachweis von Quercetin in einigen eisenzeitlichen Hallstatt-Textilien ist angesichts neuerer Interpretationen nicht aufrechtzuerhalten (Hofmann-de Keijzer et al. 2013, 153).

318 Whiting 1981.

aus Dänemark weist auf die Verwendung der Rinde oder der Früchte von Kreuzdornarten (*Rhamnus* sp., Rhamnaceae) hin[319].

Gelbe, Maclurin-ähnliche Farbstoffe ergab die Farbstoffanalyse von bronzezeitlichen Textilien aus Pustopolje in Bosnien-Herzegowina (1.670 v. Chr. ± 120 Jahre)[320], aus Mitterberg (ca. 16. Jahrhundert v. Chr.)[321], Radfeld (11.–10. Jahrhundert v. Chr.)[322] und Hallstatt[323] in Österreich. Der Maclurin-ähnliche Farbstoff aus den bronzezeitlichen Hallstatt-Textilien gleicht einer Komponente aus der Wolle, die experimentell mit den Wurzeln des Blutroten Steinsamens (*Aegonychon purpurocaeruleum*, Boraginaceae) gefärbt ist. Allerdings enthält die Referenzfärbung auch das Alkannin, den instabilen Hauptfarbstoff der Wurzeln vieler Raublattgewächse (Boraginaceae). Es könnte sein, dass dieser Farbstoff in den prähistorischen Textilien bereits abgebaut ist. Eine gelbe Komponente in einem eisenzeitlichen Textil ist dem Carotinoidfarbstoff Crocetin zwar ähnlich, kann aber nicht als Beweis für das Färben mit Safran (*Crocus sativus*) gelten[324].

Rotfärbende Materialien

Pflanzen aus der Familie der Rötegewächse (Rubiaceae) und Färbeinsekten (Blutschildläuse) sind Quellen für Anthrachinone, die stabilsten roten Textilfarbstoffe der Natur. Farbstoffanalysen zeigten, dass die Menschen der Bronzezeit bereits Rhizome der Rötegewächse benutzten und in der Eisenzeit sowohl Rötegewächse als auch Färbeinsekten zur Anwendung kamen. Mit Rötegewächsen gefärbte Textilien enthalten Alizarin, Purpurin und andere Anthrachinonfarbstoffe in verschiedenen Konzentrationen, je nach verwendeter Spezies, Alter, Erntezeitpunkt, Verarbeitungs-, Extraktions- und Färbemethoden.

---

319 Grömer und Rösel-Mautendorfer 2013, HallTex 55, 65, 66. – Hofmann-de Keijzer et al. 2013, 154. – Vanden Berghe, Gleba und Mannering 2009, 1916.

320 Bender Jørgensen und Grömer 2012, 58. – Van Bommel, Joosten und Hofmann-de Keijzer 2013a.

321 Grömer 2012, 31, Abb. 1.2. – Van Bommel, Joosten und Hofmann-de Keijzer 2013b.

322 Van Bommel, Joosten und Hofmann-de Keijzer 2013c. – Walton Rogers 1998.

323 Grömer und Rösel-Mautendorfer 2013, Bronzezeit: HallTex 205/4, 211/2, 215/1, 217/4, 236/8; Eisenzeit: HallTex 88, 122/3. – Hofmann-de Keijzer 2013, 153–155.

324 Grömer und Rösel-Mautendorfer 2013, HallTex 86.

Abb. 87: Der Nachweis des roten Farbstoffs Purpurin im olivgelben bronzezeitlichen Hallstatt-Textil (HallTex 205) weist darauf hin, dass Rhizome einer Spezies aus der Familie der Rötegewächse (*Asperula*- oder *Galium*-Arten) zum Färben dienten.

Die Detektion von Purpurin in zwei bronzezeitlichen Textilien aus Hallstatt belegt, dass die Rhizome in der Bronzezeit bereits als Färbematerial dienten (Abb. 87).[325] Färbungen, in denen nur Purpurin oder Purpurin als Hauptfarbstoff enthalten ist, liefern in Europa heimische Pflanzen, wie der Färbermeier (*Asperula tinctoria*, Abb. 88.a), das Wald-Labkraut (*Galium sylvaticum*, Abb. 88.b), das Echte Labkraut (*Galium verum*, Abb. 88.c) und der im Mittelmeerraum vorkommende Wilde oder Levantinische Krapp *(Rubia peregrina)*. Für Mittel- und Nordeuropa kommen neben dem Färbermeier vor allem Labkräuter in Betracht, die in der Literatur bei dänischen Textilien der Eisenzeit als Purpurinquelle genannt sind[326].

[325] Grömer und Rösel-Mautendorfer 2013, HallTex 205 (olivgelb), 242 (dunkelbraun) – Hofmann-de Keijzer et al. 2013, 148–150.

[326] Walton 1988, 155.

Abb. 88: Färbeversuche mit rotfärbenden Pflanzen durch Anna Hartl (BOKU Wien). a) Färbermeier *(Asperula tinctoria)*, b) Wald-Labkraut *(Galium sylvaticum)*, c) Echtes Labkraut *(Galium verum)*, 1) mit Rhizomen gefärbte Wolle, 2) blühende Pflanze, 3) zum Färben gesammelte Rhizome.

In einem eisenzeitlichen Textil aus Hallstatt kommen neben Purpurin als Hauptfarbstoff auch Alizarin und Rubiadin vor[327]. Es stellte sich die Frage, ob der Färberkrapp (Krapp, Färberröte, *Rubia tinctorum*, Abb. 89) Ursprung dieser Farbstoffe sein könnte. Das ursprüngliche Verbreitungsgebiet dieser Kulturpflanze liegt in Südosteuropa und Asien. Der Krapp war im Nahen Osten, in Nordafrika und später in Europa die am häufigsten verwendete Färbepflanze für hochwertige Rottöne. In *De Materia Medica* (Dsc. 3.160) erwähnt Pedanius Dioskurides (ca. 40 bis ca. 90 n. Chr.) den Krappanbau in Thabana (Galiläa), Ravenna (Italien) und Caria (Kilikien, Kleinasien). Plinius der Ältere beschreibt den Anbau in verschiedenen Teilen des Römischen Reiches und die Kultivierung einer hervorragenden Krappqualität

[327] Grömer und Rösel-Mautendorfer 2013, HallTex 286.

Abb. 89: Der Färberkrapp *(Rubia tinctorum)* zählt zu den ältesten Kulturpflanzen. Seine Rhizome (unterirdische Sprosse) enthalten rote Anthrachinonfarbstoffe.

in der Nähe von Rom (NH 19.47)[328]. Über die Kultivierung von Krapp im nördlicheren Europa gibt es keine schriftlichen Quellen vor dem Frühen Mittelalter[329]. Daher schließen Textilarchäologen aus der Identifikation des Färberkrapps in prähistorischen Textilien Zentral- und Nordeuropas auf den Import des Färbe- oder des gefärbten Textilmaterials, wie bei Textilien aus Dürrnberg (Österreich, 6.–2. Jahrhundert v. Chr.), Skærso (Dänemark, 1. Jahrhundert v. Chr.) und spätrömischen Textilien aus Norwegen[330].

Bei der Identifizierung von Rubiaceae Spezies in Textilien aus dem Mediterranraum und Europa ist das Verhältnis der Komponenten Alizarin und Purpurin von Bedeutung. In mittelalterlichen Textilien haben die meisten Färbungen mit dem Färberkrapp *(Rubia tinctorum)* einen Alizaringehalt von 80–100%, dagegen enthalten viele „Krapp-Färbungen" vor allem aus spätantiken Textilien mehr Purpurin als Alizarin oder nur Purpurin.[331] Das Ziel aktueller Forschung ist, herauszufinden, ob dies von der verwendeten Spezies abhängt oder ob Vorbehandlungen der Färberkrapprhizome und Färbemethoden, wie die Doppelfärbung, dafür verantwortlich sein könnten.[332] Wenn die Artbestimmung nicht

328 Blümner 1912, 250. – Hofenk de Graaff 2004, 94. – Walton 1988, 154–155.

329 Cardon 2007, 120. – Hofenk de Graaff 2004, 94. – Ploss 1989, 8. – Schweppe 1993, 229–230. – von Kurzynski 1996, 43.

330 Bender Jørgensen und Walton 1986, 185. – Stöllner 2005, 169–171. – Vanden Berghe, Gleba und Mannering 2009, 1920. – Walton 1988, 154–155.

331 Hofenk de Graaff 2004, 109–110; Wouters et al. 2008, 6–12.

332 Groeneveld 2018, ii, 62, 66–74. – Groeneveld und Van Bommel 2018, 21–22. – Hofmann-de Keijzer et al. 2023, Kapitel 10.6. – Rösel-Mautendorfer et al. 2022.

möglich ist, liegt ein sogenannter Krapp-Typ (Englisch: madder-type) vor[333], was auch auf die eisenzeitlichen Textilien aus Hallstatt und Dürrnberg zutrifft[334].

Abb. 90: Mediterrane Kermeseiche *(Quercus coccifera)* mit Kermes (Weibchen der Schildlaus *Kermes vermilio*). Oben: Nach dem Öffnen eines Insekts sind die Eier sichtbar.

Andere wichtige Quellen für rote Anthrachinonfarbstoffe sind die Färbeinsekten (weibliche Blutschildläuse), die sich auf unterschiedlichen Wirtspflanzen aufhalten[335]. Kermes besteht aus Kermes-Schildläusen *(Kermes vermilio)*, welche an den Küsten des Mittelmeeres auf Kermeseichen *(Quercus coccifera)* vorkommen und Kermessäure als Hauptfarbstoff enthalten (Abb. 90). Zwei Schildlausarten der Alten Welt liefern Rottöne mit Karminsäure als Hauptfarbstoff. Die Polnische Cochenille *(Porphyrophora*

333 Wouters et al. 2008, 10–12. – Walton 1988, 149.

334 Grömer und Rösel-Mautendorfer 2013, HallTex 286. – Stöllner 2005, 169, Abb. 11.

335 Cardon 2007, 607, 638–639, 647–648. – Hofenk de Graaff 2004, 52–91.

polonica) lebt in Osteuropa an Wurzeln von Nelkengewächsen, insbesondere auf dem Ausdauernden Knäuel *(Scleranthus perennis),* und die Armenische Cochenille oder Ararat-Cochenille *(Porphyrophora hameli)* im Gebiet um den Berg Ararat an Wurzeln von zwei verschiedenen Grasarten[336]. Da beide Färbeinsektenarten an Wurzeln leben, ist für sie auch der Begriff „Wurzel-Cochenille" ("root cochineal") gebräuchlich.[337]

Ein blaues und ein schwarzes eisenzeitliches Hallstatt-Textil enthalten Karminsäure, die vermutlich zum Nuancieren diente[338]. Dieser Farbstoff stammt entweder aus der Polnischen oder der Armenischen Cochenille, die sich mittels quantitativer Analyse der Nebenkomponenten identifizieren lassen[339]. Wenn aber die Nebenkomponenten bereits abgebaut sind, wie im Falle dieser Textilien, ist die chemische Artbestimmung nicht möglich. Diese Textilien beweisen jedoch Handelsbeziehungen, weil die Schildläuse in Mitteleuropa, dem wahrscheinlichsten Produktionsgebiet der Hallstatt-Textilien, nicht vorkommen[340]. Für die eisenzeitlichen Textilien aus Dürrnberg in Österreich, Sainte-Geneviève-des-Bois (Tumulus von Ronces) in Frankreich, Altrier in Luxemburg sowie Hochdorf und Glauberg in Deutschland sind Kermesfärbungen belegt[341]. Das Sammeln von Kermes-Schildläusen war nur im Mittelmeerraum möglich. Daher müssen entweder die Färbedroge, die gefärbten Garne oder Gewebe nach Mittel- und Nordeuropa transportiert worden sein. Bei den Textilien aus Hochdorf, deren Webtechnik auf eine lokale Produktion hinweist, besteht die Frage, ob Kermes als Handelsware

336 Böhmer 2002, 203–214. Harald Böhmer bezeichnet alle altweltlichen Färbeinsekten mit Kermes, also Mittelmeer-Kermes, Polnischer Kermes und Ararat-Kermes und nur das Insekt aus der neuen Welt mit Cochenille. Andere Forscher verwenden Kermes für die mediterrane Insektenart, die Kermessäure als Hauptfarbstoff enthält, alle Insektenarten mit Karminsäure als Hauptfarbstoff heißen Cochenille.

337 Verhecken 2007, 209–212.

338 Grömer und Rösel-Mautendorfer 2013, HallTex 87, 160. – Hofmann-de Keijzer et al. 2013, 150.

339 Wouters und Verhecken 1989, 393–410. – Serrano et al. 2015.

340 Grömer 2013, 93–94.

341 Balzer, Peek und Vanden Berghe 2014. – Banck-Burgess 1999. – Milcent und Moulherat 2000, 314–316. – Rast-Eicher und Vanden Berghe 2015. – Stöllner 2005, 169–170. – Walton Rogers 1999.

Abb. 91: Experimentelle Archäologie: Verschiedene getrocknete Färbepflanzen, Färbebad und gefärbte Garne.

nach Hochdorf gelangte oder ob die Menschen gefärbte Garne aus einem importierten Textil wiederverwendet haben[342].

Ein in eisenzeitlichen Hallstatt-Textilien nachgewiesener, dem Orcein ähnlicher roter Farbstoff könnte darauf hinweisen, dass die Menschen damals bereits die Herstellung von Orseille aus Flechten kannten (Abb. 96/3, S. 173)[343]. Bei einem roten Farbstoff aus einem hallstattzeitlichen Textil dürfte es sich um ein aus Blüten oder Früchten stammendes Anthocyan handeln[344].

Experimentelle Archäologie und Ethnologie

Neben den naturwissenschaftlichen Untersuchungen von Originaltextilien und dem Quellenstudium dient die Experimentelle Archäologie der Erweiterung des Wissens auf dem Gebiet der prähistorischen Färbetechniken (Abb. 91)[345]. Im HallTex-Projekt waren die Analyseergebnisse eisenzeitlicher Bänder Grundlage für deren Reproduktionen mit Materialien, Spinn-, Färbe- und Webtechniken, die den prähistorischen Techniken möglichst nahekamen. Spinnexperimente mit Wolle ursprünglicher Schafrassen (Alpines Steinschaf und Montafoner Steinschaf) führten zu 2 mm dünnen Garnen; Färbeexperimente mit Färberwaid und heimischen Pflanzen brachten die gewünsch-

342 Banck-Burgess 1998, 31. – Walton Rogers 1999, 244.

343 Grömer und Rösel-Mautendorfer 2013, HallTex 104/3, 126/10, 137/14.

344 Grömer und Rösel-Mautendorfer 2013, HallTex 191/2.

345 Bogensperger und Rösel-Mautendorfer 2020, 96–103. – Hartl und Hofmann-de Keijzer 2005. – Rösel-Mautendorfer et al. 2022.

Abb. 92: Durchlichtmikroskopische Aufnahme einer pigmentierten braunen und einer weißen Wollfaser, beide mit Färberwaid *(Isatis tinctoria)* gefärbt. Indigotin-Aggregate sind als blaue Pünktchen sichtbar, Vergrößerung: 400x.

ten Farbnuancen. Aus den gefärbten handgesponnenen Garnen entstanden mehrfarbige Bänder, ein Brettchenband und zwei Rippsbänder[346]. John Edmonds konnte durch Färbeexperimente mit Färberwau beweisen, dass in die Färbebäder gelegte Platten aus metallischem Kupfer und Eisen Metallionen in das Bad abgeben, denn gefärbte Wollvliese zeigten eine für die Eisen- und Kupferbeizen typische Farbveränderung[347].

Auch die Ethnologie liefert Erkenntnisse zu ursprünglichen Färbetechniken, wie der Schwarzfärberei in der Moorgrube[348]. In der Pöltschacher Gegend (Slowenien) wandte die bäuerliche Bevölkerung diese Methode zum Schwarzfärben von Leinen so lange an, bis sich um 1850 ein Färber ansiedelte. Im Herbst gruben die Menschen in einem Moor eine Färbegrube, in die sie Wasser, (vermutlich eisenhaltige) Moorerde, Rinde, Späne, Eichenknoppern, frische Walnussschalen und Erlenkätzchen gaben und gut miteinander vermischten. Während des Winters deckten sie die Grube zu und rührten die Massen von Zeit zu Zeit um. Diese Jahreszeit nutzten die Frauen zum Flachsaufbereiten, Spinnen, Weben und Nähen der Kleider und Hosen, die

346 Grömer und Rösel-Mautendorfer 2013, HallTex 100, 123, 179. – Hartl et al. 2015a. – Hartl et al. 2015b. – Rösel-Mautendorfer, Grömer und Kania 2012.

347 Hofmann-de Keijzer und A.G. Heiss 2019, 43–44, Abb. 3.

348 Mautner und Geramb 1932.

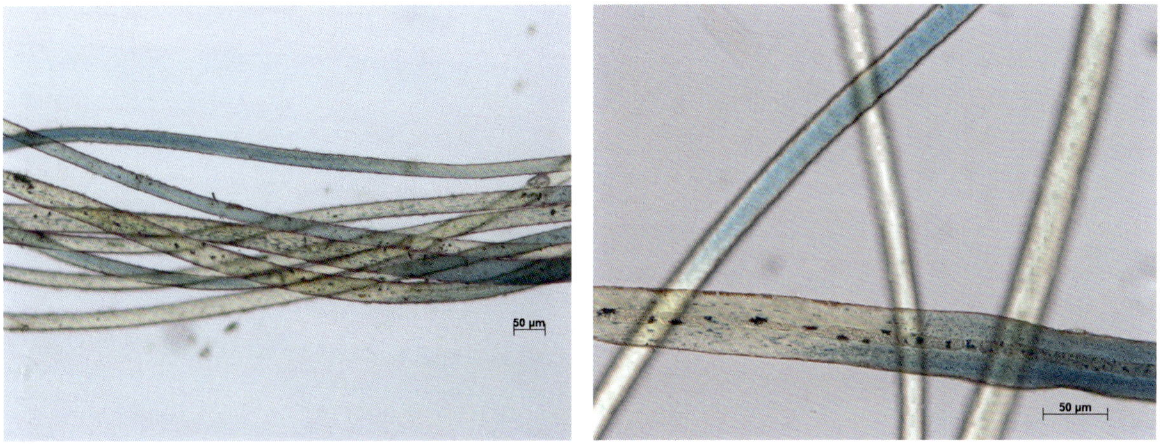

Abb. 93: Durchlicht-mikroskopische Aufnahmen von Wollfasern aus einem bronzezeitlichen Hallstatt-Textil (HallTex 211). Die Waidfärbung nach dem Weben führte zu ungefärbten Faserabschnitten. In den gefärbten Abschnitten sind Indigotin-Aggregate als blaue Pünktchen zu sehen, Vergrößerungen: 100 × und 200 ×.

sie im Frühjahr und Sommer färbten. Nach mehrmaligem Vorfärben der Kleidungsstücke in Knoppernwasser kam die Kleidung zusammen mit dem gerbstoffreichen Wasser über Nacht in die Färbegrube. Am Tag danach folgten mehrere Spülvorgänge mit Knoppernwasser und dazwischen liegenden Trocknungszeiten. Zum Erzielen einer tiefschwarzen Farbe war es erforderlich, das Einbringen der Kleidung in die Färbegrube über Nacht und die Behandlung mit Knoppernwasser am Tag bis zu vier Mal zu wiederholen.

5.4 Textilfärberei der Bronzezeit und Eisenzeit

In der Textilfärberei sind nicht nur Färbematerialien und Färbetechniken von Bedeutung, sondern auch das Färbegut, die Färbegefäße und Arbeitsabläufe. Während zum Färben von Gelb-, Rot-, Blau- und Grüntönen weiße oder wenig pigmentierte Schafwolle diente, lieferte das Blau- oder Schwarzfärben stark pigmentierter Wolle besonders dunkle Schwarztöne. In der urgeschichtlichen Färberei eigneten sich Färbegruben, Ton- und Holzgefäße für Kaltfärbungen. Dies trifft vor allem auf die Küpenfärbung zu, aber auch andere Färbeverfahren waren ohne Erwärmen möglich, die gewebten Textilien mussten jedoch tage- bis wochenlang in den Färbebädern verweilen („fermentieren“)[349]. Waren Metallgefäße in Gebrauch, ermöglichten diese ein Erhitzen, und dadurch eine größere Farbstoffausbeute und verkürzte Beiz- und

349 Vajanto 2014; 2015.

Abb. 94: Makrofoto und auflichtmikroskopische Aufnahme von Wollfäden eines bronzezeitlichen Hallstatt-Textils (HallTex 211). Gefärbte und ungefärbte Fadenabschnitte weisen darauf hin, dass die Waidfärbung nach dem Weben erfolgte.

Färbevorgänge[350]. Außerdem wirkten aus dem Metall abgegebene Eisen- und Kupferionen als Beizmittel. Es gab nicht nur Vlies-, sondern auch Garn- und Gewebefärbungen. Bei Waidblaufärbungen lässt sich eine Garn- und eine Gewebefärbung makroskopisch und mikroskopisch erkennen. Das Charakteristikum einer Garnfärbung tritt vor allem bei dicht gesponnenen Wollgarnen auf und ist nach dem Aufdrehen des Garnes sichtbar, denn die Blaufärbung konnte nicht bis ins Garninnere vordringen. Eine Gewebefärbung ist daran zu erkennen, dass durch das andere Fadensystem abgedeckte Fadenbereiche nicht blau gefärbt sind. Fasern aus Garn- und Gewebefärbungen zeigen im Durchlichtmikroskop ungefärbte Faserabschnitte (Abb. 93, 94).

Die grundlegenden Verfahren der Textiltechnologie waren bereits in der Bronzezeit vorhanden. Zur Anwendung kamen flavonhaltige Pflanzen wie der Färberwau für Gelb, Labkräuter für Rot sowie die Küpenfärbung mit dem Färberwaid für Blau. Das Färben stark pigmentierter Wolle mit dem Färberwaid, gelben Flavonen, Gerbstoffen und eisenhaltigem Material führte zu einem dunklen Schwarz (Abb. 92, 95)[351]. Wie ein bronzezeitliches

[350] Das Färbematerial liefert die größte Farbstoffmenge bei der folgenden Vorgangsweise: Zerkleinern oder Pulverisieren, in Wasser einweichen (ca. ein Tag) und Erhitzen (eine Stunde auf ca. 80 °C). Ein Erhitzen (eine Stunde auf ca. 80 °C) beschleunigt auch die Reaktionen während des Vorbeizens mit Alaun und der Färbung mit Direkt- und Beizenfarbstoffen. Ein langsames Erhitzen und Abkühlen des Färbeguts sowie das Vermeiden mechanischer Beanspruchung verhindert das Verfilzen der Wolle.

[351] Grömer und Rösel-Mautendorfer 2013, HallTex 110.

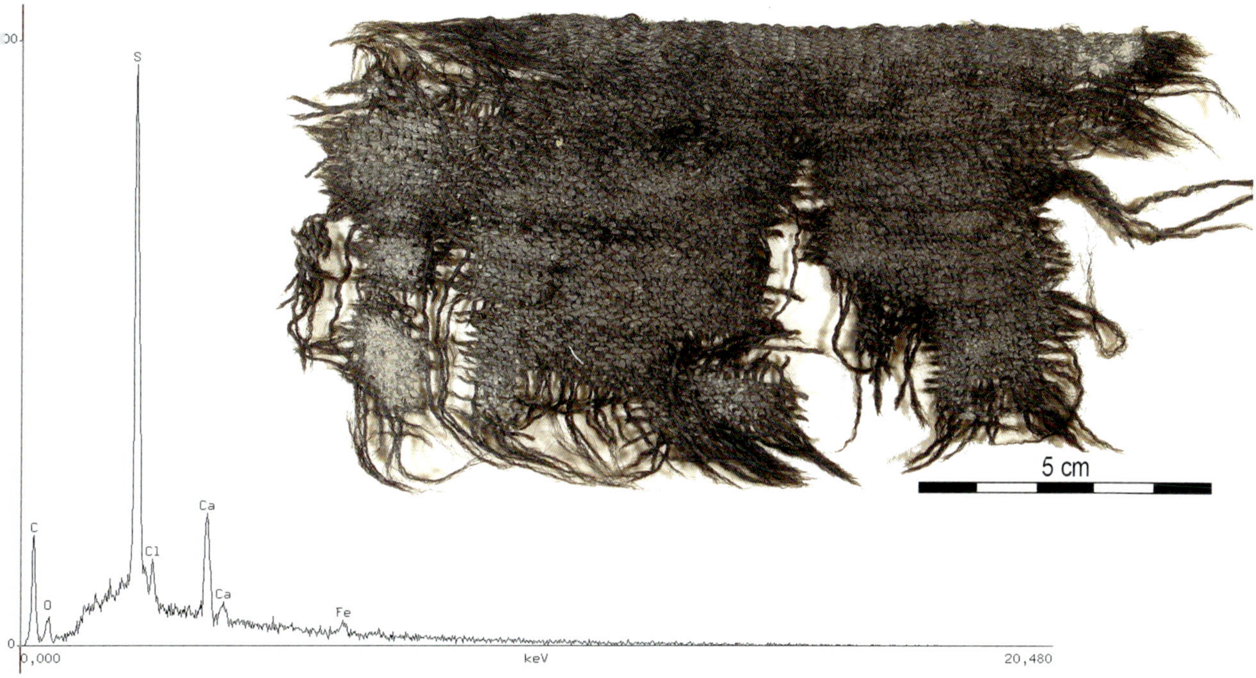

Abb. 95: Bronzezeitliches Hallstatt-Textil (HallTex 110). Das Schwarz beruht auf dem Färben stark pigmentierter Wolle mit Färberwaid, gelben Flavonen, Gerbstoffen und eisenhaltigem Material. Unten: SEM-EDX-Spektrum einer schwarzen Faser mit dem Nachweis des chemischen Elements Eisen (Fe).

Abb. 96: Gefärbte eisenzeitliche Hallstatt-Textilien:

1) Gelb (HallTex 78), gefärbt mit einer luteolin- und apigeninhaltigen Pflanze wie dem Färberwau *(Reseda luteola)*.

2) Grün (HallTex 122), erzielt durch eine Blaufärbung in einer Waidküpe und eine Gelbfärbung mit einer luteolin- und apigeninhaltigen Pflanze wie dem Färberwau *(Reseda luteola)*

3) Blau (HallTex 137), das Nuancieren des Waidblaus erfolgte mit Gerbstoffen, gelben und roten Farbstoffen, darunter vermutlich auch Orcein aus dem Flechtenprodukt Orseille.

Textil aus Griechenland zeigt, kannte die Textilfärberei in Südeuropa bereits das Färben mit Schneckenpurpur (Abb. 84, S. 152).

In der Eisenzeit vergrößerte sich die Anzahl der Färbematerialien, es kam zur Weiterentwicklung der Technologien und Kermes und Färberkrapp oder damit gefärbte Textilien zählten zu den Handelsgütern. Die Menschen waren mit verschiedenen Färbeverfahren vertraut. Flavonhaltige Pflanzen wie der Färberwau (Abb. 96/1) und flavonolhaltige Kreuzdornarten verwendeten sie zum Gelbfärben. Färbepflanzen wie Labkräuter, Färberkrapp und/oder Krapp-Typ standen für Rot zu Verfügung, es kamen jedoch auch bereits in Zentraleuropa Färbeinsekten (Kermes und „Wurzel-Cochenille") zum Einsatz sowie in Italien und Griechenland der Schneckenpurpur. Vermutlich benutzten die Menschen auch aus Flechten hergestellte Orseille und Anthocyane aus Blüten und Früchten für rote bis violette Töne. Durch die Kombination der Waidküpe mit anderen Färbebädern erzielten sie weitere Farbnuancen. Von großer Bedeutung war die Grünfärbung durch Blaufärben in einer Waidküpe und Gelbfärben in einem separaten Färbebad (Abb. 96/2). Grünfärbungen sind in Textilien aus Hallstatt und Dürrnberg in Österreich sowie in Torfmoortextilien aus Dänemark nachgewiesen[352]. Nuancierungen des Waidblaus mit Gerbstoffen, gelben und roten Farbstoffen führten zu einer Variation von Blauschattierungen (Abb. 96/3). Zur Herstellung dunkler Schwarztöne diente wie in der Bronzezeit stark pigmentierte Wolle, gefärbt mit Färberwaid, gelben und roten Farbstoffen, Gerbstoffen und eisenhaltigem Material[353]. Der große Aufwand der Färbeverfahren bei Blau- und Schwarztönen lässt vermuten, dass diese Farben bei Gewändern sehr beliebt waren, da sie einen wunderbaren Kontrast zum blank polierten und glänzenden Bronze- und Eisenschmuck bildeten.

---

352 Grömer und Rösel-Mautendorfer 2013, HallTex 122. – Hofmann-de Keijzer et al. 2013, 157. – Stöllner 2005, 169. – Vanden Berghe, Gleba und Mannering 2009, 1918.

353 Grömer und Rösel-Mautendorfer 2013, HallTex 160.

6 Verzierungstechniken

Das menschliche Schmuckbedürfnis, das Bedürfnis nach Dekor ist eine Universalie – dies gilt in der Urgeschichte nicht anders als heute. Wir sehen das nicht zuletzt in der Vielgestaltigkeit und Zierfreudigkeit etwa bei den Tongefäßen, die als eine der häufigsten Hinterlassenschaften vorrömischer Zeiten viele Sammlungen, Museen und unzählige Bücher füllen.

Dennoch stellt sich der moderne Zeitgenosse die Stoffe (vor allem die Kleidung) der prähistorischen Bevölkerung meist eintönig und schmucklos vor. Dabei wäre man als aufmerksamer, fachkundiger Leser bereits in der ersten Hälfte des 20. Jahrhunderts eines Besseren belehrt worden, als Emil Vogt 1937 mit großer Sorgfalt und Liebe zum Detail die Geflechte und Gewebe der Steinzeit aus der Schweiz vorstellte – darunter verzierte Textilien aus Wetzikon-Robenhausen.

Auch die bunten, teils karierten Gewebe aus dem eisenzeitlichen Salzbergwerk Hallstatt[354] sind schon seit Langem bekannt: Einige von ihnen wurden immerhin bereits 1849 geborgen und sind seit nunmehr über 100 Jahren im Naturhistorischen Museum in Wien ausgestellt.

Wie nun die nachfolgende Aufstellung der Ziertechniken zeigen soll, verstand es der prähistorische Mensch seit jeher, Textilien mit verschiedenen Techniken zu schmücken und somit zu veredeln und optisch aufzuwerten. Dazu benutzte man verschiedenfarbiges Fadenmaterial, unterschiedliche Eintragstechniken, man arbeitete Fremdmaterialien wie Perlen oder Metalle mit ein und verwendete auch Anleihen aus der Nähtechnik (Stickerei). Allgemein dominieren in der mitteleuropäischen Urgeschichte Ziertechniken, die gleich während des Webens gestaltet wurden.

Auch in der Urgeschichte ist das Design von Textilien an das „Formschaffen" der Zeit gebunden. So sind durch die Herstellungsmethode bedingte textile Muster auch auf anderen Materialgruppen zu finden. Das geht sogar so weit, dass die These aufgestellt wurde, dass textiles Design – etwa die beim Matten-

[354] Hundt 1987 mit Lit. – Von Kurzynski 1996. – Grömer 2013, 83–85.

flechten entstehenden Strukturen – überhaupt zu den frühesten Dekortypen gehören, die alle anderen Bereiche beeinflusst haben. Gottfried Semper, jener begnadete Architekt des 19. Jahrhunderts, der unter anderem auch die Entwürfe für das Naturhistorische Museum in Wien anfertigte, verstand unter der Textilkunst die „Urkunst" schlechthin. Er schreibt in seinem zwei Bände umfassenden Werk mit dem Titel „Der Stil in den technischen und tektonischen Künsten", *„daß alle anderen Künste, die Keramik nicht ausgenommen, ihre Typen und Symbole aus der textilen Kunst entlehnten, während sie selbst in dieser Beziehung ganz selbständig erscheint und ihre Typen aus sich heraus bildet oder unmittelbar aus der Natur abborgt."*[355] Betrachtet man beispielsweise die „Flechtband-Muster" und Winkelhaken (Abb. 104, S. 190) auf den Gefäßen der mittleren Jungsteinzeit (Lengyelkultur, Mitte des 5. Jahrtausends v. Chr.), so möchte man dem durchaus beipflichten.

Gewisse Techniken wie die Stickerei, die Brettchenweberei oder verschiedene Eintragstechniken beim Weben erlauben es auch, Motive nach allgemeinem Zeitgeschmack auf Gewebe zu übertragen, wie sie auch auf Keramik oder Metallobjekten Anwendung fanden[356]. Eine gegenseitige Beeinflussung aller Handwerke mit ihren individuellen Gestaltungsmöglichkeiten ist in der Urgeschichte durchaus gegeben.

6.1 Verzierung beim Weben: Muster mit Struktur, Spinnrichtungsmuster

Als erstes Gestaltungselement zur Strukturierung der Gewebeoberfläche sind primär die verschiedenen Gewebebindungen zu nennen – sie heben sich klar von der glatten, regelmäßigen Oberflächenstruktur einer einfachen Leinwandbindung ab. Als simple Gestaltungsmöglichkeit resultiert etwa Panamabindung in einer würfeligen Struktur, verschiedene Köpervarianten ergeben unterschiedliche Diagonalstrukturen. Diese, ebenso wie Rips und Brettchenweberei, wurden mit ihren archäologischen Nachweisen bei den verschiedenen Webstuhltypen (siehe Kapitel A4 Webtechniken, S. 94 ff.) bereits besprochen.

355 Semper 1860. Drittes Hauptstück. Textile Kunst. A. §4.

356 Siehe Grömer 2013, Abb. 30. – Grömer und Stöllner 2011, Abb. 3–4.

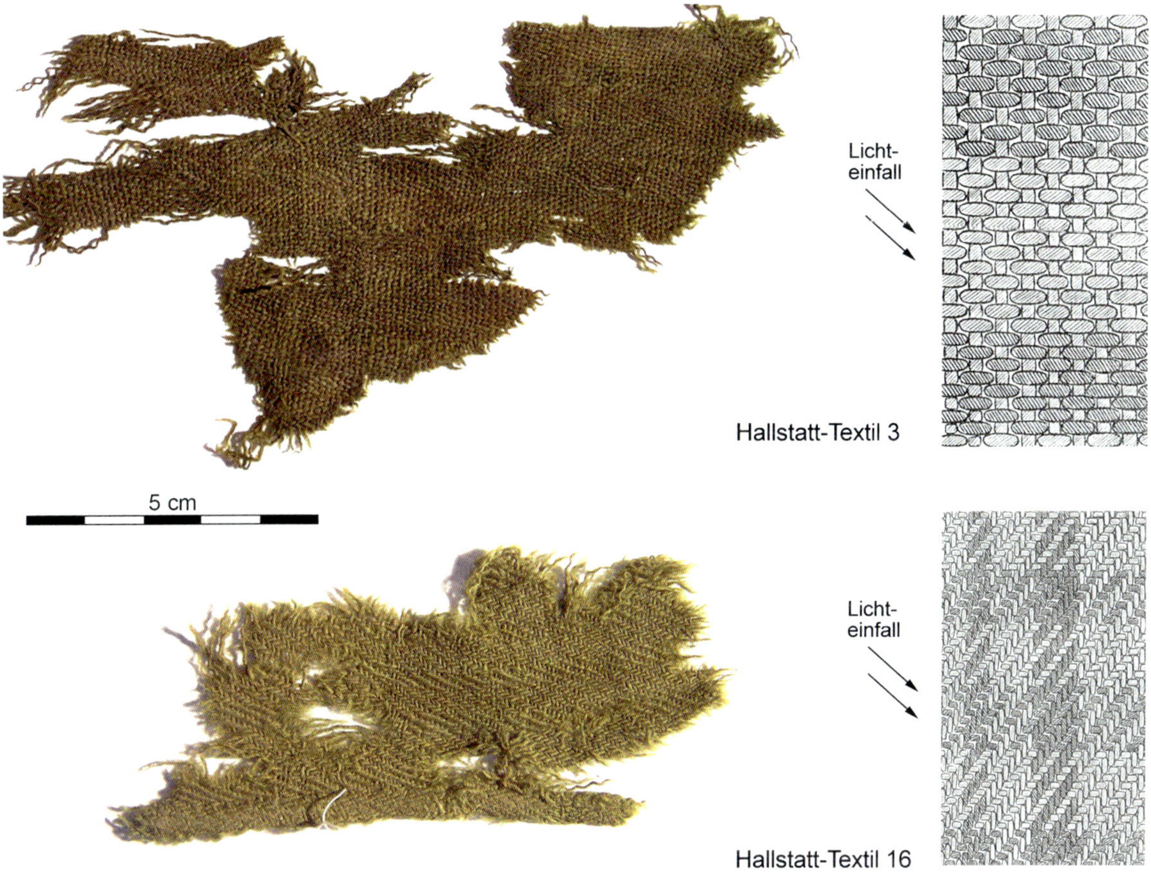

Abb. 97: Spinnrichtungsmuster aus Hallstatt, Ältere Eisenzeit.
Oben: in einem Fadensystem, unten: in beiden Fadensystemen.

Struktureffekte auf Textilien können auch durch die Verwendung verschiedener Arten von Fäden erreicht werden. In der spätbronzezeitlichen Siedlung von Staré Město (Tschechische Republik)[357] wurde ein feines Wolltextil mit abwechselnd einem z-Garn und einem 3Z-Zwirn in einem Fadensystem gefunden. Die Verwendung von Zwirn lässt an der Textiloberfläche eine feingerippte Struktur entstehen.

Eine besondere, für die Hallstattzeit sehr charakteristische Zierweise von Geweben ist das **Spinnrichtungsmuster** (Abb. 97). Dieses beruht darauf, dass verschieden gesponnene Garne (s- oder z-gedrehte) eine gewisse optische Wirkung haben – je nachdem, ob der Lichteinfall parallel oder normal auf die verdrehten Fasern wirkt: Sie wirken dann heller oder dunkler. Werden nun abwechselnd Gruppen von s- und z-Garn in einem Gewebe an-

[357] Belanová-Štolcová 2012, 309.

geordnet, so ergibt sich bei entsprechendem Lichteinfall ein optisches Streifenmuster. Auf die Spitze getrieben wird diese ausgefeilte Ton-in-Ton-Musterung durch eine Verwendung s- und z-gesponnener Garne in beiden Fadensystemen. Dies hat dann ein feines Karomuster zur Folge.

Bei der Herstellung von Spinnrichtungsmustern müssen die Fäden besonders vorbereitet werden. Es wird gutes Rohmaterial benötigt, möglichst gekämmt, um sehr glatte Garne spinnen zu können, damit der besondere Effekt auch gut zur Geltung kommt. Weiters muss Garn in verschiedenen Drehrichtungen (s- und z-Garne) hergestellt werden. Auch beim Schären der Kette ist besondere Sorgfalt vonnöten, da hier durch die gruppenweise Anordnung der Fäden das Muster festgelegt wird. Dieser Mehraufwand, den also ein Spinnrichtungsmuster bedeutet, wurde jedoch in Kauf genommen, obwohl diese feine Musterung keine optische Fernwirkung hat, sondern nur aus der Nähe wahrgenommen wird. Spinnrichtungsmuster zeichnen sich nicht nur durch ihre ausgefeilte ästhetische Wirkung aus, sondern die Verwendung unterschiedlich gedrehter Fäden verstärkt auch den Zusammenhalt des Gewebes. Das Textil wird somit stabilisiert und es wird einem Verzug oder einem Aufrollen des Gewebes entgegengewirkt.

Spinnrichtungsmuster wurden mit sehr scharf gedrehten Einzelgarnen hergestellt und sowohl bei Leinwand-, Panama- als auch Köperbindung verwendet. Spinnrichtungsmuster sind in der Älteren Eisenzeit äußerst beliebt[358] und finden sich häufig sowohl an korrodierten Textilresten aus Gräbern als auch etwa im Salzbergwerk Hallstatt (Abb. 97). Bereits bevor nun diese Musterungsart in der Hallstattzeit ihre Hochblüte erlebte, wurde schon in der Mittelbronzezeit mit der Strukturierung von Oberflächen durch Verwendung von Garnen unterschiedlicher Spinndrehung experimentiert. Die entsprechenden Funde[359] stammen aus Mühlbach-Hochkönig/Mitterberg oder den bronzezeitlichen

[358] Banck-Burgess 1999, 53. – Bender Jørgensen 2005. – Grömer 2013, 81–83, Abb. 28. – Gleba 2012, 228. – Möller-Wiering 2012, 131.

[359] vgl. Grömer 2006b, Abb. 6. – Grömer und Rösel-Mautendorfer 2013, Bronzezeit Katalog: HallTex 217, 225.

Bereichen des Salzbergwerkes Hallstatt, beide Österreich. Hier wechseln einander meist nur ein bis zwei s- und z-Garne ab.

Spinnrichtungsmuster verlieren in der Latènezeit in Mitteleuropa an Bedeutung, vereinzelte Funde[360] können etwa aus dem Salzbergwerk Dürrnberg genannt werden oder aus frühlatènezeitlichen Gräbern in der Schweiz. Sie verschwinden fast und sind auch in römischer Zeit in den zentraleuropäischen Provinzen nicht charakteristisch. Hingegen tauchen Spinnrichtungsmuster zwischen 500 v. Ch. und 0 in Nordeuropa auf,[361] sie sind sogar in der Römischen Eisenzeit häufig,[362] etwa bei der um 85 n. Chr. gegründeten römischen Festung Vindolanda in Großbritannien. Von den ca. 600 Textilfunden, kann ein großer Teil als Produkt von Weberinnen in eisenzeitlicher Tradition beschrieben werden. Diese tragen Karomuster und Streifen, die anhand von unterschiedlich gefärbten oder gesponnenen Garnen hergestellt wurden.[363]

6.2 Verzierungstechniken beim Weben: Farbmuster

6.2.1 Flächige Gewebe

Die Verzierung von Geweben in der Urgeschichte folgte primär den diesem Handwerk innewohnenden Gesetzen: Verschiedene farbige Fäden lassen rasch Streifen entstehen, wenn Kette oder Schuss abwechselnd mit Garnen unterschiedlicher Schattierung bestückt wurden. Dies können sowohl verschiedene Naturfarben etwa von Schafwolle sein wie auch gefärbte Garne. Wendet man dieses Prinzip auf beide Fadensysteme an, so entsteht unweigerlich ein kariertes Muster. Die Wahl der Abfolge und die Anzahl der verschieden gefärbten Fäden bestimmen das Aussehen des Musters.

360 Dürrnberg: Grömer und Stöllner 2011, 112. – Schweiz: Rast-Eicher 2012, 388.

361 Wild 2012, 454.

362 vgl. Mannering et al. 2012, 103–111.

363 Wild 2012, 454.

Abb. 98: Franzhausen, Österreich: Frühbronzezeitliches Flachsgewebe mit Streifen.

Streifen als Dekorprinzip gibt es ab der späten Jungsteinzeit, diese frühen Streifenmuster werden allerdings mit flottierenden Fäden gestaltet (siehe Kapitel B6.3, S. 192). Streifen, die aus verschiedenfarbigen Garnen bestehen, kennen wir aus der Frühbronzezeit. So ist ein gestreifter Leinenstoff aus einem reichen Frauengrab in Franzhausen, Niederösterreich[364], ca. 2.000 v. Chr., geborgen worden (Abb. 200, S. 387). Die in der sogenannten Hutzierde gefundenen länglichen Stoffreste bilden ein feines, durch die Bronze grünlich verfärbtes Ripsgewebe aus Flachs mit Streifenmuster (Abb. 98). Es wechseln in gleichmäßigen Gruppen von je 6 Fäden dunkelbrauner Zwirn mit breiteren Bereichen von hellen, grünlichbraunen Fäden ab. Das Gewebe ist sehr fein mit 0,4 mm S-Zwirnen in beiden Fadensystemen und einer Gewebedichte von 17/7 Fäden pro cm.

[364] Grömer 2006b, Grab 110.

Sind die bronzezeitlichen Funde von Farbmustern noch eher die Ausnahmen, so wurden in der Hallstattzeit gemusterte Stoffe außerordentlich beliebt. Es sind nun nicht mehr nur Muster mit verschiedenen natürlichen Farbschattierungen, sondern bunt gestreifte und karierte Designs mit gefärbten Garnen, die wirkungsvoll kombiniert wurden. Als Farbstoffe (siehe auch Kapitel B5, S. 145) wurden nach neueren Farbstoffanalysen an den Textilmaterialien von Hochdorf[365] und Hallstatt[366] unter anderem Färberwau für Gelb oder Waid für Blau verwendet sowie ein roter Farbstoff aus Orseille, einer aus Flechten hergestellten Färbedroge. Auch wertvolle, importierte Farbstoffe gehören zu den in der Hallstattzeit verwendeten Farben, wie die im Mittelmeerraum vorkommende rot färbende Kermesschildlaus. Es wurden auch verschiedene Färbedrogen und Färbetechniken miteinander kombiniert, um bestimmte Nuancen zu erzielen. Vlies und Garne wurden gefärbt, etwa bei den gestreiften oder karierten Stücken. Es wurden auch mit ungefärbten Garnen gewobene Stoffe mit Farbbädern behandelt.

Sprichwörtlich sind die Karos in der Eisenzeit – spätestens seit der berühmten Textstelle bei Diodorus Siculus einem griechischen Geschichtsschreiber aus dem 1. Jahrhundert v. Chr., der über die „barbarischen" Stämme in Mitteleuropa der Jahrhunderte vor der Zeitenwende berichtet: „*... Darüber hängen sie sich gestreifte Mäntel mit einer Schulterfibel, im Winter flauschige, im Sommer glatte, die mit einem dichten und bunten Würfelmuster verziert sind. ...*" (Diod., 5,30,1). Diese „Würfelmuster" – Karos – werden heute besonders gerne für die Kelten vereinnahmt – wo sie angeblich in ungebrochener „keltischer" Tradition bis heute in den schottischen Tartans weiterleben sollten. Karomuster waren aber schon vor der Herausbildung keltischer Stämme und in frühkeltischer Zeit beliebt[367]. Dies wird durch Funde aus den eisenzeitlichen Bereichen des Salzbergwerkes Hallstatt oder den schönen blau-roten Karos auf Köperstoffen aus dem frühkeltischen Fürstengrab Hochdorf farbenfroh demonstriert. Die voretruskischen

365 Banck-Burgess 1999, 86–89. – Analysen von P. Walton in Banck-Burgess 1999, 240–246 (Dyes in the Hochdorf Textiles).

366 Hofmann-de Keijzer et al. 2005, 69–72; 2013, bes. Tab. 2, Abb. 55.

367 Das früheste Exemplar eines karierten Köpers, das in Schottland gefunden wurde, stammt von einem Hortfund mit römischen Münzen (Schlussmünze 230 n. Chr.) aus Falkirk. Wincott Heckett 2012, 437.

Abb. 99: Ausschnitte von karierten und gestreiften Stoffen aus den Salzbergwerken Hallstatt (4–10) und Dürrnberg (1–3, 11–12), Eisenzeit.

Völker Italiens wussten Karos ebenfalls zu schätzen, wie aus der villanovazeitlichen Nekropole Sasso di Furbara in Mittelitalien (8. Jahrhundert v. Chr.)[368] bekannt ist. Auch die Stoffe und Kleidungsstücke von den nordeuropäischen Moorfunden der vorrömischen und römischen Eisenzeit zeigen zum Teil Karos[369].

Zurück zu den hallstattzeitlichen Textilien vom namengebenden Fundort dieser Epoche, die uns einen besonders farbenprächtigen Einblick in diese Textilkunst geben. Karos sind hier in unterschiedlichen Varianten und Farben vorhanden (Abb. 99)[370]. Typisch sind auch Kombinationen von Farb- und Spinnrichtungsmustern sowie Karomuster auf köperbindigen Stoffen. Großzügige Farbkaros entstehen durch garngefärbte Kett- und Schussfäden, gewoben mittels größerer farbgleicher Fadengruppen. Das ergibt etwa ein kontrastreiches zweifarbiges Blockkaro in braun und schwarz (Abb. 99/5). Ein anderer karierter Stoff hat einen dunkelbraunen Hintergrund in Diamantköper, darauf helle Dreifachstreifen (Abb. 99/6). Wieder ein anderer, olivgrüner Stoff in Spitzgratköper, wird durch ein Karo verziert. Dieses wird mit breiten Doppelstreifen in einem Fadensystem und vier dünnen Streifen im anderen gebildet (Abb. 99/8).

Auch Pepita- oder Hahnentrittmuster (Abb. 99/9–10) sind keine modernen Erfindungen: Sie entstehen durch einen gruppenweisen Farbwechsel in Kette und Schuss von ca. 3–6 hellen und ebenso vielen dunklen Fäden an köperbindigem Stoff. Durch diese Grundbindung erscheinen diese kleinen Blockkaros nicht schachbrettartig, sondern sie haben ein charakteristisches Musterbild durch optische Verlängerung der Karoecken. Aus Hallstatt sind verschiedene Varianten dieser Muster geläufig.

Die karierten und gestreiften Stoffe aus Hallstatt sind interessanterweise nur mit je zwei kontrastierenden Farben gestaltet. Die etwas jüngeren Karostoffe vom Dürrnberg[371] hingegen sind auch dreifarbig. Zu nennen ist etwa ein Exemplar mit feinem, blau-gel-

---

368 Allgemein zu Karos: Grömer und Gleba 2020. – Banck-Burgess 1999, Hochdorf: 54; Sasso di Furbara: 45, im Katalog 231.

369 Hald 1980. – Mannering et al. 2012, 104, Abb. 3.9.

370 Grömer 2013, 83–85.

371 Stöllner 2002, z. B. Farbtaf. 6; 2005.

bem Pepitakaro, das zusätzlich mit großzügigen roten Streifen überprägt ist (Abb. 99/12). Farbig gestreifte eisenzeitliche Gewebe kennen wir aus Hallstatt und in einer großen Vielzahl aus dem Salzbergwerk Dürrnberg (Abb. 99/1–3). Wie bei den wenigen Karos von diesem Fundort sind auch die gestreiften Stoffe vielfärbig – sie wurden mit kraftvollen Farben gestaltet, besonders in den Kombinationen Gelb (Naturfarben), Blau und Rot.

6.2.2 Ripsbänder: Verzierung mit farbiger Kette

Dasselbe Dekorprinzip der blockweisen Farbwechsel in der Kette wurde auch angewandt, um mit Fäden unterschiedlicher Farbnuancen Ripsbänder bunt zu gestalten.

Die Verwendung verschiedenfarbener Kettfäden ist vom handwerklichen Standpunkt aus nicht kompliziert und Streifen sind bei flächigen Geweben bereits seit dem Neolithikum nachgewiesen. Dennoch sind im archäologischen Fundgut Mitteleuropas farbig gemusterte Ripsbänder erst in der Hallstattzeit bekannt.

Die Textilien aus Hallstatt[372] führen uns deutlich vor Augen, wie auch bei einfachen Ripsbändern gefällige Muster entstehen können (Abb. 100). Verschieden farbige Kettfäden bestimmen durch ihre Anordnung und Abfolge das Muster. Der Schuss ist jeweils einfarbig und durch die dichte Kettfadenlage auch nicht zu sehen. In Hallstatt kommen farbig gemusterte Ripsborten in verschiedenen Varianten vor: in Quer- und Längsstreifendesign oder mit schachbrettartigen Motiven in polychromer Ausführung. Es finden sich dabei vor allem verschiedene Gelb-, Grün-, Blau- und Brauntöne.

Das typische Design dieser Ripsbänder wurde aber auch wieder auf größere Gewebe übertragen. In Grab VI vom Hohmichele[373] wurden Fragmente eines wohl großflächigeren Ripsgewebes aus Wolle entdeckt, das jene für die Ripsbänder typische Streifenmusterung zeigt.

---

[372] Grömer 2013, 85–87.

[373] Hundt 1962, Abb. 5, Taf. 33 und 34.

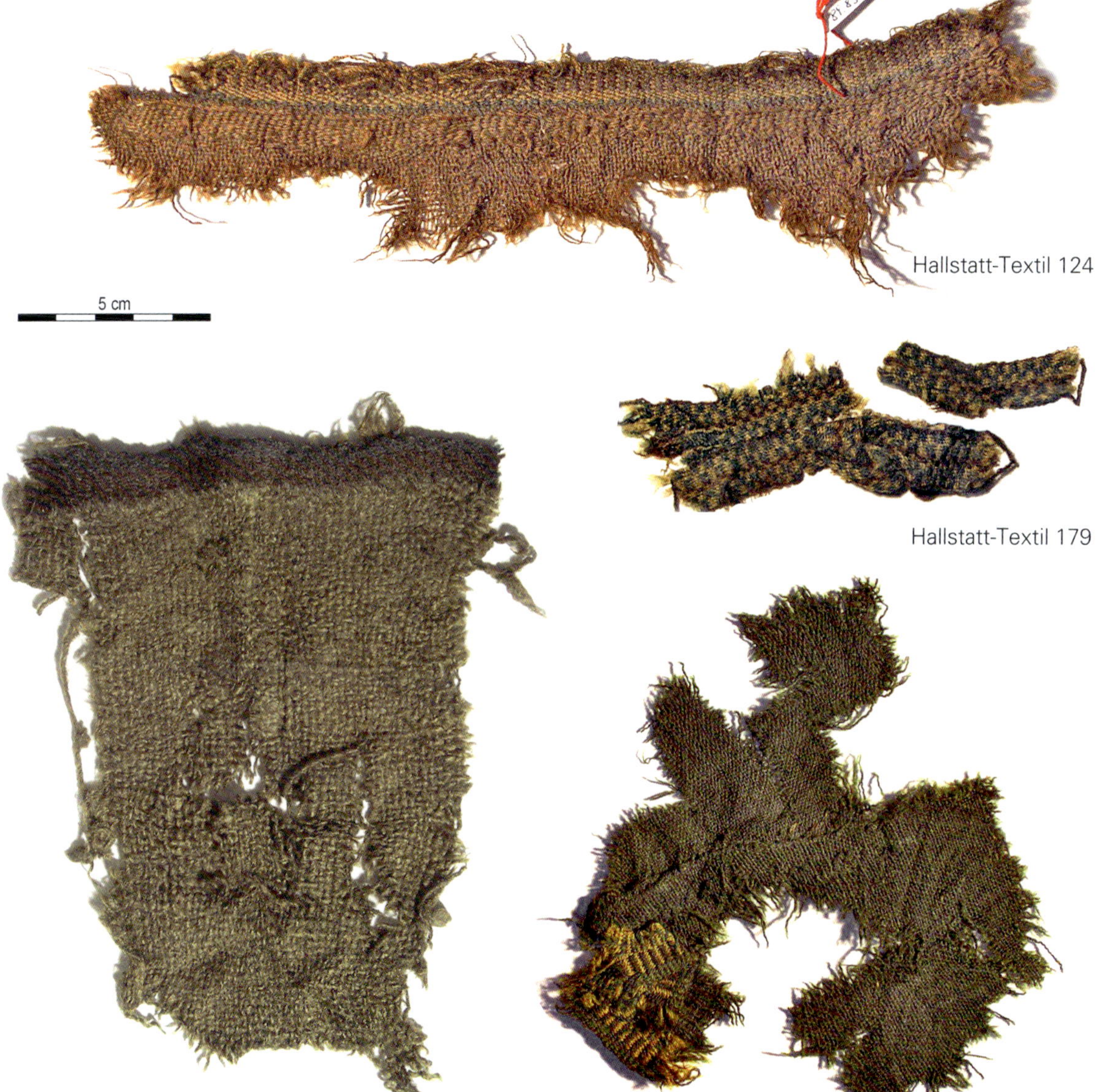

Abb. 100: Farbig gemusterte Ripsbänder aus dem Salzbergwerk Hallstatt, Ältere Eisenzeit.

Ripsbänder sind nicht nur als Textilfunde erhalten, wir entdecken sie auch auf zeitgenössischen Darstellungen. In der Situlenkunst (siehe detailliert Kapitel E, S. 335 ff.) wurden von den Toreuten Menschen in ihrer (Fest-)Kleidung abgebildet. Oftmals sind an den Säumen dieser Gewänder Borten zu sehen, durch die Strichelung ist möglicherweise Rips angedeutet (Abb. 221/29–30,

S. 421). Dass farbige Ripsbänder als Besätze für Gewebe dienten, zeigen nicht zuletzt entsprechende Funde aus Hallstatt.

6.2.3 Gemusterte Brettchenwebereien

Brettchenweben ist eine Jahrtausende alte Kunst, um gemusterte Bänder zu gestalten. Dabei liegt diesem Handwerk eine große Kreativität inne, die sich in vielerlei Möglichkeiten der Mustergestaltung manifestiert. Wesentlich für das Motivdesign sind die Wahl der Kettfadenfarben, aber auch die Bestückung der Brettchen und die Drehrichtung beim Weben. Der kreative Umgang mit dieser Technik erlaubt die Gestaltung verschiedener Ziermotive. Einfache Brettchenwebmuster sind etwa Streifen. Sie entstehen, indem pro Brettchen eine andere Farbe für die Kettfäden verwendet wird. So erscheint bei kontinuierlicher Drehung der Brettchen eine Struktur aus nebeneinanderliegenden farbigen „Schnüren". Dieses einfache Musterungsprinzip taucht zum ersten Mal in Europa am Ende der Mittelbronzezeit auf, wie ein neuer Fund aus Hallstatt belegt (Abb. 53, S. 106)[374]. Aus dem eisenzeitlichen Hallstatt kennt man dieses Musterungsprinzip ebenso wie von den Prachtmänteln der Nordischen Eisenzeit[375].

Strukturmuster sind auch ein mögliches Verzierungsprinzip, das beim Brettchenweben inhärent ist. Mantel 2 aus Verucchio in Italien trägt eine breite brettchengewebte Borte. Dieses Dreiecksmuster entsteht durch Drehrichtungswechsel der Brettchen, und es trägt auch Strukturstreifen, die durch abwechselnd gefädelte Brettchen entstehen (Abb. 101).[376]

Ebenso gibt es Farbmuster, die in komplexer Weise eingewebt wurden. Vor allem ab der Eisenzeit wurde mit der Brettchenweberei bereits die Herstellung komplexer Motive beherrscht[377].

---

374 Grömer 2013, 87.

375 Schlabow 1976, z. B. Abb. 119, Thorsberg. – Möller-Wiering und Subbert 2012, Abb. 6.7.

376 Ræder Knudsen 2012, Abb. 11.2–11.5.

377 Zusammenstellung der musterbildenden Techniken im prähistorischen Mitteleuropa mit Katalog: Grömer und Stöllner 2011.

Prominente Beispiele[378] dafür finden sich im hallstattzeitlichen Fürstengrab von Hochdorf und auch in den Salzbergwerken Hallstatt oder Dürrnberg. Bei den meisten, an anderen Fundstellen erhaltenen Brettchengeweben, so bei den gemusterten Brettchengeweben von Apremont in Frankreich, ist bedauerlicherweise die ursprüngliche Farbigkeit nicht mehr erhalten. Es kann bei diesen Stücken nur noch die Bindungsstruktur eruiert werden. Die auf einem Stück erkennbaren Drehabfolgen waren wahrscheinlich keine einfarbigen Strukturmuster, sondern es kann nach Kenntnis des beim Brettchenweben technisch bedingten Musteraufbaues durch farbige Kettfäden und bestimmte Drehabfolgen ein ehemals farbiges Muster angenommen werden.

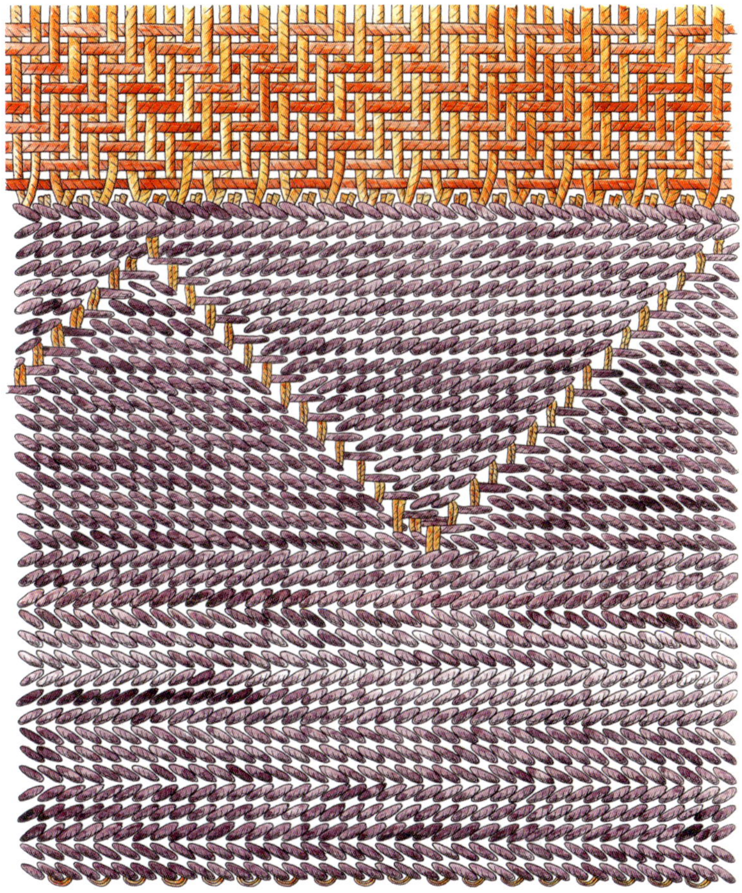

Abb. 101: Gewebestruktur von Umhang 2 aus Verucchio in Italien, Ältere Eisenzeit.

Die gemusterten Brettchenwebereien aus den eisenzeitlichen Bergbauen von Hallstatt[379] (Abb. 102) haben Motive wie Mäander, gefüllte Dreiecke und Rauten mit rapportartigen Wiederholungen. Die Muster kommen bei den Hallstätter Beispielen durch die verwendete gelb-beige Musterfarbe auf dunklem, oft zweifarbigem Hintergrund (grüne und dunkelbraune Farbschattierungen) jeweils ausgezeichnet zur Geltung.

[378] Hochdorf und Apremont: Banck-Burgess 1999, 70 sowie Abb. 40 und 41. – Ræder Knudsen 1999. – Hallstatt: Grömer 2013, 87. – Dürrnberg: Grömer und Stöllner 2011, 109–111. Ræder Knudsen und Grömer 2012.

[379] Grömer 2021. – Grömer, Ungerechts und Reschreiter 2021.

Dürrnberg-Textil 4470

Hallstatt-Textil 123

Hallstatt-Textil 186

Hallstatt-Textil 153

Abb. 102: Komplexe Brettchenweberei aus Hallstatt und dem Dürrnberg, Eisenzeit.

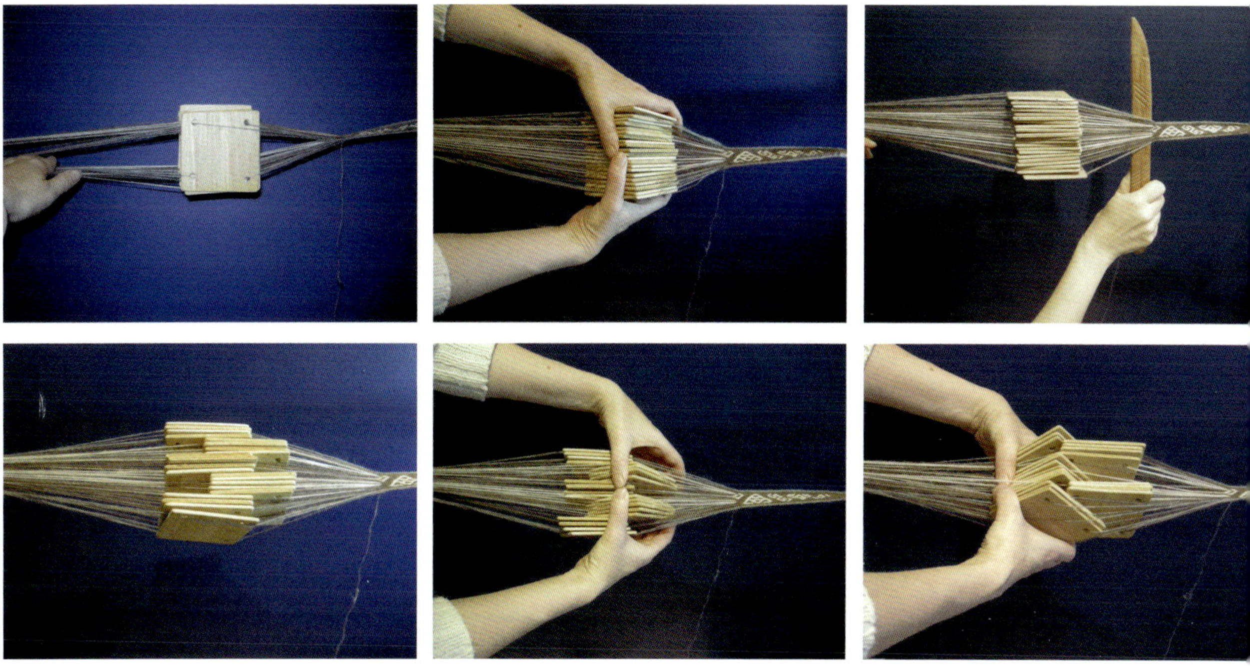

Abb. 103: Brettchenweberei: Weben der komplexeren Bänder, Vor- und Zurückdrehen einzelner Brettchen.

Die einfache Technik des Brettchenwebens wurde bereits erläutert (Kapitel B4.3, S. 104 ff.). Für komplexe Motive wie jenen, die bei den Borten aus Hallstatt verwendet wurden, werden die einzelnen Brettchen separat bewegt (Abb. 103). In einem Arbeitsvorgang muss man bestimmte Brettchen vor oder zurück drehen, bevor der Schussfaden durch das Webfach geführt wird. Auch durch das Umklappen von einzelnen oder mehreren der Brettchen lassen sich solche Effekte gestalten.

Als Beispiel für ein komplexes Muster ist hier der Webbrief zu einer eisenzeitlichen Borte aus Hallstatt abgebildet (Abb. 104). Die Nacharbeitung zeigt, dass das Mäander- und Dreiecksmotiv der vorgestellten Borte weit entfernt ist von der einfachen Grunddrehdynamik beim Brettchenweben. Die Kombination von verschiedenen vor- und rückwärts gedrehten Brettchen bei jedem einzelnen Schuss zeugt vom großen räumlichen Verständnis und der hohen Konzentrationskraft der oder des Ausführenden. Heute ist es bei guter Beherrschung dieser Technik nicht allzu schwierig, ein derartiges Muster nach einer schriftlichen Vorlage nachzuarbeiten. Fehler können anhand der vorhandenen genauen Anleitung gut ausgebessert werden. Diese komplexen Drehvorgänge, die für die Musterung notwendig sind (bei der

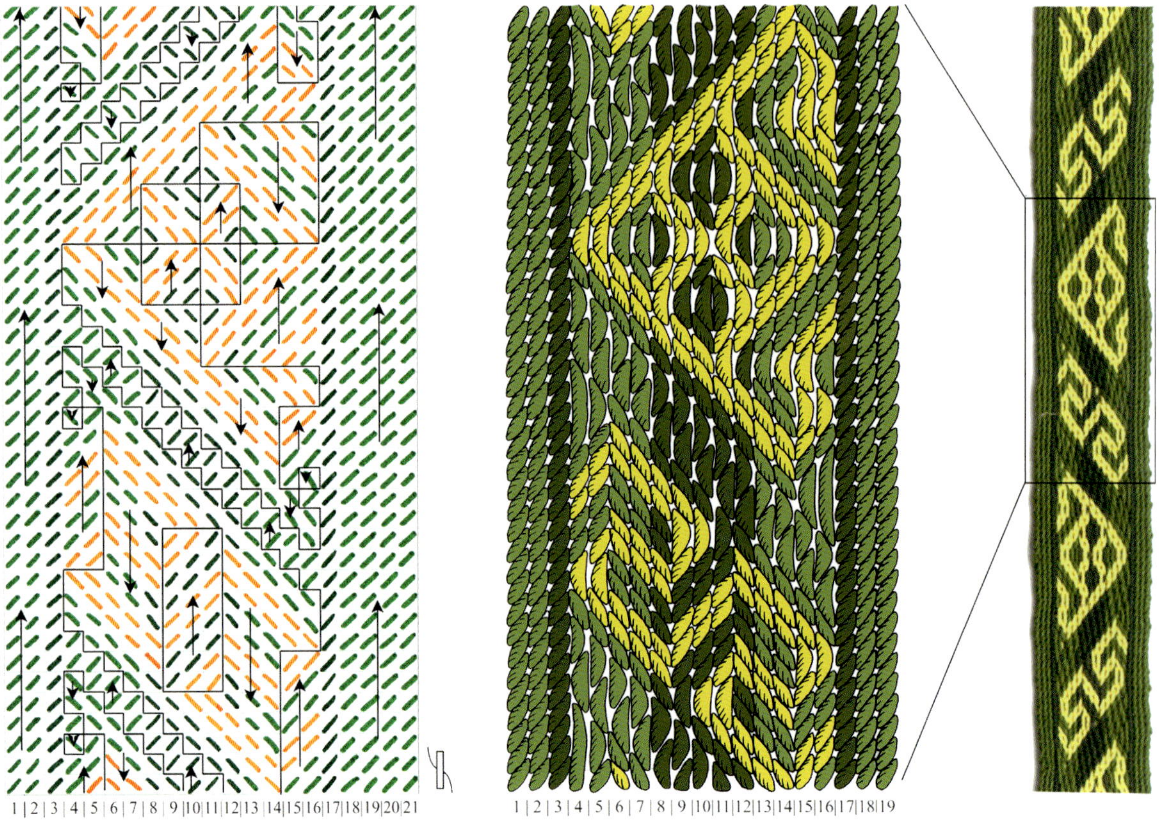

Abb. 104: Brettchenweberei aus Hallstatt, Ältere Eisenzeit: Webbrief zu Hallstatt Textil 123 (Inv. Nr. 89.832).

komplexen Borte HallTex 123 sind es mehr als 70 verschiedene Drehsequenzen), lassen aber die Frage aufkommen, wie man in der Urgeschichte gearbeitet hat – ohne Webbrief als Gedächtnisstütze. Wie wurden diese komplizierten Muster geplant, wie die Drehabfolgen gemerkt und vielleicht auch weitergegeben? Möglicherweise geschah dies mit Unterstützung von Liedern und Abzählreimen.

Anthony Tuck merkt im Vergleich mit ethnografischen Quellen an: *„Herstellungsprozesse von komplex gewebten Mustern benötigen ein Engagement für ein Gedächtnis substanzieller Mengen an numerischer und farbbezogener Information. Praktisch jedes Muster oder Design eines textilen Gewebes kann auf numerische Sequenzen reduziert werden, vorausgesetzt eine Struktur aus Kett- und Schussfäden ist gegeben. Moderne Beobachtungen traditioneller WeberInnen in Indien und Zentralasien deuten darauf hin, dass diese numerischen Informationen ursprünglich in Form von auswendig gelerntem, rhythmischem Gesang auftauchten, um den WeberInnen den Vorgang zu erleichtern*

Abb. 105: Brettchengewebe aus dem Fürstengrab von Hochdorf, Rekonstruktionen.

und die Muster so oft wie notwendig zu reproduzieren. Außerdem weisen die linguistischen und poetischen Assoziationen zwischen Weben und Singen in mehreren indo-europäischen Sprachen auch darauf hin, dass diese Gesänge an sich zu einem Zeitpunkt eine Quelle rhythmischer oder vielleicht metrischer Erzählung waren."[380]

Eine andere Fragestellung bei den Experimenten zu den Brettchengeweben aus Hallstatt[381] behandelte den Arbeitsaufwand und damit auch die Frage, wie viel Zeit benötigt wurde, um die Borten (Abb. 102) herzustellen. Dabei ergab sich die durch reine theoretische Betrachtung der Muster nicht erkennbare Tatsache, dass für das Weben der zuoberst abgebildeten Borte Hallstatt-Textil 123 fast dreimal so viel Zeit wie für das Band Hallstatt-Textil 186 benötigt wurde und mehr als sechsmal so viel Zeit wie für die Borte Hallstatt-Textil 153. Dies könnte auch wieder ein Schlüssel dafür sein, wie „kostbar" die einzelnen Borten in der damaligen Zeit waren.

380 Tuck 2006, 539.

381 Siehe Grömer 2021.

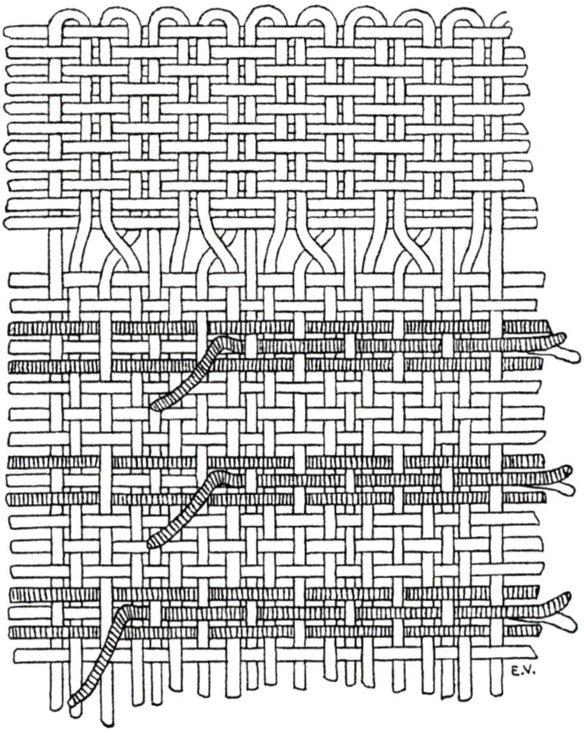

Besondere Beispiele für Brettchenwebmuster sind auch die Prunkgewebe aus dem Fürstengrab von Hochdorf[382] (Abb. 105). Die Motive dieser Bänder sind stark geometrisch, etwa gegenläufige Diagonalstrukturen, Winkelhaken, Mäander wie Zinnenmäanderrauten, Flechtbänder und Swastiken, meist von einer Raute begrenzt. Die Muster sind üblicherweise in Zonen angeordnet, mit regelmäßigen Abfolgen, teilweise mit randlicher Begrenzung. Einige der Brettchengewebe von Hochdorf wurden mit einer von den Hallstätter Funden abweichenden Technik gefertigt, wie Rekonstruktionen der Brettchenwebspezialistin Lise Raeder Knudsen eindrucksvoll deutlich machen. Es wurden zwar herkömmliche Vierlochbrettchen zu ihrer Herstellung verwendet, bei diesen wurden aber nur jeweils zwei Löcher bestückt und die Brettchen gegenläufig gedreht.

Abb. 106: Wetzikon-Robenhausen in der Schweiz: Spätneolithisches Gewebe mit Reliefmuster.

6.3 Flottierende Fäden in Kette oder Schuss

Bereits am Ende der Jungsteinzeit wurden einfache leinwandbindige Gewebe mit flottierenden Fadensystemen dekoriert für feine Ton-in-Ton Reliefmuster. Das früheste Gewebe mit reliefiertem Streifenmuster kennen wir aus Wetzikon-Robenhausen, Schweiz[383] (Abb. 106) aus der späten Jungsteinzeit. Gefertigt wurden die Streifen auf Gewebe 3 und 11 durch zusätzlich eingefügte Schussfäden, die „köperbindig" über das leinwandbindige Grundgewebe flottieren. Das ergibt den Anschein dichter Querstreifen mit Reliefeffekt im Gewebe. Diese Streifenmuster wurden während des Webvorganges mit der Hand eingetragen.

[382] Banck-Burgess 1999, 125. – Rekonstruktion der Webtechnik: Ræder Knudsen 1999, 75–77; Banck-Burgess 2012, Abb. 5.3–5.5.

[383] Vogt 1937, 32–33, Abb. 84–86 (Gewebe 3); 72–73, Abb. 108–109 (Gewebe 11).

In Molina di Ledro, Norditalien[384], findet sich aus der Frühbronzezeit ein feines, 2,09 m langes und 6,8 cm breites Bandgewebe aus Flachs. Dieses Stoffband aus leinwandbindigem Grundgewebe ist wahrscheinlich ein Gürtel, der an den Enden mit einem Rautenmuster verziert wurde. Hier wurde das Muster während der Stoffherstellung durch flottierende Fäden gestaltet, die den Schuss zonenweise überspringen. Es wurde nachgewiesen, dass für das Weben der Verzierung Litzen verwendet worden sind.

In der Eisenzeit taucht dann in der Buntweberei eine neue Art der Musterung auf – jene mit flottierenden Kettfäden parallel zum Grundgewebe bei fest gespannter Musterkette.

Aus den ältereisenzeitlichen Bereichen des Salzbergwerkes Hallstatt stammt ein Gürtelband[385], ein festes Gewebe mit ripsartiger Oberfläche aus schwarzer Wolle. Der Schussfaden aus Rosshaar verlieh dem Stück eine gewisse Formbeständigkeit (Abb. 24, S. 61). Es wurde erstmals als „Brokat Schachbrettmuster" in rötlichbrauner oder schwarzer Wolle beschrieben. Aktuellere Farbstoffanalysen ließen feststellen, dass das Muster aus mindestens vier unterschiedlichen Farben besteht – heute sind sie zu dunkel, um sie deutlich zu erkennen. In den Fäden wurden rote und gelbe Komponenten gefunden, der grüne Faden wurde mit Waid auch blau gefärbt. Die Schauseite des 4,2 cm breiten Gürtels weist ein Farbmuster mit flottierenden Kettfäden auf, mit einem Schachbrettmuster in rötlich-braunen, grünen und schwarzen Fäden in der Mitte des Bandes. Auf beiden Seiten an den Kanten finden sich zehn dunkelbraune Zwirne mit einer höheren Dichte als die anderen Farben, die Streifen formen (Abb. 107/2).

Das Band vom Dürrnberg[386], das bei seiner Auffindung im Salzberg behelfsmäßig um einen gebrochenen Werkzeugstiel geknotet war (siehe Abb 164, S. 323), ging leider in den Wirren des Zweiten Weltkrieges verloren. Erhalten sind aber detailreiche Beschreibungen, Zeichnungen und Fotos. Demnach war das

384 Bazzanella et al. 2003, 161.

385 HallTex 20. Erste Beschreibung: Hundt 1959, 85–89, Abb. 12–13, Taf. 10, 26, 27. – Überarbeitet in: Grömer 2013, 85–86, Katalog S. 339–341.

386 Klose 1926, 346–349; Abb. 1: Schema des bunten Gewebes. – Foto des Gewebes im Fundverband mit dem Axtstiel bei Kyrle 1918, Abb. 60–61.

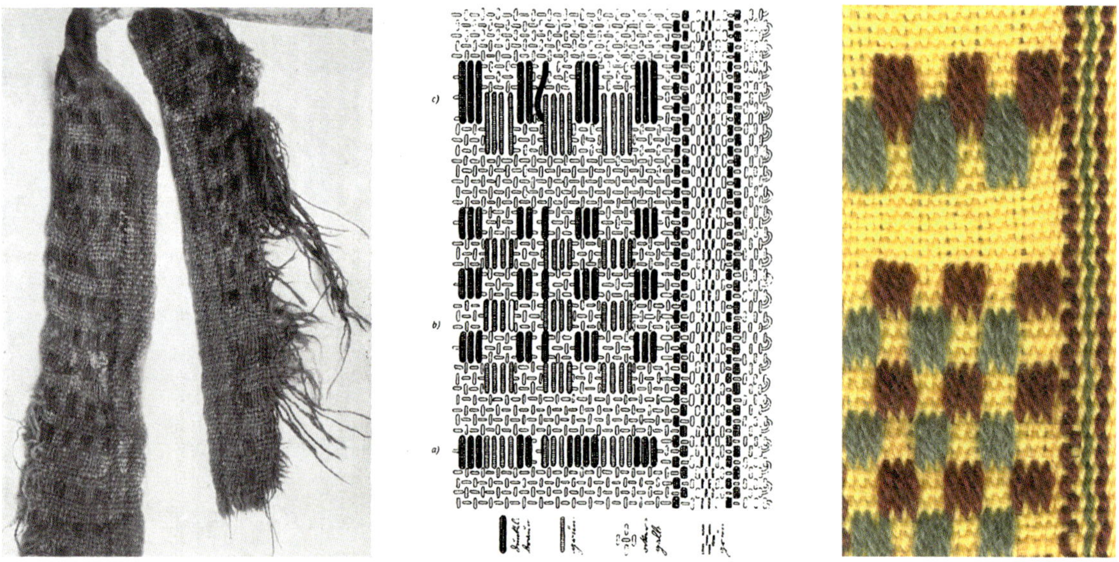

1

2

Abb. 107: Bänder mit flottierenden Kettfäden: 1 Dürrnberg. 2 Hallstatt.

leinwandbindige Grundgewebe ockerfarben, zusätzliche flottierende dunkelbraune und grüne Fäden ergaben ein Schachbrett- und Streifenmuster (Abb. 107/1). Als Material wird Wolle angegeben.

Bei beiden Bändern wurden zum Grundgewebe weitere Kettfäden in kontrastierenden Farben geführt. Diese wurden Muster bildend mitgewoben, wobei sie zonenweise an Vorder- und Rückseite des Gewebes erscheinen. Technisch betrachtet han-

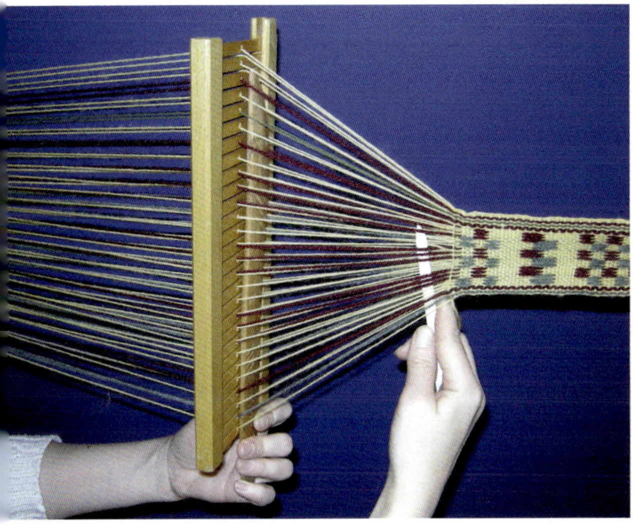

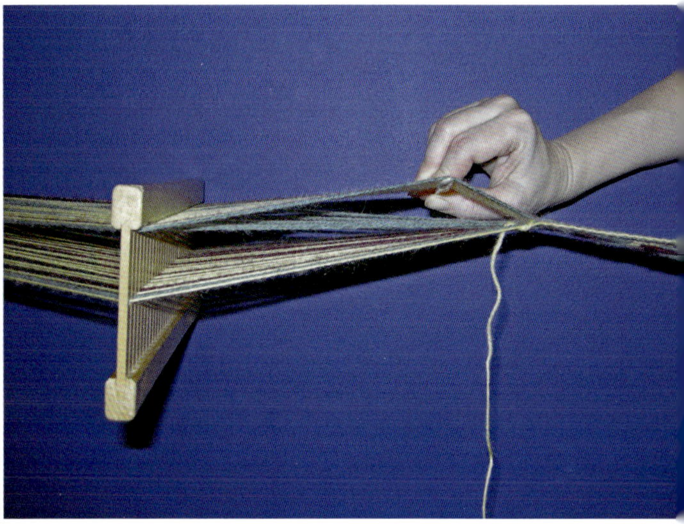

delt es sich bei diesen eisenzeitlichen Geweben um eine zusammengesetzte Bindung, ein Gewebe mit drei Fadensystemen (Bindekette-Musterkette-Schuss). Die Bindekette kann dabei in verschiedenen Grundbindungen gestaltet sein (Rips, Leinwandbindung etc.). Die eisenzeitlichen Handwerker oder Handwerkerinnen konnten beim Weben durch das zusätzliche Fadensystem der Musterkette die Verzierungen einbringen. Diese Fäden heben sich farbig deutlich vom Grundgewebe ab.

Abb. 108: Weben eines Bandes mit flottierender Musterkette.

Man kann ein derartiges Gewebe mit verschiedenen Techniken herstellen, wie mehrere praktische Erprobungen deutlich machen. In der einfachsten Variante würden die Löcher bzw. Schlitze des Webgitters mit doppelten Fäden bestückt (Musterfäden und Garne des Grundgewebes) und mittels Eintragsstäbchen bewegt (Abb. 108). Bei einer anderen Webmethode für diese Muster bedient man sich eines mehrschäftigen Webgerätes, bei dem die Musterfäden entsprechend an eigene Litzenstäbe angekettelt werden und so in die gewünschte Position gebracht werden können.

Wie so oft in der Weberei – viele Wege führen zum Ziel. Obwohl hier das Muster direkt beim Weben entsteht, sieht es beinahe gestickt aus.

6.4 Einarbeitung von Elementen

Es gehört schon zum Schaffensrepertoire der Steinzeit, einer geflochtenen oder in Zwirnbindung hergestellten textilen Fläche auf spielerische Art schmückende Elemente beizufügen, diese einzuknüpfen oder einzuflechten. So wurden auch schon sehr früh Methoden entwickelt, beim Weben von Stoffen verschiedene dekorative Elemente mit einzuarbeiten[387].

6.4.1 Technik „Fliegender Faden" (Soumak)

Eine der vielen möglichen Musterungstechniken, die ebenfalls mit flottierenden Fäden arbeitet, ist das Einbringen von Motiven mittels „fliegendem Faden" während des Webens aufgebracht. Auch diese Muster ähneln einer Stickerei. Bei näherer technischer Betrachtung durch die Textilarchäologin Johanna Banck-Burgess[388] wurde jedoch ersichtlich, dass hierbei der Musterfaden während des Webens durch Umwickeln der Kettfäden in das Gewebe eingetragen wurde.

Prunkvolle Gewebe in dieser Technik stammen vor allem aus späthallstattzeitlichen Fürstengräbern, wie jenem von Hochdorf sowie aus dem Grabhügel VI von Hohmichele[389], beim Fürstensitz Heuneburg. Sie zeugen von dem hohen Kenntnisgrad, der mit der Produktion dieser Textilien verbunden ist. Das mittels „fliegendem Faden" gemusterte und mit Brettchenwebkante versehene Ripsgewebe von Hohmichele, Grab VI, war in Zierzonen gestaltet. Es befindet sich am erhaltenen Fragment ein Band von Hakenmäandern sowie ein weiteres Zierband mit hochkant gestelltem Doppelquadrat, in das eine Swastika eingeschrieben ist. In die Zwickel dieses rapportartig wiederholten Motives waren wahrscheinlich wiederum Dreiecke eingeschrieben.

---

387 vgl. zu verschiedenen Geflechten und Gezwirnen Vogt 1937 oder Rast-Eicher 1997.

388 Banck-Burgess 1999, Beispiele 55–63 und genaue Beschreibung der Technik. – Banck-Burgess 2012, 142, 148.

389 Hundt 1962, 206, Taf. 36–39. Hier noch als gesticktes Textil. – Detailfotos bei Banck-Burgess 1999, Abb. 19–22.

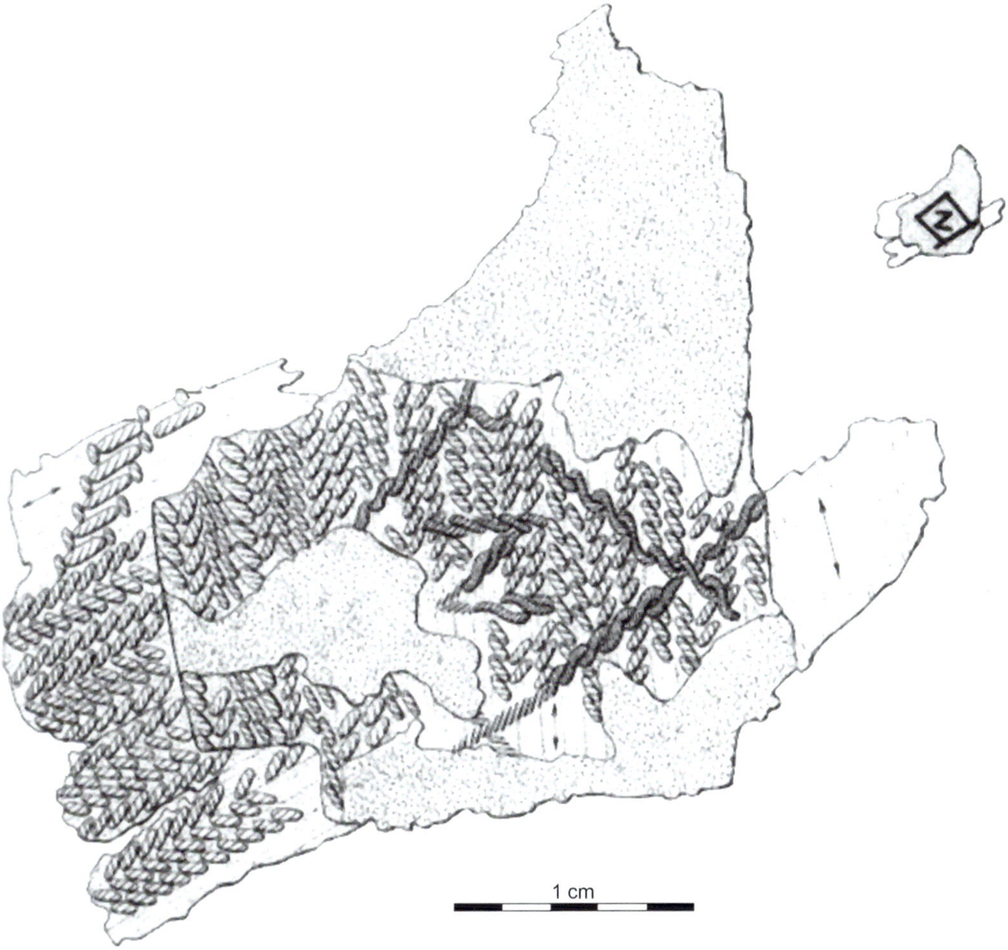

Abb. 109: Eberdingen-Hochdorf:Brettchengewebe aus dem Fürstengrab mit Ziermotiv in Technik „Fliegender Faden", späte Hallstattzeit.

In Hochdorf entdeckte man Fragmente von Brettchengeweben an einem roten Grabtuch, auf dem ebenfalls mittels „fliegendem Faden" Muster eingebracht wurden. Erkennbar sind Rauten und ein Element in Form des Buchstabens „Z"[390] (Abb. 109).

Ein besonders bekanntes Gewebe, das auch als Paradebeispiel für die Technik des „Fliegenden Fadens" galt, ist das „Kunstgewebe" von Irgenhausen[391]. Neuere Forschungen haben aber hier erbracht, dass die Verzierung kein „fliegender Faden" ist, sondern als Stickerei gefertigt wurde (siehe Kapitel B6.5, S. 205). An dieser Verwechslung zeigt sich deutlich, wie ähnlich der Eindruck von „fliegendem Faden" und Stickerei ist.

390 Banck-Burgess 1999, Abb. 58; 2012, Abb. 5.11.

391 Rast-Eicher 2012, 381. – Vogt 1937, 76–90. – Rast-Eicher 2017.

Abb. 110: Spätneolithische Gewebe mit Flor aus der Schweiz. Zürich-Mythenquai (1), Twann-Bahnhof (2).

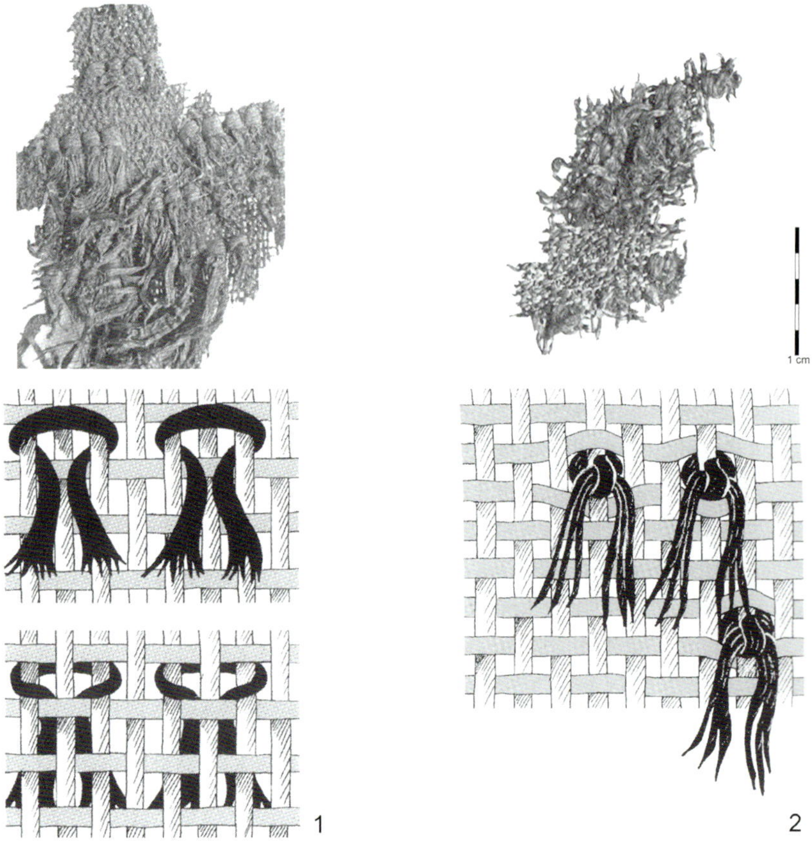

6.4.2 Einarbeiten von Fransen und Wollflocken

Das Spiel mit zusätzlich eingearbeiteten Fadenstücken war im Spätneolithikum und in der Frühbronzezeit sehr beliebt und wurde in kreativer Vielfalt betrieben. Hierzu sind vor allem die Feuchtbodensiedlungen Norditaliens aufschlussreich[392]. Angeknüpfte gezwirnte Fransen finden sich an mehreren frühbronzezeitlichen Textilfragmenten von Lucone di Polpenazze.

Die verschiedenen Techniken der Florbildung gehen weit bis in die Jungsteinzeit zurück. Schon bei verschiedenen Geflechten oder Stoffen in Zwirnbindung wurde den Oberflächen mit eingefügten Fasern ein pelzartiges Aussehen gegeben. Bei einem Lindenbastgewebe aus Zürich-Mythenquai[393] (Schnurkeramik,

[392] Bazzanella et al. 2003, Lucone: 188; Molina di Ledro: 170–171.

[393] Rast-Eicher 1992, 56–58, Schema zum Flor Abb. 17.

Abb. 111: Hallstatt, Ältere Eisenzeit: Gewebe mit Schlaufen auf einer Seite und verfilzter Oberfläche sowie angenähter Ripsborte. Vorder- und Rückseite.

dendrodatiert um 2.680 v. Chr.) findet sich etwa eingefügter Flor (Abb. 110). Florbildung bei Baststoffen (gewobene oder zwirnbindige) diente nicht nur dem Kälte- und Windschutz, sondern auch als Nässeschutz.

Auch das Einbringen zusätzlicher Wollflocken, die dann als Schlaufen aus dem Gewebe heraushängen und es „zottelig" aussehen lassen, ist ein gestalterisches Element für Stoffe. Bei einem eisenzeitlichen Fund aus Hallstatt[394] (Abb. 111) wurden während des Webens zusätzlich zum Schuss Wollflocken als Schlaufen eingelegt. Diese bilden einen Flor an einer Gewebeseite, während die andere Gewebeseite eine glatte leinwandbindige Oberfläche hat. Die zusätzliche Verfilzung dieses olivgrünen Gewebes, das mit einem farbigen Ripsband geschmückt ist, sollte wohl die Wärmewirkung noch verstärken.

Dieses Einarbeiten von aus dem Gewebe heraushängenden Wollflocken oder -fäden ist ein Gestaltungsprinzip, das wir auch aus der Nordischen Bronzezeit gut kennen. Es diente als sogenann-

394 Grömer 2013, 79–80, Eisenzeit Katalog HallTex 163.

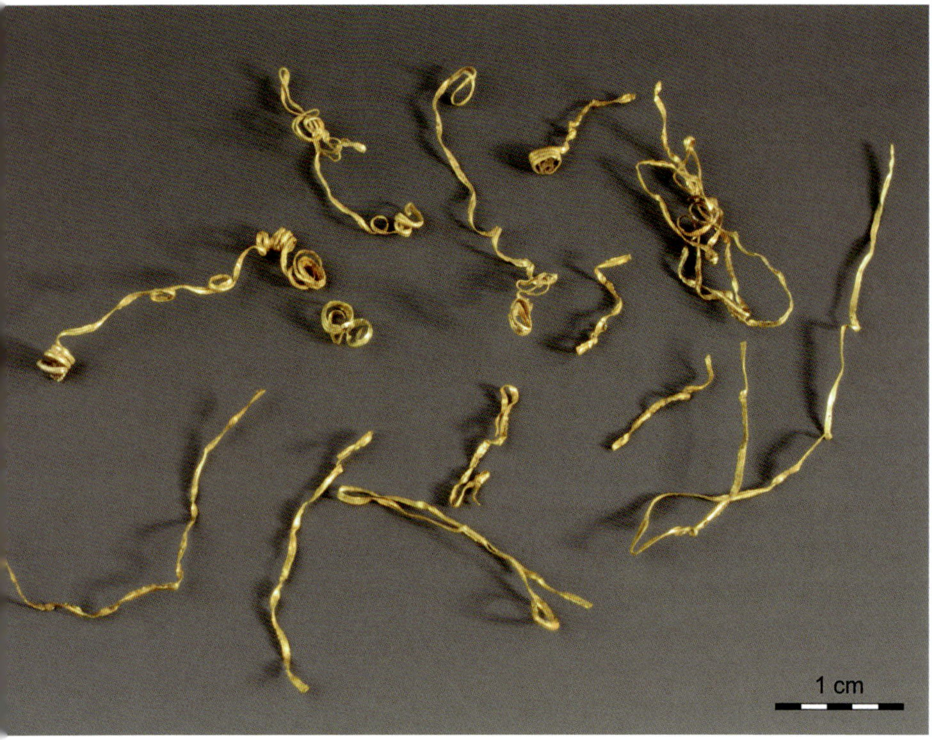

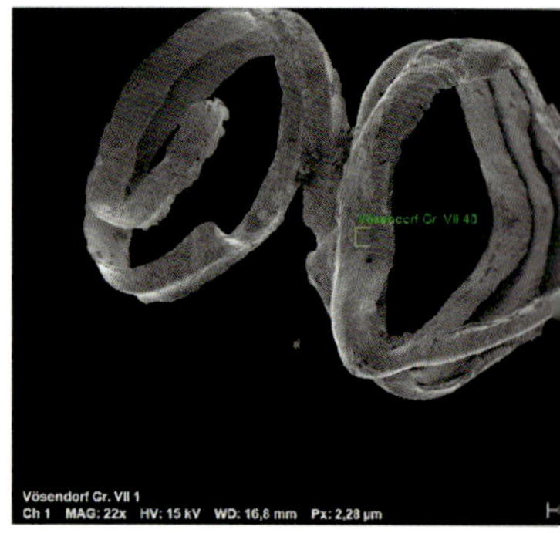

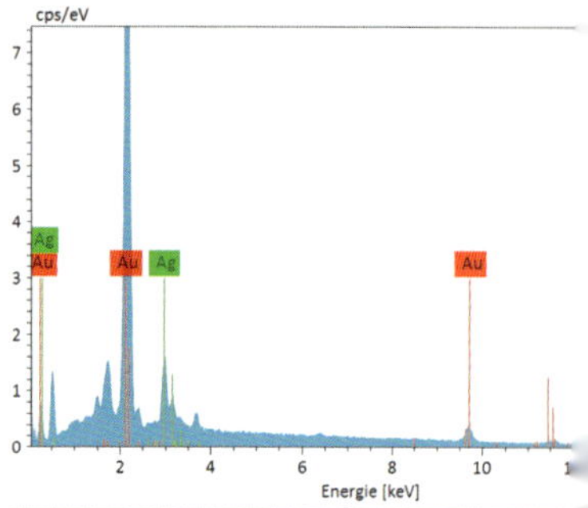

Element	Ord. Z.	Lin. Ser.	Netto	Gew. [%]	Masse Norm. [%]	Atom [%]	abs. Fehler [%] (1 sigma)	abs. Fehler (2 sigma)
Silber	47	L-Serie	11277	13,96	13,96	22,86	0,47	0
Gold	79	M-Serie	92003	86,04	86,04	77,14	2,48	4
			Sum	100,00	100,00	100,00		

Abb. 112: Goldfäden aus einem urnenfelderzeitlichen Grab von Vösendorf.

ter „Krimmerbesatz“ als Zier für Hüte oder auch Mäntel, wie an einem Männermantel aus Trindhøj, Dänemark[395], gut zu sehen ist. Ein feines Paket von zwei bis drei miteinander verdrehten und verknoteten Wollfäden wurde an die Oberflächen von Hauben gestickt, die in mehreren Männergräbern gefunden wurden. Sollten diese herabhängenden Wollflocken und Fäden ein Fell imitieren? War das Bedürfnis nach wärmeren Stoffen der Grund für diesen bedeutenden zusätzlichen Aufwand oder stand das schmückende Element im Vordergrund?

6.4.3 Einarbeiten von Metallen

Mit den diversen Entwicklungen in textiler Verzierung der Bronzezeit nahm man sogar Metallelemente für die Verschönerung von Tüchern. Nach Peter Wells[396] kann der Glitzer oder Glanz eines Objekts ein wichtiger Aspekt sein, um visuelle Aufmerksamkeit auf den Träger zu ziehen. Der Effekt des Schimmerns,

---

395 Broholm und Hald 1940, 27–30. – Mannering et al. 2012, Abb. 3.8.

396 Wells 2008, 45.

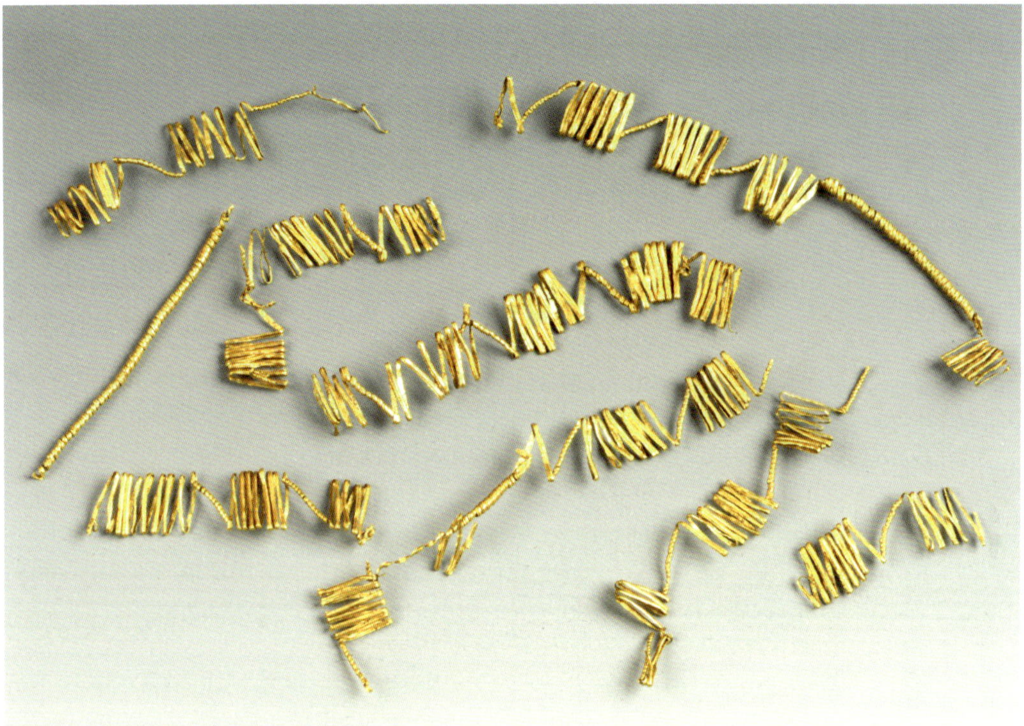

Abb. 113: Goldfäden aus Óbuda in Ungarn, ca.1.100–1.000 v. Chr.

vor allem von Gold, blendet den Betrachter eindrucksvoll im hellen Licht, sei es direktes Sonnenlicht oder das Licht eines großen Feuers. Hierzu muss erwähnt werden, dass Metall das Licht reflektiert, Textilien jedoch nicht – es handelt sich um unterschiedliche Interaktionen mit Licht.

In der Spätbronzezeit treten im heutigen Ungarn, Österreich und Bayern Goldfäden auf, die ursprünglich vielleicht ein Textil durchwirkten.[397] Sie wurden in Brandgräbern zusammen mit Keramikurnen sowie auch in Siedlungen in Goldhorten gefunden. In drei spätbronzezeitlichen Urnengräbern aus Vösendorf (Abb. 112) wurden feine, zarte Golddrähte entdeckt. Durch die Fundbergung unter widrigen Umständen im Zweiten Weltkrieg gibt es leider keine genauere Befundung dazu. Möglicherweise waren diese Golddrähte einstmals in ein prachtvolles Tuch eingearbeitet, das den Toten als Grabbeigabe mit ins Grab gelegt wurde. Aus Óbuda in Ungarn (Abb. 113) kennen wir einen Hort

[397] Vösendorf, Gräber 10/VII, 11/VIII und 15/XII: Talaa 1991, Abb. 33. – Obuda: Barth 1988/89. – Várvölgy in Ungarn: Müller 2012, 117–119. Für die bayerischen Funde: freundlicher Hinweis von I. Schneebauer-Meißner, Archäologische Staatssammlung München.

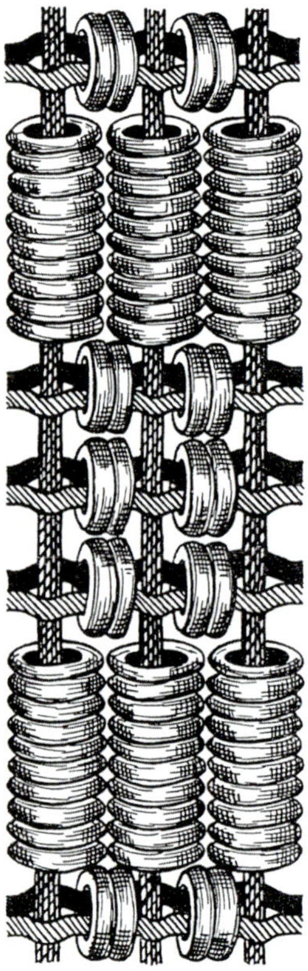

Abb. 114: Brno-Židenice in Mähren: Hallstattzeitliches Gewebe mit Metallringen.

aus dem 11. Jahrhundert v. Chr. mit Goldfäden (der Trägerstoff ist vergangen) und goldenen Scheiben. Diese können als Überreste der Kleidung einer hochrangigen Person verstanden werden. Vor kurzem wurde bei der Ausgrabung der spätbronzezeitlichen befestigten Höhensiedlung von Várvölgy in Ungarn ein Goldhort mit dünnen, aufwändig hergestellten Goldbändern gefunden. Die stark aufgewickelten Bänder wurden wahrscheinlich auf der Kleidung getragen.

Bei Hohmichele, Grab I[398], wird im Grabungsbericht ein 11,5 cm breiter Fransengürtel beschrieben, der mit Goldblechstreifen durchwirkt war. Auch in Grafenbühl (Stufe HaD)[399] wurden feine, 0,2–0,3 mm breite Goldfadenreste gefunden, wobei Abdruckspuren erkennen lassen, dass ursprünglich ein leinwandbindiges Grundgewebe vorlag. Die an den Streifen erkennbaren scharfen Knickstellen sprechen für eine Verwendung der Goldstreifen in einem sehr dichten, etwas dickeren Gewebe, etwa einem ripsartigen Gewebe. Die Biegungsstellen der Goldstreifen von Grafenbühl deuten auf ihre Verwendung als broschierender (oder lancierender) Musterschuss hin. Wahrscheinlich flottierten die Streifen über mehrere Kettfäden des Grundgewebes, es wurde also ein komplexes Muster erzielt.

Auch das Einarbeiten von Metallringen in Gewebe ist ab der ältereisenzeitlichen Stufe HaC nachgewiesen. Ein bereits alt bekannter Fund stammt aus einem Körpergrab der mährischen Horákov-Kultur von Brno-Židenice[400]. Dabei wurden Hunderte von Bronzedrahtringen dicht aneinandergereiht und mit einem Kett- und Schussfadensystem aus dünnen Wollzwirnen miteinander zu Mustern verbunden. Der Schuss wurde doppelt geführt, er umschließt die Kette und führt wiederum gemeinsam durch die Ringe (Abb. 114). Auch in HaC-zeitlichen Gräbern von Maiersch in Niederösterreich wurden bei Ausgrabungen derar-

398 Hundt 1962, 211, Taf. 1/4.

399 Banck-Burgess 1999, 39, Abb. 10.

400 Hrubý 1959, 33–36, Taf. 6–7, mit Rekonstruktion und Schemazeichnung. Vilém Hrubý deutet dies als Teile von Ringpanzern, was etwa von Hans-Eckart Joachim eher bezweifelt wird. Siehe dazu Joachim 1991, 117.

tige zu Schmuckflächen dicht zusammengeschlossene Ringanordnungen entdeckt[401].

Für die Frühlatènezeit ist im Zusammenhang mit Ringverzierung das berühmte Fürstengrab von Waldalgesheim zu nennen. Hier finden sich Bronzedrahtringe verschiedener Länge und Stärke, die durch Oxidverkrustungen noch im Originalverband erhalten sind[402]. Die durch die Ringe laufenden Schnüre konnten als 0,4 mm starke S-Zwirne in schwarzer Wolle bestimmt werden. Die Ringe sind anscheinend in verschiedenen Zierzonen angeordnet, eingewoben und eingeflochten. Ein aus schwarzer Wolle gewebter bandförmiger Kettrips hatte in der Mitte eine dichtgestellte Reihe von Spiraldrahtröllchen und an seiner Außenkante waren kurze quergestellte Spiralröllchen eingewoben. Eine andere Musterzone war aus feineren parallelen Drahtröhrchen gefertigt, an die Reihen kreuzförmig angeordneter kleiner Röllchen anschließen, wobei diese ebenfalls mit schwarzem Wollzwirn verbunden waren. Insgesamt wird der Fund als Teil eines Brustschmuckes gedeutet, der aus mehreren Musterzonen oder Teilen besteht.

Dieses Phänomen ist auch aus dem ostmediterranen Raum und Vorderasien bekannt.[403] Von assyrischen oder babylonischen GoldweberInnen wurden Goldfäden in Stoffen integriert oder an Kleidung angenäht. Frühe Schriftquellen aus dem 1. Jahrtausend v. Chr. wie das Alte Testament (Exodus 39.3) oder Homers Epen berichten von Goldtextilien. Die Odyssee lobt die goldene Robe von Eos (Hom. Od. 14.468–502) und die Illias (eine Komposition, die Historiker in das Ende des 9. Jahrhunderts v. Chr. datieren) erwähnt hundert goldene Fransen auf Athenes Aegis (Hom. Il. 2.530). Letztere – zeitlich nicht allzu weit entfernt vom Vösendorf Fund – liefert einen Hinweis darauf, wofür diese Spiralenden benutzt worden sein könnten.

Die Goldfäden sind sehr dünn und empfindlich, und wurden sehr sorgsam in das Textil durchwirkt. Ein Fund aus Vösendorf weist goldene Streifen auf, die mehr oder weniger lose um einen

401 Berg 1962, Taf. 5/2 (Grab 26), 21/1 (Grab 72) und 27/1 (Grab 86).

402 Hundt 1995, 141–144, Abb. 104–106.

403 Siehe Gleba 2008c.

Abb. 115: Spätneolithisches Textil von Murten, Schweiz, Schweizerisches Nationalmuseum (Gewebe mit aufgenähten Fruchtkernen). Links: Original (Inv. A-11008, alte Ausst. Nr. 85 (SLM)). Rechts: Rekonstruktion (Inv. A-11008.1, alte Ausst. Nr. 85 (SLM)).

organischen Kern (der nicht erhalten ist), in diesem Fall dickere Schnüre, gewickelt waren, worauf die spezifischen erhaltenen Windungen schließen lassen. Manchmal wurden die goldenen Streifen um breitere Elemente gewickelt – wie etwa ein textiles Band oder Lederstreifen von 7–8 mm Breite (Obuda, Varvölgy). Diese könnten sogar eingewoben oder auf das bereits gewobene Band hinzugefügt worden sein.

6.4.4 Einarbeiten von organischen Elementen: organische Perlen oder Samen

Bereits überleitend zu den Applikationen sei hier darauf eingegangen, dass auch organische Elemente, die den Menschen hübsch genug erschienen, in Gewebe mit eingearbeitet wurden.

Ein besonderes Beispiel dafür ist mit einem spätneolithischen Stück aus Murten in der Schweiz[404] (Abb. 115) bekannt; an diesem Textil findet sich eine Kombination verschiedenster Techniken. Obwohl es ein Unikat ist, gibt es in seiner Gestaltungsweise gut die handwerkliche „Denkweise" und Kreativität

[404] Vogt 1937, Abb. 62–64.

steinzeitlicher Menschen wieder. Diese wussten, unbelastet von technischen Normierungen, geschickt die verschiedenen Materialgruppen und Herstellungsmethoden zu kombinieren, um Neues zu schaffen. Es handelt sich bei dem Exemplar aus Murten um eine Netzflechterei zwischen zwei Gewebestücken. Das Gewebe ist mit Fruchtkörpern versehen, welche durch schräges Abschneiden der beiden Enden Öffnungen erhielten. Die Samen wurden mit Nadel und Faden aufgenäht, was sich daran zeigt, dass an einer Stelle ein Faden des Gewebes durchstochen ist. An dem Fragment sind zusätzlich neben den beiden Feldern mit der Samenstickerei drei Streifen mit Musterung durch flottierende Fäden sichtbar.

Auch aus den Feuchtbodensiedlungen der Schweiz und Norditaliens sind spätneolithische und frühbronzezeitliche Gewebe erhalten, deren leinwandbindige Grundstruktur mit eingefügten organischen Elementen (Pflanzensamen, *Lithospermum*) aufgepeppt wurde. Der Textilrest von Molina di Ledro, Fundstelle Ledro A[405], ist beispielsweise mit Pflanzensamen geschmückt; leider ist er zu fragmentiert, um ein Muster erkennen zu können.

6.5 Musterung mit Nadel und Faden

Die Kreativität mit Nadel und Faden ist schier unendlich. Spätestens ab der Bronzezeit ist die Nähkunst mit verschiedenen Sticharten bereits voll entwickelt (Kapitel B8, S. 224). Es gibt im Prinzip schon alle Techniken, die in der Handnäherei bis in vorindustrielle Zeit, gar bis heute, üblich sind.

Das Zusammennähen von Kleidung ist bis weit in die Altsteinzeit zurückzuverfolgen, wobei dort vor allem Leder und Felle verarbeitet wurden. Was liegt da näher, als auch Dekorelemente aufzunähen oder durch geschickte Fadenführung mit Nadel und Faden auf der ledernen oder gewobenen Fläche Muster zu gestalten – also zu sticken?

405 Bazzanella et al. 2003, 168.

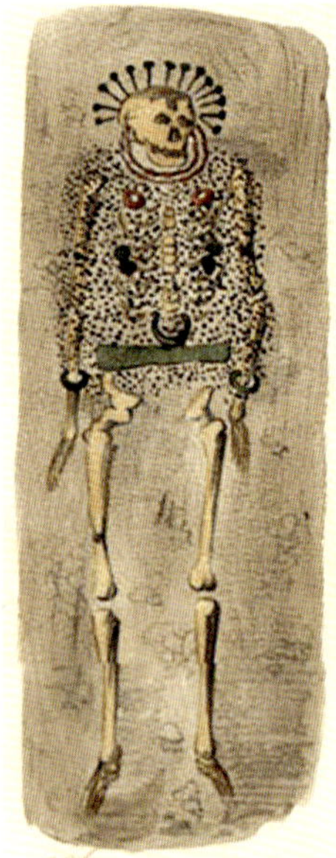 

Abb. 116: Hallstatt, Grab 360: Aquarell des ältereisenzeitlichen Grabbefundes und Bild der Schmuckelemente (von den ursprünglich 3.000 Bronzeknöpfen sind nur noch ca. 150 vorhanden).

6.5.1 Angenähte Dekorelemente (Applikationen)

Der eindrucksvollste Fund eines Gewebes mit Applikationen aus sehr früher Zeit ist die ca. 25.000 Jahre alte Bestattung von zwei Kindern aus Sungir in Russland[406], ca. 200 km östlich von Moskau. Im Grab fanden sich tausende Knochenperlen, die noch genau ihre einstige schmückende Anbringung an der Kleidung rekonstruieren lassen.

Quer durch die Zeiten lassen sich in den Gräbern Bein-, Bronze- und manchmal sogar Goldobjekte nachweisen, die als aufgenähte Schmuckelemente, als Applikationen an Kleidung gedient haben können. Eine vollständige Aufzählung ist in diesem Rahmen nicht möglich, als Beispiel sollen hier zwei schöne eisenzeitliche Befunde aus österreichischem Boden, von Hallstatt und Mitterkirchen, dienen.

Bei den Ausgrabungen im Hallstätter Gräberfeld kamen bereits sehr früh besonders kostbare Funde zutage, so auch bei den zwischen 1846 und 1863 unternommenen Ausgrabungen von Johann

406 Bader und Lavrushin 1998.

Georg Ramsauer. Sie zeichnen sich durch akribische Beschreibungen und Dokumentation mittels aquarellierter Zeichnungen aus (Abb. 116). Bei der Beschreibung von Grab 360 notierte der Ausgräber: *„Ein Skelet 4 Fuß tief in erde und auf festen Schotter gelegen, in einem 7 Fuß langen und 3 Fuß breiten Thonsarg [...], über den Oberkörper bis Hüften um das ganze Skelet ¼ Zoll grohse Bronzknöpf an die Knochen angeklept waren, muhs die Leiche in einen gestickten Halbmantel gehüllt gewesen sein, welcher nach den vorhandenen Spuren von Leder oder anderem unbekannten Stoff gewesen sein dürfte...* [Anm. es folgt die Aufzählung der einzelnen Schmuckgegenstände] ... *dann von der Mantlstickerei bei 3000 Bronzknöpf."* [407] Wir haben hier also ein schönes Beispiel vor uns, wie ein Kleidungsstück mit tausenden Bronzeknöpfchen verziert wurde. Bei diesem alten Befund ist leider nicht klar, ob es sich beim Trägermaterial um Stoff oder Leder handelte.

Ebenfalls in die Hallstattzeit datiert das Fürstengrab X von Mitterkirchen. In Grabkammer 2 wurden bei einer Frauenbestattung im Oberkörper- und Beinbereich tausende Bronzeknöpfchen entdeckt. Diese können ebenfalls als Besatz eines prächtigen Mantels interpretiert werden (vgl. auch Kapitel E5.2, S. 406).

Innerhalb dieses Kontextes sind die zeremoniellen Kleidungsstücke aus dem „fürstlichen" Grab 89 in Verucchio, Italien[408] von Interesse. Auf den mit brettchengewebten Borten an den Kanten verzierten, halbkreisförmigen Manteln wurden Reihen von paarigen Sticklöchern entdeckt. Scheinbar handelt es sich um Reste von angenähter Verzierung, da ihr Durchmesser und der Abstand zwischen den beiden Löchern genau der Durchlochung an der Unterseite einiger kegelförmigen Bernstein-Knubben aus demselben Grab entspricht. Offensichtlich wurde die Kante eines Mantels mit den wunderschönen Bernsteinknöpfen verziert. Als der Nähfaden, wahrscheinlich aus Pflanzenfaser, verging, fielen die dekorativen Elemente ab.

---

[407] Nach Kromer 1959, 94.

[408] Siehe Stauffer 2012, 245–247, Abb. 10.4–10.6.

Abb. 117: Rekonstruktion des „Kunstgewebes" von Pfäffikon-Irgenhausen, Bronzezeit. Schweizerisches Nationalmuseum.

6.5.2 Stickerei und Ziernähte

In der mitteleuropäischen Urgeschichte[409] sind gestickte Muster allgemein seltener als solche, die direkt beim Weben mit eingearbeitet wurden. Neuere Forschungen fördern jedoch immer mehr Funde zutage: Während der mikroskopischen Untersuchung ist es oft möglich, zwischen einem Stickfaden, der durch die Fäden

[409] Stickerei ist ein Phänomen, das im antiken mediterranen Raum, wie etwa in Ägypten (Barber 1991, 121, 153, 159–162) oder im archaischen und klassischen Griechenland (z. B. Koropoi) weithin bekannt ist. Spantidaki und Moulherat 2012, Abb. 7.16.

des Gewebes gestochen wird, und einem flottierenden Faden, der zwischen den Kettfäden verläuft, zu unterscheiden. Aus dem Pfahlbau von Molina di Ledro, Norditalien, gibt es mehrere frühbronzezeitliche Fragmente von Flachsgeweben in Leinwandbindung mit eingestickten Schlingen als musterbildendes Element[410]. Eine ähnliche oberflächliche Bestickung bedeckt den Ärmel und Halsausschnitt der bronzezeitlichen Bluse aus einer weiblichen Eichensargbestattung in Skrydstrup, Dänemark.[411]

Abb. 118: Glauberg in Deutschland, Tumulus 1, Grab 1. leinwandbindiges Grundgewebe mit Muster in zopfartiger Struktur, ca. 400 v. Chr.

Ein altbekanntes Textil aus den Schweizer Pfahlbauten ist das berühmte „Kunstgewebe" von Pfäffikon-Irgenhausen[412] (Abb. 117), das zunächst gemeinsam mit steinzeitlichen Funden aus der Schweiz publiziert wurde. Erst gegen Ende des 20. Jahrhunderts gelang es, mittels ^{14}C-Datierung das Alter dieses einzigartigen Stückes zu bestimmen. Mit einem kalibrierten Wert von 1.685–1.493 v. Chr. ist es nun in den Übergang Früh- zu Mittelbronzezeit zu stellen. Dieses in mehreren Bruchstücken vorliegende Flachsgewebe wurde in Leinwandbindung mit 0,5 mm feinen Fäden (S-Zwirne) gefertigt. Es ist komplex gemustert, was der Forschung Anlass gab, schon viele Vorschläge zu seiner Herstellungsweise zu machen. Emil Vogt, der das Stück als Erster detailliert beschrieben hat, bezeichnete es 1937 als broschiert mit Dreiecken und Schachbrettmustern. Er gibt auch in Schemazeichnungen die komplexen Fadenführungen wieder – sie flottieren teils in Schussrichtung, teils in Kettrichtung, aber auch schräg. Der Richtungsverlauf ist von den verschiedenen Musterfeldern abhängig, sehr variationsreich und aufwändig. Die Musterung besteht aus großen gefüllten Dreiecken, getrennt durch horizontale Bänder mit schachbrettartigen Mustern, eingefasst von Bändern in Schachbrettmuster. Johanna Banck-Burgess zählt dieses Gewebe zu jenen, die in der Technik „fliegender Faden" gefertigt wurden. Nach neuesten Forschungen der Schweizer Textilexpertin Antoinette Rast-Eicher handelt es sich aber um eine Stickerei[413], da manche der Fäden durchstochen wurden.

410 Molina: Bazzanella et al. 2003, 170. „ricamo a festoni". – Skrydstrup: Broholm und Hald 1940, Abb. 138. – Mannering et al. 2012, 101.

411 Broholm und Hald 1940, 97, Abb. 138.

412 Detaillierte Erstbeschreibung: Vogt 1937, 76–90, Abb. 112–150. – Erneute technische Beschreibung: Rast-Eicher in Bazzanella et al. 2003, 226–227. – Rast-Eicher 2012, 381; 2017.

413 Rast-Eicher 2012, 381.

Abb. 119: Dürrnberg, Österreich: Köperbindiges Gewebefragment aus dem Salzbergwerk mit Muster, Frühlatènezeit.

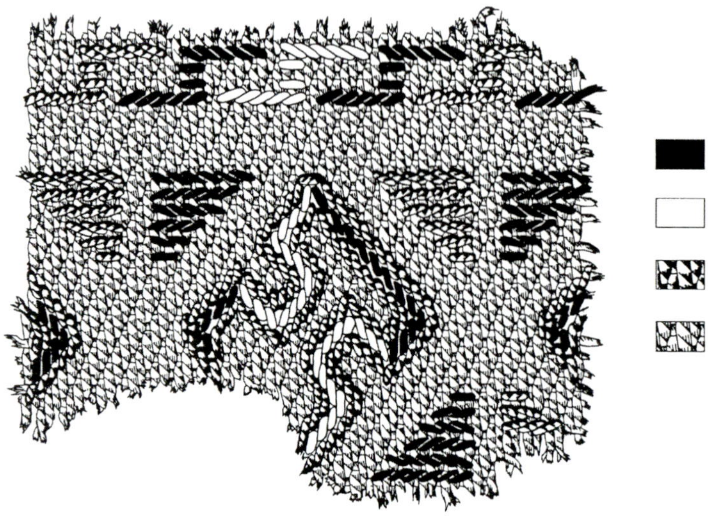

Jüngste Untersuchungen eines Textils des frühkeltischen Kriegers von Tumulus 1/Grab 1 am Glauberg in Deutschland (datiert um 420/380 v. Chr.)[414] ergaben, dass die zopfartige Struktur auf einem dichten leinwandbindigen Textil (Abb. 118) wahrscheinlich mit Nadel und Faden nach dem Weben des Stoffes hergestellt wurde.

Auch unter den Textilfunden aus dem Salzbergwerk von Dürrnberg/Hallein[415] (Abb. 119) ist aus den neueren Grabungen ein derartiges Fragment bekannt. Dieses Gewebe hat ein köperbindiges Grundgewebe und zeigt darauf Muster aus einem Band farbiger S-Haken in grün, weiß und rot, mit einem zentralen Musterfeld aus Zinnenmäandern sowie in den Zwickeln begleitende Dreiecke in Rot und Grün. Die erkennbare Fadenführung des Gewebes lässt hier ebenfalls eher auf Stickerei als auf die Technik des „fliegenden Fadens" schließen.

Ein bereits länger bekanntes Exemplar einer echten Stickerei war an einem Gewebe angebracht, das in einen Fußreifen aus Bronzeblech gestopft worden war (vgl. Kapitel D5, S. 326–327). Es stammt aus einem latènezeitlichen Grab aus Nové Zamky[416] in der Slowakei (Abb. 120).

414 Balzer, Peek und Vanden Berghe 2014, Abb. 6.

415 Von Kurzynski 1998, 566–568, Abb. 8.

416 Pieta 1992. – Belanová 2005, Abb. 3, 4 und Farbtaf. 20.

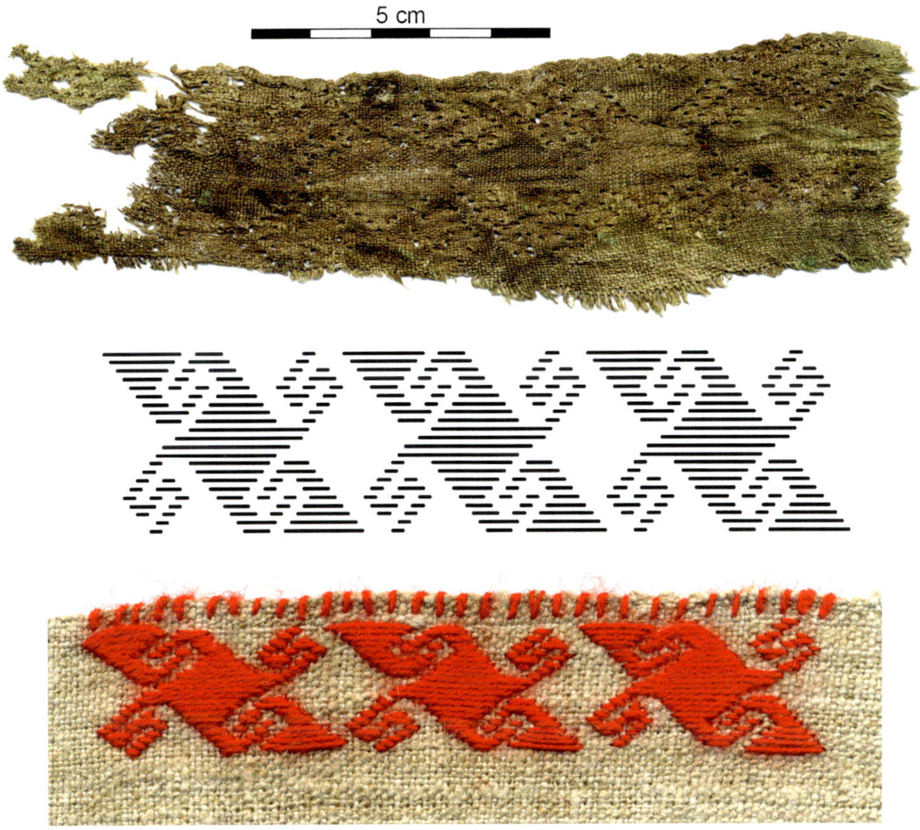

Abb. 120: Gesticktes Gewebe aus Nové Zamky, Slowakei, Latènezeit.

Das leinwandbindige Gewebe besteht aus Flachs und hat sehr ausgeprägte Einstichlöcher, in denen sich noch teils Stickfäden aus roter Wolle erhalten haben. Entlang der Stichführung sind Verziehungen des Stoffes zu beobachten. Es ergab sich die Frage, ob auch dieses Exemplar als mit „fliegendem Faden" hergestellt zu werten sei. Aufgrund der angeführten Charakteristika ist es aber sicher, dass es eine Stickerei ist, da die mit „fliegenden Fäden" beim Weben gemusterten Stücke eine glatte Oberfläche haben und die Musterfäden keine großen Löcher hinterlassen würden. Das Muster von Nové Zamky wurde als S-Muster bzw. als ineinandergreifende Trompetenmotive beschrieben. Das gestickte Motiv erscheint kurviger als die stark geometrischen eingewobenen Muster. Das Motiv der Stickerei, das Trompetenmuster, ist typisch für den frühlatènezeitlichen Stil.

Abb.121: Hallstatt Salzbergwerk, Gewebe mit Ziernaht aus der Älteren Eisenzeit.

Zu den Stickereien im weitesten Sinne können die Ziernähte aus Hallstatt gezählt werden[417] (Abb. 121). Bei einem größeren Stoffstück wurde ein rechteckiger Teil sorgfältig eingesetzt und die Naht auf der „Schauseite“ mit dichtem Schlingstich abgedeckt, der als Schmuckelement zweifarbig, in blau und weiß, ausgeführt wurde. Dasselbe Gewebe trägt an der Rollsaumkante vier Stielstichreihen ebenfalls in Blau und Weiß, also farbig auf die Ziernaht abgestimmt.

Die früheste Stickerei, die aus Britannien bekannt ist, ist ein Köperstoff aus einem latènezeitlichen Grab bei Burton Fleming. Das Textil hatte eine aufwändig gearbeitete Borte.[418]

[417] Grömer 2013, 88–89; Rösel-Mautendorfer 2013, 115–116, Eisenzeit Katalog: HallTex 64 und 153.

[418] Crowfoot 1991, 119–120, 125.

6.6 Bemalen von Stoffen

In vielen prähistorischen Kulturen spielte die Verwendung von Farbe eine große Rolle. Sie zählt zu den ältesten Schmuckarten überhaupt, so sind erste Farbreste von den Neandertalern erhalten. Verschiedene mit Malmustern verzierte Gegenstände und vor allem die Höhlenmalereien wie in Altamira und Lascaux[419] erzählen eindrucksvoll von der Bedeutung farbiger Bilder selbst für altsteinzeitliche Menschen. Die häufigsten archäologischen Hinterlassenschaften zur Farbe sind vor allem bemalte Tongefäße. In unserem Raum hat uns etwa in der mittleren Jungsteinzeit die Lengyelkultur[420] oder Bemaltkeramik formschöne Keramik mit ausgefeilter geritzter und bemalter Musterung hinterlassen (Abb. 122). Rot und Gelb von Rötel und Ocker, Weiß von Kalk und Schwarz von Holzkohle wurden dafür verwendet und in geometrischen Motiven aufgetragen. Farbiger Hüttenlehm – der Lehmbewurf von Häusern aus dieser Zeit – deutet sogar an, dass selbst die Behausungen bunt geschmückt wurden. Aus Falkenstein in Niederösterreich gibt es eine Frauenfigur, die am Unterleib mit einem Malmuster geschmückt ist (Abb. 179, S. 357).

Abb. 122: Bemalte Keramik aus Herzogenburg in Österreich, Mittlere Jungsteinzeit.

Was liegt näher, als anzudenken, dass auch Kleidung aus Stoff oder Leder mit aufgemaltem Dekor versehen wurde? Die glatte Fläche eines leinwandbindigen Gewebes ist eigentlich prädestiniert als Untergrund für Malerei. Mangels zeitgenössischer textiler Funde mit Bemalung lässt sich dies jedoch nicht beweisen.

Teilweise wurde vorgeschlagen, dass die kleinen Tonstempel *(pintadera)*, die im kompletten neolithischen Europa gefunden wurden (Abb. 123–124)[421], genauso gut für die Stempelung von Stoff oder als Verzierung menschlicher Haut verwendet werden konnten. Aus dem Mittelneolithikum sind Tonstempel mit

[419] Clottes 2003.

[420] Urban 2000, 80–92.

[421] Von Duhn 1927/1928. – Österreichische Funde: Lenneis et al. 1995, Abb. 47/11. – Ruttkay 1993/1994.

Abb. 123: Tonstempel „*pintadera*“ aus Stillfried-Ziegelei und Hadersdorf, Österreich, Mittlere Jungsteinzeit, ca. 4.600/4.500 v. Chr.

kreisförmigem Muster und quadratischem Kreuzmuster aus Hadersdorf und Stillfried – Ziegelei in Österreich bekannt (Abb. 123). Der letztgenannte Stempel stammt aus der Lengyel-Kultur und weist auf der Vorderseite noch Reste von roten Pigmenten (roter Ocker ?) auf. Dieses Objekt wurde verwendet, um Kreise mit roter Farbe zu stempeln. *Pintadera* mit aufwändigerem Design können aus frühkupferzeitlichen Fundorten wie Zwerndorf in Österreich, Drama in Bulgarien oder Caverna delle Pollera und Arma dell'Aquila in Italien genannt werden (Abb. 124). Wir sehen Punkte, die in Reihen oder Zickzacklinien angeordnet sind, manchmal begleitet von Linien; Spiralen und Linien, die zu komplizierten Mustern zusammengesetzt sind.

Auch in der Eisenzeit ist beispielsweise die Hallstattkultur stark von Farbe geprägt. Kräftige Kontraste, etwa die Schwarz-Rot-Bemalung der Keramik, prägen diese Zeit[422]. Im textilen Bereich wurde dieses Designprinzip der starken, tiefen Farben wohl gerne durch Behandlung der Stoffe im Farbbad und mit großzügigen Farbmustern in gefärbten Garnen umgesetzt. Ein bemalter

[422] Siehe etwa Kern, Kowarik, Rausch und Reschreiter 2008, z. B. 121.

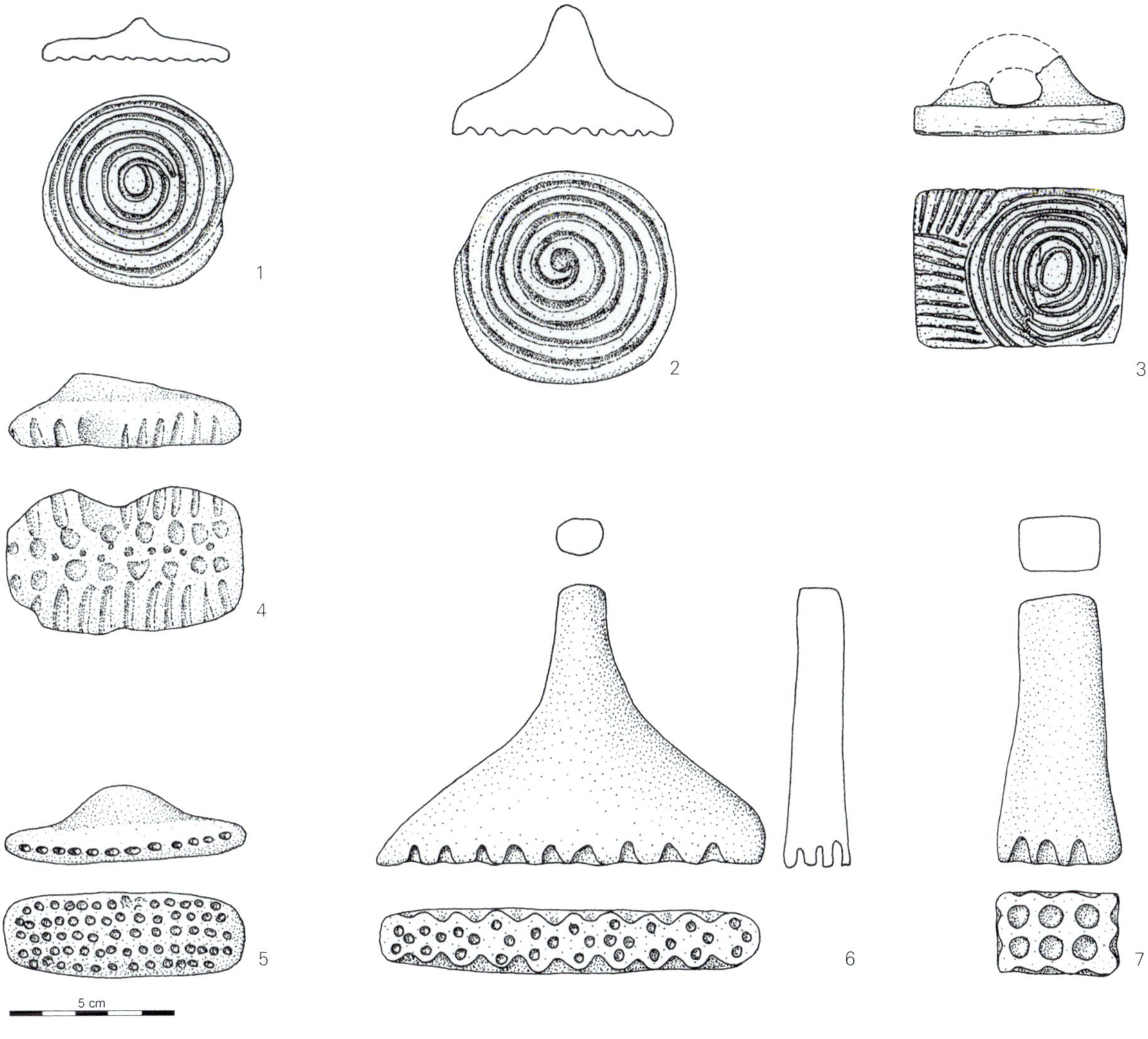

Stoff wurde unter den zahlreichen, vorzüglich und farbig erhaltenen Fragmenten aus den österreichischen Salzbergwerken bisher nicht entdeckt. Bei mineralisierten Textilien in Gräbern ist es hingegen einsichtig, dass keine Farbigkeit mehr vorhanden ist.

Man mag das Fehlen von bemalten Stoffen auch darauf zurückführen können, dass sich eine eventuell aufgetragene Malfarbe unter feuchten Bedingungen (etwa Feuchtbodensiedlungen, Moore, Salzbergwerk) löst. Dennoch gelang es den Forscherinnen des Centre for Textile Research in Kopenhagen bei der neuerlichen Analyse der eisenzeitlichen Moorfunde Dänemarks

Abb. 124: Tonstempel, Ältere Kupferzeit, ca. 4.300–3.900 v. Chr. Dietenberg, Österreich (1), Salmanovo, Bulgarien (2), Drama, Bulgarien (3), Caverna delle Pollera, Italien (4), Arma dell'Aquila, Italien (5), Zwerndorf, Österreich (6–7).

auch Hinweise auf ein bemaltes Textil zu entdecken[423]. Es handelt sich bei dem Fund aus Ømark in Dänemark, datierend zwischen 390 bis 200 v. Chr., um ein vollständiges rechteckiges Tuch mit einem aufgemalten Muster aus Wellenlinien. Ist dies nun ein singulärer Fund oder nur der Anzeiger von Fundlücken? – Wir wissen es nicht.

Ansonsten sind bemalte Stoffe eher an Textilien aus trockener Erhaltung nachgewiesen, etwa an Geweben aus Ägypten[424]. Im antiken Griechenland[425] sind – wohl bedingt durch den Forschungsstand und die Erhaltungsbedingungen – bemalte Stoffe selten, die wenigen Nachweise stammen von der Krimhalbinsel. Die auf den griechischen Gefäßen als Verzierung von Kleidung abgebildeten Muster in floralem, ornamentalem oder figürlichem Design konnten neben Malerei auch mit anderen Techniken gestaltet werden. So sind Kelimstechniken (bzw. „Wirken") durch mehrere gemusterte Gewebe aus reichen Gräbern des 5. bis 4. Jahrhunderts v. Chr. nachgewiesen. Bei diesen werden farbige Schussfäden verwendet, die im Gewebe nur so weit geführt werden, wie es das Muster erfordert.

7 Ausrüsten von Stoffen

Die Gewebeausrüstung umfasst jene Arbeitsschritte, die nach Abnahme eines Textils vom Webstuhl stattfinden und der Veredelung der Stoffe dienen[426]. Sie tragen entscheidend zur Qualität und zum Aussehen des Fertigproduktes bei. Bei der Ausrüstung werden die Textilien je nach Rohmaterial und intendiertem Verwendungszweck unterschiedlich nachbehandelt. Nach Claus

[423] Freundlicher Hinweis Ulla Mannering, Projekt „Textile and Costume from Bronze and Early Iron Age in Danish collections". Kurz erwähnt in Mannering et al. 2010, 266.

[424] Siehe Barber 1991, 146. Das früheste bemalte Textil ist ein prädynastischer Stoff, der in einem Grab bei el-Gebelein, Ägypten gefunden wurde. Das leinwandbindige Gewebe war rot, schwarz und weiß bemalt, mit Szenen der Bootsfahrt, Jagd und Bestattungsritualen.

[425] Pekridou-Gorecki 1989, Bemalte Stoffe: 50, Abb. 26. – Siehe dazu die Überlegungen bei Banck-Burgess 1999, 62–65. Fundorte Kerameikos, Koropoi, Lefkandi und Vergina. Im Katalog S. 227–230.

[426] Siehe auch Gleba und Mannering 2012, 17. – Wild 1970, 84–85. – Wild 1988, 57–58.

Abb. 125: Verfilztes (gewalktes) Gewebe aus dem Salzbergwerk Hallstatt, Ältere Eisenzeit, mit Detail der Oberfläche.

Tidow[427], dem ehemaligen Leiter des Textilmuseums Neumünster in Deutschland, sind in vorindustrieller Zeit die wichtigsten Verfahren zur Behandlung von Wollgeweben das Noppen und Rauhen, Waschen, Walken, Trocknen, Scheren und Pressen. Bei Leinengeweben war Bleichen und Glätten üblich. Wie Tidow selbst betont, sind diese Ausrüsteverfahren bis in das Hochmittelalter nur selten durch archäologische Funde, Abbildungen oder Schriftquellen belegt.

An archäologischen Textilien ist nur noch schwer zu entscheiden, ob die im jetzt vorliegenden Zustand optisch erkennbaren Merkmale als bewusste Geweberausrüstung durchgeführt wurden, ob sie im Zuge der Benützung und teilweisen Sekundärverwendung entstanden oder ob sie als ein Ergebnis der Bodenlagerung und der Verrottung zu werten sind.

[427] Tidow 2005.

7.1 Ausrüsten von Wollgeweben

Das **Noppen von Stoffen** diente nach mittelalterlichen Aufzeichnungen und Bildquellen dazu, Verunreinigungen aus dem Textil zu entfernen und Unregelmäßigkeiten auszugleichen. Dies geschah mit einem pinzettenartigen Noppeneisen. Pinzetten wurden zwar öfter in eisenzeitlichen Gräbern[428] gefunden, dieses Allzweckgerät diente aber in diesen Fällen wohl dazu, unerwünschte Haare zu entfernen. Ein direkter Zusammenhang zwischen Textilverarbeitung und Pinzetten gelang für die mitteleuropäische Urgeschichte bisher nicht.

Mittels **Aufrauen** wurde ein Faserflor auf der Oberfläche von Wollgeweben erzeugt[429], um sie sowohl weicher als auch wärmer zu gestalten. Das dazu benützte Gerät ist entweder die Kardendistel *(Dipsacus fullonum)* oder eine mit Nadeln besetzte, bürstenartige Kratzen, wie auf einem römischen Wandbild aus Pompeii dargestellt[430]. In der römischen Welt wurde das Aufrauen auch mit einem mit Igel-Pelz bedeckten Brett durchgeführt. Die bereits in Kapitel B2.3 (S. 73 ff.) besprochen „Hechelbretter" wären ebenfalls einsetzbar. Der aufgeraute Stoff wurde bis dahin mit Scheren getrimmt bis er gleichmäßig war.

Gewalkte Wolltextilien zeichnen sich durch eine starke Oberflächenverdichtung und -verfilzung aus. Ob diese Oberflächenstruktur durch Walken gezielt herbeigeführt wurde oder durch den Gebrauch, möglicherweise auch durch die Lagerung im Boden entstand, muss bei jedem Einzelstück separat entschieden werden. Unter den bronze- und eisenzeitlichen Geweben vom Salzbergwerk Hallstatt finden sich jedoch einige Stücke, die offenbar gezielt verfilzt, also gewalkt, wurden[431]. Diese sind an den Oberflächen teils so stark verfilzt, dass die Gewebestruktur nicht mehr klar sichtbar ist (Abb. 125). Weitere gewalkte Textilien

428 Beispielsweise Gräber vom Dürrnberg. Pauli 1978, 260–261.

429 Goldmann 1990.

430 vgl. Wild 1970, 180.

431 Grömer 2013, 80–81, z. B. HallTex 95 oder 223.

sind etwa aus Castione di Marchesi, I[432] oder von den bronzezeitlichen Gewändern des Nordischen Kreises belegt[433].

Das Wollgewebe wird beim Walken[434] zunächst unter Zugabe eines Walkmittels wie tonhaltiger Erde oder abgestandenem Urin von Fetten gereinigt und schließlich gestampft und geknetet, um die gewünschte Verdichtung der Gewebefäden untereinander zu erreichen. Die Walkmittelzugabe erleichtert die Verfilzung unter anderem durch die Entfernung der enthaltenen Fette. Der Grad der Verfilzung kann beim Walken durchaus intentionell gesteuert werden, je nach Intensität des Walkvorganges. Durch das Walken schrumpft das Gewebe, wobei sich der Wollstoff durch das Einlaufen in Kett- und Schussrichtung verdichtet und sich so die Zug- und Scheuerfestigkeit erhöht. Durch Walken wird der Stoff dichter, dicker und somit auch wasserabstoßend und sehr strapazierfähig. Gefilzte, gewobene Wollstoffe werden bis heute in Zentraleuropa getragen, vor allem bei kälterem Wetter.[435]

Ab römischer Zeit ist Walken auch schriftlich nachgewiesen, da es einen eigenen Berufsstand, den des Walkers *(fullo)* gibt[436]. Diese HandwerkerInnen spielten eine entscheidende Rolle in der Textilwirtschaft – sowohl bei der Herstellung neu-gewobener Kleidung als auch der Pflege und Instandhaltung benutzter Kleidung. Ebenfalls aus römischer Zeit (1. Jahrhundert n. Chr.) stammt ein Grabstein aus Sens, Frankreich[437], der plastisch die Tätigkeit eines Walkers zeigt. Dieser stampft mit den Füßen ein Gewebe in einem quadratischen Bottich. Dahinter hängt an einer Stange ein Tuch zum Trocknen.

Echter Filz, der nicht auf dem Walken eines Gewebes basiert, sondern rein auf der Verbindung von Wollfasern[438], findet sich in

432 Bazzanella 2012, Abb. 8.12.

433 Broholm und Hald 1940, 17, 27. – Mannering et al. 2012, 97–102.

434 Siehe Barber 1991, 216–217. – Schlabow 1974, 187. – Tidow 2005, 370–371. – Wild 1988, 57–58.

435 Siehe z. B. „Lodenwalke Ramsau": http://www.lodenwalker.at/cms/index.php?id=40

436 Detailliert in: Flohr 2013.

437 Wild 1970, Abb. 73.

438 Siehe Barber 1991, 215–216.

der Hallstattkultur Mitteleuropas in der Býčí skála-Höhle, einem Höhlenopferplatz in Mähren[439].

Der nächste Arbeitsschritt wäre nun nach Tidow 2005 das **Spannen und Trocknen** der gewalkten und gewaschenen Tuche, um diese wieder auf eine gleichmäßige Länge und Breite zu bekommen. Dies ist nun – ebenso wie das Pressen – für die Urgeschichte nicht nachweisbar – wohl aber denkbar.

Eine Wandmalerei aus dem 1. Jahrhundert von einer Walkereiwerkstatt in Pompeji bildet eine Kleiderpresse ab. Kleidungsstücke wurden zwischen zwei Bretter, die zusammengeschraubt werden konnten, gedrückt. [440] Die Verucchio Textilien[441] liefern den ersten möglichen Hinweis für **Plissieren**. Ein zeremonielles Kleidungsstück in Form einer langen, ärmellosen Tunika mit offenen Seiten und gerundeten unteren Kanten (Objekt A), aus einem regelmäßigen Wollköper, trägt eine bemerkenswerte Struktur. Auf der Oberfläche des Kleidungsstückes konnte bei einem starken Seitenlicht ein regelmäßiges Faltensystem in beiden Richtungen erkannt werden. Die Falten formen kleine, um 4 × 3 cm große Rechtecke, die bewusst erstellt wurden. Da das Plissee über die brettchengewebten Borten laufen, scheint es sicher, dass das Kleidungsstück nach seiner Fertigstellung plissiert wurde. Im plissierten Zustand sah das Stück bestimmt sehr anders aus als heute. Seine Form war optisch minimiert und es würde mehr wie ein *chiton* als eine ärmellose Tunika aussehen.

7.2 Ausrüsten von Leinengeweben

Leinengewebe wurden durch Bleichen und **Glätten** behandelt. Glätten kann angewendet werden, um Stoffen, vor allem Leinen, eine glänzende, gleichmäßige Oberfläche zu verleihen. Beim Glätten mittels rundlicher Glättsteine erzielte man eine ebenmäßige, geschlossene Oberfläche. Solche Glättsteine aus Glas sind auch aus der römischen Kaiserzeit nachgewiesen[442] (Abb. 126).

---

439 vgl. Rast-Eicher 1995, 168–169.

440 Croom 2002, 24–25, Abb. 4.

441 Stauffer 2012, 249–250, Abb. 10.10 und 10.11 (Plissee Muster).

442 Wild 1970, 84–85. – Gostenčnik 2014, 83–84.

Abb. 126: Glättstein vom Magdalensberg in Österreich, ca. 50 v. Chr. – 50 n. Chr.

Glatt polierte Kieselsteine können ebenso wie Glas verwendet werden. Siedlungsfunde von glatten Kieseln werden aber in der Archäologie meist nicht in diese Richtung interpretiert.

Es findet sich in der Literatur bisher lediglich ein Hinweis auf einen Glättstein: Unter einem Abri, einem überhängenden Felsdach im schluchtartig engen Mühltal in Deutschland (Abri Mühltal I)[443], wurden Fundstücke entdeckt, die textiles Arbeiten an diesem saisonal genutzten Platz belegen. In der jungbronzezeitlichen Fundschicht 6 fand man ein Webbrettchen, ein Fragment eines keramischen Spinnwirtels sowie einen Glättstein aus einem kleinen Bachgeröll, vermutlich aus Kieselschiefer. Dieser war allseitig zu einer verrundet-kantigen Würfelform glattgeschliffen und poliert worden. Die Fundschicht 6 wird durch ^{14}C-Proben von Holzkohle in den Zeitraum zwischen 1.400 bis 1.075 v. Chr. datiert.

Allgemein ist aber das Glätten, wie auch das nachfolgend beschriebene **Bleichen**, noch nicht für die Urgeschichte belegt, da es auch an den erhaltenen Originaltextilien nach der langen Bodenlagerung nicht sichtbar ist. Ungebleichtes Leinen erscheint grau. Das Bleichen von Leinen mit Naturmitteln[444] ist ein Verfahren, das in Mitteleuropa noch bis in das 20. Jahrhundert praktiziert wurde – wie weit diese Verfahren in der Geschichte zu-

[443] vgl. Grote 1994, Teil I/1, S. 141–149; Teil I/2, Taf. 101,3.

[444] Hess 1958, 298–299.

Abb. 127: Wäschebleiche beim Riweinhof in Alberndorf, Oberösterreich. Bild im Heimathaus Gallneukirchen, um 1910.

rückgehen, ist aber nicht bekannt. Um dem Leinen ein weißes Aussehen zu geben, wurde das Leinengut in den Sommermonaten auf Wiesen gelegt und mit Wasser besprüht. Die traditionelle Methode des Bleichens ist es, das Leinen nass auf Gras zu legen. Dort lässt der geringe Ozonanteil den Stoff langsam heller werden. Dies wird uns auch durch einen volkskundlichen Beleg aus dem oberösterreichischen Mühlviertel vom Beginn des 20. Jahrhunderts vor Augen geführt (Abb. 127). Hier wird auf einer Wiese vor dem Riweinhof in Alberndorf Wäsche gebleicht.

7.3 Waschen und Färben

Neben diesen speziellen Veredelungsmethoden für Wolle und Leinen wird auch das bereits in Kapitel B5 (S. 145 ff.) beschriebene Färben zu den Veredelungstechniken gezählt.

Das **Waschen** von Textilien ist ein Prozess, der heutzutage häufig und notwendig zu sein scheint. Im alten Griechenland und römischen Kaiserreich berichten schriftliche Zeugnisse von Reinigungswerkzeugen, Geräten und Seifenzutaten.[445] Archäologische Nachweise für Wasch- und/oder Färbestätten[446] sind z. B. Waschzubehör, wie etwa Wasserzufuhr, Becken, Heizmöglichkeiten, Abflüsse, Bereiche für das Trocknen und Werktische. Für das Färben sind zusätzlich Färbedrogen, Beizmittel und Werkzeug wie Reibsteine notwendig. Für viele altertümliche mediterrane Fundstätten werden diese vermutet, jedoch gibt es keine sicheren Nachweise für den Kontext von Waschen und Färben, da diese große Installationen für die Flüssigkeiten benötigen. Die bekanntesten Fundorte sind Pompeji, *offectoria* VII.ii.11 (Italien, 1. Jahrhundert n. Chr.), Barcelona (Spanien, 2. Jahrhundert v. Chr.) oder Athribis (Ägypten, römerzeitlich). Während der Römerzeit ist der Walker (*fullo*, in einer *fullonica* arbeitend)[447] für die Instandhaltung der benutzten Kleidung verantwortlich – er wusch und entfettete Kleidung mit alkalinen Chemikalien, entfernte Flecken und Beschmutzung, und glättete die Oberfläche, sodass sie sich weich anfühlte und gleichmäßig erschien. Es gibt Nachweise von Blei-Etikette *(tesserae)*[448] aus den römischen Provinzen Noricum und Pannonia, darauf stehen Namen, Professionen, Nummern und Zeichen, Namen der Farben und Kleidungsstücke, Löhne und Preise – manchmal die der *fullonicae*. Ein interessantes Detail ist das Vorkommen des Worts *fullo* und der Erstbuchstabens einer Farbe auf demselben Etikett vom Kalsdorf Hort. Das deutet darauf hin, dass eine Walkerei auch Kleidungsstücke färben konnte oder ausgebleichte Kleidung nachfärben konnte.

Waschen von Wolle und Textilien ist somit für das prähistorische Zentraleuropa schwierig zu erkennen, da großes oder sogar kleines Zubehör für die Behandlung von Flüssigkeiten bisher nicht identifiziert wurde. Traditionell waren für das bloße Waschen von Kleidung keine großen industriellen Betriebe notwendig, wie oben beschrieben. Es gibt nur einen indirekten Hinweis

---

445 Pekridou-Gorecki 1989, 52–53. – Barber 1991, 240, 274.

446 Siehe Alberti 2007, 59–61, vgl. Abb. 9.1.

447 Siehe auch Flohr 2013. – Wild 1988, 57–58.

448 Gostenčnik 2013, 75–76. – Radman-Livaja 2013.

auf Waschen, nämlich das Färben. Hierbei ist es notwendig, das Lanolin (Wollfett) von den Fasern zu entfernen, um erfolgreich zu färben. Fett zu entfernet bedeutet zu waschen – zu behandeln mit Seife oder Pottasche (Kaliumkarbonat, K_2CO_3)[449]. Färben ist für Zentraleuropa mindestens ab der Mittelbronzezeit nachgewiesen. Wenn wir argumentieren, dass das Waschen von Wolle zu dieser Zeit bekannt war, können wir auch davon ausgehen, dass Textilien, vor allem Kleidungsstücke, gewaschen wurden – um sie für eine lange Benutzung vorzubereiten. Wir wissen, dass Kleidungsstücke lange Zeit benutzt wurden, da Spuren von Reparaturen, Ausbesserungen und Flicken häufig bei prähistorischen Textilien anzutreffen sind (siehe folgendes Kapitel).

8 Nähen und Schneiderei

(Helga Rösel-Mautendorfer)

Seit dem Beginn der Kleidung im Paläolithikum werden Stoff-, Leder- oder Fellteile mit Nadel und Faden zusammengenäht. Ganze Gewänder sind sehr selten und die erhaltenen Textilien sind meist sehr klein. Dennoch weisen viele dieser Funde auf unterschiedliche Nähtechniken hin. Die ältesten mitteleuropäischen Textilfunde mit Stichen kennen wir aus dem Neolithikum aus der Schweiz[450]. Textilfunde mit Säumen stammen aus Wetzikon-Robenhausen, Meilen, Feldmeilen-Vorderfeld, Lüscherz, Vinelz. Ein Fund, bestehend aus zwei Textilien, die durch eine Naht Kante an Kante verbundenen wurden, stammt aus Zürich. Eingenähte Fransen erscheinen auf Stoffen sowohl aus Zürich als auch aus Twann.

Der spektakulärste Fund genähter Leder- und Fellkleidung stammt von der kupferzeitlichen Gletschermumie aus den Ötztaler Alpen[451]. Da sich organische Materialien nur unter besonderen Bedingungen erhalten, ist auch der Einblick in die Näh-

449 Siehe archäologische Nachweise für Pottasche in einem Krug bei Tell Beit Mirsim: Albright 1941–43, 59.

450 Médard 2010, siehe Fundstellen: 168, 192–219, 238–239.

451 Egg und Spindler 2009.

technik begrenzt. Informationen bieten die bronzezeitlichen Kleidungsstücke aus den dänischen Baumsärgen, wobei aus Borum Eshøj, Muldbjerg, Storehøj, Trindhøj und Skrydstup, Dänemark komplette Kleidungsensembles bekannt sind.[452] Für die Bronzezeit in Mitteleuropa sind die Funde aus Hallstatt, Österreich[453], Molina di Ledro, Italien und Irgenhausen, Schweiz[454], sowie die eisenzeitlichen Funde aus Hallstatt/Österreich[455] und vom Dürrnberg, Österreich[456] von Bedeutung für die Untersuchung der Nähtechniken.

Das Nähen diente nicht nur dazu, Stoffteile zu verbinden oder zum Versäubern von Kanten, sondern es hatte auch eine Verzierungsfunktion (vgl. Kapitel B6.5, S. 205) wie bei Ziernähten und der Stickerei. Das Annähen von Borten und anderen dekorativen Elementen wie Bronzeknöpfchen und Zierblechen gehört zu den Aufgaben der/des Nähenden. Weiters spielte auch das Ausbessern von Stoffen, das Stopfen und Flicken, eine nicht geringe Rolle im Bereich der Nähtechnik.

8.1 Werkzeuge

Das wichtigste Werkzeug für das Nähen ist die Nadel. Nadeln kommen im Fundmaterial aus Knochen oder Geweih, aus Bronze und Eisen vor und sind leider eher selten. Die Nähnadel mit Öhr[457] als kulturtechnische Errungenschaft begleitet den Menschen schon seit der Altsteinzeit, obwohl man auch ohne Nadel mit Öhr nähen kann. Wahrscheinlich haben schon die Neandertaler und sicher die Menschen im Jungpaläolithikum genäht. Es wird vermutet, dass Löcher mithilfe von Ahlen vorgestochen wurden und Nadeln mit Kerben für das Durchfädeln von Fäden verwendet wurden. Knochennadeln mit Öhr aus Grubgraben

452 Broholm und Hald 1940. – Mannering, Gleba und Bloch Hansen 2012, 89–118.

453 Hundt 1959; 1960; 1967; 1987. – Rösel-Mautendorfer 2011. – Harris et al. 2009, 22–26. – Grömer et al. 2013a.

454 Bazzanella et al. 2003.

455 Rösel-Mautendorfer 2013, 99–117. – Harris 2012, 61–97.

456 Stöllner 2002. – Grömer und Stöllner 2011, 105–157.

457 Nadelfunde: Grub-Kranawetberg: Naturhistorisches Museum Wien, Forschungen Walpurga Antl-Weiser. – Petersfels: Stradal und Brommer 1990, 7. – Möringen: Bernatzky-Goetze 1987, Taf. 106. – Kundl: Lang 1998, Taf. 34. – Manching: Von Kurzynski 1996, 16, Abb. 16.

Abb. 128: Nähnadelfunde aus verschiedenen Gräbern von Hallstatt.

bei Kammern oder vom Petersfels im Hegau belegen seit dem Gravettien spätestens um 20.000 vor Christus, dass bereits genähte Leder- und Fellkleidung benützt wurde.

In der Steinzeit wurden Nadeln und Ahlen aus Knochen hergestellt, in der Bronzezeit verwendete man daneben auch solche aus Bronze. Funde von spätbronzezeitlichen Bronzenadeln stammen zum Beispiel aus Möringen. Frühe eisenzeitliche Bronzenadeln wurden in Hochdorf und Hallstatt entdeckt (Abb. 128). Die Nadeln weisen unterschiedliche Längen und Stärken auf. Eine sehr feine Nadel beispielsweise aus Hochdorf mit nur 1,7 cm Länge wurde wahrscheinlich zum Zusammennähen sehr feiner Stoffe verwendet. Latènezeitliche Nähnadeln sind aus Kundl in Tirol erhalten, eiserne Nähnadeln aus Manching in Deutschland.

Nachweise für zugeschnittene Kleidungsstücke finden wir bei den bronzezeitlichen Textilien, speziell bei den Blusenfunden aus Jütland (vgl. Kapitel E, S. 335 ff.). Auch bei den Textilien aus Hallstatt findet man ab der Mittelbronzezeit schräg bzw. bogig zum Fadenlauf geschnittene Stoffe. Der Zuschnitt wurde zu dieser Zeit mit Messern oder Klingen durchgeführt. Es eignen sich zum Zuschneiden von Stoff Steinklingen ebenso wie Metallklingen. Der Zuschnitt muss allerdings auf einem harten Untergrund erfolgen, zum Beispiel auf einem Holzbrett oder einem flachen Stein. Ab der Jüngeren Eisenzeit konnte man die neu erfundene Schere zum Zuschneiden von Stoff verwenden. Funde von Eisenscheren finden sich ab der frühen Latènezeit (Abb. 28, S. 69), etwa in Mannersdorf und Pottenbrunn[458].

[458] Scherenfunde: Mannersdorf: Freundliche Mitteilung Peter Ramsl: In 7 Männer- und 4 Frauenbestattungen fanden sich insgesamt 12 Scheren. – Pottenbrunn: Ramsl 2002, 86–87 *„diese Schneidewerkzeuge treten ab der Phase Lt B1 in Gräbern der nordalpinen Eisenzeit auf"*.

8.2 Stichtypen in der Urgeschichte

Bereits aus dem Neolithikum stammen die ersten Textil-, Leder- und Fellfunde mit Stichen, Nähten und Säumen. Die wenigen genähten Textilfunde aus dieser Zeit weisen dabei schon unterschiedliche Stichtypen auf[459]: So befindet sich auf einem Textilfund aus Çatal Hüyük ein mit Vorstichen befestigter Saum. Ein vollständiges Kleidungsstück, datierend etwa 3.000 v. Chr., stammt aus Tarkhan in Ägypten. Bei dem tunikaähnlichen, langärmeligen Oberteil wurden alle Nähte und Säume mit einem Überwindlingsstich oder Saumstich genäht. Auch bei den neolithischen Textilfunden aus der Schweiz findet man Überwindlingsstiche am Saum.

Der Überwindlingsstich, der Saumstich und der Vorstich gehören zu den einfachsten Stichen in der Handnäherei. Diese drei Sticharten kommen auch am häufigsten im Fundmaterial der Urgeschichte vor.

Der Überwindlingsstich (auch Überwendlichstich oder Windelstich[460]) (Abb. 129) und der **Saumstich**[461] zeigen dasselbe Stichbild und werden auf die gleiche Art ausgeführt, indem man über die Nähgutkante sticht und somit die Stofflagen miteinander befestigt. Die Stiche dienen allerdings einem unterschiedlichen Zweck, der eine zum Zusammennähen von Stoffflächen, der andere zum Säumen. Während der Saumstich ganz klar nach seiner Funktion benannt ist, wird der Überwindlingsstich nach Art der Ausführung bezeichnet. In der „Enzyklopädie Nähstiche und Stoffe" von Lorna Knight werden diese Stiche wie folgt beschrieben[462]: *„Der Überwendlichstich ist ein Handnähstich zum Versäubern von Stoffkanten um das Ausfransen zu verhindern. Er wird auch zum Verbinden von nicht fransenden Stoffstücken benutzt.* [...] *Der einfache Saumstich besteht aus einer Reihe von kleinen, schrägen Stichen, die einen Saum befestigen."*

459 Barber 1991, 129 (Çatal Hüyük), 147–148 (Tarkhan). – Médard 2010 (Schweiz).

460 De Dillmont 1863, 9. – Knight 2008, 37. – Morrell 1987, 33. – Rösel-Mautendorfer 2011. – Rösel-Mautendorfer 2013, 100–101.

461 Morrell 1987, 33. – Rösel-Mautendorfer 2013, 100–101.

462 Knight 2008, 37 (Überwendlichstich), 33 (Saumstich).

Beispiele von Überwindlingsstichen sind auf der Lederkleidung des Mannes aus dem Eis zu finden (siehe Kapitel B8.4, S. 242). Die meisten bronze- und eisenzeitlichen Textilfunde in Mitteleuropa weisen ebenfalls den Saum- und Überwindlingsstich als häufigste Variante auf. Es ist der gängigste Nähstich zum Zusammennähen, Ansäumen und Aufbringen von Borten oder Flicken. Auch bei den nordeuropäischen Kittel- und Hosenfunden der Eisenzeit ist dieser Stich vorrangig[463]. In der älteren Eisenzeit kommt der Überwindlingsstich ganz dicht gearbeitet als Zierstich vor. Diese Variation wird wegen ihres Aussehens Schnurstich oder Raupenstich[464] genannt. Abwechselnd in blau und weiß gearbeitet verziert er die Kante eines eingenähten Flickens eines hallstattzeitlichen Stoffes (Abb. 121, S. 212)[465].

Bei den Textilien aus Hallstatt ist auch der **Vorstich** belegt (Abb. 129). Der einfachste aller Stiche entsteht, wenn die Nadel in gleichmäßigen Abständen abwechselnd über und unter dem Grundstoff durchläuft[466]. In der „Enzyklopädie Nähstiche und Stoffe" wird der Stich folgenderweise beschrieben: *„Der Vorstich ist eine einfache Reihe von Stichen, bei denen der Faden eine gleichmäßig gepunktete Linie formt. Kurze Stiche bilden eine Naht, längere Stiche dienen als Heftstiche, um Stoffe zeitweise zusammenzuhalten."*[467] Anders als beim neolithischen Beispiel aus Çatal Hüyük findet dieser Stichtyp in der älteren Eisenzeit auch als Zierstich Verwendung. Ein Fund aus Hallstatt zeigt eine Vorstichreihe in einer sich vom Stoff abhebenden Farbe als Zierde parallel zur eigentlichen Naht gearbeitet[468] (Abb. 129). Einen nähtechnisch außergewöhnlichen Fund stellt das bestickte latènezeitliche Textil aus Nové Zámky dar. Es zeigt eine rautenähnliche bzw. trompetenförmige Stickerei, die mit unterschiedlich langen Vorstichen erzielt wurde[469] (Abb. 120, S. 211).

---

463 Schlabow 1976. – Möller-Wiering 2011. – Möller-Wiering und Subbert 2012, 149–181.

464 Butler 1979, 33. – Rösel-Mautendorfer 2013, 101.

465 Mautendorfer 2005, 47. – Grömer und Rösel-Mautendorfer 2013, 385–387.

466 De Dillmont 1863, 5. – Gillow und Sentance 1999, 172. – Morrell 1987, 32. – Rösel-Mautendorfer 2013, 101.

467 Knight 2008, 28.

468 Hundt 1960, 139–142. – Grömer und Rösel-Mautendorfer 2013, 354–356.

469 Belanová 2005, 177–179. – Štolcová, Zajonc und Grömer 2021. – Pieta 1992, 52–65.

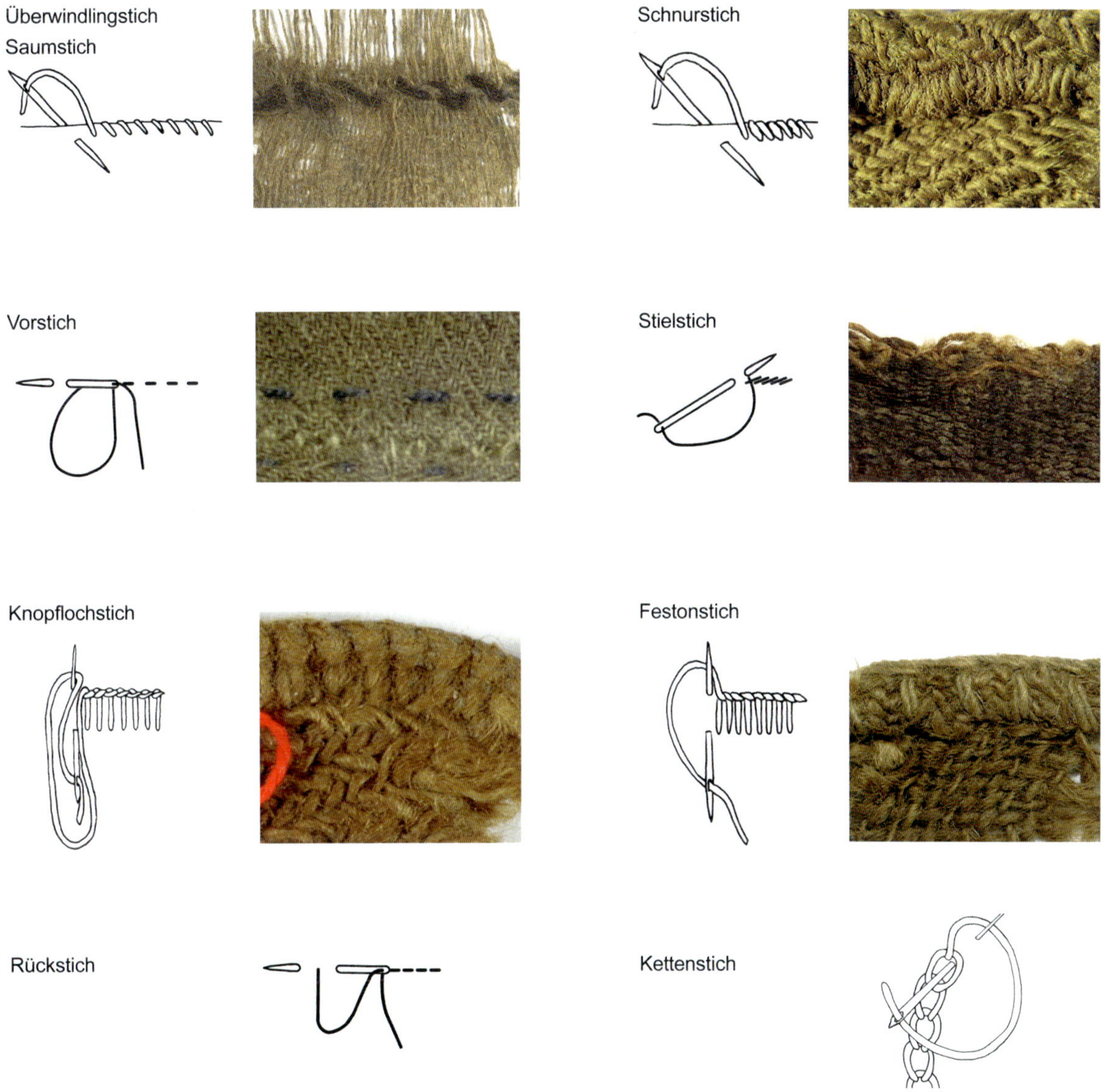

Abb. 129: Sticharten aus der Urgeschichte mit Beispielen aus dem Salzbergwerk Hallstatt.

Ein optisch dem Vorstich ähnlicher Stich ist der **Rückstich**[470]. Im Gegensatz zur durchbrochenen Vorstichreihe zeigt der Rückstich jedoch eine durchgängige Linie, die durch Rückstechen der Nadel erreicht wird. Ein neolithischer Fund aus Schafis, Schweiz[471], zeigt im Gewebe eine solche Rückstichreihe, die allerdings nicht ins fertige Gewebe genäht, sondern während des Webvorgan-

470 Butler 1979, 71. – Morrell 1987, 32. – Rösel-Mautendorfer 2013, 102.

471 Barber 1991, 135–136. – Vogt 1937, Abb. 92.

ges durch regelmäßiges Umwickeln zweier Webfäden gearbeitet wurde. Nach der Webkante wurden immer zwei Webfäden mit einer Art Rückstich zur Fixierung der Fäden umwickelt, danach wurde der Webvorgang in Leinwandbindung fortgesetzt. Dieses Beispiel zeigt, dass dieser Stich möglicherweise aus der Umwickeltechnik entstanden sein könnte. In der Urgeschichte kommt der Stich allerdings kaum vor. In einigen Fällen ist es schwierig festzustellen, ob man es mit einem Rückstich oder Stielstich zu tun hat, da die Rückseite des Stielstiches immer einen Rückstich zeigt. Aus Hallstatt gibt es einen Textilfund mit mehreren Stielstichreihen an der Saumkante[472]. Diese Kante wird meistens als Ziernaht interpretiert, falls aber diese Stoffkante mit einem anderen Stoff verbunden war, wäre es durchaus möglich, dass hier Rückstichreihen genäht wurden und erst danach die Kanten angesäumt wurden.

Der **Stielstich** (Abb. 129) kommt bei den bronzezeitlichen sowie bei den eisenzeitlichen Textilien aus Hallstatt vor. Der Stielstich[473] ist ein Linienstich, bei dem der Faden rechts oder links von der Nadel liegt. Der Stich wird leicht schräg gearbeitet, wobei der nächste Stich immer auf der halben Strecke des letzten Stiches beginnt. In der Eisenzeit scheinen farbig gestaltete Stielstichreihen ebenfalls ein Verzierungsmotiv für Gewebekanten zu sein[474].

Stickereien mit Kombinationen aus Stiel-, Rück, Vor- und einer Art Kreuzstich verzieren das berühmte bronzezeitliche „Kunsttextil" von Irgenhausen (Abb. 117, S. 208).

Der **Festonstich** (auch Schlingstich, Schlingenstich, Knopflochstich, Languettenstich oder Einfassstich[475]) (Abb. 129) wird entlang der Kante genäht, wobei jeder Stich mit dem vorherigen verschlungen wird. Dazu legt man unter der Nadel eine Schlaufe und zieht die Nadel durch, sodass der Faden entlang der Kante

472 Grömer und Rösel-Mautendorfer 2013, 385–387.

473 Technisches zum Stich: Butler 1979, 43. – de Dillmont 1863, 43. – Knight 2008, 102. – Rösel-Mautendorfer 2013, 101–102.

474 Grömer und Rösel-Mautendorfer 2013, 385–387.

475 Zu Definition und Technik des Stiches: Bridgeman und Drury 1978, 315, 317. – Butler 1979, 123. – de Dillmont 1863, 42. – Knight 2008, 31. – Peter 1926, 57. – Rösel-Mautendorfer 2011. – Rösel-Mautendorfer 2013, 102–103.

liegen bleibt. Ein Fund aus Molina di Ledro zeigt eine flächige Stickerei, ausgeführt mit Festonstichreihen[476]. Der Festonstich kommt auch im Hallstätter Salzberg vor[477].

Einige der Textilreste aus dem bronzezeitlichen Fundpunkt Christian-von-Tusch-Werk (Hallstatt, A) haben Säume, die über die gesamte Saumbreite mit Festonstichen befestigt wurden. Bei einem Fund aus der Hallstattzeit aus dem Kilbwerk (Hallstatt, A) wurde an der Kante ein weiteres Stoffteil mit einer dichten Reihe von Knopflochstichen[478] zusammengenäht und versäubert. Anders als bei den bronzezeitlichen Funden wurde der Faden hier von der anderen Richtung um die Nadel geführt, was eine mit Knötchen verstärkte Kante zur Folge hat, wie sie auch heute noch bei handgenähten Knopflöchern üblich sind.

Zur Vollständigkeit soll hier noch der **Kettenstich**[479] angeführt werden, der in Mitteleuropa zwar erst im Mittelalter auftritt (zum Beispiel auf dem Wandteppich von Bayeux), aber bereits seit etwa dem 14. Jahrhundert v. Chr. in Ägypten vorkommt. Aus dem Grab des Tutenchamun stammen eine ägyptische Tunika und ein weiterer Textilrest aus der 18. Dynastie, die mit Kettenstichen bestickt sind[480]. Der Kettenstich findet sowohl als Füllstich oder als Linienstich Verwendung. Der Faden wird dabei zunächst in eine Schlinge gelegt, am Anfang der Schlinge wird die Nadel wie beim Vorstich durch den Stoff geführt und fixiert so das Ende der Schlaufe. Der nächste Stich wird am Ende der ersten Schlaufe eingestochen und bildet so eine kettengliedähnliche Form. Die Oberseite der Stichreihe zeigt eine Kette und die Rückseite eine gerade geschlossene Stichlinie[481].

---

476 Bazzanella et al. 2003, 170.

477 Mautendorfer 2005, 43, Abb. 4 (Bronzezeit), Abb. 5 (Hallstattzeit).

478 Technisches zum Stich: Butler 1979: 127. – Rösel-Mautendorfer 2013, 102–103. – zum Fund: Grömer und Rösel-Mautendorfer 2013, 421–422.

479 Butler 1979, 166. – Gillow und Sentance 1999, 178–180.

480 Stradal und Brommer 1990, 14–15 (Wandteppich von Bayeux). – Barber 1991, 159–162 (Textilen aus dem Grab des Tutenchamun).

481 Gillow und Sentance 1999, 178.

8.3 Naht- und Saumarten in der Urgeschichte

Als Nähte werden Verbindungen zwischen zumindest zwei Stoffteilen bezeichnet, wodurch sie sich innerhalb eines textilen Objekts befinden. Der Saum hingegen dient zum Versäubern der Kanten eines Stoffes und liegt deshalb am Rand des jeweiligen textilen Objekts.

Seit dem Neolithikum haben wir Funde von einfachen Nähten, wie zum Beispiel bei dem Gewand des vor 5.300 Jahren in den Ötztaler Alpen verunglückten Mannes aus dem Eis. Die Kleidungsstücke wurden aus Baumbast, Gras, Leder und Pelz hergestellt. Die Kleidungsstücke aus Leder und Pelz wurden mit Überwindlingsstichen[482] aus Sehne genäht.

Auf den Textilien aus Hallstatt kommt häufig die **einfache Naht**[483] vor, bei der die Stoffkanten mit Überwindlingsstichen verbunden werden (Abb. 130). Nach der Arbeit liegen die Stoffkanten aneinander, wenn die Naht geöffnet wird. Diese Naht wird bei großflächigen Textilien sowie zum Anbringen einer Borte verwendet. Es können verschiedene Kantenarten verbunden werden[484]: zwei versäuberte Kanten, zwei Schnittkanten, zwei umgeschlagene Kanten, eine versäuberte Kante mit einer Webkante, zwei Webkanten, eine Schnittkante mit einer Webkante. Es gibt zwei grundsätzliche Möglichkeiten, diese Naht auszuführen: Entweder man legt die beiden Stofflagen aufeinander und verbindet die Kanten mit einem Überwindlingsstich; oder man legt die Stoffkanten so an, dass sie aneinanderstoßen und in dieser Position zusammengenäht werden können. An der fertigen Naht ist der Unterschied kaum zu erkennen. Das älteste Beispiel einer Stoßnaht wurde in Zürich in der Schweiz gefunden. Bei diesem spätneolithischen Fund wurden zwei Textilien Kante an Kante aneinander gelegt und mit einem Überwindlingsstich zusammengenäht.

[482] Fleckinger 2011. – Spindler 1995. – Egg und Goedecker-Ciolek 2009, 62.

[483] Kania 2010, 95. – Morrell 1987, 8, 21.

[484] vgl. Grömer und Rösel-Mautendorfer 2013, siehe Katalog für gesäuberte Kanten: HallTex 55, 372–373; zwei geschnittene Kanten: HallTex 133, 465–466; zwei umgeschlagene Kanten: HallTex 141, 474–475. HallTex 44, 254–255; versäuberte Kante mit Webkante: HallTex 43, 362; zwei Webkanten: HallTex 124, 453–454; geschnittene Kante mit Webkante: HallTex 163, 494–495.

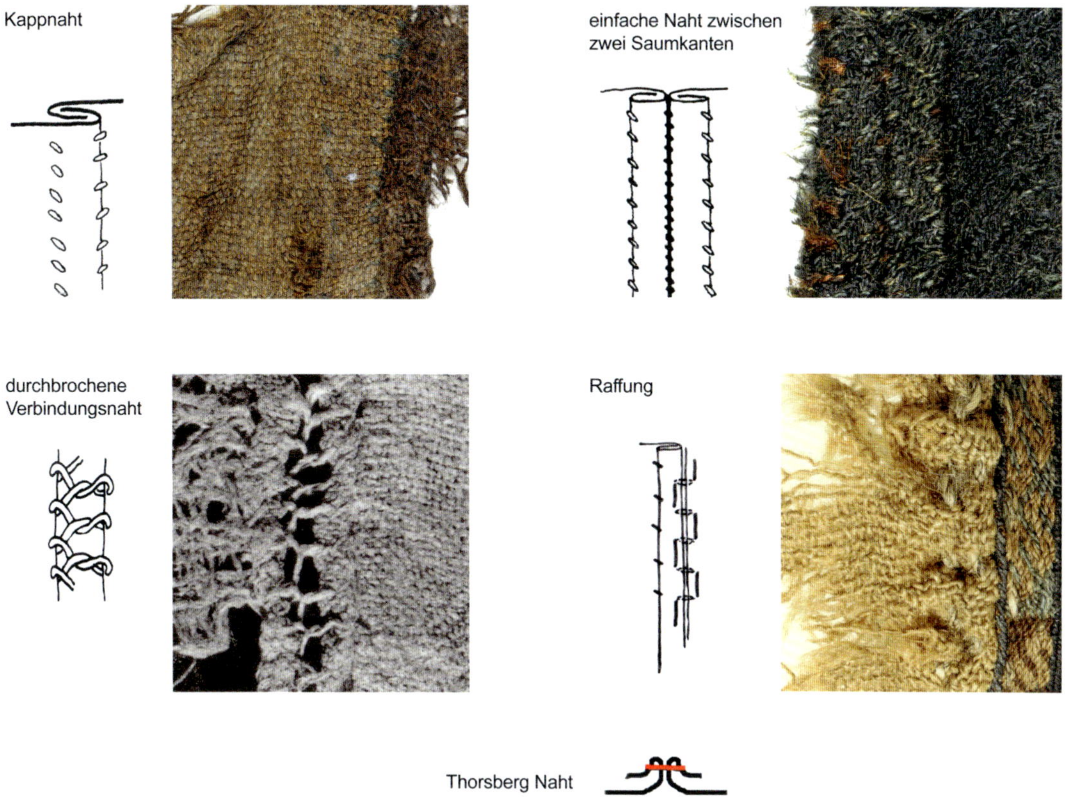

Abb. 130: Nahtarten an Beispielen aus Hallstatt und Dürrnberg, Eisenzeit, sowie die sogenannte Thorsbergnaht.

Ein anderer Nahttyp bei den Hallstatt-Textilien ist die **Windlingsnaht**. Bei dieser Naht werden zwei Stofflagen übereinandergelegt und über die Breite der Naht vernäht. Auf einem bronzezeitlichen Textil aus Hallstatt ist eine solche Naht mit Überwindlingsstich genäht worden.[485] Auf dem eisenzeitlichen HallTex 286 wurden die Stofflagen mit einem Festonstich (Knopflochstich) verbunden[486]. Auf einer bronzezeitlichen Bluse aus Dänemark wurde das Zusammennähen von übereinandergelegten Stoffkanten nachgewiesen[487]. Bei der Naht in der Mitte der Blusenrückseite wurden die Schnittkanten übereinandergelegt und mit Überwindlingsstichen angenäht, anders als bei den Hallstatt-Textilien, wo der Faden über die gesamte Nahtbreite geführt wird.

[485] Bronzezeit HallTex 238/1: Gengler 2005, 140–141. – Grömer und Rösel-Mautendorfer 2013, 296.

[486] Eisenzeit HallTex 286: Grömer und Rösel-Mautendorfer 2013, 556–557.

[487] Broholm und Hald 1940. – La Baume 1955, Abb. 89. – Hald 1980, 159.

Neben den einfachen Nähten kommen in Hallstatt auch **Kappnähte** vor. Bei diesem Nahttyp werden die Schnittkanten umgelegt und ineinander geschlagen befestigt. Durch dieses Verschränken der Schnittkanten kommt es zu einer sauberen und starken Naht[488] (Abb. 130). Bei den eisenzeitlichen Kappnähten aus Hallstatt wurden beide Kanten eingeschlagen und ineinander gelegt und an beiden Seiten mit Überwindlingsstichen festgenäht. Das unterscheidet sich in der Anfertigung von modernen Kappnähten. Heute werden bei Kappnähten die zwei Stofflagen entsprechend ineinander verschränkt und dann mit zwei parallelen Maschinennähten festgesteppt. Obwohl zur Eisenzeit Linienstiche, also Vor-, Rück- oder Stielstich, bekannt waren, ist der Arbeitsvorgang der eisenzeitlichen Kappnähte eher mit einem verschränkten Säumen zu vergleichen. Bei den eisenzeitlichen Textilien aus Hallstatt wird die Kappnaht oft verwendet, um Gewebe unterschiedlicher Art oder Farbe zu kombinieren[489]. In den Nähten eines hallstattzeitlichen Textils wurden Körperläuse gefunden. Das bedeutet, dass es sich bei dem Fund eindeutig um die Überreste eines Kleidungsstücks handelt und dieser einen Beleg für die Verwendung der Kappnaht bei der Herstellung von Kleidungsstücken darstellt[490]. Die Kappnaht ist auch ein Merkmal der Dürrnberger Textilfunde[491]. Kappnähte sind sehr strapazierfähig und werden deshalb heute beispielsweise vor allem für die äußeren Seitennähte von Jeans verwendet.

Eisenzeitliche Funde[492] vom Dürrnberg (Abb. 130), aus Huldremose und aus Damendorf sind für **durchbrochene Verbindungsnähte** bekannt, die neben der Zusammenfügung von Stoffelementen auch ein sehr dekoratives Element darstellen.

Eine Besonderheit stellt die **Thorsbergnaht**[493] dar. Hier werden nicht – wie üblich – zwei Lagen Stoff miteinander verbunden,

488 Mautendorfer 2005, 43–44. – Rösel-Mautendorfer 2013, 104–105.

489 z. B. Grömer und Rösel-Mautendorfer 2013, 496–497 (HallTex 164); 529–530 (HallTex 195).

490 Hallstatt-Textil 32: Hundt 1960, 137–138. – Grömer,Rösel-Mautendorfer und Reschreiter 2013, 127–128.

491 Objekt A256: Stöllner 2002, Taf. 15.

492 Damendorf: Schlabow 1976, Abb. 248. – Dürrnberg: Stöllner 2002, Taf. 373. – Huldremose: Mannering, Gleba und Bloch Hansen 2012, 106, Fig.3.9.

493 Kania 2007, 279.

Abb. 131: Saumarten an Beispielen aus dem Salzbergwerk Hallstatt in Österreich: bronzezeitliche und eisenzeitliche Funde.

sondern es werden auch die umgeschlagenen Kanten mit genäht. Durch die damit vier verbunden Stofflagen ist die Naht sehr strapazierfähig (Abb. 130).

Eine weitere Naht ist die **Raffungsnaht**. Hier wird das Gewebe durch eine oder mehrere Vorstichreihen zusammengezogen. Ein Beispiel dafür ist der abgerissene Ärmel mit angenähter Borte aus dem Salzbergwerk Dürrnberg[494]. Hier wurde mit der Raffung die Ärmelweite an die Bortenweite angepasst. Ein weiterer Fund eines leicht gerafften Textils stammt aus Nybøl. Der bronzezeitliche Grabfund von einer Breite von 9,5 cm und einer

[494] Rösel-Mautendorfer 2009, 115–117. – Grömer und Stöllner 2009, 105–157.

Länge von 97 cm weist 4 parallele Vorstichreihen auf. Möglicherweise wollte man einen gefälteten Effekt erzielen oder das Textil an eine kleinere Größe anpassen[495] (Abb. 130).

Die **Ziernaht** dient ausschließlich der dekorativen Gestaltung und hat keine verbindende Funktion. Ziernähte zeichnen sich durch den bewussten Einsatz von farbigen Nähfäden, oft im Kontrast zur Gewebefarbe, aus. Eindeutige Beispiele von Ziernähten finden wir auf zwei zusammengehörenden Textilfunden aus Hallstatt. Hier wurde parallel zu den Nähten eine kontrastierende Vorstichreihe gearbeitet[496]. Neben den Ziernähten können auch **Nähte mit dekorativem Charakter** vorkommen. Diese Nähte erfüllen eine konstruktive Funktion, sind aber besonders gestaltet. Beispiele für solche Nähte sind die zweifarbig gestalteten Nähte auf Funden aus Hallstatt[497].

Grundsätzlich findet man zwei Arten von **Säumen** (Abb. 131): zweimal umgeschlagene Säume und einmal umgeschlagene Säume, wobei eine Kante versäubert wird. In der Urgeschichte wurden nicht nur Schnittkanten eingesäumt, sondern es wurden auch Webkanten umgeschlagen und durch einen Saum verstärkt. Befestigt werden die Säume meistens mit Saumstichen, aber auch Vorstiche und Festonstiche sind üblich.

Bei den Textilfunden aus dem Salzbergwerk Hallstatt ist ein Unterschied in der Verarbeitung der Säume zwischen der Bronze- und der Eisenzeit festzustellen. In der Bronzezeit wurden die meisten Säume mit dem Festonstich oder mit dem Überwindlingsstich über die gesamte Breite des Saumes gearbeitet. Diese Art der Saumverarbeitung ist bereits in der Jungsteinzeit nachweisbar, wie Funde aus Wetzikon-Robenhausen zeigen[498]. Eine Besonderheit stellen die bronzezeitlichen Textilien aus dem Christian-von-Tusch-Werk/Hallstatt dar. Die Säume sind unterschiedlich gestaltet und die Kante selber ist oft noch verstärkt. Ein Großteil der Säume ist mit einem Festonstich oder Überwindlingsstichen über die ganze Saumbreite befestigt. Ein mit

495 Bergerbrant, Bender Jørgensen und Fossøy 2013, 247–267.

496 Grömer und Rösel-Mautendorfer 2013, 353–356 (HallTex 34 und 35).

497 Grömer und Rösel-Mautendorfer 2013, 385–387 (HallTex 64), 484–485 (HallTex 153).

498 Hallstatt: Rösel-Mautendorfer 2013, 106. – Wetzikon-Robenhausen: Médard 2010, 168, 226.

Saumstichen befestigter Saum hat zur Verstärkung an der Saumaußenkante Überwindlingsstiche, die bis zur Mitte der Saumbreite reichen. Bei einem anderen Textilstück wurde eine Schnur zur Verstärkung der Kante aufgenäht[499]. Diese Textilien sind hauptsächlich aus gröberem und festerem Gewebe hergestellt. Aufgrund des spezifischen Kontextes und der Abnutzungserscheinungen wurden sie als „Fördertücher" interpretiert.

Bei den eisenzeitlichen Textilien aus dem Salzberg in Hallstatt wurden die Säume nur mit Saumstichen am Gewebe befestigt, es kommen keine Saumkanten wie bei den bronzezeitlichen Textilfunden vor, die über die gesamte Saumbreite mit Stichen fixiert wurden. In zwei Fällen[500] wurde der Saum mit einem Linienstich verarbeitet: Bei einem handelt es sich um einen bronzezeitlichen Fund mit einer Reihe von Stielstichen, bei dem anderen um einen eisenzeitlichen Fund, der mit einem Vorstich verarbeitet wurde. Die meisten Saumreste liegen parallel zur Fadenrichtung. Es gibt allerdings auch einen runden Saum, einen Saum schräg zur Fadenrichtung und einen Saum, der eckig gearbeitet ist, von einem fadengeraden Stück über die Ecke zu einem schrägen Stück verläuft. Diese Details lassen Vermutungen zur Schnitttechnik zu. So muss man in der frühen Eisenzeit auch mit runden Säumen und vielleicht auch Armausschnitten oder eckigen Abschlüssen rechnen[501].

Das Versäubern von Nahtzugaben kann aus technischen Gründen erfolgen, wie z.B. bei Säumen. Wenn an den Außenkanten von Säumen Stichreste zu finden sind, handelt es sich nicht um einen Saum, sondern um die Versäuberung einer Naht, d.h. es ist ein Teil der Naht. In den meisten Fällen sind nur mehr Fäden vorhanden, die zu einer Naht gehören, und nur selten bleibt der anliegende Stoff erhalten. Die Reste von Stichen an den Rändern von gewebten Bordüren weisen ebenfalls auf einen ursprünglich angebrachten Stoff hin[502].

499 Grömer, Rösel-Mautendorfer 2013, 274 (HallTex 216).

500 Grömer, Rösel-Mautendorfer 2013, 250–251 (HallTex 26), 353–355 (HallTex 34).

501 Mautendorfer 2005, 44–45. – Rösel-Mautendorfer 2013, 111–112.

502 Rösel-Mautendorfer 2013, 106.

Abb. 132: Originalfunde und bildliche Quellen der Eisenzeit von angenähten Borten: 1 Hallstatt, Österreich, 2 Dürrnberg, Österreich, 3–4 Sopron Várhely, Ungarn, 5 Situla Vače, Slowenien.

Ebenso kennen wir Bortenabschlüsse an Säumen, da es im Fundbestand der Hallstatt-Textilien gleich mehrere angenähte Borten gibt. Eine 22 cm lange, rund zusammengenähte Brettchenborte könnte als Abschluss eines Ärmels gedient haben[503] (Abb. 132). Auch aus dem Salzbergwerk Dürrnberg[504] ist ein abgerissener Ärmel mit angenähter Brettchenborte bekannt. Im Gegensatz zu den Funden aus Hallstatt, wo die Kanten des Gewebes und der Borte mit Überwindlingsstichen verbunden wurden, wurde diese Borte mit Vorstichen mit dem Gewebe verbunden, wobei abwechselnd ein Vorstich auf der Borte und ein Vorstich im Gewebe gearbeitet wurde. Weitere Hinweise für angenähte Borten sind in der zeitgenössischen Kunst zu finden. So sind beispielsweise bei der Bronzestatue aus Idria (Abb. 228, S. 433) oder auf den Abbildungen auf Werken der Situlenkunst (Abb. 132 und 221, S. 421) Borten am Ärmel- und Gewandsaum zu erkennen[505].

[503] Grömer und Rösel-Mautendorfer 2013, 451 – 452 (HallTex 123).

[504] Rösel-Mautendorfer 2009, 115 – 117.

[505] Mautendorfer 2005, 47 – 48.

8.4 Beispiele von Schnittführung an Originalgewändern

Hinweise zur Schnitttechnik in der Urgeschichte können uns die wenigen erhaltenen Kleidungsstücke geben. Diese weisen teils beachtliche schnitttechnische Finessen auf.

Der kupferzeitliche Fund der Gletschermumie vom Tisenjoch in den Ötztaler Alpen[506] (siehe auch Kapitel E, S. 360 ff.) zeigt neben den nähtechnischen auch schnitt- und gestaltungstechnisch interessante Details. Die Oberbekleidung, eine Art Jacke, wurde

Abb. 133: Rekonstruktion der Thorsberg-Hose von Katrin Kania. Die Hose bietet dem Träger volle Bewegungsfreiheit bei erstaunlicher Enge.

[506] Fleckinger 2011. – Spindler 1995. – Egg und Goedecker-Ciolek 2009, 83–86 (Oberbekleidung), 80–82 (Durchziehschurz), 73–78 (Leggings), 87–88 (Fellkappe).

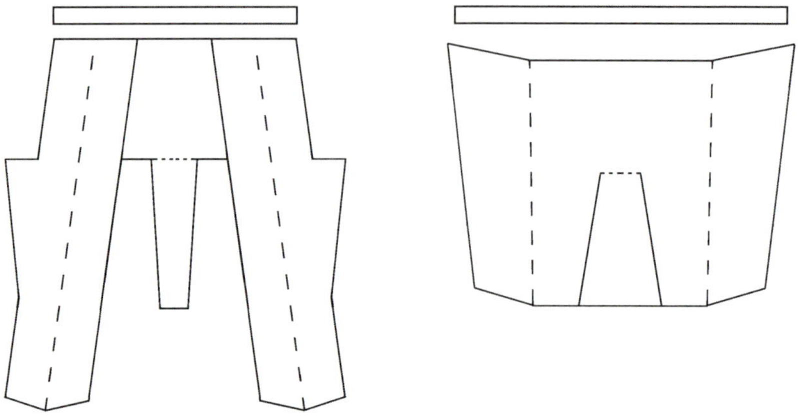

Abb. 134: Vereinfachte Hosenschnittschemata der Eisenzeit, nach Funden aus Thorsberg und Marx-Etzel.

aus rechteckigen Ziegenfellstücken mit Überwindlingsstichen zusammengesetzt. Auffällig ist das Zusammensetzen der Kleidung mittels Streifen. Die farbliche Auswahl der hellen und dunklen Fellstreifen für das Oberteil macht die Jacke zu einem sehr dekorativen Kleidungsstück. Inwiefern das Zusammennähen der Jacke aus den kleineren Fellstücken auch für die Passform von Vorteil gewesen sein könnte, kann heute nicht mehr festgestellt werden. Einen Hinweis darauf, dass das Zusammenfügen von Streifen auf die Passform Auswirkungen hatte, kann man an dem etwa 1 m langen Durchziehschurz beobachten. Auch dieser Schurz besteht aus aneinander gefügten, leicht tailliert geschnittenen Ziegenlederstreifen, wiederum verbunden mit Überwindlingsstichen. Durch diese Näharbeit passt sich der Schurz besser an die Körperform an als ein Schurz, der aus einem ganzen Stück geschnitten ist. Die restlichen Kleidungsstücke, die Beinröhren und die Mütze aus Fell wurden ebenfalls mit Überwindlingsstichen zusammengenäht.

Sensationelle Funde aus der Nordischen Frühbronzezeit (15. bis 13. Jahrhundert v. Chr.) stammen aus Muldbjerg, Trindhøj, Borum Eshøj und Egtved in Jütland. Hier wurden vollständige Gewänder aus Eichenholzsärgen geborgen[507] (vgl. Kapitel E, S. 374 ff.). Männergewänder sowie Frauengewänder weisen oft mehrere Nähte auf. Während die Männerkittel teils aus mehreren zugeschnittenen Flächen zusammengesetzt sind, besteht

[507] Hald 1950. – Hald 1980, 67–69 (Männerkittel), 67–69, 95–97 (Frauenröcke), 92 (Bluse). – Mannering, Gleba und Bloch Hansen 2012, 96–102. – Nienholdt 1961, 1.

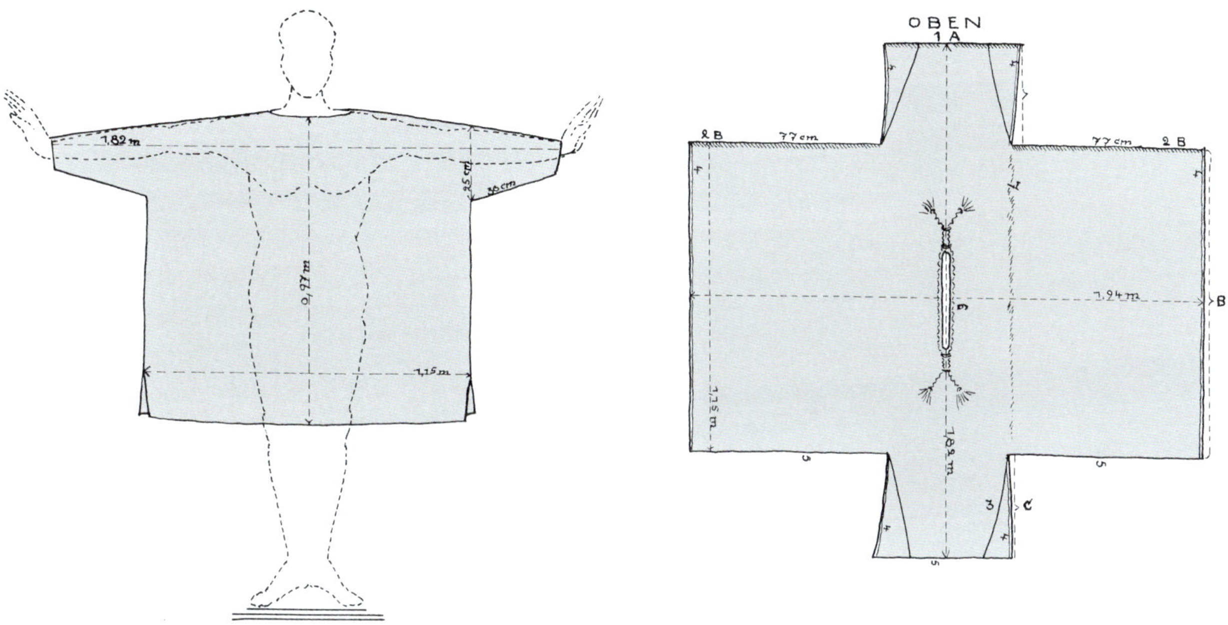

Abb. 135: Kittel von Reepsholt, Maße und Grundform.

das Kernstück der Frauenbluse aus einem einzigen Stück Stoff (Abb. 191, S. 376). Näh- und schnitttechnisch ist diese Oberbekleidung sehr aufschlussreich. Die Form hebt sich von den gewickelten und gegürteten Kleidungsstücken, wie zum Beispiel den Männerkitteln aus Trindhøj und Muldbjerg oder den Frauenröcken von Borum Eshøj oder Skrydstrup, deutlich ab. Die Untersuchungen zeigten, dass die bronzezeitlichen Blusen aus Borum Eshøj und Skrydstrup speziell zugeschnitten wurden, um eine bestimmte Passform zu gewährleisten. Der etwa rechteckige Stoff der Frauenbluse wurde im unteren Drittel von beiden Seiten her quer eingeschnitten, zur Mitte gefaltet und zusammengenäht, der übrige Stoff wurde nach unten gefaltet und mit dem unteren Stoffschlauch zusammengenäht. Manche dieser Blusen sind mit zusätzlichen Stoffstreifen verlängert worden. Der obere Falz wurde für den Halsausschnitt horizontal eingeschnitten (Abb. 191, S. 376). Die Nähte wurden mit Überwindlingsstichen gearbeitet, wobei die Stofflagen unversäubert übereinander gelegt und abgenäht wurden. Durch die Struktur des Gewebes waren die Nähte haltbar und zweckmäßig. Möglicherweise weist diese Verarbeitung darauf hin, dass dieser Kleidungstyp ursprünglich aus Leder, Fell oder Filz hergestellt wurde. Diese Materialien fransen im Gegensatz zu Geweben nicht aus und müssen daher auch nicht versäubert werden. Im

Unterschied zu den zusammengenähten Schnittteilen wurden der Halsausschnitt und die Ärmelsäume versäubert. Bei einer Bluse aus Borum Eshøj wurde dieser Halsausschnitt mit zwei Reihen Festonstichen versäubert, die Ärmelsäume waren ähnlich gearbeitet[508].

Neben den bronzezeitlichen Blusen weisen auch einige eisenzeitliche Kleidungsstücke eine beachtliche Schnittführung auf. Aus dem mitteleuropäischen Raum stammen vom Rieserferner Gletscher in Südtirol[509] ein Paar Unterleggins und ein Paar Überleggins, beide aus Wolle (Abb. 214, S. 408). Während das rechte Leggings-Bein an der Innenseite mit einer einfachen Naht mit Überwindlingsstichen zusammengenäht wurde, wurde in der Innenseite des linken Leggings-Beins ein schmales, schräg zum Fadenlauf geschnittenes Band eingesetzt. Ob dieses dünne Band aufgrund des schrägen Fadenverlaufs Auswirkungen auf die Passform hatte, kann in Erwägung gezogen werden, da Gewebe schräg zum Fadenlauf immer dehnbarer sind als solche gerade zum Fadenlauf.

Zudem hat auch die Bindung des Stoffes einen Einfluss auf die Dehnbarkeit des Materials und somit auf die Passform. Ein eindrucksvolles Beispiel solcher schnitttechnischer Überlegungen ist die Hose mit Füßlingen von Thorsberg[510]. Die lange, enge Hose mit den angesetzten Füßlingen hat einen recht ungewöhnlichen Schnitt, dieser ist so ausgelegt, dass er die Beinmuskulatur berücksichtigt und sich quasi wie eine zweite Haut über das Bein spannt und sich in der Bewegung mitdehnt (Abb. 133).

Im Gegensatz dazu ist die Kniehose von Marx-Etzel[511] eine sehr weite Hose, die am Bund in vielen Falten zusammengerafft getragen wurde. Die Hose ist schnitttechnisch deshalb interessant, da sie im Hauptstück aus einem einzigen, etwa rechteckigen Stück Stoff besteht. Von unten wurde für den Schritt ein Keil ein-

[508] Hald 1980, 69–71, 84–85.

[509] Bazzanella et al. 2005, 151–160. – Gleba 2012, 224, Abb. 9.3.

[510] Möller-Wiering 2011, 48–53. – Schlabow 1976, 76–77. – Technische Überlegungen zu dieser Hose sowie zur Passform bei Nienholdt 1961, 7–9. – Kania 2007, 277–290.

[511] Schlabow 1976, 79–80. – Möller-Wiering und Subbert 2012, 161.

geschnitten und nach oben geklappt, seitlich wurde der Stoff in Richtung Mitte geklappt, dann wurden die Teile miteinander vernäht (Abb. 134).

Bei den eisenzeitlichen Oberteilen sticht wiederum der Kittel von Thorsberg[512] heraus (Abb. 210, S. 402). Der langärmelige Kittel hat keine – wie sonst üblich – genähten Seitennähte, sondern an den Seitenkanten Bänder, die zum Verschließen des Kleidungsstückes dienten. Es stellt sich die Frage, ob Überlegungen zur (engen) Passform zu dieser ungewöhnlichen Seitennahtlösung geführt haben.

Schnitttechnische Abweichungen zeigt auch der Kittel von Reepsholt[513] (Abb. 135). Der weite Kittel hat angeschnittene Ärmel, während die anderen Kittel entweder angenähte Ärmel haben oder ärmellos sind.

Aber auch bei manchen Textilfragmenten, wie wir sie aus dem Hallstätter Salzberg kennen, können Überlegungen zu Schnittführungen getätigt werden. Der Vergleich der Textilfragmente mit eisenzeitlichen Darstellungen zeigt, dass viele der dargestellten Gestaltungselemente wie Teilungsnähte, gebogene Saumkanten und Bortenbesätze auch im archäologischen Material zu finden ist. Es konnten drei verschiedene Gruppen solcher Gestaltungen gefunden werden: angenähte Bortenbesätze, gebogen oder schräg zugeschnittene Saumkanten und aus mehreren Stoffteilen zusammengesetzte Elemente. Alle drei Gruppen konnten auch bei eisenzeitlichen Abbildungen mehr und weniger häufig entdeckt werden[514].

Ein Beispiel für solch ein Textilfragment, das aufgrund der Nahtführung als Kleidungsstück interpretierbar sein könnte, ist ein sehr grobes, leinwandbindiges Textil, das 2008 aus dem eisenzeitlichen Hallstatt geborgen wurde (Abb. 136/1)[515]. Trotz seiner Grobheit zeigt dieser Textilfund wichtige Schritte der Veredelung eines textilen Objekts: Färben, Nähen und Oberflä-

512 Möller-Wiering 2012, 42–48.

513 Möller-Wiering und Subbert 2012, 162. – Schlabow 1976, 73–76.

514 Rösel-Mautendorfer 2011.

515 HallTex 286: Grömer und Rösel-Mautendorfer 2013, 556–557.

chenbehandlung. Das Textil wurde mit Rhizomen einer Rubiaceae-Art und Waid gefärbt, der Stoff erscheint nun braun mit einem rötlichen Farbton[516]. Das Textil weist außerdem eine stark verfilzte Oberfläche auf, entweder durch Gebrauchsspuren oder durch absichtliches Walken. Das absichtliche Walken führt zu einer wasserdichten Oberfläche.

Neben der wärmenden Eigenschaft durch die Verwendung eines groben und schweren Stoffes für einen Umhang, würde die wasserdichte Oberfläche dieses Kleidungsstück optimieren. Bei näherer Betrachtung ergeben sich interessante Merkmale in Bezug auf die Nähtechniken, die ebenfalls ein wichtiger Schritt sind, da das Nähen aus einem einfachen Stoff einen funktionellen Gegenstand formt. Die beiden Stücke desselben Stoffes werden auf eine ganz besondere Weise miteinander verbunden. Die Naht verläuft etwa 2 cm parallel zur Kante des einen Stoffteils. Der zweite Teil wurde leicht gebogen und mit Festonstichen fixiert, die von der Innenseite des Objekts mit einem 1,1–1,2 mm dicken, farblich passenden Faden genäht wurden. Die Stiche sind nur auf der glatten Innenseite des Objekts sichtbar. An der Außenkante des Stoffes wurden im Abstand von 2 cm von der Naht Fransen angebracht. Die einzelnen Fransen wurden durch eine Schlaufe gesteckt und nach unten gezogen. Sie unterscheiden sich in der Farbe etwas vom Hauptgewebe und erscheinen dunkler. Der Fadendurchmesser der Fransen ist der gleiche wie der des Hauptgewebes (1,4–1,8 mm). Auf dem zweiten Teil des Objekts befinden sich ebenfalls Reste einer Naht und eingefügte Fransen. Möglicherweise wurden auch andere Teile auf diese Weise genäht[517].

Die Lage der Nähte und die gleichmäßigen Fransenreihen sowie die Verarbeitung des dicken, weichen und warmen Stoffes mit einer gefilzten Oberfläche und der exklusiven Färbung lassen die Interpretation zu, dass es sich um einen Rest eines bestimmten Produktes handelt und die Verarbeitungsschritte bewusst gewählt wurden. Vielleicht handelt es sich bei dem Stoff um einen Teil eines Gewandes, z. B. einer Kapuze, wie wir sie von einer Darstellung der *Genii cucullati* aus Housesteads in England (Abb. 136/2) oder einer Bronzefigur aus Trier[518] kennen. Die gewölbte Oberfläche und der warme, dicke und winddichte Stoff würden sich hervorragend für diesen Zweck eignen.

516 Hoffmann-de Keijzer et al. 2013, 135–162.

517 Grömer und Rösel-Mautendorfer 2013, 556–557. – Rösel-Mautendorfer 2013, 115–116.

518 *Genii cucullati* aus Housesteads/Großbritannien: Birkhan 1997, 246, Abb. 366. – Figurine aus Trier: Birkhan 1999, 359, Abb. 677.

1

Abb. 136: Kleidungsstücke: 1 Textil mit Fransen aus Hallstatt, Österreich.
2 Darstellung von Kapuzen aus Housesteads in England.

Abb. 137: Aufgenähte Knöpfchen auf bildlichen Quellen der Eisenzeit: Ungarn (1), Situla von Este-Benvenuti, Italien (2). – Grabfund mit Bronzeknöpfchen aus Mitterkirchen, Oberösterreich (3).

8.5 Prähistorische Abbildungen von Nähten und Säumen

Weitere Hinweise zur Schneiderei und zum Nähen geben uns prähistorische Abbildungen von Menschen in ihrer Kleidung. Es ist zwar das Nähen nicht immer zwingend notwendig, um aus einem zweidimensionalen Textil ein dreidimensionales Gewand herzustellen – so kommen Schnurröcke, Wickelröcke, Mäntel und Schurze auch ohne Naht aus. Dennoch sind bei den meisten Kleidungsstücken Nähte vorhanden oder erforderlich, um die gewünschte Gewandform zu erhalten. Je nach Abstraktionsgrad können auf den prähistorischen Bildwerken manchmal auch De-

1

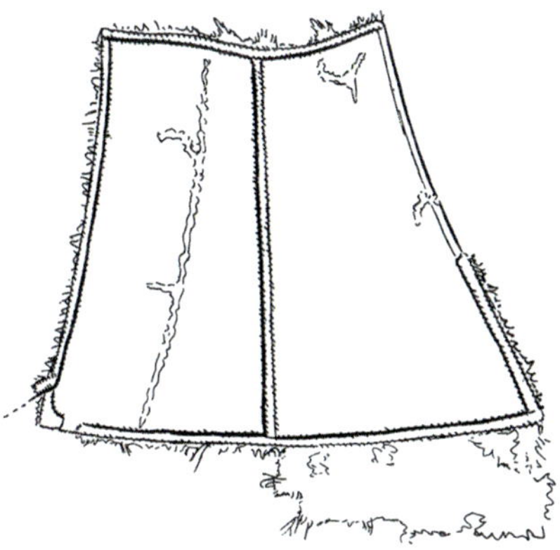

2

tails wie Nähte, angenähte Borten und Bänder (Abb. 132, S. 238) ausgemacht werden[519].

Abb. 138: Nahtdarstellungen auf bildlichen Quellen der Eisenzeit: Aus mehreren Teilen zusammengenähte Gewänder aus Sopron Várhely (1) in Vergleich mit einem zusammengesetzten Textil aus dem Salzbergwerk Hallstatt (2).

Bei den meisten prähistorischen Menschendarstellungen[520] kann man eine große Vielfalt an Kleidungsstücken erkennen, aber nur wenige zeigen Hinweise auf Nähte und Säume. Vor allem in der Eisenzeit werden die Figuren so detailreich ausgearbeitet, dass auch nähtechnische Informationen interpretiert werden können. Die abstrakten und eher geometrisch gestalteten menschlichen Darstellungen aus der frühen Eisenzeit (Abb. 221, S. 405) kommen vor allem aus Sopron, Kleinklein, Nové Košariská und aus süddeutschen Fundstellen zum Beispiel Kirchenreinbach, Reichersdorf, Pettenhofen und Dietldorf. Die Figuren mit einer Art dreieckigem Gewand stellen die größte Gruppe dar.

519 Mautendorfer 2005, 41–54.

520 Dobiat 1982. – Eibner 1997, 129–132. – Eibner 1980, 63, 65–66. – Nebelsick et al. 1997, 125, Abb. 46.

Vor allem die Verzierungen und Gestaltungen im Innenbereich der Figuren zeigen wahrscheinlich textile Details auf. Muster, Bindungen, Teilungslinien, Verzierungen mit Kreisen und Strichen könnten Hinweise auf die üblichen Stoffe und deren Verzierungen sein. Vergleiche mit Funden aus Hallstatt zeigen, dass man auch auf den Textilien dieser Zeit solche Muster findet (vgl. Kapitel B6, S. 181). Auch zur Nähtechnik gibt es hier Hinweise. Schraffierte, schmale, parallel begrenzte Bereiche könnten angenähte Borten darstellen, wie sie im Fundmaterial von Hallstatt vorhanden sind[521].

Andere Gewänder sind mit Kreisaugen verziert. Möglicherweise werden hier aufgenähte Knöpfchen dargestellt[522] (Abb. 137). Aufgenähte Bronzeknöpfchen sind zum Beispiel vom Prachtmantel aus Mitterkirchen in Oberösterreich bekannt, aber auch vom Gräberfeld in Hallstatt[523].

Andere Figuren haben eine Zeichnung von stark unterteilten Dreiecken, eventuell stellen sie Gewänder dar, die aus mehreren Stoffteilen zusammengesetzt sind (Abb. 138). Auch dazu gibt es Beispiele im Fundmaterial von Hallstatt[524]. Spätere Bildwerke zeigen ebenfalls Nähte und Borten, so die frühlatènezeitliche Fibel vom Dürrnberg (Abb. 223, S. 425) und die figürlich verzierte Schwertscheide aus Hallstatt (Abb. 175, S. 348 und Abb. 222, S. 422).

8.6 Flickungen und Reparaturen

Ein wichtiger Aufgabenbereich im Zusammenhang mit Nähen ist auch das Ausbessern von Kleidung. Für Flicken und Stopfen gibt es bereits Belege aus dem Neolithikum. Neben den originalen Nähten des Ötzi-Gewandes, die mit Sehnen ausgeführt sind, gibt es sauber ausgeführte Reparaturen mit einem doppelten Z-Zwirn aus Tierhaar und eher grobe mit Gras und Baumbast[525].

[521] Grömer 2005, 24–25. – Mautendorfer 2005, 47–48. – Mautendorfer 2007, 266–267.

[522] Mautendorfer 2007, 267–268.

[523] Kromer 1959. – Pertlwieser 1987, 64.

[524] Mautendorfer 2005, 49–50.

[525] Egg und Goedecker-Ciolek 2009, 62.

Auch auf den Textilfunden aus Hallstatt finden sich ausgebesserte Stellen. Bei einem hallstattzeitlichen Fund wurde ein rechteckiger Flicken aufgenäht (Abb. 139), wobei versucht wurde, auf das Muster des Ausgangsmaterials Rücksicht zu nehmen. Ein bronzezeitlicher Fund zeigt neben der Naht eine leinwandbindige Stopfung[526].

Vor allem bei den nordeuropäischen Moorfunden kommen viele mit Flicken ausgebesserte Kleidungsstücke vor[527]. So hat der frühmittelalterliche Kittel aus Bernuthsfeld 43 Flicken, wodurch es so scheint, als ob der Großteil der Flicken das Ausgangsmate-

Abb. 139: Geflicktes Gewebe aus Hallstatt, Ältere Eisenzeit.

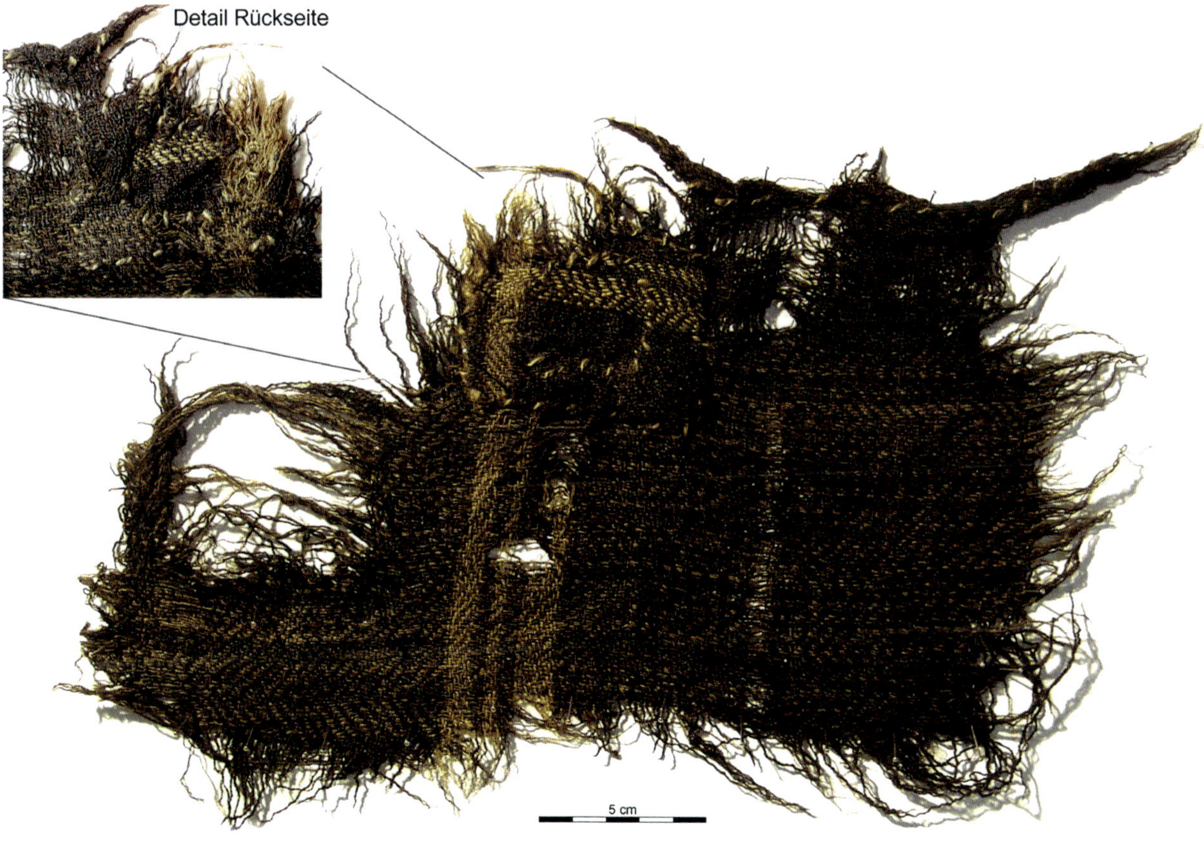

[526] Mautendorfer 2005, 43, Taf. 10.

[527] Schlabow 1976, 72–73, Abb. 149 (Bernuthsfeld), Abb. 76, (Damendorf), Abb. 83 (Dätgen). – Möller-Wiering und Subbert 2012, 161 (Dätgen, Damendorf). – Farke 1998, 99–106 (Bernuthsfeld).

rial des Kleidungsstückes bildete. Es war also recyceltes Material die Grundlage des Kleidungsstückes. Auch die eisenzeitlichen Mäntel von Damendorf und Dätgen sind mit mehreren Flicken instand gesetzt worden.

Bei manchen genähten Textilien aus dem prähistorischen Hallstatt ist eine sekundäre Verwendung zu beobachten. Manche der Nähte scheinen noch bei der ersten Verarbeitung entstanden zu sein, diese Nähte sind mit gleichmäßigen, gleichfarbigen Stichen gearbeitet. Einige Funde zeigen neben diesen feinen Nähten auch grobe und ungleichmäßige, oft in einem stärkeren und andersfarbigen Nähfaden gearbeitet. Hier kann man von sekundären Nähten sprechen. Diese Nähte sind vor allem Zeugnis der Umarbeitung von textilem Material, in welcher Funktion auch immer.

Nähtechnik bildet das Verbindungsglied zwischen der textilen Fläche und dem getragenen Kleidungsstück und ist damit ein wesentlicher Bestandteil der Textilverarbeitung. Untersuchungen von Nähten und Säumen führen einerseits zu Erkenntnissen im technischen und handwerklichen Bereich und können uns andererseits auch Rückschlüsse auf die Trageweise und das Aussehen der Gewänder geben.

C Das textile Handwerk in der Urgeschichte

Für den modernen Menschen ist das Textilhandwerk – jenes, das Jahrtausende lang ein wichtiger Teil des täglichen Arbeitspensums war – unwichtig geworden. Denn die Textilproduktion gehorcht in der modernen Welt des 21. Jahrhunderts den Prinzipien der globalen Marktwirtschaft. In der Zeit vor den Römern gab es vielfältige Mechanismen, wie in Mitteleuropa die Herstellung von Textilien organisiert war.

C Das textile Handwerk in der Urgeschichte

Für den modernen Menschen ist das Textilhandwerk – jenes, das Jahrtausende lang ein wichtiger Teil des täglichen Arbeitspensums war – vollkommen unwichtig geworden. Textilien für Kleidung oder andere Zwecke werden heutzutage nach den Mechanismen der globalen Marktwirtschaft in Billiglohnländern hergestellt; Textilhandwerk wird in unseren Breiten nur noch im hochpreisigen Segment des Kunsthandwerkes betrieben oder von Privatpersonen als Hobby ausgeübt. Dabei wird in den seltensten Fällen ein größerer Teil des Arbeitsablaufes von einer Person selbst bewerkstelligt. Es wird aus gekauften Fäden ein Pullover gestrickt, eventuell wird aus Wollvlies kreativ gefilzt. Selten gibt es noch Menschen, die selber spinnen, färben oder weben können und dies auch tun, um alltägliche Produkte herzustellen. Typischerweise werden Kleidung und Gebrauchstextilien heutzutage billig eingekauft und schnell wieder entsorgt. Diese Loslösung und Entwertung vom Textilhandwerk stehen im krassen Gegensatz zur Situation in früheren Zeiten.

In den Tiefen der Geschichte wird jedoch schnell deutlich, wie stark das Textilhandwerk früher das Leben der Menschen prägte. Selbst heute noch sind überall Sprichwörter präsent, die sich auf Textiles beziehen – wenn etwa „der Geduldsfaden reißt", wenn man „den Handlungsfaden einer Geschichte weiterspinnt" oder wenn man einfach nur „blau macht" (hat mit Färben mittels Färberwaid zu tun). Gehen wir 2.000 Jahre zurück.

Über die Textilproduktion in römischer Zeit[528] haben wir – dank der detailreichen Schriftquellen – einen guten Überblick. Wir wissen, dass bereits en masse hergestellt wurde, es gab verschiedene spezialisierte Textilberufe wie Walker, Schneider, Weber etc. Produziert wurde neben dem Haushandwerk in Werkstätten, wie Färbereien und Walkereien, der Verkauf erfolgte über Tuchhändler. Über Letzteres gibt auch in eindrucksvoller Weise

[528] z. B. Droß-Krüpe 2011. – Gleba und Pásztókai-Szeőke 2013. – Wild 1970.

die Igler Säule[529] Auskunft. Wir haben selbst Kenntnis über Lehrlingsverträge[530], auch über Löhne und Preise. In der damaligen Version einer „globalen Marktwirtschaft" wurden teils Textilien etwa in Ägypten gefertigt und für das Militär quer durch das römische Reich nach Judäa oder Zentralanatolien (Kappadokien) geliefert.

Für die Jahrhunderte vor der römischen Okkupation sind in Mitteleuropa diese wertvollen Schriftquellen sehr viel spärlicher. Einer der wenigen Hinweise ist, dass der in Ostfrankreich ansässige gallische Stamm der Allobroger das Heer des Hannibal im Zweiten Punischen Krieg (218 bis 201 v. Chr.) mit warmen Sachen versorgte (Liv. 21,31,8.)[531], wie der antike Geschichtsschreiber Livius schreibt.

Jedoch – wie war es all die Jahrtausende vorher, wie war von der Steinzeit bis zur Eisenzeit das Textilhandwerk in Mitteleuropa organisiert? Gab es nur Haushandwerk oder auch schon Spezialisten, und was wissen wir über die Personen, die im Textilhandwerk tätig waren und über die Orte, an denen sie produzierten und lebten?

1 Produktionsniveau: Haushandwerk, Spezialistentum, Massenproduktion

Die Herausbildung von Ackerbau und Viehzucht am Beginn der Jungsteinzeit revolutionierte viele technologische und gesellschaftliche Entwicklungen. In Bezug auf das Textilhandwerk wurden dabei jene technischen und materiellen Grundlagen geschaffen, die im Prinzip bis in unsere Tage Gültigkeit haben. So spielen Wolle und Flachs auch heute noch, nach Erfindung der Chemiefasern, eine bedeutende Rolle. Die Spindel und die Mechanik des Webstuhles waren bei aller Einfachheit der Ausführung bereits im Neolithikum so vollkommen, dass die meisten

529 Beispielsweise Bender Jørgensen 1992, 132–133, Abb. 160–165.

530 Droß-Krüpe 2011; 2013.

531 Zitiert nach Timpe 1981, 54.

Spinn- und Webmaschinen im Wesentlichen auch heute noch nach deren Grundprinzipien arbeiten. In der Jungsteinzeit haben wir die ersten Hinweise für das Weben auf dem Gewichtswebstuhl. Da dieser ein großes, schweres und vor allem im aufgespannten Zustand ein nicht einfach zu transportierendes Gerät ist, scheint seine Verwendung an die festen Ansiedlungen ab den ersten Bauernkulturen gekoppelt zu sein. Für die nomadisierende Lebensweise der Alt- und Mittelsteinzeit ist der Gewichtswebstuhl ebenso wenig sinnvoll wie die kultivierte Faserpflanze Lein, aus der Flachs gewonnen wird. Der Lein ist eine anspruchsvolle und pflegeintensive Kulturpflanze und setzt bereits einen entwickelten Ackerbau voraus. Prinzipiell hat jedoch die Arbeit mit pflanzlichen Fasern – vor allem mit Gräsern und Baumbasten – ihren Ursprung weit vor dem Neolithikum[532]. Besonders verschiedene Flecht-, Knüpf-, Zwirn- und Netztechniken sind bereits den nomadisierenden Jägern und Sammlern in Mitteleuropa bekannt. Gelang es dann schon im Neolithikum und in der Bronzezeit, Flachs mit seinen langen Fasern zu feinen Geweben verarbeiten, so entwickeln sich die Methoden bei der im Vergleich kürzerfaserigen Wolle erst im Laufe der Bronzezeit so weit, dass vor allem ab der Hallstattzeit sehr feine Garnqualitäten versponnen und weiterverarbeitet werden konnten[533].

Das Weben großflächiger Stoffe auf dem Gewichtswebstuhl umfasste im Neolithikum und der Frühbronzezeit nur die einfache Leinwandbindung und deren Abwandlungen Rips und Panama. Neben dem Webstuhl für großflächige Stoffe finden sich ab dem Neolithikum auch verschiedene Geräte zum Weben von Bändern. Im Gegensatz zur ortsgebundenen Weberei auf dem Gewichtswebstuhl sind dies mobile Techniken, die bei Bedarf an unterschiedlichen Plätzen durchgeführt werden können. Die meisten Bandwebtechniken beruhen mittels Heben und Senken von Fadensystemen auf ähnlichen herstellungstechnischen Prinzipien wie der Gewichtswebstuhl. Ob nun zuerst die Bandweberei entwickelt und dieses System für großflächige Stoffe weiterentwickelt wurde oder umgekehrt, ist nicht bekannt. Mit dem Ende der Bronzezeit taucht in Mitteleuropa

532 vgl. Bender Jørgensen 2013b. – Rast-Eicher 2005. – Siennicka et al. 2018. – Soffer et al. 2000.

533 vgl. Rast-Eicher und Bender Jørgensen 2013. – Ryder 1982; 1992. – Sabatini 2018.

die Brettchenweberei auf – eine Technik, mit der komplizierte Muster möglich waren und die in der Hallstattzeit eine erste Hochblüte erlebte.

Seit Erfindung der Weberei im Neolithikum wurden auch unterschiedliche Methoden eingesetzt, um Stoffe zu dekorieren. Man entwickelte ein kreatives Repertoire von Eintrags- und Applikationsverfahren. Aufnähen von Elementen und erste Dekore mit flottierenden Schussfäden wurden schon im Spätneolithikum und der Bronzezeit angewandt. Eine besondere Vorliebe für gestreifte und karierte Stoffe ist in der Eisenzeit zu beobachten. Auch ausgeklügelte Techniken wie die Spinnrichtungsmusterung waren bei den kreativen hallstattzeitlichen Handwerkern sehr beliebt. Diese, wie auch das Färben und die Köperbindung, haben in Mitteleuropa ihre Wurzeln in der Bronzezeit. Erste Experimente zum Ausbau des Webstuhles mit mehreren Schäften für die Herstellung von Köperbindung sind in unseren Breiten mit den Funden aus dem Salzbergwerk Hallstatt ebenfalls ab der Mittelbronzezeit bekannt. Komplizierte mehrschäftige Webstühle wurden besonders in der Hallstattzeit verwendet, um mit immer feineren Garnen besonders qualitätsvolle Gewebe herzustellen. Am Ende der Eisenzeit sind dann wieder mehr leinwandbindige Textilien festzustellen, gewoben auf einfachen einschäftigen Webstühlen. Gegenüber der Hallstattzeit geht nun die Anzahl der Webgewichte in den Siedlungen etwas zurück, möglicherweise wurde ein anderer Webstuhltyp in Mitteleuropa eingeführt – etwa der „nordische" Rundwebstuhl.

Hand in Hand mit der Verfeinerung der Webtechniken sind beim Vorbereiten des Spinngutes und beim Spinnen selbst – vor allem bei den erreichten Garnqualitäten – vom Neolithikum zur Eisenzeit stetig Verbesserungen zu bemerken. Wurde etwa das Wollvlies in der Bronzezeit von primitiven Schafen gewonnen und komplett mit den Grannen- sowie Stichelhaaren verarbeitet, so sind in der Hallstattzeit Garne aus besser vorbereitetem Wollvlies zu beobachten. Die feinen, gut sortierten und gekämmten Fasern liegen dabei wie in einem Kammzug parallel im Faden und verleihen so dem Garn Glanz. Erst mit derart qualitätsvollem Fadenmaterial sind die in der Hallstattzeit bekannten Spinnrichtungsmuster herstellbar.

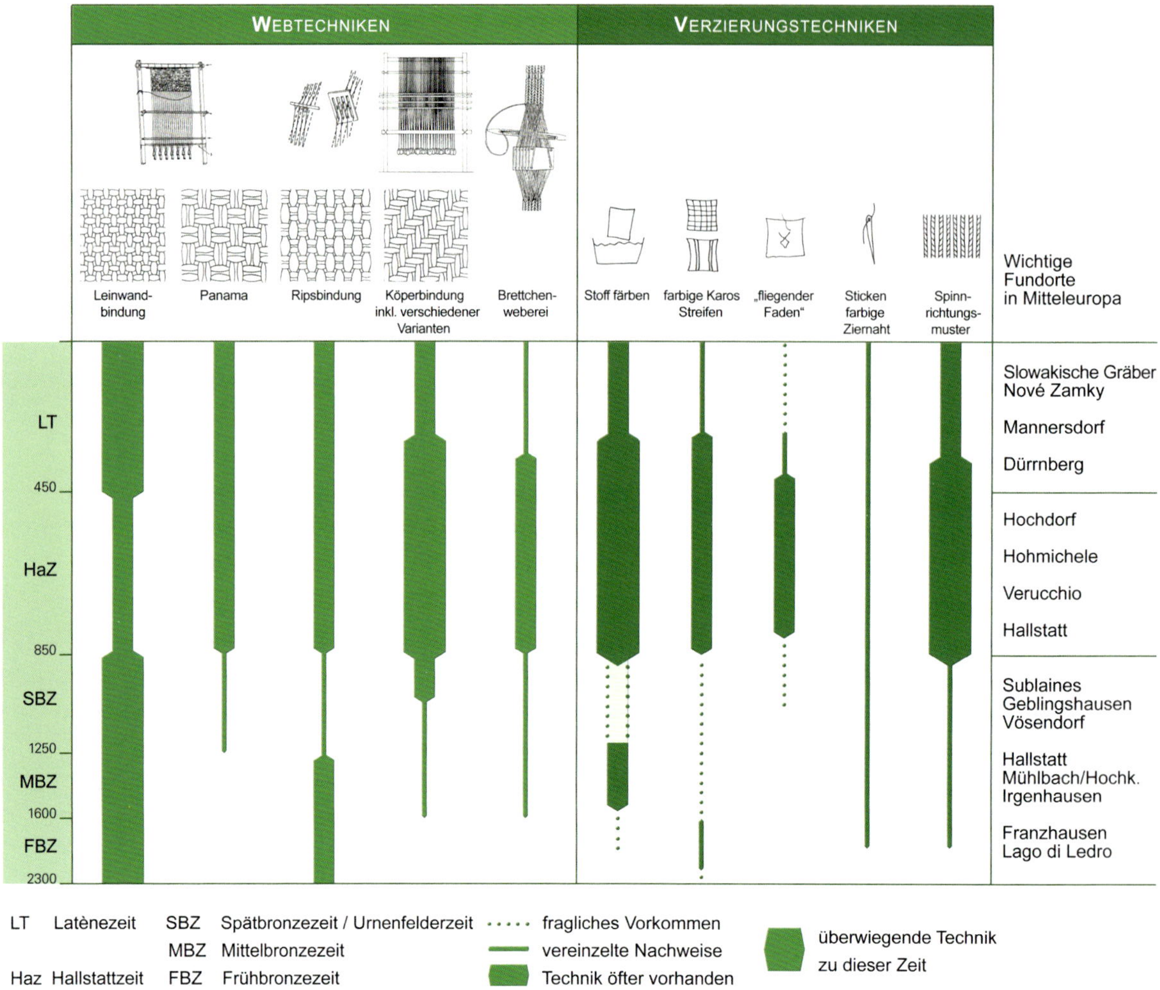

Abb. 140: Generelle Entwicklung der Web- und Verzierungstechniken von der Bronze- zur Eisenzeit in Mitteleuropa.

Dieser kurze Überblick zum prähistorischen Textilschaffen (Abb. 140) zeigt, dass wir uns von einer primitivistischen Sichtweise verabschieden müssen. Aber war es nur die einsame Textilhandwerkerin, die in ihrer dunklen Hütte all diese Produkte schuf oder können wir andere Bilder von den handwerklich tätigen Personen entwerfen? Wie war das Textilhandwerk insgesamt organisiert?

Das Produktionsniveau des Textilhandwerkes kann nach einem allgemeinen Theoriemodell von Eva Andersson-Strand vom

Haushandwerk	Heimindustrie
• Produktion deckt vor allem den Eigenbedarf ab • Mitglieder eines Haushaltes besitzen nötige Fähigkeiten • Rohmaterial durch Eigenproduktion oder nahen Tauschhandel abgedeckt • Kenntnis um Produktionsprozess allgemein bekannt	• Produktion einer Mehrleistung neben Eigenbedarf • Organisation auf Ebene eines Haushaltes • Mehrproduktion für Handel, Warentausch oder Abgaben • Produktion wenn Zeit verfügbar • Keine Vollzeitarbeit
Spezialisierung	**Werkstättenproduktion für Handel**
• Produktion durch Spezialisten • Handwerker abhängig von Mäzen • Arbeit auf Vollzeitbeschäftigung ausgerichtet • Fähigkeiten der Spezialisten durch Vollzeittätigkeit erweitert • Qualitätsprodukte als Repräsentationsobjekte • Kontrolle und Verfügungsgewalt über handwerkliche Arbeit durch Mäzen	• Direkte Produktion für den Handel • Funktionale und standardisierte Produktionsgüter • Hoher Output an Gütern • Massenware, Herstellung von Serien • Arbeit auf Vollzeitbasis • Zeitaufwand pro Stück reduziert auf ein Minimum

Abb. 141: Kennzeichen von Haushandwerk, Heimindustrie, Spezialistentum und Massenproduktion nach Eva Andersson Strand.

Centre for Textile Research in Kopenhagen (Abb. 141)[534] als eine Entwicklung angesehen werden, die ihre ursprünglichste Form mit einer Produktion im häuslichen Bereich (Haushandwerk) hat und die dann stufenweise verschiedene Spezialisierungsgrade bis hin zur Massenproduktion erreicht. Das Haushandwerk verliert daneben jedoch nie an Bedeutung. Im Nachfolgenden wird überlegt, ob diese Theorie auch für die Urgeschichte in Mitteleuropa Anwendung finden kann. Dazu wird jeweils einleitend die Definition von Andersson-Strand angeführt und diskutiert, welcher Entwicklungsstand in der Urgeschichte Mitteleuropas als möglich erachtet wird.

Ohne Schriftquellen kann nur die Zusammenschau der verschiedenen Quellen, der Befunde aus den Siedlungen und Gräbern Mitteleuropas sowie unseres Wissens über die gesellschaftliche Gliederung zu einer bestimmten Zeit, Informationen zu diesem Thema liefern. Auch die Textilien selbst geben wichtige Hinweise auf den Entwicklungsstand des Textilhandwerkes.

[534] Zu den Definitionen von Haushandwerk (*household production*) und Heimindustrie (*household industry*), zu Spezialisierung (*attached specialist production*) bis Werkstätten-Produktion *(workshop production for trade)* siehe Andersson 2003a, Abb. 1.

1.1 Haushandwerk

Das Haushandwerk ist nach der Definition von Eva Andersson-Strand (Abb. 141) dadurch gekennzeichnet, dass vor allem der Eigenbedarf abgedeckt wird. Auch der Bedarf an Rohmaterial wird durch Eigenproduktion oder nahen Tauschhandel gewährleistet. Beim Haushandwerk ist es außerdem Voraussetzung, dass die für diese Produktion notwendigen Kenntnisse und handwerklichen Fertigkeiten innerhalb der Gemeinschaft weit verbreitet sind.

In der Stein- und Bronzezeit Mitteleuropas wurde das Textilhandwerk in den bäuerlichen Dorfgemeinschaften wahrscheinlich allgemein als Haushandwerk betrieben[535]. Textilgeräte tauchen ab der Linearbandkeramik um 5.500 v. Chr. regelmäßig in den Häusern auf. In der Schweiz wurden etwa bronzezeitliche Siedlungen untersucht und dabei die Lage der Textilgerätschaften wie Spinnwirtel, Webgewichte oder Nähnadeln kartiert. In den Dörfern Greifensee-Böschen, Eschenz-Insel Werd und Zug-Sumpf (Spätbronzezeit) konnten dabei in mehreren Häusern Webgewichte entdeckt werden. Die Forscher deuteten dies so, dass es noch keine deutliche Spezialisierung in der Weberei gab[536] – dass diese Art von Arbeit im häuslichen Umfeld stattfand. Auch die eher simplen Textilien der Stein- und Bronzezeit, die großteils in Leinwandbindung angefertigt wurden, sprechen dafür, dass diese grundlegenden Techniken landläufig beherrscht und ausgeübt wurden. Wie andere Dinge des täglichen Bedarfes – Nahrungsbeschaffung, Anfertigen und Reparatur von Werkzeugen etc. – wurden auch Textilien wahrscheinlich großteils von jenen Personen bzw. Hausgemeinschaften hergestellt, die die Produkte selbst benötigten – diese bäuerlichen Haus- und Dorfgemeinschaften waren also in wesentlichen Bereichen autark. Nach der hervorragenden Forschungslage in den Schweizer Pfahlbausiedlungen der Stein- und Bronzezeit konnten sogar Ökonomiemodelle entwickelt werden – wie in diesen Siedlungen der Jahresablauf der Bauern möglicherweise aussah und wie die Selbstversorgung funktionierte[537].

535 vgl. Médard 2012, 370.

536 Nach Rast-Eicher und Reinhard 1998, 286.

537 Siehe dazu Schibler et al. 1997.

Haushandwerk im obig definierten Sinne ist – neben anderen Produktionsformen – natürlich quer durch die Urgeschichte, auch im Mittelalter und in der Neuzeit vor allem im ländlichen Bereich weit verbreitet.

1.2 Heimindustrie

Eine weitere Produktionsstufe ist die Heimindustrie (Abb. 141). Zwar ist diese nach Andersson-Strand noch auf der Ebene eines Haushaltes organisiert, es wird aber eine Mehrleistung produziert, die über den reinen Eigenbedarf hinausgeht. Diese Mehrleistung kann dann für Warenaustausch und Handel verwendet werden. Das Handwerk wird bei dieser Produktionsform aber nicht als Vollzeitarbeit ausgeführt, sondern die Produktion wird dann eingeschoben, wenn sich Zeit erübrigen lässt.

Wie kann nun dieses Modell auf prähistorische Verhältnisse angewandt werden? Wichtig sind dazu allgemeine wirtschaftliche und gesellschaftliche Daten, die der Forschung für bestimmte prähistorische Gesellschaften bekannt sind: Spätestens ab der Bronzezeit ist in Mitteleuropa der Tauschhandel mit den unterschiedlichsten Gütern belegt. Es gibt verschiedene graduelle Abstufungen von Güteraustausch, von nahem Tauschhan-

Abb. 142: Ringbarrendepot aus Perschling, Niederösterreich: Hortfund aus einer frühbronzezeitlichen Siedlung.
Die rund 250 Ringbarren aus Bronze wiegen insgesamt 51 kg.

del bis hin zum Fernhandel[538]. Vor allem in Bezug auf Bronze, ihre Bestandteile Kupfer und Zinn und auch in Bezug auf Produkte aus Metall ist „echter" Handel denkbar, also der Austausch genormter Waren, der durch in Bronzeguss hergestellte Produkte gewährleistet werden kann. Die frühbronzezeitlichen Ring- und Spangenbarren (Abb. 142) wie jene aus Perschling in Niederösterreich[539] werden oft zu Hunderten gefunden. Diese kommen in einheitlichen Formen in ganz Mitteleuropa vor und es konnte bei ihnen sogar eine Art Gewichtsnormierung festgestellt werden. Aus wirtschaftlicher Sicht wird bei den Barren daher von prämonetären Zahlungsmitteln gesprochen. Händler, die mit ihren Waren von Dorf zu Dorf zogen, waren ab der Frühbronzezeit ein bekanntes Bild. Es ist den Archäologen sogar möglich, Handelswege zu rekonstruieren.

Die Gesellschaft beginnt sich ab der Bronzezeit hierarchisch aufzugliedern, und dieser Prozess ist in seinen Wurzeln bis in die Kupferzeit zurückzuverfolgen. Es können ab der Frühbronzezeit in Mitteleuropa eindeutig Handwerker, Bauern und Krieger nachgewiesen werden[540], da sich in den Gräbern spezielle Beigaben finden. Die Händler sind durch Beigabe von Handelswaren, wie beispielsweise dem von der Nordsee stammenden Bernstein, indirekt nachgewiesen.

Nach diesen wirtschaftlichen und gesellschaftspolitischen Überlegungen ist es für das bronzezeitliche Textilhandwerk durchaus denkbar, dass naher Tauschhandel mit den in Heimindustrie gefertigten Produkten betrieben wurde[541]. Am deutlichsten kann man das für den Fundort Hallstatt im oberösterreichischen Salzkammergut annehmen. In Hallstatt[542] ist spätestens ab dem 15. Jahrhundert v. Chr., also ab der Mittelbronzezeit, der bergmännische Abbau von Salz belegt. Es ist somit das älteste Salzbergwerk Europas, das zudem bis heute in Betrieb ist. Die

538 Siehe dazu die Theorien und Modelle in Lang und Salač 2002.

539 Krenn-Leeb 2006, Abb. 6–7.

540 Zur sozialen Gliederung in der Bronzezeit sowie zum „Wirtschaftsfaktor Bronze" siehe die Überlegungen bei Kristiansen und Larsson 2005. – Urban 2000, 140–145. – Vandkilde 2007.

541 Für dieselbe Zeit sind aus dem mediterranen Raum bereits intensive Textilwirtschaft incl. Handel bekannt, etwa in der Palastwirtschaft von Knossos. vgl. Killen 2007. – Ulanowska und Siennicka 2018.

542 Zusammenfassende Darstellung: Kern et al. 2008.

intensive Erforschung dieses Bergbaues (siehe auch Kapitel D4, S. 319 ff.) erbrachte das Ergebnis, dass der gesamte Betrieb straff organisiert war und dass auch eine strenge Arbeitsteilung vorherrschte. So gab es etwa eigene Arbeiter zum Hauen des Salzes wie auch für dessen Beförderung. Es wird beim derzeitigen Forschungsstand davon ausgegangen, dass an diesem Wirtschaftsstandort, dem Salzabbauzentrum Hallstatt, in der Bronze- aber auch in der Eisenzeit wahrscheinlich große Teile der Bevölkerung direkt in den Bergbaubetrieb eingebunden waren und somit Arbeitskapazitäten für die Herstellung von Produkten des Alltags fehlten. Außerdem ist durch die Lage im alpinen Gebiet an einem See, umgeben von steilen Abhängen, der Platz für Arbeits- und Anbauflächen beschränkt (Abb. 143).

Abb. 143: Hallstatt, topografische Lage der Salzabbaustätten und des Gräberfeldes.

Daher kann man damit rechnen, dass Lebensmittel und Alltagswaren, die in anderen zeitgleichen Siedlungen von den ansässigen Personen im Haushandwerk fabriziert wurden sowie einige der im Bergbau benötigten Gerätschaften vom Umland im Tauschhandel gegen Salz nach Hallstatt gebracht wurden. Belegt ist das etwa für die hölzernen Pickelstiele aus dem Christian-von-Tusch-Werk in einer Zeit zwischen dem 15. und 12. Jahrhundert v. Chr.[543]. Durch Holzanalyse wurde festgestellt, dass die im Bergbau zahlreich verwendeten Knieholzschäftungen aus Eichenholz aus dem nördlichen Alpenvorland (mit Südgrenze in Höhe des Traun- und Attersee-Nordufers) stammen, also aus einer Entfernung von mindestens 40 km zu Hallstatt.

Es ist auch durchaus denkbar, dass viele der im Salzbergwerk gefundenen und hervorragend erhaltenen Textilien nicht in Hallstatt selbst hergestellt, sondern importiert wurden. Die Herstellungsorte könnten dabei im oberösterreichischen Alpenvorland liegen. Dort finden sich genügend Wirtschaftsräume wie etwa Weideflächen für Schafe oder auch Anbauflächen für Flachs und Färbepflanzen. Hinweise auf den Handel mit Textilien bzw. auch dem Rohmaterial könnten künftig durch Isotopenanalyse erfolgen, wie dies etwa für Dänemark bereits versucht wurde[544]. Als Produktionsniveau ist vor allem in der Bronzezeit die Form der Heimindustrie wahrscheinlich.

1.3 Spezialisierung

Die nächsthöhere Produktionsebene ist das Spezialistentum, bei dem es verschiedene Ausformungen gibt. Spezialistentum kann prinzipiell einzelne Personen, Personengruppen, Dörfer oder Regionen umfassen. Diese liefern aufgrund besonderer Rohstoffe, örtlicher Gegebenheiten oder handwerklicher Fertigkeiten spezielle Produkte. Spezialistenarbeit kann ganzjährig oder saisonal ausgeführt werden[545].

543 Grabner et al. 2007.

544 z. B. Frei et al. 2009. – Frei 2013. – Von Holstein 2013.

545 Zu den theoretischen Grundlagen unterschiedlicher Formen der Spezialisierung siehe Costin 1991, 4–43.

Eva Andersson-Strand definiert spezialisiertes Handwerk in der Textilproduktion folgendermaßen (Abb. 141): Die Arbeit der Spezialisten ist auf Vollzeitbeschäftigung ausgerichtet, und auch die handwerklichen Fähigkeiten und das know how werden erweitert, um qualitätsvollere Produkte schaffen zu können. Die Personen sind nach der Archäologin Eva B. Andersson-Strand oft von einem „Mäzen" abhängig und werden von ihm versorgt. Diese so hergestellten Waren können auch als kostbare Geschenke oder für den Güteraustausch dienen. Als ein weiteres Charakteristikum dieser Produktionsebene hat nun der Mäzen die vollständige Kontrolle und Verfügungsgewalt über das handwerkliche Können, das know how und die Produktionskapazitäten der für ihn arbeitenden Spezialisten.

Im mediterranen Raum lässt sich durch die vorhandenen Schriftquellen bereits sehr früh eine derartige Spezialisierung feststellen. Die administrativen Aufzeichnungen des Mykenischen Reiches von Kreta und auf dem griechischen Festland (15.–12. Jh. v. Chr.), geschrieben in der sogenannten Linear B Schrift auf Tontafeln[546], liefern Informationen zu zwei groben Kategorien von Textilien: Es gab zum einen feine Stoffe, die in spezialisierten Webstätten unter starker Arbeitsaufteilung der Arbeitskräfte hergestellt wurden, zum anderen im Haushandwerk produzierte Textilien, die von den Palästen als Steuerbeitrag erworben wurden.

Auch im archaischen Griechenland sind derartige Systeme belegt, wenn etwa in einer Hausgemeinschaft *(oikos)*, der Residenz eines Aristokraten, hochrangige Damen und die ihnen dienenden Frauen *(amphipoloi)* für die Webarbeiten zuständig sind[547]. Die Textilproduktion einer Hausgemeinschaft erfüllt eine wichtige Funktion in der Repräsentation des Aristokraten, sind doch Kleidungsstücke ein wertvolles Gut für Gastgeschenke aber auch kostbare Weihegaben an die Götter.

546 z. B. aus Pylos: pe-ki-ti-ra „Wollkämmer"; ri-ne-ja „Leinen-Verarbeitende"; pu-ko-wo-ko „Kopfbandmacher"; ra-pi-ti-ra „nähende Frauen"; vgl. dazu Breniquet 2020. – Del Freo et al. 2010. – Killen 2007. – Rougemont 2007, 48. – Ulanowska und Siennicka 2018.

547 Siehe zu den Überlegungen zur Oikos-Wirtschaft im archaischen Griechenland und der Bedeutung von Webarbeiten bei Wagner-Hasel 2000, 105–108 (zu Stoffen als Erinnerungsgeschenke und Abgaben), 141–143 (zum Webdienst). – Auch bei Barber 1991, 283–298.

Ein derartiges hohes Spezialistentum aus dem Bereich der Villanovakultur und der etruskischen Kultur kann aus verschiedenen Funden und Befunden abgelesen werden. Dazu gehören die Textilien von Verucchio[548], die speziellen Beigaben in den entsprechenden Gräbern, Funde von Spindeln und Spinnrocken aus wertvollen Materialien wie Bronze, Silber, Bernstein und Glas oder die bildlichen Darstellungen, wie auf dem Tintinnabulum von Bologna (Abb. 147, S. 282) oder dem Thron von Verucchio, tomba del trono. Hier sind jeweils Frauen mit hohem gesellschaftlichem Status nachgewiesen, die hoch spezialisiertes Textilhandwerk ausüben (durften)[549]. Solche Entwicklungen geschahen unter der Schirmherrschaft von Eliten und waren von der Notwendigkeit der Produktion von Statusmarkern und Prestigeobjekten, wie Textilien, motiviert. Die Darstellung von Luxusgütern, wie bei archäologischen Funden ersichtlich, spiegelt das Verhalten von Kriegeraristokratien in homerischen Gedichten wider und reflektiert das idiologische System hinter diesem Verhalten, Glauben und diesen Werten der orientalisierenden mediterranen Eliten. In Italien verlegte sich zwischen dem 10. und 7. Jahrhundert v. Chr. ein Teil der Textilproduktion von der Herstellung unmittelbar notwendiger Produkte zur Herstellung nicht-essenzieller Luxus- und Überschussgüter.

Wie war die Situation in Mitteleuropa? Kann man für die vorrömische Zeit bereits eine höhere Produktionsstufe als das reine Haushandwerk oder die Heimindustrie annehmen?

Befragt man zunächst das archäologische Fundgut, so sind die Befunde und Textilien der Älteren Eisenzeit in Mitteleuropa mehr als auffällig.[550] Im Gegensatz zur Bronzezeit werden nun aufwändig produzierte Gewebe gegenüber einfacheren Stoffen bevorzugt. Es sind dies hochqualitative Textilien, die mit großem Zeitaufwand und speziellen Fertigkeiten angefertigt wurden. Teilweise sind es sehr komplizierte Stücke, deren Herstellung die Fähigkeiten des Einzelnen überstieg und einen Spezialisten erforderte. Hier sei nur auf die Textilien aus dem Fürstengrab

548 vgl. dazu von Eles 2002, zu den Textilien bes. 192–234. – Stauffer 2012.

549 vgl. Gleba 2007; 2008a, bes. 190–194; 2013, 2–3, 9–11.

550 Gleba und Mannering 2012. – Grömer 2012. – Zu Smolenice-Molpír: Belanová-Štolcová 2012, 312.

von Hochdorf oder jene aus den ältereisenzeitlichen Teilen des Bergwerkes Hallstatt verwiesen[551]. Man findet eine unglaubliche Kreativität, die sich in der Verwendung verschiedenster Muster, Gewebebindungen (siehe Kapitel B, S. 175 ff.) und Farben niederschlägt. Wir kennen komplizierte Brettchenwebereien, das Färben mit importierten Farbstoffen (wie etwa Insektenfärbungen) oder komplexe Bindungsarten wie Diamantköper. Die erreichten Feinheiten in Garnstärke und Gewebedichte zeugen von enormem Arbeitsaufwand. Dieses Bild der hallstattzeitlichen Textilien lässt deutlich an eine spezialisierte Form der Produktion denken, denn die Herstellung entsprechender Stücke setzt Personen voraus, die auch Zeit, Muße, handwerkliche Fertigkeiten und *know-how* hatten, um diese repräsentativen Produkte zu schaffen. Es muss also innerhalb der Gemeinschaft die Wertigkeit und Wertschätzung für entsprechend hochstehende Textilien gegeben sein, darüber hinaus müssen aber auch die Ressourcen dafür frei gewesen sein (vor allem ein Mehr an Arbeitszeit, aber auch Aufwendungen für importierte Farbstoffe etc.). Dies ist aber nur im Zusammenhang mit einer komplexen gesellschaftlichen Entwicklung zu sehen, die diese aufwändigeren Arbeiten zur Herstellung von Textilien ermöglichte oder sogar förderte.

Für die mitteleuropäische Urgeschichte ist also folgendes Szenario denkbar: Die Ältere Eisenzeit war geprägt durch große gesellschaftliche Veränderungen[552], hervorgerufen auch durch den neuen Werkstoff Eisen. Von den Änderungen waren nicht nur die verschiedenen Handwerkstechnologien betroffen, sondern das gesamte gesellschaftliche Gefüge dieser Zeit. Die Gesellschaft gliederte sich noch mehr auf als zuvor. Die an der Spitze der Hierarchie Stehenden sind auch in den „Fürstengräbern" fassbar und repräsentierten sich durch aufwändige Lebensweise. Dies dürfte die Prachtentfaltung der Textilkunst in der Hallstattkultur begünstigt haben, die doch auch sehr stark im Zusammenhang mit einer zeittypischen Repräsentationskultur zu sehen ist – als Beispiel seien nur die kostbaren Stoffe aus dem Fürstengrab von Hochdorf genannt. Womöglich erfolgte hier in besonderem Maße eine Statusdefinition bzw. eine Sichtbar-

551 Hochdorf: Banck-Burgess 1999; 2012. – Hallstatt: Grömer 2013, 81–87.

552 Kristiansen 1991, 19–20. – Urban 2000, 227–229. – Vandkilde 2007.

machung des Status über Textil und Kleidung. Im zeitgleichen archaischen Griechenland ist durch Epen belegt, dass die visuelle Wirkkraft eines Menschen „*charis*" auch an die Kleidung der Person gebunden ist[553].

Es ist also durchaus möglich, dass die Produkte von Spezialisten erstmals im Textilhandwerk fassbar werden – auch wenn dies nur durch die Textilien selbst, nicht aber durch Schriftquellen gestützt ist. Die in der Definition des Spezialistentums angeführten Mäzene, für die derartige Qualitätsprodukte geschaffen werden, könnten die Angehörigen der hallstattzeitlichen „Adelsschicht" gewesen sein. Wir können also, besonders für die Oberschicht in der Älteren Eisenzeit, eventuell auch für begüterte Kreise, eine spezialisierte Produktion vermuten[554]. Inwieweit ein Austausch von Produkten und Arbeitsleistung innerhalb einer Gemeinschaft erfolgte oder ob ein überregionaler Ressourcentausch vorliegt, ist für den textilen Bereich nicht klar fassbar. Auch wissen wir nicht, ob die jeweiligen Spezialisten für ihre Tätigkeit von anderen Pflichten innerhalb des Gemeinwesens völlig freigestellt waren. Die aufwändigen Textilprodukte sind jedoch ein klarer Hinweis darauf, dass in der Hallstattkultur eine nicht unbedeutende Ressource an Arbeitszeit, hochspezialisiertem know-how und Können für ihre Produktion bereitgestellt wurde.

Es ist auch möglich, dass manche dieser Produkte am umliegenden Land hergestellt wurden, andere mussten über weitere Distanzen importiert werden (was allerdings durch die Verwendung exotischer Rohmaterialien wie Färbedrogen oder exotische Gewebe, Mustertechniken und Designs belegt ist). Textilien zirkulierten nicht nur durch Handel, sondern waren auch ein wichtiger Teil des Geschenkaustausches und formten einen essenziellen Teil der Mitgift.[555] Geschenkaustausch wurde bei den Elitemitgliedern der Gesellschaften praktiziert und inkludierte Textilien, Kleidungsstücke und Schmuck, aber auch Geräte mit einem symbolischen Wert, wie Spindeln und Spinnrocken.

553 Wagner-Hasel 2000, 152–163.

554 Siehe auch Rast-Eicher 2008, 190.

555 Über Austausch, Textilhandel und Schenkungen siehe Gleba 2013, 12–14. – Wagner-Hasel 2006.

Es ist leider nicht möglich abzuschätzen, welches Quantum der Produktion das Werk von Spezialisten war und welcher Teil der Textilproduktion in Haushandwerk durchgeführt wurde. Beide Produktionsweisen entwickelten sich nebeneinander. Es gibt wenig Zweifel daran, dass Textilmanufaktur in allen Ebenen der Gesellschaft praktiziert wurde und eine der arbeitsaufwändigsten Tätigkeiten war.

1.4 Massenproduktion

Die letzte Stufe, die für die Urgeschichte noch angedacht werden kann, ist die professionelle Produktion (serielle Massenproduktion) und der Werkstättenbetrieb für den Handel. Bei diesen Produktionsweisen werden nach Andersson-Strand (Abb. 141, S. 257) standardisierte, einfach und in Masse herzustellende Gegenstände angefertigt – also eine schnelle Herstellung von Serien. Grundlage dafür ist eine entwickelte Ökonomie mit festen Abnehmerkreisen. Es wird ein großer Output an produzierten Gütern angestrebt, wobei der Zeitaufwand pro Stück durch effizientes Arbeiten auf ein Minimum reduziert wird. Bei umfangreicher Industrie für den Handel findet die Produktion auf Vollzeitbasis und exklusiv für den Verkauf statt, sie benötigt eine Kapitalinvestition und exzessive Produktverteilung. Sicher belegt ist letztere Produktionsweise für Mitteleuropa vor allem in der Römerzeit[556].

Frühere Nachweise für Werkstättenproduktion sind aus dem mediterranen Raum bekannt. Die Textilproduktion in den mykenischen Palästen des 14. und 13. Jahrhunderts. v. Chr. scheint eine staatlich kontrollierte Textilindustrie gewesen zu sein. Aus den Aufzeichnungen der Linear B Tafeln von Kreta konnte eine Anzahl von 100.000 Tieren – Mutterschafe, Schafböcke und Hammeln – unter Palastkontrolle errechnet werden. Insgesamt um die 10.300 Einheiten von Wolle, ca. 52.000 kg wurden verarbeitet, und eine Produktion von etwa 5.000–7.000 Stücken Stoff, jeweils zu 10 kg, von tausenden Arbeitern bewerkstelligt.[557]

[556] Siehe dazu unter anderem bei Bender Jørgensen 1992, 130–133.

[557] Siehe Killen 1985, 108.

Wie sieht es nun im prähistorischen Mitteleuropa mit Massenproduktion aus?

In Österreich kennen wir um die 600 Textilien aus dem latènezeitlichen Salzbergwerk Dürrnberg bei Hallein[558], dazu noch weitere Funde aus Gräbern verschiedener Fundorte[559]. Bei der Untersuchung der Dürrnberger Salzbergwerkstextilien wurde festgestellt, dass sich die Gewebe stark von jenen aus Hallstatt unterscheiden.

Die Dürrnberger Stoffe zeigen nicht mehr jene überbordende Kreativität an Gewebequalitäten, Bindungen und Mustern, die die Textilien von Hallstatt auszeichnen. Nun herrschen einfachere, klarere Formen vor, bei den Mustern vor allem Streifen, bei den Gewebestrukturen großteils Leinwandbindung, selten finden sich Panamabindung oder einfache Köpervarianten[560]. Auch bei den Fadenstärken und Gewebedichten ist eine Standardisierung zu bemerken. Es sind dies nach wie vor qualitätsvolle Produkte, die allerdings im Vergleich zu den Textilien der Hallstattzeit einfacher und rascher hergestellt werden können. Ein Webstuhl für Leinwandbindung ist rascher eingerichtet als einer für Köperbindung, und auch das Weben geht bei Leinwandbindung schneller vonstatten, da nicht die Hebe- und Senkabfolge der einzelnen Litzenstäbe beachtet werden muss. Ebenso verhält es sich bei den Mustern: Längsstreifen entstehen, wenn sie einmal in den Kettfäden festgelegt sind, beim Weben ohne weiteres Zutun. Beim Anfertigen von Karos muss man hingegen mitzählen und die verschiedenfarbigen Schussfäden abwechseln.

Die Unterschiede in den Textilien sind bemerkenswert, da die Funde von Hallstatt und Dürrnberg aus der gleichen Region stammen (55 km Luftlinie voneinander entfernt) und die Siedlungen und Salzbergwerke vom Dürrnberg zeitlich nur ein wenig jünger als jene von Hallstatt sind, sich einander teils auch überschneiden. Zudem sind an beiden Fundorten dieselben Einbettungsbedingungen in den Abraumschichten des Bergbaube-

558 Von Kurzynski 1996 und Katalog in Stöllner 2002. – Zur Standardisierung: Von Kurzynski 1996, 35–36.

559 Grömer 2012.

560 Stöllner 2005, Abb. 6.

triebes vorhanden. An beiden Orten haben wir wohlhabende Gemeinschaften vor uns, die stark in den europäischen Handel involviert waren und die in alle geografischen Richtungen kulturelle Kontakte pflegten.

Es ist durch das Textilmaterial vom Dürrnberg offensichtlich, dass hier eine effiziente Produktion mit einem Maximum an Output angestrebt wurde, wenn auch einige wenige besondere verzierte Stücke darunter sind. Die spezielle Struktur des „Wirtschaftsstandortes" Dürrnberg[561] hat dies wohl begünstigt. Der Dürrnberg besaß neben dem gut organisierten Bergbau etwa auch eigene Handwerksbetriebe für verschiedene Produktgruppen (z. B. Holz- und Bronzeobjekte, Glas- und Eisenwaren, Sapropelit-Armreife etc.) in den Siedlungen. Ein ausgedehntes Handelsnetz sorgte für die Verteilung der hergestellten Güter.

Setzt man nun die Gesamtheit der bisher aufgefundenen Textilien der Jüngeren Eisenzeit in Österreich, Mähren und der Slowakei[562] in Beziehung mit diesem am Dürrnberg gewonnenen Bild, so ergibt sich (trotz verschiedenem Zusammenhang und auch unterschiedlicher Verwendung der Einzelstücke) ein geschlossener Gesamteindruck. Diese Entwicklung zu standardisierter Massenware mit wenigen verschiedenen Gewebearten (meist einfache Leinwandbindung, standardisierte Gewebedichten und Fadenstärken) ist auch bei den latènezeitlichen Grabfunden dieses Gebietes zu beobachten. Ein ähnliches Bild ergibt sich auch an den Textilien aus der Schweiz ab der Mittellatènezeit[563].

Eine Standardisierung und auch Funktionalisierung bemerken wir zudem bei den verwendeten Arbeitsgeräten. Ab der Latènezeit gibt es vermehrt Spinnwirtel, die aus zerbrochenen Tongefäßen rundlich zugeschliffen und durchbohrt wurden (vgl. Abb. 39). So ist auch bei der Spindel nicht mehr die individuelle, kreative Formung und Verzierung wichtig, sondern rein die Funktionalität – auch das ist ein Hinweis auf Massenproduktion. Die Standardisierung von Werkzeugen weist darauf hin, dass sie im größeren Ausmaß als vorher (und weniger sorgsam)

561 Brand 1995. – Stöllner et al. 2003, 123–126, 152–155.

562 Belanová-Štolcová 2012. – Grömer 2012.

563 Rast-Eicher 2008; 2012.

hergestellt wurden. Das hängt mit der Intensivierung der Textilproduktionsaktivitäten und dem Verlangen nach passender Ausrüstung zusammen. Zusätzlich zur Standardisierung der alten Geräte erscheinen bestimmte neue Werkzeuge während der Latènezeit, was auf neue Techniken hinweist. Scheren sind ein Beispiel, welche die Gewinnung von Rohmaterial revolutionierte, vielleicht Hand-in-Hand mit der Entwicklung von Schafrassen ohne Fellwechsel.[564]

Auch bei anderen Materialgruppen bzw. Handwerken sind in der Latènezeit ähnliche Dynamiken zu bemerken. Nimmt man als Beispiel die Töpferei, die wie das Textilhandwerk meist als eher konservativ angesehen wird und ebenfalls ab der Steinzeit in Haushandwerk hergestellt wurde: Bei der archäologischen Keramikanalyse werden generell gezielt verschiedene Elemente wie die Form der Gefäße, die Verzierungsweise und auch die angewandte Herstellungstechnik erforscht. Diese Analysen bilden das gängige „Handwerkszeug" der Archäologen beim zahlenmäßig bedeutsamsten Fundgut der mitteleuropäischen Urgeschichte. Während der Hallstattzeit in Österreich und seinen Nachbarländern kann man eine arbeitsintensive individuelle Produktion feststellen, die sich im Vergleich zur bronzezeitlichen Keramikproduktion sowohl in Form als auch Verzierung als sehr „barock" überladen und qualitätsvoll darstellt[565]. Ab der Mitte der Frühlatènezeit[566] schwenkt die Produktion von handgefertigter Ware auf die Herstellung mit der schnelldrehenden Töpferscheibe (Abb. 144) um. Nun kann in Masse produziert werden, was sich stark auf die Formen und Verzierungen auswirkt. Es werden Gefäßformen bevorzugt, die mit der Töpferscheibe rasch und einfach gefertigt – „aufgedreht" – werden können. Die Verzierungen beschränken sich dabei stark auf Riefen, Linien und Tonwülste, die beim Drehen auf der Scheibe mitgearbeitet werden. Die Gefäße sind dadurch standardisierter und funktionaler und besonders im Falle der Feinware von ausgezeichneter Qualität. Ähnliches ist auch für die alte Kunst

[564] vgl. Ryder 1992, 137. – Gleba 2013, 6.

[565] Kurzer Einblick in die Tonware der Hallstattzeit bei Nebelsick et al. 1997, bes. 65–67. Zum Prunkgeschirr 116–122. – Urban 2000, z. B. 281, Abb. S. 271.

[566] vgl. Neugebauer 1992, 94–98.

1

2

des Holzhandwerkes zu beobachten, da in der Latènezeit das Drechseln aufkommt.

Abb. 144:
1) Keramik aus der Hallstattzeit (handgeformt) und
2) der Latènezeit (Drehscheibenware).

Ist dies nun eine zeittypische Erscheinung der Jüngeren Eisenzeit? Hatte sich die Gesellschaft bereits so weit entwickelt, sind die Handwerke so weit aufgegliedert, dass selbst das sehr konservative Textilhandwerk zur Massenherstellung übergegangen war?[567] Der vollständige Übergang zur Massenproduktion würde auch die Aufgliederung in verschiedene Berufe mit Vollzeitbeschäftigung in dieser Sparte, spezielle Produktionsstätten etc. bedeuten. Noch können die archäologischen Quellen dazu keine Gewissheit geben – es ist aber wahrscheinlich, dass in der Latènezeit in Mitteleuropa neben dem Haushandwerk die ersten Vorformen der werkstättenorientierten Massenproduktion entstehen, was von den Römern in den um die Zeitenwende von ihnen eingegliederten Provinzen in Richtung einer weitreichenden Handelsindustrie[568] stark ausgebaut wird.

Der römische Handelsposten am Magdalensberg in Österreich (ca. 50 v. Chr. bis 50 n. Chr.)[569] befindet sich am Übergang der zentraleuropäischen Eisenzeit zur römischen Expansion zur Donau, woraus die Provinz Noricum entstand. Hier wurden Güter aus dem mediterranen Raum als Massenware verkauft.

567 Siehe dazu die Überlegungen bei Rast-Eicher 2008, 188–193. – Zu Spezialisierung und Massenware im vorrömischen Italien siehe Gleba 2007, bes. 75.

568 vgl. Gostenčnik 2012. – Möller-Wiering und Subbert 2012, 169 –170. – Wild 1970.

569 vgl. Gostenčnik 2013, 62–66, Abb. 4.2–4.5.

Außerdem waren Werkstätten, die entweder von den Mitarbeitern der Händler oder zumindest in enger Zusammenarbeit mit ihnen organisiert wurden, mit der Herstellung verschiedener Güter beschäftigt. Die Textilgeräte und Bleiplättchen *(tesserae plumbeae)*, die bei der Fundstelle entdeckt wurden, geben einen guten Einblick in Textilwerkstattproduktion und -handel dieser Zeit. Von der Fundstelle gibt es eine große Sammlung von Textilgeräten, die praktisch jeden Aspekt der Herstellung abdecken. Das hohe Niveau der Produktion ist auch an der Gesamtanzahl von Werkzeugen, z. B. 1.070 Spinngeräte (hierzu zählen Wirtel, Haken, Rocken und komplette Spindeln), ungefähr 200 Webgewichte und 373 Nadeln ersichtlich. Da Nähen oder Reparieren eines der Hauptaktivitäten des Textilgeschäfts am Magdalensberg war, waren auch Scheren notwendig für das Schneidern; das Vorhandensein von Schneidern ist durch Graffiti an den Wänden eines Lagerhauses und Bleiplättchen bestätigt. Bedenkt man die Menge an Textilgeräten, müssen viele Bewohner des Magdalensberges nach Kordula Gostenčnik ihren Lebensunterhalt mit dem Textilgeschäft verdient haben.

In der römischen Kaiserzeit gab es in allen Provinzen Massenprodukte – spezielle Produkte der jeweiligen Regionen für den römischen Markt. Für die im heutigen Österreich gelegene Provinz Noricum sind schriftlich verschiedene Wolltextilien belegt. Nach Diocletians Preisedikt[570] von 301 n. Chr. wurden verschiedene Wollgewänder aus Noricum exportiert; genannt werden „*burrus Noricus denarius decem milibus; banata Norica duplex denarius viginti milibus; fedox Noricus optimus denarius decem milibus; singilio Noricus denarius mille quingentis*", und eines dieser Kleidungsstücke findet sich unter den Preisen für Walken. Das Auflisten rätselhafter *banata* und *fedox* spiegelt alte regionale Kleidungstraditionen wider.

Wir wissen natürlich nicht, welcher Prozentsatz der benötigten Textilien speziell in der Eisenzeit von Spezialisten oder in Massenproduktion gefertigt wurde. Es soll hier nur angedeutet werden, dass neben dem in der Urgeschichte stets präsenten Haushandwerk auch höhere Produktionsstufen angenommen werden sollten.

570 Ed. Diokl. 19,47.55.59, 33,24. Nach Lauffer 1971.

Abb. 145: Spinnwirtel mit gallo-romanischer Inschrift aus Autun in Frankreich, 1. Jahrhundert v. Chr.

Zusammenfassend – Textilhandwerk fokussierte sich im Neolithikum und in der Bronzezeit in der häuslichen Sphäre. Als Konsumgut reichen Textilien von Notwendigem bis Luxusgut. Die Produktion von notwendigen Gütern ist vom Neolithikum bis gar zur Eisenzeit im Haushalt lokalisiert. Ein interessanter Nachweis ist die Produktion von Luxusgegenständen für Statusdarstellung und Schenkungen zwischen Eliten (vielleicht über weite Strecken).[571] Dies führt zur Entwicklung von hochspezialisiertem und geschicktem Handwerk und einem Netzwerk des Austausches von Ressourcen und Objektzirkulation (z. B. spezielle Farbstoffe wie Insektenfärbungen, Brettchengewebe, feine Qualitäten, gemusterte Stücke, …). Hallstattzeitliche Textilien wie jene aus Hallstatt oder Hochdorf sind im Kontext der Arbeit von Spezialisten zu sehen.[572] In der späten Eisenzeit führte die Nachfrage nach Gütern für eine wachsende Bevölkerung in zentralisierten Großsiedlungen zu einer Entwicklung besser organisierter Produktions- und Handelsweisen für diese Bedarfsprodukte – wie z. B. der Werkstattproduktion.

2 Soziologie des Textilhandwerkes

Nach den allgemeinen Betrachtungen zur Handwerksorganisation kristallisieren sich nun weitere soziologische Fragen heraus: Welche Personen produzierten die Textilien, wie war ihr Geschlecht, ihr Alter, in welchem sozialen Kontakt standen die einzelnen Personen zueinander? Interessant ist auch, für wen

[571] Wagner-Hasel 2000; 2006.

[572] Siehe auch Gleba 2013, 1.

bestimmte Produkte hergestellt wurden: Wer besaß etwa aufwändige und teure Textilien – wer durfte sie besitzen? Um moderne Begrifflichkeiten zu benutzen, sind also neben den Produzenten auch die Konsumenten der Textilien eine Personengruppe, die näherer Betrachtung bedarf.

Wiederum erlaubt uns das Fehlen von Schriftquellen nur ein vages Bild. Die zur Verfügung stehenden archäologischen Quellen müssen in diesem Fall mit besonderer Sorgfalt auf ihre Schlüssigkeit geprüft werden. Im Folgenden beschränken wir unsere Untersuchungen auf die Eisenzeit in Mitteleuropa, da wir hier die am besten auszuwertenden Quellen besitzen – der Fokus liegt wieder auf dem Gebiet des heutigen Österreich.

In der Urgeschichte wurden die Toten bei einem Begräbnis mit jenen Dingen ausgestattet, die sie für ein Leben im Jenseits benötigten. So sind Gräber und Gräberfelder eine bedeutende Quelle für verschiedenste Forschungsinhalte. Der soziale Status einer Person innerhalb einer Gemeinschaft kann von den Grabbeigaben und dem Schmuck abgelesen werden. Der Schmuck und die metallenen Bestandteile der Kleidung geben auch darüber Auskunft, was die betreffende Person bei der Bestattung getragen hatte (vgl. Kapitel E1, S. 338 ff.) – hier tritt uns also dieser Mensch als Konsument, als Benützer textiler Produkte gegenüber.

In Bezug auf das Textilhandwerk finden sich weitere interessante Botschaften in den Gräbern. Es kann studiert werden, ob etwa bestimmte Geräte nur gewissen Personengruppen (Alter, Geschlecht) beigegeben wurden. Werkzeuge für den textilen Bereich wären dabei Spinnwirtel, Nähnadeln, Webgewichte und Spulen, aber auch Scheren und Messer. In verschiedenen Zeitabschnitten von der Urnenfelderzeit zur Latènezeit und in unterschiedlichen Regionen Mitteleuropas scheint es bestimmte Regeln gegeben zu haben, welche und wie viele Werkzeuge den Toten als Grabbeigaben beigelegt wurden. Vor allem für die Osthallstattkultur, aber auch im inneralpinen Bereich, ist ein Spinnwirtel ein typisches Artefakt in Frauengräbern. Was aber bedeuten diese Werkzeuge im Grab[573]? Zeigt etwa ein Spinnwirtel in einem Grab, dass eben jene Person dieses Handwerk

573 vgl. dazu die Kommentare bei Gleba 2008a, 171–174. – Lipkin 2013.

ausübte – und andere nicht? Ist ein Spinnwirtel vielleicht ein Symbol für einen spezifischen Status, eine soziale Rolle oder ein Symbol für „die Frau“ generell?[574]

Sind Spindeln möglicherweise so sehr ein Symbol für das Weibliche, dass sie sogar eine erotische Bedeutung haben können? Mit Augenzwinkern sei hier auf die späteisenzeitlichen Funde aus Frankreich verwiesen. Was auch immer die Menschen dazu bewogen hat – sie haben Spinnwirtel mit eindeutigen gallischen bzw. galloromanischen Inschriften versehen[575]. Eine Kostprobe der Sprüche: *„moni gnatha gabi buđđutton imon“* – „Komm, Mädchen, nimm mein Küßchen“ auf einem Spinnwirtel aus Saint-Révérien oder *„geneta vis cara?“* – „Liebes Mädchen, willst du?“ Die Spindel von Autun (Abb. 145) fordert überdies *„nata vimpi curmi da“* – „Schönes Mädchen, gib Bier“. Die Spindel als Liebesgabe also? In römischer Zeit wurde die Spindel bei der Hochzeit als Symbol für die Pflichten der Frau überreicht. Selbst in der mitteleuropäischen Volkskunde finden sich ähnliche Gedanken, wenn im Alpenraum bis ins 19. Jahrhundert hinein Spinnrocken mit Liebessymbolen geschmückt oder mit den Initialen der Liebenden beschnitzt wurden[576].

Dieser launige Ausflug zur erotischen Symbolik eines Handwerksgerätes soll aber nicht den Blick auf andere Aspekte verstellen: Bedeutet ein Werkzeug im Grab eine hohe oder niedrige Stellung in der Gesellschaft? Möglicherweise zeigen die Geräte in den Gräbern gar nicht ein Abbild der alltäglichen Realität dessen, was die betreffende Person an ständigem Arbeitspensum zu leisten hatte, sondern haben vielmehr eine religiös-symbolische Bedeutung. Derartiges wird teils auch für die bildlichen Darstellungen von Textilarbeit in Erwägung gezogen (siehe unten).

Bei den folgenden Betrachtungen wird nun davon ausgegangen, dass ein Werkzeug in einem Grab auch mit der handwerklichen Tätigkeit des oder der Verstorbenen zu tun hat.

---

[574] vgl. Barber 1991, 283–298; 1994. – Cottica 2007. – Larsson Lovén 2007.

[575] Nach Birkhan 1997, 1091–1092.

[576] Vergleiche etwa Grieshofer 2004, 125–129 mit Beispielen aus der Schweiz, Ostfrankreich, Österreich und Italien, auch aus Rumänien und den Gebieten des ehemaligen Jugoslawiens.

Die eisenzeitliche Kunst[577] bietet viele mehr oder weniger detaillierte Abbildungen von Menschen und ihrer Kleidung, vor allem auf Werken der Situlenkunst und als Verzierungen auf Tongefäßen, auf Statuen und Statuetten sowie menschengestaltigen Fibeln (siehe Kapitel E, S. 338 ff.). Es finden sich auf der Keramik des Osthallstattkreises und bei der Situlenkunst szenische Darstellungen, Bilderzählungen, die uns über die Vorstellungswelt der eisenzeitlichen Menschen (der Oberschicht?) unterrichten. So gibt es Festszenen mit Musik und Tanz, Prozessionen, Umzüge, Trinkszenen, Wagenfahrten, Jagden – und auch Abbildungen von Textilarbeit. Die bekannten Szenen finden sich auf einem Klapperblech aus Bologna, der Thronlehne von Verucchio und auf einem Kegelhalsgefäß aus Sopron. Interessanterweise werden von den zeitgenössischen Künstlern Mitteleuropas keine anderen Handwerke dargestellt. Es gibt keine Bilder etwa von Bronzeschmieden, von Drechslern, Knochenschnitzern oder von Töpfern – Handwerke, die wie Textilarbeit ebenfalls bedeutende Produkte im alltäglichen Leben hervorbringen.

Die nächste Frage ist daher, wer bei den Textilszenen dargestellt ist. Sind hier (weibliche) Handwerksspezialisten abgebildet oder bloß „Hausfrauen" bei ihrer täglichen Pflicht? Soweit das Geschlecht erkennbar ist, sind nämlich nur Frauen dargestellt. Alexandrine Eibner-Persy[578] befasste sich mit der symbolisch-rituellen Bedeutung des Textilhandwerkes, wobei sie eisenzeitliche Abbildungen aus dem Alpenraum analysierte und mit anderen Funden aus demselben Gebiet in Beziehung setzte. Zur Interpretation zog sie auch Schrift- und Bildquellen aus dem antiken Griechenland heran. In der Antike war Textilarbeit eine der vornehmsten und wichtigsten Pflichten von Frauen, wie auch in den homerischen Epen[579] beschrieben. Der Symbolismus, den eine Spindel im antiken Griechenland wie auch im antiken Rom hatte, verbindet diese nicht nur mit dem Status der Herrin eines Hauses (die Spindel ist auch das Symbol der verheirateten Frau), sondern die Spindel ist auch das Attribut von weiblichen

577 Huth 2003. – Lucke und Frey 1962. – Reichenberger 2000. – Turk 2005.

578 Barber 1991, z. B. 358–359, 372–373. – Eibner-Persy 2000/2001.

579 Hom., Il., 6/490–493. – vgl. dazu auch Barber 1991; 1994. – Wagner-Hasel 2000.

Gottheiten. Textilhandwerk hatte also durchaus seinen Platz in der Mythologie[580].

Für unsere Fragestellungen ist hier vor allem von Bedeutung, dass teilweise detaillierte Szenen verschiedener textiler Arbeits und Produktionsprozesse für uns erkennbar sind: Spinnen, Kette Schären, Weben.

Die Schriftquellen, Berichte antiker Autoren[581] über späteisenzeitliche Gemeinschaften Mittel- und Nordeuropas, bieten fast keine Ansatzpunkte für unsere Fragestellungen. Technische Beschreibung von Handwerk generell und Textilproduktion im Speziellen war kein Thema, das den antiken Autor oder seine Leser besonders interessiert hätte. Auch heute werden wohl in allgemeinen Berichten in Zeitungen und Zeitschriften verschiedene Dinge des Alltags erwähnt, nicht aber die genaue Beschreibung jedes Handgriffes ihrer Handhabung – das wird als bekannt vorausgesetzt. Es wurde von den antiken Geschichtsschreibern eher das beschrieben, was für den Verfasser und seine Leserschaft ungewöhnlich erschien – und eine Person mit Spindel oder am Webstuhl war das sicher nicht, da diese Gerätschaften allgegenwärtig waren. Erwähnung finden aber Produkte, die für den Handel bedeutsam waren, für den textilen Bereich etwa Mäntel.

2.1 Konsumenten – die Nutzer von Textilien

Die archäologischen Quellen erlauben für unsere speziellen Fragen großteils nur den Blick auf den eher wohlhabenden Teil der eisenzeitlichen Bevölkerung Mitteleuropas. Textilien erhalten sich in Gräbern in unseren Breiten meist nur, wenn sich bei der Bestattung ausreichend Metalle (Schmuck, große Bronzegegenstände, ...) finden, an denen sie ankorrodieren konnten (siehe Kapitel A2, S. 24). Wir haben also Textilien eher in Gräbern der begüterten Mittelschicht und der Reichen erhalten. Besonders prachtvolle und aufwändig gearbeitete Gewebe sind in

580 Cottica 2007, 221–225. – Larsson Lovén 2007.

581 Zu Berichten antiker Autoren über Handwerk in der Eisenzeit siehe Timpe 1981. Über Textilherstellung und Färben 54–55.

den metallreichen Fürstengräbern wie Hohmichele oder Hochdorf überliefert[582]. So sind wir also über die erlesenen Stoffe der Oberschicht gut informiert. Latènezeitliche Textilien aus Gräbern der Schweiz betreffend wurde erwähnt, dass die Gräber mit wertvolleren Objekten generell feinere Stoffqualitäten aufweisen. In diesen Fällen scheint die Textilqualität, die mit der Fadenanzahl ausgedrückt wird, ein Marker des sozialen Status der Verstorbenen zu sein.[583] In „armen" Gräbern ohne Metallbestandteile konnten sich eventuell einstmals vorhandene Stoffe nicht erhalten.

Auch auf Werken der eisenzeitlichen Kunst finden sich Abbildungen von Textilprodukten, vor allem von Gewändern und wie sie getragen wurden. Es ist dies also – wenn man so will – ein Bild der Konsumenten. Besonders die Situlenkunst[584] beschert uns reich dekorierte Darstellungen von Männern, Frauen und – selten – Kindern in ihren (Fest-?) Gewändern: Männer mit Kitteln und langen Mänteln und verschiedenen Hüten, frackartigen Wämsen und Hosen, Frauen mit langen Kleidern und Schleiern. Doch auch hier ist zu bedenken, dass eher die Oberschicht dargestellt ist – wenn es nicht gar symbolisch-mythologische Szenen sind. Es sind jedenfalls keine Alltagsbilder der breiten Bevölkerung (siehe dazu Kapitel E1.4, S. 346). Bei den Werken der Situlenkunst fällt die teils sehr detaillierte Darstellung der karierten Textilmuster, der Borten und Bänder auf, mit denen die Kleidung geschmückt ist. Diese lassen sich wiederum mit den exquisiten Stoffen etwa des eisenzeitlichen Teiles des Salzbergwerkes Hallstatt[585] in Beziehung setzen – sie sind also tatsächlich realitätsnah.

Bei den hochwertigen, teils aufwändig gemusterten Stoffen aus dem Salzbergwerk Hallstatt stellt sich dabei die Frage, ob diese Stoffe die Kleidung der breiten Bevölkerung der reichen Bergbausiedlung Hallstatt widerspiegeln. Die Stoffe wurden als Lumpen sekundär in den Berg gebracht, wo sie nach ih-

582 Hochdorf: Banck-Burgess 1999. – Hohmichele: Hundt 1962.

583 Siehe Rast-Eicher 2012, 389.

584 Lucke und Frey 1962. – Frey 2005. – Turk 2005.

585 Grömer et al. 2013a, mit Referenzen zu anderen Forschern wie Hans-Jürgen Hundt und Katharina von Kurzynski.

rer Erstnutzung als Kleidungsstücke verschiedene Funktionen (Kapitel D.5, S. 322) hatten, etwa als Bindematerial. Durch neuere Untersuchungen an den Skelettresten[586] des hallstattzeitlichen Gräberfeldes im Hochtal ist bekannt, dass die dortige Bevölkerung auch im Salzabbau tätig war. Das Gräberfeld von Hallstatt zeichnet sich im Vergleich mit anderen zeitgleichen Begräbnisstätten vor allem auch durch seinen Reichtum aus. So verwundert es nicht, dass die in Hallstatt gefundenen Gewebe teils sehr exquisit sind. Kann nun also dieser Befund der feinen und gemusterten Stoffe aus den eisenzeitlichen Teilen des Hallstätter Salzbergwerkes dahingehend gedeutet werden, dass diese ebenfalls einer breiteren (und auch im Vergleich zu anderen hallstattzeitlichen Gemeinschaften tendenziell wohlhabenderen) Bevölkerung zur Verfügung standen?

Bedauerlicherweise schweigen unsere Quellen großteils zu anderen Siedlungen. Es ist nur feststellbar, dass die begüterten und reichen metallführenden Gräber im gesamten Bereich der Hallstattkultur ebenfalls feine Stoffe besitzen. Von den Mustern sind aufgrund der fehlenden Farbigkeit bei Metallkorrosion nur noch die Spinnrichtungsmuster erkennbar.

Als Konsumenten der feinen und aufwändigen Textilien der Hallstattzeit in Mitteleuropa sind also bisher die reicheren Bevölkerungsschichten und die Oberschicht zu identifizieren. Die Stoffe, die von der nicht so begüterten Allgemeinheit benutzt wurden, sind hingegen schwer zu fassen.

Die Villanova Textilien aus den Verucchio-Gräbern sind, wie Annemarie Stauffer[587] erwähnt, ein Nachweis für hochentwickelte Webmethoden und Mustertechniken. Komplex hergestellte brettchengewebte Borten, Spinnrichtungsmuster, angenähte Bernsteinknöpfe und außerordentlich geformte Kleidungsstücke aus hochqualitativem Stoff zeigen einen hohen Grad an Fähigkeiten bei der Herstellung. Außerdem geben Farbstoffanalysen eine klare Vorstellung der von der damaligen Aristokratie verwendeten und bevorzugten Farben. Die verschiedenen Kleidungsstücke der Fürstengräber spiegeln das soziale Ansehen

586 Pany in Kern et al. 2008, 136–141.

587 Stauffer 2012, 10–11.

sowie den individuellen Reichtum wider; sie sind Symbole von Status und Identität.

2.2 Produzenten – Personen im Textilhandwerk

Ein wesentlicher soziologischer Aspekt betrifft schließlich jene Personen, die im Textilhandwerk tätig waren. In der antiken Welt ist dies durch Schriftquellen gut bekannt[588], für die eisenzeitlichen Menschen Mitteleuropas muss auf Bildquellen und Grabfunde zurückgegriffen werden.

Sehr bekannt und in beinahe jedem wissenschaftlichen und auch populären Buch über prähistorische Textilien zu finden ist die sogenannte „Urne von Sopron" mit der Spinn- und Web-Szene. Dieses frühhallstattzeitliche Kegelhalsgefäß wurde in Tumulus 27 des Gräberfeldes Sopron-Burgstall (Várhely)[589], Ungarn (Abb. 146), im Grab einer 18- bis 20-jährigen Frau entdeckt. Es handelt sich bei dem Gefäß aber nicht um einen Leichenbrandbehälter, wie der in verschiedenen Publikationen immer wieder verwendete Begriff „Urne" suggeriert, sondern um einen Trankbehälter. Die junge Frau erhielt viele Beigaben: Weitere Gefäße komplettieren das Speiseservice, als Schmuck- und Trachtgegenstände dienten Glasperlen, ein Bronzehalsreif und eine Harfenfibel. Sehr aufschlussreich ist, dass die Frau nicht nur das Kegelhalsgefäß mit einschlägigem Motiv in ihrem Grab hat, sondern auch konkrete Werkzeuge für dieses Handwerk: Zwei tönerne Wirtel sind die Überreste ihres Spinnzeuges. Der hölzerne Spindelstab und das Spinngut aus Wolle oder Flachs sind leider vergangen. Die Verzierungen auf dem Kegelhalsgefäß verdienen nun nähere Betrachtung: Am Hals des Gefäßes sind verschiedene Personen eingeritzt (Abb. 146 und 147), beherrschend ist die Szene der Frau am großen Gewichtswebstuhl. Daneben sehen wir eine Frau mit einer Spindel sowie zwei Frauen mit erhobenen Händen – der Andeutung eines Tanzes? Eine fünfte, kleinere Figur (männlich?) ist rechts neben dem Webstuhl situiert und hält eine Leier. Die gesamte Darstellung erzählt neben

[588] z. B. Del Freo et al. 2010. – Droß-Krüpe 2011. – Öhrmann 2022. – Ulanowska und Siennicka 2018.

[589] Eibner 1980, Inventar des Tum. 27: 133–141, Taf. 224–236.

Abb. 146: Sopron-Burgstall, Tumulus 27: Kegelhalsgefäß mit der Spinn- und Webszene, Ältere Eisenzeit.

der charmanten, stimmungsvollen (vielleicht mythologischen) Szene mit Musik und Tanz auch, dass Spinnen und Weben von Frauen durchgeführt wurde.

Ebenso bekannt ist das bronzene Klapperblech von Bologna, Arsenale Militare necropolis, „Tomba degli Ori", Italien, [590] das um 630 v. Chr. datiert. Dieses Objekt ist auf beiden Seiten mit Szenen geschmückt, bei denen Frauen Textilarbeit verrichten. Hier finden sich noch mehr Details des Arbeitsablaufes: Auf einer Seite des Klapperbleches bereiten zwei weibliche Personen offensichtlich das Vlies zum Spinnen vor. Im Feld darüber steht eine Frau mit Spindel und Spinnrocken. Auf der anderen Seite

590 Morigi Govi 1971. – Vergleiche auch bei Gleba 2007, 72, Abb. 11.1; 2008a, 28–30.

Abb. 147: Bildliche Darstellungen zum Textilhandwerk aus der Eisenzeit.

des Bleches sind verschiedene Aktivitäten abgebildet, die zum Bereich Weben gehören. Zuunterst sind zwei Frauen damit beschäftigt, gemeinsam die Webkette zu schären, also die Basistätigkeit zur Gewebeherstellung. Darüber sitzt eine Dame auf einem Thron und bedient den Gewichtswebstuhl, wobei eine andere Frau ihr ein Gefäß reicht – wohl mit Wolle darin. Wiederum sind alle abgebildeten Personen weiblich. Nicht nur das Spinnen und Weben, sondern auch das Vorbereiten des (Woll-) Vlieses und das Kette Schären wurden demnach (auch) von Frauen bewerkstelligt (Abb. 147).

Der Thron von Verucchio, „tomba del trona", ist in das Ende des 8./beginnende 7. Jahrhunderts v. Chr. datiert worden. Die auf der Innenseite der Lehne geschnitzten Szenen zeigen den Zyklus der Textilproduktion inklusive Waschen der Wolle, Spinnen, Weben und letztlich die Herstellung der Kleidung.[591] Die Involvierten scheinen alle Frauen zu sein. Ein weiterer wichtiger Hinweis zum Geschlecht der Textilhandwerker kann aus den Gräbern abgelesen werden – unter der Annahme, dass die Werkzeugbeigabe auch auf einer Tätigkeit im realen Leben beruhte. Die Grabbeigaben reflektieren grundsätzlich die Wichtigkeit der Textilherstellung an sich und den Wunsch der Hinterbliebenen

[591] Gleba 2007, 72. – Lipkin 2013.

zu zeigen, dass die verstorbene Person in diese wesentliche Aufgabe involviert war. Hier konzentrieren wir uns auf das heutige Österreich und Zentraleuropa.

Als Beispiel möge hier Statzendorf in Niederösterreich[592] aus der Zeit um 800 bis 600 v. Chr. dienen. Es ist dies ein typisches Gräberfeld der hallstattzeitlichen Kalenderberggruppe (Osthallstattkreis) und liegt eher in ländlicher Peripherie. Der Friedhof hat 373 Gräber, von denen die meisten (90 %) Brandbestattungen sind. Die Toten wurden üblicherweise mit zahlreichen Gefäßen für das Leben nach dem Tod ausgestattet, diese bildeten Teile eines Trink- und Speisesets. Die in den Gräbern teilweise gemeinsam mit Messern aufgefundenen Tierknochen repräsentieren die Überreste der Speisebeigabe. Persönliche Objekte sind Schmuckstücke und Überreste von Kleidungsbestandteilen wie Gewandnadeln, Fibeln, Glasperlen, Blechgürtel oder Armreife. Als Werkzeuge wurden Spinnwirtel, Nähnadeln, Messer und Wetzsteine mitgegeben, Männer erhielten Waffen wie Äxte oder Lanzen. Unter den Gräbern von Statzendorf sind bei 12 % der Bestattungen Textilgeräte zu finden – wenn das Geschlecht bestimmt werden konnte, handelte es sich jeweils um Frauenskelette. Die Archäologin Katharina Rebay, die dieses Gräberfeld analysierte, führte auch Sozialindexberechnungen durch, um den sozialen Rang einer Person besser fassen zu können. Dabei versuchte sie, den Wert der Grabbeigaben (Anzahl und Größe der Gefäße, Anzahl und Art der Metallgegenstände inklusive Metallgewicht etc.) wie auch den Wert der Bestattungssitte des Grabbaues zu eruieren. Für das Textilhandwerk ist dabei interessant, dass Spinnwirtel und Nähnadeln sowohl in „armen" als auch in sehr „reichen" Gräbern mit Sozialindex 100 vorkommen. Es kann also bei diesem Gräberfeld nicht belegt werden, dass die Textilgeräte einer bestimmten sozialen Gruppe von Personen vorbehalten waren. Auch die Anzahl der Spinnwirteln hilft hier nicht weiter, weil etwa in Grab A089 mit niedrigem Sozialindex gleich vier Spinnwirtel gefunden wurden (Abb. 148), in reicheren Gräbern teilweise nur einer.

592 Rebay 2006.

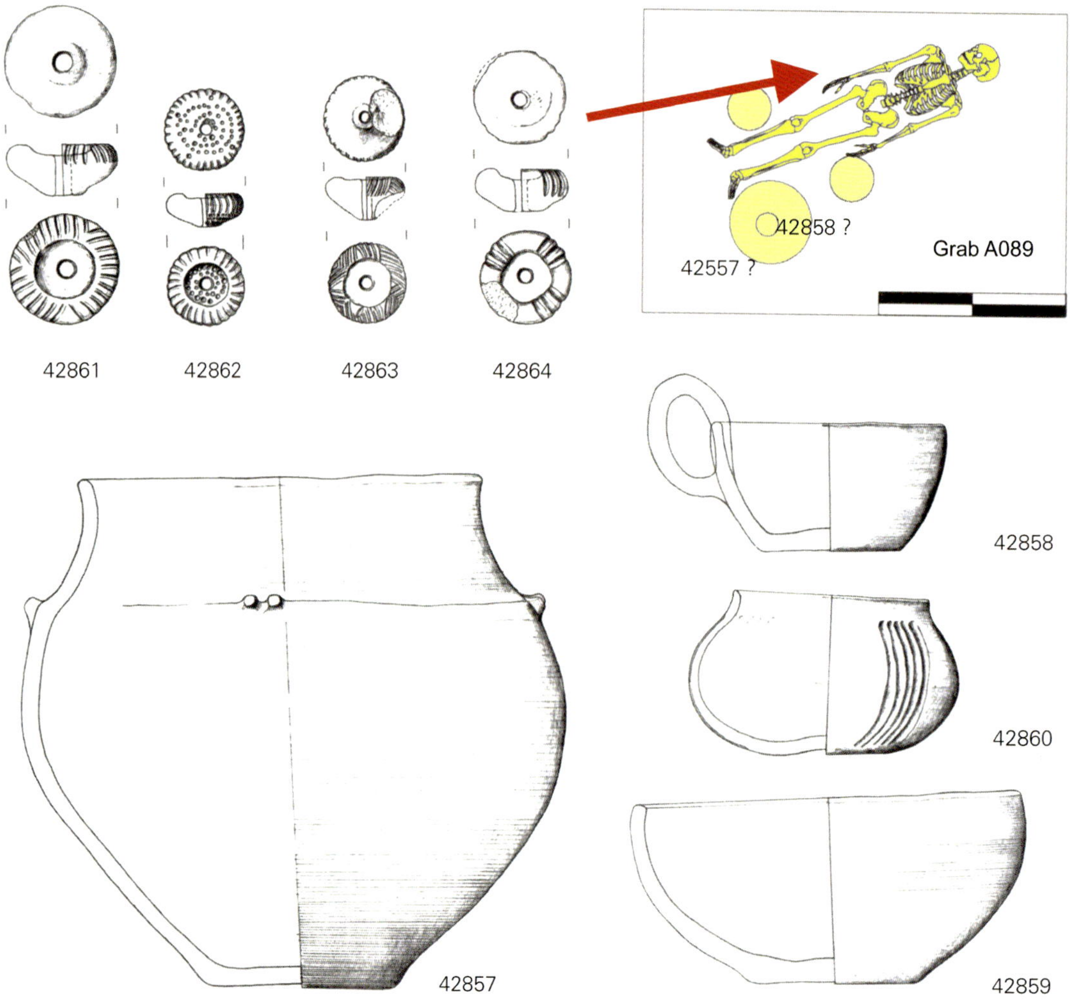

Abb. 148: Statzendorf, Niederösterreich: Hallstattzeitliches Grab A089 mit Spinnwirteln. Das Grab hat einen niedrigen Sozialindex.

Das hallstattzeitliche Brandgräberfeld von Uttendorf im Pinzgau[593] datiert in das 8. Jahrhundert v. Chr. Hier sind zehn sehr reiche Frauengräber auffällig, in denen Sets von Webgewichten gefunden wurden – genügend, um einen kleinen Webstuhl zu bestücken. Diese sind teils sehr exquisit hergestellt und verziert, teilweise bestehen sie aus Stein (Serpentin). Schon diese Webgewichte sind also eher zu den Luxusgütern zu zählen und zeichnen diese Frauen aus; in ärmeren Gräbern kommen sie nicht vor. Interessanterweise haben diese Textilgeräte Spuren von Brandeinwirkung. Es ist daher anzunehmen, dass bei der rituellen

[593] Moosleitner 1992.

Verbrennung des Leichnams jeweils ein kompletter Webstuhl gemeinsam mit der toten Frau auf den Scheiterhaufen gelangte. Schließlich wurden die angebrannten Webgewichte als Beigabe neben die Urne in das Grab gelegt. Diese Sitte ist vor allem in der Region südlich der Alpen nachweisbar.

Im hallstattzeitlichen Gräberfeld Frög in Kärnten[594] wurden in den Gräbern neben Spinnwirteln und Webgewichten auch tönerne Spulen und metallene Spinnrocken gefunden, Letzteres ist im Gebiet östlich und nördlich der Alpen eher selten.

Diese Beispiele für die Beigabe von Textilgeräten in Gräbern könnten noch durch viele andere erweitert werden. Fakt ist, dass vor allem in der Älteren Eisenzeit in Frauengräbern die Beigabe von Werkzeugen des Textilhandwerkes durchaus üblich ist, sowohl in Brandgräbern als auch in Gräbern mit Körperbestattung. Am Ende der Eisenzeit werden Textilgeräte in Gräbern allgemein seltener als in der Hallstattzeit. Als latènezeitliche Gräber mit Textilgeräten wie Nadeln, Spinnwirteln, Webgewichten und als Neuerung auch Scheren können die Bestattungen aus Pottenbrunn in Niederösterreich oder Dürrnberg bei Hallein genannt werden[595].

Wer sind nun die Personen, denen Textilgeräte beigegeben wurden? Interessant ist dabei, dass sich die Spinnwirtel und Webgewichte meist in Frauengräbern befinden. Nur in wenigen Ausnahmefällen erscheint ein derartiges Gerät einmal in einem Männergrab. In Pottenbrunn, Grab 565, ist etwa ein 55 bis 60 Jahre alter Mann bestattet, der neben einem Spinnwirtel als Auffälligkeit auch einen bronzenen und silbernen Fingerring trug. Was bedeutet dies nun? Ist ein Spinnwirtel im Grab eines Mannes eine Auf- oder Abwertung dieser Person oder erzählt das Gerät nur neutral davon, dass eben dieser Mann auch einer spinnenden Tätigkeit nachging? Betont eine derartige Grabbeigabe eventuell auch die Geschicklichkeit des ausübenden Handwerkers und so die Bedeutung für die Gemeinschaft?

---

594 Tomedi 2002, 159–162.

595 Pottenbrunn: Ramsl 2002. – Dürrnberg: Penninger 1972, z.B. Taf. 2, 3, 11, 14.

Weiters ist zu bemerken, dass in den Abbildungen und den Gräbern nur ein bestimmter Teil des Arbeitsablaufes bei der Textilproduktion (vgl. Kapitel B, Abb. 15, S. 38–39) auftaucht: das Spinnen und Weben ist nach diesen Quellen den Frauen zuzuschreiben. Was ist aber mit anderen Handgriffen wie Scheren der Schafe, Aufbereiten von Flachs, Kämmen von Wolle, Färben sowie Zuschneiden der Stoffe und Nähen? All diese Tätigkeiten sind in den Bildquellen nicht zu finden. In den Gräbern sind neben Spinn- und Webgeräten nur Nähnadeln und Scheren verschiedener Größen vertreten. Diese Näh- und Schneidewerkzeuge sind aber eher selten, und; überdies können sie in den Gräbern von Männern und Frauen vorkommen[596]. Scheren sind im Textilhandwerk vielseitig einsetzbar. Dies beginnt bei der Schafschur; ein Schneidewerkzeug ist aber auch ein Allzweckgerät beim Weben – wenn es gilt, Fäden abzuschneiden, beim Endfertigen des Webstückes, beim Kappen der Aufhängung der Webgewichte und schließlich bei Zuschnitt und Näherei. Außerdem besteht auch die Möglichkeit, dass Nadel und Schere für andere Arbeiten, etwa für das Lederhandwerk, verwendet wurden.

Wir haben daher keinen direkten archäologischen Beleg für das Geschlecht der Personen, die für das Scheren der Schafe, für die Vorbereitung des Rohmaterials Flachs, für das Färben, Schneidern und Nähen zuständig waren. Es ist also nur für das Spinnen und Weben relativ klar, dass dies (großteils?) von Frauen durchgeführt wurde.

Die soziale Stellung dieser Frauen ist ebenfalls nicht genau bekannt. So kann es sich wie bei der griechischen Oikos-Wirtschaft um hochrangige Frauen handeln, die gemeinsam mit ihren Dienerinnen hochqualitative Produkte herstellten (etwa jene sehr reichen Frauen aus den Gräbern von Uttendorf im Pinzgau) – gleich Penelope oder Andromache aus den homerischen Epen[597]. Wer waren aber die Personen der „Durchschnittsbevölkerung" mit Textilgeräten, wie wir sie in jedem hallstattzeitlichen Grä-

[596] z. B. Pottenbrunn: Ramsl 2002, 87. – Nadel und Nadelbüchse in Männergrab 28/1939 von Hallstatt: Kromer 1959, 198. – Scheren: z. B. Schweiz: Rast-Eicher 2008, 156; Italien: Gleba 2007, 173.

[597] Siehe dazu die Überlegungen bei Eibner-Persy 2000/2001, 108–111. – Barber 1994, 153–154, 207–231.

berfeld finden? Waren es etwa arme Frauen, die zum Erwerb ihres Unterhaltes spinnen mussten oder waren sie „Hausfrauen", zu deren täglichen Pflichten neben Nahrungszubereitung, Versorgung der Kinder und anderen Haushaltstätigkeiten auch Textilarbeit gehörte? Es ist hierbei bedeutend, dass nicht jede Frau ein Textilgerät in das Grab bekam. So zeigt die Beigabe vielleicht doch einen bestimmten Status oder möglicherweise eine „Könnerin" im Handwerk an[598] – vor allem, wenn etwa mehrere Spinnwirtel mitgegeben wurden.

Ansonsten sei noch erwähnt, dass das oftmalige Vorkommen von Scheren in Männergräbern ebenfalls soziologisch interpretiert wird. Für Antoinette Rast-Eicher[599] deutet die Schere als Grabbeigabe vor allem in Männergräbern ab der zweiten Hälfte des 4. Jahrhunderts v. Chr. einen wirtschaftlichen und sozialen Wandel an. Die Erfindung der Schere für die Schafschur geht Hand in Hand mit der Zucht von Schafen mit kontinuierlich wachsender Wolle. Diese mischwolligen Schafe ohne natürlichen Haarwechsel konnten in großen Herden gehalten werden, das Vlies war rasch geschnitten. Menge und Qualität der Wolle nahmen mit diesen Rassen deutlich zu – Rohmaterial, das auch für Verkauf und Handel interessant war. Nach diesen Überlegungen interpretiert Rast-Eicher die Scheren in reichen Gräbern (v. a. Männerbestattungen) als Attribut eines Herdenbesitzers. Der Reichtum, den große Schafherden verkörperten, wird auch bei römischen Autoren deutlich, wenn etwa der antike Geschichtsschreiber und Geograph Strabon (ca. 63 v. Chr. bis 18 n. Chr.) erwähnt, dass mit Schafen Zinsen und Tribute bezahlt wurden (Strab. 11,10).

2.3 Organisation des Textilhandwerkes – Arbeitsteilung?

Die Überlegungen zum Geschlecht der im Textilhandwerk Tätigen führt direkt zur Frage nach der Organisation des Handwerks, also nach eventueller Arbeitsteilung.

598 Zum sozialen Status der Frauen im Textilhandwerk siehe Gleba 2008a, 174–175. – Lipkin 2013.

599 Rast-Eicher 2008, 156. – Siehe auch Gleba 2012, 234–235.

Beim Haushandwerk ist die Textilarbeit nur eine von vielen Tätigkeiten, die wahrscheinlich immer dann eingeschoben wurde, wenn keine anderen Pflichten (etwa in der Landwirtschaft, Nahrungsversorgung, etc.) drängten. Vor Erfindung der Schafschur in der Latènezeit geschah die Gewinnung der Wolle durch Auszupfen im Frühjahr, wenn sich der langhaarige Winterpelz der frühen Schafrassen von selbst löste[600]. Die einzelnen Arbeitsschritte wurden wahrscheinlich nicht immer nacheinander, sondern auch nebeneinander erledigt, etwa zupfen und sortieren von Wolle, spinnen und weben. Spinnen mit der Handspindel eignet sich auch hervorragend als „Nebenher-Tätigkeit", etwa beim Gehen größerer Wegstrecken, beim Kinderhüten etc.

Können wir noch erschließen, ob alle Schritte des Arbeitsprozesses – von der Rohmaterialaufbereitung über das Spinnen und Weben bis zum Nähen – in einer Hand lagen (in der von Frauen?) oder ob in der Eisenzeit verschiedene Personen(gruppen) für unterschiedliche Arbeitsbereiche zuständig waren?

Generell basiert Textilhandwerk auf verschiedenen, sich immer wiederholenden und auch langwierigen Abläufen. Einige von diesen haben mehr Zeitverbrauch inne als andere. Das Aufbereiten der Fasern zu verspinnbarem Fasergut dauert je nachdem, ob es sich um Wolle oder Flachspflanzen handelt, zwischen Tagen und Wochen. Auch das Spinnen ist sehr zeitintensiv mit einem Aufwand von Wochen und Monaten, während das Weben des Werkstückes aus der erforderlichen Garnmenge schneller vonstatten geht. Aber auch das dauert noch Tage bis Wochen[601]. Das Zuschneiden und Nähen eines Gewandes als letzter Arbeitsschritt (wenn nicht das Stoffstück nach Abnahme vom Webstuhl direkt verwendet wird), kann dann relativ schnell bewerkstelligt werden im Vergleich mit der für das Spinnen und Weben aufgewendeten Zeit.

Es gibt auch innerhalb des Arbeitsablaufes Tätigkeiten, die nach spezialisiertem *know-how* verlangen. So können diverse Verzierungs- und Färbetechniken oder das Brettchenweben mit seinen komplexen Musterungen nicht einfach ohne eine Lernphase be-

600 Barber 1991, 29–30. – Bender Jørgensen und Rast-Eicher 2016; 2018.

601 vgl. Andersson 2003b, 46–48; 2010. – Pfarr 2005.

werkstelligt werden. Andererseits gibt es Tätigkeiten, bei denen selbst kleine Kinder mithelfen können, wie etwa das Reinigen und Zupfen von Wolle.

Gibt es aus der Archäologie Quellen, die uns sagen, wie viele Personen miteinander arbeiteten oder ob wir spezialisierte Arbeiter für bestimmte Produktionsschritte vor uns haben? Auch hier stoßen wir ohne Schriftquellen auf große Herausforderungen.

Wieder einmal können wir die Gräber zu diesem Thema befragen. Interessanterweise finden sich teilweise „Handwerkssets" – die Beigabe mehrerer Werkzeuge mit funktionalem Zusammenhang: Uttendorf im salzburgerischen Pinzgau, Grab 56[602], ist durch exquisite Schmuckbeigaben (6 Fibeln, Finger- und Armringe, Gürtelblech, Halsketten ...) als sehr reiches Frauengrab ausgewiesen. In diesem Grab wurde ein Handwerksset aus sieben steinernen Webgewichten, einem Spinnwirtel und einem Eisenmesser entdeckt – also Arbeitsmittel zum Herstellen des Fadens, zum Schneiden und zum Weben. Ein anderes Beispiel stammt aus Frög[603], Tumulus 159, Grab 1, mit einer Spindel und vier Spulen zum Aufwickeln des gesponnenen Garns.

Das Gräberfeld von Statzendorf, Niederösterreich[604], wurde österreichweit am intensivsten in Hinblick auf Handwerkssets untersucht. Meist wurden Spinnwirtel gemeinsam in einem Grab mit dem Allzweckgerät Messer oder mit Nähnadeln gefunden. Besonders beachtenswert ist das reiche Frauengrab A014 (Abb. 149), in dem sechs Spinnwirtel und eine Nadelbüchse neben den Beinen niedergelegt wurden, ein Messer fand sich neben der rechten Hand. Hier sind es die Geräte zur Garnherstellung, zum Schneiden und Nähen, die von den Angehörigen dieser wohlhabenden Frau als wichtig genug für eine Beigabe im Grab erachtet wurden.

Welche Hinweise geben nun diese Handwerkssets in Bezug auf die Organisation des Handwerks?[605] Wir finden teilweise in ei-

602 Moosleitner 1992, 42.

603 Tomedi 2002, Taf. 76.

604 Rebay 2006.

605 Siehe auch Lipkin 2013, 26–27.

Abb. 149: Statzendorf, Niederösterreich: Hallstattzeitliches Grab A014 mit hohem Sozialindex. Dargestellt ist nur eine relevante Auswahl der Werkzeuge und Textilgeräte aus dem Grab.

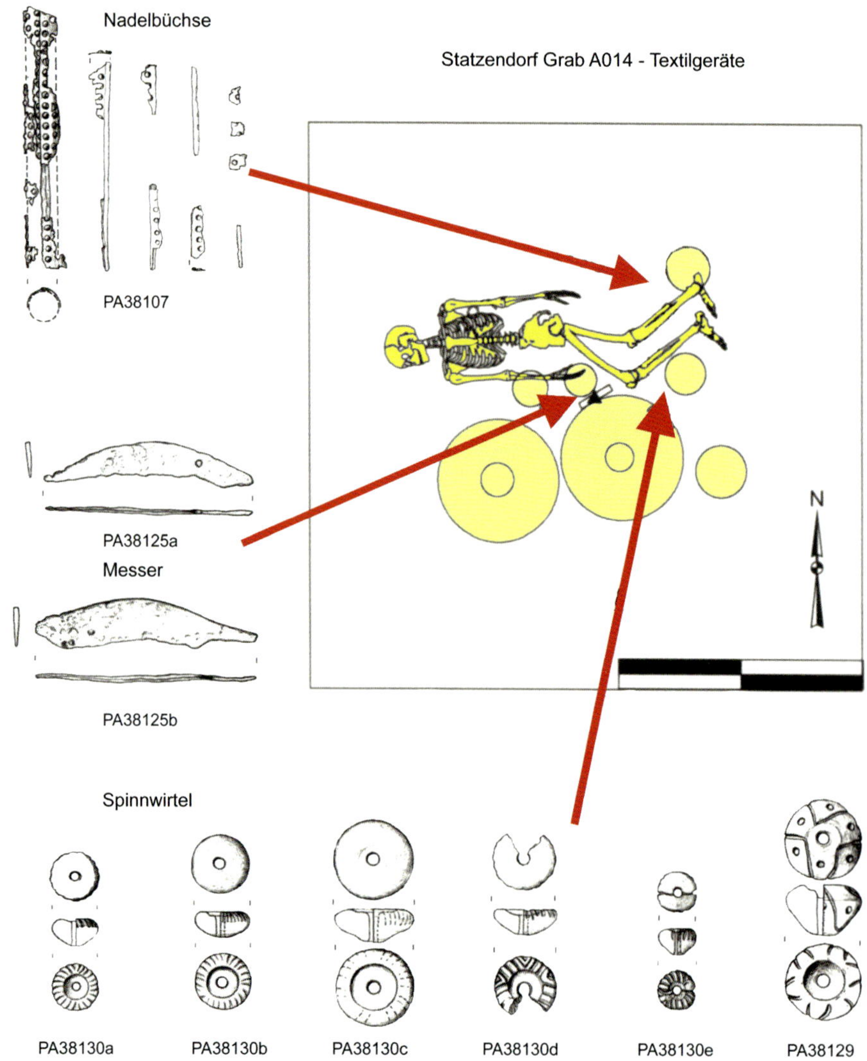

nem Grab die Werkzeuge für Spinnen, Weben und Nähen. Diese Geräte stammen vom Beginn (Spinnen) bis zum Ende (Nähen) des Produktionsprozesses. Dies bedeutet möglicherweise, dass der gesamte Arbeitsablauf in einer Hand lag – zumindest in diesem Fall. Meist aber gibt es in den Gräbern nur eine Art von Textilgeräten. Muss man dann daher davon auszugehen, dass nur diese eine Tätigkeit (etwa Spinnen) exklusiv von der begrabenen Person durchgeführt wurde?

Es ist in der Eisenzeit durchaus anzunehmen, dass eine bestimmte Art der Kooperation existiert hat, also dass nicht nur

Einzelpersonen alleine alle notwendigen Tätigkeiten durchführten. Der Blick auf die Textilgeräte und die Befunde in den Siedlungen verrät eben dieses. Es finden sich in der Hallstattzeit etliche Webstuhlbefunde, kenntlich durch Reihen von Webgewichten, manchmal noch mit Standspuren der Pfosten des hölzernen Rahmengestells. Teils sind diese Webstühle 3 bis 4 m breit wie jener aus Hafnerbach (Abb. 150) oder Kleinklein[606]. Man muss sich vorstellen, dass etwa beim 3,70 m breiten Webstuhl von Kleinklein in der Steiermark die Kette mit 107 Webgewichten gespannt wurde. Diese hatten wiederum ein (heute noch messbares) Gesamtgewicht von mindestens 118 kg! Beim Weben auf einem derart großen Webstuhl, beim Heben und Senken des Litzenstabes musste also ein Teil dieses Gewichtes bewegt werden – bei zwei Schäften also 60 kg. Heutzutage würde dies einem sehr exzessiven Workout in einem Fitnessstudio entsprechen. Das Einhängen dieser schweren Schäfte in ihre jeweilige Webposition ist bei der Breite des Webstuhles sicher durch mindestens zwei Personen erfolgt. Auch das Durchführen des Schussfadens durch das Webfach ist bei einem über 3 m breiten Webstuhl einfacher, wenn mehrere Personen zusammenarbeiten. Dieses Teamwork, dass mehrerer Frauen gleichzeitig auf einem Webstuhl weben, ist auch auf griechischen Vasen[607] wiederholt dargestellt.

Es können für ein geschultes Auge auch die Textilien selbst, sofern sie gut erhalten sind, darüber Auskunft geben, ob mehrere Personen zusammenarbeiteten. Margarethe Hald[608] analysierte die großflächigen dänischen Mäntel aus Mooren. Bei diesen Textilien überkreuzen sich die Schussfäden oft, wobei sie sich von einer Reihe zur nächsten genau in der Mitte des Textils verschieben. Es ist möglich, dass mehrere Webschiffe zugleich in Verwendung waren, wobei mehrere Frauen auf einmal webten – sich die Webschiffe in der Mitte reichten und dann das Webfach wechselten. Leider finden wir keinen komplett erhaltenen eisenzeitlichen Stoff in Zentraleuropa. Aber anhand genauer Analysen der größeren Fragmente, die in Hallstatt, Österreich, gefun-

606 Kleinklein: Dobiat 1990, 50–58. – Hafnerbach: Preinfalk 2003.

607 Pekridou-Gorecki 1989, Abb. 2. – Barber 1994, Abb. 3.6.

608 Hald 1980, 152, Abb. 139–140.

Abb. 150: Webstuhlbefund mit 4 m Breite aus der hallstattzeitlichen Siedlung von Hafnerbach in Niederösterreich.

den wurden, konnten auch solche Schussfadenüberkreuzungen erkannt werden.[609]

Ein weiterer Hinweis für die Organisation der Arbeit wird auch durch die Textilien selbst gegeben. Aus dem Salzbergwerk Hallstatt kennen wir viele gewebte Fragmente mit Säumen. Manche der Nähfäden sind aus dem gleichen Faden gemacht wie das Gewebe.[610] Das weist möglicherweise darauf hin, dass Weben und Nähen von derselben Person mit der gleichen Wolle durchgeführt wurden. Oder vielleicht wurde der Faden für den Saum einfach von der Kante des Gewebes entnommen. Im letzteren Fall waren die spinnende oder webende Person und die nähende Person vielleicht nicht dieselben. Dasselbe kann zu den Textilien gesagt werden, wenn sich die Nähfäden von den Webfäden unterscheiden.

Die Forschungen zur Arbeitsteilung gehen natürlich Hand in Hand mit Überlegungen zum Produktionsniveau – ob Haushandwerk, Spezialistentum oder Massenproduktion. Je weiter fortgeschritten das Produktionsniveau, desto eher ist anzuneh-

609 Grömer und Rösel-Mautendorfer 2013, Eisenzeitkatalog, z.B. HallTex 104.

610 Rösel-Mautendorfer 2013, 107–108.

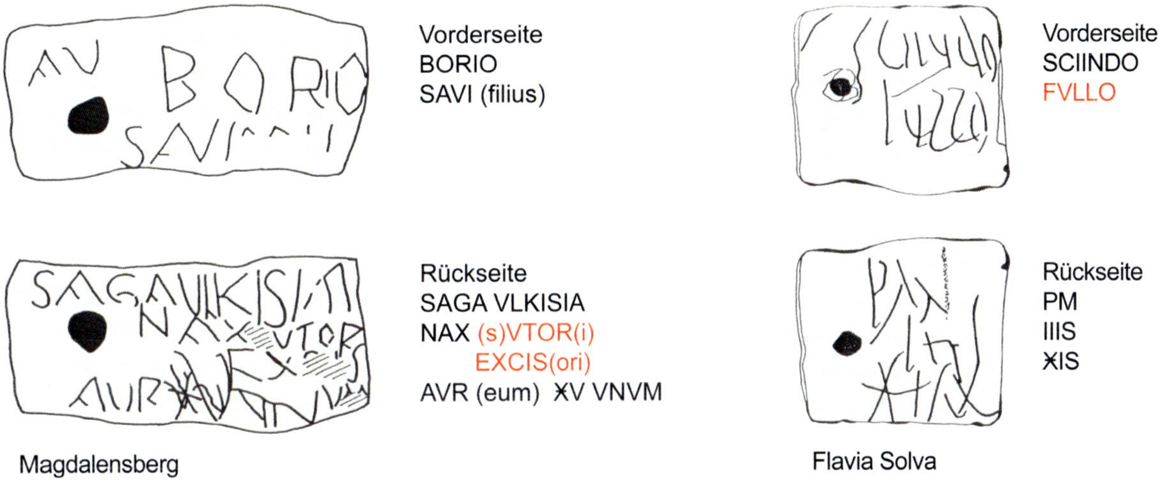

Abb. 151: Römische Bleiplättchen aus Österreich mit Nennung von Textilberufen (rot hervorgehoben).

men, dass auch die unterschiedlichen Arbeitsschritte des Produktionsablaufes auf verschiedene Personen verteilt waren. Noch kann die Arbeitsorganisation des Textilhandwerks in vorrömischer Zeit nicht zweifelsfrei bestimmt werden, es muss jedoch bereits eine gewisse Form der Kooperation gegeben haben. Es ist auch nicht geklärt, ob das zumindest bei den großen Webstühlen belegbare Teamwork mehrerer Personen sich aus Familienmitgliedern rekrutierte[611] oder ob andere Personengruppen zusammenarbeiteten. Auch die konkrete Aufteilung verschiedener Arbeitsschritte auf unterschiedliche Personengruppen ist nach derzeitigem Forschungsstand für das Textilhandwerk noch nicht zu klären.

Aufgegliederte Textilberufe sind ab der römischen Kaiserzeit für die nordalpinen Provinzen fassbar. So fand man Bleiplättchen (*tesserae plumbae*)[612] (Abb. 151) etwa am Magdalensberg und in Flavia Solva in Österreich, sowie in Siscia in Kroatien, auf denen Berufstitel wie *„fullo"* für Walker oder *„sutor"* und *„excisor"* für verschiedene Angehörige der schneidernden Zunft zu finden sind. Bleiplättchen wurden von Textilhandwerkern als Kennzeichnung für Wolle, Stoffe und Kleidungsstücke verwendet, die Walkern und Färbern übergeben wurden. Ob bereits eine Aufteilung der Textilarbeit in der Eisenzeit erfolgte, ist nicht sicher, aber durchaus möglich.

611 Theoretische Arbeiten dazu etwa bei Costin 1991, 15 *(family based industries)*.

612 Martijnse 1993. – Radman-Livaja 2013.

3 Produktionsorte

In den Siedlungen aus der Stein- bis Eisenzeit ist das Textilhandwerk archäologisch vor allem durch die Funde von Gerätschaften und Werkzeugen nachgewiesen. Vor allem für die frühen Zeiten wird angenommen, dass Textilhandwerk im häuslichen Bereich stattfand, also verknüpft mit den Wohnhäusern. Da wir ab der Eisenzeit davon ausgehen, dass die Textilproduktion auch schon von Spezialisten oder in früher Massenproduktion ausgeübt wurde, soll hier der Frage nach den Produktionsorten für Textilien im ersten vorchristlichen Jahrtausend in Mitteleuropa nachgegangen werden.

In der Eisenzeit kennen wir in Mitteleuropa vier verschiedene Siedlungstypen: Einzelgehöfte, kleinere Dörfer (Abb. 152), Flachlandsiedlungen in ländlicher Gegend und auch Zentralsiedlungen. Letztere waren meist auf Anhöhen angelegt, mit Befestigungsanlagen wie Gräben, Wällen und Mauern. Dies sind die Sitze der Adelsschicht, die eine gewisse Kontrolle über die lokalen Ressourcen, den Handel und damit über die Bevölkerung ausübte. Besondere Sitze bildeten auch wichtige Verkehrsknotenpunkte im Fernhandel, so die Heuneburg[613] an der oberen Donau in Deutschland. Ab der Mittellatènezeit gibt es stadtartige Ansiedlungen, sogenannte Oppida.

Man stelle sich eine Alltagsszene in einem eisenzeitlichen Dorf vor – spielende Kinder, Männer und Frauen, die den verschiedenen täglichen Pflichten nachgehen: Wasser holen, kochen, Werkzeuge herstellen, eventuell wird auch ein Haus gebaut oder ausgebessert – und natürlich wird auch Textilarbeit verrichtet: Man hantiert mit der Spindel, wo immer sich Zeit erübrigen lässt, da dieser langwierige Prozess viel Zeit beansprucht: beim Zurücklegen längerer Wege, beim Beaufsichtigen der Kinder, beim Wasserholen, Schafehüten und so weiter. Spindel und ein kleiner Vorrat Spinngut lassen sich leicht mitführen; der Spinnvorgang kann auch jederzeit leicht unterbrochen werden. Weben am Gewichtswebstuhl ist im Gegensatz dazu eine Aktivität, die eher an einen bestimmten Ort gebunden ist – meist an das Haus. Der Felsbildforscher Emmanuel Anati meint unter

613 Kimmig 1983.

den Webstuhldarstellungen von der Valcarmonica[614] in Norditalien zwei Gewichtswebstühle erkennen zu können, die von je zwei Personen getragen werden. Ist der Gewichtswebstuhl nun doch ein Gerät, das auch im aufgespannten Zustand nach Belieben von einem Ort zum anderen gebracht wurde – etwa bei Schönwetter hinaus, bei Schlechtwetter zurück ins Haus? Dem widerspricht W. Haio Zimmermann, da es sich bei einem Gewichtswebstuhl um eine Konstruktion aus Einzelteilen handle, die mit Kette und Webgewichten aufgespannt, nur durch ihr Eigengewicht schräg an eine Wand gelehnt zusammenhielt. Zum Tragen wäre die Konstruktion im aufgespannten Zustand zu instabil, zu schwer und auch zu unhandlich. Wir dürfen also das Weben auf dem Gewichtswebstuhl als statische Tätigkeit betrachten. Bandwebgeräte jedenfalls können bei guter Witterung auch leicht ins Freie gebracht werden, ebenso wie Näharbeit.

Abb. 152: Rekonstruktion einer eisenzeitlichen Siedlung in Schwarzenbach, Niederösterreich.
Planung und Bau: Wolfgang Lobisser VIAS, Vienna Institute for Archaeological Science. – Living History Performance anlässlich der EU-Science Night Oktober 2007.

Die archäologische Hinterlassenschaft, die wir finden, spiegelt die beschriebene Dynamik dieser Tätigkeiten wider. Spinnwirtel werden dort gefunden, wo sie aufbewahrt werden oder wo sie beim Hantieren verloren werden können: im Haus aber auch im Freien in der ganzen Siedlung – ja sogar auf Feld und Wiese. Der Webstuhl ist an seinen Platz im oder am Haus gebunden, eventuell steht er auch im Freien unter einem Flugdach statt im geschlossenen Raum.

[614] Zimmermann 1988, 31–32, Abb. 5 und 6. Hier auch Diskussion zum Für und Wider des Tragens von Webstühlen und zu den Forschungen von Emmanuel Anati.

Der Siedlungsabfall, die unnötig gewordenen oder kaputten Objekte, verlorengegangene Artefakte, die beim Auflassen eines Hauses zurückgelassenen Gegenstände, bilden als „Kulturschicht" die Forschungsgrundlage der Siedlungsarchäologie. Eine Durchsicht der Funde aus verschiedenen eisenzeitlichen Siedlungen auf dem Gebiet des heutigen Österreich und der Slowakei[615] erbringt das Bild, dass in jeder Niederlassung, von der größere Teile ausgegraben wurden, auch Textilgeräte wie Spinnwirtel und Webgewichte vorhanden sind. Selbst Nähnadeln und ab der Latènezeit auch Scheren wurden entdeckt.

Die modern ergrabene und erforschte Siedlung von Göttlesbrunn in Niederösterreich (Abb. 153)[616] repräsentiert eine der kleineren Flachlandsiedlungen. Das Dorf wurde zwischen dem 7. und 6. Jahrhundert v. Chr. bewohnt und gehört wie das schon vorgestellte Gräberfeld Statzendorf zur Kalenderberggruppe, einer Lokalgruppe der Hallstattkultur in Niederösterreich und Burgenland. In dieser Siedlung konnten Häuser und Wirtschaftseinheiten identifiziert werden – also jene Gruben, Wirtschaftsbauten etc., die zu einem „Hof" zusammengehörten. In den meisten dieser Wirtschaftseinheiten wurden Textilgeräte gefunden. Das legt nahe, dass für die Angehörigen der meisten „Hofgemeinschaften" Textilarbeit nachweisbar ist.

Ein zentraler Platz für die jüngere Eisenzeit in Österreich war der Dürrnberg bei Hallein[617], ein Salzhandelszentrum, Marktplatz und auch Werkstättenzentrum mit einer Hauptbesiedlung zwischen dem 6. und 1. Jahrhundert v. Chr. Viele Funde, vor allem auch zahlreiche Textilien aus dem Salzbergwerk, stammen aus der Frühlatènezeit. Vom Dürrnberg sind verschiedene Gräberfelder und Siedlungsareale bekannt, in denen Textilgeräte wie Spinnwirtel, Webgewichte, Nähnadeln und auch Scheren gefunden wurden[618]. Die Siedlungsareale wurden systematisch von Cordula Brand untersucht. Durch Kartierungen von verschiedenen Fundgattungen versuchte sie, die räumliche Entwicklung der Ansiedlung zu eruieren sowie die Organisation

---

615 Siehe Belanová-Štolcová und Grömer 2010. – Belanová-Štolcová 2012.

616 Griebl 2004.

617 Stöllner 2002; 2005.

618 Brand 1995, mit weiterer Literatur. Kartierung der Textilgeräte: Abb. 84.

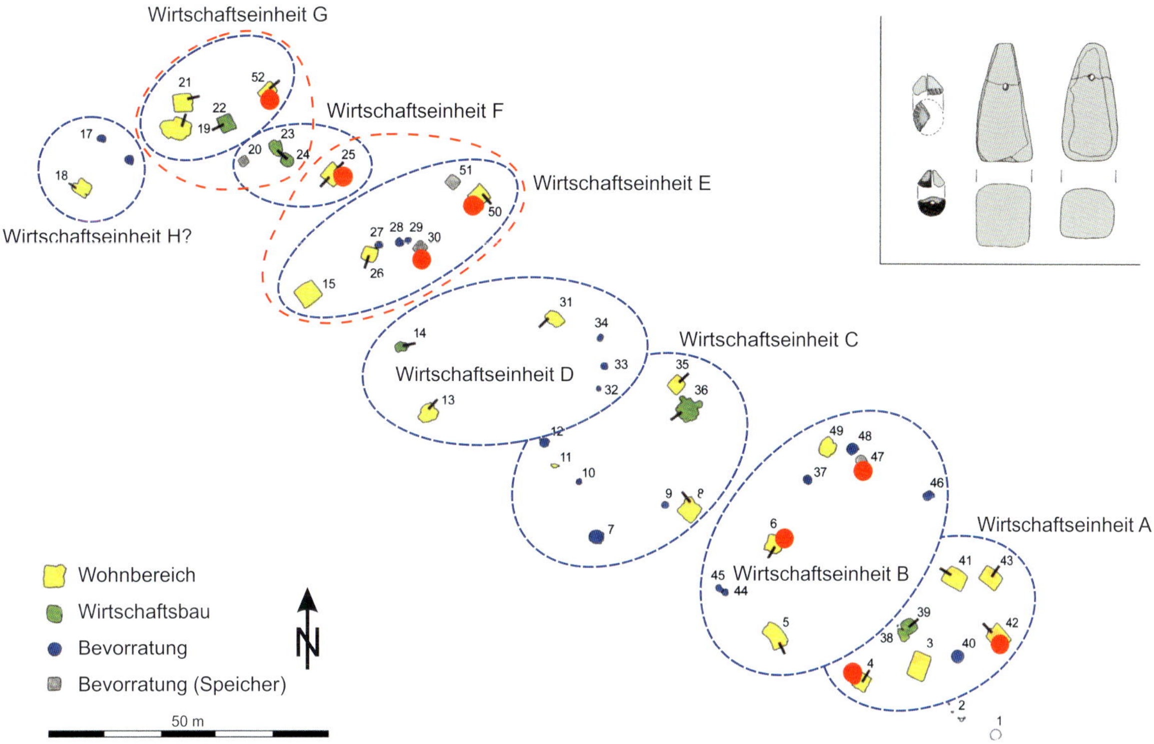

dieses Platzes durch Hinweise auf Werkstätten- und Produktionsareale. Neben dem Salzbergbau, der die Basis der Wirtschaft auf dem Dürrnberg bildet, finden sich in der Frühlatènezeit Hinweise auf die Produktion von Luxusobjekten wie Sapropelit-Armreife und Metallschmuck. Während der gesamten Besiedlungszeit war die Produktion von Nahrung und Holzarbeit wesentlich für die Bewohner des Dürrnberges, ebenso Metallverarbeitung, Töpferei und Textilarbeit. Der Salzhandel auf lokaler und überregionaler Ebene förderte Kontakte nach Bayern und in die Nachbarregionen im Nordwesten, zum südalpinen Gebiet sowie – in späterer Zeit – nach Böhmen und in die germanischen Gebiete. Eine Kartierung ergab für die Siedlung auf dem Dürrnberg verschiedene Werkstätten-Areale, was ein Hinweis auf Spezialisierung oder Werkstätten in diesen Bereichen sein könnte. So wurde Bronzeguss eher auf dem Ramsaukopf, auf einer Anhöhe etwas abseits, nordwestlich der Hauptsiedlung betrieben, während die Endfertigung der Bronze- und Goldobjekte in Werkstätten im südlichen Bereich der Siedlung durchgeführt wurde – ebenso wie die Glasproduktion. Neben diesen speziellen Werkstätten ist es nun auch interessant, was

Abb. 153: Göttlesbrunn, Niederösterreich: Überblicksplan der hallstattzeitlichen Siedlung mit eingetragenen Textilgerätfunden (rote Kreise).

aus der Verteilung der Textilgeräte in der Siedlung herauszulesen ist. Webgewichte, Spinnwirtel (hauptsächlich die latènezeitlichen Scherbenwirtel), Nähnadeln und Scheren konnten überall in den ergrabenen Flächen dokumentiert werden und in nahezu jedem Haus. Als Häuser sind etwa auf dem Ramsaukopf Blockwandbauten nachgewiesen.

Bedeutet nun diese Verteilung – wie sie auch in Göttlesbrunn belegt ist – dass Textilhandwerk am Dürrnberg nur als Haushandwerk betrieben wurde? Kann für einen Wirtschaftsstandort wie Dürrnberg überhaupt angenommen werden, dass es keine Textilproduktion für den Handel gab – als Massenproduktion oder zumindest in Heimindustrie? Entsprechende spezielle Werkstätten für Massenproduktion von Geweben konnten jedenfalls noch nicht identifiziert werden. Die Textilien selbst deuten aber darauf hin, dass bereits Weberei in großem Stil betrieben wurde, wie am Anfang dieses Kapitels dargelegt wurde. Möglicherweise umfasste diese Großproduktion eben die ganze Siedlung.

Die hallstattzeitliche Höhensiedlung von Smolenice-Molpír in der Slowakei (zweite Hälfte 7./beginnendes 6. Jahrhundert v. Chr.) kann hingegen deutlich als Zentrum des textilen Handwerks gesehen werden. Hier sind zahlreiche Webstuhlbefunde überliefert, die Zahl der gefundenen und analysierten Spinnwirtel (Abb. 154) beläuft sich auf an die 2.100 Stück[619] und ist damit bedeutend höher als in anderen zeitgleichen Siedlungen. Bei der Höhensiedlung ist besonders auffällig, dass die ca. 200 Webgewichte zum Teil besondere Verzierungen tragen (Abb. 60, S. 116). Wie in der Hallstattkultur üblich, gibt es ganz leichte Spinnwirtel mit nur 3 g, das durchschnittliche Gewicht liegt bei 16 g. Nur wenige Wirtel sind schwerer, bis zu 60 g. Ähnliche Verteilungen von Spinnwirtelgewichten können auch für verschiedene hallstattzeitliche Siedlungen in Österreich geltend gemacht werden. Die feinen Garne, die mit diesen Geräten produziert werden können (0,1 bis 0,7 mm), finden sich in ihrer Spannbreite in den zeitgleichen Textilqualitäten wieder. Die Textilfunde aus dem Hallstätter Salzberg, Ostgruppe, geben davon ein Zeugnis[620]. Nach Tereza Belano-

619 Belanová 2007, 41–43; Belanová-Štolcová 2012, 311–312.

620 Grömer 2013, 56–58, Abb. 17 rechts.

vá-Štolcová[621] demonstriert die befestigte Höhensiedlung von Molpír mit ihrer reichen Sammlung an Funden lokaler sowie fremder Herkunft, dass die Siedlung eine wichtige Rolle beim Handel über lange Strecken gespielt hat. Die Textilgeräte weisen darauf hin, dass feine Textilien und Kleidung von hoher Qualität an der Fundstelle produziert worden sein könnten und der Demonstration von Macht und Status der Einwohner dienten. Die enorme Menge an Spinnwirteln deutet darauf hin, dass Spinnen von Spezialisten durchgeführt wurde, die auf Vollzeitbasis mit dieser Aktivität beschäftigt waren. Sie könn-

Abb. 154: Smolenice-Molpír, Slowakei: Spinnwirtel aus der hallstattzeitlichen Höhensiedlung.

621 Belanová-Štolcová 2012, 312.

ten von einem Patron kontrolliert worden sein, der die beste Produktqualität nicht nur für sich, sondern auch als Geschenkaustausch und für den Handel verlangte.

Gibt es nun neben der Sonderstellung der slowakischen Höhensiedlung Smolenice-Molpír auch andere Hinweise darauf, dass die Produktion in den einzelnen Siedlungstypen unterschiedlich war – wurden also in den Zentralsiedlungen, mit Einwohnern von hohem Sozialstatus, andere textile Produkte angefertigt als in den ländlichen Flachlandsiedlungen – bewohnt von Gemeinschaften eines niedrigeren sozialen Status, deren Schwerpunkt auf Landwirtschaft und Haushandwerk lag?

Eine eigene Wissenschaftsrichtung, die sich mit derartigen Fragen beschäftigt, ist die Soziologie. Sie nähert sich dem generellen menschlichen Verhalten sowie allen Aspekten des sozialen Zusammenlebens der Menschen. Nach den Theorien des Soziologen Immanuel Wallerstein[622] gibt es Unterschiede zwischen den Zentren einer Gemeinschaft und den Peripherien – salopp ausgedrückt zwischen Stadt und Land. In der Eisenzeit sind die Zentren die (befestigten) Höhensiedlungen, die ländlichen Dörfer stellen die Peripherie dar. Wallerstein legt dar, dass in der Peripherie Produkte des täglichen Bedarfs hergestellt werden, im Zentrum lukrative Produkte für den Handel, für deren Produktion Rohstoffe und Güter des täglichen Bedarfs aus den Peripherien eingeführt werden müssen. Kann das nun auch auf die Textilproduktion in der Eisenzeit angewandt werden? Als markantes Untersuchungsobjekt wurden für diese Frage die Befunde der Webgewichte gewählt. Teilweise finden sich auch Webgewichte als Reihen auf dem Fußboden, die zeigen, wie der Webstuhl beim Verlassen oder bei der Zerstörung eines Hauses zurückgelassen wurde.

Wie bereits betont, gibt es in der Hallstattzeit Webstühle mit bis zu 90 cm Breite, daneben Webstühle mit 1,20 bis 1,90 m Breite sowie solche mit 3 bis 4 m Breite (siehe Kapitel B4.4, S. 110). Gibt es nun einen Unterschied zwischen den Webstuhlbreiten von kleineren Siedlungen und Zentralsiedlungen? Als der 3,70 m breite Webstuhl auf der Höhensiedlung von Kleinklein in der Steier-

622 Wallerstein 1974, 301–304.

mark[623] entdeckt wurde, war es der erste Befund dieser Art. Ein derart großer Webstuhl diente sicher zur Schaffung eines sehr repräsentativen Gewebes und wurde von mehreren Menschen bedient. Die Forscher hatten die Vermutung, dass ein derart aufwändiges Gerät und der darauf hergestellte besondere Stoff wohl mit speziellen Aufgaben zu tun haben müssten (eventuell im kultischen Bereich). War dieses Textil für die auf diesem Fürstensitz ansässige Adelsfamilie bestimmt, die ringsum in riesigen Hügelgräbern bestattet worden war? Hier ist das Bild der griechischen Vasenbilder nicht weit – hochrangige Frauen, die gemeinsam an übergroßen Webstühlen arbeiten.

Neuere Forschungen haben aber gezeigt, dass nicht nur in Zentralsiedlungen derartig übergroße Webstühle zur Fertigung sehr breiter, repräsentativer Gewebe gestanden haben[624], sondern auch in kleineren Flachlandsiedlungen wie etwa in Hafnerbach in Niederösterreich. Der dort gefundene Webstuhl hat sogar eine Breite von über 4 m.

Es kann also bisher kein signifikanter Unterschied zwischen den Textilgeräten und Webstuhlbefunden aus kleineren Flachlandsiedlungen und Höhensiedlungen ausgemacht werden. Die Funde der Textilgeräte belegen, dass in der Eisenzeit in Mitteleuropa Textilien überall produziert wurden, im Haushandwerk oder einer höheren Produktionsform. Einzelne Siedlungen wie Smolenice-Molpír, in denen ein Vielfaches der in einer „normalen" Siedlung üblichen Textilgeräte gefunden wurde, dürften Zentren der Textilproduktion dieser Zeit gewesen sein. Möglicherweise war hier eine der Produktionsstätten der hallstattzeitlichen Spezialisten angesiedelt.

4 Fazit

Nach der Einzelbeschreibung der verschiedenen Techniken in Kapitel B (S. 63 ff.), die vom Rohmaterial zum fertigen Werkstück führen, wurden nun – quasi auch als Zusammenfassung

[623] Dobiat 1990.

[624] Preinfalk 2003. – Weitere Beispiele in Belanová-Štolcová und Grömer 2010.

des Vorherigen – weiterführende Überlegungen angestellt zum Produktionsniveau, zur Soziologie des Handwerkes, zur Organisation und auch zu den Produktionsorten. Manches kann nur beispielhaft angerissen werden. Es gibt dabei keine lineare, kontinuierliche Entwicklung vom Einfachen zum Komplizierten, ebenso verschwindet das vorgeblich „Einfachere" nicht einfach.

Die verschiedenen vorgeschlagenen Produktionsniveaus – Haushandwerk, Heimindustrie, Spezialisierung und Massenproduktion – können durchaus nebeneinander bestehen. Manche Produkte und Gegebenheiten der Hallstattzeit sprechen dafür, dass sie in Spezialistentum hergestellt wurden, während wiederum für die Latènezeit schon eine im größeren Stil betriebene Weberei (beginnende Massenproduktion) angedacht werden kann. In der Eisenzeit und auch in späteren Zeiten muss neben diesen immer auch mit Haushandwerk gerechnet werden, das gerade beim Textilhandwerk selbst in industrieller Zeit nie ganz verschwindet.

Wann auch immer wir uns den Menschen, den Handwerkenden hinter den archäologisch überlieferten Gegenständen nähern wollen, stoßen wir schnell auf Grenzen: Handwerk generell und Textilhandwerk im Speziellen war für die antike Geschichtsschreibung nicht von großem Interesse. Fast nur die archäologischen Funde der Jungsteinzeit bis Eisenzeit geben Aufschluss über die Organisation des Textilhandwerks, über die in diesem Bereich tätigen Menschen, wo sie lebten und arbeiteten. Besonders zahlreich sind unsere Quellen am Ende der Urgeschichte, in der Eisenzeit. Die Frau mit der Spindel ist in der Eisenzeit und dann in der mediterranen Welt, besonders im antiken Griechenland und Rom ein Topos, ein Idealbild. Spinnen und Weben sind dabei nicht nur schlichtes Handwerk, sondern stellen auch symbolhaft das Idealbild weiblicher Tugenden dar.[625] Weben ist auch eine Metapher für Schicksal; die göttlichen weiblichen Spinnerinnen Klotho, Lachesis und Atropos sponnen den Faden des Lebens, vermaßen ihn und schnitten ihn ab – somit

[625] Barber 1994, bes. 232–256. – Eibner-Persy 2000/2001. – Larsson Lovén 2013, bes. 122–124.

drehen sich viele alte Mythen um Textilkünste der Frauen auf Basis der Analogie.[626]

Nach den bildlichen Darstellungen und den Funden in den Gräbern scheint es so, dass in der mitteleuropäischen Eisenzeit vor allem Spinnen und Weben von Frauen durchgeführt wurden. Ob auch Schafschur, Färben, Walken, Schneidern und Nähen zu weiblichen Aufgaben gehörten, wissen wir nicht. Ebenso wenig ist bekannt, ob die einzelnen Arbeitsschritte auf verschiedene Personen oder Personengruppen aufgeteilt waren – ja ob es bereits unterschiedliche Textilberufe gab wie später in römischer Zeit.

Die Textilarbeit war ein wichtiger Teil des täglichen Arbeitspensums und die nötigen Arbeitsschritte boten einen bekannten Anblick im Alltagsleben jeder prähistorischen Bevölkerung. In jedem Dorf, auch in den größeren Siedlungszentren traf man sicher jemanden an, der gerade mit der Spindel in der Hand Fäden herstellte. Man konnte die Kunstfertigkeit derer bestaunen, die komplizierte Brettchenwebereien woben. Der Webstuhl war normales Haushaltsgerät und die farbige Pracht von frisch gefärbten Garnen und Stoffen – zum Trocknen aufgespannt – belebte die Szenerie.

[626] Siehe für die metaphorische Bedeutung des Webens z. B. Vogelsang 1986.

D Von Kleidung bis Heimtextil: Verwendung von Geweben in der Urgeschichte

Textilien wurden in der Stein- bis Eisenzeit für unterschiedliche Zwecke verwendet, nicht nur für Kleidung. Textilien spielten eine Rolle im Grabbrauch, sie dienten als Wandbehänge und Kissen oder wurden als Sächke und Beutel eingesetzt. Wir haben auch Hinweise auf nachhaltige Textilnutzung im Sinne von Recycling.

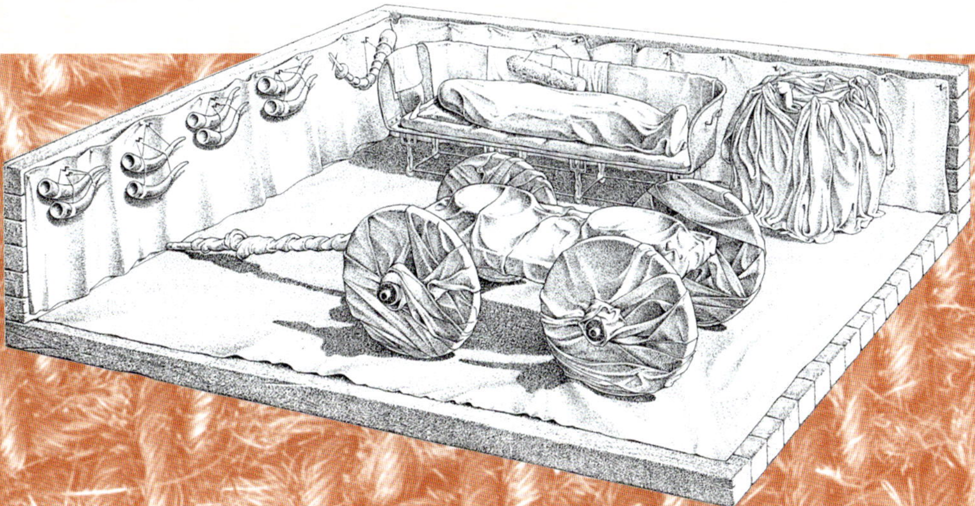

D Von Kleidung bis Heimtextil: Verwendung von Geweben in der Urgeschichte

Bei einer Publikumsführung im Naturhistorischen Museum Wien zum Thema „Eisenzeitliche Textilien“ stellte sich die Frage, welche Rolle Stoffe wohl im Leben prähistorischer Menschen gespielt haben könnten. Die erste Assoziation, die mit Geweben verbunden wurde, war jene, dass sie wohl für das Anfertigen von Kleidung Verwendung fanden. Auf die eingebrachte Impulsfrage, zu welchem Zweck heutzutage Textilien verwendet werden, entbrannte eine Diskussion, ob denn etwa Teppiche, Decken und Putztücher oder gar Vorhänge, Kissenbezüge, Matratzen etc. für „primitive“ vorrömische Gesellschaften überhaupt denkbar seien.

Betrachtet man jedoch die überlieferten prähistorischen Textilien Mitteleuropas näher, so sind durchaus vielfältige Verwendungsmöglichkeiten wissenschaftlich belegbar.

Vollständige Objekte erzählen bereits durch ihre Formgebung etwas über ihre einstige Funktion, etwa als Kleidungsstück, Transportsack etc. Die meisten archäologisch überlieferten Textilien sind jedoch nicht mehr komplett erhalten, sondern sie sind im besten Falle zerrissen. Teilweise sind von einstigen Gewändern nur noch wenige Quadratzentimeter große, auf Metallgegenständen ankorrodierte Fragmente in Gräbern vorhanden (siehe zur Erhaltung von Textilien in Kapitel A.2, S. 21 ff.). Wesentlich für die Interpretation von fragmentierten Geweben sind neben dem Gesamterscheinungsbild diverse textiltechnische Kriterien sowie der archäologische Befund.

Textiltechnische Kriterien sind etwa die Bindung eines Gewebes, die Feinheit, die Dichte oder die Dicke der Fäden. Das Rohmaterial, aus dem das Gewebe gefertigt ist, spielt ebenfalls eine wesentliche Rolle für seine Verwendung, da jeder Rohstoff ganz spezifische Eigenschaften hat[627]. Diese kannte der prähistorische Mensch durch generationenlange Verwendung und wusste sie sehr wohl auszunutzen. Leinen, aus der Flachspflanze gewonnen, ist etwa sehr strapazierfähig und scheuerfest, wobei die nasse Faser noch reißfester ist als die trockene. Durch die glatte Oberfläche der Faser wirkt diese eher kühlend, zudem ist Leinen saugfähig und nimmt Feuchtigkeit schnell auf, gibt sie jedoch ebenso rasch wieder ab. Dies unterstützt die Klimaregelung des Körpers bei heißen Temperaturen. Hingegen hat Wolle temperaturausgleichende Eigenschaften und eignet sich daher auch sehr gut für wärmende Kleidung, vor allem wenn mit voluminösen Garnen ein sehr dicker Stoff hergestellt wird. Wolle ist gut dehnbar und elastisch. Eine weitere Eigenschaft der Wolle ist die schwere Entflammbarkeit. Ein wesentliches Merkmal der Wolle ist auch ihre Verfilzbarkeit. So lassen sich aus Wollvlies ohne Spinnen und Weben flächige (Filz-)Stoffe herstellen. Es können auch Gewebe durch Verfilzen (Walken) in ihren Eigenschaften verändert werden, die Stoffe werden dabei dicker, dichter, daher wasserabweisender und wärmer. Weitere Rohmaterialien, die der prähistorische Mensch bei der Anfertigung von Geweben benützte, sind andere Tierhaare wie Ziegenhaar oder die Schweifhaare des Pferdes, die vor allem zur Verbesserung der Formbeständigkeit verwendet werden. Also benötigten verschiedene Funktionen unterschiedliche Eigenschaften, welche wiederum verschiedene Entscheidungen und vorsichtiges Planen zu verschiedenen Vorgängen der Textilproduktion verlangten.

Neben dem Gesamterscheinungsbild der Gewebe und ihrer textiltechnischen Merkmale ist auch der Kontext ausschlaggebend für eine funktionale Deutung der prähistorischen Textilien.[628] Als archäologischer Befund[629] wird üblicherweise der Fundkontext verstanden, also eine bestimmte Grabungsbeobachtung, die beispielsweise den räumlichen Zusammenhang der Funde zueinander dokumentiert. Es wird auch die Lage des Fundes inner-

[627] Harris 2010, Eigenschaften von Flachsfasern: Tab. 18.2, Schafwollfasern: Tab. 18.3. – Siehe auch Harris 2019.

[628] Siehe auch Gleba und Mannering 2012, 3–4. – Harris 2012; 2019.

[629] Eggert 2001 in seiner Einführung in die Konzepte und Methoden der Prähistorischen Archäologie, eine Definition und Systematik zu den Befunden, ab 46–49.

halb eines Objektes beobachtet, etwa eines Grabes, einer Hütte etc. Befunde sind beispielsweise auch Mauerreste, Bodenverfärbungen und Schichtüberschneidungen; ihre Ausdehnung, Dicke, Konsistenz usw. wird durch Maßangaben, Fotos, tachymetrische Aufnahmen, Pläne und Beschreibungen festgehalten. Dieser Fundkontext ist vor allem für die Deutung von nicht mehr vollständigen Textilien wesentlich. So können etwa direkt bei einem Skelett liegende formlose Stofffetzen als Überreste der Kleidung interpretiert werden. Andererseits sind beispielsweise formal ähnliche Gewebereste, die sich in einer Siedlung zwischen den Planken eines Blockbaues finden, wohl aufgrund ihres Kontextes als Abdichtungsmaterial zu erklären.

Bei archäologischen Textilfragmenten, die direkt an anderen Objekten anhaften, also beispielsweise an Metallgegenständen ankorrodiert sind, ist die Methode der Mikrostratigraphie[630] heranzuziehen. Diese bestimmt die exakte Lage des Gewebes in Bezug auf den damit verbundenen Fund. So ist etwa ein Gewebefragment, das sich direkt an einer Messerklinge befindet und seinerseits von Holz überdeckt wird, wahrscheinlich als Rest der textilen Innenpolsterung einer hölzernen Messerscheide zu interpretieren. Andererseits sind Textilreste, die sich bei einem Skelett an der Innenseite einer Gürtelschnalle – also an der dem Körper zugewandten Seite – finden, vermutlich Teile eines gegürteten Gewandes.

1 Kleidung

Ein wesentlicher Teil der in prähistorischen Gesellschaften hergestellten Textilien wurde vermutlich für Kleidungszwecke verwendet. Die Geschichte der Kleidung ist im nachfolgenden Kapitel dargestellt. Verschiedene Quellen werden dabei zu einem möglichen Bild der Kostümentwicklung von der Steinzeit zur Eisenzeit in Mitteleuropa verwoben: überlieferte Kleidungsstücke aus Textil und Leder, die Bildquellen, für die späte Eisenzeit auch Schriftquellen sowie Schmuckobjekte, metallene Trachtbestandteile und Trachtlagen in Gräbern. Dass Kleidung – neben

[630] Zur Methode: Hägg 1989, 431–434.

dem primären Zweck des Schutzes vor Witterungseinflüssen wie Hitze, Regen, Schnee, Wind etc. bereits in prähistorischer Zeit viele andere Funktionen hatte wie Repräsentation oder Darstellung der Gruppenzugehörigkeit, zeigen Beispiele von aufwändig gestalteten prähistorischen Textilien.

Besonders zahlreiche Funde von vollständigen bronze- und eisenzeitlichen Kleidungsstücken stammen aus Norddeutschland und Dänemark[631], wobei nicht nur bekleidete Moorleichen zum Vorschein kamen, sondern anscheinend auch prachtvolle Gewänder alleine als Opfergaben im Moor versenkt wurden, wie etwa beim berühmten Opferplatz des 1. bis 3. Jahrhunderts n. Chr. in Thorsberg, Deutschland. Unter den organischen Opfergaben befinden sich auch 24 Wollgewebe, darunter aufwändig gefertigte „Prachtmäntel".

Aus der voretruskischen Villanovakultur gibt es aus Verucchio, Italien, ebenfalls etliche eisenzeitliche Mäntel und Umhänge, die verschiedene Formen aufweisen[632]. Bedauerlicherweise sind in Mitteleuropa bis auf die „Leggings" vom Rieserferner, Italien[633], keine kompletten eisenzeitlichen Kleidungsstücke erhalten oder auch nur rekonstruierbar, aber aus dem Bestand der erhaltenen Stoffe kann man gut sehen, welche technischen Leistungen erbracht werden konnten. Einige schnitt- und nähtechnische Konstruktionselemente, etwa an Geweben aus dem Salzbergwerk Hallstatt[634], sind für Rekonstruktionen nützlich.

Aufgefundene Läusenissen und Kleiderläuse in Textilien aus Hallstatt[635] lassen den Schluss zu, dass es sich um getragene Gewandstücke handelt, denn die Kleiderlaus ist in ihrem Lebensraum an den Menschen gebunden. Die Läuse sind zwar kostümhistorisch weiters nicht bedeutsam, geben uns aber einen weiteren Einblick in die Alltagssituation der Menschen.

---

631 Broholm und Hald 1940. – Mannering et al. 2012. – Möller-Wiering und Subbert 2012.

632 Stauffer 2012. – von Eles 2002.

633 Zuletzt detailliert vorgestellt bei Bazzanella et al. 2005; 2012.

634 Rösel-Mautendorfer 2013.

635 Grömer, Rösel-Mautendorfer und Reschreiter 2013, 127–128, Abb. 41; HallTex 32, 34, 40, 292.

Abb. 155: Abrollung der Situla von Vače, Slowenien, Eisenzeit.

2 Textilien im Grabbrauch

Textilien spielten im Totenkult eine bedeutende Rolle. Dies umfasst zum einen die Kleidung, die der Tote am Leibe trug. Ebenso können wir teilweise mit Leichentüchern rechnen, mit denen manche Bestattete abgedeckt oder eingewickelt waren. Spuren eines Leichentuches sind in Grab 3 bei Osteria dell'Osa in Italien, 9. Jahrhundert v. Chr. (Abb. 156), aufgrund eines kleinen bronzenen Rechtecks und von Knöpfen, die wahrscheinlich an die Kante eines Tuches genäht wurden, erhalten.[636] Manchmal wurden in Körpergräbern auch Fibeln oder Nadeln in „ungewöhnlicher“ Lage entdeckt – so eine Fibel zu Füßen des Toten von Grab X in Nebingen, Deutschland[637]. Dies kann so gedeutet werden, dass diese Fibel ein Tuch zusammenhielt, das den Toten umhüllte. Auch bei Brandbestattungen ist manchmal nachgewiesen, dass der Leichenbrand in ein Gewebe eingeschlagen oder die Urne abgedeckt wurde[638]. Dies bringt einen sehr sorgsamen Umgang mit den menschlichen Überresten zum Ausdruck. Im eisenzeitlichen Italien wurde vor allem Leinen bei Grabritualen verwendet, um kremierte Knochen einzuwickeln. Dies ist mit einem Ritual verbunden, das Homer für die Gräber von Hektor und Patroklos (Ilias 34.796 und 23.254) beschreibt und das vermutlich von den Eliten im ganzen mediterranen Raum während der Eisenzeit übernommen wurde, z. B. in Vetulonia oder Veio, Italien.

Es ist vor allem für die Eisenzeit eindeutig eine Bestattungssitte zu fassen, bei der Beigaben in Stoffstücke eingewickelt, sozusagen „verpackt“ werden[639]. Speziell Schwerter und andere Waffen wurden in der jüngeren Hallstatt- und frühen Latènezeit oft stark umwickelt. Im Gräberfeld Hallstatt wurden Schwerter do-

Abb. 156: Spuren eines Leichentuches (Bronzeringe, in Grün) aus Osteria dell’Osa in Italien, 9. Jahrhundert v. Chr.

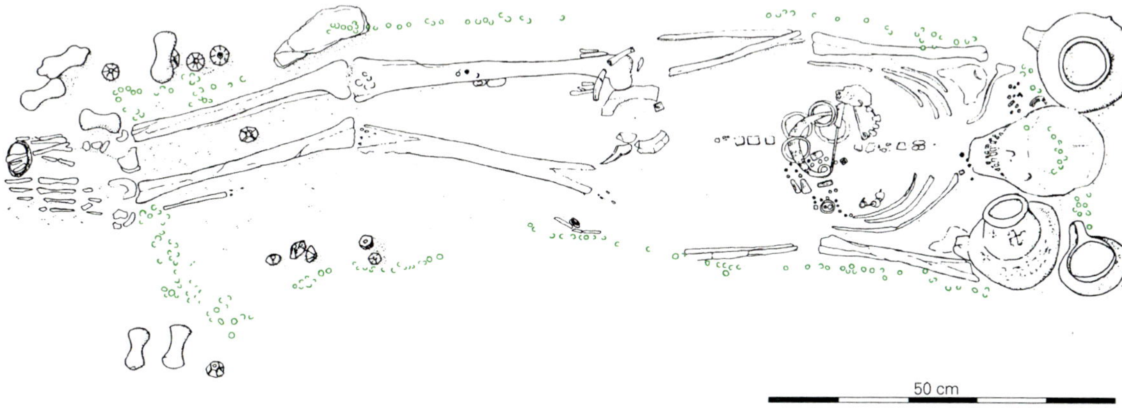

636 Gleba 2012, Abb. 9.6.

637 Banck-Burgess 1999, Kap. 1.2.2.

638 Gleba 2012, 231. – Ruta Serafini und Gleba 2018.

639 Banck-Burgess 1999, 21–29; 2012, 142–148. – Gleba 2008a; 2012, 229–234. – Rast-Eicher 2008, bes. 178–180; 2012, 384, 390, Abb. 19.

kumentiert, wo die Eisenklinge direkt in Textilbänder eingewickelt war (Abb. 157). In Matran, Schweiz, wurde ein Schwert in einem Grab datiert als HaC gefunden. Die anhaftenden organischen Schichten im direkten Kontakt mit der Eisenoberfläche der Schwertklinge waren Holz und wahrscheinlich eine dünne Schicht Leder von der Scheide. Dann ist das ganze Objekt in ein 2 cm breites brettchengewebtes Band eingewickelt worden.[640] Es wurden teilweise nicht nur Bänder verwendet, um Gegenstände zu umhüllen, sondern auch manchmal Tücher, so wie im Fall des frühlatènezeitlichen Kriegergrabes in Gemeinlebarn, Österreich (Abb. 158)[641]. In diesem Fall konnten auch Hautreste des bestatteten Kriegers in der Korrosionsschicht des Schwertes entdeckt werden.

Wir wissen leider meist nicht, ob jenes Verpackungsmaterial, die Stoffstücke, extra für diesen Zweck hergestellt wurden oder ob es sich auch hier um Alttextilien handelte[642]. Ebenso ist unbekannt, welche Glaubensvorstellungen dazu geführt haben, den Toten und seine Beigaben zu verhüllen. Möglicherweise hat es ein Tabu gegeben, das verbietet, bloßes Metall mit ins Grab zu geben. Vielleicht wurden die Grabbeigaben bedeckt und somit unsichtbar gemacht beim Eingang in die andere Welt. Es könn-

Abb. 157: Brandgrab aus Hallstatt mit umwickeltem Schwert. Lage im Grab und Detail, Ältere Eisenzeit.

640 Rast-Eicher 2012, 384 und Abb. 19.7.

641 Preinfalk und Preinfalk 2014, 45–48.

642 Im Fall von Hochdorf ist nachgewiesen, dass die Textilien speziell für die Bestattung hergestellt wurden. Banck-Burgess 2012a, 142–143.

Abb. 158: Schwertscheide aus einem Kriegergrab in Gemeinlebarn in Austria mit einer textilen Hülle und Abdrücken von menschlicher Haut, Jüngere Eisenzeit.

ten auch praktische Gründe zu dieser Sitte geführt haben, indem man mit Fett und Öl getränkte Tücher um die Eisengegenstände geschlungen hatte, um sie vor Korrosion zu schützen.

In Norddeutschland, in Niedersachsen, Schleswig-Holstein und Mecklenburg-Vorpommern, wurden in Gräbern, die in die Zeit zwischen 500 und 150 v. Chr. datieren, sehr offene, lose Leinwandgewebe, sogenannte „Schleiergewebe" gefunden.[643] Sie sind sehr fein mit 0,2 mm Fadenstärke und einem sehr geringem Deckungsfaktor. Üblicherweise wurden sie als Bedeckung oder Wicklungen von verschiedenen Grabbeigaben in Brandgräbern verwendet. Solche Schleiergewebe können womöglich als spezielle Gewebe für die Toten interpretiert werden.

Besonders gut sind wir über die Grabtextilien durch das späthallstattzeitliche Fürstengrab Hochdorf an der Enz, Deutschland[644], unterrichtet. Dieses Grab wies aufgrund seiner zahlreichen Metallfunde sehr gute Erhaltungsbedingungen für organische Materialien auf. In dem 6 m hohen Grabhügel mit 60 m im Durchmesser wurde um 550 v. Chr. ein etwa 40-jähriger Mann bestattet, wobei die reichen Beigaben des Grabes und der große Aufwand der Grablegung den Toten als „Fürsten" der Hallstattkultur ausweisen. Der Tote hatte prächtige Schmuckelemente wie Goldhalsring und -armband, Bernsteinperlen, etliche Gewandschließen (Fibeln) aus Bronze und Gold sowie einen goldenen Blechgürtel. Seine Schuhe und der Dolch waren ebenfalls mit goldenen Beschlägen verziert. Ein Hut aus Birkenrinde vervollständigte die Kleidung. Gegenstände des täglichen Gebrauchs (Nagelschneider, Rasiermesser und Kamm) sollten auch nach dem Tode für ein gepflegtes Äußeres sorgen. An Bewaffnung war ein Köcher mit Pfeilen beigegeben worden, außerdem eine Axt, eine Lanze und ein Eisenmesser, die zusammen auf einem mit dekorierten Eisenblechen geschmückten vierrädrigen Wagen niedergelegt wurden. Für das leibliche Wohl des Fürsten war ebenfalls gesorgt worden, das Grab enthielt auch einen aus der mediterranen Welt importierten, 500 l fassenden Bronzekessel, der ursprünglich zu zwei Drittel mit Honigmet gefüllt war. Ein umfangreiches Speise- und Trinkservice sicherte dem Verstorbenen ein fürstliches Bankett. Es fanden sich neun mit Goldbändern verzierte Trinkhörner, eine goldene Trink- und Schöpfschale sowie auf dem Wagen aufgestapelt, das Speisegeschirr mit drei Bronzebecken und neun Tellern. Ein besonders spektakulärer Fund ist die 2,75 m lange verzierte Bronzeliege (Kline), auf der der Bestattete ruhte.

643 Banck-Burgess 1999, 34, Abb. 6–8.

644 Biel 1985. – Banck-Burgess 2012b.

Die Pracht der Beigaben, die dem Fürsten auch nach dem Tode ein angenehmes Leben ermöglichen sollten, wird durch die textile Ausstattung noch unterstrichen. Obwohl die Gewebe nur noch in geringen Resten vorhanden waren, gelang es der Textilarchäologin Johanna Banck-Burgess[645] in mühevoller Kleinarbeit, die Zweckbestimmung der verschiedenen Gewebefragmente zu rekonstruieren. So war das Grab vollständig mit Textilien ausgeschlagen. Auf dem Boden waren Stoffe als Bodenbelag ausgebreitet, an einer Stelle lag auch eine Tierhaut. Die Seitenwände der hölzernen Grabkammer waren mit Wandbehängen in variationsreicher Zusammenstellung dekoriert, über denen die Trinkhörner hingen. Auch kostbare Brettchengewebe zierten die Wandbehänge aus Köperstoffen, die mit Eisenhaken an der Wand befestigt waren. Zur Drapierung der Wandverkleidung dienten zudem Bronzefibeln (Abb. 159).

Auf der Kline konnten mehrere organische Lagen entdeckt werden, die ursprünglich wohl zu Matratzen, Kissen und Decken bzw. Dekorstoffen gehörten. Direkt auf der Liege waren als unterste Polsterauflage zwei Hanfbastgewebe zu finden, darunter

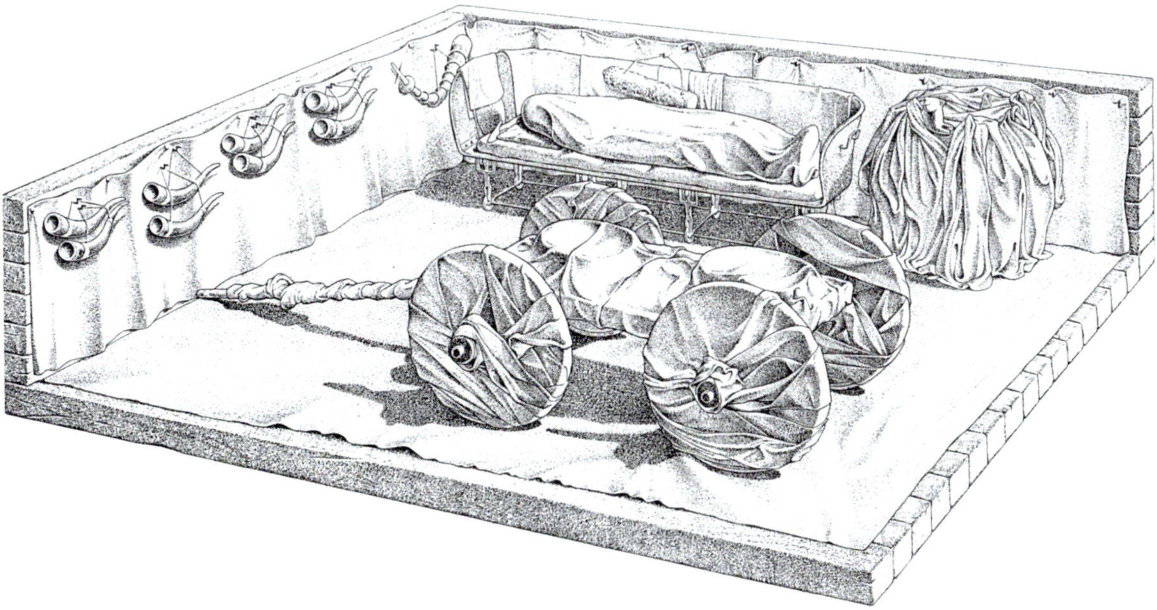

Abb. 159: Hochdorf an der Enz: Rekonstruktion der Textilien aus dem hallstattzeitlichen „Fürsten"-Grab.

645 Banck-Burgess 1999, Wandbehang: 120–121, Bodenbelag: 124, Liege mit Polsterauflagen: 97–98.

ein gestreiftes Gewebe, auf dem eine Matratze lag. Diese bestand aus einem feinen Ripsstoff aus Hanfbast als Matratzenstoff mit einer Füllung aus Dachshaaren und pflanzlichen Kleinteilen. Eine kleine Matte aus Grashalmen, bezogen mit einem Leinwandtuch aus Dachshaar, diente nach der Lage unter dem Kopf des Toten zu urteilen wohl als Kissen. Auf den Polsterschichten lagen, in stoffreichen Falten drapiert, ein Wollstoff in Köperbindung sowie mehrere Lagen sehr feinen Gewebes.

Weiters waren in diesem Grab die meisten Objekte ursprünglich in Textilien eingepackt, selbst der Wagen und die Räder waren verhüllt. Ebenso war der große Bronzekessel mit vielen kostbaren Stoffen behängt. Diese reiche textile Ausstattung im Grab von Hochdorf gibt uns aber nicht nur Einblick in das Totenbrauchtum, sondern möglicherweise auch in alltägliche Verwendungen von Textilien zu Lebzeiten.

3 Heimtextil: Wandbehänge, Kissen und Ähnliches

Welche Rolle spielten Gewebe neben ihrer Funktion als Kleidung im täglichen Leben prähistorischer Gesellschaften? Es gibt vor allem in der Eisenzeit mit den Werken der Situlenkunst[646] zeitgenössische bildliche Darstellungen, die ausreichend naturalistisch gestaltet sind, um auch Einzelheiten erkennen zu können. Eine interessante Szene zum Thema „Heimtextil" findet sich auf einem verzierten Bronzespiegel, der in einem Brandgrab des 5. Jahrhunderts v. Chr. in Castelvetro di Modena in Norditalien[647] (Abb. 160) entdeckt wurde. Es sind auf der Spiegelrückseite, im Kreisrund angeordnet, verschiedene Szenen dargestellt, darunter eine Beischlafszene. Das Bett, auf dem das Paar die Freuden der Liebe genießt, ist sehr bequem ausgestattet. Es hat ein Rahmengestell, das in Vogelköpfen endet, und auf diesem befindet sich offensichtlich eine Matratze.

[646] Lucke und Frey 1962. – Turk 2005.

[647] Lucke und Frey 1962, Taf. 21–22.

Die Überlieferungsbedingungen für Textilien, die zur Innenausstattung von Häusern gehörten, sind in Mitteleuropa mehr als dürftig. Derartige „Heimtextilien" tauchen jedoch auch in den Gräbern auf. Die im bereits beschriebenen hallstattzeitlichen Fürstengrab von Hochdorf (siehe oben) aufgefundenen Wandbehänge, Bodenbeläge, Matratzen und Kissen sind wohl in dieser Zeit nicht nur in Gräbern für die Toten verwendet worden, sondern dürften auch den Lebenden den Alltag angenehmer gestaltet haben, vor allem natürlich in den wohlhabenden Schichten[648]. Bei zeitgleichen Kulturen, etwa bei den Etruskern oder den Griechen gehörten derartige Wohnaccessoires zur üblichen Ausstattung begüterter Häuser[649].

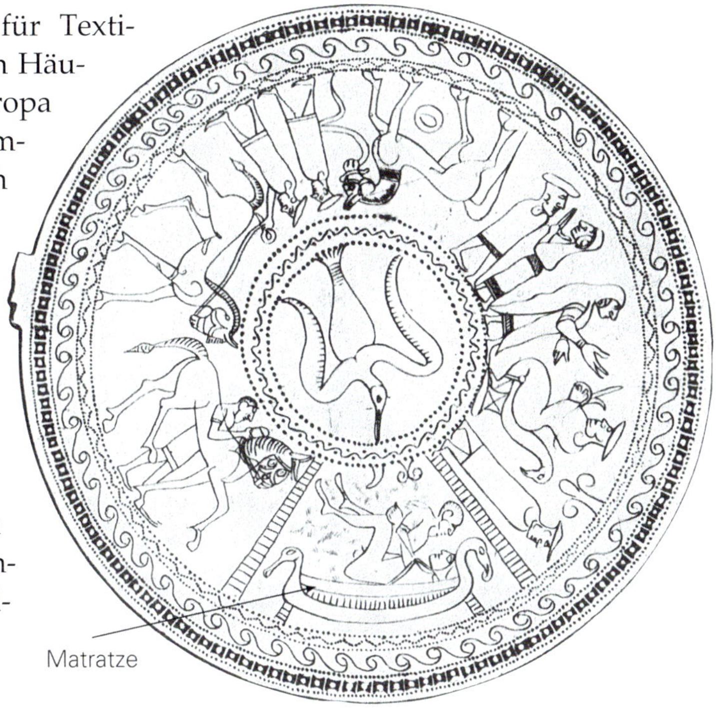

Abb. 160: Spiegel von Castelvetro, Norditalien: Darstellung eines Bettes mit Matratze, Eisenzeit.

Vom keltischen Stamm der Boier im Ostalpenraum und Oberitalien berichtet der griechische Geschichtsschreiber Polybios (Pol. 2,17) am Beginn des 2. Jahrhunderts v. Chr., dass sie wie auch andere Stämme Strohbetten benützen, auf welche Betttücher und Decken gebreitet wurden[650].

Generell darf man sich jedoch die Inneneinrichtung der Wohn- und Repräsentationsbauten der führenden Gesellschaftsschicht der Eisenzeit nicht primitiv vorstellen. Die Situlenkunst zeigt eine Fülle formschön gedrechselter Möbelstücke: Regale, Bänke, Sessel (Throne) und Betten (siehe etwa Abb. 155, S. 310 oder Abb. 176, S. 349). Ohne diese hölzerne Einrichtung wie auch ohne textile Produkte sind Lehmhäuser, Blockbauten oder Grubenhütten nur schwer bewohnbar.

648 Banck-Burgess 2012.

649 Für die Etrusker siehe etwa: Massa 1989, z. B. 36–37 die Darstellungen von Matratzen auf Sarkophagen.

650 Nach Birkhan 1997, 1055. – Zu den Betttüchern und Decken siehe auch Strabon 4,4,3.

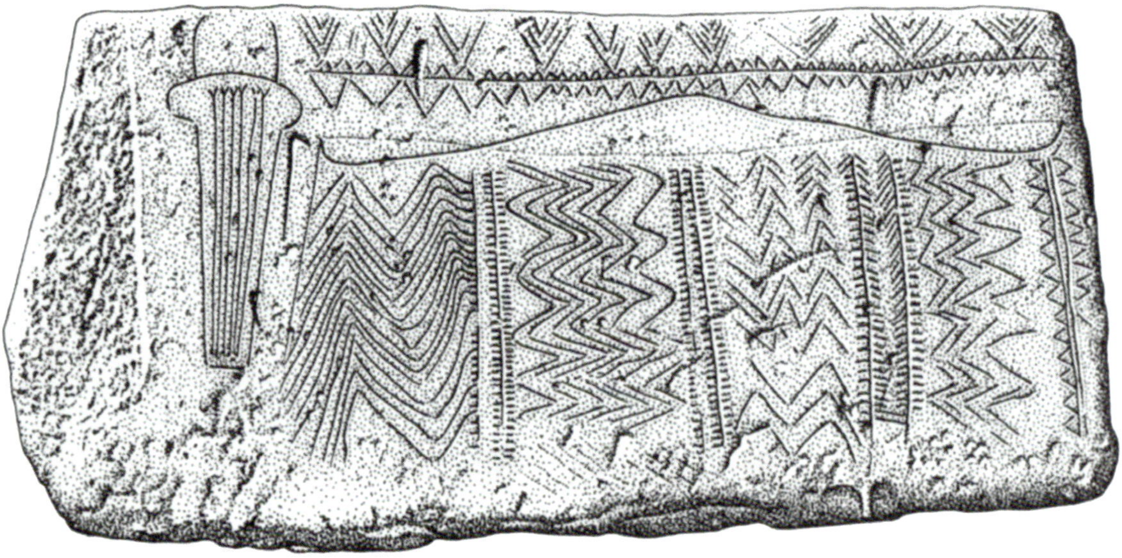

Abb. 161: Jungsteinzeitliches Großsteingrab von Leuna-Göhlitzsch mit Darstellung eines Wandbehanges, ca. 3.000 v. Chr.

Matten zur Auskleidung von Böden und sogar als Wandbehänge sind in Mitteleuropa seit der Jungsteinzeit bekannt. Derartige aus Gras, Schilf etc. geflochtenen Matten wurden etwa in den Schweizer Seeufersiedlungen gefunden[651]. Von besonderem Interesse für die Wohnraumgestaltung dieser sehr frühen Zeit ist das Großsteingrab von Leuna-Göhlitzsch[652] aus dem Spätneolithikum um 3.000 v. Chr. Im Inneren des Steingrabes findet sich eine ehemals rot-schwarz bemalte Ritzzeichnung, welche die Innenausstattung eines Hauses darstellen könnte (Abb. 161). Da hängen ein Bogen und ein Köcher mit Pfeilen an der Wand; ebenso ist ein Wandbehang erkennbar, der offenbar aus einer köperbindig geflochtenen Matte besteht. Derartige Strukturen sind etwa von einem mittelneolithischen Mattenabdruck aus Michelstetten in Niederösterreich belegt[653] (Abb. 73, S. 136).

Doch nun von den Geflechten zurück zu den Textilien und deren Funktion in der Urgeschichte.

651 Rast-Eicher 1997.

652 Müller-Karpe 1974, Taf. 499, A1. – Sherrat 1998, Foto S. 118.

653 Grömer 2006a, Abb. 13.

4 Säcke und Beutel für den Transport

Gewebe wurden und werden auch benützt, um daraus Behältnisse herzustellen. Aus der Siedlung Hornstaad/Hörnle I am Bodensee in Deutschland kennen wir aus dem Spätneolithikum um 3.800 v. Chr. ein kleines Beutelchen, das aus einem leinwandbindigen Gewebe aus Flachs hergestellt wurde. Es ist die einfachste Grundform eines Beutels, die aus einem rundlichen Stoffstück besteht, an dessen Rand eine Schnur zum Raffen eingefädelt wird[654].

Aus dem bronzezeitlichen Salzbergbau Hallstatt[655] im oberösterreichischen Salzkammergut (Abb. 162) gibt es interessante Hinweise, wie Textilien im Bergwerk als Transportgeräte für

Abb. 162: Bonzezeitlicher Salzbergbau in Hallstatt, Lebensbild von D. Gröbner und H. Reschreiter, Naturhistorisches Museum Wien.

654 Müller 1994, Abb. 4.

655 Kern et al. 2008. – Zu den Transportsäcken Grömer, Rösel-Mautendorfer und Reschreiter 2013, 121–125, Abb. 40.

das Salz dienten, also im Arbeitsablauf in der Bergwerksorganisation eine bedeutende Rolle spielten. Salzgewinnung kann in Hallstatt durch Funde von Steinbeilen und Geweihhacken bis in die Jungsteinzeit vor 7.000 Jahren zurückverfolgt werden. Der bergmännische Abbau ist spätestens ab der Mittelbronzezeit, dem 15. Jahrhundert v. Chr., voll entwickelt fassbar. Den wirtschaftlichen Höhepunkt hatte Hallstatt in der Eisenzeit. Der Handel mit Salz brachte großen Reichtum in diese eher unwirtliche und abgeschiedene Gegend am Fuße des Dachsteins, was sich auch in den reichen Beigaben des weltberühmten Gräberfeldes im Hallstätter Hochtal widerspiegelt. Dieses war auch namengebend für die Hallstattzeit, den älteren Abschnitt der vorrömischen Eisenzeit zwischen 800 und 450 v. Chr.

Wie dürfen wir uns den Salzabbau vorstellen, und welche Rolle spielten Textilien dabei? In der Bronzezeit wurden riesige Abbauhallen errichtet (Abb. 162), wobei den Salzzügen bis in eine Tiefe von weit über 120 m unter Tage nachgegangen wurde. Die mit Pickeln von den Wänden und der Decke abgeschlagenen kleinen Salzbrocken (Hauklein) wurden mittels lederner Tragsäcke zu den senkrecht nach oben führenden Schächten gebracht und dort in Textilien umgefüllt. Teilweise führte dieser Weg auch über hölzerne Stiegen, wie jene, die am Fundpunkt Christian-von-Tusch-Werk entdeckt wurde. Durch die naturwissenschaftliche Datierungsmethode der Dendrochronologie konnte festgestellt werden, dass die Stiege im Berg um 1.343/1.344 v. Chr. errichtet wurde. Sie ist somit die älteste Stiege Europas.

Die mit Salzbrocken gefüllten Textilien wurden schließlich mit dicken Lindenbastseilen durch die Schächte aus dem Bergwerk an die Oberfläche gezogen, von wo aus das Salz weiterverhandelt werden konnte.

Die Textilien, interpretiert als funktionale Elemente des Bergbaues in Form von Tragesäcken oder Transporttüchern, wurden in Fragmenten im speziellen Kontext gefunden. Es handelt sich um eine Fundstelle im Salzbergwerk, identifiziert als „Füllort“, der Ort, wo ein Schacht von der Salzabbaugalerie zur Oberfläche führt (Abb. 163). Die Textilien haben einheitliche Charakteristika: Sie bestehen aus sehr dichten, starken Geweben, die in Leinwandbindung aus 1,5 bis 2,5 mm dicken Wollfäden her-

gestellt wurden. Teils ist die Oberfläche verfilzt (durch Walken?), was das Gewebe noch widerstandsfähiger macht. Die Ränder der Säcke sind verstärkt, etwa durch stabil gestaltete Webeanfangskanten oder durch starke Rollsäume, umnäht mit Knopflochstich. Vieles spricht dafür, dass die Fördertextilien als Gebrauchstextil extra für diesen Zweck angefertigt wurden.

Abb. 163: Hallstatt, bronzezeitlicher Bergbau, Reste der Fördersäcke.

Wir wissen nicht, ob diese Textilien als Säcke genäht wurden oder ob große deckenartige Tücher mit Salz gefüllt und für den Transport zugebunden wurden.[656]

Die Textilien spielten als Transportbehältnis eine wesentliche Rolle in der Arbeitsorganisation des bronzezeitlichen Salzbergbaues von Hallstatt. Interessanterweise ändert sich die Abbaustrategie in der Eisenzeit. Nun werden große Salzplatten abgebaut, das in der Bronzezeit begehrte, kleinstückige Salz bleibt im Berg als Abraum zurück. Die Wollsäcke bzw. Fördertücher, die Jahrhunderte zuvor in der Salzproduktion ein wichtiges Glied in der Transportkette waren, werden nun nicht mehr verwendet. Dennoch finden sich auch in den eisenzeitlichen Fundpunkten des Salzbergwerkes Hallstatt zahlreiche Textilreste, für die sich jedoch andere Interpretationen anbieten.

Auf die Verwendung von textilen Säcken und Beuteln haben wir dann aus römischer Zeit viele Hinweise, sowohl aus archäologischen Funden, wie auch von epigrafischen und ikonografischen Zeugnissen[657].

5 „Recycling": Bindematerial, Verbandszeug, Verpackungsmaterial, Kalfater

Die Funde aus den eisenzeitlichen Salzbergwerken Österreichs, aus Hallstatt (Ostgruppe, ca. 900 bis 300 v. Chr.) und dem zeitlich etwas jüngeren Dürrnberg[658] (spätes 6. bis 3./2. Jahrhundert v. Chr.), ermöglichen einen Blick auf das Ressourcenmanagement im 1. vorchristlichen Jahrtausend. Textilien sind in ihrer Herstellung sehr aufwändig und vor allem zeitintensiv. Die Hinweise auf gezieltes Recycling von Alttextilien zeigen an, dass der Rohstoff Textil sehr geschätzt und bis zum Letzten ausgenutzt wurde.

[656] Beide Möglichkeiten in Grömer, Rösel-Mautendorfer und Reschreiter 2013, Abb. 40.

[657] Linscheid 2011. – Wild 2003, 38–39.

[658] Dürrnberg: Stöllner 2002; 2005. – Hallstatt: Grömer, Rösel-Mautendorfer und Reschreiter 2013, 130–134.

Die Gewebe aus den eisenzeitlichen Salzbergwerken sind teils sehr fein, hochwertig, qualitätsvoll und schön gemustert. Sie stellen wohl zu einem Gutteil Kleidungsreste dar. Die Kleidungsstücke wurden, zu kleinen Fetzen zerrissen, im Abraum im Berg zurückgelassen. Nun stellte sich bereits bei ihrer Entdeckung (die ersten Textilien wurden im Salzbergwerk Hallstatt im Jahre 1849 aufgefunden) die Frage, ob diese Stoffstücke von der Arbeitskleidung der Bergleute stammen könnten. Es steht jedoch für den eisenzeitlichen Abbau in Hallstatt fest, dass die Bergknappen in großen Abbauhallen arbeiteten, nicht in engen Stollen, sodass die Gefahr des Abreißens von Kleidungsteilen während der Arbeit nicht sehr groß war. Die derzeitige Forschungsmeinung[659] geht davon aus, dass Textilien obertägig, also in der Siedlung, gezielt gesammelt und als Verbrauchsmaterial in den Berg gebracht wurden. Interessanterweise gibt es beim Salzbergwerk Hallstatt, in dem auch heute noch – mit modernster Technologie – Salz abgebaut wird, die Sitte, dass die Bergleute Alttextilien im Berg verwenden. Diese werden in der

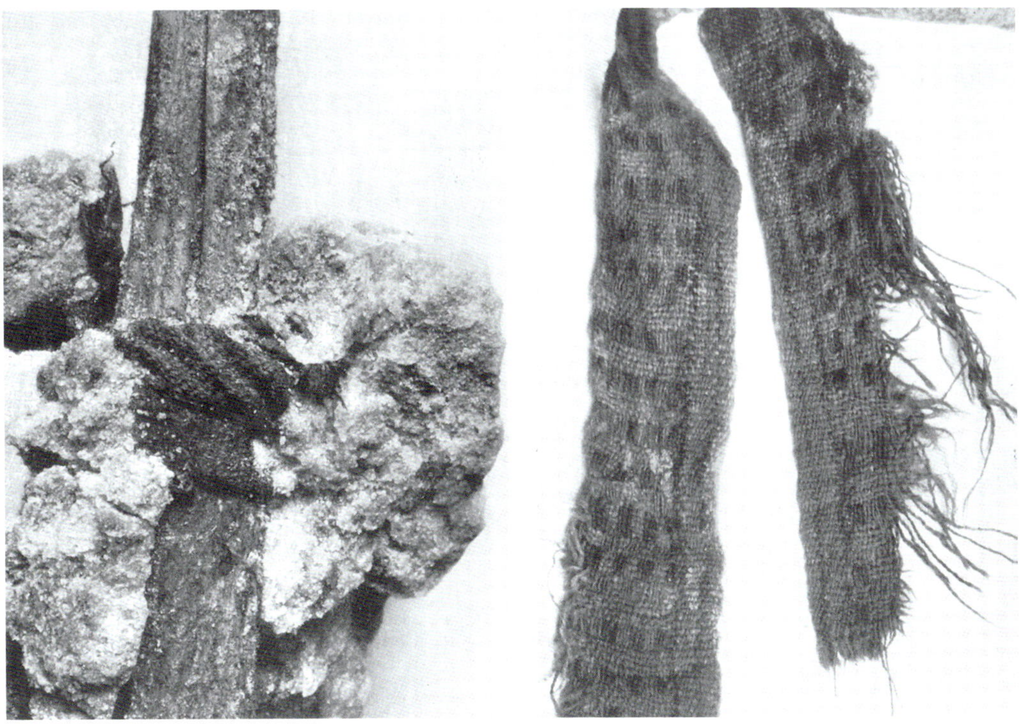

Abb. 164: Dürrnberg/Hallein: Fundstelle Hinterseng, gemustertes Band in Sekundärverwendung als Umwicklung eines gebrochenen Werkzeugstieles.

[659] Grömer, Rösel-Mautendorfer und Reschreiter 2013, 130–134.– Reschreiter 2005, 14. – Stöllner 2005, 161, 171. – von Kurzynski 1996, 33.

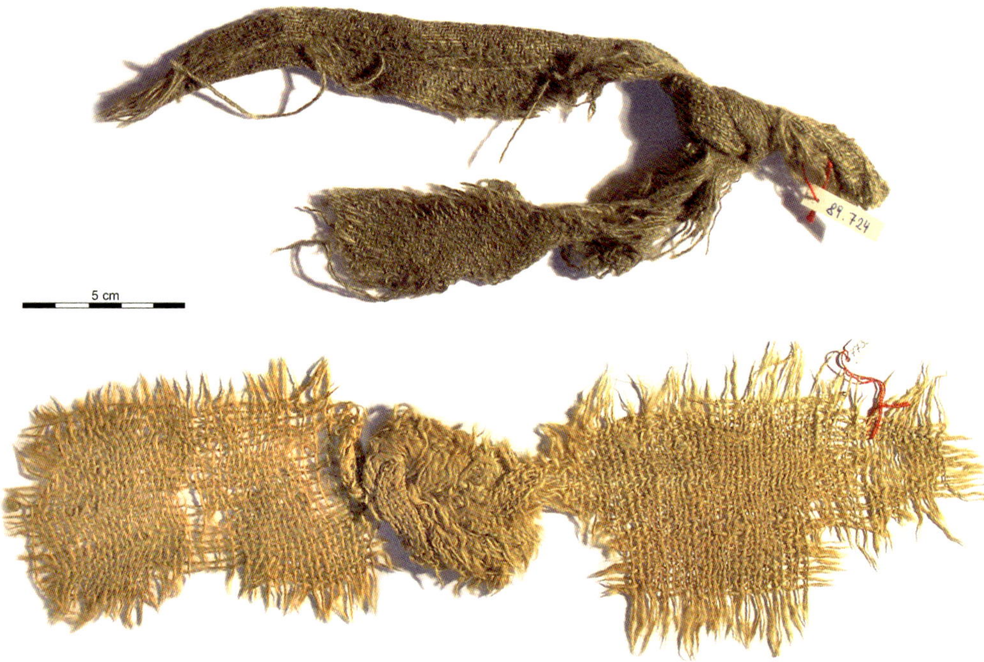

Abb. 165: Salzbergbau Hallstatt, verknotete Gewebe aus der Älteren Eisenzeit.

sogenannten „Fetzenkiste" gesammelt: Von dort werden die Stoffreste nach Bedarf zur Arbeit unter Tage mitgenommen, um sie etwa zum Reinigen der Werkzeuge zu verwenden.

Zurück zu den eisenzeitlichen Textilien aus den Salzbergwerken: Aus Hallstatt und vom Dürrnberg sind außerdem streifenförmig gerissene Gewebeteile bekannt. Manche Stoffstücke tragen Knoten, teils sind zwei Textilien miteinander verknüpft (Abb. 164, 165), es finden sich auch Knoten, die Textil und Bast verbunden haben[660]. Diese Stoffreste wurden offenbar als behelfsmäßiges Bindematerial verwendet. Ein besonders beeindruckendes Beispiel dazu stammt aus der Fundstelle Hinterseng vom Dürrnberg[661]. Bereits Mitte des 19. Jahrhunderts wurde dort ein aufwändig farbig gemustertes Stoffband entdeckt, das um einen gebrochenen Werkzeugstiel geknotet war (Abb. 164). Der primäre Zweck dieses schön gestalteten Stückes

[660] Stöllner 2002, diverse verknotete Gewebe Abb. 12 und Taf. 4/1375, 5/1674. – Grömer, Rösel-Mautendorfer und Reschreiter 2013, 130–134.

[661] Kyrle 1918, Abb. 60. Dieser Altfund ist leider seit den Wirren des 2. Weltkrieges verschollen.– Im Salzbergbau Dürrnberg finden sich viele reparierte Werkzeugstiele, etwa im Ferro-Schachtricht. Stöllner 2002, Taf. 109, 111, 140 oder 178.

lag wahrscheinlich im Bereich der Kleidung, es wurde schließlich – um einen modernen Ausdruck heranzuziehen – recycelt und für Reparaturarbeiten herangezogen.

Als Bindematerial dienten in den Bergwerken Hallstatt und Dürrnberg ansonsten vorrangig Schnüre und Seile aus diversen Baumbasten und Gräsern. Wenn diese gerade nicht zur Hand waren, wurden offenbar auch Stoffstreifen, Lederstreifen oder auch junge elastische Zweige verwendet[662].

Wahrscheinlich wurden die Stoffreste im Berg auch für diverse hygienische und/oder sanitäre Zwecke benützt, etwa als Putzlappen oder zum Reinigen von Händen und Gesicht, eventuell als eine Art „Toilettenpapier". Einen schlüssigen Beweis gibt es vor allem für Letzteres bislang noch nicht, obwohl auch menschliche Exkremente in den Salzbergwerken gefunden wurden.

Es ist bemerkenswert, dass sich aus dem Dürrnberg ein direkter Hinweis auf die Verwendung eines Textils für medizinische Zwecke erhalten hat. An der Fundstelle Ferro-Schachtricht wurde bei den archäologischen Ausgrabungen ein zunächst unscheinbares Stoffbündel entdeckt. Bei näherer Untersuchung stellte sich heraus, dass dieser weiche, helle Leinenstoff in Form eines Fingers zusammengerollt und in dieser Form mit einem Baststreifen fixiert war (Abb. 166). Es handelt sich wahrscheinlich um einen 11 cm langen „Fingerling", d.h. einen Wundverband für einen Finger, zudem sich in dem Bündel auch noch nicht näher analysierte pflanzliche Reste fanden – vermutlich Kräu-

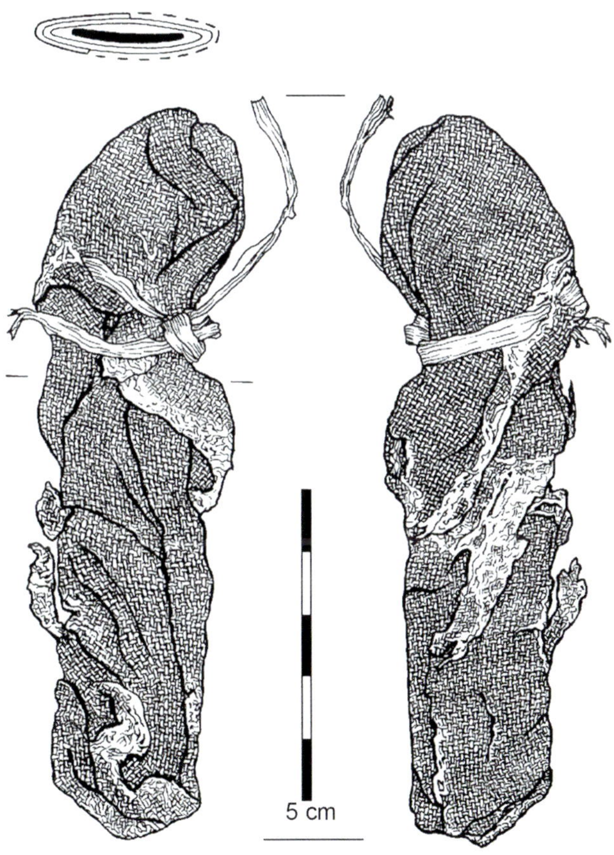

Abb. 166: Dürrnberg/Hallein, Österreich: Wundverband für einen Finger, Jüngere Eisenzeit.

[662] vgl. Kern et al. 2008, 64–65. – Stöllner 2002, z.B. Taf. 9–10.

ter, die möglicherweise zur Blutstillung oder Förderung der Wundheilung dienten[663].

Eine andere Art der Sekundärverwendung von Geweben ergab sich bei der Herstellung latènezeitlicher Hohlblechreife. Sie finden sich als Fußreife in Frauengräbern der mittleren Latènezeit vor allem in Niederösterreich, Mähren und der Slowakei[664]. Die Hohlreife wurden zur Stabilisierung der Form des dünnen Bleches mit Lehm, Sand, Holz oder auch mit einem fest gedrehten Stück Textil gefüllt (Abb. 167). Das Textil ist üblicherweise vollkommen organisch und gut erhalten. Dies war während der Herstellung eine absolute Notwendigkeit, die Füllung sollte den Hohlreifen aber auch während des Tragens vor dem Verbeulen schützen. Die verwendeten Textilien sind stets leinwandbindige Fragmente aus Flachs; es liegt nahe, auch hier ein „Recycling" von Alttextil anzunehmen.

Als besonderes Beispiel ist Grab 9 von Nové Zámky[665] herauszuheben. In den beiden Hohlreifen an den Fußgelenken der Frau-

Abb. 167: Mannersdorf/Leithagebirge in Österreich: Fußreife aus dem latènezeitlichen Grab 217 mit textiler Füllung.

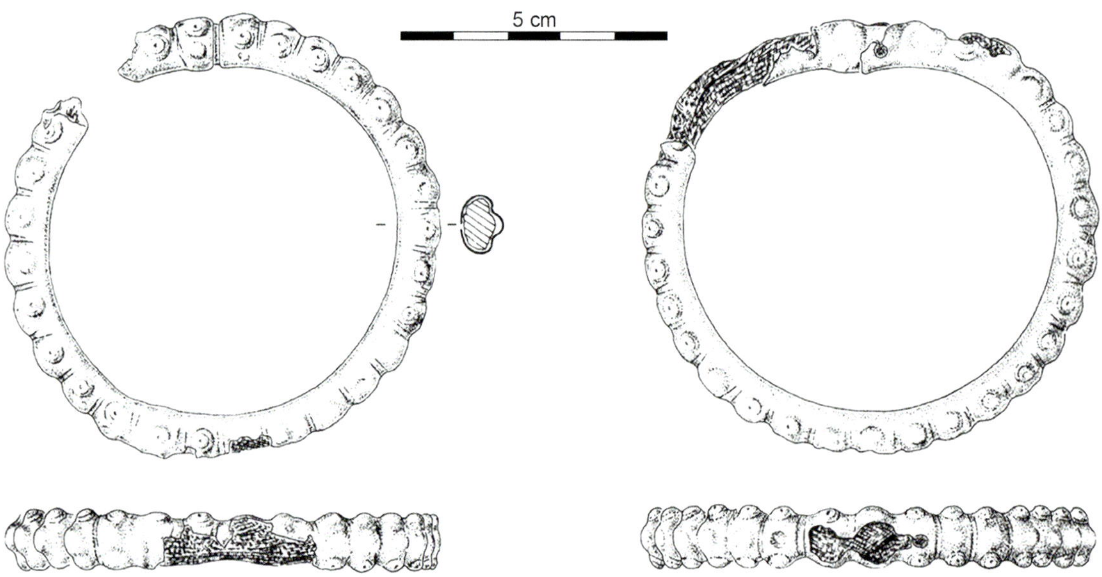

[663] Stöllner 2002, Taf. 200, 354, Nr. 2817, Textilkatalog S. 23.

[664] Funde aus Niederösterreich: z. B. Müllauer und Ramsl 2007. – Funde aus Mähren und Slowakei: Belanová 2005; 2012, 314–320, Abb. 15.11–12.

[665] Pieta 1992. – Štolčová, Zajonc und Grömer 2021.

enbestattung wurden mehrere Fragmente eines leinwandbindigen Gewebes entdeckt, die mit roter Wollstickerei geschmückt waren (vgl. Kapitel B6.5.2, S. 211). Es wird in der slowakischen Forschung darüber diskutiert, ob die in einem Hohlreifen am Körper getragenen Textilien auch symbolische Funktion haben könnten. Ob rein der Gedanke des „Recyclings" von Stofffetzen wichtig war oder ob vielleicht bei der Füllung von Ringen mit Stoff magisch-rituelle Überlegungen im Vordergrund standen, ist schwer zu beantworten.

In prähistorischen Gräbern sind ebenso Hinweise auf Textilrecycling zu finden, da nicht jedes Stoffstück aus einem Grab auch automatisch als Kleidungsrest des Toten zu werten ist. Die Umwicklung von Grabbeigaben (siehe oben) war vor allem in der Eisenzeit Sitte, besonders Waffen wie Schwerter, Dolche oder Messer wurden umhüllt. Die entsprechenden Gewebe sind nur in mineralisiertem Zustand erhalten. So ist es von Fall zu Fall zu entscheiden, ob die verwendeten Stoffstücke extra für diesen Zweck hergestellt wurden oder ob man auch Alttextilien für diese Tätigkeiten heranzog.

Im Kupferbergbau der ausgehenden Frühbronzezeit am Mitterberg/Mühlbach am Hochkönig in den österreichischen Alpen wurden ebenso Textilreste entdeckt. Zu einem Altstück sind interessante Hinweise auf seine bronzezeitliche Verwendung dokumentiert. Das Textil wurde nach den alten Aufzeichnungen im bronzezeitlichen Erzabbau bei einer Verdämmung gefunden[666]. Diese Schutzvorrichtung im bronzezeitlichen Kupferbergwerk sollte das eindringende Tagwasser von jenem Teil der Grube abhalten, in dem gerade gearbeitet wurde. Dazu war quer durch die Grube bis zur halben Höhe eine Bretterwand aufgerichtet worden, die durch eine Stein-Sand-Aufschüttung gestützt wurde. Hier diente der gefundene Textilrest neben Moos in den lehmverschmierten Fugen zwischen den Brettern als Abdichtungsmaterial.

Die Verwendung von Textilien als Kalfater für Boote ist ein bekanntes Phänomen im ersten Jahrtausend n. Chr. Es wurde eine Vielzahl von Textilqualitäten zwischen den Brettern des soge-

---

666 Klose 1916, 35, Abb. 45–46.

nannten Nydam Bootes aus einem Moor im südlichen Jutland in Dänemark, gefunden, welches 310–320 n. Chr. datiert.[667] Scheinbar wurde keine spezielle Art von Stoff für Kalfater produziert, stattdessen wurde vermutlich verschlissene Textilreste für diesen Zweck wiederverwendet.

6 Technische Nutzung: Schwertscheiden, Gürtelfütterung, Zwischenfutter

Textilien wurden und werden auch für „technische" Zwecke eingesetzt, wenn es etwa gilt, etwas auszupolstern oder mit einem Stoff zu überziehen.

So ist uns etwa durch einen Fund aus Berg / Attergau[668] in Oberösterreich bekannt, dass auch die prunkvollen eisenzeitlichen Bronzeblechgürtel an der Innenseite ausgepolstert und mit Stoff überzogen wurden, um einen guten Tragekomfort zu gewährleisten. Der Fund stellte sich bei der Ausgrabung und der anschließenden Konservierung wie folgt dar (Abb. 168): In einem hallstattzeitlichen Grabhügel fand sich als Beigabe zu einem Brandgrab eines 30- bis 50-jährigen Individuums ein Blechgürtel, an dem noch organische Reste hafteten. Bei der Freilegung in der Restaurierungswerkstätte konnte festgestellt werden, dass der Blechgürtel ein aus mehreren organischen Schichten aufgebautes Innenfutter aufwies, wobei sich direkt unter dem Blechstreifen von dicker Rinde fanden. An der Gürtelinnenseite wurde diese Schicht von einem mehrlagigen, feinen, köperbindigen Gewebe überzogen. Das Textil wurde um den Rand des Bleches geschlagen, wo es an beiden Rändern von je einem schmalen Lederstreifen bedeckt und mittels kleiner Holznägel befestigt wurde.

Andere den Körper umspannende Bronzeblechgürtel, etwa aus dem Gräberfeld Hallstatt[669], weisen ebenfalls Lochungen im

[667] Möller-Wiering 2011, 93–94.

[668] Trebsche, Pollak und Gruber 2007, 65–67, Abb. 101.

[669] Kromer 1959, z. B Grab 255 (Taf. 36) oder Grab 459 (Taf. 75).

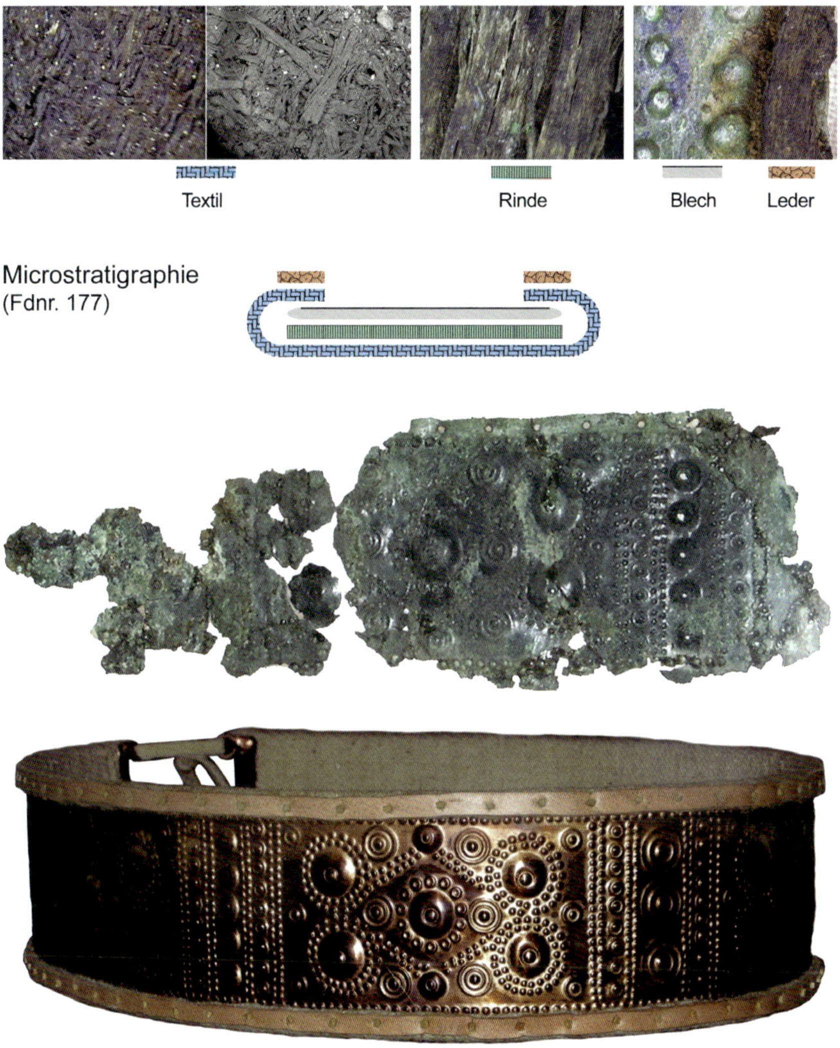

Abb. 168: Berg/Attergau: Originalteile mit Schema des Gürtelaufbaues und Rekonstruktion von Wolfgang Lobisser, VIAS.

Randbereich auf. Diese belegen, dass auch hier die Gürtel auf organischem Material befestigt, bzw. damit gefüttert waren. Denkbar sind dazu Leder oder wie im Fall von Berg / Attergau auch Rinde und / oder Textil.

Ein anderes Beispiel für die Verwendung von Geweben zu technischen Zwecken bieten die Funde von Textilien im Zusammenhang mit Waffen: Gewebe, die bei der Konstruktion von Schwert- und Dolchscheiden Verwendung fanden, sind ab der Bronzezeit fassbar. Diese wurden sowohl als Außenbezüge verwendet, wie Funde aus Kosel in Schleswig-Holstein belegen, als

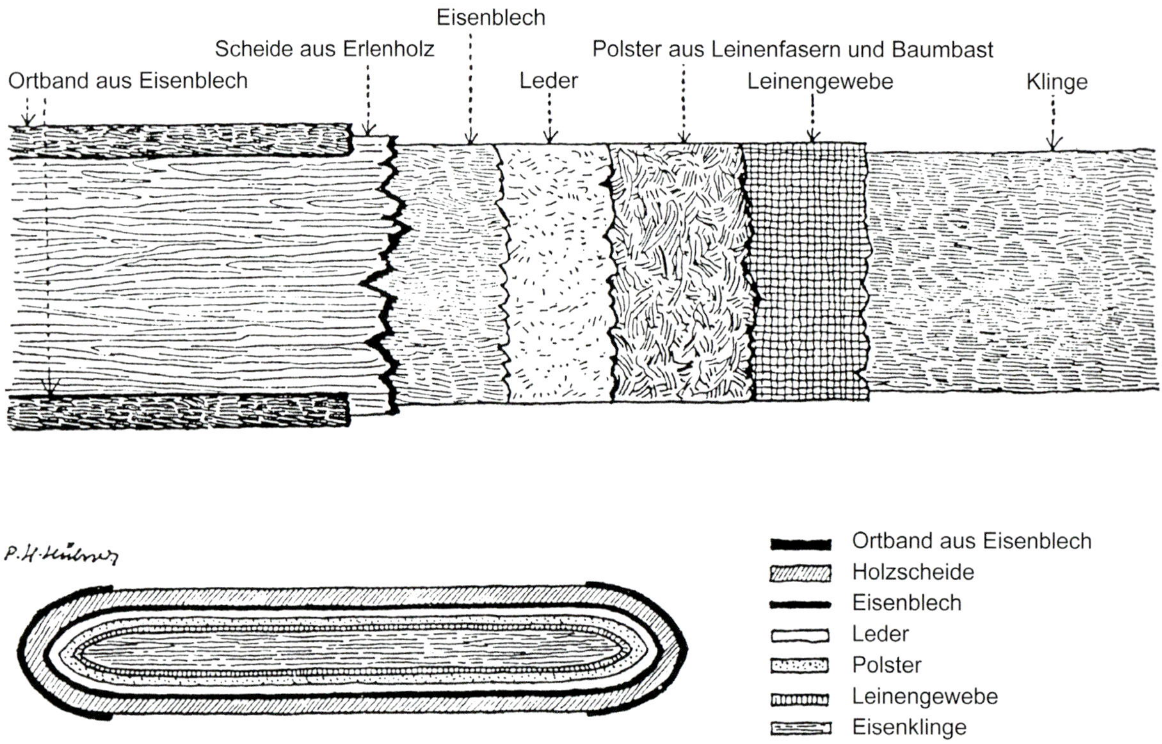

Abb. 169: Horath, Deutschland: Rekonstruktion der mit Textil- und Lederschichten gefütterten latènezeitlichen Schwertscheide.

auch für Innenfutter, wie bei einem Fund aus Friedrichsruhe in Mecklenburg-Vorpommern (beide Periode Montelius III)[670]. Es finden sich auch hallstattzeitliche Schwertscheiden, so in Gomadingen-Steingebronn[671], die aus Holzschalen mit doppelter (wahrscheinlich mit Klebstoff durchtränkter) Stoffumwicklung gefertigt wurden. Eine andere Möglichkeit zeigen die Überreste einer gefütterten Holzscheide eines Latèneschwertes aus Horath, Deutschland[672] auf. Dieses bestand aus verschiedenen Schichten von Holz, Eisenblech und einer organischen Polsterung aus Leder, Leinenfasern und Baumbast sowie als innerste Lage Leinengewebe (Abb. 169).

Technische Sekundärnutzung kann beim Gewebe aus dem urnenfelderzeitlichen Depot von Sublaines, Frankreich, postuliert werden. Das Textil befand sich in der Tülle eines Bronzebeiles.

670 Ehlers 1998, 181–195.

671 Nach Zürn 1987, Abb. 32.

672 Haffner 1976, 230, Abb. 62.

Hans-Jürgen Hundt[673] nimmt an, dass der Stoff die Funktion hatte, den Schaft, die hölzerne Handhabe des Werkzeuges, in der Tülle des Beils zu verkeilen. Ähnliche Stofffunde sind, hineingesteckt in Fassungen von Werkzeugen, aus England und Schottland von spätbronzezeitlichen Kontexten bekannt.[674]

Textil- und Lederstücke wurden auch beim eisenzeitlichen Bergbau am Dürrnberg verwendet, um die Pickel (Bergeisen) in den hölzernen Schäftungen zu verkeilen[675]. Dabei wurden ca. 12 × 4 cm große, rechteckige Leder- oder Textilstreifen in die gegabelte Schäftung eingelegt, um auf diesem Zwischenfutter die metallene Klinge anzubringen.

Auch bei der Herstellung von Keramik dienten Textilien sowie Matten mitunter technischen Zwecken. Mattenabdrücke wurden auf dem Boden verschiedener neolithischer Gefäße in Michelstetten in Österreich und Hódmezővásárhely-Kökénydomb in Ungarn gefunden[676]. Von letzterem Fundort sowie von Bilce Złote in Polen wurden Abdrücke in Leinwandbindung gefunden. Dabei wurden die Abdrücke nicht als Dekoration auf das unfertige Gefäß aufgebracht, sondern die Abdrücke passierten, da das Gefäß während der Herstellung vom Töpfer auf ein Textil gestellt oder gelegt wurde.

Die den Textilien innewohnende Flexibilität und Elastizität wurde beim Einsatz in der spätbronze-/früheisenzeitlichen Salzgewinnungsstätte Erdeborn in Deutschland[677] ausgenutzt. Dort wurden Keramikgefäße (Briquetage) mit Sole gefüllt und erhitzt, bis das Wasser verdunstet war und das Salz gewonnen werden konnte. Manchmal wurden Spuren von Textilien im Inneren der Gefäße gefunden (Abb. 170/1), wo sie möglicherweise im Herstellungsprozess des Gefäßes oder für die Gewinnung des Salzes eine Rolle spielten, um als Schicht zwischen

673 Hundt 1988, 261.

674 England: Sommerleyton: De Roche 2012, 446. – Schottland: Nydie mais, Fife und Pyotdykes: Wincott Heckett 2012, 432.

675 Stöllner 2002, z. B. Taf. 120 (Textil) oder 190 (Leder).

676 Österreich: Grömer 2006a. – Ungarn: Richter 2010, Abb. 34.1–34.4. – Polen: Bender Jørgensen 1992, Abb. 110.

677 Ipach 2015. – Ipach, Scherf und Grömer 2014.

Abb. 170: Textileindrücke von Briquetage-Fragmenten aus Erdeborn in Deutschland, Anfang 1. Jahrtausend v. Chr. (1). Experimente: Querschnit durch ein Gefäß mit Textil und auskristallisiertem Salz (2). Rekonstruktion der Salzgewinnung mit Briquetage (3), auskristallisiertes Salz (4).

dem Gefäß und dem Salzklumpen zu dienen. Die textilen Spuren sind verschiedenartig, es fanden sich sowohl grobe Qualitäten als auch ein grobes schleierartiges Textil sowie andererseits ein Köperstoff. Experimentalarchäologisch wurde belegt (Abb. 170/2–4), dass beim Erhitzen der Sole in einem mit Textil bedeckten Gefäß das Salz entlang der textilen Struktur kristallisiert (Abb. 170/2).

7 Fazit

Der archäologische Kontext und die spezifischen Eigenschaften prähistorischer Stoffe können vielerlei Hinweise zu ihrer ehemaligen Verwendung geben (Abb. 171). Nicht jeder gewobene

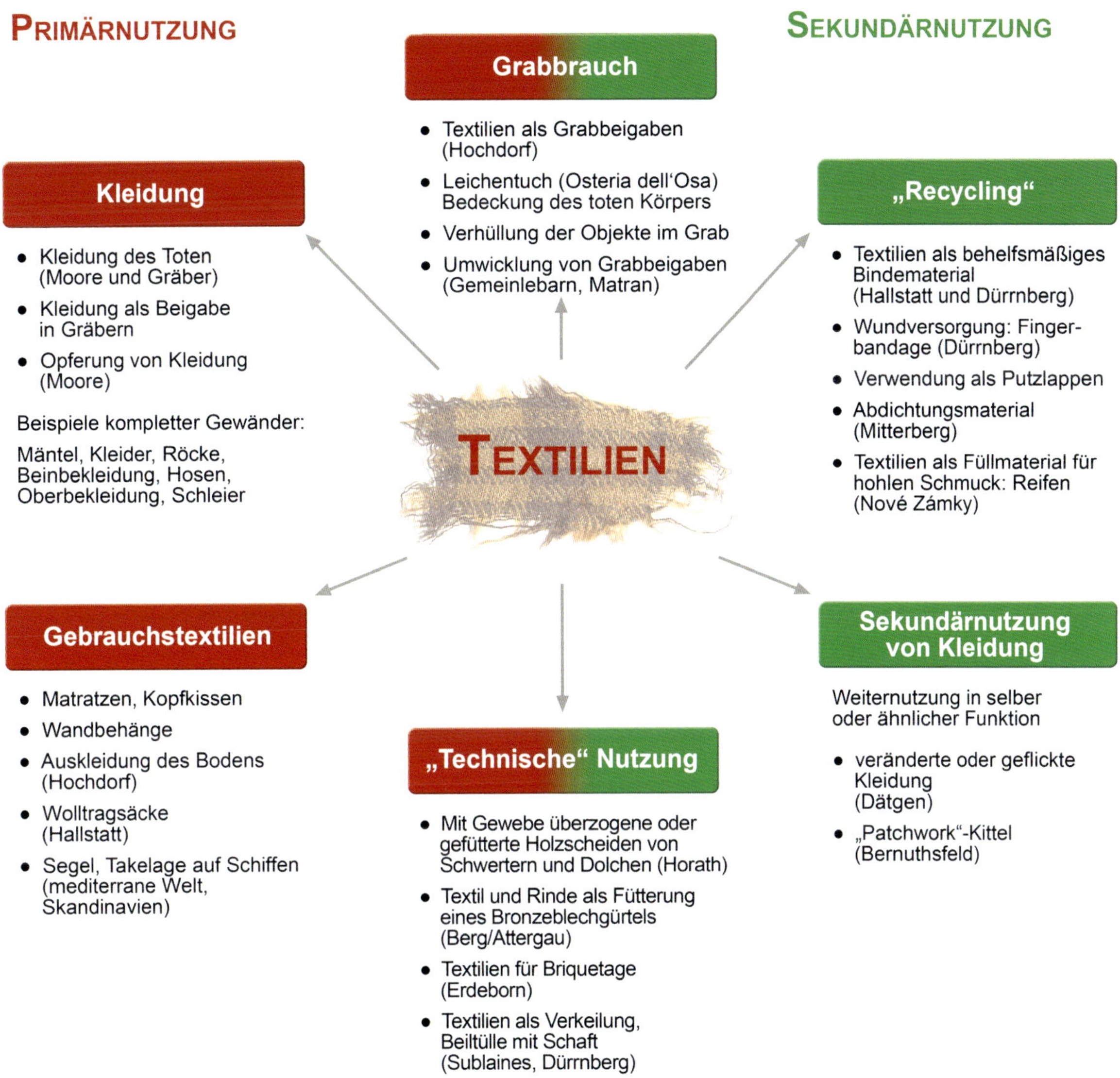

Abb. 171: Verwendung von Textilien in der Urgeschichte nach archäologischen Befunden.

Stoff, der in einem prähistorischen Grab oder auch in einem Salzbergwerk gefunden wurde, gehörte einst zu Kleidung.

Man kann bei den textilen Funden ebenso zwischen primärer und sekundärer Funktion unterscheiden. Primäre Funktion wäre die Verwendung von neuen Stoffen für Kleidung, aber auch für Gebrauchstextilien oder für eine technische Nutzung. Hinweise auf Sekundärverwendungen (Recycling, bis zum endgültigen Verschleiß) findet sich vor allem bei den Textilien aus den Salzbergwerken, aber auch in Gräbern, etwa in latènezeitlichen Armringen.

Die funktionale Deutung der Textilreste zeigt aber auch, dass Textilien in jedem Bereich des menschlichen Lebens eine Rolle spielten und spielen – als Kleidung, im Haus, als Hilfsmittel bei verschiedenen Tätigkeiten, sowie im rituell-religiösen Bereich, im Grabritus und bei Opferungen.

Nicht erwähnt in dieser Studie über Zentraleuropa war eine andere wichtige Verwendung von Textilien – nämlich jene für Segel und Takelwerk. Diese war sowohl in der ganzen prähistorischen mediterranen Welt von Bedeutung – sogar für die Etrusker – als auch für Skandinavien.[678]

[678] vgl. Gleba 2012, 283–234. – Möller-Wiering 2007.

E Kleidung in der mitteleuropäischen Urgeschichte

Kleidung in der mitteleuropäischen Urgeschichte war bunt und vielgestaltig, wobei eine große Anzahl unteraschiedlicher Kleidungsstücke identifiziert werden kann. Einige dieser Verschiedenheiten sind bedingt durch unterschiedliche Klimata, andere durch technische Möglichkeiten der einzelnen Zeitalter. Kleidung und Tracht sind auch materieller Ausdruck des sozialen Status einer Person, ihres Platzes in der Gesellschaft.

E Kleidung in der mittel-europäischen Urgeschichte

Die Verwendung von Kleidung ist tief im Menschen verankert, sie gehört auch zu jenen Verhaltensweisen, die uns eindeutig vom Tier unterscheiden. Es ist bisher nicht genau erforscht, was in der Entwicklungsgeschichte des Menschen zum Tragen von Kleidung, zur Bedeckung des Körpers geführt hat[679]. War es rein das Nächstliegende, den Körper aus Schutzbedürfnis gegen Kälte, Hitze oder andere Einwirkungen zu umhüllen? Das Schamgefühl – wie allegorisch durch die Bibel verklärt – war es sicher nicht, denn dieses entsteht ja erst, nachdem die Verhüllung zur tief verwurzelten Gewohnheit geworden ist, so der Gegensatz zwischen „nackt" und „verhüllt" zum Bewusstsein kommt und die Entblößung als unsittlich empfunden wird. Ist etwa die Sitte der Bekleidung aus umgehängten Jagdtrophäen oder zur Tarnung beim Beschleichen des Wildes entstanden? Es ist nicht einmal geklärt, ob die anzunehmende natürliche flächige Körperbehaarung früher Menschenformen – wie bei unseren nächsten Verwandten den Schimpansen – erst nach dem Aufkommen von Kleidung verschwand oder ob die Einführung von Kleidung eine Folge des Verlustes des Haarkleides ist. Auch die Frage, ab wann die ersten Kleidungsformen auftauchen, ist eine spannende.

Anhand von DNA-Analysen kann die evolutionäre Auseinanderentwicklung zwischen Kopf- und Kleiderläusen nachverfolgt werden, wodurch Forscher vor kurzem feststellen konnten, dass Kleiderläuse sich vor ungefähr 190.000 Jahren aus Kopfläusen entwickelten.[680]

Der Begriff Kleidung ist zudem mehr als vielschichtig. Er umfasst auch nach heutigem Sprachgebrauch im Prinzip alles, was der Mensch verwendet, um seinen Körper zu bedecken. Im weiteren Sinne zählen auch die Kopfbedeckungen und Schuhe so-

679 Verschiedene Theorien siehe: Koenig 1978. – Gilligan 2007; 2019. – Parsons 2003.

680 Siehe Bower 2010.

wie Schmuck und Accessoires dazu, da auch sie die Gesamterscheinung einer Person prägen[681].

In der prähistorischen Archäologie sind es neben den einzelnen Kleidungsstücken, Schuhen und Kopfbedeckungen vor allem auch die Verschlusselemente der Kleidung wie Gürtel oder Fibeln, im weitesten Sinne sogar die Haar- und Barttracht, die unter dem Begriff „Kleidung" subsumiert werden[682]. Zudem wird oft der Begriff „Tracht" gebraucht, um Kleidung zu beschreiben – was auf Sichtweisen des 19. Jahrhunderts zurückgeht. Der Begriff der Tracht bringt aber auch implizit zum Ausdruck, dass die Kleidung einer bestimmten Gruppe zugeschrieben wird, wobei sich diese von anderen Gruppen durch spezifische Trachtelemente bzw. -merkmale unterscheidet. Diese Unterscheidungen können regionale Ursachen haben, aber es können sich auch Alter, Geschlecht und sozialer Status einer Person im Aussehen der Kleidung niederschlagen. Die archäologische Trachtforschung beschäftigt sich im Allgemeinen mit der Auswertung der Schmuckstücke und des erhaltenen Kleidungszubehörs aus Metall (vor allem Gürtelbestandteile, Nadeln und Fibeln)[683].

Will man nun eine Geschichte der Kleidung vor den Römern verfassen, so stößt man allzu schnell auf Grenzen: Einerseits sind nur wenige komplette prähistorische Gewänder überliefert, die jeweils Streiflichter auf einzelne Regionen oder bestimmte enge Zeitabschnitte zulassen. Ebenso ist bei den bildlichen Darstellungen zu hinterfragen, ob die Intention der jeweiligen Darstellung überhaupt darin lag, die zeittypische Bekleidung realitätsnah abzubilden. Vereinzelte Schriftquellen, die ein erhellendes Licht auf die Benennungen von bestimmten Kleidungsstücken, ihre Herstellung oder auch ihre Funktion und Bedeutung werfen können, sind nur für die späteste Eisenzeit greifbar.

Welche Quellen sind nun für die Rekonstruktion prähistorischer Kleidung vorhanden und welche Aspekte der Quellenkritik sind dabei zu beachten?

---

681 Siehe dazu auch Eicher und Evenson 2015, 2–27. – Reich 2005. – Für die Völkerkunde siehe Cordwell und Schwartz 1979. – Feest und Janata 1989, 161–163.

682 Definition Kleidung und Tracht in der Archäologie siehe Sørensen 1997; 2010.

683 z. B. Pabst-Dörrer 2000. – Ramsl 2002; 2011; 2014a. – Wels-Weyrauch 1994.

1 Quellen zur vorrömischen Kleidungsgeschichte

1.1 Vollständige Gewänder

Kleidungsstücke aus der europäischen Urgeschichte werden in kostümkundlichen Büchern oftmals allzu begeistert aufgegriffen, um anhand dieser wenigen Stücke den Anschein zu erwecken, als könnte man die Gesamtheit der Kleidung prähistorischer Menschen wiedergeben[684] – wenn nicht auch gleich mittels umgehängter Felle das weitverbreitete Vorurteil des vorrömischen „Wilden" gepflegt wird.

Doch vollständige Gewänder sind nur sehr selten erhalten und kommen von unterschiedlichen Zeitabschnitten, Kulturen und Regionen des prähistorischen Europas. Zudem stammen sie aus verschiedenen Befundzusammenhängen, etwa aus Gräbern oder von Opferfunden. Hierbei stellt sich auch die Frage, ob „Alltagskleidung" beigegeben bzw. geopfert wurde oder ob es besondere Stücke waren. Selbst bei relativer Vollständigkeit eines Ensembles, die sich in einigen Fällen darstellt, ist immer zu bedenken, dass durch selektive Erhaltungsbedingungen wesentliche Bereiche fehlen können. Hier sei etwa an die eisenzeitlichen Moorfunde in Nordeuropa verwiesen. In Hochmooren sind unter den organischen Materialien nur tierische Rohstoffe erhalten. So wissen wir über diverse Gewänder aus Leder oder Wollstoffen gut Bescheid, die Kenntnis von Leinengeweben fehlt aber fast vollständig. Es ist durchaus denkbar, dass etwa der nur mit einer Lederhaube und einem Ledergürtel „bekleidete" Tollund-Mann[685], ein erdrosselter, in einem Moor versenkter Mensch aus der Zeit des 3. Jahrhunderts v. Chr., einen Leinenkittel getragen haben könnte. Die genaue Form dieses Leinengewandes könnte dabei theoretisch von der zeitgleichen Oberbekleidung in Wolle abweichen.

---

684 Etwa bei Lenning 1982. – Besonders bei Bruhn und Tilke 2004, z. B. Taf. 21 Bronzezeit bis römisch. – Leventon 2008, 38–39, 43. – Differenzierter mit Referenz zu weiteren Quellen bei Thiel 2000.

685 Van der Sanden 1996, 20. – vgl. Mannering et al. 2012, 104.

Nur selten tritt uns ein Mensch der Urzeit mit seiner Kleidung so unmittelbar und direkt gegenüber wie jener Mann aus dem Eis (vulgo „Ötzi"), der 1991 in den Ötztaler Alpen in Südtirol gefunden wurde[686] (Abb. 12, S. 29). Es handelt sich um einen verunglückten Menschen der Kupferzeit um 3.300 v. Chr., der mit seiner Kleidung und seiner persönlichen Habe im Eis überdauert hat. Da er sozusagen „aus dem Leben gerissen" wurde, stellt sein Gewand ein wichtiges Beispiel der damals bei einer Hochgebirgsüberquerung verwendeten „Alpinausrüstung" dar.

Ein Gegenstück zur steinzeitlichen Hochgebirgsausrüstung des Mannes aus dem Eis bildet das Ensemble, das nur ein Jahr später am Rande eines schmelzenden Schneefeldes in 2.850 m Höhe am Rieserfernergletscher ebenfalls in den Südtiroler Alpen entdeckt wurde[687]. Es handelt sich um zwei Paar Leggings – warme Beinlinge aus Wolle sowie Socken und Reste von Lederschuhen. Wie bei den steinzeitlichen Kleidungsstücken des „Ötzi" ist dies eine wärmende Funktionskleidung, sie stammt hier jedoch aus der Eisenzeit zwischen dem 8. und 6. Jahrhundert v. Chr.

Diese sehr konkrete Bekleidung des Mannes aus dem Eis, die von einem prähistorischen Menschen zu Lebzeiten unter einer bestimmten, befundmäßig erfassten Rahmenbedingung getragen wurde, ist allerdings ein Einzelfall. Ein großer Teil von vollständigen Kleidungsstücken oder von Trachtbestandteilen mit Kleidungsresten stammt von Bestattungen, zu denen einige kritische methodische Anmerkungen nötig sind.

Wie steht es nun mit den Moorleichen[688]? Vor allem in Nordeuropa, besonders in Norddeutschland, Dänemark bis Irland, wurden beim historischen Torfabbau Menschen entdeckt, die aus unterschiedlichen geschichtlichen Perioden stammen. Diese sind unter den verschiedensten Umständen ins Moor gelangt:

---

686 Spindler 1995. – Spindler et al. 1995. Wissenschaftliche Bezeichnung: Jungneolithische Mumie aus dem Gletscher vom Hauslabjoch, Gemeinde Schnals, Autonome Provinz Bozen, Südtirol, Italien.

687 Bazzanella et al. 2005.

688 Mannering et al. 2012. – Möller-Wiering und Subbert 2012. – Schlabow 1976. – Zusammenfassend zu den Moorleichen: Van der Sanden 1996. Zur Kleidung: 120–134; zur Haarbehandlung: 164, zu den Todesumständen: 154–165, zur Interpretation der Moorleichenfunde: 166–181.

Sie sind entweder einfach auf ihrem Weg über den unsicheren Untergrund verunglückt oder sie wurden etwa im Moor bestattet. Bei einem guten Teil der Moorleichen geht man jedoch davon aus, dass die Personen im Zuge von Strafmaßnahmen (zum Tode Verurteilte) und/oder als Menschenopfer im Moor landeten. Nicht einmal die Hälfte der Moorleichen ist mit Kleidungsstücken ausgestattet, was aber an den selektiven Erhaltungsbedingungen (Kapitel A2.5, S. 29) oder auch an der unvollständigen Bergung liegen kann. Wurden bei einer Moorleiche Kleidungsstücke gefunden, so hat das Gewand die jeweilige Person nicht immer korrekt bekleidet. Manche Kleidungsstücke wurden auch nur um den Körper gewickelt gefunden, ein anderes Mal lag etwa die Kleidung einfach unter dem Kopf. Das Gewand der Moorleichen könnte prinzipiell die zu Lebenszeiten getragene Kleidung darstellen. Bei jenen Menschen, die durch bestimmte Rituale ins Moor gelangten, etwa als Opfer oder als Bestrafungsmaßnahme – könnte die Kleidung theoretisch auch speziell ausgewählt worden sein. Dies geschah eventuell, um eben jenen Status (des Menschenopfers, des Verbrechers …) auszudrücken – ebenso wie der in einigen Fällen teilweise bis vollständig geschorene Kopf darauf hinweisen könnte. Beispiele für teilweise geschorene Kopfhaare sind etwa das „Mädchen von Windeby", das nach neueren DNA-Untersuchungen eindeutig männlichen Geschlechts ist, oder das Mädchen von Yde, beide datieren um Christi Geburt.

Vollständige Kleidungsteile sind auch von Opfergaben ohne zugehörigem Menschenopfer bekannt. So wurden zwischen dem 1. Jahrhundert v. Chr. bis zum beginnenden 5. Jahrhundert n. Chr. im Thorsberger Moor in Deutschland[689] von Angehörigen des westgermanischen Stammes der Angeln verschiedene Gegenstände geopfert. Die Opfergaben bestanden aus Waffen, Schilden, Zaumzeug, Kleidung, Holzgegenständen, Werkzeug und Trachtschmuck. Zu den herausragenden Funden gehören eine römische (Reiter-)Gesichtsmaske, römische Helme und Münzen sowie runenbeschriftete Gegenstände. Auch etliche Kleidungsstücke sind unter den deponierten Opfergaben, so

[689] Schlabow 1976, 23. Mäntel und Kittel: 61–70, Abb. 109–130; Hosen: 76–77, Abb. 162–174; Wickelbinden 89–90, Abb. 226–231. – Siehe auch: Möller-Wiering 2011; Möller-Wiering und Subbert 2012.

fünf Prachtmäntel, ein Kittel, zwei Hosen und zwei Paar Wadenwickel sowie weitere Gewebereste. Diese Stücke geben ebenfalls Anhaltspunkte für das Aussehen von Kleidungsstücken der Menschen der späten vorrömischen und römischen Eisenzeit.

1.2 Textilfunde in Gräbern

Obwohl die Erhaltungsbedingungen für organisches Material im feuchten mitteleuropäischen Klima sehr ungünstig sind, finden sich in Gräbern manchmal Textilreste, die etwa durch Metallkorrosion erhalten geblieben sind (siehe Kapitel A2.1, S. 24). Dies sind zumeist sehr kleinflächige Stücke, von denen teils nur noch die Oberflächenstruktur als Abdruck in der Korrosionsschicht erhalten ist. Dennoch handelt es sich um einen wichtigen Quell der Information über prähistorische Textilien. Bei diesen Geweberesten ist durch exakte Befundbeobachtung zu bewerten, ob sie zu Kleidungsstücken zu zählen sind oder etwa andere Zwecke im Grab erfüllten, beispielsweise als Leichentuch oder als Verhüllung eines Gegenstandes etc. verwendet wurden.[690]

Es gilt auch zu entscheiden, ob die Kleidungsstücke in einem Grab das zu Lebzeiten getragene Gewand repräsentieren oder eine spezielle Totentracht[691], die nur für das Begräbnis angefertigt wurde.

Im Falle der mittelbronzezeitlichen Frauenbestattungen in Mitteleuropa stellte der Prähistoriker Bert Wiegel[692] bei einer Studie an den Schmuckstücken fest, dass der Ringschmuck starke Abnutzungserscheinungen aufwies. Daher ist davon auszugehen, dass es sich hierbei um eine dauerhaft tradierte „Lebendtracht" handelt. Das heißt, dass die Bestatteten jene zu Lebzeiten verwendeten Schmuckstücke aus ihrem Eigentum auch im Grab getragen haben. Andere Befunde mit Schmuck- und Trachtelementen aus derselben Zeit sprechen nach Ulrike Wels-Wey-

690 vgl. Gleba 2008a; 2012, 230.

691 Sørensen 1997; 2010, 55.

692 Wiegel 1994, 165.

rauch[693] dafür, dass diese zumindest teilweise als Totentracht anzusehen sind. So argumentiert sie, dass jene breiten, an den Beinen getragenen Beinbergen (Ringe oder Manschetten mit Spiralenden), die mittels Kettenglieder verbunden sind, wohl kaum zu Lebzeiten getragen worden sein können, da sie in dieser Tragweise das Gehen unmöglich machen. Auch die überlangen Nadeln erscheinen ihr im Alltag als nicht zweckmäßig (Abb. 172).

Die großen Textilien, die in den Fürstengräbern von Verucchio in Italien gefunden wurden[694], geben Hinweise zu dieser Frage. Zwei Mäntel wurden in Grab 89 gefunden. Abnutzungsspuren wie etwa Löcher, die von Fibeln hinterlassen wurden, beweisen, dass sie auch zu Lebzeiten verwendet wurden. Auf Mantel 1 konnten viele paarige Einstiche an der linken Schulter dokumentiert werden. Diese Kleidungsstücke wurden also nicht speziell für die Bestattung gewoben.

Letztendlich ist auch nicht belegt, ob es sich bei den Gegenständen in einem Grab um den persönlichen Besitz des oder der Toten gehandelt hat, der auch zeitlebens verwendet wurde oder ob (auch) Gaben von Angehörigen/Freunden etc. in den Gräbern vorhanden sind[695]. Diese könnten sowohl eine Beigabe sein, wie ein Tongefäß, als auch Kleider und Schmuck. Fest steht jedoch, dass die Grabausstattung und somit die Kleidung der Toten ein Spiegelbild dessen ist, was eine bestimmte Ge-

693 Wels-Weyrauch 1994, 59, vgl. Abb. 55–56C. – vgl. dazu auch Grömer, Rösel-Mautendorfer und Mückler 2012, 139–140.

694 Stauffer 2012, 249.

695 Methodische Überlegungen beispielsweise bei Kurz 1997, 125–128. Kleidung wird jedoch im Allgemeinen als im realen Leben verwendet betrachtet.

meinschaft über das Geschlecht, eventuell das Alter und den Status einer Person ausdrücken wollte.

Links:
Abb. 172: Upflamör südlich Reutlingen (Baden Württemberg), 14. Jahrhundert v. Chr. Rekonstruktion der Bestattung mit überlangen Nadeln und Beinbergen die mit Kettengliedern verbunden sind.

Doch wie steht es um unser Wissen über die Kleidungsstoffe der Lebenden? Die Textilreste aus den neolithischen und bronzezeitlichen Seeufersiedlungen oder die Textilfunde aus den Salzbergwerken Hallstatt und Dürrnberg könnten (neben anderen Funktionen, siehe Kapitel D2–6, S. 310 ff.) Reste der zu Lebzeiten getragenen Kleidung darstellen. Den einzigen direkten Beleg dafür, dass ein solches Stück wirklich ehemals zur Kleidung gehörte, haben wir durch einen Schädling der unliebsamen Art aus dem Salzbergwerk Hallstatt. In mehreren Fällen ist die Zuweisung zu Gewändern dadurch belegt, indem sich auf dem Textil Nissen oder Überreste der Kleiderlaus fanden[696]. Die Kleiderlaus ist ein an den Menschen angepasster Parasit, der sich am wohlsten bei menschlicher Körpertemperatur fühlt und bevorzugt zwischen den Haaren oder in der Bekleidung wohnt: Die Kleiderlaus ist daher nur bei Stoffen zu finden, die als Gewandstücke direkten Kontakt zum menschlichen Körper hatten.

Man geht nun davon aus, dass also die Textilien aus den eisenzeitlichen Bereichen des Salzbergwerkes Hallstatt zumindest teilweise in ihrer primären Verwendung als Kleidung dienten, ob als „alltägliche" oder „Fest"-Tracht, ist nicht zu beantworten. Dennoch hat man dadurch einen Anhaltspunkt für das Material der Kleiderstoffe, die Strukturen, die Gewebequalitäten, die Musterungen und auch die Farben. Vergleicht man nun diese Daten mit den Textilien aus den zeit- und kulturgleichen Gräberfeldern etwa des Osthallstattkreises[697], so wird sichtbar, dass dieselbe Bandbreite an Gewebebindungen und Feinheiten hier wie dort vorkommt. An Musterungen sind durch die speziellen Erhaltungsbedingungen mittels Metallkorrosion (keine Farbigkeit erhalten) in den Gräbern nur die Spinnrichtungsmuster zu beobachten. Diese Übereinstimmungen könnten ein Beleg dafür sein, dass ähnliche Gewebe für die zu Lebzeiten getragene Kleidung verwendet wurden, wie für jene, die der/die Bestattete trug. Einschränkend muss dabei jedoch betont werden,

[696] Grömer, Rösel-Mautendorfer und Reschreiter 2013, 127–128; HallTex 32, 34, 40, 292. – Zu den Läusen siehe Ryder 2003, 15–16.

[697] Bender Jørgensen 2005. – Grömer 2012, 43–44. – Belanová-Štolcová 2012, 310.

dass die in Hallstatt ansässige Bevölkerung durch den Salzabbau und -handel sehr wohlhabend war, was unter anderem an den reichen Beigaben des Hallstätter Gräberfeldes ablesbar ist. Andererseits repräsentieren die konservierten Gewebefunde in den Gräbern ebenfalls eher begüterte Personen. Im Allgemeinen bleiben unter herkömmlichen Bedingungen Textilien – wenn überhaupt – nur in jenen Gräbern erhalten, in denen ausreichend Metallgegenstände vorhanden sind, sodass Teile des Gewebes zufällig daran ankorrodieren können. Wir haben auch hier nicht die ärmsten Bevölkerungsschichten vor uns.

1.3 Trachtbestandteile und Schmuck aus Gräbern

Kleidung wurde auch in den Zeiten vor der Erfindung von Druckknöpfen, Reiß- und Klettverschlüssen auf unterschiedlichste Arten verschlossen und so am Körper festgehalten. Diese Hilfsmittel werden in der Archäologie als Trachtbestandteile (Trachtzubehör, Kleidungszubehör) bezeichnet. Dazu zählen Gürtelschnallen, angenähte Knöpfe, Fibeln Nadeln etc. Diese Trachtbestandteile sind stets nach zeittypischem „Design" gestaltet und erfüllen neben ihrer praktischen Funktion auch – wie Schmuck – einen dekorativen Zweck. Oft sind sie aber auch Träger von symbolischem Inhalt[698]. Die Symbolik kann durch das Material, die Form, die Motivik des Dekors oder auch durch die Positionierung des Objektes am Körper verdeutlicht werden.

Die archäologische Trachtforschung beschäftigt sich – wegen der Seltenheit textiler Funde in den Gräbern – oft nur mit der Auswertung des Kleidungszubehörs aus Metall und der Schmucktracht[699]. Hierbei wird von der Lage des Trachtzubehörs auf die Kleidung geschlossen, besonders wenn sich die Objekte in funktionaler Lage am Körper befinden. Trachtlagen von metallenen Elementen wie Gürtel, Nadeln und Fibeln zeigen zwar auch bei Gräbern ohne Textilerhaltung, an welcher Körperpartie die Kleidung des Bestatteten gegürtet, bzw. mit Nadeln oder Fibeln zusammengehalten wurde (Abb. 173), das Aussehen des ent-

[698] Besonders gut erforscht ist das in der Völkerkunde. Feest und Janata 1989, 161–165.

[699] z. B.: Pabst-Dörrer 2000. – Wiegel 1994.

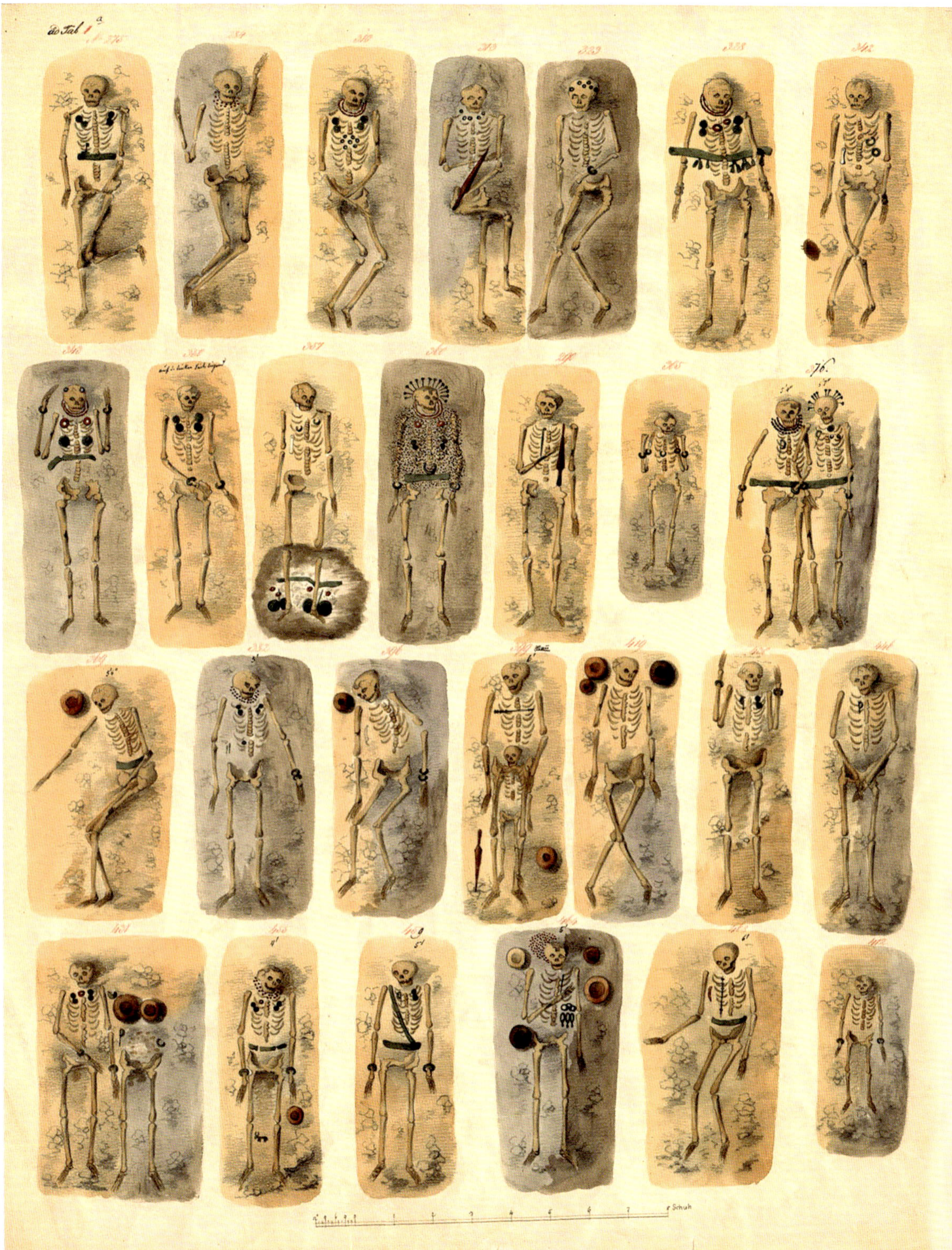

Abb. 173: Gräberfeld Hallstatt, Ältere Eisenzeit: Aquarell der Grabbefunde aus den Protokollen von Johann Georg Ramsauer aus dem 19. Jahrhundert.

sprechenden Kleidungsteiles (Kittel, Mantel, Kleid o. a.) muss jedoch erst wieder durch Analogien in Abbildungen oder Originalkostümen erschlossen werden. Diese werden dann oft von geografisch oder chronologisch weit entfernt liegenden Analogien entlehnt, was natürlich problematisch ist. So dienten etwa mangels vollständiger neolithischer und bronzezeitlicher Gewänder aus Mitteleuropa meist die nordischen Kostüme als Referenz, obwohl sie einem völlig anderen Kulturkreis angehören.

Bei der Interpretation der Trachtlagen gibt es noch weitere Probleme. So kann es vorkommen, dass vor allem in reichen Gräbern beispielsweise mehr Fibeln als zum Kleidungsverschluss nötig beigegeben werden. Diese liegen teils an der „richtigen" Stelle, teils an anderen Positionen, ohne eine funktionale Bedeutung als Gewandverschluss zu haben (Abb. 242, S. 470)[700]. Dies kann zu verwirrenden „Trachtrekonstruktionen" führen[701]. Es muss wohl in jedem Einzelfall durch genaue Beobachtung der Stücke im Grab entschieden werden, welche Trachtbestandteile die (Toten-)Kleidung verschlossen und welche rein als Beigabe dienten oder etwa Leichentücher zusammenhielten.

1.4 Bildquellen

Bildliche Darstellungen von Menschen gibt es in der Urgeschichte in zahlreichen Varianten – hier nur ein schneller Überblick, detaillierte Ausführungen finden sich in den Kapiteln zu den einzelnen Zeitabschnitten. So sind verschiedene Arten von Idolen, Statuetten, Statuen und Stelen aus Ton, Stein, Knochen, Elfenbein oder Metall zu nennen. Menschendarstellungen reichen bis weit in die Altsteinzeit zurück und haben etwa mit der Venus von Willendorf (Abb. 174)[702] eine der berühmtesten Vertreterinnen in so früher Zeit.

---

700 Beispielsweise im Gräberfeld von Münsingen, Schweiz, wo in mehreren Gräbern überzählige Fibeln zu finden sind. Hodson 1968, 56–63, Grab 122, 132, 140, 149, 157, 161, 168 oder 184.

701 z. B. Negroni Catacchio 2007, Abb. 8–10.

702 Ca. 29.500 Jahre alte Frauenfigur, gefunden in Willendorf in der Wachau, Österreich. Zuletzt: Antl-Weiser 2008.

Für das Neolithikum[703] sind es besonders Statuetten aus Ton, die in Mitteleuropa angefertigt wurden, sowie jene berühmten Steinstelen aus dem norditalienisch-westschweizerisch-französischen Raum. Während wir in der mitteleuropäischen Bronzezeit nur wenige Darstellungen des Menschen kennen[704], kommen sie in der Eisenzeit, besonders in der Hallstattzeit, öfter vor, vor allem als Metallfigurinen aber auch als Steinplastiken, wie die Figur vom Glauberg[705]. Figürliche Fibeln der Eisenzeit runden das Bild ab.

Abb. 174: Venus von Willendorf, Österreich. Alter ca. 29.500 Jahre.

Anthropomorphe (menschengestaltige) Abbildungen auf Keramik finden sich in der Stein- und Eisenzeit, ausgeführt in der jeweils zeittypischen Verzierungstechnik, als Ritzung, Halbplastik, Bemalung oder in Eindruckstechnik. Auch eisenzeitliche Bronzeblecharbeiten wurden mit Menschendarstellungen geschmückt, sowohl mittels Ritzung als auch in Treibarbeit. Besonders bekannt unter diesen sind die Werke der Situlenkunst.

Die prähistorischen Menschendarstellungen sind teils sehr unmittelbar und anschaulich. Sie führen aber auch leicht in die Irre, da sie oft nicht das tägliche Leben abbilden, sondern ebenso traditionelle ikonografische Motive, Religiöses oder Außergewöhnliches. Und selbst wenn sie Alltägliches abbilden, sind sie nur Momentaufnahmen und sagen eher etwas über die Sprache der Bilder aus als über die Kleidersprache im Alltag[706]. Auch die Detailtreue, mit der Kleidungselemente und Schmuck dargestellt sind, variiert je nach Intention, die mit der Darstellung verfolgt wurde. Ausschlaggebend für die Interpretation der Darstellungen sind auch die zeittypische Abstraktionsebene, das individuelle Können des Schaffenden und die darstellerischen Grenzen des Trägermaterials der Abbildung.

703 z.B.: Hansen 2007. – Müller-Karpe 1974, Taf. 602–603. – Wininger 1995, Abb. 7–9.

704 Bronzezeitliche Figurinen mit Kleidungsdarstellung sind neben wenigen Stücken aus der Nordischen Bronzezeit (Broholm und Hald 1940, Abb. 192–193) nur aus Ungarn, Rumänien und Jugoslawien vorhanden (Müller-Karpe 1980, Taf. 326–327).

705 Ausstellungskatalog Glauberg 2002, Abb. 70–71.

706 Überlegungen dazu etwa bei Schierer 1996, 6–10. – Paetz gen. Schieck 2013.

Abb. 175: Schwertscheide aus Hallstatt, Grab 994, Frühe Latènezeit.

Als Beispiel für die Interpretationsmöglichkeiten von Menschendarstellungen dienen die bereits erwähnten Situlen (das lateinische Wort *situla* steht für Eimer), Weinmischgefäße großteils aus dem 6. bis 4. Jahrhundert v. Chr., die zwischen dem Fluss Po in Oberitalien und der Donau[707] gefunden wurden. Sie tragen detailreiche Bilderfriese: Festumzüge und Musikanten, Wagenfahrer und Wettkämpfer, Reiter und Krieger, Jagd und Opferszenen. Es sind nicht nur Situlen mit jenen Bildszenen und Motiven nach mediterranen Vorbildern verziert, sondern auch andere Gefäßtypen: Zisten (zylindrische Bronzeeimer), Schalen und Deckel sowie Gürtelbleche, Gürtelschließen oder Helme. Die Detailfülle auch der Kleidungsdarstellung dieser sogenannten Situlenkunst verleitet dazu, in diesen Abbildungen das typische Gewand der späten Hallstattzeit zu sehen. Insgesamt sind in der Situlenkunst etruskische Vorbilder zu bemerken, wenn auch lokale Züge stark ausgeprägt sind.

Wie sind aber diese Bilder zu interpretieren? Als im Jahre 1891 in Kuffarn in Niederösterreich in einem Grab eine Situla (Abb. 176) gefunden wurde, deutete Pater Lambert Karner aus dem nahegelegenen Stift Göttweig die Bilder bei einem Vortrag vor der Anthropologischen Gesellschaft in Wien folgendermaßen:

[707] Frey 2005, 529–533. – Lucke und Frey 1962. – Turk 2005.

„... die ganze Scenerie ist, nach meiner Ansicht, eine lustige Wirtshausgeschichte. Der behäbige Wirth schwingt zwei leere Situlen, er geht in den Keller, um sie wieder zu füllen. Im Gegensatz zu dem dicken Wirthe schänkt der dünne Kellner mit lachendem Gesichte dem Zecher ein, und das Büblein, das da emporschaut, wartet auf den Augenblick, in welchem ihm der Hut vom Kopfe fällt. ...“ [708]

Heute interpretiert man die Szene als fürstliche Hofhaltung, dargestellt in der Person eines thronenden Angehörigen dieser Elite. Der Situlenspezialist Otto-Hermann Frey[709] sieht in den Situlenabbildungen die Aktivitäten des gehobenen Lebensstils der früheisenzeitlichen Adelsschicht. Nach der Interpretation von Christoph Huth[710] hingegen sollten die Darstellungen gar nicht eine (alltägliche oder festliche) Realität widerspiegeln, sondern seiner Meinung nach handelt es sich um kosmologische Vorstellungen und dienten der Glorifizierung des Toten sowie einer religiösen Legitimation von Herrschaftsansprüchen.

Ob nun mythologische Verklärung oder Darstellung der „high society“, die Inhalte geben also nicht alltägliche Szenen der breiten Bevölkerung wieder, sondern stellen festliche Aktivitäten dar. Somit ist die gezeigte Kleidung als Festtracht (der Oberschicht?) zu interpretieren, in die wahrscheinlich auch symbolische Elemente stark einflossen.

Abb. 176: Situla von Kuffarn in Niederösterreich und Umzeichnung der von Pater Lambert Karner geschilderten „Wirtshausszene“.

[708] Sitzungsberichte, Monatsversammlung der Anthropologischen Gesellschaft in Wien am 15. Dezember 1891. Vortrag von Pater Lambert Karner. Mitteilungen der Anthropologischen Gesellschaft Wien XXI, 1891, [68]–[71].

[709] Lucke und Frey 1962.

[710] Huth 2003.

1.5 Schriftquellen

Aus der mitteleuropäischen Urgeschichte sind – bis auf einige wenige in etruskischen Alphabeten abgefasste Weiheinschriften[711] der Räter und Veneter im Südalpenbereich – keinerlei autochthone Schriftquellen erhalten. In der späten Eisenzeit gab es jedoch immer wieder Kontakte zwischen den Griechen (später Römern) und den nördlich lebenden „Barbaren" – also Leuten, die des Griechischen nicht mächtig waren und in den Ohren der gebildeten Griechen nur stammelten. So finden sich Berichte über die Barbaren in den Werken antiker Ethnographen und Geschichtsschreiber wie Poseidonios (135–51 v. Chr.) oder Diodorus Siculus, der 54 n. Chr. eine „Universalgeschichte" verfasste. Die Kontakte zwischen der antiken Welt und den nördlichen Völkern konnten aber auch Handelsbeziehungen sein, kriegerische Auseinandersetzungen oder – in römischer Zeit – die Unterwerfung eben dieser barbarischen Gebiete. So schrieb etwa der römische Feldherr Iulius Cäsar Berichte zu den von ihm unternommenen Feldzügen 58–51/50 v. Chr. in die gallischen (heute französischen) Gebiete, die berühmten *Comentarii de bello gallico*, die auch heute noch im Lateinunterricht humanistischer Gymnasien gelesen werden.

An der Schwelle zur Schriftgeschichte, in der die Berichte antiker Autoren teilweise auf die Kleidung der nördlich lebenden Völker eingehen[712], ist der Rückgriff auf eben jene Schriftquellen zur Kleidung und Lebensweise der späteisenzeitlichen Bevölkerung Mitteleuropas sehr verlockend. Dazu sind folgende Überlegungen wesentlich:

Was war die Intention des Berichtverfassers[713]? War man wirklich darauf aus, eine möglichst reale Beschreibung etwa der Kelten zu geben? Wurden einzelne Kleidungsteile eventuell als schablonenhafte Kennzeichnung einer Gruppe erwähnt, als Zuordnungsmöglichkeit, unabhängig davon, was im täglichen Leben getragen wurde – so wie man etwa in klischeehafter Beschreibung für eine Inderin den Sari und für eine Frau aus

[711] Urban 2000, 323–325.

[712] Zusammenstellung bei von Kurzynski 1996, 68–71.

[713] Zum kritischen Umgang mit Schriftquellen allgemein siehe etwa Fuchs und Oltrogge 2013.

Bayern das Dirndl nennt? Bei den römischen Autoren ist es vor allem die Nennung der Hose, die die Völker im Norden *„gens braccata"* von den togatragenden Römern *„gens togata"* unterscheidet. Bediente man sich etwa gewisser Gemeinplätze *(topoi)*, um der Leserschaft ein Bild des „Fremden", „Barbarischen" oder „Primitiven" zu vermitteln? Julius Cäsar nutzte seine *comentarii*, in denen auch Beschreibungen der Völker und der geographischen Gegebenheiten enthalten sind, für politische Zwecke. Er wollte die Bedeutung seines Feldzuges und die Leistungen bei der Niederwerfung dieser Völker unterstreichen. Die Betonung der Wildheit, Fremdheit und Unzivilisiertheit sollte dabei die um vieles bessere römische Herrschaft rechtfertigen.

2 Kleidung durch die Zeiten

Es kann also nach obigen Ausführungen sicher kein vollständiger Überblick über die Kleidungsgeschichte der vorrömischen Zeit gegeben werden – die Alltagskleidung der breiten prähistorischen Bevölkerung ist nicht rekonstruierbar. Es können jedoch streiflichtartig Beispiele für Gewänder aus bestimmten Regionen, Kulturen und sozialen Schichten aufgezeigt werden.

Der Fokus liegt auf den archäologischen Bodenfunden Mitteleuropas[714] ab der Jungsteinzeit sowie auf den unschätzbaren Quellen der kompletten bronze- und eisenzeitlichen Gewänder Nordeuropas. Trachtlagen in Gräbern können nur beispielhaft vorgestellt werden, um den vorgesehenen Rahmen nicht zu sprengen.

Obwohl nach den obigen Ausführungen Vorsicht geboten ist, soll nun eine kostümkundliche Interpretation des vorhandenen Quellenmaterials versucht werden. Es sei betont, dass dabei nur schemenhafte Grundzüge skizziert werden können. Die vorliegende Arbeit versteht sich keinesfalls als gültiger Bestimmungsschlüssel für prähistorische Kleidung, da die derzeitige Quellenlage keine endgültigen Schlüsse zulässt.

[714] Hier v. a. Österreich und seine Nachbarländer: Italien, Schweiz, Deutschland, Tschechien, Slowakei, Ungarn und Kroatien.

Aufgrund der fehlenden Schriftlichkeit, die großteils einen Einblick in die damalige Benennung einzelner Kleidungsstücke verweigert, werden in diesem Zusammenhang die gängigen, in der deutschsprachigen Literatur eingeführten modernen Begriffe wie Kittel/Tunika, Mantel, Hose und Bluse verwendet. Man darf sich dabei aber nicht moderne Formen vorstellen. Eine bronzezeitliche „Bluse" hat keine Knopfleiste, sondern es handelt sich um ein T-förmig geschnittenes Oberteil zum Hineinschlüpfen. Ebenso hat ein „Mantel" in der Urgeschichte keine Armröhren, sondern es werden mit diesem Begriff in der archäologischen Textilforschung deckenartige Umhänge und Überwürfe bezeichnet.

3 Jungsteinzeit

Beginnen wir nun unsere Betrachtungen mit der Jungsteinzeit ab dem 6. Jahrtausend v. Chr. Es ist die Zeit, in der die Menschen in unseren Breiten erstmals sesshaft wurden, Landwirtschaft und Viehzucht betreiben sowie feste Ansiedlungen (Dörfer) gründen – eine Lebensweise, die uns im Prinzip bis heute begleitet. In diesen ersten bäuerlichen Kulturen existieren aufgrund von Spinnwirteln und Webgewichtslagen die ersten Hinweise auf Spinnen und Weberei im mitteleuropäischen Raum.

Hier ist die Quellenlage zur Kleidung mehr als spärlich. Obwohl wir mit dem Mann aus dem Eis ein vollständiges Gewandensemble besitzen, sind ansonsten Kleidungsüberreste und auch Textilfragmente eher dünn gesät. Bildliche Darstellungen erhellen unsere Kenntnis zum Aussehen der Kleidungsstücke – zumindest zu jenen Gewändern, die die steinzeitlichen Menschen auf den kultischen Statuetten und den menschengestaltigen Menhiren für darstellenswert empfunden haben. In diesem Abschnitt der menschlichen Geschichte wird allgemein noch kein oder nur wenig Metall verwendet. Es können aber auch die beinernen Trachtbestandteile in den Gräbern zum Verständnis der Kleidung herangezogen werden.

3.1 Die ersten Bauernkulturen im Früh- und Mittelneolithikum

Aus den ersten Bauernkulturen der Jungsteinzeit in Mitteleuropa sind kleine, stark stilisierte Menschendarstellungen in Form von Tonfigürchen bekannt[715]. Die Figürchen der Linearbandkeramik (Abb. 180) zwischen 5.500 und 4.900 v. Chr. wurden meist in den Siedlungen aufgefunden und sind dabei oft stark fragmentiert. Sie sind teils sehr manieristisch verziert, mit Winkeln, Mäandern oder Dreiecken. Dieses Ritzdekor ist auch auf Tongefäßen derselben Zeit zu finden, es war also den Töpfern gut geläufig. Es ist schwierig, Kleidungselemente zu identifizieren; manches kann eventuell als Oberteil mit V-Ausschnitt, anderes als eine Art Beinlinge gedeutet werden. Stehende Winkel sind ein häufig vorkommendes Zierelement am Rücken der Figuren, es wird meist als Trachtelement oder als Darstellung der Rippen interpretiert. Einen bekannten Vertreter dieses Typus kennen wir aus dem ungarischen Bicske (Abb. 180/3).

180/3

Ein Grab aus Hainburg-Teichtal in Österreich[716], datiert um 5.100 v. Chr., könnte auf einen derartigen Kleidungstyp hinweisen (Abb. 177). Muschelperlen im Kniebereich des 2- bis 2,5-jährigen Kindes sowie eine Reihe derartiger Muschelperlen um den Hals, die Taille und beide Ellbogen könnten eventuell als Kittel mit halblangen Ärmeln und Beinbekleidung angesehen werden, die jeweils am Saum mit Muschelperlen geschmückt waren.

Die Schöpfer der kleinen Statuetten bewiesen viel Liebe zum Detail. So zeigen die bandkeramischen Figürchen teils interessante Frisuren (Abb. 180/4–5), z. B. der „Löckchenkopf" der Frauenfigur von Eilsleben, Deutschland. Beim Köpfchen von Ostheim, ebenfalls aus Deutschland, könnten die Ritzlinien Zöpfe darstellen, die zu einer exquisiten Frisur am Ober- und Hinterkopf festgesteckt wurden[717]. Doch was sagen andere Quellen zu

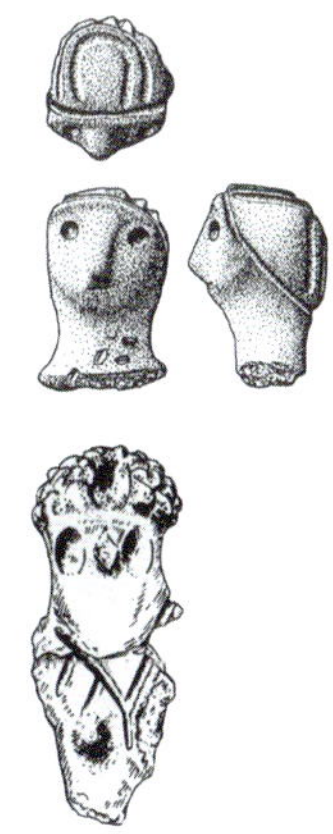

180/4–5

[715] Hansen 2007, Taf. 498–509. – Kalicz 1998, Abb. 5. – Lüning 2005, bes. 213–268 mit zahlreichen Abbildungen. Die sehr abstrakten Darstellungen wurden bei Lüning als realitätsnahe und direkte Wiedergabe von Kleidung und aufgenähten Zierelementen interpretiert, was umstritten ist.

[716] Krenn und Krumpel 2008, KG Hainburg an der Donau. Fundberichte aus Österreich 47, 2008, 21–22.

[717] Engelbrecht, Kühltrunk und Ramminger 2003, 317–323.

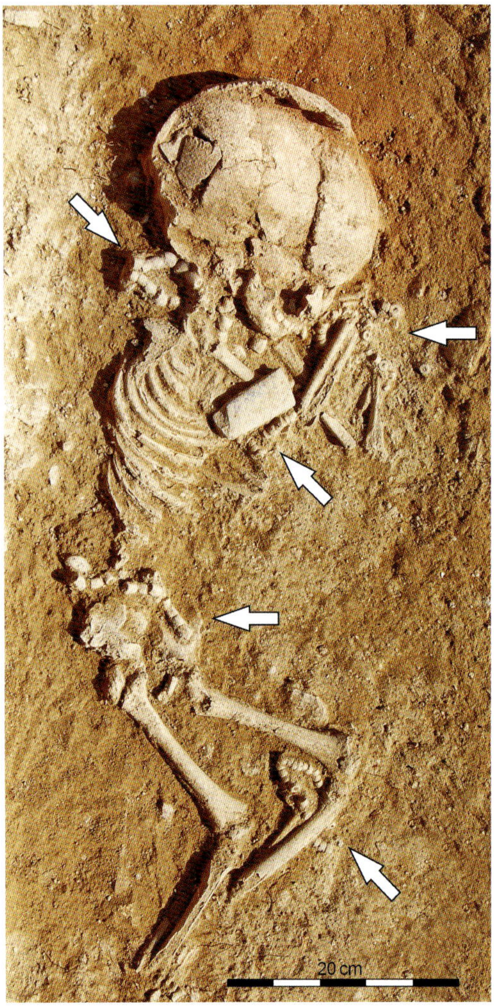

Fig. 177: Frühneolithische Bestattung eines zwei Jahre alten Kindes von Hainburg-Teichtal, Niederösterreich.

dieser Kreativität am Kopf? Aus zeitgleichen Gräberfeldern etwa in Bayern[718] (Abb. 178 links) sind im Kopfbereich teils Haarkämme und Muscheln zu finden. Diese könnten in kunstvolle Frisuren eingearbeitet gewesen sein. Eventuell hat man die kleinen Muscheln auch an einem Haarnetz oder als Haubenbesatz getragen.

Unter den Ritzverzierungen auf Tongefäßen[719] finden sich in der Bandkeramik nur wenige menschliche Darstellungen. Eines der seltenen Beispiele aus Sondershausen in Deutschland

[718] Nieszery 1995, Beispiele mit Trachtbestandteilen an Kopf und Becken: Taf. 13, 26, 50, 52 Aiterhofen-Ödmühle Grab 32, 68, 139 und 143.

[719] Beispiele aus Sondershausen und Murr in Neumaier 1996, Abb. 26 und Taf. XVI.

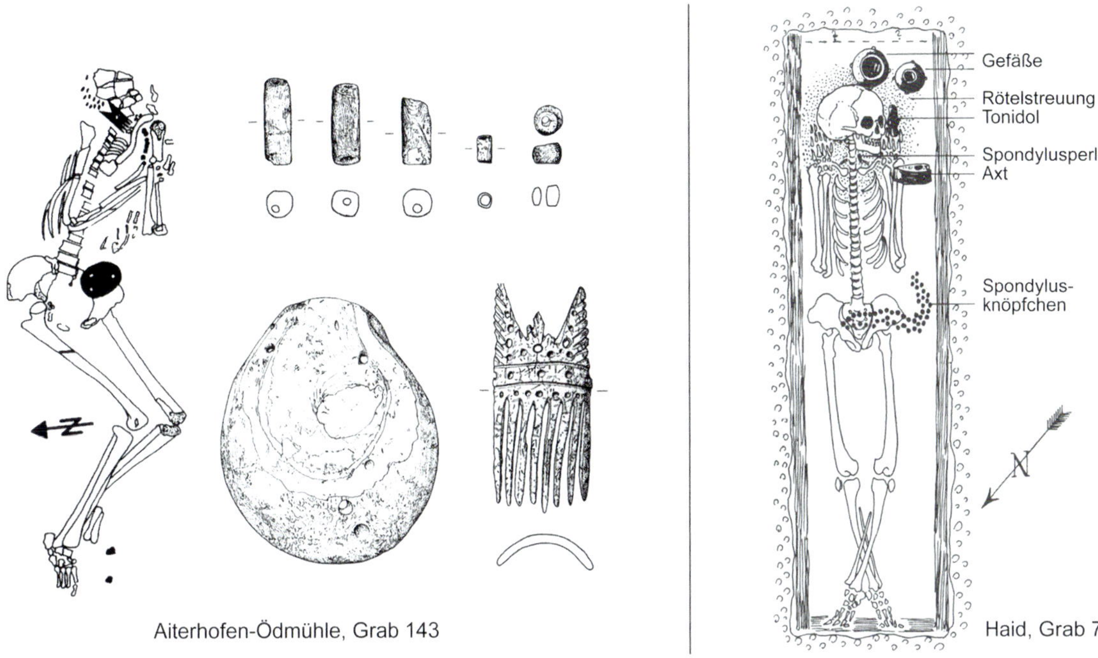

Aiterhofen-Ödmühle, Grab 143

Haid, Grab 75

(Abb. 180/1) ist eine aus zwei gegenständigen Dreiecken zusammengesetzte abstrakte Menschengestalt. Dieser Darstellungstypus ist beim sogenannten „Becher von Murr" in Deutschland (Abb. 180/14) aus der Münchshöfener Kultur um 4.000 v. Chr. deutlicher ausgeführt. Wiederum sieht man zwei Dreiecke, jedoch mit deutlichem Kopf, Armen und Beinen. Dies ist als ein einfaches gegürtetes Gewand deutbar, das im Taillenbereich gerafft wurde, wie die deutlichen Gewandfalten zeigen. Dieses Gewand könnte vom Habitus her durchaus als alltägliche Kleidung dieser Zeit gedient haben. Zu einem derartigen Gewandtypus würden die Befunde aus den bandkeramischen Gräbern Bayerns und Oberösterreichs passen, bei denen der manchmal im Beckenbereich gefundene Muschelverschluss ebenfalls ein gegürtetes Gewand anzeigt. In Aiterhofen-Ödmühle, Deutschland, finden sich etwa in Männergräbern Gürtelverschlüsse aus Spondylusmuscheln (Stachelauster) mit V-förmigem Winkel. Die Frauen haben hingegen runde Gürtelplatten aus Muscheln (Abb. 178 links). Auch die erhaltenen beinernen Trachtbestandteile des Mittelneolithikums zeigen eine Betonung der Taille,

Abb. 178: Gräber aus dem Früh- und Mittelneolithikum mit Trachtbestandteilen. Links: Aiterhofen-Ödmühle in Bayern, Rechts Haid in Oberösterreich.

180/1

180/14

etwa der mit 50 Steckknöpfen verzierte Gürtel im Grab einer erwachsenen Frau aus Haid in Oberösterreich[720] (Abb. 178 rechts).

Aus der mittleren Jungsteinzeit, zwischen 4.900 und 4.300 v. Chr., gibt es vor allem in Österreich, Ungarn und Mähren in der sogenannten Lengyelkultur bzw. Bemaltkeramik zahlreiche Frauenstatuetten (Idole). Diese Figuren sind jedoch – bedauerlich für die Kleidungsforschung – durchwegs unbekleidet. Die Statuetten wurden großteils im Bereich der kultischen Kreisgrabenanlagen entdeckt, meist lagen sie in den Gräben, was einen Hinweis auf ihre sakrale Verwendung gibt. Die Figuren könnten etwa Ahnen, Priesterinnen oder gottähnliche Gestalten darstellen, möglicherweise dienten sie auch als Votivfiguren für verschiedene Zeremonien oder Riten. Interessanterweise sind sie meist (absichtlich oder zufällig?) zerbrochen[721].

Unter den wenigen mit weiteren Details (Haare, Schmuck und Kleidung) versehenen Figuren ist vor allem das Ensemble aus der Kreisgrabenanlage von Sé, Ungarn[722] (Abb. 180/7–10), interessant, wo die Forscher mehr als 130 großteils fragmentierte Statuetten entdeckt haben. Hier finden sich solche mit Darstellungen von Lendentüchern, Schürzchen und auch mit Gürteln.

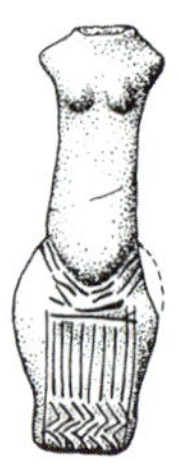

180/8

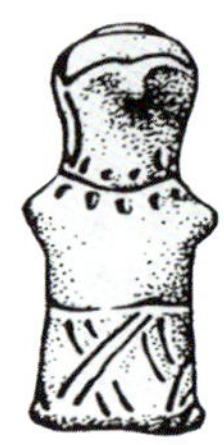

180/7

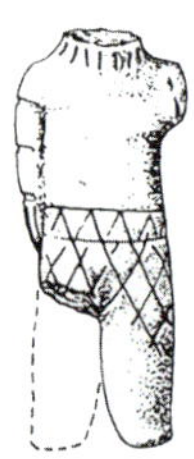

180/9

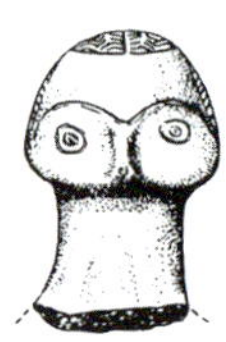

180/10

Ein Frisurentypus, der an den Lengyelstatuetten (Abb. 180/10) relativ häufig vorkommt, ist das aus dem Gesicht nach hinten gekämmte Haar (mit ausgeprägten „Geheimratsecken", die als drei ineinandergreifende Bogenlinien am Haaransatz wiedergegeben sind). Die als parallele Zickzacklinien angeordneten Striche am Kopf und hinten am Hals deuten wohl offen getragenes, welliges oder lockiges Haar an, möglich sind auch Zopffrisuren. Soweit es der Fragmentierungsgrad zulässt, scheint es sich dabei – erkennbar an den angedeuteten Brüsten der Figuren – um eine Frauenfrisur zu handeln[723].

[720] Haid, Grab 75: Kloiber et al. 1971, Abb. 6. – Lenneis, Neugebauer-Maresch und Ruttkay 1995, 96, Abb. 44.

[721] Zur Interpretation siehe etwa Kalicz 1998 oder Hansen 2007, 319–320.

[722] Kalicz 1998, Abb. 30–37.

[723] Beispielsweise die Statuetten aus Strelice/CZ, Unterpullendorf/A und Sé/HU (Hansen 2007, Taf. 512–514).

Besonders hervorzuheben ist die interessant bemalte Statuette von Falkenstein in Niederösterreich[724] (Abb. 179 und 180/6). Die schwarz gemalte Frisur und der rot dargestellte (kupferne?) Halsschmuck mit eingedrehten Enden sind gut erkennbar. Die rote Linie um die Taille ist klar als Gürtel zu identifizieren. Es sind zur schwarzen Ornamentierung im Beinbereich verschiedene Interpretationen möglich: So könnte es sich dabei um die Darstellung von Körperbemalung oder sogar Tätowierung handeln; eventuell ist aber auch ein bemaltes Gewand (etwa ein Lendenschurz oder ein im Beinbereich bemaltes Kleid) abgebildet.

Abb. 179: Statuette von Falkenstein in Niederösterreich aus dem Mittelneolithikum.

Das „Formschaffen" der Lengyelkultur ist geprägt von Farbe. Davon zeugen nicht zuletzt die prächtig in Weiß, Gelb, Rot und Schwarz bemalten Gefäße (Abb. 122, S. 213), die in der Feinheit der Ausgestaltung ihresgleichen suchen. Es gibt auch Hinweise darauf, dass die Wände der Häuser bemalt wurden (es wurden Farbreste auf Lehmverputzstücken identifiziert). Es ist also durchaus denkbar, dass auch Kleidung – ob aus Leder oder textilen Flächen hergestellt – mit Farbe geschmückt wurde. Im Fall der Figur von Falkenstein müsste es sich jedoch um ein gegürtetes, sehr eng anliegendes Gewand gehandelt haben, da die Körperkonturen klar erkennbar sind. Ob nun auf der Figur von Falkenstein ein bemaltes Kleidungsstück oder Körperbemalung dargestellt wurde – es ist auf jeden Fall ein interessanter gestalterischer Hinweis, der aber im symbolischen Bereich dieser rituellen Statuetten (Votivfiguren, Ahnendarstellungen …) interpretiert werden muss und wahrscheinlich nicht als Darstellung von Alltagskleidung oder -schmuck verstanden werden darf.

3.2 Spätneolithikum-Kupferzeit

Im Mittel- und Spätneolithikum ist im 5. Jahrtausend v. Chr. in Serbien, West-Rumänien, Süd-Ungarn und im östlichen Bosnien die Vinča-Kultur verbreitet[725]. Bekannt sind die Tonfiguren großteils aus einer Zeit um 4.500 bis 4.300 v. Chr. Es sind meist stehende Frauen mit großen und vortretenden Augen und einem

[724] Lenneis, Neugebauer-Maresch und Ruttkay 1995, Falkenstein: 100.

[725] Hansen 2007, Taf. 246–249, Chronologie: Abb. 200–202. – Müller-Karpe 1974, Taf. 449.

Abb. 180: Jungsteinzeitliche Menschendarstellungen mit Kleidungsstücken:
1 Keramikritzung Sondershausen, Dt. – 2 Statuette aus Nerkewitz, Dt. – 3 Statuette Bicske, Ungarn.
4 Ostheim, Dt. – 5 Eilsleben, Dt. – 6 Falkenstein, Ö. – 7-10 Figürchen aus Sé, Ungarn.
11-13 Statuetten aus Vinča, Serbien. – 14 Keramikritzung aus Murr, Dt. – 15 Steinstele aus Arco, I.
16–18 Steinstelen aus Südfrankreich. – 19 Tonfigur Laibacher Moor, Slo; nicht maßstäblich.
20–23 Steinstelen Sion, Schweiz. Verschiedene Maßstäbe.

dreieckigen Gesicht (Abb. 180/11–13), welches von manchen Forschern als Maske gedeutet wird. Im jüngeren Vinča kommen auch sitzende Figuren vor. Ohne diese teils sehr reich ornamentierten Statuetten überinterpretieren zu wollen, ist doch auffällig, dass sie als Grundzüge der Silhouette meist ein enganliegendes Oberteil und einen Rock bzw. ein gegürtetes Kleid mit körpernahem Oberteil zeigen. Dieses Oberteil hat oft einen V-Ausschnitt und verschiedene senkrechte Linien. Diese könnten einerseits, wenn mittig, die vordere Öffnung eines kaftanartigen Gewandes darstellen oder auch Teilungsnähte. Möglicherweise handelt es sich aber auch um reines Dekor.

Falls diese Linien tatsächlich als funktionale Elemente der Kleidung interpretiert werden können – als Gewandöffnungen und verschiedene zusammengesetzte Teile, so hätten wir hier jenen Grundtypus des vorne offenen Oberteiles vor uns, den wir auch vom zusammengesetzten Gewand des Mannes aus dem Eis um 3.300 v. Chr. kennen (Abb. 185, S. 364).

Noch prägnanter ist dies bei einer Tonfigur vom Ende des Neolithikums aus dem Laibacher Moor (Abb. 181/2) [726]. Hier handelt es sich um ein langes, vorne offenes Gewand mit langen Ärmeln. Entlang der Vorderöffnung finden sich als Ornamente große Quadrate mit Kreuz- und Punktfüllung. Diese Darstellung könnte – falls ein zeitgenössisches Gewand abgebildet ist– durchaus als verziertes Festkleid zu interpretieren sein. Andererseits sind gerade ebensolche Knöpfe – quadratische Beinknöpfe mit eingeritzter Kreuz- und Punktzier – in der Glockenbecherkultur Mitteleuropas bekannt, wie ein schöner Fund aus Giengen in Deutschland zeigt[727] (Abb. 181/1). Könnte nun die Laibacher Figur ein Gewand abbilden, das vorne offen war und mit derartigen Knöpfen in Höhe der Brust mittels Schnüre geschlossen wurde? Auf der Figur wäre dieses Prinzip überhöht dargestellt mit vergrößerten Knöpfen.

---

726 Korošek und Korošec 1969, beschäftigten sich mit der Chronologie und Typologie der Funde aus dem Laibacher Moor. Sie stellt die Idolfiguren (Taf. 1) in die Stufe Ig I (Laibach-Vučedol-Kultur, 1. H. 3. Jahrtausend. v. Chr.). Nach der Verzierung und den Funden von glockenbecherzeitlichen Knöpfen desselben Musters wie auf der Figur ist aber auch eine Datierung in die Stufe Ig II von Korošek denkbar, die glockenbecherzeitlich (um 2.400–2.200 v. Chr.) ist.

727 Seidel 1995, Abb. S. 34.

1 2

Abb. 181: Figur aus dem Laibacher Moor, Slowenien und glockenbecherzeitliche Knöpfe aus Giengen, Dt. Verschiedene Maßstäbe.

Der Mann aus dem Eis

In Mitteleuropa ist mit der Kleidung des Mannes aus dem Eis, der in den Ötztaler Alpen in Südtirol[728] auf 3.210 m Seehöhe gefunden wurde, das einzige vollständige Ensemble eines steinzeitlichen Gewandes erhalten. Ötzi war zum Todeszeitpunkt vollständig bekleidet und lag bäuchlings auf einem großen Steinblock. Als das Eis, das ihn fünf Jahrtausende hindurch bedeckt hatte, schmolz, wurden Kopf und Rücken als erstes sichtbar und für Wind und Witterung angreifbar. So blieben die Kleidungsstücke nur im Brust- und Bauchbereich sowie an den Beinen besser erhalten. Bei der Bergung der Eisleiche im Jahre 1991 trug diese noch Teile der Beinlinge und Schuhe an den Beinen. Die übrigen Kleidungsstücke wurden teils zerrissen und teils verstreut an der Fundstelle geborgen. Sie wurden im Römisch-Germanischen Zentralmuseum Mainz in mühevoller Kleinarbeit restauriert und gemeinsam mit den anderen Gegenstän-

[728] Fleckinger 2011, 23–27. – Spindler 1995, zur Kleidung siehe vor allem 153–170. – Wininger 1995. http://www.archaeologiemuseum.it/de.

den und der Mumie selbst von einem internationalen Expertenteam untersucht. Die Bärenfellmütze konnte erst ein Jahr später bei der Nachgrabung an der Fundstelle entdeckt werden.

Die Kleidung des Eismannes stellte sich wie folgt dar (Abb. 182–186): Die Beine steckten in Beinlingen aus Ziegenfell, deren Teilstücke mit Tiersehnen in feinen Stichen zusammengenäht waren. Es handelt sich bei den Beinlingen im Prinzip um zwei einzelne Hosenbeine, die mit einer Höhe von rund 65 cm bis zum Oberschenkel hinaufreichten und mit doppelten Riemen an einem Gürtel aus Kalbsleder gehalten wurden. Im Bereich des Fußrückens waren an die Beinröhren Laschen aus Hirschfell angenäht, die das Hochrutschen beim Gehen verhinderten, da sie durch die Schuhe festgehalten wurden.

Abb. 182: Der Mann aus dem Eis, „Ötzi": Rekonstruktion: Kennis.

Zu dieser Beinbekleidung trug der Mann aus dem Eis einen Lendenschurz aus Ziegenleder. Dieser wurde beim Ankleiden zwischen den Beinen und unter einem Gürtel durchgezogen und hing dann über den Gürtel frei bis zur Kniehöhe herunter. Eine derartige Bekleidung des Unterkörpers mittels Beinlingen und Lendenschurz ist auch dem heutigen Menschen noch von den nordamerikanischen Indianern wohl bekannt. Ötzis Lendenschurz wurde aus länglichen schmalen Ziegenlederstreifen in Überwendlingstichtechnik mit Tiersehnen zusammengenäht, er ist ca. 33 cm breit und war ursprünglich um die 1 m lang.

Der ursprünglich 2 m lange und 4 bis 4,8 cm breite Gürtel, der sowohl Beinlinge als auch Lendenschurz hielt, wurde zweimal um den Körper geschlungen getragen. Interessanterweise

Abb. 183: Der Eismann: Kleidungsschichten: Leggings, Lendenschurz, Schuhe, Obergewand, Kappe, Grasumhang.

ist auf einem Gürtelstück ein Täschchen aufgenäht, in dem der Eismann verschiedene Werkzeuge, eine Ahle, einen Klingenkratzer, andere Feuersteinstücke und einen Zunderschwamm sicher und trocken aufbewahren konnte. Allein diese Finesse unterstreicht die geniale und in ihren Details gut durchdachte Konstruktion von Ötzis Kleidung.

Die Schuhe verdienen besondere Aufmerksamkeit, da ihnen ein ausgeklügelter dreilagiger Aufbau mit Außen-, Innenschuh und Polsterung zugrunde liegt (Abb. 184). Die ovale Sohle wurde aus Braunbärenfell (mit der Haarseite nach innen) gefertigt, das Oberteil besteht aus Rothirschfell. Innen, direkt am Fuß, liegt ein Netzgeflecht aus Lindenbastschnüren auf, das mit zwei breiten Lederriemen an der Sohle befestigt ist. Da das Oberleder durch dieselben Schlitze, aber versetzt, an der Sohle befestigt ist, entsteht ein ca. 1,5 cm breiter Zwischenraum zwischen dem Netz und dem Oberleder. In diesem Zwischenraum wurde eine Heuschicht eingefügt, die als Wärmedämmung und Polste-

Abb. 184: Rekonstruktionen der Schuhe des Mannes aus dem Eis von Anne Reichert. Links: Innenkonstruktion mit Netzgeflechten.

rung diente. Sowohl das Innennetz als auch das Oberleder sind mit Lederriemen an der Sohle befestigt. Der Schaft um das Fußgelenk wurde mit Bastschnüren umwickelt, um es nach oben hin abzuschließen und das Eindringen von Feuchtigkeit zu verhindern. Besonders eindrucksvoll kann die Konstruktion der Schuhe durch die Rekonstruktionen von Anne Reichert nachvollzogen werden, die dann auch praktisch erprobt wurden.[729] Tatsächlich zeigte sich, dass die Schuhe sehr funktional, bequem und warm sind, bei Regenwetter dringt jedoch Wasser ein. Der Lederriemen, der quer über die Sohle verläuft, verhindert als eine Art „Profil" das Ausrutschen auf steinigem Gelände.

Den Oberkörper des Eismannes bedeckte schließlich ein jacken- oder kaftanartiges Oberteil aus Ziegenfell (Abb. 185), das mit der behaarten Seite nach außen getragen wurde. Bei der Herstellung des Kleidungsstückes wurden in gefälliger Weise helle und dunkle Fellstreifen zusammengesetzt. Es ist jetzt stark fragmentiert, vor allem von der Rücken- und Schulterpartie ist nicht viel erhalten, sodass nicht klar ist, wie die Ärmel beschaffen waren. Da an dem Kleidungsstück eine Verschlussvorrichtung fehlt, wurde es wohl vorne offen getragen, eventuell wurde es mit einem Gürtel zusammengehalten.

Als Kopfbedeckung diente eine halbkugelige Mütze aus Bärenfell, mit der Fellseite nach außen. Auch sie war aus mehreren

[729] Reichert 2013, 95–96, Abb. 6.31–6.34.

Abb. 185: Der Mann aus dem Eis: Oberteil aus Ziegenfell, ca. 3.300 v. Chr.

Fellstücken zusammengenäht worden, zwei Lederbänder dienten als Kinnriemen.

Neben der Fellkleidung sind auch Kleidungsbestandteile aus pflanzlichen Materialien vorhanden. Es wurden Teile eines zwirnbindigen Geflechtes aus alpinem Gras entdeckt, die als Fragmente eines Grasumhanges (Abb. 186), einer Liegematte oder eines wie ein Zelt über dem Kopf getragenen Regenschutzes gedeutet wurden.

Die Beinkleider zeigen starke Gebrauchs- und Abnutzungsspuren. Auch das Felloberteil wurde lange Zeit verwendet, wie die starken Verschmutzungen an der Innenseite und Schweißabsonderungen deutlich machen. Die Kleidungsstücke waren ursprünglich mit Tiersehnen in sehr feiner Stichführung zusammengenäht worden, sie zeigen jedoch mehrfache Reparaturstellen, bei denen für notdürftige Flickungen auch Grashalme und Bastschnüre verwendet wurden.

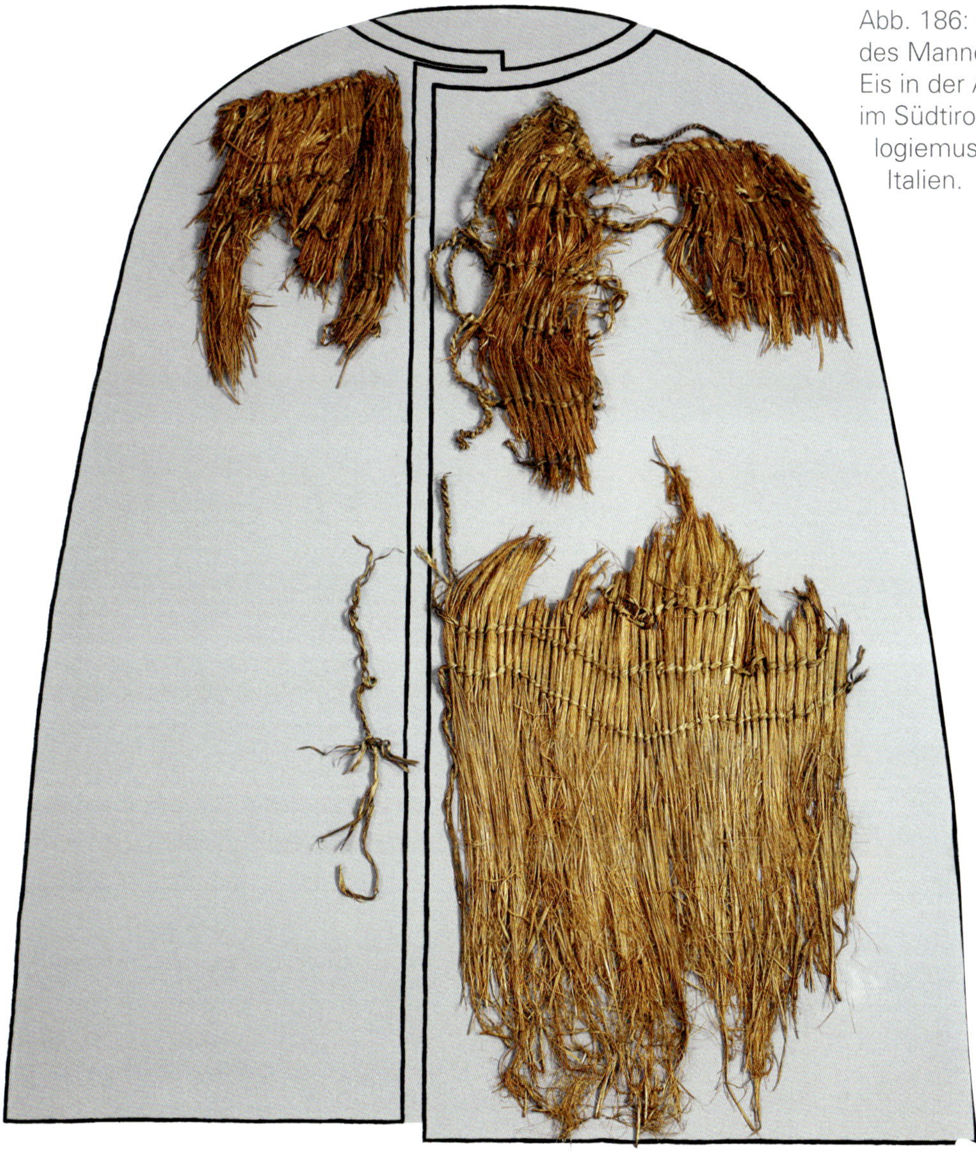

Abb. 186: Grasumhang des Mannes aus dem Eis in der Ausstellung im Südtiroler Archäologiemuseum Bozen, Italien.

Alles in allem stellt die Kleidung des Mannes aus dem Eis ein sehr funktionales Ensemble dar, das belegt, wie gut man sich in dieser Zeit bereits für den Aufenthalt im Hochgebirge ausgerüstet hatte.

Ein weiterer Fund aus dem alpinen Gebiet bestätigt diese Art der jungsteinzeitlichen Kleidung. Erst 2003 wurden unter einem

Abb. 187: Verschiedene Schuhe der Jungsteinzeit. Rekonstruktionen von Anne Reichert.

schmelzenden Eisfeld in den Berner Alpen beim Schnidejoch[730] in einer Höhe von 2.756 m weitere Teile von Beinbekleidungen entdeckt. Es handelt sich um Beinlinge von ähnlichem Typ wie jene des Eismannes, die aus mit Lindenbast feinsäuberlich zusammengenähten Lederteilen bestehen. Außerdem wurden Reste von Bundschuhen entdeckt.

Pfahlbaufunde

Unser Wissen zu den Kleidungsstücken der späten Jungsteinzeit wird durch die Feuchtbodenerhaltung bei den Pfahlbauten Norditaliens, Süddeutschlands und der Schweiz mit Funden aus pflanzlichen Materialien wesentlich erweitert[731]. Generell kamen aus den jungsteinzeitlichen Seeufersiedlungen verschiedenste textile Handwerkserzeugnisse zum Vorschein: wulstförmig aufgebaute und geflochtene Körbe, Siebe, Reusen in Zwirnbindung, verschiedene geknüpfte Netze und vor allem mattenartige Geflechte von grober bis feiner Spielart. Diese Funde zeigen deutlich, wie sehr textile Produkte aus pflanzlichen Materialien in allen Bereichen des täglichen Lebens präsent waren.

[730] Suter et al. 2006, 499–522.

[731] Für die Schweiz beispielsweise Médard 2010; 2012. – Rast-Eicher 1997.

Unter den zuordenbaren Kleidungsbestandteilen[732] sind aus dem Spätneolithikum Mitteleuropas Schuhe aus pflanzlichem Material bekannt (Abb. 187). Aus der Siedlung Allensbach am Bodensee in Deutschland stammen Geflechte aus Lindenbast, die Überreste verschiedener Sandalen darstellen. Auch in Sipplingen am Bodensee sowie am Zürichsee und Neuenburgersee, Schweiz, wurden Fragmente von Bastsandalen gefunden.

Von besonderem Interesse für die Kleidungsforschung sind jene kegelförmigen Geflechte mit wasserabweisendem Flor aus Eichen- und Lindenbast, die in Hornstaad und Wangen am Bodensee gefunden wurden und zwischen 4.000 und 3.200 v. Chr. datieren. Sie haben – wenn sie auch zumeist unvollständig sind – das Aussehen von kegelförmigen Hüten (Abb. 188). Auch aus späteren Perioden sind immer wieder Hüte dieser Form bekannt. Beispiele sind der aus Zweigen geflochtene Hut aus der bronzezeitlichen Pfahlbausiedlung von Fiavé in Oberitalien[733] sowie der spitzkegelige Hut aus Birkenrinde des „Keltenfürsten von Hochdorf"[734]. Einige weitere großflächigere Geflechte der Schweizer Pfahlbauten mit derartigem Florbesatz könnten auch durchaus zu Umhängen (in Funktion als Regenschutz etc.) gehört haben. Insgesamt sind die aus Pflanzenfasern in Zwirnbindungstechniken hergestellten „Stoffe" teils sehr fein, sodass sie ebenfalls neben den gewobenen Stoffen zur Kleidungsherstellung gedient haben könnten.

Spätneolithische Steinstelen

Die jungsteinzeitliche darstellende Kunst hat auch Monumentaleres zu bieten als kleine Figürchen und Ritzungen auf Tongefäßen. Aus der Kupferzeit sind steinerne Großplastiken[735] bekannt, die Menschen abbilden (vgl. Abb. 180, S. 358).

---

[732] Feldtkellner und Schlichtherle 1987, v.a. Hüte Abb. 2–3; Schuhe Abb. 5–8. – Experimentelle Archäologie siehe Reichert 2013, 86–89, Kopfbedeckungen: Abb. 6.13–6.20, Schuhe: Abb. 6.24–6.25.

[733] Bazzanella et al. 2003, 146–147.

[734] Biel 1985, 44–45.

[735] Zur Großplastik siehe Müller-Karpe 1974, Taf. 602–603. – Pedrotti 1995. – Wininger 1995, 128.

Abb. 188: Jungsteinzeitliche Hüte von Seekirch und Wangen. Model: Moriz Mautendorfer. Rekonstruktionen von Anne Reichert.

Besonders interessant ist die Steinstele von Arco IV, Südtirol, aus der ersten Hälfte des 3. Jahrtausends v. Chr. Sie zeigt eindeutig eine Frau mit kunstvoll um Kopf, Schultern und Oberkörper drapiertem Schleier (Abb. 180/15). Dieser Schleier ist am Saum mit rundlichen Dekorelementen ausgestattet und wird mit einem breiten Stirnband gehalten, das im Bereich der Ohren zusätzlich mit Spiralen geschmückt ist. Kupferne Spiralen sind bereits ab dem Beginn der Kupferzeit im archäologischen Fundgut bekannt, etwa aus Stollhof in Österreich, datierend in die erste Hälfte des 4. Jahrtausends v. Chr.[736] Weitere Figuren aus Südtirol, von den Fundorten Arco und Latsch, zeigen eine Bedeckung des Rückens, die aus langrechteckigen Streifen zusammengesetzt ist – das könnte analog zur Kleidung des Mannes aus dem Eis als zusammengesetztes Felloberteil oder als Fellmantel gesehen werden. Interessanterweise sind manchmal in der Hüftregion sowohl Gürtel als auch eine Bekleidung der Beine sichtbar, die mit breiten Streifen gegliedert ist.

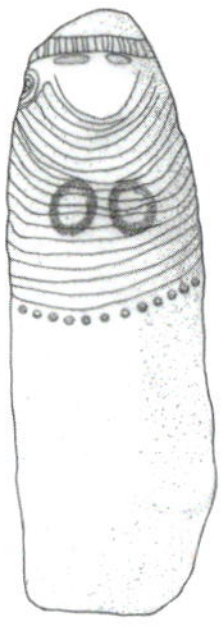

180/15

Zu den bekanntesten, plastisch in Stein gehauenen Darstellungen von Menschen zählen jene Steinstelen aus Südfrankreich und der Westschweiz (Abb. 180/16–18), die ebenfalls in das 3. Jahrtausend v. Chr. etwas nach der Zeit „Ötzis" zu stellen sind. Identifizierbar durch die Darstellung von Brüsten und „männlichen" Attributen wie Pfeilbögen und Streitäxten können hierbei

[736] Urban 2000, 102–103.

Männer und Frauen unterschieden werden. Diese Stelen stellen wahrscheinlich hochrangige Persönlichkeiten oder auch Ahnen dar. Interpretierbare Kleidungsbestandteile bei den männlichen Figuren sind vor allem der Gürtel mit auffälliger Schließe und ein über der rechten Schulter liegender Riemen, der ein Wehrgehänge bildet. Die Darstellung des Unterleibes ist nur sehr schematisch, wobei die Beine und Zehen durch senkrechte Striche angedeutet sind. Neben den Beinen sowie an der Rückseite der Stelen finden sich unterhalb des Gürtels Andeutungen des Beinkleides. Die Gürtel sind teilweise mit einem fischgrätenartigen Muster verziert, was auf einen textilen Ursprung hindeuten könnte. Bei den Frauen fällt ein breiter Halsschmuck auf sowie ein gestreift dargestellter Umhang (Abb. 180/16). Dies sollte wohl eher einen schweren Faltenwurf andeuten als die Tatsache, dass die Kleidungsstücke aus Streifen zusammengesetzt sind. Wiederum finden sich Abbildungen von Gürteln und auch jackenartigen Oberteilen. Striche neben den Beinen deuten hier eine wie auch immer geartete Bekleidung des Unterleibes an.

180/16

180/17

180/18

Andere Steinstelen sind in Bezug auf Kleidung noch schwieriger zu interpretieren (Abb. 180/20–23). Es sind dies in Sion-Petit Chasseur im Wallis, Schweiz, ausgegrabene Dolmengräber mit Stelen aus der Mitte des 3. Jahrtausends v. Chr., die abstrakte Menschenabbildungen zeigen. Bei den Stelen von Sion fehlt eine direkte Andeutung des Geschlechts, wie etwa weibliche Brüste. Die Geschlechtszuweisung erfolgt über die erkennbaren Gegenstände und Attribute. So werden jene Exemplare, die mit Dolchen, Streitäxten oder Pfeilbögen versehen sind, als Männergestalten interpretiert. Die menschengestaltigen Stelen mit Halsketten, Endschlaufengürteln und Gürteltaschen werden als weibliche Darstellungen angesehen. Die abstrakte Gestaltung der Stelen lässt kaum Aussagen zum Kleidungsschnitt zu. Erkennbar sind vor allem Gürtel. Die Figuren zeigen jedoch flächig reiche ornamentale Muster an den Stellen, die offenbar von Kleidung bedeckt sein sollen (vor allem Bekleidung des Oberkörpers). Diese Muster entsprechen wiederum zum Teil den Zierschemata der zeitgleichen Keramik der Glockenbecherkultur. Es wurde versucht, die Darstellungen auf den Stelen auch mit Mustern auf Textilien in Verbindung zu bringen[737]. Dafür

[737] Rast-Eicher 2005, 125–126, Abb. 19.

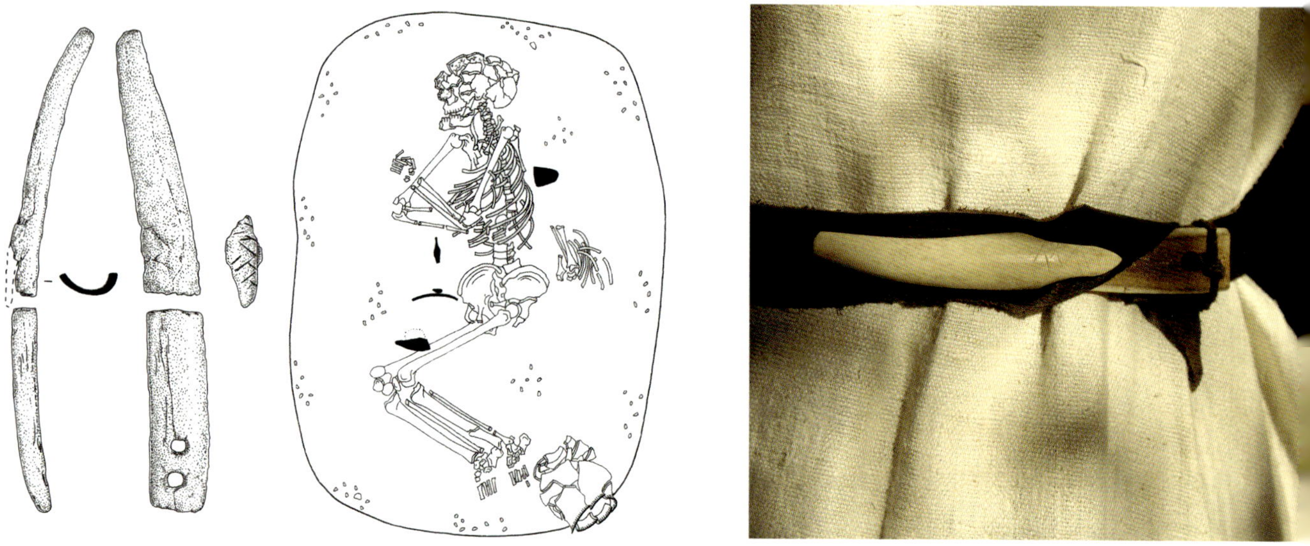

Abb. 189: Knochenhaken aus Franzhausen in Österreich, spätneolithische schnurkeramische Kultur, und Rekonstruktion.

wurden vor allem die gemusterten Gewebe der Frühbronzezeit Norditaliens herangezogen, besonders jenes 2 m lange Leinenband aus Molina di Ledro, das an den Enden eingewebte Rhombenverzierung aufweist.

Über die Kleidungsverschlüsse der Jungsteinzeit wissen wir nicht allzu viel. Es finden sich ab der Bandkeramik bis in die Glockenbecherkultur immer wieder verschiedene Gürtelverschlüsse, vor allem in der Schnurkeramischen Kultur um 2.700–2.500 v. Chr.[738] In Franzhausen ist solch ein Knochenhaken im Grab eines Mannes im Hüftbereich gefunden worden (Abb. 189).[739] Im Spätneolithikum in Bayern, Österreich, der Slowakei, Tschechien und Ungarn kommen auch hin und wieder verschiedengestaltige Knöpfe aus Ton oder Bein vor[740]. Üblicherweise werden sie in Glockenbechergräbern im Brustbereich erwachsener Individuen, sowohl männlicher als auch weiblicher, gefunden – und zwar in durchaus reicher Zahl von bis zu 28 Knöpfen wie zum Beispiel in einem Frauengrab aus Ulm, Deutschland. Der Schweizer Textilforscherin Antoinette Rast-Eicher gelang es sogar, an einem Gewebefragment aus der

[738] Zusammenfassend zu Gürtelhaken siehe Peška 2001.

[739] Siehe Neugebauer 1994, Abb. 6/4. Grab Verf. 1301.

[740] Kern 2006, Liste der bekannten Fundorte.

Schweiz ein Knopfloch[741] nachzuweisen. Wofür die teils zahlreichen Knöpfe in den glockenbecherzeitlichen Gräbern genau gedient haben, wissen wir nicht, sie könnten Kleidungsverschlüsse oder reine Besätze gewesen sein.

3.3 Fazit zur jungsteinzeitlichen Kleidung

Aus welchem Material bestand nun die jungsteinzeitliche Kleidung? Gewobene Stoffe (Details siehe Kapitel B4, S. 94 ff.) kennen wir bereits aus der Bandkeramik, jedoch nur als Abdrücke von leinwandbindigen Textilien. Obwohl die großflächigeren erhaltenen Gewebe aus dem Neolithikum (etwa aus den spätneolithischen Pfahlbausiedlungen der Schweiz und Süddeutschland) meist höchstens ca. 15 cm breite Bänder sind[742], kann man doch aufgrund von Webgewichtslagen davon ausgehen, dass auch größere Stoffbreiten erreicht wurden. Diese würden sich zur Herstellung gewobener Kleidung eignen. Allgemein bleibt festzuhalten, dass im Neolithikum das Textilhandwerk großteils auf die Verarbeitung von Pflanzenfasern ausgerichtet war[743]. Erst im Laufe der Bronzezeit gewinnt in Mitteleuropa die Fertigung von Kleidung aus Wollstoffen die Oberhand.

Aufgrund der verschiedenen textilen Nachweise des Neolithikums, vor allem auch durch die Funde von Spinnwirteln und Webgewichten in diesen frühbäuerlichen Kulturen, war man noch bis in die 1990er Jahre der Meinung, in dieser Zeit ein Vorherrschen gewobener Kleidung annehmen zu können. So hat dann der Fund des Mannes aus dem Eis „Ötzi" im Jahre 1991 doch allgemein sehr überrascht! Hier haben wir nun ein vollständiges Gewandensemble einer Person aus der Jungsteinzeit – jedoch ohne ein einziges gewobenes Kleidungsstück. Die Eisleiche auf dem Similaungletscher trug lediglich gegerbte Felle, Leder sowie Gras- und Bastgeflechte. Vielleicht liegt es daran, dass „Ötzi" mit Hochgebirgsausrüstung unterwegs war. Wie auch heute müssen wir für unterschiedliche klimatische Gegebenheiten sowie für die verschiedenen Jahreszeiten im jung-

[741] Rast-Eicher 2005, Abb. 17–18.

[742] Funde bei Wininger 1995, 181–182, Abb. 51.

[743] vgl. Médard 2010. – Rast-Eicher 2005.

steinzeitlichen Europa ebenfalls verschiedene Kleidungsformen voraussetzen. Die offensichtlichen Unterschiede etwa zwischen dem Schuhwerk des Mannes aus dem Eis und den leichten Bastsandalen aus den Pfahlbauten lehren uns eben dieses.

Man kann also ein Nebeneinander von Kleidungsstücken aus Leder, Fell und Pflanzenfasern verschiedener Art annehmen. Letztere wurden, durch zahlreiche Nachweise vor allem aus den Pfahlbausiedlungen im Raum um die Alpen belegt, in verschiedenen Techniken verarbeitet (Zwirnbindungen und Flechtereien teils in sehr feiner Ausführung). Die Weberei spielte also bei der Gestaltung von Kleidungsstücken noch nicht zwangsläufig die absolute Hauptrolle. Es ist jedoch wichtig zu betonen, dass in der Jungsteinzeit die wesentlichen technischen Grundlagen für die Herstellung von gewobener Kleidung entwickelt wurden (siehe Kapitel B4, S. 94 ff.).

Es sei darauf hingewiesen, dass gerade bei allen neolithischen Darstellungen – seien es Ritzungen auf Gefäßen, Tonstatuetten oder steinerne Großplastik – neben einem starken Symbolismus auch ein sehr hoher Grad der Abstraktion berücksichtigt werden muss. Eine 1:1-Übersetzung der Darstellungen in Kleidung ist daher in der Regel nicht möglich[744].

4. Bronzezeit

Ab der Bronzezeit bietet sich durch die immer häufigere Verwendung von Metall – vor allem Bronze – ein weites Feld, auch die Kleidung mit diesem auszustatten. Es ist jene Zeit zwischen 2.300/2.200 und 800 v. Chr., in der sich durch die Bronze ein immer differenzierteres Gesellschaftssystem ausbildet. Neue Handwerkstechniken entwickeln sich, auch im Textilhandwerk ist es eine Zeit vieler Innovationen (vgl. Kapitel C, S. 251).

In der Bronzezeit finden wir in verschiedenen Regionen Europas Hinweise zur Kleidung, wobei natürlich beachtet werden

[744] Als Negativ-Beispiel sind die Kleidungsrekonstruktionen bei Milicevic genannt, die jedes Detail an den Figuren naturalistisch interpretieren: Milicevic 1984.

muss, dass diese aus unterschiedlichsten Kulturkreisen stammen. Die Quellengattungen – vollständige Gewänder aus den Gräbern des Nordischen Raumes in Skandinavien und Norddeutschland, Trachtbestandteile in den Gräbern Mitteleuropas und Figuren aus dem Balkan-Karpaten-Raum – stellen außerdem verschiedenartige Interpretationsmöglichkeiten dar.

4.1 Gewänder der Nordischen Bronzezeit

Gerade für den Nordischen Kreis sind anhand der vollständigen Gewänder aus den Baumsarggräbern Dänemarks und Norddeutschlands konkrete Unterschiede in der Kleidung von Frauen, Männern und Kindern auszumachen[745]. Die Bestattungsart und die Beigaben weisen darauf hin, dass wir es hier mit bedeutenden Mitgliedern der Gesellschaft zu tun haben. Die Baumsärge stammen – belegt durch die Datierung mittels der Baumringe der Eichen – aus dem Zeitraum zwischen 1.468 und 1.266 v. Chr.[746] Die meisten liegen zwischen 1.340 und 1.390 v. Chr., sodass ein sehr eng begrenzter Zeitrahmen streiflichtartig beleuchtet wird.

Allgemein sind die bronzezeitlichen Gewänder aus gröberen Wollstoffen in Leinwandbindung gearbeitet. Obwohl die einzelnen Kleidungsstücke auch durch die Lagerung im Boden relativ eintönig braun erscheinen, sind dekorative Textilelemente wie Schnurstickerei oder das Einarbeiten von Metallelementen zur optischen Aufwertung der Textilien verwendet worden.

Die Kleidungsstücke zeigten teilweise starke Verwendungsspuren, sodass davon ausgegangen wird, dass sie auch zu Lebzeiten getragen wurden – ob als Alltags- oder Festtracht ist nicht zu entscheiden.

---

745 Grundlegend zu den Gewändern der Nordischen Bronzezeit siehe Bergerbrant 2007. – Broholm und Hald 1940. – Hald 1980. – Mannering et al. 2010; 2012, 97–102. – Hochauflösende Bilder können auf der Website des Nationalmuseums Kopenhagen gefunden werden: http://oldtiden.natmus.dk

746 Randsborg und Christensen 2006, Tab. S. 115–117.

Frauenkleidung aus den Baumsärgen

Die Frauengräber enthalten meist ein Ensemble (Abb. 190) bestehend aus einer Bluse und einem knöchellangen Rock. Dieser hat eine rechteckige Grundform und wird im Hüftbereich mit einem gewobenen Gürtel zusammengerafft und gehalten. Dabei wird der obere Teil des Rockes teilweise umgeschlagen und verdeckt so den Gürtel. Der Rock ist lange und schleift über den Boden. Manche der fein gewobene Gürtel aus nordeuropäischen Grabfunden sind an den Enden mit Zierquasten ausgestattet. Lederschuhe oder Sandalen vervollständigen die Kleidung. Für die Rock-Bluse-Kombination ist anscheinend das Tragen langer, aufwändig frisierter Haare typisch, die von einem Haarnetz in Sprangtechnik[747] bedeckt wurden.

Ein spezielles Augenmerk verdient die bronzezeitliche Frauenbluse (Abb. 191). Sie wurde besonders funktional und effizient aus einem rechteckigen Stoffstück angefertigt, wobei wenige Schnitte durch das Gewebe und zwei Nähte an der Rückseite und unter den Armen ausreichend waren. Teilweise sind an der Hüfte als Verlängerung weitere Stoffstreifen angefügt. Der Halsausschnitt und auch die Schulterpartie sind bei den Blusen teilweise durch Ziernähte und Stickerei gestaltet, wie bei der Bluse von Skydstrup in Dänemark.

Die Analysen von Hans Christian Broholm und Margarethe Hald haben ergeben, dass sich der Schnitt, die Maße und auch die Nähtechnik dieses Blusentyps aus der Leder- und Fellverarbeitungstechnik herleiten lassen.

Ein besonders interessantes Ensemble ist durch das sogenannte „Mädchengrab“ von Egtved in Dänemark bekannt geworden (Abb. 192). Im Grab einer 16- bis 18-jährigen Frau, die 1.370 v. Chr. bestattet worden war, fanden sich eine Frauenbluse, ein Schnurröckchen sowie ein gewobener Gürtel mit Quasten und eine große spiralverzierte Bronzeplatte. An den Füßen trug die junge Frau Wollschuhe. Der Schnurrock ist ein Kleidungsstück, das in Herstellungsart und Aussehen für heutige Betrachter höchst extravagant wirkt. Es wurde dabei ein fester Bund mittels

[747] Seiler-Baldinger 1994.

Abb. 190: Damenbekleidung aus Borum Eshøj in Dänemark,
dendrochronologisch datiert auf 1.344 v. Chr.

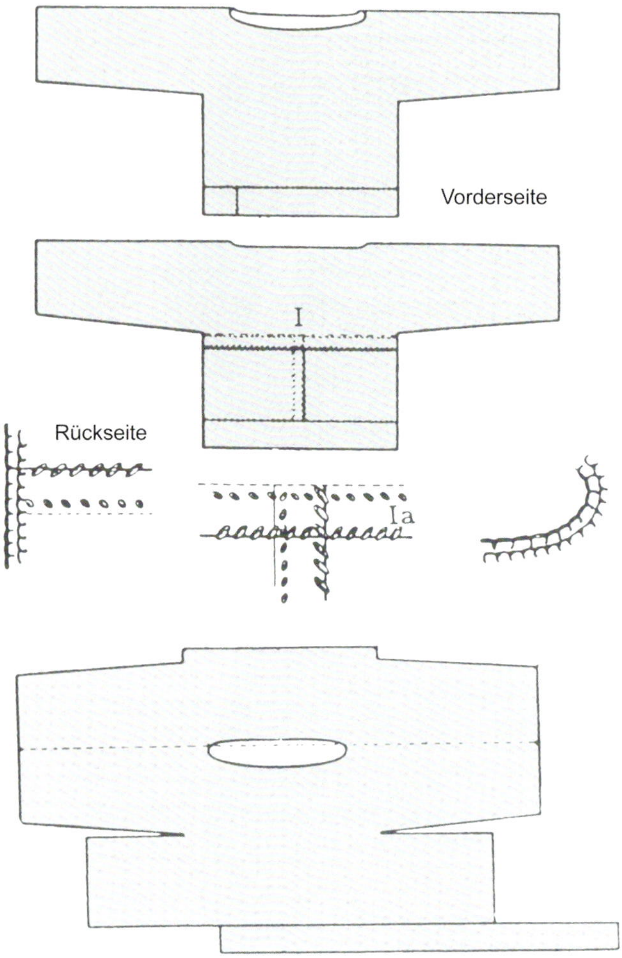

Abb. 191: Schnittschema der bronzezeitlichen Frauenbluse.

Ripsbindung hergestellt, von dem aus an einer Seite in dichter Folge Schnüre von 38 cm Länge herabhängen, die am unteren Ende mit weiteren Schnüren zusammengehalten wurden. Dieser Rock hat eine Weite, die es zulässt, ihn zweimal um die Taille zu wickeln, sodass doch ein relativ dichtes Kleidungsstück entsteht, das bis zu den Knien reichte. Aus weiteren 30 Gräbern in Dänemark und Schleswig-Holstein wurden Überreste derartiger Schnurröcke gefunden. Bei einigen, darunter bei der Bestattung von Ølby in Dänemark, waren die Schnüre auch durch Bronzeblechhülsen geschmückt worden. Vor kurzem konnte gezeigt werden, dass Schnurröcke ein Bereich sind, wo individuell Handwerkende ihren persönlichen Geschmack und ihr Geschick zur Schau stellen konnten.[748] Zeitgenössische bildliche Darstellungen dieses Kleidungsstückes finden sich in Itzehoe (Beringstedt), Grevensvænge und Fårdal[749], wobei es sich im ersteren Fall um einen figürlichen Messergriff handelt, bei den anderen um Bronzefigurinen.

Besonders die Schnurröckchen haben stark zu Interpretationen über Funktion, Herkunft und Symbolismus angeregt[750]. Elizabeth Barber greift sogar bis in die Altsteinzeit zurück, um nach der Tradition dieser Kleidungsstücke etwa bei Venusfiguren wie jener von Gagarino in Russland zu suchen. Inga Hägg sieht in einigen Bastgeflechten aus den neolithischen Seeufersiedlungen die Vorläufer der Schnurröckchen. Zu nennen sind auch die

[748] Fossøy und Bergerbrant 2013.

[749] Siehe Broholm und Hald 1940, Abb. 192–193.

[750] Siehe: Barber 1991, 256–257, Abb. 11/5.

Darstellungen von Zierschurzen auf Statuetten der neolithischen Lengyel- und Vinča-Kultur (z.B. Abb. 180/8).

In den Frauengräbern der Nordischen Bronzezeit in Dänemark finden sich keine Nadeln an den Schultern. Die Verwendung einer geschneiderten Bluse, die gut am Körper hält, macht eine zusätzliche Befestigung auch unnötig. Mäntel scheinen in Frauengräbern nach den Baumsargfunden der frühen Nordischen Bronzezeit nicht üblich zu sein. Erst in späterer Zeit findet sich manchmal eine Fibel, die belegt, dass zur Tracht ein Mantel wie bei den Männergräbern hinzugefügt wurde. Ansonsten vervollständigten diverse Accessoires wie große Gürtelscheiben sowie am Gürtel getragene Kämme das Erscheinungsbild der Frauen. Weiters liebten es die Bronzezeitfrauen offenbar, sich mit Halsringen, Arm- und Fingerringen zu schmücken.

Abb. 192: Mädchengrab von Egtved um 1.370 v. Chr. Bluse und Schnurröckchen.

Männerkleidung aus den Baumsärgen

Bei der Männerkleidung des Nordischen Kreises sind bislang zwei verschiedene Kleidungsformen bekannt, wobei stets ein Mantel oder Umhang und eine Kappe getragen wurden. Als Kleidungslage unter dem Mantel diente entweder ein Lendenschurz um die Hüfte, wie aus Borum Eshøj (Abb. 193) bekannt, oder der Männerkittel.

Ein besonderes Kleidungsstück der Nordischen Bronzezeit ist der wie ein Mini-Wickelkleid getragene Männerkittel (Abb. 194), gefunden als vollständige Kleidungsstücke in Trindhøj und Muldbjerg, Dänemark. Das Gewand wurde unter den Armen um den Oberkörper gewickelt, mit einer schräg über eine Schulter und den Rücken geführten Riemenkonstruktion an den beiden oberen Stoffecken am Körper gehalten und gegürtet.

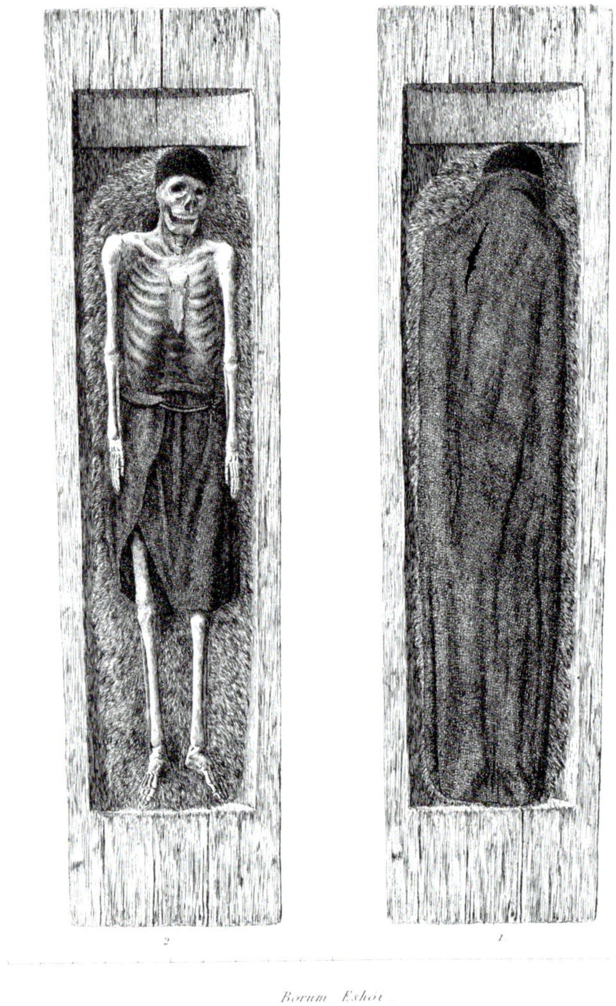

Abb. 193: Grab eines Mannes aus Borum Eshøj in Dänemark, dendrochronologisch datiert auf 1.348 v. Chr.

Durch die geringe Länge des Kittels bedeckte dieses Kleidungsstück nur Oberkörper, Hüfte und Oberschenkel bis etwas oberhalb des Knies. Das Gewand wurde als annähernd rechteckige textile Fläche gestaltet, die aus mehreren Gewebestücken zusammengesetzt war. Experimentalarchäologische Nacharbeiten dieses Kleidungsstückes[751] machten ersichtlich, dass durch die Anordnung der verschiedenen Gewebestücke und deren körpergerechter Dehnbarkeit ein hoher Tragekomfort erreicht wurde.

Über dem Kittel verwendete man in Skandinavien einen ovalen Mantel (Abb. 194), der selbsttragend über die Schultern gelegt wurde. Bei einem Mantelfund aus Trindhøj hatten die bronzezeitlichen Hersteller dicken verfilzten Wollstoff verwendet, in den zusätzlich ca. 10.000 Wolllocken eingearbeitet wurden, wodurch dieser ein pelzartiges Aussehen erhielt.

Fußbekleidung in Form von Fußlappen und Bundschuhen sowie diverse Kappenformen runden das Ensemble ab. Beispielsweise ist die Mütze mit Krimmerbesatz vom Harrislee-Typ zu nennen. Diese Mütze hat eine halbkugelige Form und besteht aus drei Lagen verfilzten und vernähten Gewebes, an dessen Außenseite als Besatz Hunderte von Fäden eingeknotet wurden. Es fanden sich auch halbkugelförmige Kappen mit Wolllocken aus stark verfilzten Textilien in verschiedenen Schichten, die die technischen und konstruktiven Eigenschaften überdecken. Einfachere Kappen sind unverziert und aus kleinen Stücken gewobenen Stoffs zusammengenäht.

[751] Broholm und Hald 1940, 147, Abb. 188.

Abb. 194: Bronzezeitliche Männerkleidung aus Nordeuropa.

Auf einer männlichen Moorleiche aus Emmer-Erfscheidenveen, Niederlande[752], wurden Textilfragmente gefunden, die dem Muldbjerg Männerkittel ähnlich sind. Sie sind mit einem Garn bestickt, das dunkler ist als der Stoff. Im direkten Zusammenhang dazu wurden ein Fellstück aus Kalbshaut, eine Schaffellkappe und ein Schuh aus Rehhaut gefunden.

In Männergräbern sind teilweise Nadeln vorhanden, immer jeweils eine, die wahrscheinlich den Mantel/Umhang fixierte. Die Gürtung wird durch Gürtelhaken angezeigt, die beim Becken gefunden wurden. Weitere Elemente in Männergräbern der Nordischen Bronzezeit sind Toilettgeräte, die der Körper- und Haarpflege (Rasiermesser und Pinzetten) dienen und die den Wert des gepflegten Äußeren unterstreichen. Das Erscheinungsbild der Männer wurde durch die Waffenausstattung in unterschiedlicher Zusammensetzung vervollständigt, dazu gehörten Schwerter, Dolche, Beile oder auch Lanzen. Als Standes- oder Rangabzeichen dürfen die seltener in Männergräbern vorkommenden Schmuckstücke zu verstehen sein, wie einzeln getragene Armringe oder ein bis zwei im Haar getragene Golddrahtspiralen.

752 Comis 2003, 193–196. – van der Plicht et al. 2004, 482 und 487.

4.2 Quellen zur bronzezeitlichen Bekleidung in Mitteleuropa

In Mitteleuropa müssen wir komplette Gewänder aus der Zeit zwischen 2.300 und 800 v. Chr. vollständig entbehren. Die vorhandenen Gewebefragmente vor allem aus den norditalienischen Pfahlbausiedlungen oder dem bronzezeitlichen Salzbergbau von Hallstatt geben uns ein ungefähres Bild von den Stoffqualitäten in dieser Region (siehe Kapitel B3.3, S. 87 ff.). Bei diesen gibt es hauptsächlich einfache grobe oder auch feinere Leinwandbindung in Flachs oder Wolle, selten sind verzierte Exemplare.

Aus Südosteuropa ist ein praktisch komplettes Wolltextil bekannt. Es wurde in Pustopolie, Bosnien-Herzegowina[753], gefunden und war als Leichentuch in einem Männergrab verwendet worden. (Abb. 195). Neue C14-Daten sprechen von der Zeit um 1.495–1.435 v. Chr. Es handelt sich um ein 3 × 1,5 m großes Rechteck, gewebt in einfacher Leinwandbindung mit Rips-Anfangs- und Abschlusskanten.

Bildliche Darstellungen von Menschen sind aus dieser Zeit fast nicht vorhanden. Lediglich in Südosteuropa, in Ungarn, Jugoslawien und Rumänien finden sich aus der Mittelbronzezeit kleine Tonstatuetten (Abb. 196)[754]. Diese ähneln in Ausdruckskraft, überbordendem Dekor und Abstraktionsebene den Figuren, die bereits in der Jungsteinzeit vom Karpaten- und Balkanraum bekannt sind. Vor allem die rumänischen Statuetten sind daher nur bedingt als realitätsnah einzustufen und haben wahrscheinlich einen kultischen bzw. rituellen Bezug. Im Gräberfeld von Cîrna in Rumänien finden sich die Figuren oft in Urnen von Kindergräbern – sofern Bestimmungen des Leichenbrandes vorliegen. Da die Statuetten mit ausgeprägten Hüften aber eher Erwachsene darstellen, sind sicher nicht die verstorbenen Personen abgebildet. Es scheint sich bei diesen Bildern aber auch nicht um Spielzeug, sondern vermutlich eher um Idole / Götterbilder (?) zu handeln[755].

753 Benac 1986. – Bender Jørgensen und Grömer 2012, Abb. 4.

754 Kovács 1977, S. 58–59. – Müller-Karpe 1980, Taf. 326, 327.

755 Müller-Karpe 1980, 689–692.

Generelle Beobachtungen zu der dargestellten Bekleidung können jedoch gemacht werden – unabhängig davon, ob die Stücke als kultisch oder profan zu interpretieren sind. Die allgemeine Silhouette dieser weiblichen Figürchen der Mittelbronzezeit legt ein im Oberkörperbereich enges „Kleid" nahe, bzw. zumindest einen langen „Rock". Füße und Schuhwerk sind nicht sichtbar. Auffallend sind sowohl bei den ungarischen, jugoslawischen wie auch rumänischen Statuetten die Muster im Brustbereich, die sich unschwer als zeittypische Schmuckelemente identifizieren lassen (Abb. 208, S. 397). Die herzförmigen Anhänger finden sich auch in den Gräberfeldern dieser Region. Wie steht es nun mit dem üppigen Dekor vor allem auf dem „Rock" der rumänischen Statuetten aus Cîrna? Es spiegeln sich hier wohl wiederum zeittypische Motivsysteme wider, die auch auf Keramik- und Bronzeobjekten derselben Region vorkommen[756].

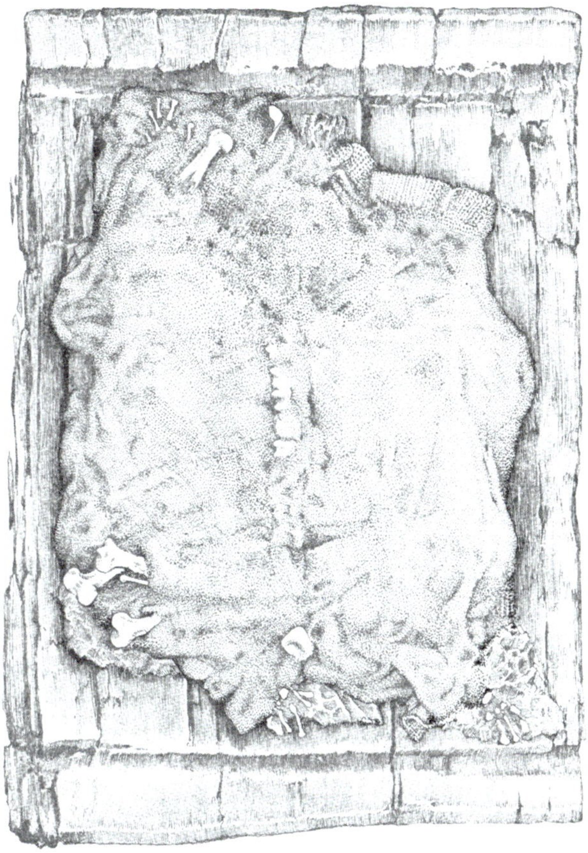

Abb. 195: Großes Textil aus Pustopolje in Bosnien und Herzegovina, Frühe Bronzezeit.

Wie vor allem die Textilfunde aus den norditalienischen Pfahlbauten am Lago di Ledro oder das „Prachtgewebe" von Irgenhausen (mittels Radiokarbonmethode datiert um 1.685–1.493 v. Chr.) belegen, sind mehr oder minder üppig dekorierte Stoffe, gefärbte Gewebe oder solche in Köperbindung durchaus möglich[757], wenn auch der Großteil der bronzezeitlichen Textilien in einfacher Leinwandbindung gestaltet ist.

Eine reichhaltige Quellenlage zur bronzezeitlichen Tracht in Mitteleuropa bieten die früh- bis mittelbronzezeitlichen Nekropolen, bei denen etliche metallene Kleidungsbestandteile in die

[756] Müller-Karpe 1980, Taf. 317–320, 324–325: Schmuck, Metallobjekte und Keramik mit Dekor vergleichbar den Statuetten.

[757] Bazzanella et al. 2003. – Vogt 1937.

Abb. 196: Statuetten der Mittelbronzezeit aus Rumänien, Serbien, Tschechien und Ungarn.

Gräber gelangten. Da es sich bei diesen – im Gegensatz zu denen der darauffolgenden Urnenfelderkultur – um Körperbestattungen handelt, kann die exakte Lage im Grab Hinweise auf die bei der Grablegung verwendete Kleidung geben. Wie eingangs erwähnt, ist es nicht klar, ob diese eine Alltags-, Fest- oder Totentracht, Sommer- oder Winterbekleidung darstellt. Zudem ist zu beachten, dass jeweils reichere und ärmere Ausstattungen vorkommen – zu dieser Zeit ist bereits eine gewisse Aufgliederung der Gesellschaft zu bemerken. Dass dieser Status nicht nur durch eigene Verdienste erworben, sondern auch bereits vererbt wurde, ist daran zu erkennen, dass schon manche Kinderbestattungen einen gewissen Reichtum aufweisen.

Es ist in diesem Rahmen nicht ausreichend Platz, um auf die Feinchronologie, Feintypologie und räumliche Gliederung der einzelnen Schmuck- und Trachtbestandteilstypen einzugehen. Diese sind in vielen wissenschaftlichen Abhandlungen hinlänglich aufgearbeitet und zweifellos gibt es zahlreiche regionale Besonderheiten. Können dennoch bestimmte Grundschemata in der mitteleuropäischen Bronzezeit erkannt werden, etwa sich regelhaft wiederholende Schmuckzonen am Körper sowie Kombinationen einzelner Trachtelemente? Sind diese dann auch mit bestimmten Gewandformen verbunden?

Frühbronzezeit

In der Frühbronzezeit Mitteleuropas zwischen 2.200 und 1.600 v. Chr. fällt bei den Frauen vor allem der durch metallene Trachtbestandteile betonte Kopf- und Hals-Brust-Bereich auf[758]. Die Trachtbestandteile bei den Männergräbern der Bronzezeit sind zurückhaltender. Reicher Trachtschmuck im Hüftbereich ist in Bayern bekannt, wobei Tutuli, Hütchen, Spiralen oder Röllchen aus Bronze verwendet wurden, um einen Gürtel oder auch das Gewand zu schmücken.

In der Schweiz ist ein frühbronzezeitliches Grab aus Sion-Petit Chasseur außergewöhnlich (Abb. 197).[759] Dort wurden kleine

[758] vgl. Seidel 1995. – Sørensen 1997, 100.

[759] Rast-Eicher 2012, 382–383.

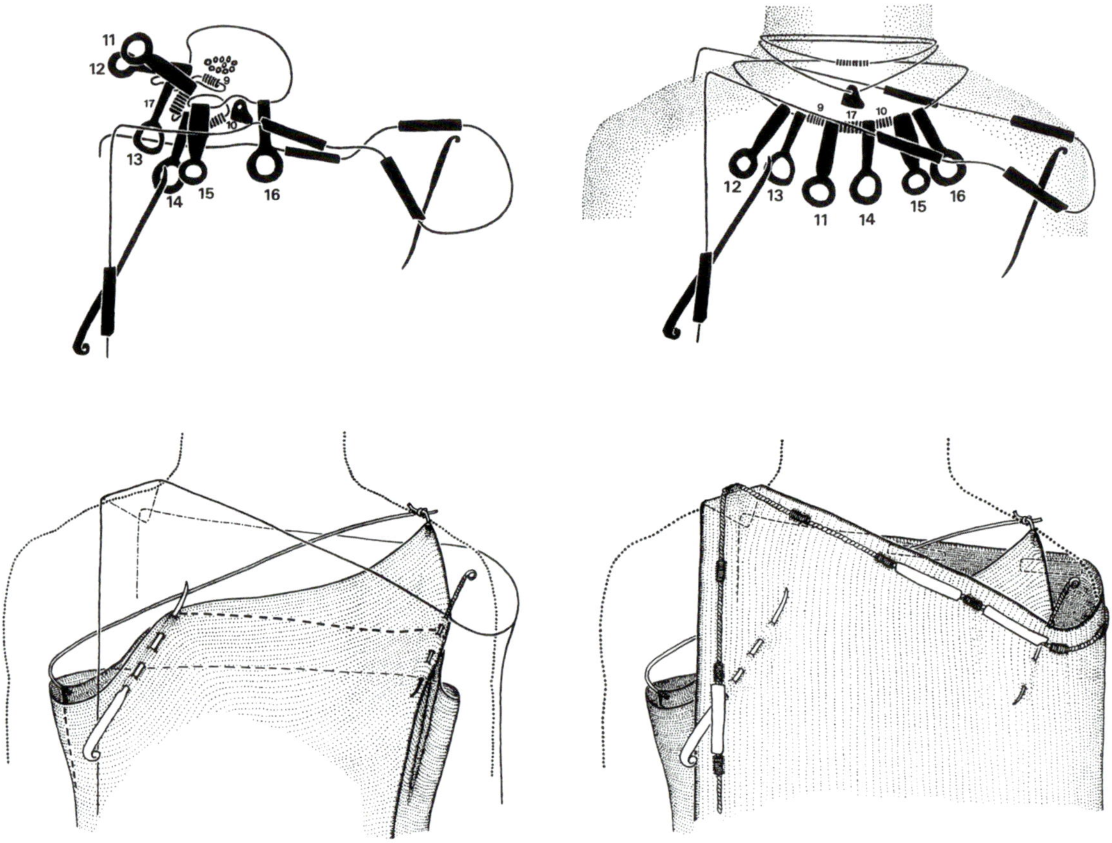

Abb. 197: Frühbronzezeitlicher Grabfund von Petit Chasseur in der Schweiz.

Bronzeröhren, an der Vorder- und Rückseite des Körpers platziert, aufgefunden, was darauf hinweist, dass dort ursprünglich eine Borte oder Verstärkung eines Textils gewesen ist. Die Nadeln scheinen das Kleidungsstück verschlossen zu haben. Somit kann rekonstruiert werden, wie dieses Textil getragen wurde. Die Rekonstruktion in diesem Fall basiert auf den Männerkitteln, die aus dem bronzezeitlichen Dänemark bekannt sind.

Als Beispiel aus dem Donauraum sei das große frühbronzezeitliche Gräberfeld von Franzhausen I in Niederösterreich[760] genannt, dessen 714 Körpergräber gute Rückschlüsse auf die Bevölkerung, die sozialen Abstufungen und natürlich auf die verwendeten Kleidungsbestandteile und den Schmuck zulassen.

760 Neugebauer und Neugebauer 1997. – Grömer und Neugebauer-Maresch 2017.

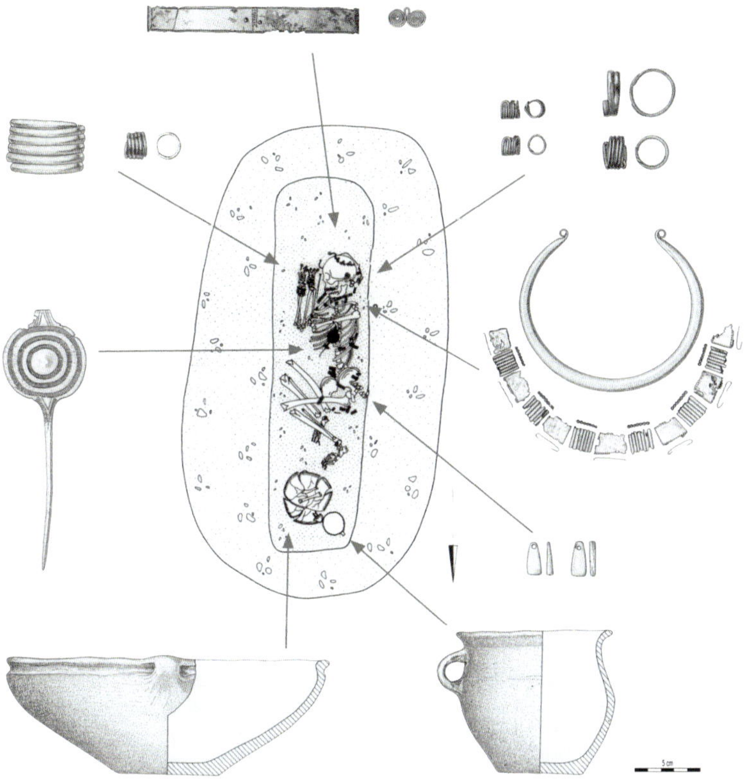

Abb. 198: Franzhausen, Niederösterreich: Grabfund (Grab 747) mit Bronzebestandteilen und Rekonstruktion im Museum Nußdorf ob der Traisen in Niederösterreich. Model: Andrea Krapf.

Sowohl Männer als auch Frauen trugen Halsreife, Schmucknadeln, Armreife und Fingerringe. Während jedoch die Männer jeweils nur eine Nadel an der Brust hatten, waren Frauen mit je zwei Schmucknadeln und Armreifen ausgestattet. Kinder erhielten dieselben Schmuckstücke wie die Erwachsenen, nur in kleinerer Ausführung. Den Männern blieben Waffen wie Bronze- und Steinbeile vorbehalten, Knaben der Oberschicht hatten auch Dolche. Es ist eine gesellschaftlich sehr interessante Aussage, dass selbst Kinder mit den repräsentativen Artefakten der Erwachsenen ausgestattet wurden. Dadurch wird kenntlich, dass Reichtum und Status nicht nur persönlich erworben wurden, sondern dass sich diese auch auf die Familie auswirkten und vererbt wurden. Diese Kinder waren also für höhere Aufgaben innerhalb der Gemeinschaft vorgesehen[761].

[761] Kinder wurden in historischen Zeiten üblicherweise dazu angehalten, möglichst schnell Funktionen in der Erwachsenenwelt zu übernehmen. – Grömer und Hölbling-Steigberger 2010. – Sofaer 2006, 87–96.

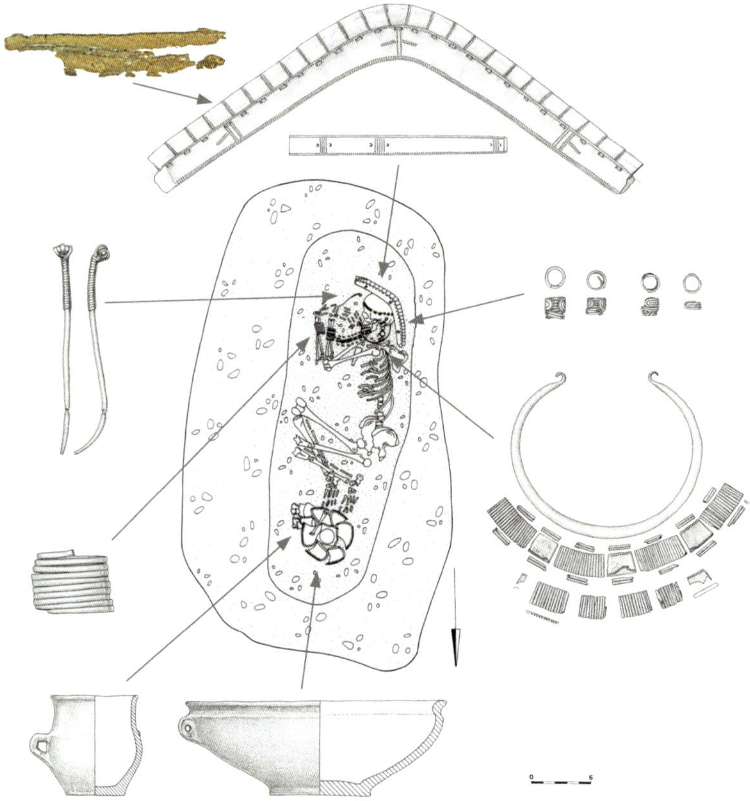

Abb. 199: Franzhausen, NÖ: frühbronzezeitliches Grab 110 mit Bronzeobjekten und Rekonstruktion. Model: Susanne Mayrhofer.

Besonders auffallend ist der Kopfschmuck der Frauen in Form von Stirnbändern oder Lederkappen, von denen noch die verzierten Bronzeblechstreifen erhalten sind. Dekorierte Bleche säumten teilweise auch die Halsausschnitte des (Ober-)Kleides. In einigen Fällen waren offensichtlich auf das Gewand viele kleine Schneckenhäuser aufgenäht. Noppenringe wurden für die aufwändigen Frisuren der Frauen und Mädchen verwendet. Als Schmuck waren weiters verschiedene Ketten mit Bronze-, Bein- und Bernsteinperlen beliebt.

Die metallene Ausstattung der Frauen von gehobenem Status kann gut anhand zweier Gräber aus Franzhausen dokumentiert werden. Die Frau aus Grab 747 (Abb. 198) trug eine Lederkappe, die mit Spiralanhängern besetzt war. Wie bei anderen Frauenbestattungen wurden die Haare mit Noppenringen zusammengehalten. Das Gewand war am Halsausschnitt mit verzierten Blechen geschmückt, weiters trug sie einen Ösenhalsreif um den Hals sowie massive Arm- und Fingerspiralen. An den

Schultern fanden sich zwei große Scheibenkopfnadeln, die wohl einen Umhang festhielten.

Abb. 200: Franzhausen, NÖ: Frühbronzezeitliches Grab 110 mit prunkvollem Kopfschmuck.

Ähnliche Schmuck- und Trachtbestandteilausstattung hatte auch die reiche Frau aus Grab 110, wobei diese aber durch einen noch prunkvolleren Kopfschmuck glänzte (Abb. 199, 200). Es handelt sich um eine bronzene Hut- oder Kapuzenzierde mit Buckeldekor. Sie bestand aus abgewinkelten Blechstreifen, die mit U-förmig gebogenen Bronzeteilen zusammengehalten

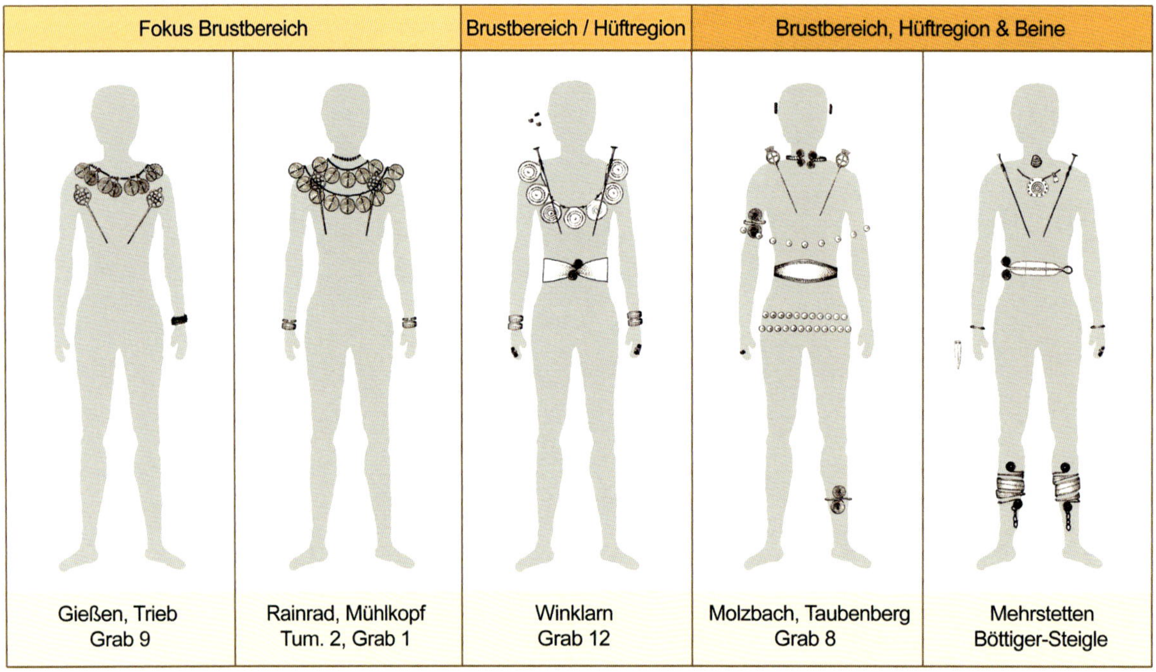

Abb. 201: Mittelbronzezeitliche Kleidungsverschlüsse und Schmuck aus Frauengräbern in Süddeutschland und Österreich.

wurden. In diesem repräsentativen Bronzekopfschmuck fanden sich Reste eines mit Streifen verzierten Leinenstoffes (Abb. 98, S. 180), der wohl zu einem Schleier oder zu einer anderen daran befestigten textilen Kopfbedeckung gehörte.

Mittelbronzezeit

Durch eingehende Analyse des Schmuckes und metallenen Kleidungszubehörs in der mittelbronzezeitlichen Hügelgräberkultur Mitteleuropas zwischen Ungarn, Böhmen, Österreich und Süddeutschland konnten gewisse Standardisierungen ausgemacht werden[762] (Abb. 201). So haben die Frauen als überregionales Ausstattungsmuster regelhaft zwei große Nadeln im Schulter-/Brustbereich. Sehr selten ist in Frauengräbern nur eine Nadel anzutreffen. Es ist die Frage, ob sich bei der unterschiedlichen Nadelzahl eine andere Art von Kleidung (ein anderer Schnitt oder eine andere Kleidungssilhouette) widerspiegelt oder ob ein gleichartiges Gewand einfach nur anders zusammengesteckt wurde.

[762] Sørensen 1997. – Wels-Weyrauch 1994. – Wiegel 1994, 165–218.

In einigen reichen mittelbronzezeitlichen Frauengräbern fallen massive Beinbergen auf. Dabei handelt es sich um einen mehrfach gewundenen oder plattig gearbeiteten, sehr breiten Beinschmuck, der den halben Unterschenkel bedeckte. Andererseits sind in den Gräbern auch Armringe an Unter- sowie an Oberarmen nachgewiesen.

Die manchmal im Beckenbereich aufgefundenen kleinen und größeren gelochten Bronzebesatzstücke (Tutuli), sind nur bei weiblichen Bestattungen anzutreffen. Da sich teilweise Lederreste auf deren Rückseite finden, könnten sie als Gürtelbesatz interpretiert werden. Es kommen auch breite Blechgürtel vor. Bei den Frauen fällt regelmäßig reicher Hals- und Brustschmuck mit massiven Stachelscheiben auf, wie bei einem Grab aus Winklarn in Niederösterreich (Abb. 202)[763].

Abb. 202: Mittelbronzezeitliches Schmuckensemble aus einem Grab von Winklarn in Niederösterreich.

Außerdem konnte bei den mittelbronzezeitlichen Frauenbestattungen anhand der Metallbestandteile vereinzelt ein besonderer Kopfputz festgestellt werden. Teils finden sich einzelne kleine Stoffreste, die auf einen Schleier hindeuten, der dann mit kleineren Nadeln festgesteckt wurde, teils wird auch eine Haube oder Kappe angenommen.

Repräsentativen Kopfputz findet man etwa in einer der größten mittelbronzezeitlichen Nekropolen Mitteleuropas, in Pitten, Niederösterreich[764]. Die an Bronze reichsten Gräber sind Bestattungen von Frauen, denen man wohl eine herausragende Stellung

763 Grömer, Rösel-Mautendorfer und Bender Jørgensen 2013, 222–224.

764 Urban 2000, 180–184, mit Abbildungen.

innerhalb der Gesellschaft zuschreiben kann. An der Spitze stehen dabei zwei Gräber von 30- bis 35-jährigen Frauen, die jeweils ein prächtiges Diadem mit Nackenschutz tragen. Die Ornamentik auf diesem hochstehenden Kopfschmuck mit Bogen- und Spiralzier ist eine Reminiszenz altmykenischer Kunst, die das Kunsthandwerk Europas in der Mitte des 2. Jahrtausends v. Chr. prägte.

Bei den mittelbronzezeitlichen Männergräbern[765] besteht das Kleidungszubehör üblicherweise nur aus einem Gürtelhaken sowie einer einzelnen Nadel. Diese kann eine Länge bis zu 35 cm aufweisen und liegt über der Brust. Es ist also das Schema eines gegürteten Gewandes sowie eines mit einer größeren Nadel über der Brust geschlossenen Kleidungsstückes – nach der Wuchtigkeit der Nadel ist eher wieder auf einen Umhang / Mantel aus gröberem Stoff zu schließen.

Spätbronzezeit/Urnenfelderzeit

Ein Grab aus Grundfeld in Deutschland[766] bietet einen Einblick in die spätbronzezeitliche Kleidung. Im Körpergrab einer Frau wurden eine Halskette, Armbänder und Fußkettchen sowie die Reste eines Gewandes gefunden, das den Oberkörper bedeckte und bis zu den Beinen reichte. Das Kleidungsstück war aus einem einfachen gestreiften Stoff gefertigt. Um den Hals waren kleine, verschiedenfarbige Perlen als Schmuck angebracht. Um die Hüften wurden Reste eines Gürtels gefunden. Der Gürtel bestand aus einem Textilband, das zur Stabilisierung mit Baumbast gefüttert war. Zusätzlich war der Gürtel mit neun großen Bronzeknöpfen verziert.

Generell setzte sich in der Spätbronzezeit die Sitte durch, die Verstorbenen nicht mehr unversehrt in Erdgräbern beizusetzen. Die Verstorbenen werden nun vielmehr verbrannt und in Tonurnen bestattet. Welche veränderten Glaubensvorstellungen dahinterstehen, ist nicht ganz klar. Für die Kleiderforschung bringt die neue Sitte der Brandbestattung das Problem mit sich,

---

765 Wiegel 1994, 179–180.

766 Bartel und Voß 2005, Abb. 50–52.

dass nunmehr die Lage der Kleiderverschlüsse am Körper nicht mehr analysiert werden kann. Keine andere Periode der Urzeit erschwert kleidungsgeschichtliche Erkenntnisse derart wie gerade die Urnenfelderzeit. Die Lage der Schmuckstücke im Grab ermöglicht keinerlei Aussage zur ursprünglichen Trageweise. Entweder wurden die Leichen in ihrem Alltagsgewand oder, für uns besser nachvollziehbar, in einer speziellen Totentracht bestattet. Dann sind die Kleidungsbestandteile mitverbrannt und finden sich in mehr oder weniger verschmolzener Form im Leichenbrand. Es wurden aber auch unverbrannte Kleidungsteile bzw. Schmuckteile ins Grab mitgegeben. Diese wurden entweder in die Urne selbst gelegt oder neben den Beigefäßen im Grabraum platziert.

Für Süddeutschland und Österreich[767] wurde versucht, charakteristische Schmucksätze herauszuarbeiten, aus denen sich bestimmte Kleidungssitten andeuten lassen. So finden sich nach wie vor Gürtel (Gürtelhaken) sowie paarige Nadeln bei Frauen in den Stufen BzD und HaA1, die wie in der Früh- und Mittelbronzezeit sowie der nachfolgenden Hallstattzeit wahrscheinlich an den Schultern getragen wurden. In der jüngeren Urnenfelderkultur sind auch Frauenbestattungen mit nur einer Nadel bekannt. Bei den Männern ist neben den verschiedenen Gürtelbestandteilen nur je eine Fibel vorhanden, die in Analogie zu den vorangegangenen und nachfolgenden Zeiten im Brustbereich den Halsausschnitt des Obergewandes oder einen Mantel verschlossen haben könnte.

4.3 Bronzezeitliche Kopfbedeckungen und Schuhe

In Anbetracht der gesamten bronzezeitlichen Kleidung in Mitteleuropa – von Kopf bis Fuß – liegen für Kopfbedeckungen und Schuhe nur spärliche Informationen vor. Unter den Funden aus dem Hallstätter Salzbergwerk ist eine bronzezeitliche Kopfbedeckung einzigartig. Im Hallstatt-Grünerwerk[768] wurde eine kegelförmige Ledermütze entdeckt (Abb. 203), die aus mehre-

[767] Eibner 1966, bes. Abb. 20–21. – Neugebauer 1994, 194–223.

[768] Popa in Kern et al. 2008, 102.

Abb. 203: Kegelförmige Haube aus dem Salzbergwerk Hallstatt, Bronzezeit.

ren Teilen mit sorgfältigen Stichen zusammengenäht wurde. Die Mütze wurde mit der Pelzseite nach innen getragen. Dieses Stück kann höchstwahrscheinlich als ein spezifisches Kleidungsstück bronzezeitlicher Bergleute gedeutet werden.

Eine weitere kegelförmige Kopfbedeckung aus Zweigen ist von der bronzezeitlichen Pfahlbausiedlung Fiavé in Norditalien bekannt (Abb. 204)[769]. Auch dieses Stück hat eine schmale Krempe, die die Kappe typologisch in einen Hut mit Krempe verwandelt. Es handelt sich um eine geflochtene Kopfbedeckung von relativ komplexer Struktur. Sie ist konisch, mit einer schmalen Krempe, die sich etwa 1 cm über dem unteren Rand befindet. Die Krempe diente wahrscheinlich entweder zur Verzierung oder zur Verstärkung des Umfangs der Kopfbedeckung. Für die Herstellung der Spiralstruktur wurde ein Gerüst aus Kiefernzweigen gefertigt, die an den Seiten geteilt, begradigt und zu einem Kreis gebogen wurden. Das Gerüst wurde mit einer kompakten und kontinuierlichen spiralförmigen Wicklung aus Zweigen bedeckt. Diese Kopfbedeckung wird als Prestige- oder Zeremonialobjekt (Helm) gedeutet.

Abb. 204: Konische Kopfbedeckung aus Fiavè in Norditalien, Bronzezeit.

Im niederösterreichischen Unterhautzenthal[770] wurde ein Gefäß in Form eines Schuhs aus der Spätbronzezeit gefunden, das Aufschluss über das damalige Schuhwerk gibt. Es hat die Form eines knöchelhohen Stiefels (Abb. 205). Die Bereiche der Zehen und des Ristes sind mit Strichen verziert, die auf die Faltung des Leders oder die Schnürung hinweisen könnten, die eigentlich für alle Schuhe aus einem Stück Leder charakteristisch ist.

Der Fund eines Lederschuhs wird von viel weiter nördlich gemeldet. Der Schuh

769 Bazzanella et al. 2003, 146–147.

770 Lauermann 1991, Abb. 2.

stammt aus einem Moor bei Buinerveen in den Niederlanden[771] und wurde mit Radiokohlenstoff auf die Zeit zwischen ca. 1.500 und 1.300 v. Chr. datiert. Er besteht aus einem ovalen Lederstück; ein Lederriemen ist in Schlitze nahe der Schnittkante eingefädelt, die, wenn man daran zieht, das Leder über dem Rist zusammenziehen. Diese Art von Schuh kann sowohl am rechten als auch am linken Fuß getragen werden, ohne dass es einen Unterschied macht. Experimente lassen vermuten, dass der Schuh mit einem breiten Riemen umschlossen war, der über die Sohle geführt wurde und so den Schuh an der Fußsohle hielt.

Abb. 205: Unterhautzenthal, Niederösterreich: spätbronzezeitliches Stiefelgefäß.

4.4 Kostümkundliche Deutung des bronzezeitlichen Quellenmaterials

Allgemein sind für den bronzezeitlichen Fundbestand in Mitteleuropa sicher differenzierte Schmuck- und Trachtbestandteile zu beobachten, an denen die Archäologen regionale und auch zeitliche Unterschiede festmachen können. So wechseln die Formen, aber auch die Kombinationen bestimmter Trachtbestandteile und Schmuckelemente. In der Zeit zwischen 2.200 und 1.600 v. Chr. werden etwa im Donauraum Niederösterreichs anderer Schmuck und andere Kleidungsverschlüsse getragen als in Böhmen oder Ungarn. Ebenso ändern sich Form und Dekor der Schmuckstücke in jeder Region von der Früh- zur Spätbronzezeit. Doch es lassen sich die oben angegebenen Ausstattungsmuster herausarbeiten[772]. Die Grundzüge sind: Kopf- und Brust(Schulter-)bereich dienten als Schmuckzone, dazu gab es eventuell verschiedene Gürtungen. Diese Merkmale gleichen einander in den verschiedenen Regionen Mitteleuropas. Kann man dann davon ausgehen, dass eben diese Metallelemente an Kleidung von ähnlichem Grundtypus getragen wurden? Bedeutet dies, dass die grundsätzliche Gestaltung der Gewandung in Design und Schnitt ähnlich war und nur die (metallenen) Acces-

[771] Groenman-van Waateringe 1974.

[772] Sørensen 1997, 100. – Wels-Weyrauch 1994.

soires jenen modischen Änderungen unterworfen waren, die es uns heute erlauben, spezielle Typen einer bestimmten Zeit oder Region zuzuordnen?

Frauengewänder

Wie hat nun das Frauengewand ausgesehen, das durch diese regelhaften Grundausstattungen aus den bronzezeitlichen Gräbern im Donauraum fassbar ist? Indirekt kann versucht werden, die Länge der Kleidung durch die Trachtbestandteile an den Armen und Beinen rück zu erschließen. Es ist etwa anzunehmen, dass der repräsentative mittelbronzezeitliche Beinschmuck nicht komplett von einem Rock überdeckt war – der Schmuck gesehen werden sollte. Der Rock oder das Kleid war also vermutlich nicht bodenlang. Die Armringe an Oberarmen deuten eventuell darauf hin, dass zumindest teilweise kurzärmelige Kleidung getragen wurde – oder wurden diese Oberarmringe einfach über längere Ärmel geschoben?

Zur Frage der Ärmellänge ist der frühbronzezeitliche Befund aus Großgmain, Österreich, interessant[773]. Es wurde eine breite Armspirale am Unterarm einer Frauenbestattung entdeckt, an deren Innenseite sowohl mittelfeine leinwandbindige Textilreste als auch Abdrücke der Haut der Verstorbenen gefunden wurden (Abb. 206). Es muss sich bei dem Textil wohl um den Rest eines Gewandes mit längeren Ärmeln gehandelt haben. Die Hautreste der verstorbenen Person deuten an, dass der Ärmel bis knapp über die Mitte des Unterarmes gereicht hat, und dass die Armberge teils über den Ärmel geschoben wurde.

Eine Beobachtung von Bert Wiegel[774] an den Grabfunden im Donauraum zeigt, dass die Schäfte der Nadeln teils verschieden gebogen waren, also von den Trägern an die individuellen Bedürfnisse angepasst wurden. Interessanterweise liegen die Nadeln in den Gräbern teilweise mit der Spitze nach oben, Richtung Kopf. Spiegelt dies die Verwendung auch zu Lebzeiten wider? Welches Gewand könnten diese früh- und mittelbronzezeit-

[773] Grömer und Höglinger 2010, Abb. 20.

[774] Wiegel 1994.

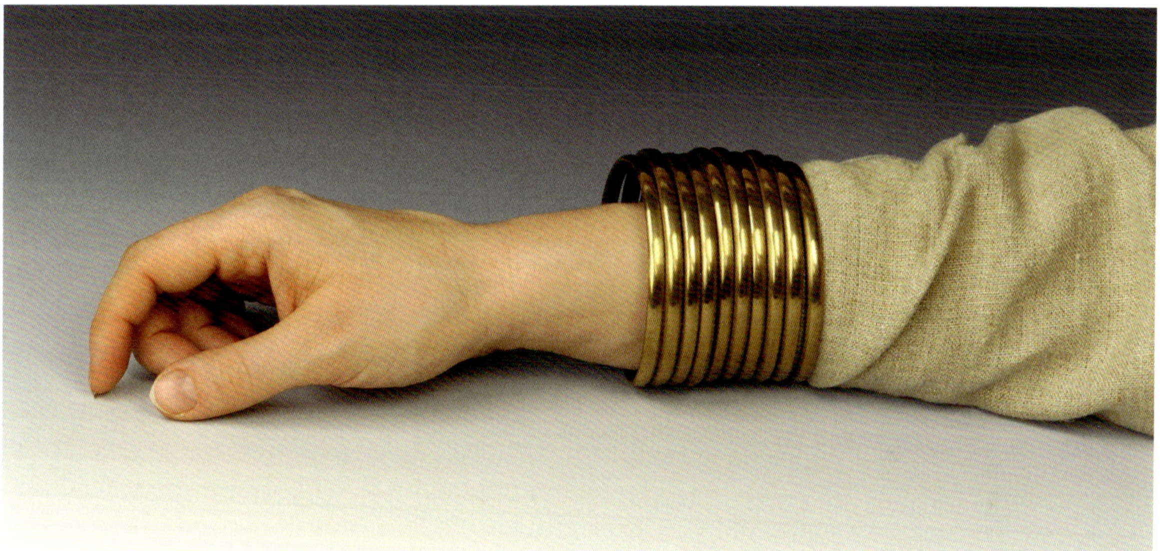

lichen Nadeln verschlossen haben? Die Schäfte dieser Nadeln sind teils sehr dick, durchschnittlich 5–7 mm. Ein feineres Gewebe würde wohl bei vielmaligem Gebrauch durch das Durchbohren mit derart dicken Nadeln beeinträchtigt und frühzeitig zerschlissen worden sein (Abb. 207). So ist es durchaus denkbar, dass gröbere Stoffe, etwa von Umhängen/Mänteln, damit festgesteckt wurden.

Ist das Aussehen der Gewänder in jenen langen gegürteten Kleidern zu suchen, die von den wenigen kultischen Statuetten im Balkanraum angedeutet werden? Die Schmuckstücke, wie die verschiedenen um den Hals getragenen Anhänger würden zu den Darstellungen passen (Abb. 208). Vom zeitgleichen Gewebe

Abb. 206: Frühbronzezeitliche Spiralarmreifen aus Großgmain, Östereich, mit mineralisierten Textilien und menschlicher Haut.

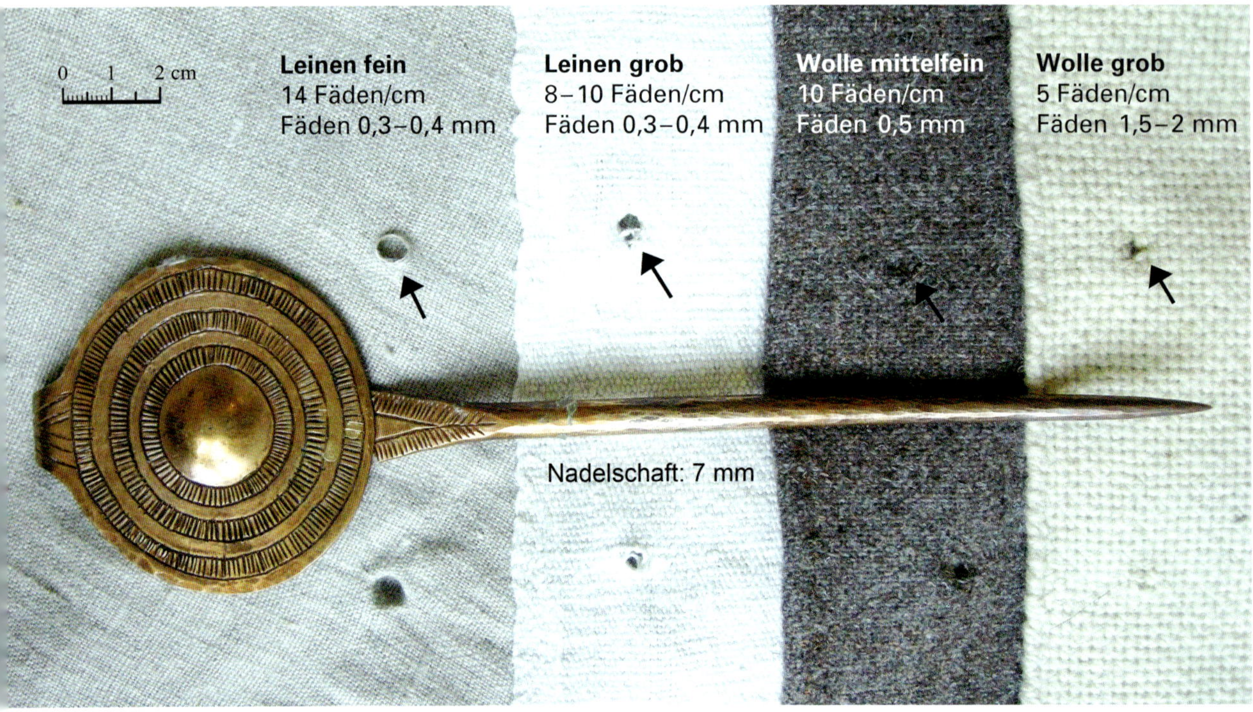

Abb. 207: Beschädigungen an Geweben unterschiedlicher Qualität, hervorgerufen durch eine dicke Nadel. Rekonstruktion der frühbronzezeitlichen Scheibennadel von Franzhausen, Niederösterreich.

aus Pfäffikon-Irgenhausen, Schweiz[775], ist auch ein komplexes Muster bekannt, das sich auf den Statuetten wiederfindet. Es würden bei den Darstellungen auf den Figürchen aber wichtige Teile fehlen – jene großen Nadeln, mit denen möglicherweise ein Umhang festgesteckt wurde. Diese an den Schultern getragenen Trachtbestandteile sind in den Gräbern ein wichtiges und immer wiederkehrendes Element, das an keinem der bislang bekannt gewordenen Figürchen zu beobachten ist.

Nach den bisherigen Überlegungen passen also die bronzezeitlichen Darstellungen und die Funde in den Gräbern nicht so recht zusammen. Findet sich etwa in den Gräbern eine Toten- oder Festtracht, während auf der anderen Seite mit den Figürchen eine andere Kleidungsform, etwa aus kultisch-rituellem Zusammenhang dargestellt ist? Könnte die für die Früh- und Mittelbronzezeit typische Kleidung bei der Frauentracht etwa jene aus dem nordischen Bereich bekannte Bluse-Rock-Mantel-Kombination sein? In der früheren Forschung wurden etwa frühbronzezeitliche Trachtensembles wie jenes aus Franzhausen

775 Vogt 1937, 76–90. – Rast-Eicher 2012, 380–381.

Abb. 208: Tonfigur aus Babska, Ungarn (1), im Vergleich zu mittelbronzezeitlichen, herzförmigen Pendants aus Asparn/Zaya, Niederösterreich (2).

in Österreich oft mit den aus den Baumsärgen der Nordischen Bronzezeit bekannten Gewandformen kombiniert[776] (vgl. Abb. 198, S. 385). Die zwei Nadeln wurden dabei so interpretiert, dass mit ihnen der Mantel an der Bluse festgesteckt wurde. Dazu sei bemerkt, dass der Mantel im Nordischen Raum nicht mit paarigen Nadeln an den Schultern fixiert wird, zudem wird er nach den Grabensembles mit vollständigen Gewändern meist nicht von Frauen getragen.

Oder haben wir bei der in Mitteleuropa spätestens ab 2.000 v. Chr. fassbaren Sitte, ein Kleidungsstück mittels zweier Nadeln an den Schultern zu schließen, eine neue Art von Kostüm vor uns – ein um den Körper drapiertes Gewand, vergleichbar dem sogenannten Peplos (siehe unter Eisenzeit)?

Wichtige Funde für die so schwierige Interpretation der Kleidungsformen sind aus Schwarza in Südthüringen (Deutschland) bekannt[777]. Dort haben sich in den mittelbronzezeitlichen Hügelgräbern nicht nur der Metallschmuck, sondern auch Textilreste der Kleidung erhalten. Wiederum sind hier in den Frauengräbern Nadelpaare an den Schultern aufgefunden worden. In diesem Fall wurde durch die Analyse bestätigt, dass die paarigen Nadeln einen groben Stoff zusammenhielten, ob nun von einem Peplos-Umhang oder einem Mantel ist unklar. Darunter wurde jedoch offenbar ein Untergewand getragen (eine Frauenbluse wie jene, die aus der Nordischen Bronzezeit bekannt sind?). Somit hätten wir durch die Bluse eine Verbindung zwischen den „Nordischen" Kleidungselementen und den Funden

[776] Siehe etwa die Rekonstruktion bei Grömer und Neugebauer-Maresch 2017.

[777] Feustel 1958.

Winklarn, Grab 12 | Variante 1, Nordischer Typ | Variante 2, Karpaten-Typ | Variante 3, „Peplos“-Typ

Abb. 209: Experimentelle Rekonstruktionen mittelbronzezeitlicher Kleidungsstücke, basierend auf dem Grab von Winklarn, Niederösterreich. Model: Sandra Fellner.

aus dem Donauraum mit den groben Geweben, die durch paarige Nadeln an der Schulter geschlossen wurden (ob das nun ein mantelartiger Umhang war oder ein über einer Bluse getragener Peplos, sei dahingestellt).

Anhand der Grabfunde aus Winklarn[778] in Österreich (Abb. 202 und 209) wurde der herausfordernde Versuch unternommen, die Kleidung einer reichen bronzezeitlichen Frau zu rekreieren. Die Frau wurde mit Schmuck und Kleidungsbestandteilen bestattet, die fast theatralisch erscheinen, wie etwa ein breiter Bronzegürtel, extrem lange Nadeln und eine Halskette aus vierzehn bronzenen Stachelscheiben. Die Vorschläge, wie ihre Kleidung ausgesehen haben könnte, werden durch eine Serie unterschiedlicher Quellen untermauert: Trachtlagen von Schmuck in bronzezeitlichen Gräbern aus Zentraleuropa; bronzezeitliche Ikonografie; Strukturen bronzezeitlicher Textilien, inklusive einer Gruppe komplett erhaltener Kleidungsstücke aus Dänemark; und Schneiderprinzipien. Jede dieser Quellen hat ihre eigenen Regeln und Tücken. Die Varianten sind eher fundierte Vermutungen als Lösungen.

[778] Siehe Grömer, Rösel-Mautendorfer und Bender Jørgensen 2013.

Männerkleidung

Wie ist es nun mit den Männern? Das in den mitteleuropäischen Gräbern feststellbare Ensemble von Gürtung, dazu teils eine Nadel an der Brust, passt weitaus besser zu dem Bild, das uns auch die Männertracht der Nordischen Bronzezeit gibt.

Einige der Gewebereste, wie sie in den bronzezeitlichen Bereichen des Salzbergwerkes Hallstatt[779] in Oberösterreich gefunden wurden, ähneln in ihrer Gestaltung jenen aus den Nordischen Baumsärgen – selbst in den bogigen Säumen der Männerkittel und den Umnähungen mit Knopflochstich. Möglicherweise waren die Gewandformen der Nordischen Männertracht auch in Mitteleuropa üblich.

5 Eisenzeit

Die Eisenzeit im Donauraum zwischen 800–15 v. Chr., steht an der Schwelle und parallel zur schriftlichen Geschichte der Römer. Diese Epoche ist charakterisiert durch das Eisen als damals modernsten und fortschrittlichsten Werkstoff und ein sehr komplexes und differenziertes Sozialsystem mit teils stark spezialisiertem Handwerk. Das Textilhandwerk in der Eisenzeit Mitteleuropas zeichnet sich durch eine Vielfalt an Techniken, Mustern und Formen aus. Die Innovationen der Bronzezeit werden in der Hallstattzeit (Ältere Eisenzeit, 800–400 v. Chr.) zu einer ersten Blüte geführt, bevor sich ab der Latènezeit (Jüngere Eisenzeit, 400–15 v. Chr.) im nord- und nordostalpinen Raum einfachere, in Masse zu produzierende Gewebetypen durchsetzen – ein Vorbote der römischen seriellen Produktion (siehe Kapitel C, S. 270 ff.)

Die Quellen zur Erschließung der Kleidung fließen nun in den verschiedenen Teilen Europas reichlicher als in den vorangegangenen Epochen. Wiederum ist zu betonen, dass es sich hierbei um unterschiedliche kulturelle Gruppen handelt und dass

[779] Bronzezeit in Hallstatt allgemein: Kern et al. 2008. – Grömer 2013: Die Gewebe aus den bronzezeitlichen Teilen des Salzbergwerkes Hallstatt werden teils als Überreste von Kleidung interpretiert, teils auch als wollene Fördersäcke.

die unterschiedlichen Quellengattungen verschiedene Interpretationen zulassen. Im Gegensatz zur Bronzezeit mehren sich nun zeitgenössische bildliche Darstellungen vor allem auf dem Gebiet der östlichen Hallstattkultur. Der direkte Zugang zu den Menschen selbst ist wiederum durch die Gräber gegeben. Nach den Brandbestattungen der Urnenfelderkultur setzt sich nun in der Hallstattzeit neben den Brandgräbern wieder die Sitte der Körperbestattung mehr und mehr durch. Erst am Ende der Eisenzeit geben uns die Berichte antiker Autoren Hinweise zur Kleidung – etwa der Kelten.

In Mitteleuropa gibt es nur wenige singuläre Funde von vollständigen Kleidungsstücken. Es ist vor allem der Blick Richtung Norden in die Moore Norddeutschlands und Dänemarks, der konkrete Beispiele eisenzeitlicher Gewänder aufzeigt.

5.1 Vollständige eisenzeitliche Gewänder aus Nordeuropa

Die kompletten Kleidungsstücke und Ensembles der vorrömischen und römischen Eisenzeit aus Nordeuropa stellen einen besonderen Schatz der europäischen Urgeschichtsforschung dar. Durch die umfangreichen Veröffentlichungen von Margarethe Hald und Karl Schlabow im 20. Jahrhundert bekannt gemacht[780], bieten sie nun einen greifbaren Einblick in die Gewänder der vormals als „primitiv" gedachten vorrömischen Völker und jener am Rand des Imperium Romanum. Ihre Qualität, ihr Formenreichtum, aber auch ihre Musterungen überraschten. Die Fundumstände – oft wurden die Stücke beim Torfstechen im Moor entdeckt – brachten eine meist etwas unsichere Datierung mit sich, sie wurden in den ersten Publikationen allgemein als „eisenzeitlich" bezeichnet. Einige der Stücke, die ursprünglich in die vorrömische Eisenzeit gestellt wurden, mussten nach neuerlicher Untersuchung nun dem Frühmittelalter zugeschrieben werden[781], darunter etwa der Kittel von Bernuthsfeld.

---

[780] Dänische Funde: Hald 1980. – Mannering et al. 2012, 104–114. – Funde aus Schleswig-Holstein und Niedersachsen: Möller-Wiering und Subbert 2012. – Schlabow 1976.

[781] Neue Datierungen von Moorfunden in Mannering et al. 2010, 261–268.

Dass auch derart bekannte Funde immer noch Überraschungen bieten, beweisen die Forscher und Forscherinnen am Centre for Textile Research in Kopenhagen, die derzeit die dänischen Moorfunde neu analysieren und bewerten[782]. Es wurden auch Radiocarbondatierungen und Farbstoffanalysen an den Stücken vorgenommen, sodass wir nun ein klareres Bild über das Alter und ursprüngliche Aussehen der Kleidungsstücke haben. Viele der bekannten Funde wie jene aus Huldremose, Borremose, Elling oder Tollund konnten von den Forschern in ihrer Datierung zwischen dem 4. und 1. Jahrhundert v. Chr. bestätigt werden. Isotopenanalysen geben Hinweise auf den Ursprung mancher dieser wichtigen Funde.[783]

Beim Opferplatz von Thorsberg (Deutschland)[784] wurden neben dem singulären Fund einer langen engen Hose mit angesetzten Füßlingen auch fünf Prachtmäntel, ein Kittel und zwei Paar Wadenwickel entdeckt.

Kleidung des Oberkörpers: Kittel und Mäntel

Häufig sind hemdartige Kittel[785], ärmellos oder mit angesetzten langen Ärmeln. Die Konstruktion der Kittel wie jener aus Oberaltendorf in Deutschland ist meist sehr einfach: Rechteckige Tuchstücke wurden zusammengefügt und an den Schultern und an den Seiten vernäht. Der Kittel wurde mit einem Gürtel um die Taille gehalten. Einen sehr gut erhaltenen Kittel kennen wir aus dem Thorsberger Moor (Abb. 210). Er wurde aus einer 58 cm breiten Stoffbahn aus feinem Wollstoff in Rautenköper mit festen Seitenkanten gefertigt, wobei zwei größere Stücke mit 95 cm Länge für Vorder- und Hinterteil benutzt wurden. Der Kittel wurde an den Schultern zusammengenäht, mit leicht gerundetem, sorgfältig versäubertem Halsausschnitt versehen und es wurden 58 cm lange Ärmel eingesetzt. Interessanterweise ist dieser Kittel an den Seiten von der Achsel abwärts nicht zusam-

782 Mannering et al. 2012. – van der Plicht et al. 2004. – Neue Daten und hochauflösende Bilder aus dem Nationalmuseum Kopenhagen siehe http://oldtiden.natmus.dk

783 Frei et al. 2009. – Frei 2013.

784 Möller-Wiering 2011. – Möller-Wiering und Subbert 2012.

785 vgl. Schlabow 1976.

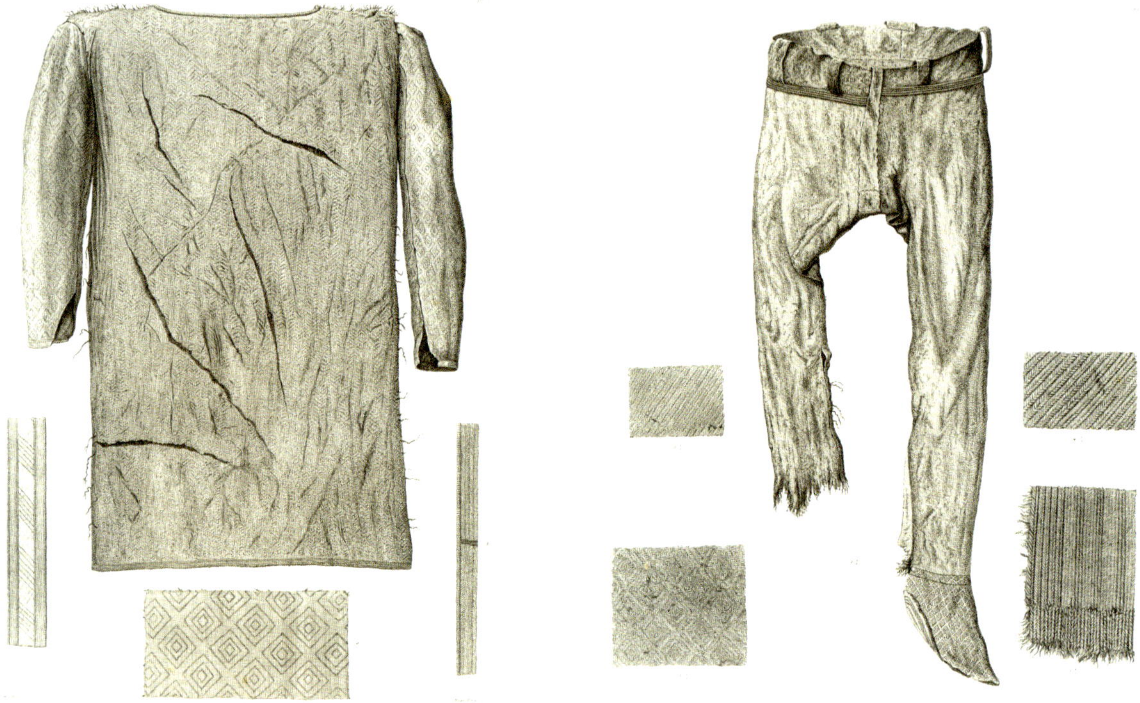

Abb. 210: Kittel und Hose aus dem Thorsberger Moor, 4. Jahrhundert n. Chr.

mengenäht, sondern konnte durch eingesetzte Schnüre (Abstände ca. 5 cm) nach Belieben verschlossen werden.

Als Mäntel dienten in der vorrömischen und römischen Eisenzeit quadratische bis rechteckige Tücher mit sorgfältigen Randabschlüssen, wie dies auch durch Bildquellen von besiegten Germanen auf römischen Siegessäulen zu sehen ist[786]. Der Mantel wurde nach diesen Abbildungen über die Schultern gelegt und an der rechten Schulter mit einer Fibel verschlossen. Die Randabschlüsse der Mäntel sind teils sehr prunkvoll als bis zu 18 cm breite Brettchengewebe gearbeitet. Dies ist etwa durch die prominentesten Vertreter, die „Prachtmäntel" von Thorsberg und vom Vehnemoor aus dem 4. Jahrhundert n. Chr., belegt. Wie uns sowohl die Originalfunde als auch die römischen Bildquellen lehren, waren die Überwürfe auch mit Fransen geschmückt. Die Mäntel haben teils eine überraschende Größe mit bis zu3 m Länge und ca. 1,80 m Breite. Einer der beiden vollständigen Mäntel, die um die Moorleichen von Hunteburg (datiert um 300 n. Chr.) geschlagen

786 Siehe etwa bei Schlabow 1976, 48–49.

waren, hatte diese Größe. Bei einer derartigen Länge wurde der Mantel umgeschlagen, also doppelt genommen. So bot er noch besseren Schutz gegen Regen, Wind und Schnee, er konnte für viele verschiedene Zwecke, beispielsweise auch zusätzlich als Schlafdecke verwendet werden. Der Mantel aus Dätgen ist kleiner mit Ausmaßen von 1,62 × 1,46 m.

Beinbekleidung

Für die vorrömische und römische Eisenzeit in Nordeuropa sind unterschiedliche Hosenformen nachgewiesen[787]. So finden sich lange enge Hosen in Damendorf. Kurze weite Hosen gibt es aus Marx-Etzel und Dätgen. Die Hose aus Marx-Etzel wurde aus einem Stück Diamantköper gefertigt, das eingeschnitten und vernäht wurde. Sie ist die Hose mit dem einfachsten Schnitt. Die anderen Hosen sind aus mehreren verschiedenen zugeschnittenen Einzelteilen gefertigt. Die Form hat mit dem heutzutage in der westlichen Mode üblichen Zuschnitt einer Männerhose wenig gemein. Jedes Bein wird von einem Stoffstück umschlungen, die Naht liegt an der Beininnenseite. Für die nötige Weite am Gesäß sorgt ein eingesetztes viereckiges Teil. Bei der Konstruktion eisenzeitlicher Hosen wurden auch teils eingesetzte Keile verwendet oder angesetzte Bündchen. Die bekannte Hose von Thorsberg (Abb. 210) ist sogar mit Gürtelschlaufen versehen. Es handelt sich bei diesem singulären Kleidungsstück um eine lange enge Hose mit angesetzten Füßlingen.

Kittel, Hosen und Mäntel werden der Männerkleidung zugeschrieben, selbst wenn nicht alle bei männlichen Moorleichen gefunden werden. So sind die Funde aus Thorsberg[788] etwa als Opfergabe im Moor niedergelegte Kleidungsstücke.

Weiters gibt es Wickelbinden, die um die Waden geschlungen wurden, um vor Kälte und Nässe zu schützen. Bei der Moorleiche von Damendorf aus dem 2. bis 3. Jahrhundert n. Chr. wurden zwei 1,05 m lange und 10 cm breite wollene Bänder in

---

[787] Kania 2007. – Möller-Wiering und Subbert 2012. – Schlabow 1976. – van der Plicht et al. 2004 (Datierung).

[788] Möller-Wiering und Subbert 2012. – Schlabow 1976.

Gleichgratköper gefunden. Der Tote war zum Auffindungszeitpunkt entkleidet und nur mit einem Mantel bedeckt. Die anderen Kleidungsstücke, die Hose, die Wickelgamaschen und die Schuhe lagen verschnürt zu seinen Füßen. Wir wissen also nicht, wie die Wickelbinden genau getragen wurden. Anders bei den Wickelgamaschen aus Søgårds Mose in Dänemark aus dem 2. Jahrhundert n. Chr. Hier wurden die Beine einer Moorleiche entdeckt, wobei die Schienbeine in Wickelbinden aus Gleichgratköper (36 × 27–31 cm) gehüllt waren, welche mit jeweils zwei Wollschnüren festgebunden waren.

Als Fußbekleidung dienten in der Eisenzeit in Nordeuropa verschiedene Bundschuhe aus Rindsleder[789], die ebenfalls in den Mooren nachgewiesen sind.

Rock, Schlauchkleid „Peplos" und verschiedene Umhänge

Als Mädchenkleidung kann der Fund aus dem Ruchmoor bei Damendorf in Deutschland angesprochen werden, er wurde bei der Moorleiche eines 14-jährigen Mädchens entdeckt: Es handelt sich um einen Wollrock mit nur 30 cm Länge. Er ist bei einem Umfang von 1,65 m schlauchförmig gearbeitet und war an der Taille so stark gerafft, dass er ab der Hüfte extrem abstand und so der Trägerin eine kecke Silhouette verlieh. Zu diesem Rock fand sich bei der Leiche auch ein Umhang aus Rehfellen. Diese Kleidungsstücke aus dem Ruchmoor datieren nach dem Moorfundspezialisten Wijnand van Sanden in das 9. Jahrhundert v. Chr[790].

Frauenkleidung ist vor allem aus den dänischen Mooren gut bekannt. Dazu gehören Schals und capeartige Fellumhänge, die mit der Fellseite nach innen getragen wurden. Besonders interessant sind schlauchförmige Gewandstücke, die je nach Länge als knöchellanger Rock oder Kleid „Peplos" angesprochen werden. Diese Kleidungsstücke bestehen entweder aus einem viereckigen Tuch, das an zwei gegenüberliegenden Seiten zusammengenäht war oder das Werkstück wurde auf einem Rund-

[789] vgl. Groenman van Waateringe 1974. – Mannering et al. 2012, 109, 112, Abb. 3.17.

[790] van der Sanden 1996, 167.

webstuhl schlauchförmig gewoben. Das berühmteste Beispiel für ein derartiges schlauchförmiges Gewand ist der sogenannte „Peplos von Huldremose" (Abb. 211), der in einem dänischen Moor entdeckt wurde – leider nicht in korrekter Fundlage an einem Frauenkörper. Die Trageweise dieses Kleidungsstückes und seine Drapierung wurde von der Erstbearbeiterin Margarethe Hald in Analogie zu den griechischen Peplos-Gewändern folgendermaßen interpretiert[791]: Das schlauchförmige Kleidungsstück wurde umgeschlagen, an den Schultern gefibelt und gegürtet. Tatsache ist allerdings, dass wir vom Befund her nicht entscheiden können, wie das Kleidungsstück tatsächlich getragen wurde. Es sind also andere Trageweisen ebenso denkbar.

Aus Huldremose gibt es nicht nur dieses berühmte Kleid (Huldremose II) um 180–50 v. Chr.[792], sondern auch ein etwas älteres komplettes Gewandensemble (Huldremose I; 192–61 v. Chr.), bestehend aus einem an der Taille gezogenen karierten Wollrock von 81 cm Länge, einem Schal und einem Fellcape (Abb. 212). Diverse Haarnetze als Teile weiblicher Kleidung sind aus den dänischen Mooren ebenso bekannt.

Ein Schlauchkleid, das direkt an den Kanten gefibelt wurde, um eine Hals- und Armöffnung zu gestalten, wurde in einem Frauengrab bei Hammerum in Dänemark, 1. Jahrhundert n. Chr., gefunden (Abb. 213)[793]. Leider sind außer einer kunstvollen Frisur keine Überreste der bestatteten Person erhalten geblieben, aber die Bestattung wird als die einer jungen Frau interpretiert. Das Kleid wurde aus rotem 2/2-Wollköper gefertigt, ist 95 cm lang, 146 cm im Umfang und könnte der Verstorbenen bis zu den Knien gereicht haben.

Abb. 211: Moorfunde aus Huldremose (II): Schlauchkleid, sogenannter *Peplos*, zwischen 180–50 v. Chr.

791 Hald 1980.

792 Mannering et al. 2012, 105, Abb. 3.9 und 3.11.

793 Mannering und Ræder Knudsen 2013. – Møjbjerg et al. 2019.

5.2 Quellen zur hallstattzeitlichen Bekleidung in Mitteleuropa

Abb. 212: Moorfunde aus Huldremose (I): Rock und Fellumhang, 192–61 v. Chr.

Nach diesem Blick auf den nordeuropäischen Raum mit den Gewändern aus den Jahrhunderten um die Zeitenwende kehren wir wieder nach Mitteleuropa am Beginn des 1. Jahrtausends v. Chr. zurück

Vollständige Gewänder

Wie sieht es in der mitteleuropäischen Eisenzeit mit Funden vollständiger Gewänder aus?

Im Jahre 1734 wurde bei der Begehung eines Laugwerkes im Hallstätter Salzberg eine bekleidete prähistorische Salzleiche entdeckt. Ein Chronist schreibt dazu: *„... einen nadierlichen Cörber von ainem Toten menschen gesehen, welcher muedtmaslich und deme ansechen nach, vor mehr als 400 Jahren mueß verschidtet sein worden, massen Selbiger in das Gebirg föllig verwachssen, doch sicht man noch von seinem rockh etlich flöckh, wie auch die S.V. Schuech an denen füeßen ...“*[794] Dieser „Mann im Salz“, ein wahrscheinlich aus der Älteren Eisenzeit stammender Bergmann, wurde nach seiner Bergung am Friedhof in Hallstatt bestattet – welch ein Verlust für die Forschung! Ebenso sind die in den Jahren 1577 und 1616 in den Salinen am Dürrnberg entdeckten prähistorischen Salzmumien nicht mehr erhalten. Aus Österreich können wir

[794] Aus den Werkerfaszikel des Salzbergbaus Hallstatt. Wochenbericht 1734, 13. Woche, 1. Viertel – Oberösterreichisches Landesarchiv, Hofschreiberamt Hallstatt Hs 106. Zitiert nach Barth 1989, 9.

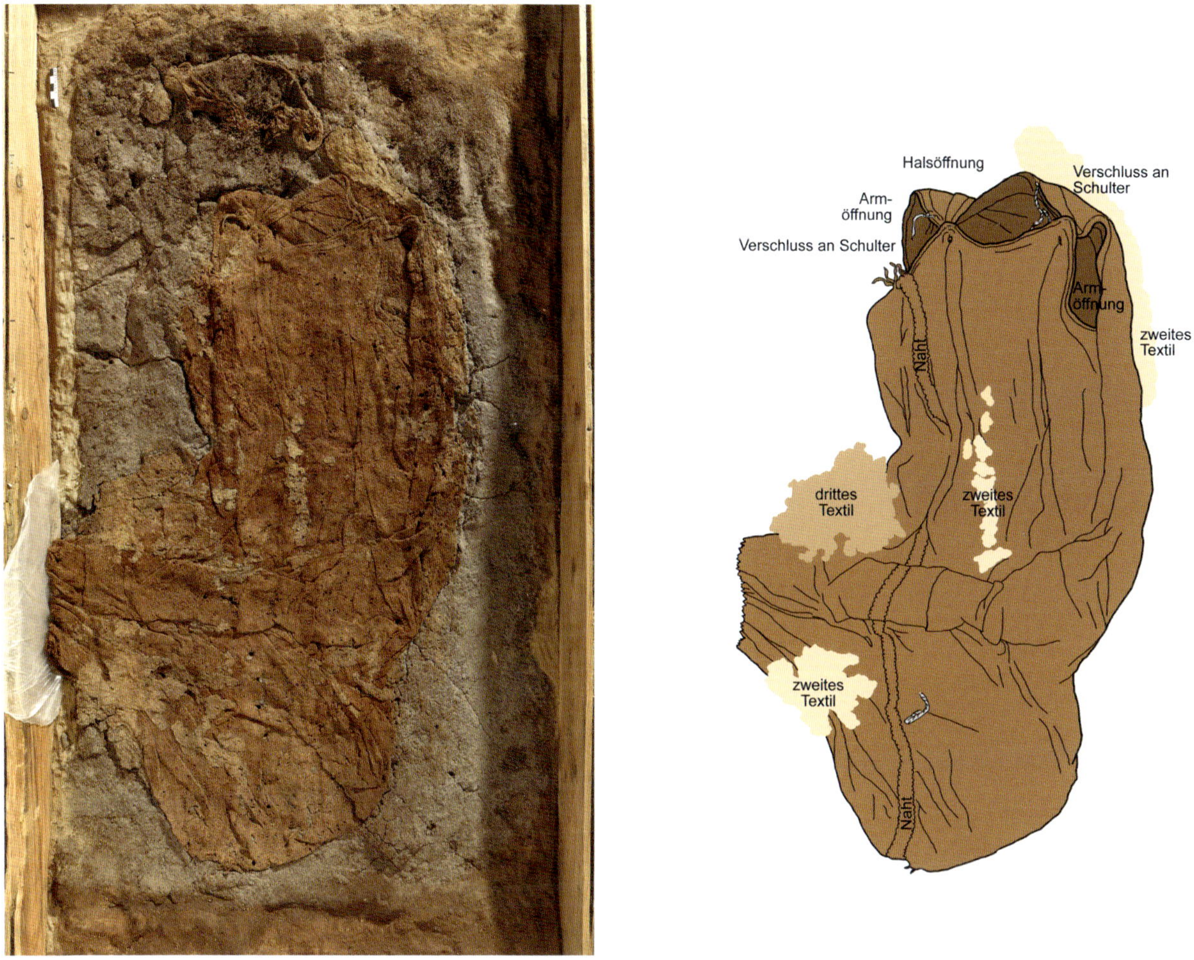

Abb. 213: Frauengrab von Hammerum in Dänemark, 1. Jahrhundert n. Chr.

daher für die Eisenzeit leider nicht (mehr) mit vollständig erhaltenen Gewandensembles in funktionaler Lage am Körper eines Menschen aufwarten.

Wenige Einzelstücke von Kleidungsteilen sind jedoch auch für Mitteleuropa belegt. Aus den beiden Salzbergwerken stammen Teile der Arbeitskleidung, verschiedene Hauben und Schuhe[795].

Vom bereits erwähnten Rieserfernergletscher[796] an der Grenze zwischen Italien und Österreich kennen wir zwei Paar Beinlinge („Leggings") aus Ziegenwolle, dazu ein Paar genähter Wollsocken und Schuhreste aus Leder. Das Ensemble datiert in den

795 vgl. Barth 1992. – Stöllner 2002, Katalog.

796 Bazzanella et al. 2005; 2012.

Zeitraum vom 8. bis 6. Jahrhundert v. Chr. Es wurde am Rand eines Schneefeldes hoch in den Südtiroler Alpen gefunden, wo es vor über 2.500 Jahren von einem eisenzeitlichen Menschen zurückgelassen worden war. Diese so wichtigen Stücke zur mitteleuropäischen Kostümgeschichte sind wie die Funde zum jungsteinzeitlichen Mann aus dem Eis im Südtiroler Archäologiemuseum Bozen ausgestellt. Diese sind Nachweise für Kleidung für kalte Perioden.

Abb. 214: Rieserfernergletscher in Südtirol, Italien: Eisenzeitliche Beinlinge „Unterleggings", 8. bis 6. Jahrhundert v. Chr.

Die Beinlinge (Abb. 214) haben eine gemeinsame Grundkonstruktion, wenn auch kleine Details abweichen. Sie bestehen jeweils aus Röhren aus Wollstoff mit einer Naht an der Seite. Am unteren Ende ist eine Lasche eingearbeitet, die über den Fußrist zieht und selbst beim Tragen von Bundschuhen diesen Teil des Fußes vor Kälte schützt. Die Kanten des unteren Teiles mit der schützenden und wärmenden Lasche sind jeweils verstärkt, bei den „Unterleggings wurden die Kanten mit einem Köperband eingesäumt. Im Bereich über der Ferse ist jeweils eine Kordel erhalten, die zur sicheren Befestigung des Beinlings am Fuß diente. Die „Oberleggings" bestehen aus dichtem, dickem Wollstoff in Fischgrätköper, sie sind 55 cm hoch und haben eine Breite von 16 cm. Auf der Höhe des Knies hat das linke Bein der Leggings einen sorgfältig aufgenähten Flicken aus dünnem Wolltuch. Die „Unterleggings" sind 62 cm hoch und ebenfalls 16 cm breit bei leicht konischer Form. Sie sind in Leinwandbindung gestaltet. Das rechte Bein der „Unterleggings" hat eine einfache Seitennaht, während beim linken ein 1,5 cm breites Band in Diagonalflechterei eingearbeitet ist. Dieses besteht aus zwei aneinandergenähten Teilen unterschiedlicher Farbe, der untere Teil in Grau, der obere in Braun. Durch die schrägelastische Konstruktion dieses Bandes wird der sehr engen Beinröhre aus Leinwandbindung eine gewisse Elastizität verliehen. So ist eine gute Passform genauso gewährleistet wie ein problemloses Durchschlüpfen.

Abb. 215: Rieserferner-gletscher in Südtirol, Italien: Aus Wollstoff genähte Socken, ca. 8. bis 6. Jahrhundert v. Chr.

Die Socken (Abb. 215) wurden aus Köperstoff in beigebrauner bis beigegrauer Wolle hergestellt, der Stoff ist an der Innen- und Außenseite verfilzt. Das Gewebe ist etwas feiner als das der „Oberleggings". Es ist an einer sehr gut erhaltenen Socke zu erkennen, dass sie inklusive Sohle aus zehn verschiedenen Teilen zusammengesetzt war. Die Sohle ist durch zusätzliche, an der Innenseite angenähte Stoffstücke verstärkt, an der Außenseite sind im Zehen- und Fersenbereich ebenfalls Flicken aus dunkelbraunem Wollköperstoff angebracht. An der Einschlupföffnung kann die Socke mit einer seitlichen Lasche, an die ein Band angenäht ist, verschlossen werden, indem Lasche und Band um das Knöchelgelenk gewickelt werden.

Aus der voretruskischen Villanovakultur (1.000 bis 700 v. Chr.) gibt es aus Verucchio, Italien, ebenfalls etliche eisenzeitliche Mäntel und Umhänge, die verschiedene Formen aufweisen[797]. Zu den zeremoniellen Gewändern aus den Gräbern 85, 89 und „tomba del trono" gehören zwei große, halbrunde Umhänge mit einer Größe von etwa 260 × 80 cm. Sie sind in Köperbindung gewoben und tragen breite, dekorative Brettchenwebborten, die nach der Fertigstellung des Grundgewebes auf das Gewand gesetzt wurden. Aufgrund ihrer halbrunden Form gelten diese *tebennae* als Urform der römischen Toga. Einige weitere mehr oder weniger vollständige Gewänder wurden ebenfalls gefunden. Gewand 3 ist mit vier geschwungenen Rändern und einer Halsöffnung in der Mitte gewoben und hat eine Größe von 103 × 105 cm. Es könnte wie ein langes Hemd oder eine Tunika mit kurzen, in Form gewobenen Ärmeln getragen worden sein.

[797] Stauffer in von Eles 2002,196–199. – Stauffer 2012.

Gestaltung hallstattzeitlicher Stoffe

In der Hallstattzeit sind wir in Mitteleuropa über das Aussehen der Stoffe (vgl. Kapitel B6, S. 175 ff.), die ja die materielle Grundlage der Kleidung bilden, allgemein sehr gut informiert. Wir kennen zahlreiche Textilien aus Gräbern. Eine besondere Rolle spielt dabei das Fürstengrab von Hochdorf, Deutschland[798], aus der späten Hallstattzeit. Durch die Analyse von Johanna Banck-Burgess wurde festgestellt, dass eigens für die Grablege des frühkeltischen Fürsten verschiedene Prachttücher als Beigabe hergestellt wurden. Diese sind vor allem in Rot und Blau gehalten, wobei man auch importierte Farbstoffe wie das Rot der Schildlaus *(Kermes vermilio)* verwendete. Es wurden von den findigen Textilkünstlern nicht nur Schafwolle oder Flachs verarbeitet, sondern auch Dachshaar und Hanfbast. Die Stoffe aus dem Fürstengrab zeichnen sich durch hohe Qualität aus und wurden mit verschiedenen Karomustern, Bindungen wie Diamantköper und Brettchenwebereien dekorativ gestaltet. Die prachtvollen Muster wie Swastika oder Mäander lassen auch eine Verbindung zu den südalpinen Hochkulturen erkennen, wenngleich die Herstellung wahrscheinlich lokal erfolgte.

Nicht zuletzt sind die salzkonservierten Textilfunde von Hallstatt, Österreich[799], zu nennen, die nach Benützung in verschiedenen Funktionen (vgl. Kapitel D4–5, S. 319 ff.) im Berg zurückgelassen wurden. Es finden sich neben leinwand- und panamabindigen bevorzugt köperbindige Textilien, die gefärbt und verziert wurden. Streifen- und Karomuster sind zwar charakteristisch für diese Zeit, es sind jedoch bei weitem nicht alle Stoffe damit versehen. Weitaus häufiger sind Spinnrichtungsmuster, die eine sehr exquisite Art des Ton-in-Ton Dekors bilden. Auch bunte Brettchenwebbänder und Ripsborten sind charakteristisch für diese Zeit. Es ist zu betonen, dass durch Färbung auch gerne kräftige dunkle, blaue bis schwarzblaue Farbtöne erreicht wurden. Der im polierten Zustand hellglänzende Bronzeschmuck muss dazu einen schönen Farbkontrast abgegeben haben. Interessant ist auch, dass es gerade in Hallstatt viele Hinweise auf Schneiderei gibt (siehe Kapitel B8.4, S. 243). So wurden aus

798 Banck-Burgess 1999.

799 Grömer et al. 2013. – Hundt 1987. – von Kurzynski 1996.

Stoffbahnen Teile zugeschnitten und dann zusammengenäht. Auf die sorgfältige Säumung der Schnittkanten wurde dabei besonderer Wert gelegt, nicht zuletzt auch aus praktischen Gründen, um die Lebensdauer der Kleidungsstücke zu erhöhen.

Grabfunde

Wie auch für die mitteleuropäische Bronzezeit bieten uns die Gräber eine wichtige Quelle, wenn es darum geht, zumindest die Kleidungsstücke, die der Bestattete bei seinem letzten Weg getragen hat, zu interpretieren. Dazu werden nur die Trachtelemente und Schmuckstücke in „Trachtlage" herangezogen. In der Hallstattzeit sind sowohl Brand- als auch Körperbestattungen bekannt. Oft sind, wie im Gräberfeld Hallstatt, die reicher ausgestatteten Gräber (vor allem jene mit Bronzeblechgefäßen) Brandbestattungen[800].

Besonders eindrucksvoll ist der Befund aus dem Fürstengrabhügel X von Mitterkirchen im oberösterreichischen Machland[801]. Es handelt sich dabei um eine der frühesten Prunkwagenbestattungen aus dem östlichen Randbereich des frühhallstättischen Westkreises. In diesem mächtigen Grabhügel aus dem 7. Jahrhundert v. Chr. (Stufe HaC) befanden sich zwei Grabkammern und eine Bestattung in einer Grube. Kammer 1 enthielt neben dem üblichen Speise- und Trinkservice einen reich geschmückten Wagen, auf dem der Körper einer Frau gebettet war. Diese Bestattungsart mit einem Wagen war in der Hallstattzeit nur der Elite vorbehalten. In Kammer 2 wurde die Doppelbestattung einer 30-jährigen Frau und eines 18-jährigen Mannes entdeckt. Hier stellte sich den ausgrabenden Archäologen eine eindrucksvolle Fundsituation dar (Abb. 216): Beim Frauenskelett, nach der Ausstattung sicher die dominante Person in diesem Grab, lagen im Oberkörper- und Beinbereich tausende Bronzeknöpfchen. Diese waren zwischen Knien und Fußspitzen von einer doppelreihig geführten Zick-Zack-Borte aus winzigen Bronzeringlein gesäumt. Es fanden sich im Bereich dieses Metallbesatzes Lederreste, an den Randzonen des Knöpfchenbesatzes

[800] vgl. Kern et al. 2008. – Kromer 1959.

[801] Pertlwieser 1987, 55–70.

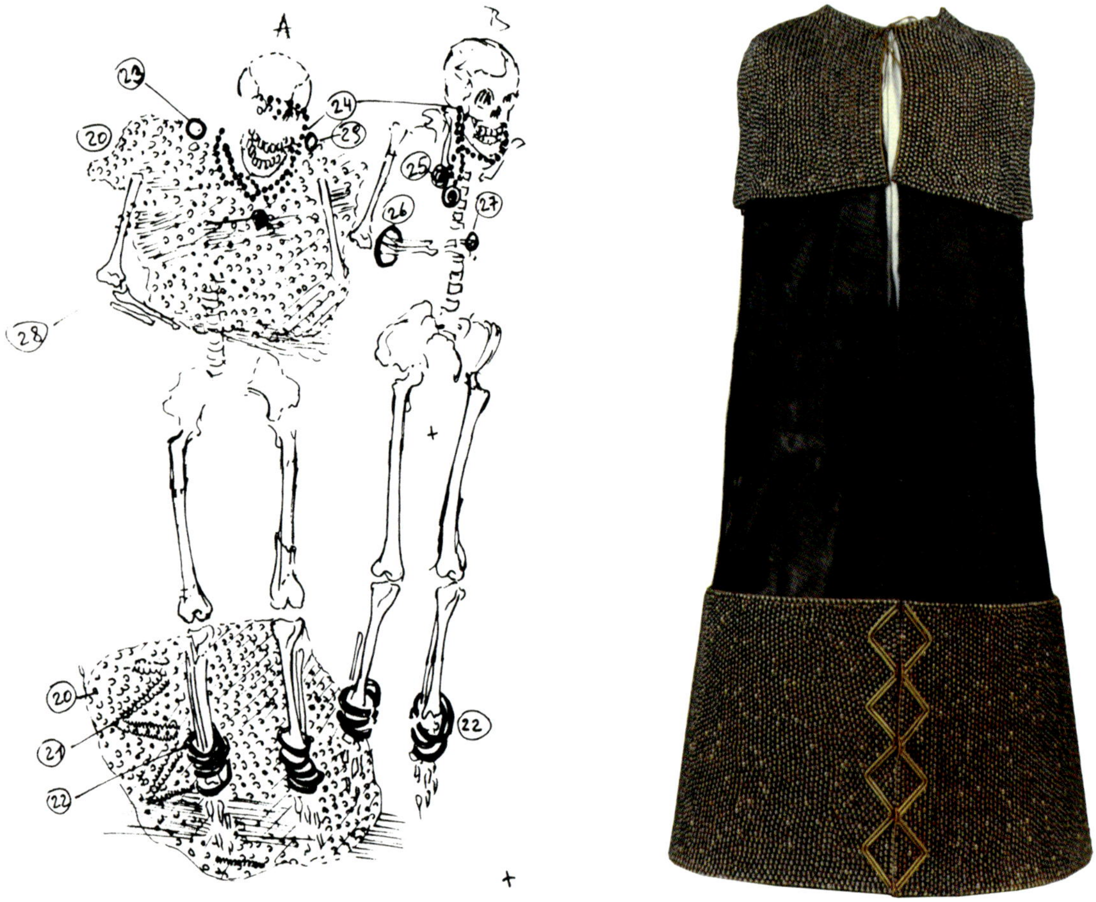

Abb. 216: Mitterkirchen: Skizze des Grabbefundes Grab X, Kammer 2 und Rekonstruktion des Mantels.

oxydgetränkte Tierhaare, die darauf schließen lassen, dass es sich hier um einen repräsentativen Ledermantel gehandelt hat, Teile waren eventuell aus Fell gearbeitet. Daneben trug diese reiche Frau eine Spiralkopfnadel, fünf Paar Schaukelringe über dem Fußgelenk, Bernsteinketten und mehrreihige Blechknöpfchen und Bernsteinperlen, die wohl einst zu einem prachtvollen Haubenbesatz gehörten.

Verlässt man die Ebene der reichsten Bestattungen, so sieht man sich einer großen Zahl von durchaus ansehnlich mit Schmuck ausgestatteten Gräbern gegenüber[802]. Obwohl es gerade in der Hallstattzeit zahlreiche Varianten von Schmuckelementen und Trachtbestandteilen in den Gräbern gibt, soll doch versucht

[802] Rebay 2007, 134–156.

werden, allgemeine Muster zu erfassen: Bei den Männern sind es vor allem eine längere Nadel im Brust-Schulterbereich sowie ein Gürtelelement (Gürtelhaken, Gürtelbleche), die die „zivile" Tracht kenntlich machen[803]. Diese kommen auch gemeinsam mit kriegerischen Elementen wie Lanzenspitzen vor oder – bei reicheren Ausstattungen – mit Dolch oder Schwert. Auch die Schutzwaffen eines Kriegers, wie Helme, konnten in die Gräbern mitgegeben worden sein.

Das wichtigste metallene Verschlusselement der Kleidung ist ab der Eisenzeit die Fibel[804]. Dies ist eine Gewandspange nach dem Prinzip einer Sicherheitsnadel. Die Fibeln dienten neben ihrem praktischen Zweck als Kleidungsverschluss zugleich auch immer der Repräsentation und waren auffällige Schmuckstücke. Wie schon die Nadeln in der Bronzezeit sind auch die Fibeln starken modischen Veränderungen unterworfen. Anhand ihrer Gestalt und Verzierung können außerdem Kulturverbindungen studiert werden. Hier soll nicht im Einzelnen auf die Fibelformen und ihre räumliche und zeitliche Verteilung eingegangen werden. Wiederum interessiert uns hier, in welcher Lage diese Kleidungsverschlüsse in den Gräbern auftauchen.

Die Gräber von weiblichen Personen sind in ihrem Ausstattungsreichtum oft nur schwer miteinander zu vergleichen. Es gibt aus der Fülle des Materials kein allgemein gültiges Schema, nur einen kleinsten gemeinsamen Nenner. Bei den hallstattzeitlichen Frauengräbern Mitteleuropas treffen wir als Gemeinsamkeit oft auf paarige Fibeln oder Nadeln im Oberkörper/Schulterbereich. Meist sind die Kleidungsverschlüsse symmetrisch rechts und links an den Schultern angeordnet. Teilweise liegen die beiden Fibeln auch parallel nebeneinander auf der rechten Schulter. Weiterer Schmuck wie Arm- oder Fußreife, Haarnadeln sowie diverser Halsschmuck vervollständigt das Ensemble. Gürtel in Form von Gürtelverschlüssen oder Gürtelblechen[805] betonten die Taille.

803 z. B. Hodson 1990. – Kromer 1959.

804 Müller 1994, 411–607.

805 Pabst-Dörrer 2000, Tab. 3, 4. – Aus Hallstatt etwa: Kromer 1959, Tafelteil.

Die Form der verwendeten Fibeln ist regional sehr unterschiedlich. Im Gräberfeld Hallstatt[806] (Abb. 217) sind oftmals Brillenspiralfibeln oder Klapperblechfibeln belegt, mit denen von den Wohlhabenden ein Blechgürtel kombiniert wird. Zahlreiche Funde aus den reichen Gräbern geben uns ein beredtes Bild dieser Pracht, ebenso wie die bei der Ausgrabung im 19. Jahrhundert angefertigten detailreichen Aquarelle der Fundpositionen.

Die Fibeln können, wenn in einem Grab in Mehrzahl vorhanden, prinzipiell auch zu mehreren Gewändern gehört haben. Auch die Formen und Größen der innerhalb eines Grabes gefundenen Fibeln können variieren, was eventuell auf Ober- und Unterkleider aus möglicherweise verschieden dicken Stoffen hindeutet. So kommt in der Späthallstattzeit in Nordwürttemberg[807] bei der Frauentracht die Sitte auf, drei Fibeln zu tragen. Zusätzlich zum symmetrischen Schulterfibelpaar findet sich ein drittes Exemplar in Brustmitte. Dieses verschloss wahrscheinlich den Halsausschnitt eines Unter- oder Obergewandes.

Insgesamt kann bemerkt werden, dass es bei den Fibeln im Laufe der Eisenzeit eine Tendenz zu immer kleineren Formen gibt, ebenso finden sich immer feinere Textilien. Sind die Brillenspiralfibeln der frühen Hallstattzeit teils noch sehr grob und schwer mit dicken Nadelschäften (mit diesen lassen sich eher gröbere Stoffe feststecken), so gibt es in der Späthallstattzeit und vor allem in der Latènezeit sehr fein ausgestaltete kleine leichte Fibeln mit zierlichen Schäften. Diese eignen sich gut für feine Gewebe, da dickere Nadelschäfte diese nur beschädigen würden (vgl. Abb. 207, S. 396).

Neben den Fibeln und Gürteln gibt es weitere Kleidungsverschlüsse. Wir kennen aus der Hallstattzeit einige Beispiele von Knöpfen aus Ton oder Hirschgeweih. Diese sind meist gezackt oder sternförmig und kommen vor allem im südmährisch-niederösterreichisch-slowakischen Raum vor. Österreichische Fundorte von derartigen Knöpfen sind Horn, der Leopoldsberg bei Wien oder Unterparschenbrunn[808] (Abb. 218). Im Ver-

806 Kromer 1959.

807 Müller 1994, 441.

808 Zitat nach Griebl 1996, 95–114. Mit weiteren slowakischen Beispielen.

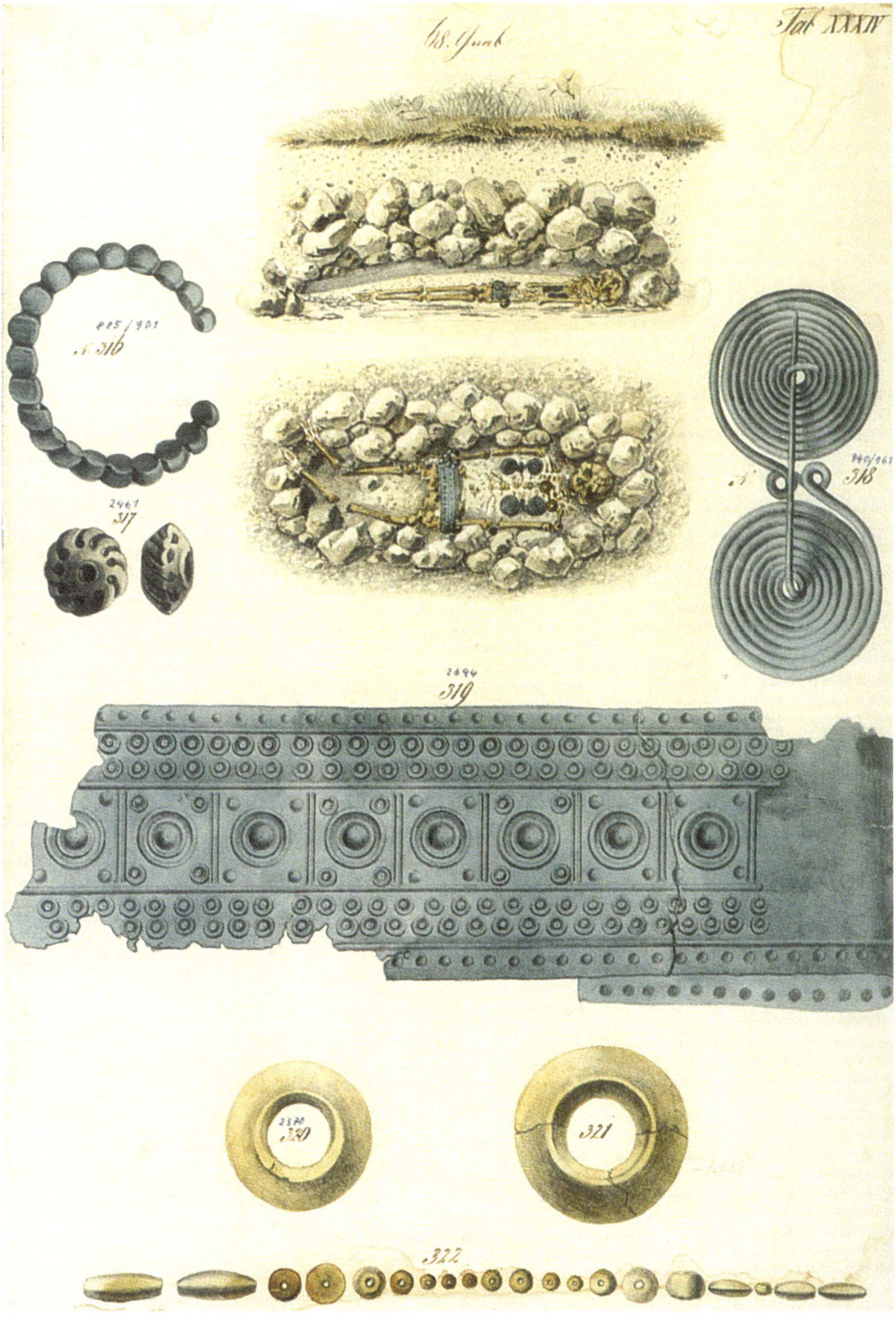

Abb. 217: Frauengrab aus Hallstatt mit Gürtelblech und Brillenspiralfibel. Aquarell aus den Protokollen von Johann Georg Ramsauer, 1864.

gleich zu den Fibeln sind Knöpfe nicht häufig. Der Knopf als Verschlussprinzip von Kleidung hat sich also – obwohl er seit der Steinzeit immer wieder auftaucht – anscheinend bis ins Mittelalter nicht durchgesetzt. Solange wir keinen Befund aus Gräbern haben, ist nicht klar, was mit den Knöpfen verschlossen wurde. Die bislang bekannten Knöpfe wurden bei archäologischen Ausgrabungen nur in Siedlungen entdeckt, wo sie von ihren Trägern verloren wurden.

Die „Tracht" mit gefibelten Kleidungsstücken, die aus den Gräbern überliefert ist, kann bedauerlicherweise nicht direkt mit den zeitgleichen bildlichen Darstellungen in Beziehung gesetzt werden, da keine Abbildungen eines Kleidungsstückes mit Fibeln aus der Älteren Eisenzeit in Mitteleuropa identifizierbar sind. Auch Knöpfe in Position als Verschluss eines Gewandteiles sind auf den Bildern nicht zu erkennen. Wie die Gewänder ausgesehen haben könnten, die durch die Trachtlagen der Kleidungsbestandteile in den Gräbern repräsentiert sind, wird später diskutiert.

Abbildungen von Kleidung

Figürliche Kunst[809] ist in der Hallstattkultur generell nicht sehr naturalistisch. Aus dem Westhallstattkreis sind Darstellungen bekleideter Menschen überhaupt selten, während hingegen im Osthallstattkreis verschiedene Abbildungen bekannt sind. Als Beispiele für Kleinplastik dienen die figürlichen Aufsätze auf Kegelhalsgefäßen (Abb. 219) von Gemeinlebarn in Niederösterreich. Diese Gefäße wurden als repräsentatives Trinkgeschirr in Grabhügel mitgegeben. Die diversen Menschen- und Tierfi-

Abb. 218: Hallstattzeitliche Knöpfe aus Ton und Hirschgeweih von österreichischen Fundorten: (1) Leopoldsberg bei Wien, (2) Unterparschenbrunn, (3) Horn.

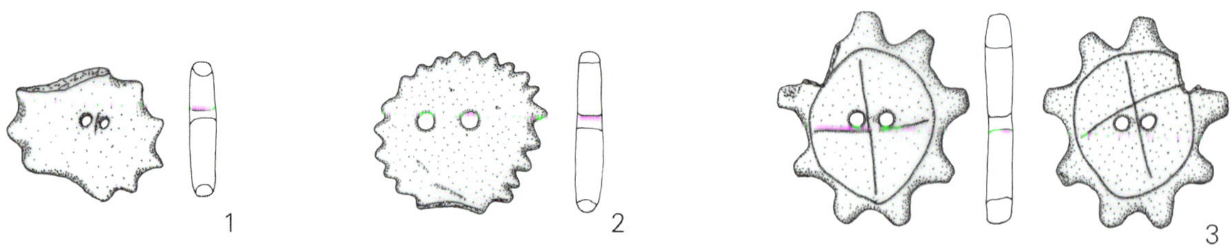

809 vgl. Huth 2003. – Rebay-Salisbury 2014. – Reichenberger 2000.

guren schmücken die Schulterpartie der Gefäße, wobei sie als Reiter, Tänzer und Gefäßträger eine heute nicht mehr nachvollziehbare Geschichte erzählten. Die Menschenfiguren sind brettchenartig flach. Es sind vor allem bei den durch Brüste gekennzeichneten Frauen „Kleider" mit weit ausschwingendem Rocksaum zu sehen, der allerdings nur bis zu den Knien reicht.

Andere Zeugnisse der Kleinplastik, die aus zahlreichen Fundorten in Mitteleuropa vorliegen, stellen vor allem unbekleidete Menschen dar.

Weitere figürliche Darstellungen kennen wir aus dem Bereich des Osthallstattkreises, vor allem in der Kalenderbergkultur am nordöstlichen Rand der Alpen (Niederösterreich, Burgenland, Ungarn, Slowakei). Besonders im 7. Jahrhundert v. Chr. war es hier Sitte, auf Tongefäßen als Dekor nicht nur geometrische Muster anzubringen, sondern auch Menschen abzubilden[810] (Abb. 220).

Bei diesen Bildern sind die Personen sehr schematisiert und abstrahiert gezeichnet. Man beschränkte sich auf das bloße Kennbarmachen des darzustellenden Objektes. So reichen ein einfaches Dreieck mit Kreis oder Punkt als Kopf sowie Striche als Arme und Beine aus, um einen Menschen darzustellen. Es finden sich regelrechte Szenen mit Wagenumfahrten, Jagden, Musik- und Tanzdarstellungen. Die Kleidung bleibt dabei meist auf verschieden gestaltete und dekorierte Dreiecke reduziert. Die Bilder sind zwar weit davon entfernt, als Abbilder bestimmter Kleidungsstücke wahrgenommen werden zu können, doch finden sich diverse interessante Details (Abb. 221). So gibt es bei den „Frauen" sowohl solche, die offensichtlich einen abgesetzten Rock und ein Oberteil haben, während andere mit durchgängigem Dreieck vom Kopf bis zu den Beinen eher als „Kleid" interpretiert werden könnten. Auch der an der engen Taille ansetzende Rock hat unterschiedliche Ausgestaltung, meist ist er dreieckig dargestellt. Im Falle von Sopron-Burgstall, Tumulus 28 (nach Eibner 1980), ist es sogar ein glockenförmiger Rock, der in seinen Dimensionen Assoziationen mit den Krinolinenröcken des Rokoko hervorruft. In diesem Fall ist aber mit der

[810] Dobiat 1982. – Reichenberger 2000.

Abb. 219: Hallstattzeitliche Figur von Gemeinlebarn in Niederösterreich und rekonstruiertes Kegelhalsgefäß.

weit ausschwingenden Form wahrscheinlich eine drehende Bewegung – ein Tanz – angedeutet[811] (Abb. 221 / 1, 221 / 14).

„Männer" sind meist als Strichmännchen gezeichnet, es gibt aber auch eindeutige Darstellungen von Hosen. Teilweise werden Personen mit schmalen Dreiecken ebenfalls als Mann gedeutet (Abb. 221 / 6). Bei der berühmten Darstellung mit den als breite Dreiecke geritzten spinnenden, webenden und tanzenden Frauen auf dem Kegelhalsgefäß von Sopron, Tumulus 27, wird die schmal dreieckige Person mit Leier als Mann interpretiert.

221/1

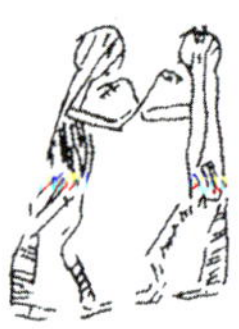

221/14

Es gibt wohl späthallstatt-frühlatènezeitliche Großplastik[812], etwa Grabstelen wie die aus Hirschlanden in Deutschland. Die Steinstatuen beschränken sich aber auf den Westhallstattkreis und gehen auf mediterrane Vorbilder zurück. In ihrer Symbolik sind sie stark mit der Darstellung eines Herrschaftsanspruches verknüpft. Unter den üblicherweise nackten (nur mit Spitzhut und Torques „bekleideten") Darstellungen sticht der „Fürst vom Glauberg" hervor, der einen mit Zinnenmäandermuster verzierten Kompositpanzer trägt. Auch bei ihm ist der Kopfbe-

[811] Eibner 1997, 129–145.

[812] Frey 2000.

reich als Schmuckzone wichtig, dargestellt ist eine Blattkrone. Interessanterweise wurde im Glauberger Hügelgrab ein zu einem derartigen Kopfputz gehörendes Drahtgestell nachgewiesen[813]; so kann die Darstellung als durchaus realistisch gesehen werden. Ansonsten ist die sogenannte „keltische Großplastik" nicht für Fragen zur Kleidung zu verwerten.

Abb. 220: Sopron-Burgstall, Ungarn: Kegelhalsgefäß mit menschlichen Figuren in Ritzdekor, Ältere Eisenzeit.

5.3 Kleidung auf Situlendarstellungen

Am detailliertesten ist die Kleidung an der späthallstatt/frühlatènezeitlichen Situlenkunst[814] zu erfassen (Abb. 221). Die Situlendenkmäler waren in einem Zeitraum zwischen dem 6. und 4. vorchristlichen Jahrhundert (Späthallstattzeit, Latènezeit) im Alpen- und Südostalpenraum zwischen Donau und Po, auf dem Gebiet der Osthallstattkultur und der Este-Kultur verbreitet. Die Darstellungen auf der frühlatènezeitlichen Schwertscheide von Hallstatt, Grab 994[815] (Abb. 222), sind in anderer Technik gestaltet. Sie zeigen aber stilistisch eine ähnliche Bilderwelt, besonders in der Darstellungsweise der Menschen und ihrer Kleidung, weshalb dieser besondere Fund hier mitbehandelt wird.

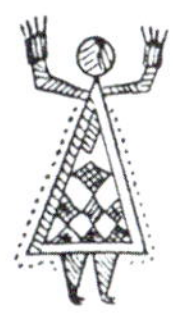

221/6

[813] Bagley 2014, 415, Kat. Nr. 118.

[814] Frey 2005. – Lucke und Frey 1962. – Rebay-Salisbury 2014. – Turk 2005.

[815] Egg et al. 2006 – Barth und Urban 2007.

Wie bei den Darstellungen auf Keramik, die großteils aus reichen Gräbern stammen, ist auch bei der Situlenkunst klar ein Konnex zur Oberschicht gegeben, die sich auf diesem Medium präsentierte.

Mögen auch der Kunststil und die dargestellten Themen dieser frühen Bildererzählungen südliche Einflüsse zeigen, so ist sicher, dass sich die Künstler bei den Einzelheiten der Darstellung von Bewaffnung und Geräten an heimische Vorbilder gehalten haben: Die abgebildeten Gegenstände sind aus den Gräbern des Ostalpenraumes gut bekannt. So wird angenommen, dass auch die dargestellten Gegenstände aus organischem Material, allen voran die Kleidung, den damaligen Gegebenheiten entsprechen. Die Kleidung der Situlenkunst hat wahrscheinlich teilweise – wie andere Darstellungsinhalte (z. B. halb verschlungene Tiere, diverse Helmformen, …) – Anklänge an etruskische Vorlagen[816]. Wie bereits in der Einleitung zum Kapitel Kleidung (E5.3, S. 503 ff.) erwähnt, sind in der Situlenkunst wohl symbolische Inhalte ebenso dargestellt wie die Vorstellungen, die Lebenswelt und die festlichen Aktivitäten der Oberschicht.

221/19

221/26

Die Frauen auf den Abbildungen tragen meist lange, bis zu den Waden reichende Kleider mit halblangen Ärmeln. Diese Gewänder können einen geraden oder einen bogigen bzw. gezipfelten Saum aufweisen, der teilweise mit Borten geschmückt ist. Das Kleid wird teilweise mit einem Gürtel um die Taille gerafft. Dazu wird stets ein Schleier oder ein Kopftuch in verschiedenen Längen kombiniert (Abb. 221 / 18 – 28, 34). Manchmal ist der Schleier länger, und reicht etwa bis zu den Knien oder zur Wade. Diese langen Überwürfe sind auch geschlitzt dargestellt, sodass ein Teil nach vorne über die Brust, der andere hinten über den Rücken fällt, während sich die Arme frei bewegen können. Bei den überlangen „Schleiern" könnte es sich auch um über den Kopf gezogene Mäntel handeln.

221/34

Besonders interessant ist die Frauendarstellung auf der im Situlenstil verzierten Gürtelschließe von Carceri bei Este (Abb. 221 / 34). Bei dieser Szene lagert ein Mann auf einer Kline und eine Frau reicht ihm eine doppelhenkelige Schale, in der anderen Hand hält

816 Bonfante 2003, beispielsweise Abb. 2 – 18, 72 – 75.

Abb. 221: Menschendarstellungen auf früheisenzeitlicher Keramik und auf Situlen. Fundstellen: Keramik: Sopron (1–6, 11–15), Nové Košariská (7–8), Kleinklein (9), Dietldorf (10). Situlenkunst: Hallstatt (16), Vače (17, 20, 37), Certosa (18–19, 21–25, 31), unbekannter Fundort, Situla wird in Providence, USA, aufbewahrt (26), Welzelach (28, 32–33, 35), Magdalenska Gora (27, 29), Moritzing (30), Carceri bei Este (34).

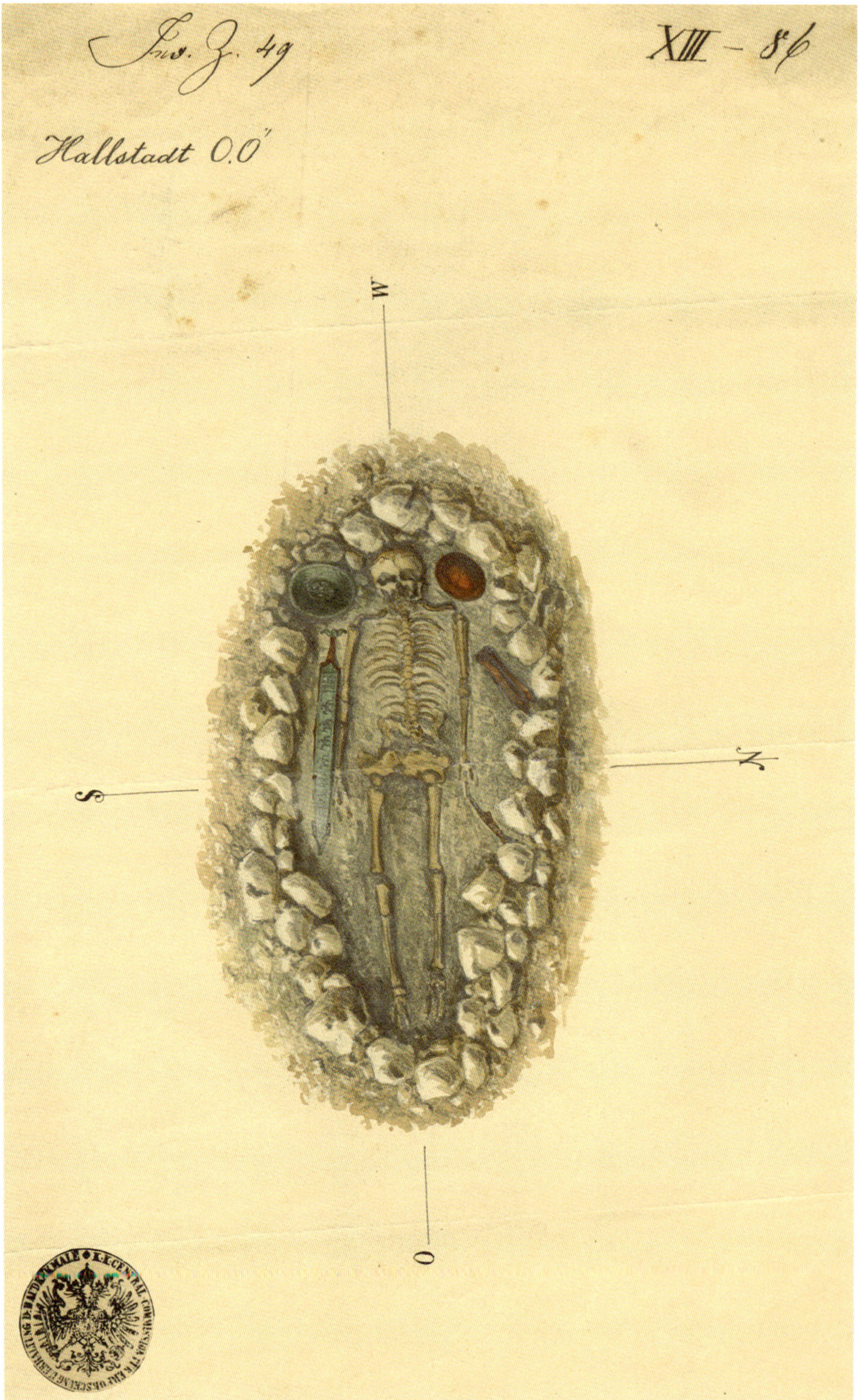

Abb. 222: Figürlich verzierte Schwertscheide von Hallstatt, Grab 994, Frühlatènezeit. Mit aquarellierter Grabzeichnung.

sie eine Schnabelkanne. Diese Frau trägt nicht das lange Kleid wie andere Frauen auf den Objekten der Situlenkunst, sondern sie ist in eine Kombination aus Rock und Bluse gekleidet. Das kurzärmelige Oberteil ist kariert, während der von einem Gürtel gehaltene Rock radiale Streifen sowie eine Borte am Saum aufweist. Es ist nicht zu klären, ob die Streifen die Andeutung einer Verzierung oder des Faltenwurfes darstellen sollen. Ein bis zum Gesäß reichender Schleier rundet das Ensemble in der bekannten Weise ab. Dazu kommt jedoch etwas Ungewöhnliches: An den Beinen ist durch eine Verdickung angedeutet, dass die dargestellte Dame offensichtlich Beinlinge oder eine Hose trägt.

Die Männerkleidung auf den Situlendarstellungen (Abb. 221) ist großteils ein kittel- oder hemdartiges Gewand mit halblangen Ärmeln oder ärmellos. Das Gewand fällt vom Hals meist ungegürtet glatt herab und reicht bis zur Wade oder bis zum Knöchel. Die Kleidung ist teils kariert oder gestreift dargestellt; der Saum ist oft mit einer Borte geschmückt (Abb. 221/22, 32). Das Gewand verhüllt den Körper so vollständig, dass etwaige Unterkleidung nicht feststellbar ist. Zuweilen wird über dem Gewand ein Umhang getragen.

221/22

Krieger (Fußtruppen und Berittene), wie etwa auf der Schwertscheide von Hallstatt (Abb. 222), tragen verschieden ausgestaltete Helme und ein langärmeliges, kürzeres Gewand, darüber einen ärmellosen Panzer, der mit Streifen oder Karos verziert ist. Es könnte sich dabei um einen aus Leder oder Leinen gefertigten Kompositpanzer handeln, wie er auch auf der Steinstele vom Glauberg abgebildet ist.

221/32

Körperlich Tätige, wie die „Kellner/Mundschenke" auf der Situla von Kuffarn (Abb. 176, S. 349), die der thronenden Person Wein reichen, haben eine nur bis zu den Knien reichende Kleidung – einer trägt überhaupt nur einen Lendenschurz. Ebenso hat der „Jäger" auf der Situla von Welzelach (Abb. 221/35) einen Lendenschurz, den er bei nacktem Oberkörper trägt. Faustkämpfe werden völlig nackt ausgefochten.

221/35

Darstellungen von Beinbekleidung, wahrscheinlich Hosen, finden sich auf der frühlatènezeitlichen Schwertscheide von Hallstatt und auf dem Gürtelblech von Molnik in Slowenien[817] aus dem Ende des 6./Anfang des 5. Jahrhunderts v. Chr. Bei diesem trägt die auffällige Gestalt des „Bogenschützen" eine weite Hose mit schwach sichtbar eingeritztem Stoffmuster, dazu ein langärmeliges Oberteil und eine Zipfelmütze. Einen anderen Hosentyp haben die „Radträger" auf der Schwertscheide von Hallstatt. Es sind enganliegende Hosen mit reicher Musterung (eventuell auch Schnürungen/Wicklungen), die bis zur Hüfte hoch reichen. Da keine Genitalien eingezeichnet sind, die bei dieser Schrittstellung eigentlich sichtbar sein müssten, kann man davon ausgehen, dass die Hose im Schritt zusammengenäht war. Diese Darstellungen gehören zu den ältesten sicheren Nachweisen für Hosen in Mitteleuropa – datiert in die Mitte des 1. vorchristlichen Jahrtausends. Heutzutage ist dieses Kleidungsstück und auch seine Konstruktionsweise so geläufig, dass eher ungläubiges Kopfschütteln darüber besteht, wie man ohne dieses Beinkleid auskommen konnte.

Im Fall der Schwertscheide von Hallstatt ist die enge, gemusterte Hose mit einem Leibrock mit zurückgeschlagenen Schößen kombiniert. Das Obergewand hat also einen verlängerten Rückenteil, während vorne die Beine in voller Länge bis zu den Hüften unbedeckt bleiben. Dieses seltsame Gewand findet sich auf weiteren Darstellungen der Frühlatènezeit. So wird es von den Wagenfahrern auf der Situla von Kuffarn getragen, sowie von der Figur auf der frühlatènezeitlichen Fibel vom Dürrnberg-Eislfeld, Grab 135[818] (Abb. 223), bei der dieser sogenannte „Wams mit Frackschoß" zudem mit einer weiten, faltenreichen Hose kombiniert ist.

Die bekannte Szene mit den vier behosten Männern auf der Schwertscheide von Hallstatt hat die Wissenschaft zu vielerlei Deutungen inspiriert: Sie wurde zunächst in Bezug auf den Bergbau interpretiert. Das Rad, das je zwei der Männer halten, wurde bergbauspezifisch als Arbeitsgerät (Haspel) erklärt. Demnach wären die dargestellten Personen Bergleute und die ungewöhnlichen, zipfelartig vom Oberteil herabhängenden

[817] Turk 2005, Abb. 87.

[818] Zeller 1980, 126, Abb. 17.

Teile sogenannte „Arschleder"[819], die den Hosenboden des Bergmannes vor dem Durchscheuern schützen sollten. Nach einer Neuinterpretation durch den Hallstattspezialisten Fritz-Eckart Barth[820] handelt es sich bei der Bilderzählung auf der Schwertscheide aber nicht um eine „Bergwerksgeschichte", sondern um die Schilderung der drei Waffengattungen, die für die frühen Kelten wichtig waren: Kavallerie, Infanterie und Streitwagen mit Fahrern. So sollten die Personen, die zwischen sich ein Rad halten, die Streitwägen symbolisieren (diese sind vergleichsweise auf der Situla von Kuffarn in voller Fahrt abgebildet). Das Gewand mit dem bis in Kniehöhe herabhängenden Rückenteil ist nach dieser Deutung die Schutzkleidung eines Streitwagenfahrers. Hält man sich eine derartige Kampfszenerie bildhaft vor Augen, so wird der Sinn dieser Kleidung deutlich. Nach Barth war *„der Rücken der Streitwagenfahrer nach Durchbrechen der Schlachtreihe schutzlos jeder Art von Fernwaffe preisgegeben. Ohne die Beinfreiheit – für Streitwagenfahrer sicher von existenzieller Bedeutung – zu behindern, konnte ein lose herunterhängender Schoß wirksamen Schutz gewährleisten, auch wenn er nur aus vergleichsweise dünnem Material bestand."*

Abb. 223: Dürrnberg-Eislfeld, Grab 135: Figurenfibel, Jüngere Eisenzeit.

5.4 Quellen zur latènezeitlichen Bekleidung in Mitteleuropa

Bei den Kelten gab es keine einheitliche Tracht. Die verschiedenen keltischen Stämme lebten in weiter Verbreitung in ganz Europa, sie hatten auch unterschiedliche Berührungspunkte mit verschiedenen Kulturkreisen. Daher sind hier verschiedene Kleidungsgewohnheiten anzunehmen. Das archäologische Quellenmaterial ist ebenso gestreut wie schon in der Hallstattzeit. Eine Novität sind die Schriftquellen, die nun erstmals auch konkrete Namen und Begriffe zu den archäologischen Daten liefern.

---

819 z. B. Egg et al. 2006, 194.

820 Barth und Urban 2007.

Gestaltung latènezeitlicher Stoffe

Über das Aussehen der Stoffe in der Latènezeit sind wir durch archäologische Funde gut informiert. Für die Frühlatènezeit bieten die über 600 Textilreste aus dem Salzbergwerk von Dürrnberg bei Hallein[821] in Österreich das farbenprächtigste Bild dessen, was in dieser Zeit am textilen Sektor üblich war. Nach wie vor sind feine Gewebe vorhanden, nun ist aber Leinwandbindung vorherrschend, Köper findet sich in den einfacheren Varianten. Bei den Analysen wurden als Rohmaterialien sowohl Wolle als auch Leinen festgestellt, ebenso wurden Stoffe gefärbt, wie wir es bereits aus der Hallstattzeit kennen. Streifen werden bevorzugt, Karos und Spinnrichtungsmuster, die das Textilschaffen etwa in der Hallstattzeit auszeichnen, sind selten. Herausragend sind jene Einzelstücke, bei denen Schachbrettmuster, Rauten- und Mäandermotive in verschiedenen Techniken mit flottierenden Fadensystemen und auch in Brettchenweberei hergestellt wurden.

In den latènezeitlichen Gräbern in Österreich, Tschechien und der Slowakei[822] sind Textilien erhalten, die ebenfalls großteils als einfache Leinwandbindung gefertigt sind. Hier sticht das prachtvoll bestickte Gewebe aus Nové Zamky hervor. Es ist jedoch zu beachten, dass die in den latènezeitlichen Gräbern Mitteleuropas aufgefundenen Textilien oft keinen direkten Kontext zur Kleidung haben, sondern andere Funktionen erfüllten. So etwa gibt es viele Stoffreste in sekundärer Verwendung als Füllung keltischer Hohlreife oder als Umwicklung von Gegenständen. Die Gewebe geben jedoch wieder, welche Arten von Textilqualitäten zu dieser Zeit in Gebrauch waren.

An Geweben aus latènezeitlichen Gräbern in der Schweiz[823] ist belegt, dass in der Früh- und Mittellatènezeit die Frauen ein gegürtetes leinenes Gewand (Kleid) trugen, in der Spätlatènezeit ein grobes bis mittleres Tuch, das an den Schultern gefibelt wurde und wohl ähnlich wie das Gewand auf dem Grabstein

821 Stöllner 2005. Katalog von Katharina von Kurzynski in Stöllner 2002. – Von Kurzynski 1996. – Grömer und Stöllner 2011.

822 Belanová 2005; 2012, Tab. 15.2–15.4. – Grömer 2012, 46–47, Tab. 1.1.

823 Rast-Eicher 2008, 177–188, 191; 2012.

der Menimane aus dem 1. Jahrhundert n. Chr. zu interpretieren ist[824]. Dementsprechend sind etwa auch die Textilreste auf den paarig getragenen Fibeln aus Potzneusiedl in Österreich zu interpretieren, die mit einer Datierung in das frühe 1. Jahrhundert n. Chr. als ein missing link zwischen spätlatènezeitlichen und provinzialrömischen Kleidungsformen zu sehen sind.

Grabfunde

Auch in der Latènezeit ist der Blick in die Gräber derjenige, der am unmittelbarsten die Kleidung der Menschen, zumindest der Bestatteten, wiedergibt.

Als metallene Trachtbestandteile, die Kleidungsstücke am Körper fixieren, sind in den Gräbern der Früh- und Mittellatènezeit im 5. bis Mitte 2. Jahrhundert v. Chr. wiederum vor allem die Fibeln wichtig. Man kann in verschiedenen Regionen nicht nur verschieden geformte und dekorierte Gewandspangen feststellen, sondern es unterscheidet sich auch die Sitte ihrer Trageweise[825]. Als Grundtendenz ist etwa in Baden-Württemberg bei den Männern eine meist 6 cm lange Eisenfibel festzustellen, die im Grab an der linken Schulter zu liegen kommt. Bei den Frauen sind es meist zwei Fibeln symmetrisch an beiden Schultern. In Südbayern und der Schweiz sind Fibeln so beliebt, dass Männer meist zwei Fibeln ins Grab mitbekommen, Frauen bis zu sieben Exemplare. Am häufigsten sind zwei oder drei Stücke. Sie liegen dabei im Schulter-Brust-Bereich, verteilt entweder auf beide Schultern, oder sie häufen sich an der rechten Schulter. Die Einzelfibel ist 5 cm lang oder größer. Werden mehrere Exemplare in einem Grab entdeckt, so sind stets eine große und mehrere kleine Fibeln vorhanden.

Eine ähnliche Fibeltracht lässt sich für die latènezeitlichen Frauenbestattungen aus Österreich feststellen (Abb. 224). Es gibt aber neben den paarig an beiden Schultern getragenen Fibeln auch die Fälle, in denen zwei Fibeln eng zusammen an einer Schulter

824 Zu römischen Grabsteinen: Rothe 2009; 2012. – Zu Potzneusiedl: Saunderson et al. 2022.

825 Beispielsweise in Lorenz 1978. – Ramsl 2002.

zu finden sind. Der Mann hat üblicherweise nur eine Fibel im Grab, getragen meist an der rechten Schulter.

In Tschechien und der Slowakei tragen die Männer meist eine ca. 6 cm lange Fibel an der rechten Schulter, die Frauen haben ebenfalls meist nur eine oder zwei Fibeln im Schulter-Brust-Bereich, selten mehrere. Zwei Fibeln liegen dabei vorwiegend nahe beisammen an einer Schulter.

Dass die Kleidungsstücke auch gegürtet wurden, zeigt weiteres Kleidungszubehör, nämlich die in den Gräbern vorkommenden Gürtelelemente[826]. Bei Männern und Frauen finden sich im Frühlatène verschiedene, aufwändig gestaltete Gürtelhaken, die wahrscheinlich Ledergürtel verschlossen haben. In der Mittellatènezeit werden bei den Frauen Gürtelketten modern, die in dekorativer Weise um den Körper geschlungen werden. Die Ketten waren in der Regel länger als der Taillenumfang der Frau, sie wurden durch Einhängen eines Hakenendes in ein Kettenglied abgepasst. Das andere Kettenende hing nicht frei herab, sondern wurde mit einem zweiten Haken nochmals nach oben genommen, sodass sich über dem Schoß ein Bogen bildete (Abb. 225). Die Männer bevorzugten in der Mittellatènezeit neben einfachen Ledergürteln mit Metallhaken die Schwertgurtketten.

Abb. 224: Fibeltrachten am Beispiel des latènezeitlichen Gräberfeldes von Pottenbrunn in Niederösterreich.

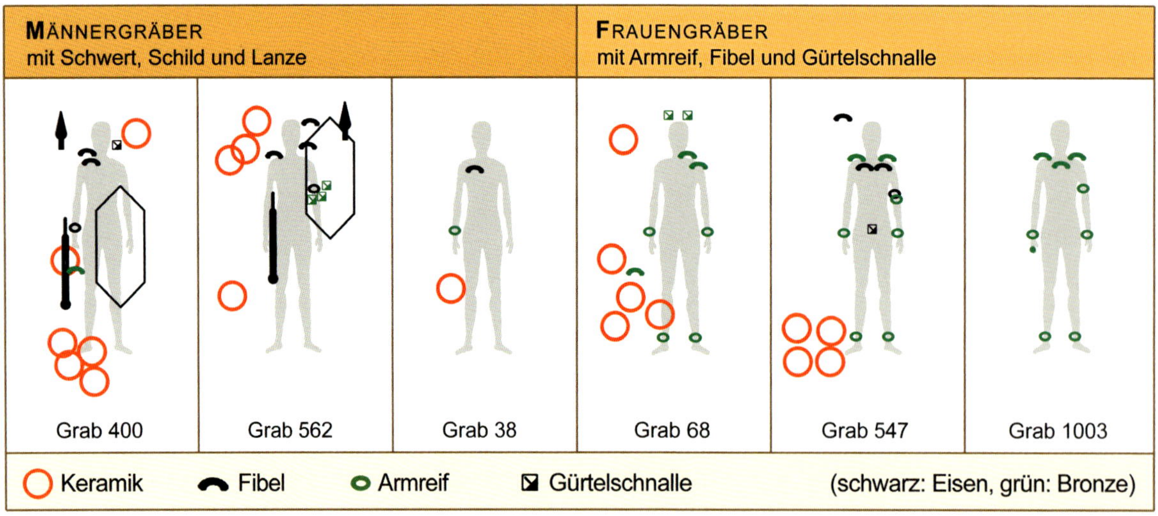

826 Müller 1999, 159–166.

Der Gürtel hatte mehrere Funktionen. Einerseits hielt er die Stofffülle der Gewänder im Taillenbereich zusammen; andererseits war er auch noch als Befestigungsmöglichkeit für diverse Gegenstände wichtig. Typisch für die Frauentracht scheinen an der rechten Seite getragene Beutel zu sein, deren metallener Inhalt als charakteristische Anhäufung in den Gräbern zu entdecken ist.

Bekannt ist die Vorliebe der Kelten für Schmuck. Schon die antiken Schriftquellen berichten ausführlich darüber und auch die Gräber sind hier aufschlussreich. Fast zum Symbol des Keltentums geworden ist dabei der Torques (Abb. 226), ein vorne offener Halsreif, dessen pufferähnliche Enden oft kunstvoll verziert wurden. Er fehlt auf praktisch keiner Darstellung eines Kelten in der Antike[827], wobei er meist von Kriegern getragen wird. In den Gräbern taucht er allerdings vor allem bei Frauenbestattungen der Mittellatènezeit auf[828].

Bei den Frauen kommen vereinzelte Nadeln im Brust- oder Kopfbereich vor. Diese dienten wohl zur Fixierung einer Kopfbedeckung, etwa eines Schleiers (Abb. 227).

Abb. 225: Trageweise latènezeitlicher Gürtelketten. Trachtenrekonstruktion mit Stoffen nach Funden aus Hallstatt und Nové Zanky, einfache „Kleid"-Silhouette. Model: Gloria Lekaj.

Zusätzlich finden sich in den Gräbern viele Schmuckelemente, vor allem Ketten aus Glasperlen, Fingerringe, Arm-, Fuß- und Halsreife[829]. Der Ringschmuck hat in den Frauengräbern eine gewisse Regelhaftigkeit, in der festgelegt war, an welchen Körperstellen, etwa Hals, Oberarm, Unterarm oder Bein, eine bestimmte Zahl von Ringen getragen wurde. Der Ringschmuck kann in den einzelnen Regionen verschieden sein, er kann aber auch Aussagen zur sozialen Stellung der Trägerin beinhalten – so wie heutzutage ein Ring am Ringfinger als Verlobungs- oder Ehering aussagekräftig ist. So könnten nach der Interpretation des Archäologen Herbert Lorenz diese Ringtrachten die Aufgabe

827 Thiel 2000, 73–75.

828 Bujna 2005, z. B. Abb. 3, dt. Zusammenfassung 173–194.

829 Lorenz 1978.

Abb. 226: Goldener Torques aus Oploty, Tschechien (Rekonstruktion), sowie Armreife, Latènezeit.

gehabt haben, heranwachsende und verheiratete Frauen einerseits sowie Mütter und Witwen andererseits zu kennzeichnen.

In der Späthallstattzeit und im Frühlatène finden sich gelegentlich kleine Knöpfchen oder keulenförmige Anhänger mit Ösen bei den Männern und Frauen im Fußbereich. Das kann eventuell mit Schuhen in Verbindung gebracht werden (Abb. 227).

Dass man großen Wert auf Körperhygiene und ein gepflegtes Äußeres gelegt hat, ist durch einige Toilettegegenstände belegt. In den verschiedenen Grabgruppen auf dem Dürrnberg in Österreich beispielsweise finden sich in Männergräbern immer wieder Rasiermesser, die zugehörigen Schleifsteine zum Schärfen des Bartpflegeinstrumentes, Pinzetten und Geräte zur Pflege der Nägel. So kennen wir aus Grab 44 ein bronzenes zweiteiliges Toilettebesteck, bestehend aus Pinzette und einem Kratzer, der mit einem wenige Millimeter großen Kopf eines bärtigen Mannes verziert ist[830].

[830] Penninger 1972, 78, Taf. 42 A/3.

Zur Trachtlage in der Spätlatènezeit sind die Quellen spärlich, da nun die Brandbestattung vorherrscht.

Diese hier vorgestellten Beobachtungen zu latènezeitlichen Grabinventaren sind Grundtendenzen, die innerhalb dieser Regionen noch zeitlich und auch hinsichtlich der verschiedenen sozialen Stufen aufgeschlüsselt werden könnten. Das ist Thema vieler archäologischer Abhandlungen und würde den vorgegebenen Rahmen sprengen.

Abbildungen von Kleidung

Späthallstatt- und frühlatènezeitliche Abbildungen von Frauen- und Männerkleidung gibt es vor allem auf den zahlreichen Werken der Situlenkunst (siehe oben). Eine geritzte szenische Darstellung mit Anklängen an den Situlenstil findet sich auf der Schwertscheide aus Hallstatt, sie wurde dort mitbehandelt.

Kleine Statuetten[831] sind etwa aus Idria in Slowenien (Abb. 228) oder von der Partinspitze bei Imst in Tirol (Abb. 229/1) bekannt. Beide stammen aus dem 5. Jahrhundert v. Chr. und zeigen Männer, die mit kurzärmeligen knielangen Kitteln bekleidet sind. In der Frühlatènezeit sind figürliche Darstellungen[832] sonst fast nur auf Objekten des Kunsthandwerks zu finden, etwa als Verzierung von Gefäßen oder auch in Armringe, Gürtelhaken oder Fibeln integriert. Meist sind nur Menschenköpfe dargestellt, besonders detailreich ist etwa die bereits beschriebene frühlatènezeitliche Fibel vom Dürrnberg. Auf den Goldhalsringen aus dem Schatzfund von Erstfeld in der Schweiz[833] sind ebenfalls Menschengestalten und Mischwesen zu erkennen. An identifizierbaren Kleidungsstücken tragen sie gemusterte Hosen.

229/1

Die frühlatènezeitlichen Darstellungen wirken außerordentlich lebendig. Kein Stück gleicht dem anderen, es sind meist indivi-

---

831 Idria pri Bajci. Gustin 1980, 251–252. – Imst: Katalog Kult der Vorzeit in den Alpen. Innsbruck 1997. Foto auf dem Cover.

832 Allgemein zu figürlichen Darstellungen in der Latènezeit Bagley 2014, 277–282. – Frey 1993, 153–168.

833 Wyss 1975.

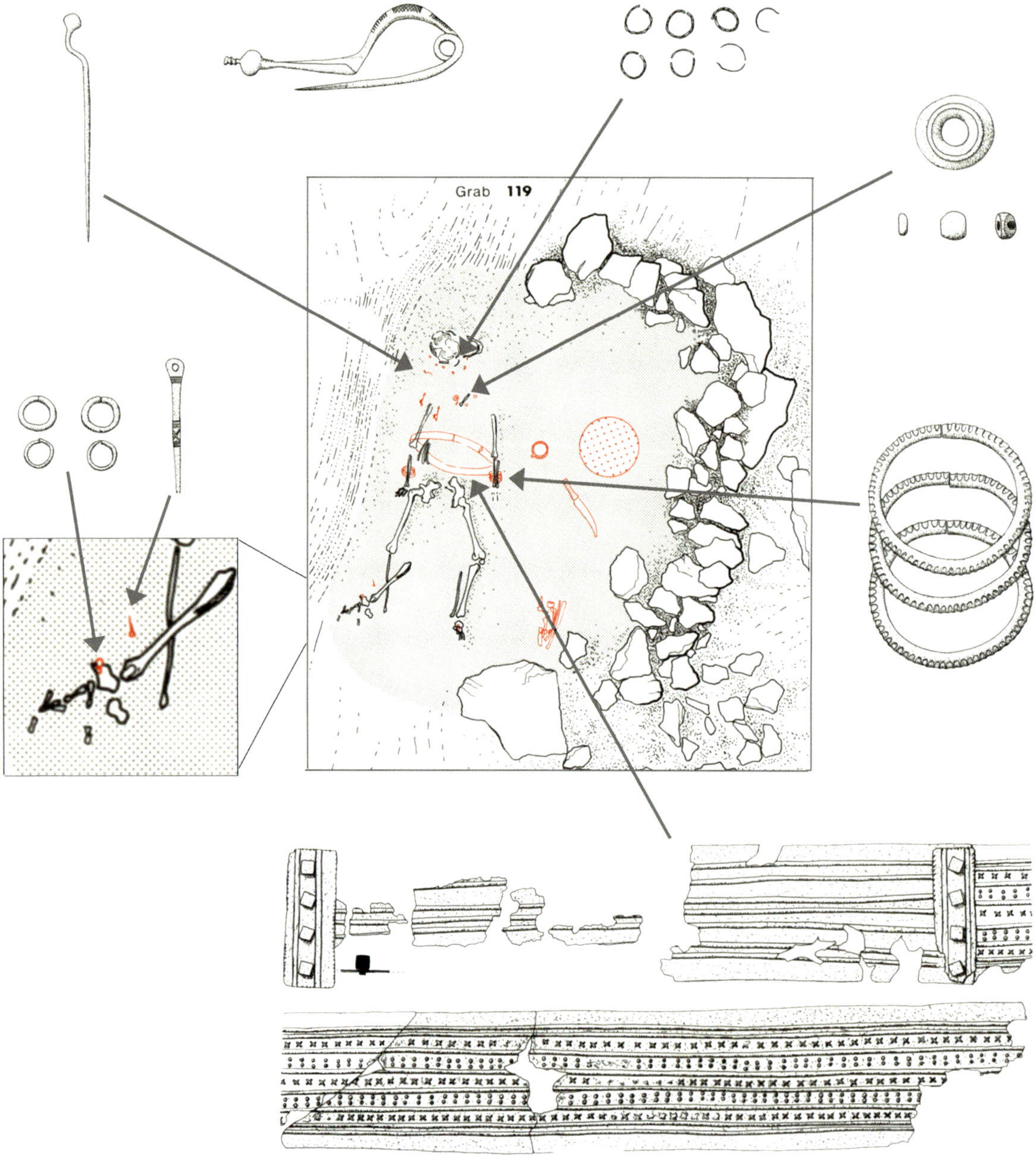

Abb. 227: Grab 119 von Dürrnberg-Eislfeld, Österreich: Späthallstattzeitliches Frauengrab mit Trachtbestandteilen (Auswahl).

duelle Schöpfungen, die in Guss in verlorener Form hergestellt wurden. Der keltische Handwerker hat dazu das Objekt als Modell in Wachs geformt und mit Ton ummantelt. Beim Brennen der Tonform wurde das Wachs flüssig und floss aus der Form, sodass ein Hohlraum in Gestalt des gewünschten Objektes zurückblieb. Nach Einbringen des Metalls musste die Form zerschlagen werden. Es war dem Bronzegießer mit dieser Methode also nur möglich, einmalige Stücke zu schaffen, keine Serienproduktion.

Am Ende der Frühlatènezeit (Stufe LtB) entdeckten die keltischen Künstler eine neue Ausdrucksform, indem sie Gesichter und Ornamente miteinander zu ausdrucksstarken Symbolen verschmolzen. Diese sind allerdings meist sehr abstrakt und daher für kostümkundliche Deutungen nicht gut verwendbar.

Abb. 228: Statuette von Idria pri Bajci in Slowenien. Ein mit einem Kittel bekleideter Mann. 5. Jahrhundert v. Chr.

Aus der Mittellatènezeit (LtC) ist die Darstellung eines Mannes aus Leipzig-Connewitz[834] bekannt. Der bronzene Gürtelhaken zeigt einen breitbeinig stehenden Mann mit Hose oder Beinwickel. Die sich kreuzenden Linien an den Beinen bis zu den Oberschenkeln geben eine Wicklung am Unterschenkel wieder. Die Darstellung stammt zwar aus dem germanischen Bereich, hat aber keltische Stileinflüsse.

Aus den Oppida, den großen stadtartigen Ansiedlungen der Mittel- bis Spätlatènezeit, gibt es schließlich zahlreiche figürlich gestaltete Bronzen. So werden etwa Schwertknäufe als Menschenfiguren gestaltet, Achsnägel werden mit Menschenköpfen geschmückt.

Die Götterbilder auf dem berühmten Bronzekessel von Gundestrup in Dänemark[835] nehmen einen besonderen Platz unter den eisenzeitlichen Darstellungen ein. Dieser Kessel wurde Ende des 2. Jahrhunderts v. Chr. wahrscheinlich im unteren Donauraum (dem heutigen Bulgarien und Rumänien) gefertigt und vereint keltische sowie thrakische Elemente. Die auffälligsten Kleidungsstücke sind die engen Hosen und „Overalls“, in deren Musterung Bindungsarten wie Spitzköper zu erkennen sein dürften.

Aus der Zeit um Christi Geburt[836], dem Ende der Latènezeit und dem Beginn der Römerzeit in Zentraleuropa stammen die Bronzestatuette aus Neuvy-en Sullias in Frankreich, ein Tänzer mit karierten Hosen sowie die Reiterdarstellung vom Magdalens-

834 Frey 1993.

835 Nielsen 2005.

836 Cunliffe 1980, 26–27, 100–101.

Abb. 229: Auswahl von Menschendarstellungen aus dem 5. Jahrhundert v. Chr. bis 1. Jahrhundert n. Chr: (1) Rätische Votivfigur aus Imst, 5. Jahrhundert v. Chr. (2) Frühlatènezeitliche figürliche Fibel von Dürrnberg /Hallein. (3) Gallorömische Votivgabe aus der Seinequelle, Saint-Germain-Source-Seine, 1. Jahrhundert v. Chr. (4) Spätlatènezeitliche Reiterdarstellung vom Magdalensberg. (5) Mädchen in norischer Tracht, Grabstein Klagenfurt, 1. Jahrhundert n. Chr. Verschiedene Maßstäbe.

berg in Österreich (Abb. 229/4). Es ist ein Kelte mit Schwert und Schild abgebildet, der bei nacktem Oberkörper eine weite Hose trägt. In dieser Zeit wurden Großfiguren aus Holz und Stein geschaffen, die als Götter interpretiert werden können. Beispiele sind aus Etremont zu nennen oder das Steinrelief der Göttin Epona aus dem Rheinland und hölzerne gallorömische Votivgaben, vor allem aus Frankreich. Diese Darstellungen entstanden aber bereits unter römischem Einfluss. Auf einer Holzfigur aus den Seine-Quellen in Frankreich ist ein Kapuzenmantel zu sehen (Abb. 229/3).

Selbst in römischer Zeit bieten die Grabsteine Einheimischer aus den Provinzen an der Donau und dem Rhein einen Einblick in Kleidungsformen, die klar ihre Wurzeln in der Eisenzeit haben. Diese Exemplare des 1. und 2. Jahrhunderts n. Chr. zeigen alte, nichtrömische Elemente, allen voran die Verwendung von zwei Fibeln, paarig an den Schultern getragen[837]. Zu nennen sind etwa der Grabstein des Blussus und der Menimane aus Mainz oder die sogenannte „norische Mädchentracht" auf dem berühmten Grabstein aus Klagenfurt (Abb. 229/5).

Schriftquellen

Ab dem 2. Jahrhundert v. Chr. erhellen Schriftquellen, die Berichte antiker Autoren, unser Wissen zu keltischer Kleidung. Dieser Blick von „außen" auf die Kleidung der Kelten und Germanen (die Begriffe werden teilweise vertauscht oder gleichgesetzt) ist durch griechische Geschichtsschreiber ebenso gegeben wie durch römische Autoren[838], wenn auch manche Aussagen ideologisch gefärbt sind oder teils Allgemeinplätze zum Besten gegeben werden. So wird als äußeres Erscheinungsbild stets der große Wuchs, die Hellhäutig- und Hellhaarigkeit betont, wie beim römischen Historiker Tacitus (Tac. Germ. 4) *„... drohende blaue Augen, rotblondes Haar und große Körper ..."*. Die Wildheit der Kelten ist ebenfalls ein Klischee, das sich unter anderem auch in dürftiger Kleidung äußern sollte. So schreibt Mitte des ersten vorchristlichen Jahrhunderts Sallust, ein römischer Geschichtsschreiber und Zeitgenosse Cäsars, in seinen *Historiae* (Sall., hist. 3, 104–105): *„Die Germanen* (= Kelten) *bedecken den unbekleideten Körper nur mit Fellen."*

Diodorus Siculus, ein griechischer Geschichtsschreiber aus dem 1. Jahrhundert v. Chr., verfasste aus diversen Vorlagen eine Universalgeschichte in 40 Büchern, mit der er belehren und unterhalten wollte. Auch er erwähnt die wilde Nacktheit der Kelten, vor allem im Kampf (Diod. 5,29,2): *„einige von ihnen verachten den Tod so sehr, dass sie nackt bis auf einen Gürtel in den*

---

837 Norisch-pannonische Tracht: Garbsch 1965. – Rothe 2012. – Rhein-Moselgegend: Rothe 2009.

838 Zitate Übersetzungen nach J. Herrmann 1988–1992.

Kampf ziehen". Doch bereits bei Polybios kann man in seinem Hauptwerk *Historíai* (2,28,7–8) aus dem 2. Jahrhundert v. Chr. den Hinweis nachlesen: *„bekleidet mit Hosen und leichten Kriegsmänteln, traten Insuberer und Boier zum Kampf an."* Die keltischen Stämme der Boier und Insuberer waren im Ostalpenraum ansässig und siedelten sich im 2. Jahrhundert v. Chr. auch in Oberitalien an.

Bei Diodor flossen aber auch präzisere Schilderungen stammestypischer Kleidung mit ein. Über die Kelten (Gallier) schreibt er Folgendes (Diod. 5,30,1). *„Sie tragen auffällige Kleidungsstücke: Hemden in verschiedenen Farben mit Blumenmustern und lange Hosen, die sie βράκαι (braccae) nennen. Darüber hängen sie sich gestreifte Mäntel (σάγος, sagum) mit einer Schulterfibel, im Winter flauschige, im Sommer glatte, die mit einem dichten und bunten Würfelmuster verziert sind. …* [es folgen eine Beschreibung der Schilde, Helme, Trompeten, Kettenpanzer und Schwerter] *… Einige haben ihr Gewand mit gold- oder silberbeschlagenen Gürteln umgürtet".*

Der Geschichtsschreiber und Geograph Strabon, der um Christi Geburt in einer Zeit intensiver Kontakte der Römer mit den Kelten und Germanen gewirkt hat, berichtet Ähnliches vom Stamm der Belger – wie er betont, den tapfersten unter den Kelten (Strab. 4,4,3, S.196): *„Sie tragen Pelerinen (*d.h. *sagum), lassen ihr Haar lang wachsen und ziehen sich beinumhüllende Hosen an; statt des Unterkleides tragen sie ein an der Seite offenes Hemd mit Ärmeln, das bis zur Scham und den Hinterbacken reicht. Ihre Wolle ist zwar rau, aber langflockig; aus ihr weben sie die zottigen Pelerinen* (d.h. *sagum*-Mäntel)*, die man laenae nennt."* Zu den Vornehmen heißt es später (Strab. 4,4,5, S. 197) *„Zu der Offenheit und Reizbarkeit gesellt sich ein hohes Maß an Unüberlegtheit und Prahlerei sowie Schmuckliebe: tragen sie doch Goldschmuck – um den Hals Ketten und um die Oberarme und Handgelenke Armbänder – und die Kleider von Leuten in hoher Stellung sind gefärbt und golddurchwirkt."*

Diese kleine Auswahl an antiken Quellen zeigt ein klares Bild: Die Autoren beschreiben großteils jene Elemente, die die Andersartigkeit der Kleidung „nördlicher Barbaren" im Unterschied zu der zivilisierten (= römischen) Welt betonen. Als auffälligste Kleidungsstücke, deren Bezeichnung somit auch überliefert ist, sind die Hosen *„braccae"* und der von einer Fibel gehaltene Mantel *„sagum"* genannt. Beides sind Elemente, die später von den Römern (vor allem vom Militär) aber nur allzu gerne übernommen wurden, als die weite Ausdehnung des römischen Reiches nach Norden eine dem dortigen Klima angepasste Kleidung abverlangte[839].

5.5. Eisenzeitliche Kopfbedeckungen und Schuhe

Kopfbedeckungen

Sehr differenziert sind auf den Werken der Situlenkunst die Kopfbedeckungen abgebildet (Abb. 221, S. 421 und Abb. 230), wenn die Personen nicht per se barhäuptig und/oder glatzköpfig dargestellt sind. So gibt es etwa auf der Situla von Kuffarn einen flachen, breitkrempigen Hut, der wahrscheinlich einer sozial hochgestellten Persönlichkeit zuzuordnen ist. Der Großteil der dargestellten Männer hat eine Kappe oder ein Barett. Im Ostalpenraum tritt auch teilweise die sogenannte „phrygische Mütze", eine Art Zipfelmütze, auf. Daneben sind bei den Kriegern verschiedene Darstellungen von Helmen zu finden. Frauen sind meist mit Schleiern verschiedener Länge dargestellt.

Gerade bei den Kopfbedeckungen ist es sehr interessant, dass wir aus dem Salzbergwerk Hallstatt zeitgenössische Funde haben (Abb. 230), die allesamt aus Leder bzw. Fell gefertigt sind[840]. Bisher sind sowohl die kalottenförmige Mütze, das Barett und die phrygische Mütze bekannt. Diese weiche Zipfelmütze aus Fell wurde mit der Haarseite nach innen getragen. Die barettförmigen Mützen wurden aus Schaffell gefertigt, indem man ein kreisrund zugeschnittenes Stück mit einem Lederriemen zusammenzog. Hier wurde die Haarseite außen getragen.

Grabfunde von Kopfbedeckungen hochgestellter männlicher Personen sind aus den Fürstengräbern der späten Hallstatt- und frühen Latènezeit in Süddeutschland bekannt[841]. In Eberdingen-

839 Siehe Männerkleidung: Croom 2002, 31–59.

840 Popa in Kern et al. 2008, 102–105.

841 Glauberg: Bagley 2014, 415, Kat. Nr. 118. – Hochdorf: Biel 1985.

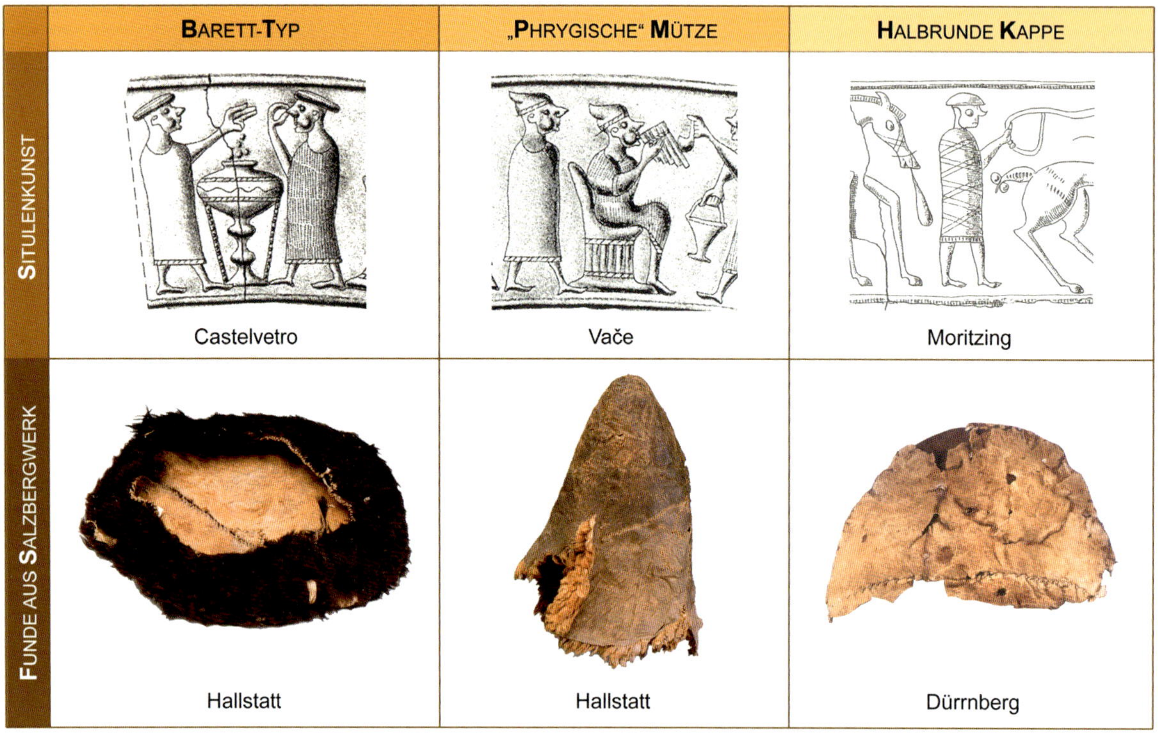

Abb. 230: Kopfbedeckungen aus den eisenzeitlichen Salzbergwerken von Hallstatt und vom Dürrnberg, im Vergleich mit Abbildungen auf Situlen.

Hochdorf wurde ein spitzer Birkenhut gefunden. Mehr Aufmerksamkeit verdient die große blattförmige Krone oder der Hut (Abb. 231) auf der Statue vom Glauberg, die um 400 v. Chr. datiert wird. Die in Grab 1 gefundenen Metalldrähte, Holz-, Leder- und Textilreste konnten als Teil einer solchen blattförmigen Krone rekonstruiert werden. Wir können uns also vorstellen, dass diese Darstellung auch ein reales Gegenstück hatte, das zu Lebzeiten getragen wurde.

Hallstattzeitliche Körpergräber enthalten viel Körperschmuck, meist handelt es sich bei den Metallgegenständen um Bronzeringe und Bronzenadeln[842], die den Kopf der weiblichen Individuen umgaben, z. B. in Hallstatt oder Gießübel, Tum. 18, Grab 6. Die Position der Bronzenadeln deutet auf ihre Verwendung als Haarnadeln oder als Teil einer sonst vergänglichen Kopfbedeckung wie einem Schleier oder einer Haube hin. Das Grab 464 aus Hallstatt ist bemerkenswert, weil die Bestattete Hunderte von Bernsteinperlen um den Kopf trägt (Abb. 232), die mög-

842 Gießübl: Banck-Burgess 2012, 41. – Hallstatt: Grömer und Kania 2006; Grab 464: Kromer 1959.

licherweise eine Haube zierten. Das frühlatènezeitliche Gräberfeld von Dürrnberg ist repräsentativ für Körpergräber in dieser Region. Metallobjekte als Reste von Kopfbedeckungen sind sehr selten, manchmal kommen in Frauengräbern aber Nadeln und Bronzeringe vor (Abb. 227, S. 432). In einem Fall trug eine sehr reich geschmückte Frau einen bronzenen Ring um den Kopf, zusammen mit einer Torques um den Hals, Perlen einer Halskette, Fibeln und Ringen um Arme und Knöchel[843].

Wie andere Kleidungselemente – die berühmtesten sind die gepaarten Fibeln auf den Schultern und die Gürtel mit Metallbeschlägen – entwickelten sich auch die verschiedenen Hüte, Mützen, Schleier und Hauben bis in die Römerzeit (Provinz Noricum und Pannonien) als Gewohnheit der einheimischen Bevölkerung im Alpenraum [844].

Schuhe

Erst die Schuhe komplettieren die Kleidung. In der mitteleuropäischen Eisenzeit sind viele verschiedene Schuhformen belegt. Es ist hier nicht der Rahmen, einen detaillierten Überblick zu eisenzeitlichen Schuhen zu bieten[845], lediglich die wichtigsten Beobachtungen fließen hier ein.

Neben den bekannten Schuhfunden aus den Mooren Nordeuropas sind auch aus den Salzbergwerken Hallstatt und Dürrnberg verschiedene Bundschuhe erhalten[846]. Fritz-Eckart Barth konnte drei unterschiedliche Typen bestimmen (Abb. 233). Meist handelt es sich um solche Bundschuhe, deren Sohle und Oberleder aus einem einzigen Lederstück bestehen. Sie können einerseits aus roher (kaum

Abb. 231: Glauberg, Deutschland, Statue mit blattförmiger Krone, ca. 400 v. Chr.

[843] Moosleitner et al. 1974, Taf. 189.

[844] Garbsch 1965. – Rothe 2012.

[845] Allgemeiner Überblick bei Groenman-van Waateringe 1974, 111 – 120.

[846] Barth 1992.

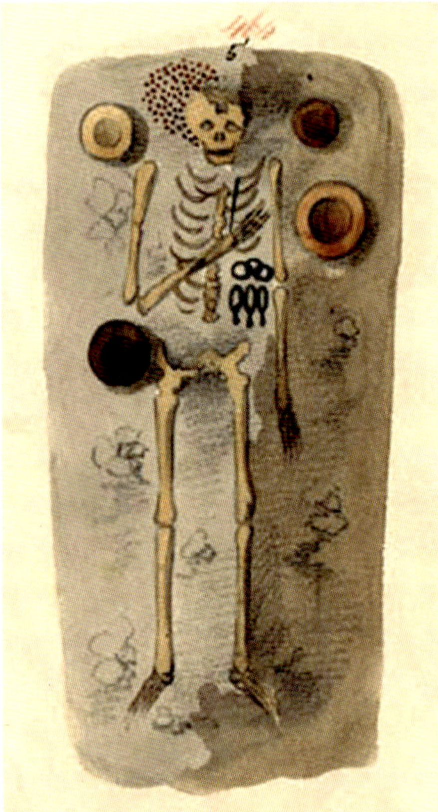

Abb. 232: Hallstatt, Grab 464. Aquarellierte Zeichnung aus Johann Georg Ramsauers Dokumentation der Ausgrabungen auf dem Friedhof, Detail.

oder nicht gegerbter) Tierhaut mit ausgeschnittenem oder gelochtem Rand sein. Die Stücke haben eine Fersennaht. Die Formgebung des Schuhs erfolgt mit Hilfe von Binderiemen oder Schnüren. Diese sehr urtümliche Art von Schuhen wurde von den Römern *carbatinae*[847] genannt. Andererseits sind aus den Abbaustollen des Hallstätter Kilbwerks (8. bis 3. Jahrhundert v. Chr.) Bundschuhe aus Leder mit eingeschlagener Zunge bekannt. Sie sind nur an der Ferse genäht und lappenartig über den Zehen zusammengeschlagen.

Singulär ist der Lederschuh mit Sohlennaht aus der Hallstätter Westgruppe[848] um Christi Geburt. Es ist der Vorderteil eines rechten Schuhs aus Rindsleder, bei dem Oberteil und Sohle wendegenäht miteinander verbunden sind. Schnitt und die Verwendung einer Sattlernaht weisen diesen Schuh als Produkt eines Professionisten, eines Schusters, aus.

Diese Schuhe wurden im Bergbau gefunden, wir dürfen in ihnen wohl gängige Typen von Arbeits- und Alltagsschuhen der Eisenzeit sehen. Interessanterweise finden sich unter den Schuhen aus den Salzbergwerken auch sehr kleine Exemplare mit heutigen Schuhgrößen von 31 bis 35. Sie dürften Kindern und Frauen gehört haben.

Ein anderer Schuhtyp wird durch diverse schuhförmige Tongefäße repräsentiert. Es ist dies die wahrscheinlich einheimische Schuhform mit abfallendem Rist und flach zulaufender Spitze. Nach den Forschungen von Ludwig Pauli[849] findet sich die Schnabelschuhmode vor allem im östlichen Frühlatènebereich, nachgewiesen durch Schuhdarstellungen wie Schuhfibeln (Abb. 234) oder Tongefäße in Schuhform. Auf Abbildungen wie solchen der Situlenkunst begegnen uns Schnabelschuhe, die wohl zur Kleidung eines sozial gehobenen Personenkreises zählen dürften. Die goldenen Schuhbeschläge aus dem Fürsten-

847 vgl. Knötzele 2007, *carbatinae* 61–64, Abb. 58–59.

848 Barth 1992.

849 Pauli 1978, Schuhwerk: 217, Schuhdarstellungen: 630–631, Karte Abb. 52.

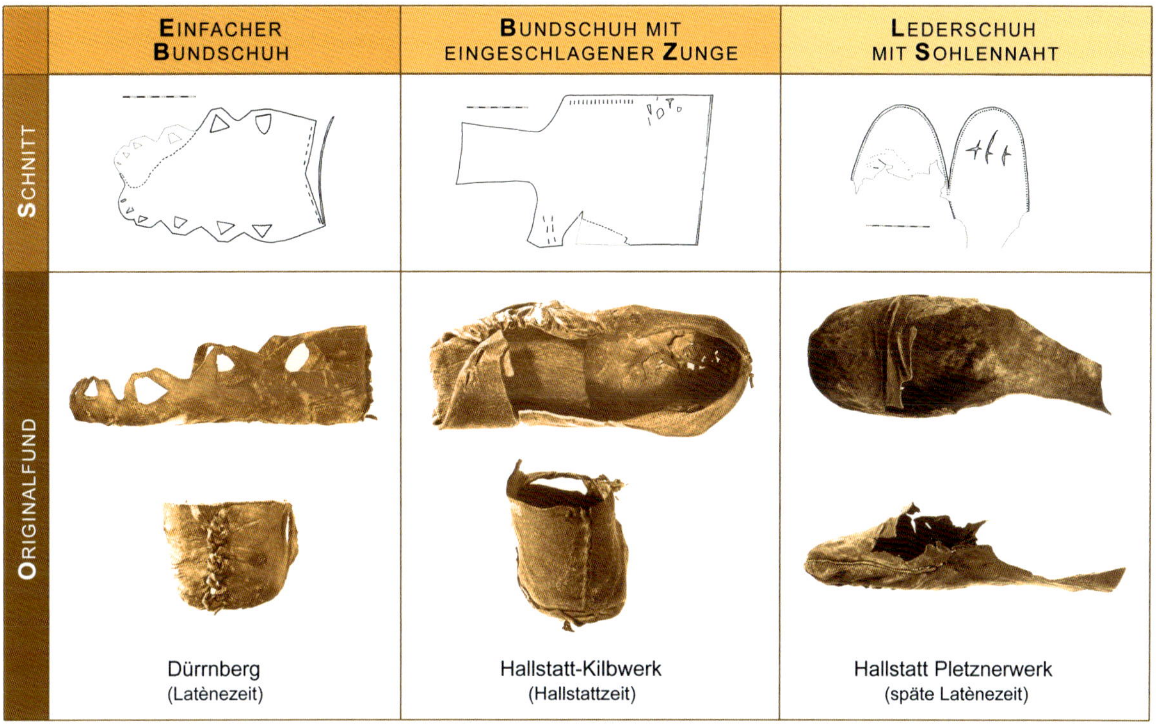

Abb. 233: Eisenzeitliche Schuhfunde aus den österreichischen Salzbergwerken.

grab Hochdorf deuten ebenso auf diese Schuhform hin wie verschiedene Fibeln. Berühmte Beispiele finden sich etwa auf dem Dürrnberg. Das Schuhgefäß aus dem Kindergrab 4 von Mannersdorf[850] in Niederösterreich (Abb. 235) zeigt den Schnabelschuh eines Kindes mit Ristschnürung.

Schnabelschuhe gelten allgemein als Produkte etruskischen Einflusses, der sich in der späten Hallstattzeit im gesamten Bereich der Hallstatt- und Latènekultur bemerkbar macht. Dass auch einheimische Lederhandwerker die Fertigkeit besaßen, Schnabelschuhe herzustellen, ist durch Handwerksgeräte belegt. Es sind dies tönerne Schuhleisten aus Sommerein in Niederösterreich[851] (Abb. 236). Sie entsprechen der heutigen Schuhgröße 37.

Aus der Eisenzeit sind auch Gräber mit metallenen Schuhbestandteilen an den Beinen bekannt: metallene Knöpfe oder kleine Bronzeringlein im Bereich der Fußknochen[852]. Als Beispiel möge

[850] Ramsl 2011.

[851] Neugebauer 1980.

[852] Schönfelder 1999, mit einem reichhaltigen Katalog bisheriger Funde.

Abb. 234: Schuhfibel von Wien-Leopoldau, Latènezeit.

ein latènezeitliches Grab vom Dürrnberg gelten[853], das Grab 119 von Dürrnberg-Eislfeld (Abb. 227, S. 432). Es handelt sich um eine reichere Bestattung einer älteren, ca. 60-jährigen Frau aus der späten Hallstattzeit. Ein stabförmiger Anhänger fand sich dicht neben dem rechten Unterschenkel, an den Füßen je ein größerer und ein kleinerer Ring. Das genaue Aussehen der Schuhe kann nicht eindeutig rekonstruiert werden. Mit Sicherheit kann gesagt werden, dass die Knöpfe und Ringlein beim Fußskelett zu Schuhen gehört haben, die über dem Rist (geknöpft) verschlossen wurden. Gerade aber bei Schuhfibeln wie jener aus Wien-Leopoldau (Abb. 234) sind solche runden Zier- und Funktionselemente dargestellt.

5.6 Kostümkundliche Deutung des eisenzeitlichen Quellenmaterials

Abb. 235: Schuhgefäß von Mannersdorf, Niederösterreich, Latènezeit.

Welches Bild wir hier auch durch die Zusammenschau von Grabfunden, Abbildungen, Schriftquellen und Originalfunden zur Kleidung in der Eisenzeit entwerfen, es ist sicher nicht die Gesamtheit der Kleidung der eisenzeitlichen Bevölkerung Mitteleuropas repräsentiert. Allgemein war die Kleidung in der Eisenzeit sehr farbenfroh, was einerseits durch Originalfunde belegt ist und andererseits auch seinen Widerhall in der antiken Geschichtsschreibung fand.

Männerkleidung

Die Abbildungen von Männerkleidung in der Späthallstatt- und Latènezeit sind teils sehr detailliert und können auch mit Originalfunden von Gewändern in einen Kontext gesetzt werden.

[853] Pauli 1978, 532–533.

Den Oberkörper bedeckte ein lang- oder kurzärmeliger Kittel bzw. eine Tunika. Diese reichte teils bis zu den Knien und wurde auch gegürtet, wie die Statuetten von Imst oder Idria und die Funde von Gürteln in den Gräbern verraten. Die Gürtel sind ein wichtiges Requisit, da ihre Verwendung den Körper optisch klar in Ober- und Unterkörper gliedert und so starken Einfluss auf die Silhouette hat.

Abb. 236: Latènezeitliche Schuhleisten aus Sommerein im Museum Mannersdorf, Niederösterreich, mit Rekonstruktion eines Schnabelschuhs.

Jackenartige Oberteile, also solche, die vorne zu öffnen sind, zeigen die frühlatènezeitlichen Darstellungen auf der Schwertscheide von Hallstatt und die Fibel vom Dürrnberg. Lange, ungegürtete Männerkittel finden sich in den Werken der Situlenkunst.

Als Überbekleidung gibt es verschiedene Formen des Mantels. Von der schriftlichen Überlieferung ist uns die Bezeichnung *sagum* bekannt. Wie uns römische Darstellungen und Originale aus den Moorfunden Nordeuropas lehren, war der an einer Schulter gefibelte Rechteckmantel sehr beliebt. Bei den Männergräbern deutet die einzelne größere Fibel an der rechten oder linken Schulter darauf hin, dass sie wahrscheinlich zum Zusammenhalten eines gröberen Stoffes gedient hat. Das *sagum* wurde später von den Römern als Soldatenmantel übernommen. Daneben gibt es ab dem Spätlatène vorne geschlossene Kapuzenmäntel (*cucullus* oder *caracalla*[854]), dargestellt etwa auf einer Holzfigur aus den Seine-Quellen in Frankreich. Diese Mäntel wurden bis in römische Zeit getragen und auf Grabsteinen als einheimische Tracht dargestellt, wie z.B. auf dem bekannten Relief des Schiffers *(nauta)* Blussus und seiner Gattin Menimane aus Mainz-Weisenau[855].

Die frühesten Hinweise auf Hosen (oder Beinlinge) finden sich auf dem hallstattzeitlichen Gürtelblech von Molnik und dem Kegelhalsgefäß von Sopron-Burgstall, Tumulus 127 (Abb. 221, S. 421).

[854] Mit *cucullus* wird eine kürzere Kopfbedeckung bezeichnet, die nur die Schultern bedeck, mit *caracalla* eine längere Version. Cleland et al. 2007, 30, 44.

[855] Croom 2002. – Rothe 2009; 2012.

Enge, lange und gemusterte Hosen haben die „Radträger" auf der Schwertscheide von Hallstatt an, weite Hosen trägt der Jäger auf dem Gürtelblech von Molnik. Das Beinkleid der Figur auf der Dürrnberger Fibel hat großzügige Falten, wie die Hose des reitenden Kelten auf der Tonscherbe vom Magdalensberg – einer weitaus späteren, frührömischen Darstellung.

Auf den Abbildungen sind die Beinkleider zur Befestigung oft an den Unterschenkeln mit Bändern abgebunden. Bronzeanhänger, die an diesen Bändern befestigt sein könnten, kennen wir aus dem Beinbereich frühlatènezeitlicher Bestattungen. Enganliegende hallstattzeitliche Beinlinge wurden zusammen mit Socken auf dem Rieserfernergletscher in Südtirol gefunden. Originalfunde zu Hosen und Beinwickeln kommen aus den nordischen Mooren (Thorsberg, Damendorf, Søgårds Mose). Sie werden meist in die römische Eisenzeit, also nach Christi Geburt, datiert.

Erst durch die Schriftquellen ist auch der Name von Kleidungsstücken bekannt: Diodorus Siculus verdanken wir die Bezeichnung *braccae*. Die Hose wird nach den Schriftquellen von den Griechen und Römern so klar als fremdes Element erkannt, dass sie gleichsam als Sinnbild für barbarische nördliche Völker gilt. Dennoch ist die Herkunft dieses Kleidungsstückes bisher nicht völlig geklärt. Die aus zwei Beinlingen bestehende, in der Mitte zusammengenähte Hose wurde wahrscheinlich an verschiedenen Orten gleichzeitig entwickelt[856]. Die frühesten bisher bekannten Hosen, datiert in das 11. bis 10. Jahrhundert v. Chr., wurden in Turfan in China[857] gefunden. Die Hosen wurden aus drei unabhängig voneinander gewobenen und dann zusammengenähten Stoffstücken hergestellt. Ihr Alter entspricht der Ausbreitung des mobilen Hirtenwesens im östlichen Zentralasien. Vor allem die antiken Reitervölker, so die Kimmerier und Skythen, hatten bereits Hosen, was etwa durch Edelmetallarbeiten aus Kurganen des 4. Jahrhunderts v. Chr. belegt ist. Gerade beim Reiten erweist sich dieses Kleidungsstück auch als durchdachte Funktionskleidung, die den Beinen an Außen- und Innenseite idealen Schutz bietet. Bei Herodot ist im 5. Jahrhundert

856 Von Kurzynski 1996, mit weiteren Quellen und Literatur. – Zu den Skythen: Gleba 2008b.

857 Beck et al. 2014, Abb. 2 und 5.

nachzulesen, dass die Meder, Perser, Saker und Skythen Hosen hatten (Hdt. 7, 61, 62, 64). In der griechischen Kunst tauchen Hosen vor allem als Kennzeichnung von Skythen auf[858].

Auf römischen Bildquellen, wie auf der Markus- oder Trajansäule, finden wir ebenfalls immer wieder „Barbaren" in Hosen. So konnte der togatragende Römer *„gens togata"* sich visuell gut von den hosentragenden Barbaren *„gens braccata"* unterscheiden. Obwohl die Römer die Hosen für den Inbegriff alles Barbarischen hielten, wurden sie dann doch als praktisches Kleidungsstück beim Militär übernommen. Lederne Kniehosen *(feminalia)* finden sich etwa bei der römischen Reiterei ab dem späten 1. Jahrhundert n. Chr.[859]

Frauenkleidung

Die Kleidung eisenzeitlicher Frauen ist schwerer zu fassen. Auf den Situlen sind Frauen stets mit einem langen Gewand abgebildet, das mit Schleier kombiniert und teilweise gegürtet getragen wird. Die Körpersilhouette der dargestellten Frauen war die einer verhüllten Gestalt mit geraden, strengen Formen und Betonung der Senkrechten. Es ist auf jeden Fall nicht jenes Bild der drapierten Faltenfülle, wie sie etwa die Peplos tragenden Frauen auf griechischen Darstellungen haben. Körperform und fließende Bewegung darzustellen, war bei den Frauengestalten der Situlenkunst offensichtlich kein Anliegen – die Figuren wirken statisch, trotz Szenerien mit Bewegungsabläufen. Abgesehen von den Situlendarstellungen gibt es in der Latènezeit nur wenige Abbildungen mit Frauen, es sei denn, spätlatènezeitliche Darstellungen der Göttin Epona, die ebenfalls ein knielanges Gewand trägt.

In den Gräbern tritt uns die „Keltin" folgendermaßen entgegen: Bei den Frauen dienten die kleineren Fibeln im Brustbereich wahrscheinlich ebenfalls zum Verschließen der Halsöffnung eines (Unter-?) Gewandes. Die symmetrisch an beiden Schultern getragenen Fibeln werden zumeist mit einem Überkleid,

858 Gleba 2008b, 13–28.

859 Croom 2002, 55–57.

Abb. 237: Varianten von Fibeltracht und Kleidungsstücken der Eisenzeit: Trachtlage oben frei nach Dürrnberg, Grab 119, unten nach Pottenbrunn, Grab 1003. Kleidungsstücke: Schlauchkleid *„Peplos"* aus kariertem Wollstoff, grüner Mantel mit Ziernaht und Brettchenwebgürtel: Stoffe und Muster nach Funden aus Hallstatt. Einfaches Leinenkleid mit Stickerei nach dem Fund von Nové Zamky. Rekonstruktionen: Karina Grömer und Sabine Kastlunger, Model: Anna Palme.

dem Peplos (siehe unten), in Verbindung gebracht. Diese Fibeln könnten aber ebenso einen Mantel halten (vgl. Abb. 237), wie auch die teilweise vorkommenden einzelnen oder dicht nebeneinander liegenden Fibeln an einer Schulter[860].

Das Tragen von Ringen am Oberarm bei Frauen ist auch kostümkundlich interessant, da es möglicherweise darauf hindeutet, dass kurzärmelige Kleidung getragen wurde, also der Oberarm entblößt war. Andererseits könnte es auch ein Hinweis auf enge Ärmel sein, die es zuließen, dass die Ringe über sie geschoben wurden. Auch die am Knöchel getragenen Fußringe könnten dahingehend gedeutet werden, dass die Kleidung nicht bodenlang war – sollten diese Schmuckstücke auch gesehen werden.

Von den vollständigen eisenzeitlichen Gewändern Nordeuropas sind als Frauenkleidung vor allem Röcke und Schulterumhänge aus Fell erhalten sowie diverse Sprangnetze für das Haar. Besonders bekannt ist ein schlauchförmiges Kleidungsstück aus einem Moor von Huldremose, das in Anlehnung an die griechischen Gewänder von der dänischen Textilforscherin Margarethe Hald als Peplos gedeutet wurde. Dieser Peplos und seine Trageweise werden uns im Folgenden noch näher beschäftigen, da er in der einschlägigen Fach- und Populärliteratur stets als charakteristisches eisenzeitliches Frauengewand gilt. Es handelt sich dabei um ein Kleidungsstück aus einem schlauchförmig gewobenen oder viereckigen, zusammengenähten Tuch. Dieses wird um den Körper genommen und waagrecht gefaltet, sodass ein Überschlag entsteht. An dieser Linie wird das Kleidungsstück an jeder Schulter mit je einer Fibel/Nadel etc. geschlossen (Abb. 238). Eine Gürtung, die je nach Länge des Überschlages über oder unter diesem liegen kann, verleiht dem Peplos zusätzlichen Halt. Bei der griechischen Kleidung[861] unterscheidet man verschiedene Varianten des Peplos, je nachdem ob er seitlich zugenäht (dorischer Peplos) oder offen (ionischer oder lakonischer Peplos) ist.

---

860 Siehe auch z. B. Rösel-Mautendorfer 2020. – Anmerkung zu Rekonstruktionen allgemein: Ulanowska 2016.

861 Pekridou-Gorecki 1989, 77–82. – Richard 2021.

Die Textilforscherin Inga Hägg hat sich sehr intensiv mit der Frage auseinandergesetzt, wo der Peplos herkommt und wie er sich verbreitet hat[862]. Laut antiker Tradition soll die Peplos-Tracht in Griechenland mit der Einwanderung der Dorer ca. 1.200 bis 1.000 v. Chr. von Norden her eingeführt worden sein, wobei diese Wanderungen vor allem in der Verbreitung der dorischen Sprachgruppen fassbar sind. Der Peplos ist ab dem Späthelladikum III B–C (also ca. 1.200 v. Chr.) mittels großdimensionierter Nadelpaare an den Schultern der Toten erstmals fassbar und taucht in Folge auch in der darstellenden Kunst Griechenlands auf.

Nun ist für Mitteleuropa feststellbar, dass offenbar von der Frühbronzezeit an (ab 2.200 v. Chr.) über die Hallstatt- bis zur Latènezeit immer wieder in den Frauengräbern ein Gewand vorkommt, das mit paarigen Metallverschlüssen an den Schultern zusammengehalten wird. Es ändern sich dabei lediglich die Formen des Verschlusses von unterschiedlich gestalteten Nadeln in der Bronzezeit zu diversen Fibelformen in der Eisenzeit. Oftmals sind dazu auch metallene Elemente eines Gürtels erhalten, ob nun als Gürtelbleche, Gürtelhaken, Gürtelketten etc. Haben wir nun mit dem Peplos ein altes zentraleuropäisches Gewand vor uns, das in dieser Region – fassbar an den charakteristischen Trachtlagen in den frühbronzezeitlichen Gräbern Mitteleuropas – zu Beginn des 2. Jahrtausends v. Chr. entstand, sich von dort aus nach Griechenland verbreitete und in der Eisenzeit auch den Norden Europas erreichte?

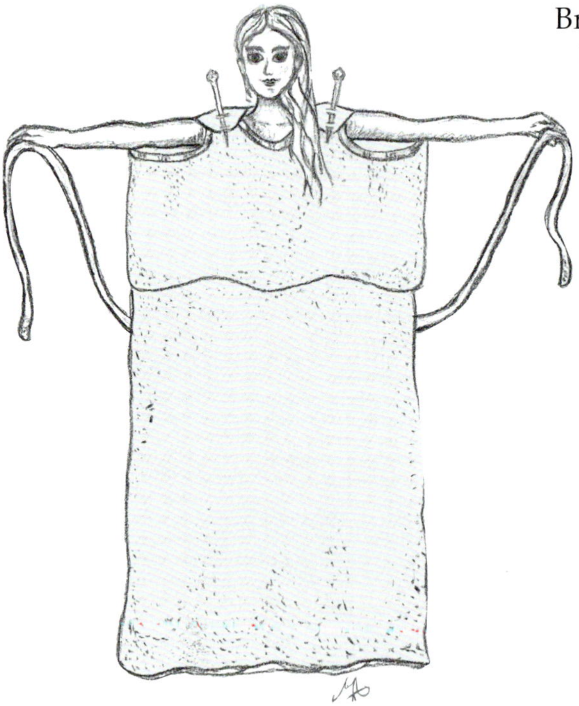

Abb. 238: Schema zur Drapierung eines dorischen *Peplos*.

Jedoch, ist dieses aus den Gräbern in Mitteleuropa bekannte, an den Schultern geschlossene und gegürtete

[862] Hägg 1996, 136–142.

Gewand in jedem Fall ein Peplos mit Überschlag[863] oder verbergen sich hier weitere Bekleidungsformen (Abb. 237)? Interessanterweise ist sowohl bei den wenigen bronzezeitlichen wie auch bei den etwas zahlreicheren eisenzeitlichen Abbildungen von Frauengestalten kein Peplos mit Überschlag erkennbar. Dieser würde doch mit seinem Überschlag und den an den Schultern zusammengesteckten Stoffteilen ein sehr charakteristisches Kleidungsstück mit dementsprechender Silhouette abgeben. Vielmehr finden sich etwa in der Situlenkunst eher Kleider, gegürtet und ungegürtet, kombiniert mit langen und kurzen Schleiern und Mänteln. Die drapierte Stofffülle eines Peplos ist dabei nicht zu erkennen.

Erst die antiken Germanendarstellungen, etwa auf der Trajan- und Markussäule in Rom (2. Jahrhundert n. Chr.) stellen germanische Frauen in einem faltenreichen peplosartigen Gewand dar[864], das aber keinen Überschlag hat. Auch die einheimische Tracht in den römischen Donauprovinzen der Kaiserzeit, etwa der norischen Frauen, zeichnet sich durch ein schlauchförmiges Übergewand ohne Überschlag aus. Dieses wird kombiniert mit einheimischen Formen wie großen Flügelfibeln an den Schultern, diversen Hüten und Schleiern. Vor allem die bei den Römern unübliche Verwendung von paarigen Fibeln an den Schultern deutet an, dass es sich bei dieser Tracht um eine vorrömische Reminiszenz handelt.

Die Frage, wann und wo jene aus einem rechteckigen Stoffstück oder aus einem Stoffschlauch drapierten Gewänder wie der Peplos verwendet wurden, ist auch eine textiltechnologische Angelegenheit. In der nordeuropäischen Forschung ist durch die gute Erhaltung vollständiger Gewänder ein sehr klares Bild fassbar[865]. So sind in der Bronzezeit Gewänder wie die Frauen-

863 Auch die Forschungen von Antoinette Rast-Eicher (2008) am schweizerischen Textilmaterial der Eisenzeit erbrachten Zweifel, dass der Peplos mit Überschlag in der eisenzeitlichen Schweiz verwendet wurde. Durch den Nachweis von Webkanten an den Schulterfibeln schließt sie das sogar aus; z. B. Bern-Enge Gr. 15 und 39; Abb. 41. Ein Schlauchkleid, das direkt an den Kanten gefibelt wurde, um eine Hals- und Armöffnung zu gestalten, wurde in einem Frauengrab bei Hammerum, Dänemark, 1. Jahrhundert n. Chr. gefunden. Mannering und Ræder Knudsen 2013. – Møjbjerg et al. 2019.

864 Garbsch 1965. – Rothe 2012.

865 Siehe besonders bei Hald 1980. – Mannering et al. 2012.

bluse, der Männerkittel oder auch der Männermantel üblich, die sich dadurch auszeichnen, dass sie „geschneidert" wurden. Das heißt, die gewobenen Stoffflächen wurden zerschnitten, die Schnittkanten durch Säumen mit vielerlei Sticharten am Ausfransen gehindert und schließlich das Kleidungsstück nach Wunsch genäht. Diese Vorgehensweise – wie ein Kleidungsstück gestaltet wird – ist klar aus der Ledernähtechnik ableitbar. Dies hat vor allem Margarethe Hald eindrucksvoll bewiesen. Die eisenzeitlichen Gewänder Nordeuropas erzählen hingegen von einem anderen Gestaltungsprinzip der Kleidung. Nun wird oft die rechteckige Fläche, die beim Weben auf dem Gewichtswebstuhl vorgegeben ist, verwendet. Dies erfolgte meist ohne weiteren Zuschnitt, vor allem Schnitte quer durch die Stoffflächen werden nun vermieden. Diese Rechtecke konnten ohne weitere Naht einfach als Rechteckmantel, Schal, Schleier, Kopftuch oder Beinwickel um den Körper geschlungen werden, befestigt allein durch die Draperie oder mit Hilfsmitteln wie Gürtel, Nadeln oder Fibeln. Zusammengenäht ergeben diese nicht zugeschnittenen rechteckigen Stoffelemente verschiedene Kittel, Tuniken oder eben den genähten Peplos. All diese Formen sind auch für die griechische und römische Kleidung typisch. Lediglich die Gestaltung von Hosen erforderte eine kompliziertere Schnitttechnik.

Wenn man nun aber die Textilien aus dem mitteleuropäischen Textilbestand der Bronze- und Eisenzeit mit diesen Erkenntnissen vergleicht, so ist kein klares Bild erkennbar. Sowohl bei den bronzezeitlichen als auch den eisenzeitlichen Geweberesten aus Hallstatt finden sich viele geschneiderte Elemente[866] (vgl. Kapitel B, S. 243 ff.). Es wurden oftmals kurvige Ränder geschnitten und mit Knopflochstich versäumt, Gewebe wurden quer zum Fadenlauf trapezförmig zurechtgeschnitten und zu einem Kleidungsstück zusammengesetzt. Auch die Beinlinge und Socken vom Rieserfernergletscher[867] sind aus mehreren zugeschnittenen Teilen zusammengenäht, bei den Socken sogar als dreidimensionales Gebilde aufgebaut. Wir haben hier also auch jene Schneiderkunst vor uns, die für den nordischen Bereich als Reminiszenz der älteren Kürschnerei gedeutet wird und die dort

[866] Rösel-Mautendorfer 2013.

[867] Bazzanella et al. 2005, Abb. 9–12.

von der Verwendung rechteckiger Stoffbahnen in der Eisenzeit abgelöst wird. Nun stehen wir aber vor dem Problem, dass die Verwendung von Deckenkostümen à la Peplos nach den Trachtlagen in den Gräbern eventuell schon für die Frühbronzezeit in Mitteleuropa fassbar ist – eine Trachtlage, die sich, wie bereits erwähnt, bis in die Eisenzeit in diesem Raum durchzieht.

Wir haben es also in der Eisenzeit Mitteleuropas nicht nur mit einer Vielzahl an unterschiedlichen Gestaltungsformen für Kleidung zu tun, sondern auch auch mit verschiedenen technologischen Herangehensweisen.

6 Zur Bedeutung von Kleidung und Schmuck

Zunächst einige allgemeine Gedanken zur Kleidung, da diese in der Geschichte verschiedenen Zwecken diente und dient (Abb. 239)[868]. Eine grundlegende Funktion ist sicher der Schutz vor klimatischen Einflüssen wie Nässe, Kälte oder Hitze. Doch die Hauptbedeutung von Kleidung liegt nicht nur in spröder Zweckmäßigkeit. Ein wesentlicher Aspekt der Kleidung ist auch die Repräsentation und die Dekoration des Trägers. Klima, handwerkstechnisches Niveau, Sitte, Brauchtum und soziale Stellung führen zu unterschiedlichen Kleidungsformen. Dabei dient die Kleidung auch als wichtiges Kommunikationsmittel, das Aussagen über Identität, Alter, Geschlecht, Gruppenzugehörigkeiten (auch ethnische Zugehörigkeit, Religionszugehörigkeit), sozialen Status etc. (Berufsbekleidung, Kleidung mit Hinweis auf den Familienstand) macht[869]. Das Gewand, die Kleidungsbestandteile und der Schmuck haben für die Gruppe, aber auch für den Einzelnen, identitätsstiftende Funktion. Kleidung gibt ebenso Aufschluss darüber, wie viel öffentlicher und privater Raum in einer Gemeinschaft besteht und wie die Geschlechter zueinander stehen. So drücken etwa optisch gleiche

868 Bender Jørgensen 2007. – Eicher und Evenson 2015. – Lurie 1981. – Schierer 1996, 10–29, 42. – Schneider und Weiner 1989. – Wincott Heckett 2007.

869 Siehe auch Calefato 2004. – Roach-Higgins et al. 1995. – Sommer 2010; 2012.

Gewänder für Mann und Frau ein anderes Selbstverständnis einer Gesellschaft aus als eine starke Betonung der Geschlechtsunterschiede durch verschiedene Kleidung.

Die Bekleidung dient auch dazu, den Körper zu verändern, seine Silhouette, seine Oberfläche umzugestalten. Ebenso beeinflusst das Gewand die Haltung des Menschen, der es trägt, seine Körpersprache und seine Bewegungsmöglichkeiten[870]. Um es plakativ auszudrücken: Die römische Toga, die aufgrund ihrer Stofffülle und Drapierung eher nur wohlüberlegte und getragene Bewegungen zulässt, vermittelt dem Träger sicher ein anderes Körpergefühl, als es der spätlatènezeitliche Kelte in Hose und Kittel mit deutlich mehr Bewegungsfreiheit hatte.

6.1 Schutz und Scham

Die Menschen machten sich bereits früh darüber Gedanken, warum man sich kleidet.

Bereits frühzeitig behaupteten Moralisten, Kleidung sei dazu erfunden worden, intime Körperstellen zu bedecken. Uns geläufig ist dazu vor allem die Geschichte vom Sündenfall im Alten Testament der Bibel *„… und sie erkannten, dass sie nackt waren. Sie hefteten sich Feigenblätter zusammen und machten sich einen Schurz."* (Bibel, Altes Testament, Bücher Mose. Genesis: Gen. 3,7). Die Texte der Bücher Mose wurden aus verschiedenen Überlieferungen ab 1.000 v. Chr. aufgezeichnet und geben uns einen Einblick in die Moralvorstellungen im Vorderen Orient dieser Zeit. Das sind Moralvorstellungen, die das christliche Abendland bis weit ins 20. Jahrhundert prägten.

Die Schamthese[871], besonders vertreten durch Moralisten des 19. Jahrhunderts, meint also, dass Kleidung entwickelt wurde, weil die Menschen sich ihrer Blöße schämen. Das ist aber nur für jene menschlichen Gemeinschaften zutreffend, bei denen Kleidung üblich ist. Wenn Nacktheit alltäglich ist, wird Scham anders ausgedrückt. Scham ist also ein Kulturprodukt und hängt

---

870 vgl. Grömer et al. 2012, 152–153. – Koda 2001.

871 Hirning 1973. – Schierer 1996, 10–29.

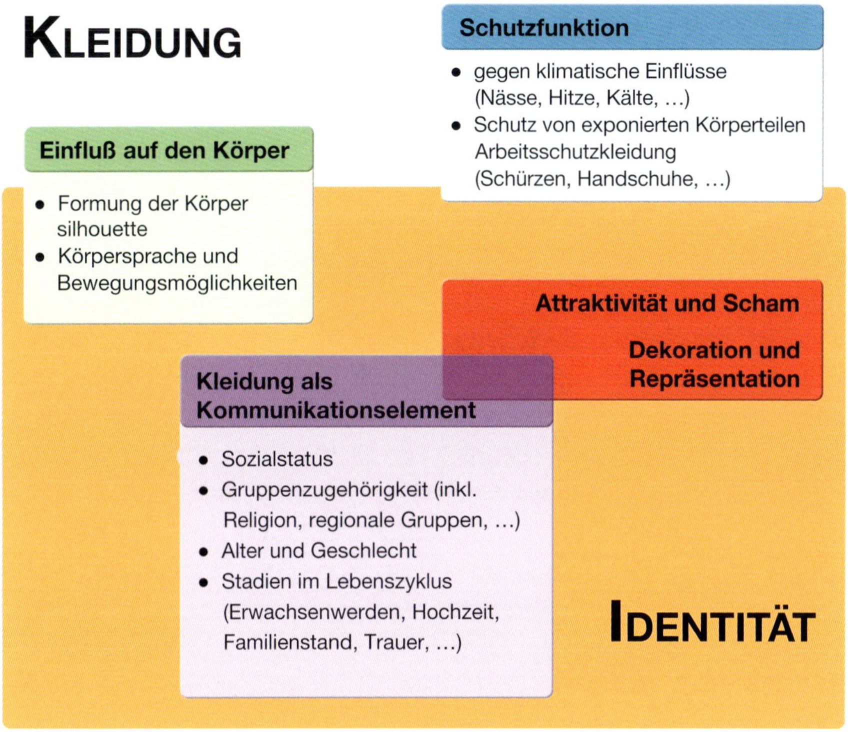

Abb. 239: Funktionen von Kleidung.

von den jeweiligen Normen ab. Welche Teile des Körpers sichtbar sein dürfen und welche bedeckt sein müssen, ändert sich immer wieder und beflügelt nicht zuletzt auch die erotische Phantasie. Im Laufe der Evolution des Menschen wurde Kleidung also nicht aus Schamgefühl „erfunden". Die Scham und ihre Verkehrung – der erotische Reiz – sind jedoch wesentliche Faktoren in der Ausprägung bestimmter Kleidungssitten. Forschungen zu diesem Thema sind etwa bei den Römern dank reicher schriftlicher Überlieferung sehr fruchtbar[872]. Moralisierende Worte über Kleidung sind Thema bei Kleidervorschriften, in Satiren etc.

Für die Urgeschichte ist die Frage nach den Empfindungen von Scham und Reiz nur wenig erschließbar, selbst wenn gegen Ende der Eisenzeit Schriftquellen vorliegen. Wenn etwa Iulius Cäsar in seinen Kommentaren zum Gallischen Krieg über die Sueben schreibt: „*... keine Kleidung außer Fellen zu haben, wegen deren Kleinheit ein großer Teil des Körpers unbedeckt ist*" (Caes. b.g.

[872] Siehe etwa: Métraux 2008, 271–293.

4,1,10), so sagt das mehr über den Autor und seine Leserschaft aus als über die Befindlichkeit der so beschriebenen Menschen.

Es gibt in der modernen Forschung nur wenige Beispiele prähistorischer Kleidung, bei denen das Gegensatzpaar Scham und Reiz in Betracht gezogen wird. Das berühmteste ist das bronzezeitliche „Schnurröckchen von Egtved", das etwa von Elizabeth Wayland Barber[873] in symbolisch-erotisierender Funktion gedeutet wird. Sie zieht dazu Schriftquellen aus dem antiken Griechenland heran, eine Passage aus dem 14. Gesang der Ilias von Homer. So bekommt Aphrodite von Hera angeblich einen *„Gürtel gestaltet mit einhundert Zaddeln"* (Il. 14.181), um Zeus zu verführen. *„… und darin sind alle Zaubereien hergestellt worden – Liebe und sexuelle Lust, und intime Beeinflussung, welche den Verstand sogar derer, die achtsam denken, rauben."* (Hom. Il. 14.214–217) Nach Barber ist der Zierschurz zu Homers Zeiten (8. Jahrhundert v. Chr.) ein *„Artefakt aus der legendarischen Bronzezeit"* mit symbolisch-ritueller, aber auch erotischer Bedeutung. Eine erotische Komponente ist es auch, dass durch das auffällig Verhüllte unüberschaubar und stimulierend auf das zu Enthüllende verwiesen wird.

Der griechische Schriftsteller Plutarch betont in seiner Klimatheorie die Wichtigkeit von Kleidung als Schutz des Körpers: *„… Dasselbe Gewand wärmt in der Winterskälte, kühlt aber in der Sonne* […] *So gebrauchen die Germanen Kleidung nur als Schutz vor Kälte, die Äthiopier* [d. h. Afrikaner] *als Schutz vor Hitze, wir aber als Schutz vor beidem."* (Plut. mor. 691d). Die Erwähnung von Kleidung dient hier dazu, den Herrschaftsanspruch der Römer dadurch zu legitimieren, da sie im ausgewogensten Teil der Welt leben.

Die Funktion von Kleidung als schützende Bedeckung vor Witterungseinflüssen hat Aktualität[874], ob man sich nun in kälteren Regionen vor Wärmeverlust oder in extrem heißen Regionen vor Überhitzung schützt. Daneben gibt es auch Extremfälle, bei denen Menschen trotz unwirtlichen Klimas nur wenig Kleidung tragen. So berichtet uns der bekannte britische Naturforscher Charles Darwin, der Begründer der Evolutionstheorie, dass die an der Südspitze Südamerikas ansässigen Feuerländer in der

[873] Barber 1991, 256–257. – Hom. Il. 14.181; 14.214–221.

[874] Beispielsweise Eicher und Evenson 2015, 158–162. – Gilligan 2007. – Parsons 2003.

Tundrasteppe der Südpolargebiete nur Körperbemalung und ein paar Fetzen Fell am Leibe tragen[875].

Kleidung ist für die Wärmeisolierung unerlässlich, da sie die Luft nahe der Hautoberfläche einschließt und so das Wärmegefälle zwischen dem Körper und der äußeren Umgebung verringert. Nach Ian Gilligan[876] sind zwei Aspekte für die thermische Wirksamkeit von Kleidung ausschlaggebend: Erstens, ob ein Kleidungsstück richtig angepasst ist, d.h. so geformt ist, dass es eng am Körper, einschließlich der Gliedmaßen, anliegt und nicht lose über den Körper gezogen ist. Der zweite Aspekt ist die Anzahl der Lagen, wobei bei mehreren Lagen zumindest die innere(n) Lage(n) angepasst sein muss (müssen). Drapierte, einlagige Kleidung kann nur einen begrenzten Wärmeschutz bieten, während anliegende, mehrlagige Kleidungsstücke selbst in sehr kalten Umgebungen ausreichend sind. Auch spezifische Eigenschaften von Rohstoffen können aus diesem Grund genutzt werden. Wolle zum Beispiel kann, wenn sie zu losen Garnen gesponnen und zu dicken Gewebestrukturen verwoben wird, den Körper wärmer halten als Flachsfasern.

In Mitteleuropa ist es der Wechsel der Jahreszeiten, der den Körper starken Temperaturschwankungen aussetzt, die man auch in prähistorischer Zeit mit entsprechender Kleidung auszugleichen vermochte[877]. Es ist bei der Quellenlage zur Urgeschichte Mitteleuropas allgemein schwer, spezielle Sommer- und Winterkleidung auszumachen. Als besonders eindringliches Beispiel sei jedoch auf die steinzeitliche „Alpinausrüstung" des Mannes aus dem Eis verwiesen oder auf die eisenzeitlichen Beinlinge vom Rieserfernergletscher. In diesen dürfen wir wohl wärmende Funktionskleidung sehen.

Für die jüngere Eisenzeit gibt eine Schriftquelle von Diodor darüber Auskunft, dass die Gallier jahreszeitlich unterschiedliche Kleidungsstücke verwendeten: *„... gestreifte Mäntel mit einer Schulterfibel, im Winter flauschige, im Sommer glatte ..."* (Diod. 5,30,1).

---

875 Darwin 1839.

876 Gilligan 2007; 2019.

877 vgl. dazu Harris 2012, 82–84. – Wininger 1995, 121–131.

Schutz im Sinne von Panzerung[878] ist ebenfalls mit Textilien möglich. Dass metallene Panzerungen, die etwa in der Hallstattzeit im Ostalpenraum durchaus belegt sind, einer textile Unterfütterung bedurften, ist evident. Es sind jedoch auch komplett aus Textil gearbeitete, am Körper getragenen Defensivwaffen bekannt, etwa der antike Leinenpanzer *(linothorax)*. Auch spezifische Kleidung könnte etwa einen guten Schutz bei Kampfhandlung bieten, wie von Fritz-Eckart Barth anhand des latènezeitlichen Obergewandes mit verlängertem Rückenteil herausgearbeitet wurde, das auch auf der Schwertscheide von Hallstatt, Grab 994, dargestellt ist.

Ein weitere Funktion, die Kleidungsbestandteile auch zu erfüllen vermögen, ist der Schutz bestimmter Körperteile bei manueller Tätigkeit / Arbeitskleidung im weitesten Sinne. Dazu zählt etwa die Schürze eines Schmiedes, wie sie in römischen Darstellungen zitiert wird[879].

Die Hauben und Schuhe, die in den eisenzeitlichen Salzbergwerken Hallstatt und Dürrnberg entdeckt wurden, gehören aufgrund ihres Fundkontextes ebenfalls klar zur Arbeitskleidung der Bergmänner unter Tage. Haben sich diese Kleidungsstücke jedoch überhaupt von der Alltagskleidung unterschieden? Gab es eine Trennung zwischen Alltagsgewand und spezialisierter Arbeitskleidung in der Eisenzeit? Wir wissen es nicht; dagegen scheint plausibel, dass es eine gesonderte Festtracht gab (vor allem für begüterte Bevölkerungsschichten). Untersuchungen der Anthropologin Doris Pany[880] an Skelettresten aus dem Gräberfeld von Hallstatt in Oberösterreich zeigen uns dazu Interessantes: Aufgrund der Beigaben, der zahlreichen Bronzegefäße, der Importe und auch des Reichtums in der Schmuckausstattung ist der Friedhof im Salzbergtal ein Zeuge großen Wohlstandes. So kann auch die breite Bevölkerung, die hier ihr Leben verbrachte und arbeitete, als wohlhabend angesehen werden. Die Skelette der Verstorbenen zeigen aber, dass dieser Reichtum auch durch

---

878 Zum *linothorax*: Zerjadtke und Kasperidus 2021. – Bronzepanzer: Urban 2000, 254. – Schutzfunktion männlicher Oberbekleidung: Barth und Urban 2007.

879 Zimmer 1982, z. B. No, 117 Grabmonument aus Ostia, *faber ferrarius* (Schmied) mit Tunika und Schürze.

880 Pany in Kern et al. 2008, 136–141.

körperliche Tätigkeit erarbeitet wurde. Insgesamt gesehen waren die eisenzeitlichen Hallstätter sehr kräftig gebaut. Es sind auch Spuren starker Arbeitsbelastung an den Knochen zu erkennen. Diese sogenannten Muskelmarken sprechen dafür, dass Kinder, Jugendliche, Frauen und Männer in den Salzabbauprozess eingebunden waren. Es konnte sogar Arbeitsteilung festgestellt werden, da sich Unterschiede in den beanspruchten Muskelgruppen von Männern und Frauen nachweisen lassen. Männer waren für den Salzabbau (Schlagbewegung mit Bronzepickel) zuständig, Frauen wurden für Transporte (Hebe-, Zieh- und Tragebewegungen) eingesetzt. Auch Personen, die auf Grund von Grabbeigaben – etwa von Schmuckstücke – als durchaus begütert anzunehmen sind, weisen derartige Veränderungen am Skelett auf.

Nun zurück zur Kleidung: Es scheint unwahrscheinlich, dass die in den Gräbern eben jener Personen gefundenen Nadeln, Brillenspiralfibeln, Klapperblechfibeln oder Blechgürtel während der Arbeit im Bergwerk getragen wurden – was auch das Fehlen derartiger Funde im Bergwerk selbst zeigt. Sie wären eher hinderlich, würden verschmutzen oder könnten beschädigt werden. Waren nun auch die Gewänder anders beschaffen – hier Festkleidung aus feinen Stoffen mit reichem Schmuck, dort funktionale, strapazierbare Kleidung für die Arbeit im Berg (eventuell mit anderem Gewandschnitt?). Oder wurden die Schmuckstücke an Festtagen einfach nur an der gesäuberten (Arbeits-) Alltagskleidung angebracht? Ohne entsprechende Bild- und Schriftquellen wird es zu diesen interessanten Überlegungen keine endgültige Antwort geben.

6.2 Psychologische Wirkung von Kleidung

Stoff ist, nach der Haut der Mutter, das erste, mit dem ein Mensch nach seiner Geburt in Berührung kommt. Hier findet eine erste sensorische Erfahrung statt, um die Sinne aufzuwecken und zu trainieren. Unter allen Materialien sind Textilien offensichtlich jene, mit denen der Mensch am meisten und am intensivsten Umgang pflegt[881] – im wörtlichen Sinne des Ausdrucks. Sie sind

[881] Siehe auch Bender Jørgensen 2007. – Harris 2019. – Sommer 2012, 257.

es, in denen wir uns nachts bergen und tagsüber umhergehen, in ihnen wird man begraben. Textilien sind so elementar, weil sie das erste und letzte Material sind, mit denen man in Berührung kommt (vgl. Kapitel D2, S. 310). Kleidung kann so als zweite Haut und als Raum[882] verstanden werden. Der Mensch ist ein räumliches Wesen, dessen sämtliche Äußerungen – die akustischen, taktilen, geruchsmäßigen und optischen – räumlich bedingt sind; Kleidung als Hülle schützt und stützt den Raum der Persönlichkeit. Die Hülle der Kleidung allein schafft nicht den Raum – ohne den Menschen als Träger fällt sie in sich zusammen, ist sie hohl. Der Mensch und seine Kleidung sind ein System, das einander bedingt.

Kleidung ist in diesem Sinn auch ein wichtiges Mittel zur Körperstilisierung und des persönlichen Ausdrucks. Wesentlich sind dabei die Gestalteigenschaften mit den Struktur- und Gefügeeigenschaften wie Textur, Farbe, Materialeigenschaften (z. B. durchsichtig, rau, glatt, weich, hart, glänzend, stumpf) aber auch Gewichtsverteilung am Körper und Gliederung der einzelnen Kleidungselemente und Trachtbestandteile (gerade, rund, eckig, geschlossen, symmetrisch etc.). Daraus ergeben sich die Ausdruckseigenschaften von Kleidung, die im Werte- und Zeichensystem einer bestimmten Gesellschaft codiert sind (z. B. feierlich, freundlich, stolz, finster, friedlich, feindlich)[883].

Derartige, der Kleidung inneliegenden Ausdrucksmöglichkeiten wurden wohl auch von prähistorischen Menschen wahrgenommen und mit Bewertungen versehen. Wie Susanna Harris[884] am Beispiel der Bronzezeit im 14. Jahrhundert v. Chr. herausarbeitete, sind in verschiedenen Teilen des prähistorischen Europa verschiedene *„cloth cultures"* fassbar, die wohl auch das Selbstverständnis der jeweiligen Menschen psychologisch beeinflussten. Nach Harris verwenden alle Gesellschaften stoffartige Materialien, d. h. flexible, dünne Hautstücke, verschiedene Arten von Pflanzenfasern, Rinde, Textilien etc., die gewickelt, gefaltet, geformt und für Kleidung und andere Zwecke verwendet werden können. Für die Bronzezeit unterscheidet Harris zwischen

[882] Nach Antons 1999, 74–78. – Lurie 1981.

[883] Antons 1999, 78–79. – Eicher und Evenson 2015.

[884] Harris 2012; 2019.

„cloth cultures" von Skandinavien, Zentraleuropa, der Ägäis und pharaonischem Ägypten. Materialien sind kulturspezifisch und wirken somit beim Ausdruck der kulturellen Identität mit.

6.3 Kleidung für Mann und Frau

Über die Zeiten hindurch bis ins 20. Jahrhundert hinein erschien es etwa in Europa völlig „selbstverständlich", Mann und Frau anhand ihrer unterschiedlichen Kleidung zu identifizieren[885]. Die Kleidung bestimmte die Zuordnung zu einem Geschlecht so sehr, dass eine Frau in Männerkleidern unerkannt viele Jahre lang als Mann leben konnte. So wird etwa von einer Frau in Südholland aus dem 18. Jahrhundert berichtet: *„... am 23. Februar 1769 verurteilte das Gericht von Gouda eine Frau wegen ‚sehr grober und schwerwiegender Verfehlungen' und ‚Verspottens der göttlichen und menschlichen Gesetze'. Ihr Verbrechen bestand darin, dass sie acht Jahre zuvor Männerkleidung angezogen hatte, einen Männernamen angenommen hatte und Soldat geworden war ..."*[886]

Dieses Thema der gegengeschlechtlichen Verkleidung mit Männer- oder Frauengewändern wird auch in Belletristik und Film immer wieder gerne aufgegriffen. So erzählt etwa der Film Yentl mit Barbra Streisand die Geschichte eines jüdischen Mädchens, dem es in einem osteuropäischen Dorf des Jahres 1904 nur durch Verkleidung als Mann gelingt, an einer Talmudschule studieren zu dürfen[887].

Seit dem Ende des Zweiten Weltkrieges wird in der westlichen Welt die strikte optische Geschlechterzuweisung mittels Kleidung mehr und mehr aufgeweicht. Dennoch sind selbst wir aufgeklärte Menschen des 21. Jahrhunderts von stereotypen Zuschreibungen wie „Rock, Kleid = Frau"; „Anzug, Krawatte und Hose = Mann" geprägt.

---

[885] vgl. Barnes und Eicher 1991. – Calefato 2004. – Lurie 1981. – Reich 2005, 42–43. – Roach-Higgins et al. 1995, 7–18.

[886] Nach Dekker und van de Pol 1990, 11.

[887] Yentl: Spielfilm USA 1983, Produktion und Regie: Barbra Streisand.

Doch wie war es in der Urgeschichte? War auch bei den frühen Ackerbauern oder den Kelten in vorrömischer Zeit das Geschlecht einer Person durch die Kleidung nach außen hin sichtbar und festgelegt?

Für das Neolithikum ist die Quellenlage noch sehr dünn. Die vollständigen Gewänder der Nordischen Bronzezeit haben klar unterschiedliche Formen und Schnitte der Kleidung für Mann und Frau[888]. Die Silhouette eines Mannes unterscheidet sich von der einer Frau. Bei Männern mit Wickeltunika und Kilt sind die Beine sichtbar, während Frauen lange Röcke tragen. Ihr Oberkörper und ihre Hüfte sind durch eng geschnittene Blusen und Gürtel betont, während auf der anderen Seite der von Männern getragene Mantel den Oberkörper bedeckt und ihn formlos und massiver macht. Auch in der Bronzezeit Mitteleuropas sind die Schmuckstücke und Trachtbestandteile von Männern und Frauen meist verschieden, sowohl in ihrer Form und Ausgestaltung als auch in der Lage im Grab oder auch in ihrer verwendeten Anzahl. Wahrscheinlich sind diese Metallobjekte in den Gräbern dann auch Zeugen verschiedener Kleidungsstücke.

In der Eisenzeit geben die szenischen Bildererzählungen der Situlenkunst am deutlichsten zur Frage nach Unterschieden in der Darstellung von Frauen- und Männertracht Auskunft, da hier beide Geschlechter gemeinsam auf einem Medium abgebildet sind. Dargestellt sind großteils Personen der Oberschicht bei festlichen, wenn nicht symbolisch-rituellen Tätigkeiten, bzw. auch mythologische Inhalte. In der grundlegenden Silhouette und der Gewandgrundform sind auf den ersten Blick die beiden Geschlechter relativ ähnlich (ausgenommen die Krieger). Das häufigste Kleidungsstück ist das lange Gewand (Kittel, Kleid), das gegürtet oder ungegürtet getragen wird. Dazu wird teils ein Mantel kombiniert. Der augenfälligste Unterschied zwischen Mann und Frau stellt bei diesen verhüllten Gestalten die Kopfbedeckung dar – und nicht eine Betonung klar erkennbarer (sekundärer) Geschlechtsmerkmale wie etwa die weibliche Oberweite oder die Bärte von Männern. Frauen bedecken den Kopf mit einem Kopftuch oder Schleier, der über die Schultern bis zur Wade reichen kann. Männer (immer bartlos) haben diverse

888 Bergerbrant 2007, 50–59. – Broholm und Hald 1940, 146–156.

Haubenformen – wenn sie nicht überhaupt barhäuptig dargestellt sind. Sie tragen teilweise verschiedene Helme, (Leder-?) Panzerung und Waffen, was sie dann als Krieger auszeichnet.

Neben den verhüllenden Kleidungsformen des langen Gewandes der Zivilisten finden sich auch solche, die den Körper nachmodellieren. Trägt „Mann" Hose und Kittel- oder jenes frackartige Gewand wie auf der Fibel von Dürrnberg, so ist der Körper klar in Kopfregion, Ober- und Unterkörper gegliedert. Es ist dies eine völlig andere Körpersilhouette als jene, die uns mit den langen, fließenden, oft ungegürteten Gewändern der Situlenkunst gegenübertritt.

Bei den eisenzeitlichen Gewandfunden aus den Mooren Nordeuropas sind ebenfalls Kleidungsstücke von Frauen und Männern unterscheidbar, wenngleich die Gewänder nicht immer in Gemeinschaft mit einem Leichnam gefunden wurden: So gibt es Hose, Kittel und Mantel für den Mann, Rock, Umhang oder den Peplos für die Frau. Auch hier ist der Unterschied zwischen Männern und Frauen ersichtlich – die Sichtbarkeit der Beine versus deren fast vollständiger Verhüllung. Es ist nicht zu entscheiden, ob gerade dies mit Bewegungsfreiheit/Bewegungseinschränkung zu tun hat oder auch psychologisch mit einer Tabuisierung dieser Körperregion (bei Frauen).

Es kann also wohl davon ausgegangen werden, dass es in der Urgeschichte im Allgemeinen, aber insbesondere in der Bronze- und Eisenzeit, für Männer und Frauen unterschiedliche Kleidung gab. Bestimmte aber diese Kleidung durch ihre optische Wirkung so strikt das Geschlecht und somit die Rolle in der Gesellschaft, dass diese nicht überschritten werden durfte? Das kann für eine schriftlose Zeit nicht genau gesagt werden. Für römische Zeit sind Kleidervorschriften belegt, da in ihr angemessene Kleidung als Kriterium der gesellschaftlichen Ordnung wichtig war[889]. So ist etwa das Tragen der Toga, Staats- und Ehrenkleid des römischen Bürgers, für eine ehrbare Frau undenkbar. Sie trägt in der Öffentlichkeit die Stola, ohne die sie nicht aus dem Haus geht.

---

[889] vgl. etwa Edmontson 2008. – Rothe 2009; 2012.

6.4 Soziale Funktion der Kleidung

Kleidung hilft dem Menschen, sich darzustellen, sie führt seine Personenwürde anderen vor Augen. Kostümgeschichte ist auch immer ein Spiegelbild der Sozialgeschichte[890]. Spätestens ab der Römerzeit, noch mehr in Mittelalter und Neuzeit, lassen sich soziale Rangstufen und der Stand des Trägers anhand von Schnitt, Material, Verzierungen und Farbe der Kleidung ablesen. Kleidung ist gemeinsam mit Sprache, Gestik und Mimik auch ein starkes Mittel zur Identitätsbildung und Selbstdarstellung. Bereits in der römischen Antike und im Mittelalter wird ferner die gesellschaftliche Ordnung durch die Kleidung widergespiegelt. Dies wird nicht zuletzt auch durch diverse Kleiderordnungen[891] sichtbar.

Bis ins 19. Jahrhundert hinein war öffentliche Kommunikation zwischen Menschen durch das Tragen bestimmter Kleidung beeinflusst gewesen. Vor allem in seiner Funktion als Marker für soziale Schichten hatte das Gewand davor geschützt, unangemessen miteinander zu kommunizieren. Das visuelle Erscheinungsbild der Textilien ist für das menschliche Auge offensichtlich – ihre Muster, Färbungen, Struktur und Drapierung waren ein Medium der Kommunikation.[892]

Wir haben aufgrund fehlender Schriftlichkeit keinen direkten Zugang zur symbolischen Bedeutung, die Schmuck, einzelne Kleidungsstücke, Materialien, Farben etc. in der europäischen Urgeschichte hatten. Der Blick in die Geschichte, etwa ins Mittelalter[893], lehrt uns, dass gewisse Farben bestimmten Bevölkerungsgruppen vorbehalten waren. Interessant sind auch Denkmodelle aus der Völkerkunde[894]. So können bei außereuropäischen Völkern innerhalb einer Kultur verschiedene Stoffarten und -qualitäten wie auch die Menge des verwendeten Materials

---

890 Entwistle 2000. – Roach-Higgins und Eicher 1995. – Sørensen 1997; 2010.

891 Für das Mittelalter etwa bei Reich 2005. – Für die Spätantike bis Frühmittelalter: Schierer 1996.

892 Siehe Banck-Burgess 2012a, 145–146. – Sommer 2012, 257–259.

893 Siehe dazu Reich 2005.

894 vgl. Feest und Janata 1989, 161–163, 225–226. – Siehe auch Leventon 2008, 184–223, 256–275.

ein wichtiges Mittel zur Unterscheidung von sozialem Status sein, selbst wenn der Schnitt in groben Zügen der gleiche bleibt. In Indien waren etwa nur den hohen Kasten und den Adeligen Seidenstoffe erlaubt, während sich die unteren Bevölkerungsschichten nur in Baumwoll- und Wollstoffe hüllen durften. Auch die Farbe der Kleidung in vorindustriellen Gesellschaften ist meist nicht willkürlich, sondern kann zur Unterscheidung von Altersklassen, Geschlechtern, sozialem Status oder Berufsständen dienen. Ebenso werden Gefühle – beispielsweise Trauer oder Freude – durch die Farbe der Kleidung oder durch bestimmte Accessoires ausgedrückt und damit der Umgebung mitgeteilt.

Schmuck ist in der Völkerkunde integraler Bestandteil der Kleidung als Zeichen von Gruppenzugehörigkeit, Status und Prestige. Schmuck dient auch als Zeichen für politische und wirtschaftliche Beziehungen. Auch die verschiedenen Lebensabschnitte (Geburt, Erreichen des Erwachsenenalters, Hochzeit, Ehestatus, Trauer etc.) werden von besonderer Kleidung und speziellem Schmuck begleitet, der so höchste magische und symbolische Bedeutung bekommt.

Kleidung und Schmuck sind neben den Normen einer Gesellschaft auch Ausdruck individueller Vorlieben und Kreativität der sie tragenden Person.

Können wir – mit der gebotenen Vorsicht – derartige kleidungs- und trachtkundliche Überlegungen aus Geschichte und Völkerkunde in die Urgeschichte übertragen? Inwieweit verweist das Gewand bereits in der Urgeschichte auf die gesellschaftliche Positionierung der Person?

Bei der Statuszuweisung von Kleidung in der Eisenzeit können wir unter Anwendung obiger ethnologischer Analogien möglicherweise annehmen, dass aufwändig hergestellte Stoffe eher reichen Gesellschaftsschichten zur Verfügung standen. Dazu zählen neben gefärbten Textilien auch sehr zeit- und arbeitsaufwändige Gewebefeinheiten und Bindungen mit komplexen Web- und Ziertechniken oder spezielle Muster. Besonders die mit „teuren" Materialien versehenen Gewänder (wie importierte Farbstoffe oder Goldfäden etc.)

sind wohl den höheren sozialen Schichten zuzuschreiben. Beispiele stammen aus den eisenzeitlichen Fürstengräbern von Hochdorf und Hohmichele[895].

Eine soziale Zuweisung bestimmter Farbschattierungen ist für die Urgeschichte ein mehr als schwieriges Thema. Die meisten bildlichen Darstellungen etwa der Eisenzeit geben keine Farbinformation wieder. Selbst wenn Textilien in Gräbern vorhanden sind, so ist durch die Mineralisierung die ursprüngliche Farbe meist nicht mehr erhalten. In seltenen Fällen, wie bei den hochstehenden Gräbern von Hochdorf sowie in Verucchio, konnte festgestellt werden, dass die in diesen reichen Gräbern verwendeten und beigegebenen Stoffe meist in Blau und Rot gehalten waren. Besonders der rote Farbstoff war in manchen Fällen sehr teuer, vor allem wenn er von einem Färbeinsekt stammte und nur durch kostspieligen Import erhältlich war. Er fügt sich in seinem Luxus gut in das Ambiente einer Bestattung der sozialen Oberschicht ein. War es jedoch ein Vorrecht der Oberschicht, diese rote Farbe zu verwenden oder standen rote Stoffe, gefärbt mit einfacher erhältlichen, einheimischen Pflanzenfarben wie Krapp auch der breiten Bevölkerung zur Verfügung? Ohne entsprechende Schriftquellen wie Gesetzestexte, Verordnungen etc. sind diese Fragen nicht zu klären. Diese stehen jedoch erst ab der Römerzeit zur Verfügung. Purpur ist dann etwa klar den Herrschenden vorbehalten[896].

Schmuck und Trachtbestandteile dienen spätestens ab der Bronzezeit der Sichtbarmachung von Reichtum und Wohlstand, also der sozialen Differenzierung. Für die Archäologen bildet die Untersuchung von „Ausstattungsmustern" in Gräberfeldern sowohl bei Brand- als auch Körperbestattungen eine der grundlegenden und vielgenutzten Methoden, um den hierarchischen Aufbau von prähistorischen Gesellschaften zu erforschen.

Trachtbestandteile und Schmuckelemente geben nicht nur durch ihre Anzahl, sondern auch durch ihren Materialwert (Bronze, Eisen, Silber oder Gold) Aufschluss über die Vermögensverhält-

---

895 Banck-Burgess 1999, mit Referenz zu weiteren Funden. – Hundt 1962.

896 Edmontson 2008, 26–29, 32–36.

nisse und die soziale Position des Besitzers[897]. Das Tragen von Schmuck, der Glanz des Metalls in kontrastierender Weise zum naturfarbenen oder gefärbten Gewebe, ist eine Angelegenheit der Repräsentation und Selbstdarstellung. Auch die Geräusche, die ein Mensch bei seinen Bewegungen macht, die Haptik, wie er sich anfühlt, ändern sich je nachdem, ob viele oder wenige Metallelemente verwendet werden[898]: etwa der weiche, warme, nachgiebige Wollstoff in Kontrast zum harten, glänzenden, kalten Metall. Es haben allgemein in der Bronze- und Eisenzeit Mitteleuropas Frauen mehr Metallobjekte (Schmuck und Trachtbestandteile) in ihren Gräbern als Männer, reiche mehr als weniger begüterte. Es hat also der individuelle Wohlstand einen direkten Einfluss auf die physische Erfahrung bei einer Berührung – wenn man in voller Tracht auftritt, wie sie in den Gräbern auftaucht. Auch die „Lautstärke", mit der einem ein Mensch entgegentritt, hängt von den mitgetragenen Metallobjekten ab. Ein besonders drastisches Beispiel sind die Klapperblechfibeln (Abb. 240), die in reichen hallstattzeitlichen Frauengräbern aufgefunden werden, etwa die beiden Halbmondfibeln aus Bronze mit verzierten Klapperblechen und Tierdarstellungen aus Grab 551[899] des Gräberfeldes Hallstatt in Oberösterreich. Oft werden dazu auch noch Halsketten mit scheppernden Anhängern getragen. Hier möchte der Mensch, der diese trägt, nicht nur optisch auffallen, sondern auch akustisch.

Hinter manchen Artefakten steht eine weitere interessante kommunikative Botschaft, die gemeinsam mit der Körpersprache innerhalb der Gemeinschaft verstanden wurde. So finden sich etwa in reichen Frauengräbern der österreichischen Mittelbronzezeit[900] Stachelscheiben auf der Brust liegend (Abb. 241), während sich „ärmere" Frauen nur mit einfachen Spiralringen am Oberkörper schmückten. Das Tragen der Stachelscheiben symbolisiert nicht nur Wohlhabenheit aufgrund der Verzierung und der Menge des verwendeten Metalls, es ist auch klar

897 Sørensen 2010, 54–58.

898 Zu sensorischen Aspekten: Bergerbrant 2007, 62–65, 139–140. – Harris 2019. – Zu Geräuschen: Pomberger et al. 2021.

899 Kromer 1959, 124, Taf. 105/5.

900 Grömer, Rösel-Mautendorfer und Bender Jørgensen 2013. – Wels-Weyrauch 1978.

Abb. 240: Klapperblechfibel aus dem ältereisenzeitlichen Gräberfeld Hallstatt in Oberösterreich, Grab 551. Model: Angelika Rudelics.

als Annäherungshindernis zu verstehen – als eine physische Abgrenzung eines Mitgliedes der Oberschicht.

Inwieweit neben den in den Gräbern greifbaren Schmuckstücken auch die Kleidungsstücke selbst eine Zuordnung zu einer bestimmten Gesellschaftsgruppe anzeigten, ist aufgrund des geringen Quellenbestandes nicht einfach fassbar. In der Früh- und Mittelbronzezeit[901] kennen wir beispielsweise eine regelhafte Ausstattung mit Nadeln. Wenn wir davon ausgehen, dass die begüterten Frauen (jene mit Bronzen im Grab) offenbar zumindest zur Grablege ein Gewand hatten, das mit zwei Nadeln im Schulterbereich festgesteckt wurde – was haben dann jene getragen, die keine Bronzen mitbekamen? Wurde das metallene Kleidungszubehör lediglich durch organische Materialien wie etwa durch zwei hölzerne Dorne oder durch Bänder ersetzt, die in gleicher Funktion das in ähnlicher Weise gestaltete Gewand verschlossen? Oder war die Kleidung der „ärmeren" Bevölkerungsschichten anders geschnitten – etwa als einfache Kittel, die keiner weiteren Befestigungsmöglichkeit bedurften?

[901] Beispielsweise bei Wiegel 1994, 173–177. – Sørensen 1997, 95–102; 2010.

Zu derart diffizilen Fragen finden wir erst in der Eisenzeit brauchbare Fakten: Bei der bereits öfter zitierten Situlenkunst ist festzustellen, dass verschiedene Gruppen von männlichen Personen unterschiedliche Kleidung aufweisen. So tragen die Krieger auf der Situla von Certosa oder der Schwertscheide von Hallstatt alle den kurzen Leibrock, die „Zivilisten" etwa auf der Situla von Certosa hingegen ein bis zu den Waden reichendes, langes Gewand mit körperumhüllender Silhouette. Jene, die in „dienender" Tätigkeit dargestellt sind, etwa die „Kellner" auf der Kuffarner Situla, sind in einen kürzeren Kittel gekleidet oder tragen nur einen Lendenschurz bei nacktem Oberkörper. Auch der Jäger auf der Situla von Welzelach ist dergestalt gewandet. Faustkämpfer haben lediglich einen schmalen Gürtel, der aber auch fehlen kann – sie kämpfen also nackt[902]. Man kann demnach durchaus eine soziale Differenzierung in der Kleidung erkennen. Es ist aber nicht geklärt, ob diese Bildergeschichten die Lebenswirklichkeit der breiten Bevölkerung in der Hallstattzeit (im Ostalpenraum) wiedergeben.

Abb. 241: Pitten in Niederösterreich, Grab 2 des mittelbronzezeitlichen Gräberfeldes: Stachelscheiben in Fundlage auf der Brust, dazu zwei lange Nadeln auf den Armen.

6.5 Vom Wert der Kleidung

Die Anfertigung von Textilien ist sehr arbeits- und zeitaufwändig[903] (siehe Kapitel B, S. 35 ff.). Farbe, Struktur, Muster, Verzierung und Qualitäten wie Feinheit und Grobheit zeigen

[902] Rebay-Salisbury 2014, 189–201.

[903] Andersson Strand 2010a und b.

ästhetische Konzepte sowie und kulturelle und technologische Gegebenheiten in verschiedenen Zeitperioden.[904] Je komplexer das Gewebe und die verwendete Technik, je feiner die Gewebequalität, desto mehr Zeit benötigte man zur Herstellung. Die Frage nach dem Wert der Kleidung bringt uns zu Überlegungen nach dem Wert von Arbeitszeit und Arbeitskraft – damit zusammenhängend nach den Personen, die Textilien herstellen. Für die Eisenzeit etwa ist es wahrscheinlich, dass besonders Frauen im Haushandwerk, als Spezialistinnen oder in Werkstättenproduktion für Spinn- und Webarbeit zuständig waren (vgl. Kapitel C, S. 264). Ohne entsprechende Schriftquellen ist der Wert ihrer Arbeitszeit nicht feststellbar. Erst in der Römerzeit sind durch Preisedikte, Verordnungen oder auch durch beschriftete Bleietiketten Preise und Löhne fassbar[905]. Für die mitteleuropäische Eisenzeit kann nur festgehalten werden, dass zum Teil wertvolle Materialien verwendet wurden, seien es importierte Farbstoffe (Hallstatt, Hochdorf) oder selbst Goldfäden (Hohmichele).

Weiters ist zu betonen, dass man mit Kleidungsstücken, mit Textilien allgemein, sorgsam umzugehen wusste. Aus dem Salzbergwerk Hallstatt kennen wir etwa Gewebe mit verschiedenen Flick- und Stopfstellen[906]. Diese sind teils sehr sorgfältig ausgeführt. Zudem wurde Kleidung auch umgearbeitet oder sekundär für andere Zwecke gebraucht – etwa als in Streifen gerissenes Bindematerial. All dies belegt, dass die „Ressource Textil", in deren Herstellung viel Arbeitszeit lag, auch geschätzt wurde.

Aus den antiken Kulturen Griechenlands, die zahlreiche Schriftquellen hinterlassen haben, ist der Wert von Kleidung gut belegt[907]. In den homerischen Epen Ilias und Odyssee stellen Textilien einen bedeutenden Teil des Gesamtvermögens dar. Gewänder für Hochzeit und Tod, Familienkleidung und Wäsche gehörten zum häuslichen Besitz, den die Frau zu verwalten hatte. Kleidungsstücke dienten sowohl als Repräsentationsgut in den

---

904 Siehe Harris 2012, 84–86.

905 vgl. Bleietiketten: Martijnse 1993. – Radman-Livaja 2013. – Zu Papyri: Droß-Krüpe 2011. – Zum Preisedikt des Diokletian: Lauffer 1971.

906 Rösel-Mautendorfer 2013, 113–115. – Grömer, Rösel-Mautendorfer und Reschreiter 2013, 130–134.

907 Droß-Krüpe und Wager 2014. – Wagner-Hasel 2000; 2006.

begüterten Häusern, als auch als wertvolles Geschenk oder als Weihegabe an die Götter. Kleiderbesitz war – wie Schmuckbesitz – durchaus eine Wertanlage, kein Verbrauchsgut, das nach kurzer Zeit ersetzt wurde. Auch noch im Mittelalter[908] stellten Kleidungsstücke in Testamenten und Inventaren dauerhafte Wertgegenstände dar, die oft über mehrere Generationen vererbt wurden.

Gibt es Hinweise, wie viele Kleidungsstücke man in der Urgeschichte besaß? Die Antwort hierauf ist schwierig, selbst ob es spezielle Sommer- oder Winterkleidung[909] gegeben hat, ist nicht gesichert, jedoch wohl wahrscheinlich. Ebenso stellt sich die Frage, wie breit der Bereich der willkürlichen Auswahl von Kleidungsstücken war.

Indirekte Hinweise auf die Anzahl von Kleidungsstücken im Besitz einzelner Personen könnten sich wieder aus den Grablagen, vor allem der reichen Bevölkerungsschichten ergeben. Aus der jüngeren Eisenzeit liegen dazu Befunde vor, so ist in den Frauengräbern der Latènezeit teilweise die Anzahl der Fibeln sehr groß. Es liegen nicht nur die zum Zusammenstecken des Gewandes benötigten Exemplare im Schulter-/Brustbereich, sondern es wurden weitaus mehr Stücke ins Grab mitgegeben. So finden sich Bestattungen mit zehn bis sechzehn Fibeln an der Brust[910]. Die Fibeln liegen in manchen Fällen nahe beieinander, sodass man denken könnte, sie wurden etwa in einem Beutelchen als Beigabe ins Grab mitgegeben. Der „Rekordhalter" ist eine Frau aus dem Gräberfeld von Münsingen in der Schweiz, die 26 Fibeln im Grab hatte (Abb. 242) sowie eine bronzene Gürtelkette und goldene und silberne Fingerringe. Ob man nun von der Anzahl der Fibeln, die eine Frau laut ihrer Grabausstattung „besaß", auch auf die in ihrem Besitz befindlichen Kleidungsstücke schließen kann, ist fraglich, aber nicht ausgeschlossen. Nimmt man nun etwa an, dass für das Verschließen eines „Peplos"-artigen Gewandes zwei Fibeln nötig sind, so wäre rein rechnerisch ein Kleiderbesitz der oben erwähnten reichen Frau

[908] Reich 2005, 51–55, 182.

[909] Generelle Überlegungen zu bronzezeitlichen *„cloth cultures"* siehe Harris 2012, 82–84.

[910] Allgemein bei Müller und Lüscher 2004, 108–109. – Münsingen: Wiedner-Stern 1908. – Hodson 1968, 63.

aus Münsingen, Grab 184, von zumindest 13 Peplos-Gewändern anzunehmen. Ein derartiger Kleiderbesitz diente sicher auch zur Repräsentation.

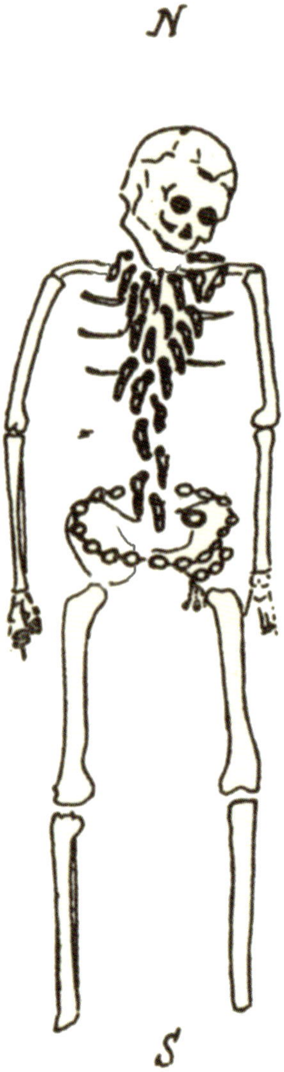

Abb. 242: Münsingen, Schweiz: Latènezeitliche Frauenbestattung Grab 184 mit 26 Fibeln.

7 Schlussbetrachtungen zur vorrömischen Kleidungsgeschichte

Wildes, zottiges Haar, primitive Gewänder aus groben Stoffen, ein Fell über die Schulter gehängt – das sind die Assoziationen, die landläufig auftauchen, wenn man die Frage nach der Kleidung prähistorischer Menschen stellt. Dem gegenüber steht das Bild der hehren, weiß gewandeten Gestalten der griechischen und römischen Antike – in fein drapierte Stoffe gehüllt. Doch die Kleidung der europäischen Urgeschichte war bunt und vielgestaltig, wie dies nach dem obigen kurzen Streifzug aufzuzeichnen versucht wurde. Es kann eine große Anzahl unterschiedlicher Kleidungsstücke identifiziert werden. Die Verschiedenheiten zwischen diesen Stücken sind bedingt durch unterschiedliche Klimata, in denen sie verwendet und Jahrtausende später von den Archäologen aufgefunden wurden. Viele Änderungen in der Kleidung lassen sich auch an den technischen Möglichkeiten der einzelnen Zeitalter festmachen. Besonders augenfällig ist dies beim Schmuck und beim (metallenen) Kleidungszubehör, die Zeugnisse verschiedener „Modeströmungen" sind. Kleidung und Tracht sind auch materieller Ausdruck des sozialen Status einer Person, ihres Platzes in der Gesellschaft.

Die neolithischen Darstellungen von bekleideten Menschen auf Figuren, Stelen und Ritzungen zeigen teils kleidungstechnisch interpretierbare Abbildungen. So ist etwa nicht zu entscheiden, ob nun jene auf den (Kult-)Statuetten des Früh- und Mittelneolithikums deutbaren Lendenschurze und Schürzen nur im rituellen Bereich anzusiedeln sind, oder ob sie auch im Alltagsleben Gebrauch fanden. Es erscheint jedoch fraglich, ob das in der Jungsteinzeit gebräuchliche Gewand auf eine einfache gegürtete „Kleid"-Silhouette reduziert werden darf. Definitiv findet sich auf den Darstellungen in der späten Jungseinzeit auch ein vorne offenes Obergewand, dessen Grundtypus uns vom Oberteil des

Mannes aus dem Eis geläufig ist. Das „Bauschema" dieses Gewandtyps entstammt der Ledernähtechnik.

Diverse Hüte und Schuhformen aus pflanzlichen Materialien lehren uns ebenso wie die gesamte Ausstattung des Mannes aus dem Eis mit seinen Leggings, dem Durchziehschurz, der Bärenfellmütze und den mehrteilig zusammengesetzten Schuhen, die Kleidung der Jungsteinzeit als sehr vielfältig wahrzunehmen. Eine gewisse Zweckoptimierung kann für diese Zeit ebenfalls schon angenommen werden.

In der Bronzezeit wirkt sich das Fehlen bildlicher Darstellungen in Mitteleuropa drastisch auf unsere Kenntnis der Kleidungsformen aus. Aus Nordeuropa hingegen sind vollständige Gewänder bekannt: für die Frau Bluse und Rock bzw. Schnurröckchen; für den Mann ein Lendentuch bzw. Wickelkittel und ovaler Mantel. Die in Mitteleuropa in den Gräbern auftauchenden Kleidungselemente wie Nadeln oder Kleiderbesätze kommen in dieser Form in Nordeuropa nicht vor. Wir wissen also nicht mit Bestimmtheit, zu welchen Kleidungsteilen sie gehört haben und wie diese gestaltet waren.

Die Eisenzeit hingegen beglückt uns mit zahlreichen Quellen. Sowohl die archäologischen Bodenfunde, die Funde in den Gräbern, als auch bildliche Darstellungen in Mitteleuropa deuten eine Vielzahl an unterschiedlichen Kleidungsstücken an. Ergänzt wird das Bild durch die nordeuropäischen Originalfunde von Gewändern aus den Jahrhunderten um die Zeitenwende: Kittel, Rechteckmäntel, Röcke, Oberteile und Kleider. In der Eisenzeit taucht in Europa auch erstmals in der Geschichte die Hose auf – ein Kleidungsstück, das seitdem, wie der hemdartige Kittel, für die Entwicklung der europäischen Modegeschichte wesentlich geblieben ist[911]. Besonders interessant sind die schriftlichen Nachrichten antiker Autoren, denen wir Beschreibungen und vor allem die Bezeichnungen verschiedener Kleidungsstücke verdanken: „*braccae*" für Hosen und „*sagum*" für den gefibelten rechteckigen Mantel. Zum ersten Mal in der mitteleuropäischen Kleidungsgeschichte können wir also die Dinge beim Namen nennen.

[911] vgl. dazu Bönsch 2001.

Bei der eisenzeitlichen Frauenkleidung in Mitteleuropa scheinen hemdartige (genähte) Kleider sowie Schleier und Mäntel als gesichert, ebenso Kombinationen von Röcken und Oberteilen. Der „Peplos" mit Überschlag ist hingegen vorrömisch nicht durch Abbildungen bezeugt. Die Trachtlage von paarigen Fibeln an den Schultern, die stets als Beweis für den Peplos gesehen werden, kann auch auf verschiedene andere Arten gedeutet werden. Die Vielfarbigkeit eisenzeitlicher Gewänder ist sowohl in den Schriftquellen ein Thema, als auch durch die mitteleuropäischen Textilfunde belegt – allen voran jenen aus den österreichischen Salzbergwerken. Verschiedene Kopfbedeckungen und Schuhformen runden unser Bild der eisenzeitlichen Kleidung ab.

Es bleibt festzuhalten, dass es bei der über 5.000 Jahre umspannenden mitteleuropäischen Kleidungsgeschichte vom Beginn des Neolithikums bis zum Ende der Eisenzeit keinesfalls eine kontinuierliche Entwicklung vom Einfachen zum Komplizieren gibt. Es ist auch in der Urgeschichte mit situationsangepasster Kleidung für Sommer und Winter sowie für verschiedene klimatische Umgebungen zu rechnen. Für die Kleidung des Menschen spielten die verschiedensten Materialien eine Rolle – Leder, Felle, diverse pflanzliche Materialien und nicht zuletzt gewobene Stoffe. Josef Wininger stellte richtig fest, dass *„Textilkleider solche aus Tierhäuten nur ersetzen konnten aufgrund einer rationalisierten Stoffproduktion und dass eine solche nur mechanisch zu erreichen war als Erfindung der Weberei im Laufe des Neolithikums"*[912].

Bei der gewobenen Kleidung spielen vor allem auch die Entwicklungen im Textilhandwerk eine große Rolle. Veränderungen, Einflüsse und Innovationen wie etwa in Web- und Musterungstechnik beeinflussen direkt die Gestaltung der Kleidung und sind vom Neolithikum bis zur Römerzeit gut zu beobachten.

Dennoch hat die Kürschnerei bis mindestens in die Bronzezeit einen bedeutenden Einfluss auf die Gestaltung der textilen Kleidung – wie durch den Schnitt der bronzezeitlichen Blusen belegt wird. Auch in der mitteleuropäischen Eisenzeit scheint es noch viele geschneiderte Kleidungsstücke gegeben zu haben, wie die genähten Stoffreste aus Hallstatt zeigen. Auf den zeitge-

912 Wininger 1995, 121.

nössischen Kunstwerken, etwa auf Situlen, sind keine drapierten Gewandformen wie z. B. jene im zeitgleichen antiken Griechenland zu finden. Eine der Körperform angepasste Kleidung ergab einen besseren Schutz vor Kälte als die drapierten Wickelgewänder des mediterranen Südens. So spielten Schnitt und Naht in Mittel- und Nordeuropa eine wichtige Rolle. Das kältere Klima machte auch eine größere Anzahl verschiedener Kleidungsstücke nötig.

Dennoch scheinen sich ab der Eisenzeit immer mehr neue Prinzipien der Gestaltung von Kleidung durchzusetzen, die auf dem Vorhandensein einer rechteckigen Stoffbahn beruhen. Sie prägen Anlege- und Trageweise, Aussehen und Form einzelner Kleidungsstücke sowie das gesamte Erscheinungsbild inklusive der Körpersilhouette. Mäntel, Schals, Überwürfe, Kopftücher oder auch Beinwickel bestanden lediglich aus rechteckigen Stoffstücken, wie man sie vom Webstuhl abnimmt – ohne weitere Naht oder Zuschnitt.

Abb. 243: Statuette eines *Togatus* aus Carnuntum, Niederösterreich, römerzeitlich.

Auf die Spitze getrieben wurde die um den Körper drapierte Kleidung von den mediterranen Hochkulturen. Als eindringlichstes Beispiel sei die Toga (Abb. 243), das Staats- und Ehrengewand des römischen Bürgers, genannt. So beschreibt Tertullian um 200 n. Chr. in seiner Schrift *„de pallio"* die Toga und ihre Drapierung: *„Vorerst, was sein bloßes Anlegen betrifft, so ist es frei von Unannehmlichkeiten. Denn man bedarf dazu keines Künstlers, der es am Tage vorher von oben an in kleine Falten legt, diese bis zu den großen Längsfalten herunterführt und dann das ganze künstliche Gebilde des eingezogenen Ellbogens mittels zusammenhaltender Spangen zurechtlegt. Am ändern Morgen wird dann die Tunika durch den Gürtel aufgeschürzt – die man hätte doch lieber gleich knapper anfertigen sollen – der Ellbogenbausch wird noch einmal gemustert und, wenn er etwas aus der Lage gekommen, wieder zurecht gerückt. Einen Teil läßt er für die linke Seite übrig, den Außenteil aber, woraus der Busen gebildet wird, wo schon keine Längsfalten mehr sind, zieht er von den Schultern zurück und häuft ihn mit Ausschluß der rechten über die linke,* *verleiht nun auch dem Rücken der Länge nach ein anderes Ähnliches Faltenwerk und legt auf diese Weise dem Menschen in seiner Kleidung eine förmliche Last an. Ich will Dich schließlich einmal aufs Gewissen fragen, wofür Du Dich, wenn Du in der Toga steckst, eher zu halten geneigt bist, ob für einen bekleideten oder für einen bepackten Menschen? Für einen geputzten Mann oder einen Lastträger?"* (Tert. de pallio 5).

F Zusammenfassung

Die Wurzeln unserer Geschichte, wie auch die Geschichte des Textilhandwerks reichen zurück in die Jahrtausende vor den antiken Zivilisationen und vor der Schrift. Textilien, Textilherstellung und Kleidung waren in der Vorgeschichte lebensnotwendig, eingebunden in jede gesellschaftliche Ebene – sozial, ökonomisch und auch religiös.

F Zusammenfassung

Die kulturhistorische Bedeutung der Textiltechniken, besonders des Spinnens und Webens, ist gar nicht hoch genug einzuschätzen. Mit diesem Handwerk wurden nicht nur wesentliche Güter des täglichen Bedarfs – allen voran Kleidung – hergestellt, sondern auch Gebrauchswaren sowie repräsentative Objekte bis hin zu Luxusartikeln.

Der zeitliche und geografische Rahmen dieser Untersuchung konzentriert sich auf die Urgeschichte in Mitteleuropa, die Zeit vor der Einführung der Schrift, ein Mitteleuropa also vor der Okkupation durch die Römer. Besonders österreichische Funde und Fundstellen sowie solche aus den angrenzenden Nachbarländern stehen im Fokus.

Die Erfindung der wesentlichsten Techniken des textilen Handwerks, die wir zum großen Teil noch in heutiger Zeit anwenden, reicht zurück bis in die Steinzeit. Ein wichtiges Anliegen dieses Buches ist es, ein differenziertes Bild des prähistorischen Textilhandwerks zu zeichnen. Dieses besteht aus zahlreichen einzelnen Arbeitsschritten – nicht nur Spinnen und Weben – die in ihrer Gesamtheit dargestellt werden. Die geschichtliche Tiefe wird durch die verschiedenen archäologischen Quellen deutlich – vom Werkzeug über Textilfunde bis hin zu Schriftquellen in der späten Eisenzeit. Ab der Jungsteinzeit, ab den ersten frühen Bauerngesellschaften, entwickelte der Mensch in seinem Einfallsreichtum viele Web- und Nähtechniken, Bindungs- und Musterungsarten, die uns zum größten Teil bis heute begleiten. Ab der Bronzezeit, im 2. Jahrtausend v. Chr., kommt es regelrecht zu einem „Innovationsschub", indem etwa die erste Köperbindung auftaucht sowie Färbung oder Spinnrichtungsmuster. Die Verfeinerung der Textiltechnik, sichtbar an den im Vergleich zur Bronzezeit feineren und vielfältigeren Wollstoffen der Eisenzeit, erreicht in der Hallstattzeit ihren ersten Höhepunkt. Die hallstattzeitlichen Stoffe sind von hoher Qualität und durch Bindungsart, Farben, Muster und Borten sehr dekorativ gestaltet. Möglicherweise wurde diese Entwicklung durch die Herausbildung differenzierter Gesellschaftsstrukturen am Beginn der Eisenzeit begünstigt.

Dem Haupttitel dieses Buches, der prähistorischen Textilkunst, widmet sich besonders das Kapitel über die Ziertechniken an Stoffen (S. 175 ff.), da hier nicht jene landläufig gedachte primitive Einfachheit vorherrschte. Schon allein die verwendete Gewebebindung ist ein wesentliches gestalterisches Element – komplexe Köpervarianten ab der Bronzezeit heben sich schon durch ihr strukturiertes Aussehen von einfacheren Leinwandbindungen ab. Wenn man dann zusätzlich verschiedene Farben für Kette und Schuss verwendete, so trat der Musterungseffekt einer Köperbindung mit der typischen Gratbildung noch prägnanter hervor.

In der Urgeschichte Mitteleuropas wurden meist Musterungstechniken verwendet, die während des Webens gestaltet wurden. Das Design der Muster geht Hand in Hand mit ihrer Herstellungstechnik. So ist beim Weben durch das System der Kett- und Schussfäden eine starke Betonung der Senk- und Waagrechten vorgegeben. Organisch entstehen so Streifen verschiedener Art und auch Karos durch verschiedenfarbig aufgespannte Kettfäden und durch Wiederholen bunter Einträge im Schuss. Spinnrichtungsmuster gehören ebenfalls zu diesen während des Webvorganges geschaffenen Mustern, die in der mitteleuropäischen Eisenzeit sehr beliebt waren.

Wollte man Bogiges, Kurviges gestalten, so musste man auf andere Techniken zurückgreifen. Hier bieten sich vor allem verschiedene musterbildende Einträge im Schuss an oder flottierende Elemente über einem Grundgewebe. Das Einarbeiten unterschiedlicher Elemente verschaffte dem kreativen Menschen ab der Jungsteinzeit ebenfalls ein weites Betätigungsfeld. Stickerei, die kleine Schwester der Nähtechnik, ist in Mitteleuropa bisher selten nachgewiesen, dennoch lässt sie sich ab der Bronzezeit durch die Zeiten verfolgen. Auch die Brettchenweberei – mit einer Hochblüte in Mitteleuropa in der Eisenzeit – bietet durch die Art ihrer Ausführung ein reiches Feld für schöpferische Arbeit im Musterdesign. Bei dieser Technik sind der Fantasie kaum noch Grenzen gesetzt, wie archäologische und historische Textilfunde eindrucksvoll bezeugen.

Es wird in diesem Buch auch der Versuch unternommen, die meist eher primitivistische Sichtweise auf das prähistorische Textilhandwerk etwas zu relativieren. Es werden Fragen gestellt zur Produktionsorganisation, zu Arbeitsteilung und zu den im Handwerk tätigen Personen. Die Textilien und die Gerätschaften können uns sogar erste Hinweise auf das Produktionsniveau geben. Wurden die Textilien wirklich nur im Haushandwerk geschaffen oder können wir besonders in der Eisenzeit bereits so etwas wie Spezialisten oder Massenproduktion fassen? Eine der Thesen dieses Buches ist, dass zusätzlich zu den technologisch niedrigen Subsistenzprodukten der häuslichen Sphäre ein neues Stratum von hochqualitativen, prestigehohen Textilien, die Arbeit von Spezialisten, in der Hallstattzeit hervortritt. Als Konsumgegenstand reichen Textilien vom Notwendigen bis hin zum Luxusgut. Die Produktion von notwendigen Gütern ist vom Neolithikum bis in die Eisenzeit im Haushandwerk lokalisiert. Vielleicht hat während der späten Eisenzeit die Nachfrage nach Gütern für eine wachsende Bevölkerungszahl in zentralisierten, großen Siedlungen zu einer Entwicklung von höher organisierten Produktionsvorgängen – wie etwa Werkstättenproduktion – und Handel dieser notwendigen Produkte geführt. Ein weiterer Nachweis, der beobachtet werden kann, ist die Produktion von Luxusgegenständen, die für die Darstellung von Status und (womöglich über weite Strecken) Geschenkaustausch zwischen Eliten notwendig waren. Dies führt zur Entwicklung von hoch spezialisierter und geschickter Handwerkskunst und zu einem Netzwerk des Austausches sowie der Ressourcen- und Objektzirkulation (z. B. spezielle Farbstoffe wie Insektenfärbungen, Brettchengewebe, feine Qualitäten, gemusterte Stücke …).

Die Textilien wurden nicht nur für Kleidung produziert, sondern erfüllten – wie auch heute noch – viele andere Aufgaben im täglichen Leben. Auch im prähistorischen Europa gibt es schon Hinweise auf Wandbehänge, Kissen und Matratzen.

Gewebe wurden als Transportsäcke in einem Salzbergwerk eingesetzt oder auch als Polsterung für Schwertscheiden. Selbst nach Verschleiß ging man mit der „Ressource Textil", in deren Herstellung so viel Zeit und Mühe lag, bedachtsam um. Mehr als einmal können wir regelrechtes „Recycling" von Textilien beobachten. Ausgediente Stoffe wurden als behelfsmäßiges Bindematerial verwendet, als Verpackungsmaterial, ja sogar als Verbandsmaterial.

Ein ausgedehntes Kapitel über die Kleidung in der mitteleuropäischen Urgeschichte (S. 305 ff.) rundet diesen Band ab. Es wurden verschiedene archäologische Quellen zusammengetragen, textile Funde, Schmuckstücke in Gräbern, zeitgenössische Bildquellen und – am Ende der Urgeschiche – auch Schriftquellen. Längst sind nicht alle Fragen geklärt und wir sind weit davon entfernt, ein Bild der Kleidung der gesamten Bevölkerung der einzelnen prähistorischen Epochen entwerfen zu können. Doch erste Schlaglichter auf einzelne Gewandformen, auf Schuhe und Kopfbedeckungen sind bereits möglich. Im Sinne des Forschungsprojektes „DressID – Clothing and Identities. New Perspectives on Textiles in the Roman Empire (2007–2012)" ist es auch ein Anliegen, die Bedeutung von Kleidung und Schmuck in der Urgeschichte zu beleuchten. Nicht nur der Schutz vor klimatischen Einflüssen wie Nässe, Hitze und Kälte hat den Menschen der Stein- bis Eisenzeit dazu bewogen, sich zu bekleiden. Nicht zu unterschätzen ist die soziale Funktion von Kleidung als Anzeiger von Macht und Status. Wie auch heute diente Kleidung als wichtiges nonverbales Kommunikationsmittel, es sagt vieles über seinen Träger, über den sozialen Status, über Alter und Geschlecht und auch über Gruppenzugehörigkeiten aus.

Heute wie damals hatte Kleidung eine identitätsstiftende Funktion für den Einzelnen sowie für die Gruppe. Die Textilien und die Kunstfertigkeit, mit der sie geschaffen wurde, tragen viel zu dieser Wirkung bei. So schließt sich nun der Kreis zwischen der prähistorischen Textilkunst, der Geschichte des Handwerks und der Kleidungsgeschichte – Themen, die es hier kunstvoll zu verweben galt.

G Anhang

Glossar
Quellen
Literatur
Register

Glossar zu archäologischen und textilkundlichen Begriffen

Beizenfärberei: Wasserlösliche Farbstoffe werden durch Beizmittel, pflanzliche Gerbstoffe oder Metallsalze, chemisch auf den Textilfasern fixiert. Es entstehen stabile waschechte Farbstoff-Faserverbindungen, sogenannte Farblacke.

Bindungen: Ein bestimmtes System der Verkreuzung von Schuss- und Kettfäden bei Geweben. Die in der Urgeschichte vorkommenden Grundbindungsarten sind → Leinwandbindung, → Panamabindung und → Köperbindung mit verschiedenen Varianten.

Brettchenweberei: Webtechnik mittels (meist viereckigen) an den Ecken gelochten Brettchen, durch die Kettfäden (→ Kette) gezogen sind. Die Fachbildung erfolgt durch das Drehen der Brettchen. Charakteristischerweise ist der Schussfaden (→ Schuss) im Gewebe nur randlich und an den sogenannten „Umkehrstellen" zu sehen. Brettchenweben dient zur Herstellung von schmalen Bändern sowie Gewebekanten.

Bronzezeit: Zeitepoche der Urgeschichte, benannt nach dem vorwiegenden Gebrauch des Metalles Bronze; in Mitteleuropa etwa zwischen 2300 und 800 v. Chr.

Broschierung: Musterung mit Zierschuss (zusätzlichem Faden), der beim Eintrag nur die Breite des Musters einnimmt (im Gegensatz zum Lancieren wo er über die ganze Gewebebreite durchgeführt wird).

Dendrochronologie: Datierungsmethode für Holz, wobei man sich die unterschiedliche, vom jeweiligen Jahresklima abhängige Dicke der Jahresringe von Bäumen zunutze macht.

Drehrichtung: Bei → Garnen und → Zwirnen wird die Drehrichtung mit den Buchstaben S oder Z bezeichnet, je nachdem, ob bei senkrecht gehaltenem Faden die Fasern in Richtung des Schrägstriches des Buchstabens S oder Z verlaufen. Zur besseren Differenzierung werden bei Garnen Kleinbuchstaben verwendet, bei Zwirnen Großbuchstaben.

Drehwinkel: Zeigt an, wie stark oder schwach ein Faden gedreht ist.

Eisenzeit: Zeitepoche der Urgeschichte, benannt nach dem vorwiegenden Gebrauch des Metalls Eisen; in Mitteleuropa etwa zwischen 800 und 15 v. Chr.

Fadenrichtung (Fadensystem): Ist bei einem →Gewebe durch das Fehlen von Gewebekanten nicht bestimmbar, ob es sich um →Kette oder →Schuss handelt, wird nur von Fadensystem 1 und 2 gesprochen.

Färberwaid: Eine einst für die Textilfärberei sehr bedeutende Indigopflanze. Die Blätter enthalten eine chemische Vorstufe, aus der sich das blaue Pigment Indigotin (Synonym: Indigo) gewinnen lässt.

Färbemittel: Färbende chemische Verbindungen sind nach ihrer Löslichkeit zu unterscheiden. Das blaue Indigotin aus Indigopflanzen und das purpurne 6,6-Dibromoindigotin aus Schneckenpurpur gehören zu den unlöslichen organischen Pigmenten. Dagegen handelt es sich beim Alizarin aus dem Färberkrapp und beim Luteolin aus dem Färberwau um lösliche Farbstoffe.

Fliegender Faden: Musterungsart mit Fäden, die während des Webens eingetragen werden.

Flottierung: Beim Weben jene Fadenstücke, die über größere Strecken nicht durch Bindungspunkte im Gewebe gehalten werden. Werden für Mustereffekte eingesetzt.

Garn: Gesponnene Einzelfäden. Möglich sind zwei →Drehrichtungen, die mit s- oder z- Drehung bezeichnet werden.

Geflechte: Mindestens drei Fäden werden durch diagonales Verkreuzen zu einer Fläche zusammengefügt.

Gewebe: Entstehen durch rechtwinkelige Verkreuzung mindestens zweier →Fadensysteme (→Kette und →Schuss).

Gewebeanfangskante: Beginn eines Gewebes am →Gewichtswebstuhl. Es wird mit Bandwebtechniken ein →Ripsband, bzw. mit →Brettchenweberei ein Band gefertigt und die →Schussfadenschlaufen an einer Seite länger belassen. Diese bilden dann im Hauptgewebe die Kettfäden (→Kette).

Gewebedichte: Anzahl der Fäden pro cm in einem →Gewebe. Gezählt wird in beiden Fadensystemen (→Kette und →Schuss).

Gewichtswebstuhl: Webgerät für großflächige Gewebe, bei dem die Kettfäden mit Hilfe von Gewichten gespannt werden. Er kann ein- oder mehrschäftig (→Litzenstab [= Schaft]) ausgeführt sein, je nach gewünschtem Gewebe (→Leinwandbindung oder →Köperbindung). Beim einschäftigen Webstuhl zum Weben von Leinwandbindung laufen alle geradzahligen Fäden über einen Trennstab, die ungeradzahligen sind an einem →Litzenstab angebunden. Beim natürlichen Fach haben die Kettfäden (→Kette) die von der Schwerkraft vorgegebene Stellung, beim künstlichen Fach werden die am Litzenstab befestigten Kettfäden nach vorne geholt.

Hallstattzeit: Ältere Phase der →Eisenzeit; in Mitteleuropa ungefähr von 800 bis 450 v. Chr.; benannt nach den berühmten Funden aus dem Gräberfeld von Hallstatt.

Heidengebirge: Im österreichischen Salzbergbau jede Form von Spuren prähistorischen Bergbaues.

Kammgarn: Garn aus gekämmter Wolle.

Kettbaum (Warenbaum): Oberes Querholz beim senkrechten →Gewichtswebstuhl. Es kann auch beweglich sein, um das Gewebe bei fortschreitender Arbeit aufzurollen.

Kette: Die Gesamtheit der Fäden (Kettfäden), die bei der Herstellung eines Gewebes in Längsrichtung verlaufen. Jene, die beim →Gewichtswebstuhl am →Kettbaum angehängt sind und durch die →Webgewichte beschwert werden.

Köperbindung: Bindungsart eines Gewebes, bei der die Zahl der jeweils überbrückten Fäden variiert wird. Hergestellt werden sie am →Gewichtswebstuhl mit mehreren →Litzenstäben. Als Varianten sind in der Urgeschichte Fischgrät-, Spitzgrat-, Diamanten- und →Rautenköper belegt.

Küpenfärberei: Färbemethode für wasserunlösliche organische Pigmente (Küpenfarbstoffe) aus Indigopflanzen und marinen Purpurschnecken. Bei der Küpe handelt es sich um eine alkalische Lösung, in der sich durch Reduktion aus den Pigmenten wasserlösliche grünlichgelbe Leukoverbindungen bilden. Nachdem das Textil einige Zeit in der Küpe eingetaucht war, wird es herausgenommen. Der Sauerstoff in der Luft bewirkt durch Oxidation eine Umwandlung der Leukoverbindungen in die wasserunlöslichen Pigmente, die an den Fasern haften.

Latènezeit: Jüngere Phase der →Eisenzeit; in Mitteleuropa etwa von 450 bis 15 v. Chr.; benannt nach den berühmten Funden aus La Tène am Neuenburger See in der Schweiz.

Leinwandbindung: Einfachste Bindungsart eines Gewebes, bei der die Fäden einander in gleichbleibendem Rhythmus kreuzen. Jeder Kettfaden (→Kette) liegt abwechselnd über bzw. unter einem Schussfaden (→Schuss).

Litzenstab (= Schaft): Vorrichtung zum Heben und Senken der Kettfäden, um ein →Webfach zu bilden (mechanische Fachbildung). Von Schäften spricht man hauptsächlich bei Trittwebstühlen: Beim →Gewichtswebstuhl ist dies der Stab, an dem die Kettfäden (→Kette) mittels eines Hilfsfadens (Litze) befestigt sind. Für → Leinwandbindung ist beim Gewichtswebstuhl ein einzelner Litzenstab nötig, für → Köperbindung mindestens drei.

Panamabindung: Gewebebindung ähnlich der → Leinwandbindung, doch kreuzen sich jeweils zwei Fäden, wodurch sich ein würfelartiges Aussehen ergibt.

Peplos: Griechisches Frauengewand aus einem schlauchförmigen Stoff, der umgeklappt und an den Schultern mit Fibeln oder Nadeln zusammengehalten wird.

Prähistorie: Urgeschichte oder Vorgeschichte; schriftloser Abschnitt der Menschheitsgeschichte, unterteilt in Stein-, Bronze- und Eisenzeit.

Radiokohlenstoffdatierung (C14-Datierung): Naturwissenschaftliche Methode zur Altersbestimmung organischer Materialien, die Kohlenstoff enthalten. Man nutzt dabei die Tatsache, dass der Anteil an radioaktivem Kohlenstoff (^{14}C) durch radioaktiven Zerfall mit zunehmendem Alter immer geringer wird.

Rapport: Mustersatz bis zur Wiederholung der Reihenfolge der Schafthebungen beim Webstuhl.

Rautenköper: Bindungsart, Köper-Variante (→ Köperbindung), die schrägen Grate des Köpers bilden eine Raute.

Rips: Abwandlung der Leinwandbindung, bei der in einem Fadensystem mindestens doppelt so viele Fäden verwendet werden wie im anderen. Dadurch sind im Gewebe Rippen zu sehen. Rips wird oft bei → Gewebeanfangskanten verwendet.

Rückenwebgerät (= Hüftwebgerät): Webgerät, bei dem die → Kette zwischen Rundhölzern gespannt ist, das Gerät wird an einem Kettende an einem Pfosten oder Ähnlichem festgemacht, am anderen Ende am Körper der webenden Person (mittels Rückengurt etc.).

Schärbock: Hilfsmittel zum Abzählen, gleichmäßigen Abmessen und Ordnen der Kettfäden, bevor diese an das Webgerät befestigt werden.

Schären der Kette: Eine bestimmte Anzahl von Kettfäden (→ Kette) wird zu einer Webkette mit bestimmter Breite und Fadendichte abgewickelt.

Schuss: Der Eintrag beim Weben, die Gesamtheit der Fäden die bei der Herstellung in Querrichtung von einer Seitenkante zur anderen liegen.

Situlenkunst: Figürliche Darstellungen des 6. bis 4. Jahrhundert v. Chr. auf Bronzeblech. Von der Rückseite getrieben und die Konturen von der Vorderseite mit schmalen Meißeln punziert. Dadurch entsteht eine Art flaches Halbrelief.

Spinnrichtungsmuster: Muster mit abwechselnder Verwendung von verschieden gedrehten (s- und z-) →Garnen.

Spitzgratköper: →Köpervariante, bei der der Grat eine Zickzacklinie bildet.

Trennstab: Beim →Gewichtswebstuhl ein Stab im unteren Bereich des Rahmengestells, der die Kettfäden (→Kette) der vorderen und hinteren Fadenreihe (bei →Leinwandbindung) voneinander trennt.

Vlies: Schafpelz ohne Haut.

Walken: Gewolltes Verfilzen von Wollartikeln. Die Fasern verhaken sich mit ihren Schuppen durch den Einfluss von Wärme, Feuchtigkeit, Mechanische Belastung und Walkmittel.

Webfach: Abstand zwischen den Kettfäden (→Kette), in den die Schussfäden (→Schuss) eingelegt werden. Zur Fachbildung wird mit diversen Hilfsmitteln ein Teil der Fäden angehoben und gesenkt.

Weben: Beim Weben werden zwei rechtwinkelig zueinander liegende →Fadensysteme miteinander verkreuzt. Das Charakteristikum des entwickelten Webvorganges ist die mechanische Fachbildung mittels →Litzenstäben (Schäften).

Webgewichte: Tönerne oder steinerne Gewichte zum Spannen der Kettfäden (→Kette) bei einem →Gewichtswebstuhl.

Webgitter: Gerät zur Fachbildung, auch verwendbar bei einem Bandwebgerät.

Webkamm: Vorrichtung zum Anschlagen (Verdichten) der Schussfäden.

Webpatrone: Technische Zeichnung der Herstellung einer Gewebebindung = Musteranweisung.

Webschwert: Gerät aus Holz, Knochen oder Eisen zum Anschlagen der Schussfäden.

Wollfeinheitsmessungen: Es werden die Durchmesser von 100 Fasern (Idealfall) eines Fadens gemessen, um Rückschlüsse auf die Qualität der Wolle zu erhalten.

Zwirn: Zwei oder mehrere zusammengedrehte Garne, je nach Drehrichtung S- oder Z-Zwirn.

Abbildungsnachweise

Abb. 1. © Karina Grömer und Andreas Kroh.
Abb. 2. © Naturhistorisches Museum Wien, Grafik von Dominic Groebner.
Abb. 3. © Naturhistorisches Museum Wien, Foto: Alice Schumacher.
Abb. 4. © Oberösterreichisches Landesmuseum.
Abb. 5. © Universität Wien, Foto: Olivia Chrstos.
Abb. 6. © Oberösterreichisches Landesmuseum.
Abb. 7. © Naturhistorisches Museum Wien, Foto: Alice Schumacher.
Abb. 8. © Oberösterreichisches Landesmuseum, Foto: Jutta Leskovar.
Abb. 9. © ASINOE, Foto: Karina Grömer.
Abb. 10. © Naturhistorisches Museum Wien, Foto: Andreas Rausch.
Abb. 11. © Amt für Archäologie Thurgau, http://www.archaeologie.tg.ch.
Abb. 12. © Südtiroler Archäologiemuseum
Abb. 13. Aus Boye 1896, Taf. XVIII.
Abb. 14. Foto: Karina Grömer.
Abb. 15. Grafik von Karina und Peter Grömer.
Abb. 16. © Reiss-Engelhorn-Museen Mannheim, Fotos: Sylvia Mitschke und R. Schwab, CEZA Mannheim.
Abb. 17. © Naturhistorisches Museum Wien, Abt. Mineralogie und Petrographie.
Abb. 18. © Naturhistorisches Museum Wien, Botanische Abteilung.
Abb. 19. © Naturhistorisches Museum Wien, Bibliothek, Botanische Abteilung
Abb. 20. © Reiss-Engelhorn-Museen Mannheim, REM-Aufnahmen von Sylvia Mitschke.
Abb. 21. Foto: Anne Reichert.
Abb. 22. © Reiss-Engelhorn-Museen Mannheim, Foto: Sylvia Mitschke.
Abb. 23. © Reiss-Engelhorn-Museen Mannheim, REM-Aufnahme: Sylvia Mitschke.
Abb. 24. © Naturhistorisches Museum Wien, Grafik von Karina Grömer.
Abb. 25. © Heimathaus Gallneukirchen.
Abb. 26. © Naturhistorisches Museum Wien, Fotos und SEM-Bilder von Carine Gengler.
Abb. 27. Fotos: Karina Grömer.
Abb. 28. Foto: Andreas Rausch.
Abb. 29. © Naturhistorisches Museum Wien, Grafik von Karina Grömer.
Abb. 30. © Naturhistorisches Museum Wien, Foto: Karina Grömer.
Abb. 31. © Naturhistorisches Museum Wien, aus Belavoná und Grömer 2009.
Abb. 32. Foto: Helga Rösel-Mautendorfer.
Abb. 33. Grafik von Karina Grömer.
Abb. 34. Fotos: Karina Grömer.
Abb. 35. 1: Foto: Karina Grömer; 2: © Österreichisches Museum für Volkskunde Wien, Foto: B. und P. Kainz, faksimile digital, ÖMV/3658.
Abb. 36. 1: Foto: Karina Grömer; 2: © Österreichisches Museum für Volkskunde Wien, Foto: B. und P. Kainz, faksimile digital, ÖMV/52.747.
Abb. 37. © Verein ASINOE und Bundesdenkmalamt (BDA).

Abb. 38. © Amt für Archäologie Thurgau, http://www.archaeologie.tg.ch.
Abb. 39. Grafik von Karina und Peter Grömer.
Abb. 40. © Naturhistorisches Museum Wien, Foto: Alice Schumacher.
Abb. 41. Grafik von Karina Grömer.
Abb. 42. Grafik von Karina und Peter Grömer.
Abb. 43. © Naturhistorisches Museum Wien.
Abb. 44. Aus Wieser 1999.
Abb. 45. Fotos: Karina Grömer.
Abb. 46. © Ingrid Schierer.
Abb. 47. Fotos: Karina Grömer.
Abb. 48. Aus Bazzanella und Mayr 2009, Abb. 15–16; Foto: G. Šebesta.
Abb. 49. © Naturhistorisches Museum Wien, Grafik von Karina Grömer.
Abb. 50. © Ingrid Schierer.
Abb. 51. Fotos: Karina Grömer.
Abb. 52. 1: aus Grote 1994, Taf. 101; 2: aus Hundt 1968, Abb. 5; 3–4: Landessammlungen Niederösterreich – Archäologischer Park Carnuntum, Bad Deutsch-Altenburg.
Abb. 53. © Naturhistorisches Museum Wien, Foto: Andreas Rausch.
Abb. 54. Fotos: Karina Grömer.
Abb. 55. Grafik von Karina Grömer.
Abb. 56. Aus Ræder Knudsen 2012.
Abb. 57. 1: Foto: Franz Pieler, ASINOE; 2: Foto: Karina Grömer.
Abb. 58. Grafik: Albrecht Jockenhövel.
Abb. 59. © Naturhistorisches Museum Wien.
Abb. 60. © Susanne Stegmann-Rajtár.
Abb. 61. Grafik von Karina Grömer.
Abb. 62. Grafik von Karina Grömer.
Abb. 63. Grafik: Tereza Belanová-Štolcová.
Abb. 64. © Naturhistorisches Museum Wien, Foto: Karina Grömer.
Abb. 65. © Amt für Archäologie Thurgau, http://www.archaeologie.tg.ch.
Abb. 66. Fotos: Helga Rösel-Mautendorfer und Karina Grömer.
Abb. 67. Grafik von Karina und Peter Grömer, unter Verwendung von Material aus Hundt 1959, 1960.
Abb. 68. Grafik von Karina und Peter Grömer, unter Verwendung von Material aus Medard 2010 und Bazzanella et al. 2003, S. 192.
Abb. 69. © Bergbaumuseum Bochum, aus Stöllner 2002, Taf. 309.
Abb. 70. © Naturhistorisches Museum Wien, Grafik von Karina Grömer.
Abb. 71. Aus Ræder Knudsen 2012.
Abb. 72. © Naturhistorisches Museum Wien, Grafik von Karina Grömer.
Abb. 73. Foto und Grafik von Karina Grömer.
Abb. 74. Aus Schierer 1987.
Abb. 75. Aus Schierer 1987.
Abb. 76. © Naturhistorisches Museum Wien.
Abb. 77. © Naturhistorisches Museum Wien.
Abb. 78. Aus Franz 1927, Abb. 1.
Abb. 79. Grafik von J. Kraglund, Skalk.

Abb. 80. Foto: Regina Hofmann-de Keijzer.
Abb. 81. Fotos: Regina Hofmann-de Keijzer.
Abb. 82. © RCE Amsterdam, Foto: Regina Hofmann-de Keijzer.
Abb. 83. © RCE Amsterdam, Foto, Chromatogram und Spektrum von Maarten R. van Bommel.
Abb. 84. Grafik von Regina Hofmann-de Keijzer und Peter Grömer.
Abb. 85. Foto: Regina Hofmann-de Keijzer.
Abb. 86. Zusammenstellung von Regina Hofmann-de Keijzer und Karina Grömer; 1, 3: Fotos von Art Ness Proaño Gaibor; 2: Fotos von Andreas G. Heiss. Anna Hartl (Universität für Bodenkultur Wien, Institut für Ökologischen Landbau) baute die Referenzsammlung auf, die aus Färbepflanzen und gefärbten Wollproben besteht.
Abb. 87. © Naturhistorisches Museum Wien, Foto: Andreas Rausch.
Abb. 88. Zusammenstellung von Regina Hofmann-de Keijzer und Karina Grömer; 1, 3: Fotos von Art Ness Proaño Gaibor; 2: Fotos von Andreas G. Heiss. Anna Hartl (Universität für Bodenkultur Wien, Institut für Ökologischen Landbau) baute die Referenzsammlung auf, die aus Färbepflanzen und gefärbten Wollproben besteht.
Abb. 89. Foto: http://commons.wikimedia.org/wiki/File:Rubia_tinctorum_001.JPG.
Abb. 90. Foto: Manuel Alvarado, http://www.biodiversidadvirtual.org.
Abb. 91. Fotos: Karina Grömer.
Abb. 92. Foto: Regina Hofmann-de Keijzer.
Abb. 93. Fotos: Regina Hofmann-de Keijzer.
Abb. 94. Fotos: Carine Gengler.
Abb. 95. Foto © Naturhistorisches Museum Wien; Spektrum © RCE Amsterdam (von Ineke Joosten).
Abb. 96. © Naturhistorisches Museum Wien.
Abb. 97. © Naturhistorisches Museum Wien, images aus Hundt 1959.
Abb. 98. © Bundesdenkmalamt (BDA), Foto: Andreas Kroh.
Abb. 99. © Naturhistorisches Museum Wien und Bergbaumuseum Bochum.
Abb. 100. © Naturhistorisches Museum Wien
Abb. 101. Zeichnung von Lise Ræder Knudsen.
Abb. 102. © Naturhistorisches Museum Wien und Bergbaumuseum Bochum, Fotos: Alice Schumacher.
Abb. 103. Fotos: Karina Grömer.
Abb. 104. Zeichnung von Karina Grömer.
Abb. 105. Aus Banck-Burgess 1999.
Abb. 106. Aus Vogt 1937, Abb. 84.
Abb. 107. Zusammenstellung von Karina Grömer; 1: aus Klose 1926; 2: Zeichnung basierend auf Hundt 1959.
Abb. 108. Fotos: Karina Grömer.
Abb. 109. Aus Banck-Burgess 1999.
Abb. 110. Aus Medard 2010, S. 203 und 214.
Abb. 111. © Naturhistorisches Museum Wien, Foto: Andreas Rausch.
Abb. 112. © Wienmuseum, Foto: Alice Schumacher.
Abb. 113. © Naturhistorisches Museum Wien, Foto: Alice Schumacher.

Abb. 114. Aus Hrubý 1959, Taf. 7.
Abb. 115. © Schweizer Nationalmuseum, Foto Nr. DIG-8880 und 8881.
Abb. 116. © Naturhistorisches Museum Wien, Foto: Alice Schumacher.
Abb. 117. © Schweizer Nationalmuseum, Foto Nr. DIG-7222.
Abb. 118. Zeichnung von Christina Peek; aus Balzer, Peek und Vanden Berghe 2014, Abb. 6.
Abb. 119. © Bergbaumuseum Bochum.
Abb. 120. © Slovak Academy of Sciences, aus Tereza Belanová-Štolcová 2005.
Abb. 121. © Naturhistorisches Museum Wien.
Abb. 122. © Naturhistorisches Museum Wien, Foto: Alice Schumacher.
Abb. 123. © Naturhistorisches Museum Wien und Museum Stillfried; Inv. Nr. 804 und 14958, Foto: Alice Schumacher.
Abb. 124. Aus Ruttkay 1993/1994, Abb. 3–4.
Abb. 125. © Naturhistorisches Museum Wien, Fotos: Hans Reschreiter.
Abb. 126. Aus Gostenčnik 2014, Abb. 55.
Abb. 127. © Heimathaus Gallneukirchen.
Abb. 128. © Naturhistorisches Museum Wien, Foto: Alice Schumacher.
Abb. 129. © Naturhistorisches Museum Wien, Zeichnungen von Helga Rösel-Mautendorfer.
Abb. 130. © Naturhistorisches Museum Wien und aus Stöllner 2002, Zeichnungen von Helga Rösel-Mautendorfer.
Abb. 131. © Naturhistorisches Museum Wien.
Abb. 132. Zusammenstellung von Karina Grömer, Fotos 1–4: von Alice Schumacher, 5: von 7reasons.
Abb. 133. Fotos: Katrin Kania.
Abb. 134. Zeichnung von Helga Rösel-Mautendorfer und Georg Rösel.
Abb. 135. Zusammenstellung von Helga Rösel-Mautendorfer, basierend auf Schlabow 1976, Abb. 157 und 158.
Abb. 136. Zusammenstellung von Karina Grömer, unter Verwendung von Material aus 1: Foto: A. Rausch, 2: aus Birkhan 1999.
Abb. 137. 1–2: aus Frey 1962, Taf. 65; 3: © Oberösterreichisches Landesmuseum.
Abb. 138. 1: aus Dobiat 1982; 2: © Naturhistorisches Museum Wien, Zeichnung aus Hundt 1960.
Abb. 139. © Naturhistorisches Museum Wien.
Abb. 140. Grafik von Karina und Peter Grömer.
Abb. 141. Grafik von Karina und Peter Grömer, basierend auf Andersson 2003, Abb. 1.
Abb. 142. © Bundesdenkmalamt (BDA), Foto: Alexandra Krenn-Leeb, Universität Wien.
Abb. 143. © Naturhistorisches Museum Wien.
Abb. 144. © Naturhistorisches Museum Wien, Fotos: Alice Schumacher.
Abb. 145. University of Cambridge, Department of Anglo-Saxon, Norse & Celtic http://www.asnc.cam.ac.uk/spokenword/g_autun_sens.php.
Abb. 146. © Naturhistorisches Museum Wien, Foto: Alice Schumacher.
Abb. 147. Grafik von Karina und Peter Grömer, nach Eibner 1986.
Abb. 148. Grafik von Karina Grömer, nach Rebay 2006, Taf. 62.
Abb. 149. Grafik von Karina Grömer, nach Rebay 2006, Taf. 14.

Abb. 150. © Bundesdenkmalamt (BDA).
Abb. 151. Grafik von Karina Grömer, nach Martijnse 1993.
Abb. 152. Fotos: Wolfgang Lobisser.
Abb. 153. Grafik von Karina Grömer, nach Griebl 2004, Abb. 74.
Abb. 154. © Western Slovak Museum Trnava , Foto: Tereza Belanová-Štolcová.
Abb. 155. Grafik von 7reasons.
Abb. 156. Nach Bietti Sestieri 1992, Abb. 3a.391.
Abb. 157. © Naturhistorisches Museum Wien.
Abb. 158. © Archäologie Service, Zusammengestellt von Karina Grömer, unter Verwendung von Material aus Fritz Preinfalk (Foto Grab); Andreas Kroh (Foto organische Reste).
Abb. 159. Aus Banck-Burgess 1999, Abb. 4.
Abb. 160. Grafik von Karina Grömer, nach Lucke und Frey 1962.
Abb. 161. Aus Müller-Karpe 1974, Taf. 499.
Abb. 162. Naturhistorisches Museum Wien, Grafik von Dominic Groebner.
Abb. 163. © Naturhistorisches Museum Wien.
Abb. 164. © Keltenmuseum Hallein, aus Kyrle 1918, Abb. 60.
Abb. 165. © Naturhistorisches Museum Wien, Fotos: Hans Reschreiter.
Abb. 166. Aus Stöllner 2002, Taf. 200.
Abb. 167. Aus Müllauer und Ramsl 2007, Abb. 4 und 7, Zeichnung von Maria Imam.
Abb. 168. Fotos und Zeichnung von Karina Grömer und Angelika Rudelics.
Abb. 169. Grafik von Karina Grömer, nach Haffner 1976, Abb. 62.
Abb. 170. 1: Mikrofoto: Andreas Kroh; 2–4: © Sebastian Ipach.
Abb. 171. Grafik von Karina und Peter Grömer.
Abb. 172. Aus Wels-Weyrauch 1994, Abb. 55.
Abb. 173. © Naturhistorisches Museum Wien.
Abb. 174. © Naturhistorisches Museum Wien, Foto: Alice Schumacher.
Abb. 175. © Naturhistorisches Museum Wien, Foto: Alois Lammerhuber.
Abb. 176. © Naturhistorisches Museum Wien, Foto: Alice Schumacher, Zeichnung von Helga Rösel-Mautendorfer.
Abb. 177. Aus Umgeher-Mayer et al. 2011; Fotos: J. Krumpel, AS-BDA und G. Gattinger, Universität Wien.
Abb. 178. Grafik von Karina Grömer, unter Verwendung von Material aus Nieszery 1995 und Kloiber et al. 1971.
Abb. 179. © Bundesdenkmalamt (BDA), Foto: L. Neustifter.
Abb. 180. Grafik von Michaela Maurer und Karina Grömer.
Abb. 181. 1: aus Seidel 1995; 2: aus Müller-Karpe 1974.
Abb. 182. © Südtiroler Archäologiemuseum Bozen / Augustin Ochsenreiter.
Abb. 183. © Römisch-Germanisches Zentralmuseum Mainz, aus Egg und Goedecker-Ciolek 2009, Abb. 44–46.
Abb. 184. © Anne Reichert.
Abb. 185. © Südtiroler Archäologiemuseum / Harald Wisthaler
Abb. 186. © Südtiroler Archäologiemuseum / Harald Wisthaler
Abb. 187. © Anne Reichert.
Abb. 188. © Anne Reichert.
Abb. 189. © Bundesdenkmalamt (BDA), Zeichnung von Maria Imam, Foto: Daniela Kern.

Abb. 190. Aus Boye 1896, Taf. XI.
Abb. 191. Grafik von Michaela Maurer, aus La Baume 1955, Abb. 89.
Abb. 192. © National Museum of Denmark, Copenhagen, Foto: Roberto Fortuna.
Abb. 193. Aus Boye 1896, Taf. IX.
Abb. 194. Grafik von Michaela Maurer, aus Schlabow 1937.
Abb. 195. © Museum Livno in Bosnia Hercegovina, aus Benac 1986.
Abb. 196. Grafik von Karina Grömer, unter Verwendung von Material aus Müller-Karpe 1980 und Tibor 1977.
Abb. 197. Aus Bocksberger 1978, Abb. 24.
Abb. 198. Grafik von Karina Grömer, unter Verwendung von Material aus Neugebauer und Neugebauer 1997, Foto: Alice Schumacher.
Abb. 199. Grafik von Karina Grömer, unter Verwendung von Material aus Neugebauer und Neugebauer 1997, Foto: Alice Schumacher.
Abb. 200. © Bundesdenkmalamt (BDA) und Christine Neugebauer-Maresch.
Abb. 201. Grafik von Karina und Peter Grömer, unter Verwendung von Material aus Wels-Weyrauch 1978.
Abb. 202. © Naturhistorisches Museum Wien, Foto: Alice Schumacher.
Abb. 203. © Museum Hallstatt, Foto: Andreas Rausch.
Abb. 204. Aus Bazzanella et al. 2003.
Abb. 205. © Landessammlungen Niederösterreich, Museum für Urgeschichte Asparn an der Zaya.
Abb. 206. Zusammenstellung von Karina Grömer, unter Verwendung von Material aus Grömer und Höglinger 2010, Abb. 20, Foto: Alice Schumacher.
Abb. 207. Grafik von Karina Grömer.
Abb. 208. 1: aus Tibor 1977; 2: © Naturhistorisches Museum Wien.
Abb. 209. Aus Grömer, Rösel-Mautendorfer und Bender Jørgensen 2013, Abb. 6, Fotos: Hischam Momen.
Abb. 210. Aus Engelhardt 1863, Taf. 1 und 2.
Abb. 211. © Dänisches Nationalmuseum, Copenhagen, Foto: Lennart Larsen.
Abb. 212. © Dänisches Nationalmuseum, Copenhagen, Foto: Lennart Larsen.
Abb. 213. Foto: R. Fortuna, Zeichnung von Karina Grömer.
Abb. 214. © Südtiroler Archäologiemuseum
Abb. 215. © Südtiroler Archäologiemuseum
Abb. 216. © Oberösterreichisches Landesmuseum, Zeichnung von Manfred Pertlwieser
Abb. 217. Naturhistorisches Museum Wien, Archiv der Prähistorischen Abteilung.
Abb. 218. Zeichnungen von Karina Grömer.
Abb. 219. © Naturhistorisches Museum Wien, Fotos: Alice Schumacher.
Abb. 220. © Naturhistorisches Museum Wien, Fotos: Alice Schumacher.
Abb. 221. Zusammenstellung von Karina und Peter Grömer, unter Verwendung von Material aus: 1–15: aus Dobiat 1982; 16–37: aus Lucke und Frey 1962. Situla Kuffarn © Naturhistorisches Museum Wien.
Abb. 222. © Naturhistorisches Museum Wien, Zeichnung von J. Ribbeck, Römisch-Germanisches Zentralmuseum Mainz; Wasserfarben © Bundesdenkmalamt (BDA).
Abb. 223. © Keltenmuseum Hallein, Foto: Thorsten Rotsilber.
Abb. 224. Grafik von Karina Grömer, basierend auf Ramsl 2002.

Abb. 225. © Naturhistorisches Museum Wien, Foto: Alice Schumacher.
Abb. 226. © Naturhistorisches Museum Wien, Foto: Alice Schumacher.
Abb. 227. Grafik von Karina Grömer, basierend auf Pauli 1978, Taf. 223 und 230.
Abb. 228. © Naturhistorisches Museum Wien, Foto: Alice Schumacher
Abb. 229. Grafik von Michaela Maurer.
Abb. 230. Zusammenstellung von Karina und Peter Grömer, unter Verwendung von Material aus: © Naturhistorisches Museum Wien und Bergbaumuseum Bochum, Zeichnungen aus Lucke und Frey 1962.
Abb. 231. © Keltenwelt am Glauberg, Foto: U. Seitz-Gray.
Abb. 232. © Naturhistorisches Museum Wien.
Abb. 233. Grafik von Peter Grömer, nach Barth 1992.
Abb. 234. © Naturhistorisches Museum Wien, Foto: Alice Schumacher.
Abb. 235. © Museum Mannersdorf, Foto: Andreas Rausch.
Abb. 236. © Museum Mannersdorf, Foto: Peter Ramsl.
Abb. 237. Grafik von Karina Grömer, Fotos: Richard Thoma.
Abb. 238. Grafik von Michaela Almstätter.
Abb. 239. Grafik von Karina und Peter Grömer.
Abb. 240. © Naturhistorisches Museum Wien, Fotos: Alice Schumacher.
Abb. 241. © Landessammlungen Niederösterreich, Museum für Urgeschichte Asparn an der Zaya.
Abb. 242. Aus Wiedner-Stern 1908.
Abb. 243. © Landessammlungen Niederösterreich, Archäologischer Park Carnuntum, Bad Deutsch-Altenburg, Foto: N. Gail.

Quellen der Farbstoffanalysen
(Erklärungen zu Abb. 84)

Durchführung der Farbstoffanalysen

A: HPLC-PDA durch Maarten R. van Bommel, Cultural Heritage Agency of the Netherlands (RCE), Amsterdam, Niederlande.

B: DC und UV/VIS-Spektroskopie durch Penelope Walton Rogers, The Anglo-Saxon Laboratory, York, England. – HPLC-PDA durch Maarten R. van Bommel, RCE, Amsterdam, Niederlande.

C: HPLC-PDA durch Jan Wouters und Ina Vanden Berghe, Koninklijk Instituut voor het Kunstpatrimonium/Institut royal du Patrimoine artistique (KIK/IRPA), Brüssel, Belgien.

D: HPLC-PDA durch Ina Vanden Berghe, KIK/IRPA, Brüssel, Belgien.

E: DC und UV/VIS-Spektroskopie durch Penelope Walton Rogers, The Anglo-Saxon Laboratory, York, England.

F: HPLC-PDA durch Jan Wouters, KIK/IRPA, Brüssel, Belgien.

G: HPLC durch Witold Nowik, Laboratoire de Recherche des Monuments Historiques, Champs-sur-Marne, Frankreich.

H: DC und UV/VIS-Spektroskopie durch Penelope Walton Rogers, The Anglo-Saxon Laboratory, York, England. – HPLC-PDA durch Ina Vanden Berghe, KIK/IRPA, Brüssel, Belgien.

I: Kerameikos/Athen: REM-EDX und Mikro-Raman-Spektroskopie durch Norman Allen und Vladimir Vishnyakov, Dalton Research Institute, Manchester Metropolitan University, England; Grabmal Philipp II. von Makedonien nahe Vergina: Mikrochemischer Test und FTIR durch Judith H. Hofenk de Graaff, RCE (früher Central Research Laboratory for Objects of Art und Science).

DC = Dünnschichtchromatographie
FTIR = Fourier-Transform-Infrarotspektroskopie
REM-EDX = Rasterelektronenmikroskopie mit energie-dispersiver Röntgenanalyse
(U)HPLC-PDA = (Ultra-)Hochleistungsflüssigkeitschromatographie mit Photodiodenarray-Detektion

Literatur zu den Farbstoffanalysen

1) Pustopolje: Bender Jørgensen und Grömer 2012, 58. – Van Bommel, Joosten und Hofmann-de Keijzer 2013a.

2) Mitterberg: Grömer 2012, 31, Abb. 1.2. – Van Bommel, Joosten und Hofmann-de Keijzer 2013b.

3) Hallstatt:	Walton Rogers 2001 – Hofmann-de Keijzer, Van Bommel und Joosten 2005. – Hofmann-de Keijzer et al. 2013.
4) Lefkandi:	Margariti und Spantidaki 2020, 401–405, 410, Textil 3, Abb. 3. – Spantidaki und Moulhérat 2012, 192, Abb. 7.7
5) Radfeld:	Walton Rogers 1998. – Van Bommel, Joosten und Hofmann-de Keijzer 2013c.
6) Sasso di Furbara:	Gleba 2014a, 151. – Gleba et al. 2020.
7) Cumae:	Gleba 2017b. – Gleba, Menale und Rescigno 2017.
8) Verucchio:	Gleba 2012, 224. – Stauffer 2002b, 216–219. – Wouters, Vanden Berghe und Maquoi 2002, 220.
9) Vedretta di Ries:	Bazzanella et al. 2005, 158. – Dal Ri 1995–96, 375. – Gleba 2012, 224.
10) Tarquinia:	Gleba 2017b. – Gleba, Mandolesi und Lucidi 2017
11) Hochdorf, etc.:	Banck-Burgess 1999. – Walton Rogers 1999.
12) Dürrnberg:	Stöllner 2005, 169, Abb. 11.
13) Glauberg:	Balzer, Peek und Vanden Berghe 2014.
14) Altrier:	Banck-Burgess 1999. – Rast-Eicher und Vanden Berghe 2015.
15) Sainte-Geneviève-des-Bois:	Milcent und Moulherat 1999, 314–316.
16) Padua:	Gleba 2014a, 149. – Persönliche Mitteilung, Ina Vanden Berghe, 12. Februar 2015.
17) Griechenland:	Kerameikos/Athen: Maragriti et al. 2013. – Margariti und Spantidaki 2020. – Spantidaki 2016. – Spantidaki und Moulhérat 2012. Grabmal Philipp II. von Makedonien nahe Vergina: Hofenk de Graaff 2004, 270–272.
18) Strozzacapponi:	Gleba und Vanden Berghe 2014.
19) Torfmoortextilien aus DK und NOR:	Vanden Berghe, Gleba und Mannering 2009.
20) Grabtextilien aus DK, NOR und S:	Bender Jørgensen und Walton 1986. – Hofenk de Graaff 2004, 125. – Vanden Berghe, Gleba und Mannering 2009, 1920. – Walton 1986; 1988.

Quellen

Aristoph., *Lys.*	Aristophanes, *Lysistrata* (Loeb Classical Library, Vol. L179N, Vol. III, Harvard University Press, Cambridge, Mass., 2000).
Caes., *B.G.*	Caesar, *De Bello Gallico* (Oxford Classical Texts, Oxford University Press, Oxford, 1900).
Col., *De Re Rustica*	Columella, *De Re Rustica* (Loeb Classical Library, Vol. 361, Harvard University Press, Cambridge, Mass., 1941).
Diod., *Hist.*	Diodorus Siculus, *Bibliotheca Historica* (Loeb Classical Library, Vol. 361, Harvard University Press, Cambridge, Mass., 1939).
Ed. Diocl.	*Edictum Diocletiani de pretiis rerum venalium* (ed. S. Lauffer, Diokletians Preisedikt, Berlin, 1971).

Hdt. Herodotus, *Historia* (ed. D. Grene, The Histories of Herodotus, University of Chicago, 1985).

Hom., *Od.* Homer, *Odyssey* (Loeb Classical Library, Vol. 104, Harvard University Press, Cambridge, Mass., 1919).

Hom., *Il.* Homer, *Iliad* (Loeb Classical Library, Vol. 170, Harvard University Press, Cambridge, Mass., 1924).

Liv. Livy, *Ab Urbe Condita Libri* (Loeb Classical Library, Harvard University Press, Cambridge, Mass. 1919).

P. Holm. *Papyrus Graecus Holmiensis*: Rezepte für Silber, Steine und Purpur (ed. O. Lagercrantz, Uppsala und Leipzig, 1913).

Plin., *Nat. Hist.* Pliny, *Naturalis Historia* (Loeb Classical Library, Harvard University Press, Cambridge, Mass., 1949–1954).

Plut., *Mor.* Plutarch, *Moralia* (Loeb Classical Library, Vol. 305, Harvard University Press, Cambridge, Mass., 1936).

Polyb., *Hist.* Polybius, *Historiae* (Loeb Classical Library, Vol. L128, Harvard University Press, Cambridge, Mass., 1922).

Sall., *Hist.* Sallust, *Historiae* (Loeb Classical Library, Vol. 116, Harvard University Press, Cambridge, Mass., 1921).

Sen., *Ep.* Seneca, *Epistulae* (Loeb Classical Library, Vol. 76, Harvard University Press, Cambridge, Mass., 1920).

Strab., *Geog.* Strabo, *Geographia* (Loeb Classical Library, Vol. 211, Harvard University Press, Cambridge, Mass., 1928).

Tert., *De Pallio* Tertullian, *Die Pallio* (ed. V. Hunink, J.G. Gieben, Tertullian De Pallio: A Commentary, Amsterdam 2005).

Literatur

Alberti M. E. Alberti 2007: Washing und Dyeing Installations of the Ancient Mediterranean: towards a Definition from Roman Times back to Minoan Crete. In: C. Gillis und M.-L. Nosch (Hrgs.), Ancient Textiles. Production, Craft and Society. Proceedings of the First International Conference on Ancient Textiles, held at Lund, Sweden, and Copenhagen, Denmark, on March 19–23, 2003. Oxford 2007, Oxbow Books, 59–63.

Albright W. F. Albright 1941–43: The Excavation of Tell Beit Mirsim. Annual of the American Schools of Oriental Research 21–22, Harmondsworth 1941–43.

Alfaro Giner C. Alfaro Giner 2012: Spain. In: M. Gleba und U. Mannering (Hrsg.), Textiles and Textile Production in Europe from Prehistory to AD 400. Ancient Textiles Series

11, Oxford 2012, Oxbow Books, 334–348.

Andersson — E. Andersson 2003a: Textile Production in Scandinavia during the Viking Age. In: L. Bender Jorgensen, J. Banck-Burgess und A. Rast-Eicher (Hrsg.), Textilien aus Archäologie und Geschichte. Festschrift Klaus Tidow. Neumünster 2003, Wachholtz, 46–62.

E. Andersson 2003b: Tools for Textile Production from Birka and Hedeby. Birka Studies 8, Stockholm 2003.

Andersson Strand — E. Andersson Strand 2010a: Experimental Textile Archaeology. In: E. Andersson Strand, M. Gleba, U. Mannering, C. Munkholt und M. Ringgaard (Hrsg.), North European Symposium for Archaeological Textiles X. Oxford 2010, Oxbow Books, 1–3.

E. Andersson Strand 2010b: The Basis of Textile Tools and Textile Technology: From fibre to fabric. In: C. Michel und M.-L. Nosch (Hrsg.), Textile Terminologies in the ancient Near East and Mediterranean from the third to the first millennia BC. Ancient Textiles Series 8, Oxford 2010, Oxbow Books, 10–22.

Andersson Strand et al. — E. Andersson Strand, M. Gleba, U. Mannering, C. Munkholt und M. Ringgaard (Hrsg.) 2010: North European Symposium for Archaeological Textiles X. Oxford 2010, Oxbow Books.

Antl-Weiser — W. Antl-Weiser 2008: Die Frau von W. Die Venus von Willendorf, ihre Zeit und die Geschichte(n) um ihre Auffindung. Veröffentlichungen der Prähistorischen Abteilung (VPA) 1, Wien 2008, Verlag des Naturhistorischen Museums.

Antons — Sr. K. Antons 1999: Paramente – Dimensionen der Zeichengestalt. Kirche und Kunst im Gespräch Bd. 3, Regensburg 1999, Schnell+Steiner Verlag.

Ausstellungskatalog „Die Kelten in Gallien" 1978: Die Kelten in Gallien. Museum für Völkerkunde Wien 18. Oktober 1978–14. Jänner 1979, Wien 1978.

Ausstellungskatalog „Das Rätsel der Kelten vom Glauberg" 2002: Das Rätsel der Kelten vom Glauberg. Glaube – Mythos – Wirklichkeit. Ausstellung des Landes Hessen in der Schirn Kunsthalle Frankfurt 24. Mai bis 1. September 2002, Theiss.

Bader & Lavrushin — N. O. Bader und Y. A. Lavrushin (Hrsg.) 1998: Upper Palaeolithic site Sungir (graves and environment). Moscow 1998. Scientific World.

Bagley — J. M. Bagley 2014: Zwischen Kommunikation und Distinktion. Ansätze zur Rekonstruktion frühlatènezeitlicher Bildpraxis. Vorgeschichtliche Forschungen 25, Rahden/Westf. 2014, Verlag Marie Leidorf.

Balzer — I. Balzer, Chr. Peek und I. Vanden Berghe 2014: Neue Untersuchungen an den eisenzeitlichen Textilfunden der „Fürstengräber" vom Glauberg. In: Denkmalpflege und Kulturgeschichte 3–2014, 2–10.

Banck-Burgess — J. Banck-Burgess 1998: Erlesene Farben. In: Archäologie in Deutschland 1/1998, Stuttgart 1998, Theiss, 30–31.

J. Banck-Burgess 1999: Hochdorf IV. Die Textilfunde aus dem späthallstattzeitlichen Fürstengrab von Eberdingen-Hochdorf (Kreis Ludwigburg) und weitere Grabtextilien aus hallstatt- und latènezeitlichen Kulturgruppen. Forschungen und Berichte zur Vor- und Frühgeschichte in Baden-Württemberg 70, Stuttgart 1999, Theiss.

J. Banck-Burgess 2012 a: Case Study: The Textiles from the Princely Burial at Eberdingen Hochdorf, Germany. In: M. Gleba und U. Mannering (Hrsg.), Textiles and Textile Production in Europe from Prehistory to AD 400. Ancient Textiles Se-

ries 11, Oxford 2012, Oxbow Books, 139–152.
Barber E. J. W. Barber 1991: Prehistoric Textiles. The development of cloth in the Neolithic and Bronze Age with special Reference to the Aegean. Princeton 1991, Princeton University Press.
E. W. Barber 1994: Women´s work: The first 20.000 years. Women, Cloth, and society in Early Times. New York 1994, W. W. Norton & Company.
Barnes & Eicher R. Barnes und J. B. Eicher (Hrsg.) 1991: Dress and gender: Making and meaning. Oxford 1991, Berg.
Bartel & Voß A. Bartel und H. Voß 2005: Modisch in der Urnenfelderzeit: Zur Kleidung der Frau aus Grundfeld. Das archäologische Jahr in Bayern 2005, 44–46.
Barth F.-E. Barth 1988/89: Zum Goldscheibenfund von Óbuda. Mitteilungen der Anthropologischen Gesellschaft in Wien 118/119, 1988/89, 155–162.
F.-E. Barth 1989: „Mann im Salz" Kilb Werk 1734. Salzbergwerk Hallstatt. Quellen und Literaturauszüge zum „Mann im Salz". Musealverein Hallstatt 1989.
F.-E. Barth 1992: Prähistorisches Schuhwerk aus den Salzbergwerken Hallstatt und Dürrnberg/Hallein. In: A. Lippert und K. Spindler (Hrsg.), Festschrift zum 50-jährigen Bestehen des Institutes für Ur- und Frühgeschichte der Leopold-Franzens-Universität Innsbruck. Universitätsforschungen zur Prähistorischen Archäologie 8, Bonn 1992, 23–35.
Barth & Urban F.-E. Barth und O. H. Urban 2007: Neues zur Schwertscheide von Hallstatt. In: M. Blečič, M. Črešnar, B. Hänsel, A. Hellmuth, E. Kaiser und C. Metzner-Nebelsick (Hrsg.), Scripta praehistorica in honorem Biba Teržan. Situla 44, Ljubljana 2007, Slowenisches Nationalmuseum, 391–404.
Bazzanella M. Bazzanella 2012: Italy: Bronze Age. In: M. Gleba und U. Mannering (Hrsg.), Textiles and Textile Production in Europe from Prehistory to AD 400. Ancient Textiles Series 11, Oxford 2012, Oxbow Books, 203–214.
Bazzanella et al. M. Bazzanella, A. Mayr, L. Moser und A. Rast-Eicher 2003: Textiles: intrecci e tessuti dalla preistoria europea. Catalogo della mostra tenutasi a Riva del Garda dal 24 maggio al 19 ottobre 2003. Riva del Garda, Trento 2003, Esperia.
M. Bazzanella, L. Dal Ri, A. Maspero und I. Tomedi 2005: Iron Age Textile Artefacts from Riesenferner/Vedretta di Ries (Bolzano/Bozen – Italy). In: P. Bichler, K. Grömer, R. Hofmann-de Keijzer, A. Kern und H. Reschreiter (Hrsg.), Hallstatt Textiles. Technical Analysis, Scientific Investigation and Experiment on Iron Age Textiles. British Archaeological Reports International Series 1351, Oxford 2005, Archaeopress, 151–160.
Beamer J. Beamer 2022: Combing the Data: Re-evaluating "Weaving" Combs in the Textile Production Sequence during the British Iron Age. In: A. Ulanowska, K. Grömer, I. Vanden Berghe und M. Öhrmann (Hrsg.), Ancient Textile Production from an Interdisciplinary Perspective. Cham 2022, Spinger, 139–162.
Beck et al. U. Beck, M. Wagner, X. Li, D. Durkin-Meisterernst und P. E. Tarasov 2014: The invention of trousers and its likely affiliation with horseback riding and mobility: A case study of late 2nd millennium BC finds from Turfan in eastern Central Asia. Quarternary International 348, 2014, 224–235.
Becker et al. C. Becker, N. Benecke, H.-C. Küchelmann und S. Suhrbier 2020: Finding the woolly sheep: meta-analyses of archaeozoological data from south western Asia and south eastern Europe. In: W. Schier und S. Pollock (Hrsg.), The Competition

of Fibres. Ancient Textiles Series 36. Oxford und Philadelphia 2020, Oxbow Books, 83–94.

Belanová — T. Belanová 2005: The state of research of La Tène Textiles from Slovakia and Moravia. In: P. Bichler, K. Grömer, R. Hofmann-de Keijzer, A. Kern und H. Reschreiter (Hrsg.), Hallstatt Textiles. Technical Analysis, Scientific Investigation and Experiment on Iron Age Textiles. British Archaeological Reports International Series 1351, Oxford 2005, Archaeopress, 175–189.

T. Belanová 2007: Archaeological Textile Finds from Slovakia and Moravia Revisited. In: A. Rast-Eicher und R. Windler (Hrsg.), Archäologische Textilfunde – Archaeological Textiles. Report from the 9th NESAT Symposium, 18–21 May 2005 in Braunwald. Ennenda 2007, 41–48.

Belanová-Štolcová — T. Belanová-Štolcová 2012: Slovak and Czech Republic. In: M. Gleba und U. Mannering (Hrsg.), Textiles and Textile Production in Europe from Prehistory to AD 400. Ancient Textiles Series 11, Oxford 2012, Oxbow Books, 306–333.

Belanová-Štolcová & Grömer — T. Belanová-Štolcová und K. Grömer 2010: Weights, Spindles and Textiles – Textile Production in Central Europe from Bronze Age to Iron Age. In: E. Andersson Strand, M. Gleba, U. Mannering, C. Munkholt und M. Ringgaard (Hrsg.), North European Symposium for Archaeological Textiles X, Oxford 2010, Oxbow Books, 9–20.

Benac — A. Benac 1986: Praistorijski tumuli na Kupreškom Polju. Djela kniga LXIV, Centar za Balkaneloška. Sarajevo 1986.

Benecke — N. Benecke 1994: Der Mensch und seine Haustiere. Die Geschichte einer jahrtausendealten Beziehung. Stuttgart 1994, Theiss.

Bender Jørgensen — L. Bender Jørgensen 1992: North European Textiles until AD 1000. Aarhus 1992, Aarhus University Press.

L. Bender Jørgensen 2005: Hallstatt and La Tène Textiles from the Archives of Central Europe. In: P. Bichler, K. Grömer, R. Hofmann-de Keijzer, A. Kern und H. Reschreiter (Hrsg.), Hallstatt Textiles. Technical Analysis, Scientific Investigation and Experiment on Iron Age Textiles. British Archaeological Reports International Series 1351, Oxford 2005, Archaeopress, 133–150.

L. Bender Jørgensen 2007: The World According to Textiles. In: C. Gillis und M.-L. Nosch, Ancient Textiles. Production, Craft and Society. Proceedings of the First International Conference on Ancient Textiles, held at Lund, Sweden, and Copenhagen, Denmark, on March 19–23, 2003. Oxford 2007, Oxbow Books, 7–12.

L. Bender Jørgensen 2013a: The question of prehistoric silks in Europe. Antiquity 87, 2013, 581–588.

L. Bender Jørgensen 2013b: The textile remains from Tybrind Vig. In: S. H. Andersen, Tybrind Vig. Submerged Mesolithic settlements in Denmark. Jutland Archaeological Society Publications 77, Moesgård Museum, Aarhus 2013, Aarhus University Press, 393–412.

Bender Jørgensen & Grömer — L. Bender Jørgensen und K. Grömer 2012: The Archaeology of Textiles – Recent advances and new methods. Arheologija tekstila – Suvremena dostignuca i novije metode. PORTAL. Godišnjak Hrvatskog restauratorskog zavoda 3/2012. Zagreb 2012, 45–68.

Bender Jørgensen & Rast-Eicher — L. Bender Jørgensen und A. Rast-Eicher 2016: Innovations in European Bronze Age textiles. Prähistorische Zeitschrift 91/1, 2016, 68–102.

L. Bender Jørgensen und A. Rast-Eicher 2018: Fibres for Bronze Age Textiles. – In: L. Bender Jørgensen, J. Sofaer und M. L. Stig Sørensen (Hrsg.), Creativity in the Bronze Age. Understanding innovation in pottery, textile, and metalwork production. Cambridge 2018, Cambridge University Press, 25–36.

…ender Jørgensen & Walton — L. Bender Jørgensen und P. Walton 1986: Dyes and Fleece Types in Prehistoric Textiles from Scandinavia and Germany. Journal of Danish Archaeology 5, 1986, 177–188.

Berg — F. Berg 1962: Das Flachgräberfeld der Hallstattkultur von Maiersch. Veröffentlichungen der ur- und frühgeschichtlichen Arbeitsgemeinschaft 4, Wien 1962.

Bergerbrant — S. Bergerbrant 2007: Bronze Age Identities: Costume, Conflict and Contact in Northern Europa 1600–1300 BC. Stockholm Studies in Archaeology 43, Stockholm 2007.

Bergerbrant et al. — S. Bergerbrant, L. Bender Jørgensen und S.H. Fossøy 2013: Appearance in Bronze Age Scandinavia as seen from the Nybøl burial. European Journal of Archaeology 16/2, 247–267.

Bergfjord et al. — C. Bergfjord, U. Mannering, K. M. Frei, M. Gleba, A. B. Scharff, I. Skals, J. Heinemeier, M.-L. Nosch und B. Holst 2012: Nettle as a distinct Bronze Age textile plant. Scientific Reports 2, article No. 664.

Bernatzky-Goetze — M. Bernatzky-Goetze 1987: Mörigen: die spätbronzezeitlichen Funde. Antiqua 16, Basel 1987, Schweizerische Gesellschaft für Ur- und Frühgeschichte.

Biel — J. Biel 1985: Der Keltenfürst von Hochdorf. Stuttgart 1985, Theiss.

Bielenstein — M. Bielenstein 1935: Die altlettischen Färbmethoden. Veröffentlichungen der volkskundlichen Forschungsstelle am Herderinstitut zu Riga 2, Riga 1935.

Birkhan — H. Birkhan 1997: Kelten. Versuch einer Gesamtdarstellung ihrer Kultur. Wien 1997, Verlag der Österreichischen Akademie der Wissenschaften.

Blesl & Kalser — Ch. Blesl und K. Kalser 2005: Die hallstattzeitliche Siedlung von Freundorf. In: Zeitschienen vom Tullnerfeld ins Traisental. Fundberichte aus Österreich Materialhefte, Reihe A, Sonderheft 2, Horn 2005, Ferdinand Berger & Söhne, 86–89.

Blümner — H. Blümner 1912: Technologie und Terminologie der Gewerbe und Künste bei Griechen und Römern, 2. Aufl., Bd. 1. Leipzig-Berlin 1912, Teubner.

Bocksberger — O. J. Bocksberger 1978: Le site préhistorique du Petit Chasseur, No 3. Cahiers d' Archéologie Romande 13, Lausanne 1978.

Bogensperger — I. Bogensperger 2017: Alum in Ancient Egypt: The written evidence. In: A. De Moor, C. Fluck und P. Linscheid (Hrsg.), Excavating, analysing, reconstructing. Textiles of the first millennium AD from Egypt and neighbouring countries. Proceedings of the 9th conference of the research group "Textiles from the Nile Valley", Antwerp, 27–29 November 2015, Tielt 2017, 254–263.

…ensperger & Rösel-Mautendorfer — I. Bogensperger und H. Rösel-Mautendorfer 2020: Dyeing in texts and textiles: words expressing ancient technology. In: M. Mossakowska-Gaubert (Hrsg.), Egyptian textiles and their production: ‚word' and ‚object', Hellenistic, Roman and Byzantine periods, Lincoln Nebraska 2020, 91–105. https://doi.org/10.32873/unl.dc.zea.1086

Böhmer — H. Böhmer 2002: Naturfarben und Textilien. Eine Farbenreise von der Türkei nach Indien und weiter. Ganderkesee 2002, Remhöb-Verlag.

Bonfante — L. Bonfante 2003: Etruscan Dress. Updated Edition. Baltimore 2003, Johns Hopkins University Press.

Bönsch — A. Bönsch 2001: Formengeschichte europäischer Kleidung. In: Konservierungswissenschaft. Restaurierung. Technologie Bd. 1, Wien-Köln-Weimar 2001, Böhlau Verlag.

Bower — B. Bower 2010: Lice hang ancient date on first clothes. Genetic analysis puts origin at 190.000 years ago. Science News 177/10, 2010, 15.

Brand — C. Brand 1995: Zur eisenzeitlichen Besiedlung des Dürrnberges bei Hallein. Internationale Archäologie 19, Espelkamp 1995 Verlag Marie Leidorf.

Brandt et al. — L. O. Brandt, L. D. Tranekjer, U. Mannering, M. Ringgaard, K. M. Frei, E. Willerslev, M. Gleba und M. T. P. Gilbert 2011: Characterising the potential of sheep wool for ancient DNA analyses. Archaeological and Anthropological Sciences 3, 2011, 209–221.

Bredemann — G. Bredemann 1959: Die grosse Brennessel Urtica Dioica L. Forschungen über ihren Anbau zur Fasergewinnung. Berlin 1959, Akademie-Verlag.

Breniquet — C. Breniquet 2020: Early wool of Mesopotamia, ca. 7000–3000 BC. Between prestige and economy. In: W. Schier und S. Pollock (Hrsg.), The Competition of Fibres. Ancient Textiles Series 36. Oxford und Philadelphia 2020, Oxbow Books, 17–26.

Breniquet et al. — C. Breniquet, S. Desrosiers, W. Nowik und A. Rast-Eicher 2018: Les textiles découverts dans les tombes de l'âge du Bronze moyen à Chagar Bazar (Syrie). In: Önhan Tunca und Abd el-Massih Baghdo (Hrsg.), Chagar Bazar (Syrie) VIII. Les tombes ordinaires de l'âge du Bronze ancien et moyen des chantiers D-F-H-I (1999–2011), Études diverses, Mission archéologique de l'Université de Liège en Syrie, Leuven 2018, 11–47.

Bridgeman & Drury — H. Bridgeman und E. Drury (Hrsg.) 1978: Geschichte der Textilkunst. New York-London 1978, Otto Maier.

Broholm & Hald — H. C. Broholm und M. Hald 1940: Costumes of the Bronze Age in Denmark. Copenhagen 1940, NYT Nordisk Forlag.

Bruhn & Tilke — W. Bruhn und M. Tilke 2004: A Pictoral History of Costume from Ancient Times to the Nineteenth Century. Mineola-New York 2004, Dover Publications.

Bruselius Scharff & Ringgaard — A. Bruselius Scharff und M. G. Ringgaard 2011: Indigotin in archaeological textiles from wet or waterlogged environments. ICOM Committee for Conservation 16th Triennal Meeting, Lisbon 2011, paper number 1810.

Bühler-Oppenheim & Bühler-Oppenheim — K. und A. Bühler-Oppenheim 1948: Die Textiliensammlung Fritz Iklé-Huber im Museum für Völkerkunde und Schweizerischen Museum für Volkskunde, Basel: Grundlagen zur Systematik der gesamten textilen Techniken. Denkschrift der Schweizerischen Naturforschenden Gesellschaft 78/2, Zürich 1948.

Bujna — J. Bujna 2005: Kruhový Šperk z laténskych zenských hrobov na Slovensku (Ringschmuck aus latènezeitlichen Frauengräbern in der Slowakei). Nitra 2005, Univerzita Konštantína Filozofa, Archeologický ústav SAV.

Butler — A. Butler 1979: The Batsford Encyclopaedia of Embroidery Stitches. London 1979: Batsford Ltd.

Calefato — P. Calefato 2004: The Clothed Body. Oxford 2004, Berg.

Čambal & Gregor — R. Čambal und M. Gregor 2005: Dunajská Lužná v Praveku. Obec Dunajská Lužná 2005.

Caneppele et al. — A. Caneppele, A. Heiss und M. Kohler-Schneider 2010: Weinstock, Dill und Eberesche: Archäobotanische Untersuchungen aus dem Tempelbezirk der latènezeitlichen Siedlung Sandberg-Roseldorf (Niederösterreich). Archäologie Österreichs 21/1, 2010.

Cardito Rollán L. M. Cardito Rollán 1996: Las manufacturas textiles en la prehistoria: Las Placas de telar en el Calcolítico peninsular. (The textile manufacture in the Prehistory: The tablet-weaving in the Copper-Age in the Iberian Peninsula). Zephyrus 49, 1996, 124–128.

Cardon D. Cardon 2007: Natural Dyes. Sources, Tradition, Technology and Science. London 2007, Archetype Publications.

Chen et al. H. L. Chen, K. A. Jakes und D. W. Foreman 1998: Preservation of Archaeological Textiles through Fibre Mineralization. Journal of Archaeological Science 25, 1998, 1015–1021.

Cleland et al. L. Cleland, G. Davies und L. Llewellyn-Jones 2007: Greek and Roman Dress from A–Z. New York 2007, Routledge.

Clottes J. Clottes 2003: Chauvet Cave: The Art of Earliest Times. Salt Lake City, 2003, University of Utah Press.

Coles J. Coles 1973: Archaeology by Experiment. London 1973, Hutchinson.

Collingwood P. Collingwood 1982: The Techniques of Tablet Weaving. London 1982.

Comis S. Comis 2003: Prehistoric Garments from the Netherlands. In: L. Bender Jørgensen, J. Banck-Burgess und A. Rast-Eicher (Hrsg.), Textilien aus Archäologie und Geschichte. Festschrift für Klaus Tidow. Neumünster 2003, Wachholtz, 193–204.

rdwell & Schwartz J. M. Cordwell und R. A. Schwartz 1979: The Fabrics of Culture. The Anthropology of Clothing and Adornment. The Hague-Paris-New York 1979, Walter de Gruyter.

Costin C. L. Costin 1991: Craft Specialization: Issues in Defining, Documenting and Explaining the Organization of Production. In: M. B. Schiffer (Hrsg.), Archaeological method and theory 3. New York-San Franzisco-London 1991, 1–56.

Cotte & Cotte J. Cotte und C. Cotte 1917: Analyses de residus organiques de l'epoque neolithique (Caverne de l'Adaouste). Bulletins et Memoires de la Societe d'anthropologie de Paris, VI, 8, 1–2, 1917, 66–115.

Cottica D. Cottica 2007: Spinning in the Roman World: from Everyday Craft to Metaphor of Destiny. In: C. Gillis und M.-L. Nosch (Hrsg.), Ancient Textiles. Production, Craft and Society. Proceedings of the First International Conference on Ancient Textiles, held at Lund, Sweden, and Copenhagen, Denmark, on March 19–23, 2003. Oxford 2007, Oxbow Books, 220–228.

Crockett C. Crockett 1977: The Complete Spinning Book. New York 1977, Watson-Guptill Publications.

Croom A. T. Croom 2002: Roman Clothing and Fashion. Gloucestershire 2002, Tempus.

Crowfoot E. Crowfoot 1931: The Textiles. In: I. M. Stead (Hrsg.), Iron Age Cemeteries in East Yorkshire. London 1991, British Museum Press, 119–125.

Cunliffe B. Cunliffe 1980: Die Kelten und ihre Geschichte. Bergisch-Gladbach 1980.

B. Cunliffe (Hrsg.) 1996: Illustrierte Vor- und Frühgeschichte Europas. Frankfurt-New York 1996, Campus.

Dal Ri L. Dal Ri, 1995–96: I ritrovamenti presso il rifugio Vedretta di Ries/Rieserferner nelle Alpi Aurine (2850 m slm): notizia preliminare. Rivista di Science Preistoriche XLVII, 1995–96, 365–388.

Darwin C. Darwin 1839: The Voyage of the Beagle, Chap. XIII: Strait of Magellan – Climate of the Southern Coasts. London 1839.

‹ker & van den Pol R. Dekker und L. van de Pol 1990: Frauen in Männerkleidern. Berlin 1990, Wagenbach.

Del Freo et al. M. del Freo, M.-L. Nosch und F. Rougemont 2010: The Terminology of Textiles in the Linear B Tablets, including Some Considerations on Linear A Logograms and Abbrevations. In: C. Michel und M.-L. Nosch (Hrsg.), Textile Terminologies in the ancient Near East and Mediterranean from the third to the first millennia BC. Ancient Textiles Series 8, Oxford 2010, Oxbow Books, 338–373.

de Dillmont T. de Dillmont 1863: Encyklopaedie der weiblichen Handarbeiten. Dornach.

DeRoche D. DeRoche 2012: England: Bronze and Iron Ages. In: M. Gleba und U. Mannering (Hrsg.), Textiles and Textile Production in Europe from Prehistory to AD 400. Ancient Textiles Series 11, Oxford 2012, Oxbow Books, 444–450.

Dobiat C. Dobiat 1982: Menschendarstellungen auf ostalpiner Hallstattkeramik. Eine Bestandsaufnahme. Acta Archaeologica Hungarica 34, 1982, 279–322.

C. Dobiat 1990: Der Burgstallkogel bei Kleinklein I. Die Ausgrabungen der Jahre 1982–1984. Marburger Studien zur Vor- und Frühgeschichte 13, Marburg 1990.

Droß-Krüpe K. Droß-Krüpe 2011: Wolle – Weber – Wirtschaft. Die Textilproduktion der römischen Kaiserzeit im Spiegel der Papyrologischen Überlieferung. Philippika 46, Wiesbaden 2011, Harrassowitz Verlag.

K. Droß-Krüpe 2013: Textiles and their Merchants in Romes Eastern Trade. In: M. Gleba und J. Pásztókai-Szeőke (Hrsg.), Making Textiles in Pre-Roman and Roman Times. People, Places, Identities. Ancient Textiles Series 13, Oxford und Oakville 2013, Oxbow Books, 149–160.

Droß-Krüpe & Wagner K. Droß-Krüpe und Y. Wagner 2014: Kleidung als Mitgift im kaiserzeitlichen Ägypten. Marburger Beiträge zur antiken Handels-, Wirtschafts- und Sozialgeschichte 31/2013, Rahden/Westfalen 2014, Verlag Marie Leidorf, 153–175.

Dunning C. Dunning 1992: Le filage. (Das Spinnen). Helvetica Archaeologica 23/1992, 43–47.

Eberle et al. H. Eberle, H. Hermeling, M. Hornberger, D. Menzer und W. Ring 1991: Fachwissen Bekleidung. Haan-Gruiten 1991 (2. Aufl.), Europa-Lehrmittel.

Edmontson J. Edmontson 2008: Public Dress and Social Control in Late Republican and Early Imperial Rome. In: J. Edmontson und A. Keith (Hrsg.), Roman Dress and the Fabrics of Roman Culture. Toronto 2008, University of Toronto Press, 21–46.

Egg & Goedecker-Ciolek M. Egg und R. Goedecker-Ciolek 2009: Ausrüstung und Kleidung. In: M. Egg, K. Spindler (Hrsg.), Kleidung und Ausrüstung der kupferzeitlichen Gletschermumie aus den Ötztaler Alpen. Monographien des Römisch-Germanischen Zentralmuseums Bd. 77. Mainz 2009, Verlag des RGZM, 57–164.

Egg & Spindler M. Egg und K. Spindler (2009): Kleidung und Ausrüstung der kupferzeitlichen Gletschermumie aus den Ötztaler Alpen. Monographien des Römisch-Germanischen Zentralmuseums Bd. 77. Mainz 2009, Verlag des RGZM, 57–164.

Egg et al. M. Egg, M. Hauschild und M. Schönfelder 2006: Zum frühlatènezeitlichen Grab 994 mit figural verzierter Schwertscheide von Hallstatt (Oberösterreich). Jahrbuch des Römisch-Germanischen Zentralmuseums 53, 2006, 175–216.

Eggers H. J. Eggers 1959: Einführung in die Vorgeschichte. München 1959, R. Piper.

Eggert M. K. H. Eggert 2001: Prähistorische Archäologie. Konzepte und Methoden. Tübingen und Basel 2001 (2. Aufl.), A. Francke/UTB 2092.

Ehlers S. K. Ehlers 1998: Bronzezeitliche Textilien aus Schleswig-Holstein. Eine technische Analyse und Funktionsbestimmung. Dissertation Christian-Albrechts-Universität zu Kiel, Kiel 1998.

Eibner A. Eibner 1974: Zum Befund einer hallstattzeitlichen Webgrube aus Stillfried. Forschungen in Stillfried 1, 1974, 76–84.

A. Eibner 1980: Hallstattzeitliche Grabhügel von (Ödenburg). Wissenschaftliche Arbeiten aus dem Burgenland 62, Eisenstadt 1980.

A. Eibner 1997: Die „Große Göttin" und andere Vorstellungsinhalte der östlichen Hallstattkultur. In: L. D. Nebelsick, A. Eibner, E. Lauermann und J.-W. Neugebauer (Hrsg.), Hallstattkultur im Osten Österreichs. Wiss. Schriftenr. Niederösterreich 106–109, St. Pölten-Wien, Niederösterreichisches Pressehaus, 129–145.

Eibner-Persy A. Eibner-Persy 2000/2001: Die Stellung der Frau in der Hallstattkultur anhand der bildlichen Zeugnisse. Mitteilungen der Anthropologischen Gesellschaft in Wien 130/131, 2000/2001, 107–136.

Eibner C. Eibner 1966: Beigaben- und Bestattungssitten der frühen Urnenfelderkultur in Süddeutschland und Österreich. Dissertation Universität Wien 1966.

Eicher & Evenson J. B. Eicher und S. L. Evenson 2015: The Visible Self. Global Perspectives on Dress, Culture, and Society. New York-London 2015, Bloomsbury Publishing Inc.

Elliott-Minty C. Elliott-Minty 2020: Exploring the construction of a Bronze Age braided band from Dartmoor, UK. Archaeological Textiles Review 62, 2020, 56–64.

Engelbrecht et al. T. Engelbrecht, P. Kühltrunk und B. Ramminger 2003: Neolithische Haartracht – Alte Zöpfe? Rekonstruktionsversuch einer ältestbandkeramischen Frauenfrisur. Archäologisches Korrespondenzblatt 33, 2003, 317–323.

Entwistle J. Entwistle 2000: The Fashioned Body. Fashion, Dress and Modern Social Theory. Cambridge 2000, Cambridge University Press.

Farke H. Farke 1986: Archäologische Fasern, Geflechte, Gewebe. Bestimmung und Konservierung. Restaurierung und Museumstechnik 7, Weimar 1986, Museum für Ur- und Frühgeschichte Thüringen.

H. Farke 1993: Textile Reste von Dietzhausen und Schwarza. In: R. Feustel (Hrsg.), Zur bronzezeitlichen Hügelgräberkultur in Südthüringen. Alt-Thüringen 27, 1993, 53–123.

Feest & Janata F. Feest und A. Janata 1989: Technologie und Ergologie in der Völkerkunde. Bd. 2. Berlin 1989. Dietrich Reimer.

Feldtkeller & Schlichterle A. Feldtkeller und H. Schlichterle 1987: Jungsteinzeitliche Kleidungsstücke aus Ufersiedlungen des Bodensees. Archäologische Nachrichten aus Baden 38/39, 1987, 79–80.

Feustel R. Feustel 1958: Bronzezeitliche Hügelgräberkultur im Gebiet von Schwarza (Südthüringen). Weimar 1958, Hermann Böhlaus Nachfolger.

Fischer A. Fischer 2010: Current Examinations of Organic Remains using Variable Pressure Scanning Electron Microscopy [VP-SEM]. In: E. Andersson Strand, M. Gleba, U. Mannering, C. Munkholt und M. Ringgaard (Hrsg.), North European Symposium for Archaeological Textiles X. Oxford, Oxbow Books 2010, 57–62.

Fleckinger A. Fleckinger 2011: Ötzi, the Iceman. The Full Facts at a Glance. Wien 2011, Folio Verlag.

Flohr M. Flohr 2013: The World of the Fullo. Work, Economy and Society in Roman Italy. Oxford Studies on the Roman Exonomy. Oxford 2013, Oxford University Press.

Forbes R. J. Forbes 1964: Studies in ancient technology IV. Leiden 1964, E. J. Brill.

søy & Bergerbrant S. H. Fossøy und S. Bergerbrant 2013: Creativity and Corded Skirts from Bronze

Age Scandinavia. Textile Journal of Cloth and Culture 11/3, 20–37.

Franz L. Franz 1927: Eine niederösterreichische Urnenzeichnung. IPEK Jahrbuch für prähistorische und ethnographische Kunst 3, 96–97.

Frei K. M. Frei 2013: Provenance Studies of Ancient Textiles: A New Method Based on the Strontium Isotope System. In: J. Banck-Burgess und C. Nübold (Hrsg.), NESAT XI. The North European Symposium for Archaeological Textiles XI, 10–12 May 2011 in Esslingen am Neckar. Rahden/Westf. 2013, Verlag Marie Leidorf, 145–149.

Frei et al. K. M. Frei, I. Skals, U. Mannering, M. Gleba und H. Lyngstrøm 2009: The Huldremose Iron Age Textiles, Denmark: An Attempt to Define their Provenance Applying the Strontium Isotope System. Journal of Archaeological Science 36/9, 1065–1971.

Frey O.-H. Frey 1993: Die Bilderwelt der Kelten. In: H. Dannheimer und R. Gebhard (Hrsg.), Das keltische Jahrtausend. Mainz 1993, Philipp von Zabern, 153–168.

O.-H. Frey 2000: Keltische Großplastik. In: Hoops Reallexikon zur Germanischen Altertumskunde 16. Berlin-New York 2000, De Gruyter, 527–535.

O.-H. Frey 2005: Situlenkunst. In: Hoops Reallexikon der Germanischen Altertumskunde 28, Berlin-New York 2005, De Gruyter, 527–535.

Fuchs & Oltrogge R. Fuchs und D. Oltrogge 2013: Written Sources from Graeco-Roman Antiquity and Scientific Analysis. In: J. Banck-Burgess und C. Nübold (Hrsg.), NESAT XI. The North European Symposium for Archaeological Textiles XI, 10–12 May 2011 in Esslingen am Neckar. Rahden/Westf. 2013, Verlag Marie Leidorf, 29–36.

Garbsch J. Garbsch 1965: Die norisch-pannonische Frauentracht im 1. und 2. Jahrhundert. Münchner Beiträge zur Vor- und Frühgeschichte 11, 1965.

Geijer & Ljungh A. Geijer und H. Ljungh 1937: Die Kleider der dänischen Bronzezeit. Acta Archaeologica 8, 1937, 266–275.

Geimer A. Geimer 2007: Gefärbte Textilien im vorgeschichtlichen Europa. Funde und Befunde vom Neolithikum bis zur Mitte des 1. Jahrtausends v. Chr. Diplomarbeit an der Johann Wolfgang Goethe-Universität Frankfurt, Institut für Archäologische Wissenschaften, Abt. Vor- und Frühgeschichte, Frankfurt/Main 2007.

Gengler C. Gengler 2005: Prähistorische Textilien aus Hallstatt im Naturhistorischen Museum Wien. Untersuchung – Konservierung – Lagerung. Diplomarbeit an der Universität für Angewandte Kunst Wien, Institut für Konservierungswissenschaften und Restaurierung, Wien 2005.

Germer R. Germer 1985: Flora des pharaonischen Ägypten. Deutsches Archäologisches Institut, Mainz am Rhein 1985, Philipp von Zabern.

Gilligan I. Gilligan 2007: Neanderthal extinction and modern human behaviour: the role of climate change and clothing. World Archaeology 39/4, 2007, 499–514.

I. Gilligan 2019: Climate, Clothing, and Agriculture in Prehistory. Linking Evidence, Causes and Effects. Cambridge 2019, Cambridge University Press.

Gillis & Nosch C. Gillis und M.-L. Nosch (Hrsg.) 2007: First Aid for the Excavation of Archaeological Textiles. Oxford 2007, Oxbow Books.

Gillow & Sentance J. Gillow und B. Sentence 1999: Atlas der Textilien. Ein Führer durch die Welt der traditionellen Textilien. Bern-Stuttgart-Wien 1999, Paul Haupt.

Gleba M. Gleba 2007: Textile Production in Proto-historic Italy: from Specialists to Workshops. In: C. Gillis und M.-L. Nosch (Hrsg.), Ancient Textiles. Production, Craft

and Society. Proceedings of the First International Conference on Ancient Textiles, held at Lund, Sweden, and Copenhagen, Denmark, on March 19–23, 2003. Oxford 2007, Oxbow Books, 71–76.
M. Gleba 2008a: Textile Production in Pre-Roman Italy. Ancient Textiles Series 4, Oxford 2008, Oxbow Books.
M. Gleba 2008b: You are what you wear: Scythian Costume as Identity. In: M. Gleba, C. Munkholt und M.-L. Nosch (Hrsg.), Dressing the Past. Ancient Textiles Series 3, Oxford 2008, Oxbow Books, 13–28.
M. Gleba 2008c: Aratae vestes: Gold textiles in the ancient Mediterranean. In: C. Alfaro und L. Karali (Hrsg.), Purpureae vestes II. Textiles and Dyes in Antiquity. Vestidos, textiles y Tintes. Symposium Athen 24.–26. Nov. 2005. València 2008, 61–78.
M. Gleba 2012: Italy: Iron Age. In: M. Gleba und U. Mannering (Hrsg.), Textiles and Textile Production in Europe from Prehistory to AD 400. Ancient Textiles Series 11, Oxford 2012, Oxbow Books, 215–241.
M. Gleba 2013: Transformations in Textile Production and Exchange in pre-Roman Italy. In: M. Gleba und J. Pásztókai-Szeőke (Hrsg.), Making Textiles in Pre-Roman and Roman Times. People, Places, Identities. Ancient Textiles Series 13, Oxford und Oakville 2013, Oxbow Books, 1–18.
M. Gleba 2014a: Italian textiles from Prehistory to Late Antique times. In: S. Bergerbrant und S. H. Fossøy (Hrsg.), A stitch in Time: Essays in Honour of Lise Bender Jørgensen. Gothenburg Archaeological Studies. Gotarc Series A, Gothenburg 2014: Gothenburg University Press, 145–170.
M. Gleba 2014b: Wrapping Up for Safe Keeping: "Wrapping" Customs in Early Iron Age Europe. In: S. Harris und L. Douny (Hrsg.), Wrapping and Unwrapping Material Culture. Institute of Archaeology Publications 64, Universstoiy College London. Walnut Creek 2014: Left Coast Press, 135–146.
M. Gleba 2017a: Tracing textile cultures of Italy and Greece in the early first millennium BC. Antiquity 91/359, 2017, 1205–1222.
M. Gleba 2017b: Textiles in Pre-Roman Italy: From a qualitative to a quantitative approach. In: M. Gleba und R. Laurito (Hrsg.), Contextualising textile production in Italy in the 1st millennium BC, Origini XL, 2017, 9–28.
Gleba & Harris — M. Gleba und S. Harris 2019: The first plant bast fibre technology. Archaeological and Anthropological Sciences 11, 2329–2346.
Gleba & Mannering — M. Gleba und U. Mannering 2010: A thread to the past: the Huldremose Woman revisted. Archaeological Textiles Newsletter 50, 32–37.
M. Gleba und U. Mannering 2012: Textiles and Textile Production in Europe from Prehistory to AD 400. Ancient Textiles Series 11, Oxford 2012, Oxbow Books.
Gleba & Pásztókai-Szeőke — M. Gleba und J. Pásztókai-Szeőke 2013: Making Textiles in Pre-Roman and Roman Times. People, Places, Identities. Ancient Textiles Series 13, Oxford und Oakville 2013, Oxbow Books.
Gleba & Vanden Berghe — M. Gleba und I. Vanden Berghe 2014: Textiles from Strozzacapponi (Perugia/Corciano). New evidence of purple production in pre-Roman Italy. In: C. Alfaro, M. Tellenbach und J. Ortiz (Hrsg.), Purpureae Vestes IV. Production and Trade of Textiles and Dyes in the Roman Empire and Neighbouring Regions / Producción y comercio de textiles y tintes en el Imperio Romano y regiones cercanas, Actas del

IV Symposium Internacional sobre Textiles y Tintes del Mediterràneo en el mundo antiguo, Valencia, 5–6 November 2010, Valencia 2014, 167–173, 234.

Gleba et al. M. Gleba, A. Mandolesi und M. R. Lucidi 2017: New textile finds from Tomba dell'aryballos sospeso, Tarquinia: Context, analysis and preliminary interpretation. Origini, Prehistory and Protohistory of Ancient Civilizations XL (2017-1) 29–44.

M. Gleba, I. Menale und C. Rescigno (Hrsg.), Textiles and rituals in Cumaean cremation burials. Origini, Prehistory and Protohistory of Ancient Civilizations XL (2017-1) 45–63.

M. Gleba, E. Pizzuti, I. Vanden Berghe, M. Boudin, A. Serges und A. Montedoro 2020: Iron Age textiles from Sasso de Furbara, Italy: Preliminary results of new scientific investigation. In: M. Bustamante-Álvarez, E. H. Sánchez López und J. Jiménez Ávila (Hrsg.), Purpureae Vestes VII. Redefining Ancient Textile Handcraft – Structures, Tools and Production Processes, Proceedings of the VIIth International Symposium on Textiles and Dyes in the Ancient Mediterranean World, Granada, Spain 2–4 October 2019, Granada 2020, 201–210.

Goldmann A. Goldmann 1990: Das Ausrüsten von Wollgeweben. Experimentelle Archäologie in Deutschland. Archäologische Mitteilungen aus Nordwestdeutschland Beiheft 4, Oldenburg 1990, Isensee, 432–436.

Gostenčnik K. Gostenčnik 2012: Austria: Roman Period. In: M. Gleba und U. Mannering (Hrsg.), Textiles and Textile Production in Europe from Prehistory to AD 400. Ancient Textiles Series 11, Oxford 2012, Oxbow Books, 65–90.

K. Gostenčnik 2013: Textile Production and Trade in Roman Noricum. In: M. Gleba und J. Pásztókai-Szeőke (Hrsg.), Making Textiles in Pre-Roman and Roman Times. People, Places, Identities. Ancient Textiles Series 13, Oxford und Oakville 2013, Oxbow Books, 60–86.

Grabundžija & Schoch A. Grabundžija und C. Schoch 2020: Fibres to fibres, thread to thread. Comparing diachronic changes in large spindle whorl samples. In: W. Schier und S. Pollock (Hrsg.), The Competition of Fibres. Ancient Textiles Series 36. Oxford und Philadelphia, Oxbow Books, 73–82.

Grabner et al. M. Grabner, A. Klein, D. Geihofer, H. Reschreiter, F.-E. Barth, T. Sormaz und R. Wimmer 2007: Bronze Age dating of Timber from the salt-mine at Hallstatt, Austria. Dendrochronologia 24/2–3, 61–68.

Griebl M. Griebl 1996: Siedlungsobjekte der Hallstattkultur aus Horn, N.Ö. In: E. Jerem und A. Lippert (Hrsg.), Die Osthallstattkultur. Akten des Internationalen Symposiums Sopron 10.–14. Mai 1994. Budapest 1996, 95–114.

M. Griebl 2004: Die Siedlung der Hallstattkultur von Göttlesbrunn, Niederösterreich. Mitteilungen der Prähistorischen Kommission 54, Wien 2004.

Grieshofer F. Grieshofer (Hrsg.) 2004: Ur- Ethnographie. Auf der Suche nach dem Elementaren in der Kultur. die Sammlung Eugenie Goldstein. Kataloge des Österreichischen Museums für Volkskunde 85, Wien 2004.

Grömer K. Grömer 2004 (2006): Aussagemöglichkeiten zur Tätigkeit des Spinnens aufgrund archäologischer Funde und Experimente. Archaeologia Austriaca 88, 2004,Wien 2006, 169–182.

K. Grömer 2005: Efficiency and Technique – Experiments with Original Spindle Whorls. In: P. Bichler, K. Grömer, R. Hofmann-de Keijzer, A. Kern und H. Reschreiter (Hrsg.), Hallstatt Textiles. Technical Analysis, Scientific Investigation and Expe-

riment on Iron Age Textiles. British Archaeological Reports International Series 1351, Oxford 2005, Archaeopress, 107–116.
K. Grömer 2006a: Vom Spinnen und Weben, Flechten und Zwirnen. Hinweise zur neolithischen Textiltechnik an österreichischen Fundstellen. In: Festschrift für Elisabeth Ruttkay. Archäologie Österreichs 17/2, 2006, 177–192.
K. Grömer 2006b: Textilien der Bronzezeit in Mitteleuropa. Archaeologia Austriaca 90, 2006, 31–72.
K. Grömer 2012: Austria: Bronze and Iron Ages. In: M. Gleba und U. Mannering (Hrsg.), Textiles and Textile Production in Europe from Prehistory to AD 400. Ancient Textiles Series 11, Oxford 2012, Oxbow Books, 27–64.
K. Grömer 2013: Tradition, Kreativität und Innovation – Textiltechnologische Entwicklung von der Bronzezeit zur Hallstattzeit. Tradition, creativity and innovation – The development of textile expertise from the Bronze Age to the Hallstatt Period. In: K. Grömer, A. Kern, H. Reschreiter und H. Rösel-Mautendorfer (Hrsg.), Textiles from Hallstatt. Weaving Culture in Bronze and Iron Age Salt Mines. Textilien aus Hallstatt. Gewebte Kultur aus dem bronze- und eisenzeitlichen Salzbergwerk. Archaeolingua 29, Budapest 2013, 53–97.
K. Grömer 2014: Römische Textilien in Noricum und Westpannonien – im Kontext der archäologischen Gewebefunde 2000 v. Chr. – 500 n. Chr. in Österreich. Austria Antiqua 5, Graz 2014: Uni Press Graz Verlag.
K. Grömer 2018: Late Neolithic weaving tools from Melk-Spielberg in Austria: experiments with crescent-shaped weights. In: M. Siennicka, L. Rahmstorf und A. Ulanowska (Hrsg.), First Textiles: The Beginnings of Textile Manufacture in Europe and the Mediterranean. Ancient Textiles Series 32, Oxford und Philadelphia 2018, Oxbow Books, 117–128.
K. Grömer 2021: "Tablet weaving is a small byway of textile production..." Bronze and Iron Age tablet bands with stripes, meanders and triangles from the salt mines in Austria. In: F. Pritchard (Hrsg.), Crafting Textiles. Ancient Textiles Series 39, Oxford und Philadelphia 2021, Oxbow Books, 3–21.

Grömer et al.
K. Grömer, L. Bender Jørgensen und M. Marić Baković 2018: Missing link: an early wool textile from Pustopolje in Bosnia-Herzegovina. Antiquity 92/362, April 2018, 351–367. https://doi.org/10.15184/aqy.2018.18

Grömer & Gleba
K. Grömer und M. Gleba 2020: Tracing Checked cloth in Prehistoric Europe in the First Millennium BC. In: M. Bustamante-Álvarez, E. H. Sánchez López und J. Jiménez Ávila (Hrsg.), Purpureae Vestes VII. Granada 2020, 137–146.

Grömer & Höglinger
K. Grömer und P. Höglinger 2010: Bronzezeitlicher Grabfund mit organischen Resten aus Großgmain. Archäologie Österreichs 21/2, 2010, 33–35.

Grömer & Hölbling-Steigberger
K. Grömer und E. Hölbling-Steigberger 2010: Gedanken zur Kinderkleidung durch die Jahrtausende – mit Schwerpunkt auf das römische Österreich. Mitteilungen der Anthropologischen Gesellschaft in Wien 140, 2010, 155–176.

Grömer & Kania
K. Grömer und K. Kania 2006: Eine haarige Angelegenheit... Rekonstruktionsversuche zu Funden von Nadeln im Kopfbereich aus dem Gräberfeld von Hallstatt (Ältere Eisenzeit). Experimentelle Archäologie in Europa. Bilanz 2006, Oldenburg 2006, 35–50.

Grömer & Kern
K. Grömer und D. Kern 2010: Technical Data and Experiments on Corded Ware. Journal of Archaeological Science 37, 2010, 3136–3145.

Grömer & Neugebauer-Maresch — K. Grömer und Ch. Neugebauer-Maresch 2017: Inszenierung von Status und Identität – Gedanken zur Kleidung frühbronzezeitlicher Frauen aus Franzhausen I. In: F. Pieler und P. Trebsche (Hrsg.), Beiträge zum Tag der Niederösterreichischen Landesarchäologie 2017. Festschrift für Ernst Lauermann. Katalog des Niederösterreichischen Landesmuseums N.F. 541, 145–162, Asparn an der Zaya 2017.

Grömer & Rösel-Mautendorfer — K. Grömer und H. Rösel-Mautendorfer 2013: Catalogue of the Hallstatt textiles. In: K. Grömer, A. Kern, H. Reschreiter und H. Rösel-Mautendorfer (Hrsg.), Textiles from Hallstatt. Weaving Culture in Bronze and Iron Age Salt Mines. Textilien aus Hallstatt. Gewebte Kultur aus dem bronze- und eisenzeitlichen Salzbergwerk. Archaeolingua 29, Budapest 2013, 243–574.

Grömer & Saliari — K. Grömer und K. Saliari 2018: Dressing Central European prehistory – the sheep's contribution. An interdisciplinary study about archaeological textile finds and archaeozoology. Annalen des Naturhistorischen Museums Wien, Serie A 120, Wien 2018, 127–156.

Grömer & Stöllner — K. Grömer und Th. Stöllner 2011: Ein abgerissener Ärmel aus dem Salzbergwerk Dürrnberg. Neue Erkenntnisse zur Brettchenwebtechnik in der Eisenzeit in Mitteleuropa. Jahrbuch des Römisch-Germanischen Zentralmuseums 56 (Jahrg. 2009), Mainz 2011, 105–157.

Grömer et al. — K. Grömer, H. Rösel-Mautendorfer und H. Mückler 2012: Immobilisierung durch Kleidung. Mitteilungen der Anthropologischen Gesellschaft in Wien 142, 2012, 137–158.

K. Grömer, H. Rösel-Mautendorfer und H. Reschreiter 2013a: Funktion der Textilien aus dem Salzbergwerk. Function of textiles in the salt mines. In: K. Grömer, A. Kern, H. Reschreiter und H. Rösel-Mautendorfer (Hrsg.), Textiles from Hallstatt. Weaving Culture in Bronze and Iron Age Salt Mines. Textilien aus Hallstatt. Gewebte Kultur aus dem bronze- und eisenzeitlichen Salzbergwerk. Archaeolingua 29, Budapest 2013, 119–134.

K. Grömer, H. Rösel-Mautendorfer und L. Bender Jørgensen 2013b: Visions of Dress. Recreating Bronze Age Clothing from the Danube Region. Textile Journal of Cloth and Culture 11/3, 218–241. https://doi.org/10.2752/175183513x13793210374O3

K. Grömer, S. Ungerechts und H. Reschreiter 2021: Knowledge sharing: a newly found 2,700-year-old tablet-woven band from Hallstatt, Austria. Archaeological Textiles Review 63, 2021, 115–125.

Groenmann-van Waateringe — W. Groenmann-van Waateringe 1974: Die Entwicklung der Schuhmode in 2500 Jahren. Die Kunde 25, 1974, 111–120.

Groeneveld — I. Groeneveld 2018: One size fits all (dyes). The development of a method for the simultaneous detection of natural and synthetic dyes by UHPLC-PDA, and the quantification of natural (over)dyeing process. Master Thesis, University of Amsterdam, Amsterdam 2018.

Groeneveld & van Bommel — I. Groeneveld und M. R. van Bommel 2018: Quantification of dye uptake and loss by wool during (over)dyeing of weld, madder, redwood and indigo. Oral presentation, 37th annual meeting of Dyes in History and Archaeology, 25–26 October 2018, Lisbon, Portugal. Abstract Book, 21–22.

Grote — K. Grote 1994: Die Abris im südlichen Leinebergland bei Göttingen. Veröffentlichungen der urgeschichtlichen Sammlung des Landesmuseums zu Hannover 43, 1994, Teil I, 2.

Gustin M. Gustin 1980: Ante tubam. Festschrift Stane Gabrovec. Situla 20/21, 1980, 251–255.

Gyulai F. Gyulai 2003: Archaeobotanical remains and environment of Bell Beaker Csepel-Group. In: J. Czebreszuk und M. Szmyt (Hrsg.), The Northeast Frontier of Bell Beakers. British Archaeological Reports International Series 1155, Oxford 2003, Archeopress, 277–282.

Hägg I. Hägg 1989: Historische Textilforschung auf neuen Wegen. Archäologisches Korrespondenzblatt 19, 1989, 431–439.

I. Hägg 1996: Textil und Tracht als Zeugnis von Bevölkerungsverschiebungen. Archäologische Informationen 19/1 und 2, 1996, 135–147.

Haffner A. Haffner 1976: Die westliche Hunsrück-Eifel-Kultur. Römisch-Germanische Forschungen 36, 1976.

Hald M. Hald 1950: Olddanske Tekstiler. Nordiske Fortidsminder 5, Kopenhagen 1950.

M. Hald 1980: Ancient Danish Textiles from Bogs and Burials. The National Museum of Denmark XI, 1980.

Hall A. R. Hall 1995: Archaeological evidence for woad *Isatis tinctoria* L. from Medieval England and Ireland. In: H. Kroll und R. Pasternak (Hrsg.), Res archaeobotanicae, 9th Symposium IWGP. Kiel 1995, 33–38.

Halvorsen S. Halvorsen 2012: Norway. In: M. Gleba und U. Mannering (Hrsg.), Textiles and Textile Production in Europe from Prehistory to AD 400. Ancient Textiles Series 11, Oxford 2012, Oxbow Books, 275–292.

Hammarlund L. Hammarlund 2004: Handicraft Knowledge Applied to Archaeological Textiles – Fabric Thickness and Density: a Method of Grouping Textiles. Archaeological Textiles Newsletter 39, 2004, 7–11.

Han J. Han 2008: Background to UNESCO Preservation of the Frozen Tombs of the Altai Mountains Project and Perspectives for Transboundary Protection through the World Heritage Convention. In: K. Matsuura und J. Han (Hrsg.), Preservation of the frozen tombs of the Altai Mountains. UNESCO and World Heritage Convention, 49–54.

Hansen S. Hansen 2007: Bilder vom Menschen der Steinzeit. Untersuchungen zur anthropomorphen Plastik der Jungsteinzeit und Kupferzeit in Südosteuropa. Archäologie in Eurasien 20, Mainz 2007, Philipp von Zabern.

Harris S. Harris 2010: Smooth and Cool, or Warm and Soft: Investigating the Properties of Cloth in Prehistory. In: E. Andersson Strand, M. Gleba, U. Mannering, C. Munkholt und M. Ringgaard (Hrsg.), North European Symposium for Archaeological Textiles X. Oxford 2010, Oxbow Books, 104–112.

S. Harris 2012: From the Parochial to the Universal: Comparing Cloth Cultures in the Bronze Age. European Journal of Archaeology 15/1, 2012, 61–97.

S. Harris 2019: The sensory archaeology of textiles. In: R. Skeates und J. Day (Hrsg.), The Routledge Handbook of Sensory Archaeology. Abingdon 2019, Routledge, 210–232.

Harris et al. S. Harris, F. Houston und J. Oliver 2022: Textile from the Crannog: analyses and weave experiment of a 2/1 twill weave from Oakbank, Scotland, 400 BCE. Archaeological Textiles Review 64, 2022, 16–27.

Hartl A. Hartl 2012: Die Färbeexperimente. In: R. Hofmann-de Keijzer, A. Kern und B. Putz-Plecko (Hrsg.), Hallstattfarben – Textile Verbindungen zwischen Forschung und Kunst. Verlag des Naturhistorischen Museums Wien, Wien 2012, 34–36.

Hartl & Hofmann-de Keijzer A. Hartl und R Hofmann-de Keijzer 2005: Imitating ancient dyeing methods from the Hallstatt period – dyeing experiments with weld, indigo and oak bark. In: P. Bichler, K. Grömer, R. Hofmann-de Keijzer, A. Kern und H. Reschreiter (Hrsg.), Hallstatt Textiles. Technical Analysis, Scientific Investigation and Experiment on Iron Age Textiles. British Archaeological Reports International Series 1351, Oxford 2005, Archaeopress, 91–96.

Hartl et al. A. Hartl, A.N. Proaño Gaibor, M.R. van Bommel und R. Hofmann-de Keijzer 2015a: Searching for blue: Experiments with woad fermentation vats and an explanation of the colours through dye analysis. Journal of Archaeological Science: ReportsVolume 2, June 2015, 9–39.

A. Hartl, M.R. van Bommel, I. Joosten, R. Hofmann-de Keijzer, K. Grömer, H. Rösel-Mautendorfer und H. Reschreiter 2015b: Reproducing colourful woven bands from the Iron Age salt mine of Hallstatt in Austria: An interdisciplinary approach to acquire knowledge of prehistoric dyeing technology. Journal of Archaeological Science 2, June 2015, 569–595.

Hasenfratz & Raemaekers A. Hasenfratz und D. C. M. Raemaekers (Hrsg.) 2006: Niederwil – eine Siedlung der Pfyner Kultur. Band V: Anorganische Funde, Palynologie und Synthese. Archäologie im Thurgau 13, Frauenfeld 2006.

Hegi G. Hegi 1908–1931: Illustrierte Flora von Mitteleuropa, 1. Auflage, 7 Bde., München, Hanser. Berlin-Hamburg, Paray.

Herrmann J. Herrmann 1988–1992 (Hrsg.), Griechische und lateinische Quellen zur Frühgeschichte Mitteleuropas bis zur Mitte des 1. Jahrtausends u. Z. Schriften und Quellen der Alten Welt Bd. 37, Berlin 1988–1992 (4 Bände), Akademie-Verlag.

Hertel & Grömer F. Hertel und K. Grömer 2019: Project reassessment of iconic textiles at the Halle Museum: New dates and fibre analysis for Ditfurt, Latdorf und Unterteutschenthal. Archaeological Textiles Review 61, 2019, 128–138.

Hess K. P. Hess 1958: Textile Fibres and their Use. Chicago 1958 (6. Aufl.). Lippincott.

Hirning L. C. Hirning 1973: Clothing and Nudism. In: A. Ellis und A. Abarbanel (Hrsg.). The Encyclopedia of Sexual Behavior. New York 1973, Jason Aronson, 268–283.

Hirschberg & Janata W. Hirschberg und A. Janata 1986: Technologie und Ergologie in der Völkerkunde. Berlin 1986, Reimer Verlag.

Hodson F. R. Hodson 1990: Hallstatt, The Ramsauer Graves, Quantification and Analysis. Monographien Römisch-Germanisches Zentralmuseum 16, Mainz 1990, Habelt Verlag.

F. R. Hodson 1968: The Le Tène cemetery at Münsingen-Rain. Acta Bernensia V, Bern 1968.

Hofenk de Graaff J. H. Hofenk de Graaff 2004: The colourful past. Origin, chemistry and identification of natural dyestuffs. With contributions from Wilma G. Th. Roelofs und Maarten R. van Bommel. Abegg-Stiftung und Archetype Publications Ltd. 2004.

Hoffmann M. Hoffmann 1964: The warp-weighted loom. Studia Norvegica 1, Oslo 1964.

Hofmann-de Keijzer & Heiss R. Hofmann-de Keijzer und A.G. Heiss 2019: La teinture à la Préhistoire: matériaux, techniques et analyses. In: Y. Lorin und R. Peake (Hrsg.), Archéologie du textile en Europe à l'âge du Bronze et au premier âge du Fer. Actes de la journée d'étude de l'APRAB 6 mars 2015, Musée d'Archéologie Nationale (in Saint Germain-en-Laye France). Bulletin de l'Association pour la Promotion des Recherches sur l'Âge du Bronze (APRAB), Supplément n°5, juin 2019.

Hofmann-de Keijzer et al. R. Hofmann-de Keijzer, M. R. van Bommel und I. Joosten 2005: Dyestuff and Element Analysis on Textiles from the Prehistoric Salt-mines of Hallstatt. In: P. Bichler, K. Grömer, R. Hofmann-de Keijzer, A. Kern (Hrsg.), Hallstatt Textiles – Technical Analysis, Scientific Investigation and Experiments on Iron Age Textiles. British Archaeological Reports International Series 1351, Oxford 2005: Archaeopress, 55–72.

R. Hofmann - de Keijzer, M. R. van Bommel, I. Joosten, H. Reschreiter, K. Grömer, H. Mautendorfer, A. Hartl und M. Morelli 2005: Ancient textiles – recent knowledge. A multidisciplinary research project on textile fragments from the prehistoric salt mine of Hallstatt. ICOM-CC 15th Triennial Meeting, The Hague 2005. London, James & James, 920–926.

R. Hofmann-de Keijzer, A. Kern und B. Putz-Plecko (Hrsg.) 2012: Hallstattfarben – Textile Verbindungen zwischen Forschung und Kunst. Broschüre zur Ausstellung im Naturhistorischen Museum Wien, Februar 2012 bis November 2013, mit Beiträgen von ArchäologInnen, KünstlerInnen und NaturwissenschafterInnen. Verlag des Naturhistorischen Museums Wien, Wien 2012.

R. Hofmann-de Keijzer, M.R. van Bommel, I. Joosten, A. Hartl, A. N. Proaño Gaibor, G. Heiss, R. Kralofsky, R. Erlach und S. de Groot 2013: The colours and dyeing techniques of prehistoric textiles from the salt mines of Hallstatt. In: K. Grömer, A. Kern, H. Reschreiter und H. Rösel-Mautendorfer (Hrsg.), Textiles from Hallstatt. Woven culture from Bronze and Iron Age salt mines. Archaeolingua 29, Budapest 2013, 135–162.

R. Hofmann-de Keijzer, M. R. van Bommel, I. Joosten und I. Bogensperger 2023: Late Antique textiles from the Papyrus Collection of the Austrian National Library. Scientific investigation of fibres, dyes and dyeing techniques. MPER XXXIV, 2. Berlin 2023, De Gruyter.

Hrubý V. Hrubý 1959: Ein Ringpanzer der Hallstattzeit. Sborník prací Filozofické fakulty brnenské univerzity. E, Rada archeologicko-klasická 8, 1959, 33–37.

Hundt H.-J. Hundt 1959: Vorgeschichtliche Gewebe aus dem Hallstätter Salzberg. Jahrbuch des Römisch-Germanischen Zentralmuseums 6, 1959, 66–94.

H.-J. Hundt 1960: Vorgeschichtliche Gewebe aus dem Hallstätter Salzberg. Jahrbuch des Römisch-Germanischen Zentralmuseums 7, 1960, 126–150.

H.-J. Hundt 1962: Die Textilreste aus dem Hohmichele. In: G. Riek (Hrsg.), Der Hohmichele. Ein Fürstengrabhügel der späten Hallstattzeit bei der Heuneburg. Römisch-Germanische Forschungen 25, 1962, 199–214.

H.-J. Hundt 1968: Die verkohlten Reste von Geweben, Geflechte, Seilen und Schnüren aus Grab 200 von El Cigarralejo. Madrider Mitteilungen 9, 1968, 187–205.

H.-J. Hundt 1986: Tissus et sparteries. In: P. Petrequin (Hrsg.), Les Sites Littoraux Néolitiques de Clairvaux-Les-Lacs (Jura), I, Problematique générale. L'example de la station III, 1986, 233–242.

H.-J. Hundt 1987: Vorgeschichtliche Gewebe aus dem Hallstätter Salzberg. Jahrbuch des Römisch-Germanischen Zentralmuseums 34/1, 1987, 261–286.

H.-J. Hundt 1988: Ein Textilrest aus dem urnenfelderzeitlichen Deoptfund von Sublaines. Archäologisches Korrespondenzblatt 18, 1988, 261–264.

H.-J. Hundt 1995: Reste eines Zierates. In: H.-E. Joachim (Hrsg.), Waldalgesheim.

Das Grab einer keltischen Fürstin. Kataloge des Rheinischen Landesmuseums Bonn 3, Köln 1995, 141–147.

Huth — Ch. Huth 2003: Menschenbilder und Menschenbild. Anthropomorphe Bildwerke der frühen Eisenzeit. Berlin 2003, Dietrich Reimer.

Ipach — S. Ipach 2015: Prähistorische Salzherstellung. Der Fundort Erdeborn. Unpubl. Master-Arbeit Friedrich-Schiller-Universität Jena 2015.

Ipach et al. — S. Ipach, D. Scherf und K. Grömer 2014: Experimentelle Salzherstellung unter Verwendung von Textilien in spätbronze-/früheisenzeitlicher Briquetage. Archäologie Österreichs 25/2, 2014, 43–48.

Jacomet et al. — S. Jacomet et al. 1990: Ackerbau, Sammelwirtschaft und Umwelt. In: Katalog „Die ersten Bauern". Schweizerisches Landesmuseum Zürich 1990, 81–90.

Janchen — E. Janchen 1956–1960: Catalogus Florae Austriae. Wien 1956–1960.

Jessen — K. Jessen 1933: Planterester fra den ældre Jernalder i Thy. Botanisker Tidskrift 42, 257–288.

Joachim — H.-E. Joachim 1991: Einige weitere Funde aus dem Grab von Waldalgesheim. Trierer Zeitschrift Beihefte 13, Trier 1991, 113–120.

Joosten et al. — I. Joosten, M. R. van Bommel, R. Hofmann-de Keijzer und H. Reschreiter 2006: Micro Analysis on Hallstatt Textiles: Colour and Condition. Microchimica Acta 155, 169–174.

Joosten & van Bommel — I. Joosten und M.R. van Bommel 2008: Critical evaluation of micro-chemical analysis of archaeological material, experiences from the Netherlands Institute for Cultural Heritage. Microchimica Acta 162, 433–446.

Kalicz — N. Kalicz 1998: Figürliche Kunst und bemalte Keramik aus dem Neolithikum Westungarns. Archaeolingua Series Minor 10, Budapest 1998.

Kania — K. Kania 2007: Die Hose von Thorsberg – ein Meisterwerk eisenzeitlicher Schneiderkunst. In: R. Karl und J. Leskovar (Hrsg.), Interpretierte Eisenzeiten. Fallstudien, Methoden, Theorie. Tagungsbeiträge der 2. Linzer Gespräche zur interpretativen Eisenzeitarchäologie. Linz 2007, 277–290.

K. Kania 2010: Experiment and knowledge base: bringing historical textile workers together. In: EuroREA Journal of (Re)construction and Experiment in Archaeology 7, 2010, 15–18.

K. Kania 2013: The Spinning Experiment: influences on yarn in spinning with a hand-spindle. In: H. Hopkins (Hrsg.), Ancient Textiles, Modern Science. Proceedings of the First and Second European Textile Forum 2009 and 2010. Oxford und Oakville 2013, Oxbow Books, 11–29.

Karg — S. Karg 2020: Neolithic flax production in the pre-Alpine region: knowledge increases since the 19th century. In: W. Schier und S. Pollock (Hrsg.), The Competition of Fibres. Ancient Textiles Series 36. Oxford und Philadelphia, Oxbow Books, 141–152.

Kern et al. — A. Kern, K. Kowarik, A. W. Rausch und H. Reschreiter 2008: Salz-Reich. 7000 Jahre Hallstatt. Veröffentlichungen der Prähistorischen Abteilung (VPA) 2, Verlag des Naturhistorischen Museums Wien, Wien 2008.

Kern — D. Kern 2006: An den Knöpfen abzählen – Endneolithische Altfunde aus Herrnbaumgarten, VB Mistelbach, Niederösterreich. Archäologie Österreichs 17/2, 2006, 164–176.

Killen — J. T. Killen 1985: The Linear B Tablets and the Mycenaean Economy. In: A. Mor-

purgo Davies und Y. Duhoux (Hrsg.), Linear B: a 1984 Survey. Louvain-La-Neuve 1985 241–305.
J. T. Killen 2007: Cloth Production in Late Bronze Age Greece: the Documentary Evidence. In: C. Gillis und M.-L. Nosch (Hrsg.), Ancient Textiles. Production, Craft and Society. Proceedings of the First International Conference on Ancient Textiles, held at Lund, Sweden, and Copenhagen, Denmark, on March 19–23, 2003. Oxford 2007, Oxbow Books, 50–58.

Kimmig W. Kimmig 1983: Die Heuneburg an der oberen Donau. Führer zu archäologischen Denkmälern in Baden-Württemberg. Stuttgart 1983.

Kloiber et al. Ä. Kloiber, J. Kneidinger und M. Pertlwieser 1971: Die neolithische Siedlung und die neolithischen Gräberfundplätze von Rutzing und Haid, Ortsgemeinde Hörsching, pol. Bez. Linz-Land, Oberösterreich, IV. Teil. Jahrbuch des Oberösterreichischen Musealvereins 116/I, Linz 1971, 23–50.

Klose O. Klose 1916: Die prähistorischen Funde vom Mitterberge bei Bischofshofen im städtischen Museum Carolino-Augusteum zu Salzburg und zwei prähistorische Schmelzöfen auf dem Mitterberge. In: G. Kyrle (Hrsg.), Österreichische Kunsttopographie XVII. Urgeschichte des Kronlandes Salzburg. Wien 1916, Kunstverlag Anton Schroll, 1–40.
O. Klose 1926: Ein buntes Gewebe aus dem prähistorischen Salzbergwerke auf dem Dürrnberge bei Hallein. Mitteilungen der Anthropologischen Gesellschaft in Wien 56, 1926, 346–350.

Knight L. Knight 2008: Enzylopädie Nähstiche und Stoffe. Köln 2008, Fleurus.

Knötzele P. Knötzele 2007: Römische Schuhe. Luxus an den Füßen. Schriften des Limesmuseums Aalen 59, Esslingen am Neckar 2007.

Koda H. Koda 2001: Extreme Beauty: The Body Transformed. New York 2001, The Metropolitan Museum of Art.

Koenig O. Koenig 1978: Über Ursprung und Entwicklung der menschlichen Kleidung. Österreichische Akademie der Wissenschaften, Institut für vergleichende Verhaltensforschung 1978.

Kohler-Schneider M. Kohler-Schneider 2007: Early agriculture and subsistence in Austria: a review of neolithic plant records. In: S. Colledge und J. Conolly (Hrsg.), The Origins and Spread of Domestic Plants in Southwest Asia and Europe. Walnut Creek 2007, Left Coast Press, 209–220.

ıler-Schneider et al. M. Kohler-Schneider, A. Caneppele und D. Geihofer 2008: Archäobotanische Analyse des Kultur- und Wildpflanzenspektrums der linearbandkeramischen Siedlung Mold, Niederösterreich. Verhandlungen der Zoologisch-Botanischen Gesellschaft Österreichs 145, Wien 2008, 113–137.

Körber-Grohne U. Körber-Grohne 1967: Geobotanische Untersuchungen auf der Feddersen Wierde. Feddersen Wierde 1. Wiesbaden 1967, Franz Steiner Verlag.
U. Körber-Grohne 1981: Pflanzliche Abdrücke in eisenzeitlicher Keramik – Spiegelbild damaliger Nutzpflanzen? Fundberichte aus Baden-Württemberg 6, 1981, 165–211.
U. Körber-Grohne 1994: Nutzpflanzen in Deutschland. Kulturgeschichte und Biologie. 3. Aufl. Stuttgart 1994, Theiss Verlag.
U. Körber-Grohne 1999: Der Schacht in der keltischen Viereckschanze von Fellbach-Schmiden (Rems-Murr-Kreis) in botanischer und stratigraphischer Sicht. In:

G. Wieland (Hrsg.), Die keltischen Viereckschanzen von Fellbach-Schmiden (Rems-Murr-Kreis) und Ehningen (Kreis Böblingen) Forschungen und Berichte zur Vor- und Frühgeschichte in Baden-Württemberg 80. Stuttgart 1999, Verlag Konrad Theiss Verlag, 85–149.

Koren — Z. C. Koren 2022: Monobromoindigo: The Singular Chromatic Biomarker for the Identification of the Malacological Provenance of Archaeological Purple Pigments from *Hexaplex trunculus* Species. In: A. Ulanowsky, K. Grömer, I. Vanden Berghe und M. Öhrman (Hrsg.), Ancient Textile Production from an Interdisciplinary Perspective, Cham 2022, Springer, 39–52.

Korošec & Korošec — P. Korošec und J. Korošec 1969: Najdbe s Koliščarskih naselbin pri Igu na Ljubljanskem Barju. Fundgut der Pfahlbausiedlungen bei Ig am Laibacher Moor. Arheološki katalogi Slovenije 3, Ljubljana 1969, Slowenisches Nationalmuseum.

Kostelniková — M. Kostelnikova 1985: Otisk tkaniny z mladsi doby Kamenné z Lulče (okr. Vyškov). Ein jungsteinzeitlicher Gewebeabdruck aus Luleč (Bez. Vyškov). Archeologické rozhledy 37, Praha 1985, 197–198.

Kovács — T. Kovács 1977: A bronzkor magyarországon (Die Bronzezeit in Ungarn). Budapest 1977, Corvina.

Krenn-Leeb — A. Krenn-Leeb 2006: Gaben an die Götter? Depotfunde der Frühbronzezeit in Österreich. Archäologie Österreichs 17/1, 2006, 4–17.

Kristiansen — K. Kristiansen 1991: Chiefdoms, states, and systems of social evolution. In: T. Earle (Hrsg.), Chiefdoms: power, economy, and ideology. Cambridge 1991, Cambridge University Press, 16–43.

Kristiansen & Larsson — K. Kristiansen und T. Larsson 2005: The Rise of Bronze Age Societies. Travels, Transmissions and Transformations. Cambridge 2005, Cambridge University Press.

Kromer — K. Kromer 1959: Das Gräberfeld von Hallstatt. Firenze 1959, Sansoni.

Kurz — S. Kurz 1997: Bestattungsbrauch in der westlichen Hallstattkultur (Südwestdeutschland, Ostfrankreich, Nordwestschweiz). Tübinger Schriften zur ur- und frühgeschichtlichen Archäologie 2, Münster-New York-München-Berlin 1997, Waxmann.

Kurzynski — K. v. Kurzynski 1996: „... und ihre Hosen nennen sie bracas". Textilfunde und Textiltechnologie der Hallstatt- und Latènezeit und ihr Kontext. Internationale Archäologie 22, Espelkamp 1996, Verlag Marie Leidorf.

K. v. Kurzynski 1998: Dreieck, Haken und Mäander. Ein reich verziertes Gewebefragment aus dem Dürrnberger Salzbergbau. In: C. Dobiat und Th. Stöllner (Hrsg.), Siedlungs- und Wirtschaftsgeschichte des Dürrnberges bei Hallein. Archäologisches Korrespondenzblatt 28, 1998, 566–568.

Kyrle — G. Kyrle 1918: Urgeschichte des Kronlandes Salzburg. Österreichische Kunsttopographie XVII, Wien 1918, Kunstverlag Anton Schroll, Beitrag I, S. 57.

La Baume — W. La Baume 1955. Die Entwicklung des Textilhandwerks in Alteuropa. Antiquitas 2, Bonn 1955.

Landes — C. Landes (Hrsg.) 2003: Les ètrusques en France. Archéologie et collections (Catalogue de l'Exposition). Lattes 2003, Musée de Lattes.

Lang — A. Lang 1998: Das Gräberfeld von Kundl im Tiroler Inntal. Studien zur vorrömischen Eisenzeit in den zentralen Alpen. Frühgeschichtliche und provinzialrömische Archäologie Bd. 2, Rahden/Westf. 1998, Verlag Marie Leidorf.

Lang & Salač A. Lang und V. Salač (Hrsg.) 2002: Fernkontakte in der Eisenzeit. Konferenz Liblice 2000. Praha 2002, Archäologisches Institut der Akademie der Wissenschaften der Tschechischen Republik, 1–19.

Larsson Lovén L. Larsson Lovén 2007: Wool Work as a Gender Symbol in Ancient Rome. In: C. Gillis und M.-L. Nosch (Hrsg.), Ancient Textiles. Production, Craft and Society. Proceedings of the First International Conference on Ancient Textiles, held at Lund, Sweden, and Copenhagen, Denmark, on March 19–23, 2003. Oxford 2007, Oxbow Books, 229–236.

L. Larsson Lovén 2013: Female Work and Identity in Roman Textile Production and Trade: A Methodological Discussion. In: M. Gleba und J. Pásztókai-Szeőke (Hrsg.), Making Textiles in Pre-Roman and Roman Times. People, Places, Identities. Ancient Textiles Series 13, Oxford und Oakville 2013, Oxbow Books, 109–125.

Lauermann E. Lauermann 1991: Archäologische Ausgrabungen in Unterhautzenthal 1990. Archäologie Österreichs 2/2, 1991, 30.

E. Lauermann 2000: Archäologische Forschungen in Michelstetten, NÖ. Archäologie Österreichs 11/1, Wien 2000, 5–30.

Lauffer S. Lauffer 1971 (Hrsg.), Diokletians Preisedikt. Texte und Kommentare 5, Berlin 1971, De Gruyter.

Lenneis et al. E. Lenneis, Ch. Neugebauer-Maresch und E. Ruttkay 1995: Jungsteinzeit im Osten Österreichs. Wissenschaftliche Schriftenreihe Niederösterreichs 102–105, St. Pölten-Wien 1995, Verlag Niederösterreichisches Pressehaus.

Lenning G. Lenning 1982: Kleine Kostümkunde. Berlin 1982, Schiele & Schön.

Leuzinger U. Leuzinger 2002: Textilherstellung. In: A. de Capitani, S. Deschler-Erb, U. Leuzinger, E. Marti-Grädel und J. Schibler (Hrsg.), Die jungsteinzeitliche Seeufersiedlung Arbon Bleiche 3/[2]: Funde. Archäologie im Thurgau 11, 2002, 115–134.

Leuzinger & Rast-Eicher U. Leuzinger und A. Rast-Eicher 2011: Flax processing in the Neolithic and Bronze Age pile-dwelling settlements of eastern Switzerland. Vegetation History and Archaeobotany 20, 2011, 535–542.

Leventon M. Leventon 2008: Costume Worldwide. A Historical Sourcebook. Featuring the classical artwork of Friedrich Hottenroth and Auguste Racinet. London 2008, Thames & Hudson.

Linscheid P. Linscheid 2011: Bags and pouches in the Roman and Early Byzantine world. In: A. De Moor und C. Fluck (Hrsg.), Dress accessories of the 1st millennium AD from Egypt. Proceedings of the 6th conference of the research group "Textiles from the Nile Valley" Antwerp, 2–3 October 2009. Tielt 2011, Lannoo, 188–193.

Lipkin S. Lipkin 2013: Textile Making in Central Thyrrenian Italy – Questions Related to Age, Rank and Status. In: M. Gleba und J. Pásztókai-Szeőke (Hrsg.), Making Textiles in Pre-Roman and Roman Times. People, Places, Identities. Ancient Textiles Series 13, Oxford und Oakville 2013, Oxbow Books, 19–29.

Lorenz H. Lorenz 1978: Totenbrauchtum und Tracht. Untersuchungen zur regionalen Gliederung der frühen Latènezeit. Bericht der Römisch-Germanischen Kommission 59, Mainz 1978, Philipp von Zabern, 1–380.

Lucke & Frey W. Lucke und O.-H. Frey 1962: Die Situla in Providence, Rhode Island. Ein Beitrag zur Situlenkunst des Osthallstattkreises. Römisch-Germanische Forschungen 26, Berlin 1962, De Gruyter.

Lundström-Baudais K. Lundström-Baudais 1978: Plant remains from a Swiss Neolithic lakeshore site:

Brise-Lames, Auvernier. Berichte der Deutschen Botanischen Gesellschaft 91, 67–83.

Lüning J. Lüning 2005: Die Bandkeramiker. Erste Steinzeitbauern in Deutschland. Rahden/Westf. 2005, Verlag Marie Leidorf.

Lüning et al. J. Lüning, A. Jockenhövel, H. Bender und T. Capelle 1997: Deutsche Agrargeschichte. Vor- und Frühgeschichte. Stuttgart 1997, Ulmer.

Lurie A. Lurie 1981: The Language of Clothes. New York 1981, Random House.

Maik J. Maik 2012: Poland. In: M. Gleba und U. Mannering (Hrsg.), Textiles and Textile Production in Europe from Prehistory to AD 400. Ancient Textiles Series 11, Oxford 2012, Oxbow Books, 293–305.

Mannering et al. U. Mannering, G. Possnert, J. Heinemeier und M. Gleba 2010: Dating Danish textiles and skins from bog finds by ^{14}C-AMS. Journal of Archaeological Science 37, 2010, 261–268.

U. Mannering, M. Gleba und M. Bloch Hansen 2012: Denmark. In: M. Gleba und U. Mannering (Hrsg.), Textiles and Textile Production in Europe from Prehistory to AD 400. Ancient Textiles Series 11, Oxford 2012, Oxbow Books, 91–121.

Mannering & Ræder Knudsen U. Mannering und L. Ræder Knudsen 2013: Hammerum: The Find of the Century. In: J. Banck-Burgess und C. Nübold (Hrsg.), NESAT XI. The North European Symposium for Archaeological Textiles XI, 10–12 May 2011 in Esslingen am Neckar. Rahden/Westf. 2013, Verlag Marie Leidorf, 157–160.

Margariti & Spantidaki C. Margariti und S. Spantidaki 2020: Revisiting the Hero of Lefkandi. In: M. Bustamante-Álvarez, E. H. Sánchez López und J. Jiménez Ávila (Hrsg.), Purpureae Vestes VII. Redefining Ancient Textile Handcraft – Structures, Tools and Production Processes. Proceedings of the VIIth International Symposium on Textiles and Dyes in the Ancient Mediterranean World, Granada, Spain 2–4 October 2019, Granada 2020, 401–412.

Margariti et al. C. Margariti, P. Stavros, A. Norman und V. Vishnyakov 2013: Identification of purple dye from molluscs on an excavated textile by non-destructive analytical techniques. Dyes and Pigments 96/3, 774–780. https://doi.org/10.1016/j.dyepig.2012.11.003

Mårtensson L. Mårtensson 2007: Investigating the Function of mediterranean Bronze Age. Textile Tools using Wool and Flax Fibres. Experimentelle Archäologie in Europa 6, Bilanz 2007, 97–106.

Mårtensson et al. L. Mårtensson, M.-L. Nosch und E. Andersson Strand 2009: Shape of Things: Understanding a Loom Weight. Oxford Journal of Archaeology 28/4, 2009, 373–398.

Martijnse E. Martijnse 1993: Beschriftete Bleietiketten der Römerzeit in Österreich. Dissertation Universität Wien 1993.

Massa A. Massa 1989: Die Welt der Etrusker. Genève-Paris 1989, Éditions Minerva.

Mautendorfer H. Mautendorfer 2005: Genähtes aus dem prähistorischen Hallstatt. In: P. Bichler, K. Grömer, R. Hofmann-de Keijzer, A. Kern und H. Reschreiter 2005 (Hrsg.), Hallstatt Textiles. Technical Analysis, Scientific Investigation and Experiment on Iron Age Textiles. British Archaeological Reports International Series 1351, Oxford 2005, Archaeopress, 41–54.

H. Mautendorfer 2007: Schnitttechnische Interpretationen anhand hallstattzeitlicher Darstellungen. In: R. Karl und J. Leskovar (Hrsg.), Interpretierte Eisenzeiten.

Fallstudien, Methoden, Theorie. Tagungsbeiträge der 2. Linzer Gespräche zur interpretativen Eisenzeitarchäologie. Linz 2007, Oberösterreichisches Landesmuseum, 263–276.

Mautner & Geramb — K. Mautner und V. Geramb 1932: Über primitive Schwarzfärberei in Untersteiermark. Steirisches Trachtenbuch. Bd. 1, Graz 1932, Leuschner & Lubensky, 76–79.

Médard — F. Médard 2010: L'art du tissage au Néolithique. IVe-IIIe millénaires avant J.-C. en Suisse. CNRS Èditions, Paris 2010.

F. Médard 2012: Switzerland: Neolithic Period. In: M. Gleba und U. Mannering (Hrsg.), Textiles and Textile Production in Europe from Prehistory to AD 400. Ancient Textiles Series 11, Oxford 2012, Oxbow Books, 367–377.

Métraux — G. P. R. Métraux 2008: Prudery and Chic in Late Antique Clothing. In: J. Edmondson und A. Keith (Hrsg.), Roman Dress and the Fabrics of Roman Culture. Toronto-Buffalo-London 2008, University of Toronto Press, 271–293.

Milcent & Moulherat — P.-Y. Milcent und Ch. Moulherat 2000: Un tumulus princier du Ve siècle av. J.-C. à Saint-Geneviève-des-Bois, „La Ronce" (Loiret). In: A. Villes und A. Bataille-Melkon (Hrsg.), Fastes des celtes entre Champagne et Bourgogne, Actes du colloque de l'A.F.E.A.F. Troyes, 25–27 mai 1995, Reims, Société archéologique champenoise, 295–332.

Milicevic — M. Milicevic 1984: Reconstruction of the Aeneolithic Women's Wear between the Danube, the Drawa and the Sava. Opuscula Archaeologica 9, Zagreb 1984, 1–22

Mitschke — S. Mitschke 2001: Zur Erfassung und Auswertung archäologischer Textilien an korrodiertem Metall. Eine Studie zu ausgewählten Funden aus dem Gräberfeld von Eltville, Rheingau-Taunus-Kreis (5.–8. Jh. n. Chr.). Kleine Schriften aus dem Vorgeschichtliches Seminar 51, Marburg 2001, Philipps-Universität Marburg.

Møjbjerg et al. — T. Møjbjerg, U. Mannering, H. Rostholm und L. Raeder Knudsen 2019: The Hammerum Burial Site, Customs and Clothing in the Roman Iron Age. Jutland Archaeological Publications 103. Højbjerg 2019.

Möller-Wiering — S. Möller-Wiering 2007: Under Canvas. In: C. Gillis und M.-L. Nosch (Hsrg.), Ancient Textiles. Production, Craft and Society. Proceedings of the First International Conference on Ancient Textiles, held at Lund, Sweden and Copenhagen, Denmark, on March 19–23, 2003. Oxford 2007, Oxbow Books, 122–126.

S. Möller-Wiering 2011: War and Worship: Textiles from 1st to 4th century AD Weapon Deposits in Denmark and Northern Germany. Ancient Textiles Series 9, Oxford 2011, Oxbow Books 1–224.

S. Möller-Wiering 2012: Germany: Bronze and Pre-Roman Iron Ages. In: M. Gleba und U. Mannering (Hrsg.), Textiles and Textile Production in Europe from Prehistory to AD 400. Ancient Textiles Series 11, Oxford 2012, Oxbow Books, 122–138.

Möller-Wiering & Subbert — S. Möller-Wiering und J. Subbert 2012: Germany: Roman Iron Age. In: M. Gleba und U. Mannering (Hrsg.), Textiles and Textile Production in Europe from Prehistory to AD 400. Ancient Textiles Series 11, Oxford 2012, Oxbow Books, 153–185.

Möller-Wiering & Ræder Knudsen — S. Möller-Wiering und L. Ræder Knudsen 2013: The Vehnemoor Cloak and its Colleagues: A Unique Fine in Relation to its Parallels. In: J. Banck-Burgess und C. Nübold (Hrsg.), NESAT XI. The North European Symposium for Archaeological Textiles XI, 10–12 May 2011 in Esslingen am Neckar. Rahden/Westf. 2013, Verlag Marie Leidorf, 161–166.

Moosleitner — F. Moosleitner 1992: Das hallstattzeitliche Gräberfeld von Uttendorf im Pinzgau.

Salzburg 1992, Amt der Salzburger Landesregierung.
Moosleitner et al. F. Moosleitner, L. Pauli und E. Penninger 1974: Der Dürrnberg bei Hallein II. Münchner Beiträge zur Vor- und Frühgeschichte 17, München 1974, C.H. Beck.
Morell A. Morrell 1987: The ATN Guide to Structural Sewing: Terms and Techniques. Department of Textiles and Fashion, Manchester Polytechnic. Manchester.
Morigi Govi Ch. Morigi Govi 1971: Il Tintinnabulo della "Tomba degli ori" dell'arselane militare di Bologna. Archeologica Classica 23, 1971, 211–235.
Müllauer & Ramsl N. Müllauer und P. C. Ramsl 2007: Herstellungstechnische Untersuchungen an Hohlblechreifen aus dem latènezeitlichen Gräberfeld von Mannersdorf am Leithagebirge, Niederösterreich. Archäologisches Korrespondenzblatt 37, 2007, 67–84.
Müller A. Müller 1994: Geflechte und Gewebe aus Hornstaad/Hörnle I. In: Archäologische Textilfunde – Archaeological Textiles. Textilsymposium Neumünster 4.–7.5. 1993 (NESAT V), Neumünster 1994, Textilmuseum, 27–33.
R. Müller 1999: Gürtel. In: J. Hoops und H. Beck (Hrsg.), Reallexikon der Germanischen Altertumskunde 13, 1999, 164–167.
R. Müller 2012: Késöbronzkori arany szalaggal díszített textíliák (Late Bronze Age Textiles ornamented with gold band). Archeometriai Mühely IX/2, Budapest 2012, Magyar Nemzeti Múzeum , 117–121.
Müller & Lüscher F. Müller und G. Lüscher 2004: Die Kelten in der Schweiz. Stuttgart 2004, Theiss.
Müller-Karpe H. Müller-Karpe 1974: Handbuch der Vorgeschichte III Kupferzeit. München 1974, C. H. Beck.
H. Müller-Karpe 1980: Handbuch der Vorgeschichte IV Bronzezeit. München 1980, C. H. Beck.
Negroni Catacchio N. Negroni Catacchio 2007: La vesti sontuose e gli ornamenti. In: M. Blečić, M. Črešnar, B. Hänsel, A. Hellmuth, E. Kaiser und C. Metzner-Nebelsick (Hrsg.), Scripta praehistorica in honorem Biba Teržan. Situla 44, Ljubljana 2007, Slowenisches Nationalmuseum, 533–556.
Neugebauer J.-W. Neugebauer 1980: Tönerne Leisten für Schnabelschuhe der Hallstattkultur aus. Sommerein, NÖ. Archäologisches Korrespondenzblatt 10, 1980, 331–336.
J.-W. Neugebauer 1992: Die Kelten im Osten Österreichs. Wissenschaftliche Schriftenreihe Niederösterreichs 92–94. 2. Auflage, St. Pölten-Wien 1992, Niederösterreichisches Pressehaus.
J.-W. Neugebauer 1994: Bronzezeit in Ostösterreich. Wissenschaftliche Schriftenreihe Niederösterreichs 98–101, St. Pölten-Wien 1994, Niederösterreichisches Pressehaus.
J.-W. Neugebauer 2001: Rettungsgrabungen im Unteren Traisental in den Jahren 2000 und 2001. Fundberichte aus Österreich 40, Horn 2001, 191–300, Ferdinand Berger & Söhne.
Neugebauer & Neugebauer J.-W. Neugebauer und Chr. Neugebauer 1997: Franzhausen. Das frühbronzezeitliche Gräberfeld I. Fundberichte aus Österreich Materialhefte Reihe A, Heft 5/1, Horn 1997, Ferdinand Berger & Söhne.
Neumaier E. Neumaier 1996: Murr – eine bedeutende Zentralsiedlung der jungsteinzeitlichen Münchshöfener Kultur. Archäologie im Landkreis Freising 5, Mauern 1996, Archäologischer Verein im Landkreis Freising, 9–89.
Nielsen S. Nielsen 2005: The Gundestrup Cauldron: New Scientific and Technical Investigations. Acta Archaeologica 76/2, 1–58.

Nienholdt E. Nienholdt 1961: Kostümkunde. Braunschweig 1961, Klinkhardt Biermann Verlag.

Nieszery N. Nieszery 1995: Linearbandkeramische Gräberfelder in Bayern. Internationale Archäologie 16, Espelkamp 1995, Verlag Marie Leidorf.

ikulina & Schmölcke E. A. Nikulina und U. Schmölcke 2020: The first genetic evidence for the origin of central European sheep (Ovis ammon f. aries) populations. In: W. Schier und S. Pollock (Hrsg.), The Competition of Fibres. Ancient Textiles Series 36. Oxford und Philadelphia, Oxbow Books, 199–206.

Öhrmann M. Öhrmann 2022: From Use-Wear to User: Working with Literary Sources on Worn Textile Tools. In: A. Ulanowska, K. Grömer, I. Vanden Berghe und M. Öhrmann (Hrsg.), Ancient Textile Production from an Interdisciplinary Perspective. Cham 2022, Springer, 163–186.

Pabst-Dörrer S. Pabst-Dörrer 2000: Untersuchungen zu hallstattzeitlichen Frauentrachten mit Spiralbrillenfibeln zwischen Alpen, Karpaten und Ostsee. Internationale Archäologie 51, Rahden/Westf. 2000, Verlag Marie Leidorf.

Paetz A. Paetz gen. Schieck 2013: Möglichkeiten und Grenzen ikonografischer Quellen in der Textilforschung. In: J. Banck-Burgess und C. Nübold (Hrsg.), NESAT XI. The North European Symposium for Archaeological Textiles XI, 10–12 May 2011 in Esslingen am Neckar. Rahden/Westf. 2013, Verlag Marie Leidorf, 19–28.

Parsons K. C. Parsons 2003: Human Thermal environments: The Effect of Hot, Moderate, and Cold Environments on Human Health, Comfort and Performance (2. Aufl.). London 2003, Taylor & Francis.

Pauli L. Pauli 1978: Der Dürrnberg bei Hallein III. Auswertung der Grabfunde. Münchner Beiträge zur Vor- und Frühgeschichte 18/I, München 1978. C. H. Beck.

Pedrotti A. Pedrotti 1995: Le statue-stele e le stele antropomorfe der Trentino Alto Adige e del Veneto occidentale. Notizie Archeologiche Bergomensi 3, Bergamo 1995, 259–280.

Pekridou-Gorecki A. Pekridou-Gorecki 1989: Mode im antiken Griechenland. Textile Fertigung und Kleidung. München 1989, C. H. Beck.

Penninger E. Penninger 1972: Der Dürrnberg bei Hallein I. Katalog der Grabfunde aus der Hallstatt- und Latènezeit. Münchner Beiträge zur Vor- und Frühgeschichte 16, München 1972, C. H. Beck.

Pertlwieser M. Pertlwieser 1987: Frühhallstattzeitliche Wagenbestattungen in Mitterkirchen. In: Prunkwagen und Hügelgrab. Kataloge des Oberösterreichischen Landesmuseums N.F. 13, Linz 1987, 55–70.

Pescheck Ch. Pescheck 1972: Die wichtigsten Bodenfunde und Ausgrabungen des Jahres 1972. 8. Arbeitsbericht der Außenstelle Würzburg des Bayerischen Landesamtes für Denkmalpflege. Frankenland N.F. 24, Würzburg 1972, 268–269.

Peška J. Peška 2001: Vybané formy eneolitických pásových zápon v Evrope (Die ausgewählten Formen der äneolithischen Gürtelhaken in Europa). In: Otázky neolitu a eneolithu nasich Krajín 2001, Nitra 2002, 259–281.

Peter K. Peter 1926: Materialienkunde für die Gewerbe der Weißnäherinnen und Kleidermacherinnen. Brünn 1926, Rudolf M. Rohrer.

Pfarr E. M. Pfarr 2005: Handwerk oder Industrie? Erfahrungen bei der Herstellung eines hochmittelalterlichen Wollgewebes auf dem Gewichtswebstuhl. In: F. Pritchard und J. P. Wild (Hrsg.), Northern European Textiles. NESAT VII, Textile Symposium in Edinburgh, 5th–7th May 1999. Oxford 2005, Oxbow Books, 58–64.

Pieler F. Pieler 2001: Die archäologischen Untersuchungen der spätneolithischen Anlage von Krems-Hundssteig. In: B. Wewerka (Hrsg.): Bericht zu den Ausgrabungen des Vereines ASINOE im Projektjahr 2001. Fundberichte aus Österreich 40, 2001, 503–508.

Pieta K. Pieta 1992: Keltische Textilreste mit Stickereien aus Nová Zámky, Südslowakei. In: Archaeological textiles in Northern Europe. Report aus the 4th NESAT Symposium 1.–5. May 1990 in Copenhagen. Kopenhagen 1992, Konservatorskolen det Kongelige Danske Kunstakademi, 52–64.

Ploss E. E. Ploss 1989: Ein Buch von alten Farben. Technologie der Textilfarben im Mittelalter mit einem Ausblick auf die festen Farben. München 1989, Heinz Moos Verlag.

Pomberger et al. B. M. Pomberger, J. Mühlhans und K. Grömer 2021: The project "Metallic Idiophones between 800 BC and 800 AD in Central Europe – Their Function and Acoustic Influence in Daily Life" (First Reports). In: K. László, D. Bacuet-Crisan, I. Staniciu und Florin Marginean (Hrsg.), Exploring Dwellings and Manufactoring Spaces in Medieval Context (7th–14th Centuries). Cluj-Napoca 2021, Editura Mega, 9–30.

Potrebica & Files Kramberger H. Potrebica und J. K. Files Kramberger 2020: Early Iron Age Textile Tools from the Pozega Valley, Croatia. Archaeological Textiles Review 62, 2020, 83–100.

Preinfalk F. Preinfalk 2003: KG Hafnerbach. In: Ch. Farka, Die Abteilung für Bodendenkmale des Bundesdenkmalamtes. Fundberichte aus Österreich 42, Horn 2003, Ferdinand Berger & Söhne, 15–17.

Preinfalk & Preinfalk A. und F. Preinfalk 2014: Ein reich ausgestattetes Kriegergrab der Latènezeit aus Gemeinlebarn. In: E. Lauermann und P. Trebsche (Hrsg.), Beiträge zum Tag der Niederösterreichischen Landesarchäologie

Pucher E. Pucher 2004: Hallstattzeitliche Tierknochen aus Göttlesbrunn, p. B. Bruck an der Leitha, Niederösterreich. In: M. Griebl (Hrsg.), Die Siedlung der Hallstattkultur von Göttlesbrunn, Niederösterreich. Mitteilungen der Prähistorischen Kommission 54, 2004, 309–328.

Pucher & Engl E. Pucher und K. Engl 1997: Studien zur Pfahlbauforschung in Österreich. Materialien I – Die Pfahlbaustationen des Mondsees. Tierknochenfunde. Mitteilungen der Prähistorischen Kommission 33, Wien 1997.

Radman-Livaja I. Radman-Livaja 2013: Craftspeople, Merchants or Clients? The Evidence of Personal Names on the Commercial Lead Tags from Siscia. In: M. Gleba und J. Pásztókai-Szeőke, Making Textiles in Pre-Roman and Roman Times. People, Places, Identities. Ancient Textiles Series 13, Oxford und Oakville 2013, Oxbow Books, 87–108.

Ræder Knudsen L. Ræder Knudsen 1998: An Iron Age Cloak with tablet-woven borders: a new interpretation of the method of production. In: L. Bender Jørgensen und C. Rinaldo (Hrsg.), Textiles in European Archaeology. Report from the 6th NESAT Symposium, 7.–11. May 1996 in Borås. Gotarc Series A/1. Göteborg 1998, Göteborg University, 79–84.

L. Ræder Knudsen 1999: Technical description of the Fragments of the Broad Tablet Woven Band found in the big cauldron aus Eberdingen-Hochdorf. In: Banck-Burgess, Hochdorf IV. Die Textilfunde aus dem späthallstattzeitlichen Fürstengrab von Eberdingen-Hochdorf (Kreis Ludwigsburg) und weitere Grabtextilien aus hall-

statt und latènezeitlichen Kulturgruppen. Stuttgart 1999, Theiss, 80–81.
L. Ræder Knudsen 2002: La tessitura a tavoletta nella tomba 89. In: P. von Eles (Hrsg.), Guerriero e sacerdote. Autorità e communità nell'età del ferro a Verucchio. La Tomba del Trono. Quaderni di Archeologia dell'Emilia Romagna 6. Firenze 2002, Edizioni all insegna dell Giglio, 220–234.
L. Ræder Knudsen 2007: "Translating" Archaeological Textiles. In: C. Gillis und M.-L. Nosch (Hrsg.), Ancient Textiles. Production, Craft and Society. Proceedings of the First International Conference on Ancient Textiles, held at Lund, Sweden, and Copenhagen, Denmark, on March 19–23, 2003. Oxford 2007, Oxbow Books, 103–111.
L. Ræder Knudsen 2012: Case Study: The Tablet-Woven Borders of Verucchio. In: M. Gleba und U. Mannering (Hrsg.), Textiles and Textile Production in Europe from Prehistory to AD 400. Ancient Textiles Series 11, Oxford 2012, Oxbow Books, 254–266.

Ræder Knudsen & Grömer
L. Ræder Knudsen und K. Grömer 2012: Discovery of a New Tablet Weaving Technique from the Iron Age. Archaeological Textiles Review 54, 2012, 92–97.

Ramsl
P. Ramsl 2002: Das eisenzeitliche Gräberfeld von Pottenbrunn. Fundberichte aus Österreich, Materialheft A11, Horn 2002, Ferdinand Berger & Söhne.
P. Ramsl 2011: Das latènezeitliche Gräberfeld von Mannersdorf/Lgb, Flur Reinthal Süd. Studien zu Phänomenen der latènezeitlichen Kulturausprägungen. Mitteilungen der Prähistorischen Kommission 74, Wien 2011.

Randsborg & Christensen
K. Randsborg und K. Christensen 2006: Bronze Age oak-coffin graves: Archaeology and Dendro-Dating. Acta Archaeologica Suppl. 77, Kopenhagen 2006.

Rast
A. Rast 1990: Die Verarbeitung von Bast. In: Schweizerisches Landesmuseum. Katalog „Die ersten Bauern". Pfahlbaufunde Europas. Bd. 1: Schweiz. Zürich 1990, 119–122.

Rast-Eicher
A. Rast-Eicher 1992: Die Entwicklung der Webstühle vom Neolithikum bis zum Mittelalter. Helvetica Archaeologica 23, Basel 1992, 56–70.
A. Rast-Eicher 1995: Die Filze und Geflechte. In: H. Parzinger, J. Nekvasik und F.-E. Barth: Die Býčí skála Höhle. Ein hallstattzeitlicher Höhlenopferplatz in Mähren. Römisch-Germanische Forschungen 54, Mainz 1995, 167–175.
A. Rast-Eicher 1997: Die Textilien. In: J. Schibler, H. Hüster-Plogmann, S. Jacomet, Ch. Brombacher, E. Gross-Klee und A. Rast-Eicher (Hrsg.), Ökonomie und Ökologie neolithischer und bronzezeitlicher Ufersiedlungen am Zürichsee. Monografie der Kantonsarchäologie Zürich 20, Zürich und Egg 1997, 300–328.
A. Rast-Eicher 2003: Determinazione delle fibre. In: M. Bazzanella, A. Mayr, L. Moser und A. Rast-Eicher (Hrsg.), Textiles: intrecci e tessuti dalla preistoria europea. Catalogo della mostra tenutasi a Riva del Garda dal 24 maggio al 19 ottobre 2003. Riva del Garda, Trento 2003, Esperia, 55–60.
A. Rast-Eicher 2005: Bast before wool: the first Textiles. In: P. Bichler, K. Grömer, R. Hofmann-de Keijzer, A. Kern und H. Reschreiter (Hrsg.), Hallstatt Textiles. Technical Analysis, Scientific Investigation and Experiment on Iron Age Textiles. British Archaeological Reports International Series 1351, Oxford 2005, Archaeopress, 117–131.
A. Rast-Eicher 2008: Textilien, Wolle, Schafe der Eisenzeit in der Schweiz. Antiqua 44, Basel 2008.

A. Rast-Eicher 2012: Switzerland: Bronze And Iron Ages. In: M. Gleba und U. Mannering (Hrsg.), Textiles and Textile Production in Europe from Prehistory to AD 400. Ancient Textiles Series 11, Oxford 2012, Oxbow Books, 378–398.

A. Rast-Eicher 2013: Die Faserqualität von Fellen und Textilien aus dem Salzbergwerk von Hallstatt. The fibre quality of skins and textiles from the Hallstatt salt mines. In: K. Grömer, A. Kern, H. Reschreiter und H. Rösel-Mautendorfer (Hrsg.), Textiles from Hallstatt. Weaving Culture in Bronze and Iron Age Salt Mines. Textilien aus Hallstatt. Gewebte Kultur aus dem bronze- und eisenzeitlichen Salzbergwerk. Archaeolingua 29, Budapest 2013, 135–162.

A. Rast-Eicher 2016: Fibres. Microscopy of Archaeological Textiles and Furs. Archaeolingua 36, Budapest 2016.

A. Rast-Eicher 2017: "The Pfäffikon-Irgenhausen Textile, Discussion of a decoration system". In: M. Bravermanová, H. Březinová und J. Malcolm-Davies (Hrsg.), Archaeological Textiles – Links Between Past and Present, NESAT XIII, Liberec 2017, Liberec-Praha 2017, 259–263.

Rast-Eicher & Bender Jørgensen — A. Rast-Eicher und L. Bender Jørgensen 2013: Sheep wool in Bronze Age and Iron Age Europe. Journal of Archaeological Science 40, 2013, 1224–1241.

Rast-Eicher & Reinhard — A. Rast-Eicher und J. Reinhard 1998: Gewebe und Geflechte. In: Die Schweiz vom Paläolithikum bis zum frühen Mittelalter. SPM III, Bronzezeit. Basel 1998, 285–288.

Rast-Eicher & Dietrich — A. Rast-Eicher und A. Dietrich 2015: Neolithische und bronzezeitliche Gewebe und Geflechte. Die Funde aus den Seeufersiedlungen im Kanton Zürich. Monographien der Kantonsarchäologie Zürich 46, Zürich und Egg 2015.

Rast-Eicher & Vanden Berghe — A. Rast-Eicher und I. Vanden Berghe 2015: Altrier (LUX): A fresh look at the textiles. In: K. Grömer und F. Pritchard (Hrsg.), NESAT XII. The North European Symposium of Archaeological Textiles, 21st – 24th May 2014 in Hallstatt, Austria. Archaeolingua Main Series 33. Budapest 2015, Archaeolingua Publishers.

Rebay — K. Rebay 2006: Das hallstattzeitliche Gräberfeld von Statzendorf in Niederösterreich. Universitätsforschungen zur Prähistorischen Archäologie 135, Bonn 2006, Verlag Dr. Rudolf Habelt

K. Rebay 2007: Plotting social change: the Cemetery of Statzendorf Austria as an example of changing burial rites at the beginning of the Early Iron Age in Central Europe. In: R. Salisbury und D. Keeler (Hrsg.), Space – Archaeology's Final Frontier? An Intercontinental Approach. Newcastle 2007, Cambridge Scholars Publishing, 134–156.

Rebay-Salisbury — K. Rebay-Salisbury 2014: Materials make people: how technologies shape figurines in early Iron Age Central Europe. In: K. Rebay-Salisbury, A. Brysbaert und L. Foxhall (Hrsg.), Knowledge Networks and Craft Traditions in the Ancient World: Material Crossovers. London 2014, Routledge.

Reich — A.-K. Reich 2005: Kleidung als Spiegelbild sozialer Differenzierung. Quellen und Darstellungen zur Geschichte Niedersachsens 125, Hannover 2005, Hahn'sche Buchhandlung.

Reichenberger — A. Reichenberger 2000: Bildhafte Darstellungen der Hallstattzeit. Beiträge zur Vorgeschichte Nordostbayerns 3, Nürnberg 2000, vka-Kaboni.

Reichert — A. Reichert 2013: Textile Techniques of the Stone Ages. In: H. Hopkins (Hrsg.), Ancient Textiles, Modern Science. Proceedings of the First and Second European

Textile Forum 2009 and 2010. Oxford und Oakville 2013, Oxbow Books, 79–101.

Reschreiter H. Reschreiter 2005: Die prähistorischen Salzbergbaue in Hallstatt und ihre Textilreste. In: P. Bichler, K. Grömer, R. Hofmann-de Keijzer, A. Kern und H. Reschreiter (Hrsg.), Hallstatt Textiles. Technical Analysis, Scientific Investigation and Experiment on Iron Age Textiles. British Archaeological Reports International Series 1351, Oxford 2005, Archaeopress, 11–16.

Richard Q. Richard 2021: Problems with Greek clothing terminology. Archaeological Textiles Review 63, 2021, 10–19.

Richter É. Richter 2010: Our threads to the Past: Plaited Motifs as Predecessors of Woven Binding Structures. In: E. Andersson Strand, M. Gleba, U. Mannering, C. Munkholt und M. Ringgaard (Hrsg.), North European Symposium for Archaeological Textiles X. Oxford 2010, Oxbow Books, 211–216.

Roach-Higgins et al. M. E. Roach-Higgins, J. B Eicher und K. K. P. Johnson (Hrsg.) 1995: Dress and Identity. New York 1995, Fairchild Publications.

Rösel-Mautendorfer H. Rösel-Mautendorfer 2009: Nähte, Schnitttechnisches, Vergleich mit Situlendarstellungen. In: K. Grömer und Th. Stöllner (Hrsg.), Ein abgerissener Ärmel aus dem Salzbergwerk Dürrnberg. Neue Erkenntnisse zur Brettchenwebtechnik in der Eisenzeit in Mitteleuropa. Jahrbuch Römisch-Germanisches Zentralmuseum Mainz 56, 2009, 115–117.

H. Rösel-Mautendorfer 2011: Genähtes aus dem Hallstätter Salzberg. Prähistorische Textilfunde aus Hallstatt im Vergleich mit eisenzeitlichen Gewanddarstellungen. Diplomarbeit an der Universität Wien 2011.

H. Rösel-Mautendorfer 2013: Nähtechnik und Design. Sewing techniques and design. In: K. Grömer, A. Kern, H. Reschreiter und H. Rösel-Mautendorfer (Hrsg.), Textiles from Hallstatt. Weaving Culture in Bronze and Iron Age Salt Mines. Textilien aus Hallstatt. Gewebte Kultur aus dem bronze- und eisenzeitlichen Salzbergwerk. Archaeolingua 29, Budapest 2013, Archaeolingua Publishers, 99–118.

H. Rösel-Mautendorfer 2020: Vom Fragment zum Modell – methodische Überlegungen zur Rekonstruktion (prä-)historischer Kleidung. In: Experimentelle Archäologie in Europa 19, Jahrbuch 2020, 190–201.

Rösel-Mautendorfer & Bogensperger H. Rösel-Mautendorfer und I. Bogensperger 2017: Plinius der Ältere und das Bemalen von Textilien. Die Rolle der Experimentellen Archäologie zum Verständnis antiker Texte. In: U. Weller, T. Lessig-Weller und E. Hanning (Hrsg.), Experimentelle Archäologie in Europa, Jahrbuch 2017. Europäische Vereinigung zur Förderung der Experimentellen Archäologie e. V. (EXAR), Unteruhldingen, 70–81.

Rösel-Mautendorfer et al. H. Rösel-Mautendorfer, K. Grömer und K. Kania 2012: Farbige Bänder aus dem prähistorischen Bergwerk von Hallstatt. Experimente zur Herstellung von Repliken, Schwerpunkt Faseraufbereitung und Spinnen. In: G. Schöbel (Hrsg.), Experimentelle Archäologie in Europa – Bilanz 2012. Unteruhldingen 2012: 190–201.

H. Rösel-Mautendorfer, I. Bogensperger, A. N. Proaño Gaibor, R. Hofmann-de Keijzer und M. R. van Bommel 2022: Dyeing experiments with dyer's madder (*Rubia tinctorum* L.). Experimentelle Archäologie in Europa, Jahrbuch 2022, Heft 21. Europäische Vereinigung zur Förderung der Experimentellen Archäologie e. V. (EXAR), Unteruhlingen, 185–198.

Rothe U. Rothe 2009: Dress and Cultural Identity in the Rhine-Moselle Region of the Roman Empire. British Archaeological Reports International Series 2038, Oxford

2009, Archaeopress.
U. Rothe 2012: Clothing in the Middle Danube provinces: The garments, their origins and their distribution. In: Jahreshefte des Österreichischen Archäologischen Institutes in Wien 81, Wien 2012, 137–231.

Rougemont F. Rougemont 2007: Flax and Linen Textiles in the Mycaean Palatial Economy. In: C. Gillis und M.-L. Nosch (Hrsg.), Ancient Textiles. Production, Craft and Society. Proceedings of the First International Conference on Ancient Textiles, held at Lund, Sweden, and Copenhagen, Denmark, on March 19–23, 2003. Oxford 2007, Oxbow Books, 46–49.

Ruta Serafini & Gleba A. Ruta Serafini und M. Gleba 2018: Evidence of ossuary dressing in the funerary rituals of pre-Roman Veneto (Italy). In: M. S. Busana, M. Gleba, F. Meo und A. Tricomi (Hrsg.), Purpureae Vestes VI, Zaragosa, 203–216.

Ruttkay E. Ruttkay 1993/1994: Neue Tonstempel der Kanzianiberg-Lasinja-Gruppe. Mitteilungen der Anthropologischen Gesellschaft in Wien 123/124, Wien 1993/1994: Verlag Berger, 221–238.

Ryder M. L. Ryder 1973: Hair. Studies in Biology 41, London 1973.
M. L. Ryder 1982: European Wool Types from the Iron Age to the Middle Ages. In: Bericht über das Textilsymposium in Neumünster 1981. Neumünster 1982, 224– 229.
M. Ryder 1992: The interaction between biological and technological change during the development of different fleece types in sheep. Anthropozoologica 16, 1992, 131–140.
M. L. Ryder 1997: Fleece Types and Iron Age Wool Textiles. Archaeological Textiles Newsletter 25, Autumn 1997, 13–16.
M. L. Ryder 2001: The fibres in textile remains from the Iron Age salt-mines at Hallstatt, Austria, with a report on dyes by Penelope Walton Rogers. Annalen des Naturhistorischen Museums in Wien, Serie A 102, 2001, 223–244.
M. L. Ryder 2003: Human Body Lice indicate Historical Age of Clothing. Archaeological Textiles Newsletter 37, Autumn 2003, 15–16.

Sabatini S. Sabatini 2018: Wool Economy During the European Bronze Age. In: A. Ulanowska und M. Siennicka 2018 (Hrsg.), World Archaeology. Tradition and Innovation in Textile Technology in Bronze Age Europe and the Mediterranean. Światowit LVI (2017), Warsaw 2018, Institute of Archaeology, 43–55.

Saunderson et al. K. Saunderson, K. Grömer und L. C. Formato 2022: Missing Link – Early Roman textiles and Norican-Pannonian female dress from Potzneusiedl, Austria. Archaeological Textiles Review 64, 28–38.

Schibler et al. J. Schibler, H. Hüster-Plogmann, S. Jacomet, Ch. Brombacher, E. Gross-Klee und A. Rast-Eicher (Hrsg.) 1997: Ökonomie und Ökologie neolithischer und bronzezeitlicher Ufersiedlungen am Zürichsee. Monografien der Kantonsarchäologie Zürich 20, Zürich und Egg 1997.

Schierer I. Schierer 1987: Ein Webstuhlbefund aus Gars-Thunau. Rekonstruktionsversuch und Funktionsanalyse. Archaeologia Austriaca 71, Wien 1987, 29–88.
I. Schierer 1996: Studien zu Kleidung in Spätantike und Frühmittelalter. Die Überlieferung dargestellt anhand von drei Quellengattungen mit umfassendem Rückblick und weitem Ausblick. Schwerpunkte: die literarische Überlieferung und die Zeit vom 3. bis zum 8. Jahrhundert. Diplomarbeit an der Universität Wien 1996.

Schierer & Grömer I. Schierer und K. Grömer 2019: TT-nhm – A Record of Textile Tools in the Archives of the Naturhistorisches Museum Wien (NHMW). Archaeological Textiles Review 61, 2019, 145–149.

Schlabow K. Schlabow 1952: Der Prachtmantel von Thorsberg, der Schlüssel zum altgermanischen Webstuhl. Festschrift G. Schwantes, Neumünster 1952, Wachholtz.

K. Schlabow 1959: Beiträge zur Erforschung der jungsteinzeitlichen und bronzezeitlichen Gewebetechnik Mitteldeutschlands. Jahresschrift für Mitteldeutsche Vorgeschichte 43, Halle/Saale 1959, 101–120.

K. Schlabow 1974: Vor- und frühgeschichtliche Textilfunde aus den nördlichen Niederlanden. Palaeohistoria XVI, Groningen 1974, 169–221.

K. Schlabow 1976: Textilfunde der Eisenzeit in Norddeutschland. Göttinger Schriften zur Vor- und Frühgeschichte 15, Neumünster 1976, Wachholtz.

Schneider & Weiner A. B. Schneider und J. Weiner 1989: Cloth and Human Experience. Washington DC-London 1989, Smithonian Books.

Schönfelder M. Schönfelder 1999: Knöpfe an Schuhen der Frühlatènezeit. Archäologisches Korrespondenzblatt 29/4, 1999, 537–552.

Schweppe H. Schweppe 1993: Handbuch der Naturfarbstoffe: Vorkommen, Verwendung, Nachweis. Landsberg/Lech 1993, Ecomed Verlag.

Seefelder M. Seefelder 1982: Indigo. BASF Aktiengesellschaft Ludwigshafen am Rein. Köln 1982, Kölnische Verlagsdruckerei GmbH.

Seidel U. Seidel 1995: Bronzezeit. Sammlungen des Württembergischen Landesmuseums Stuttgart Bd. 2, Stuttgart 1995.

Seiler-Baldinger A. Seiler-Baldinger 1994: Textiles, A Classification of Techniques. Bathurst 1994, Crawford House Press.

Semper G. Semper 1860: Der Stil in den technischen und tektonischen Künsten. Erster Theil. Technischer Ursprung der wichtigsten Grundformen, Typen und Symbole der Baukunst. Frankfurt a. M. 1860.

Serrano et al. A. Serrano, M. van Bommel und J. Hallet 2013: Evaluation Between Ultrahigh Pressure Liquid Chromatography and High-Performance Liquid Chromatography Analytical Methods for Characterizing Natural Dyestuffs. Journal of Chromatography A 1318, 2013, 102–111.

A. Serrano, A. van den Doel, M. van Bommel, J. Hallett, I. Joosten und K. J. van den Berg 2015: Investigation of crimson-dyed fibres for a new approach on the characterization of cochineal and kermes dyes in historical textiles. Analytica Chimica Acta 897, 2015, 116–127.

Sherrat A. Sherrat 1981: Plough and Pastoralism: Aspects of the Secondary Products Revolution. In: I. Hodder, G. Isaac und N. Hammon (Hrsg.), Patterns of the Past. Cambridge1981, Cambridge University Press, 261–305.

A. Sherrat 1998: The Transformation of Early Agrarian Europe: the Later Neolithic and Copper Ages, 4500–2500 BC. In: B. Cunliffe (Hrsg.), Prehistoric Europe. An Illustrated History. Oxford-New York 1998, Oxford University Press, 167–201.

Siennicka et al. M. Siennicka, L. Rahmstorf und A. Ulanowska (Hrsg.) 2018: First Textiles. The Beginnings of Textile Manufacture in Europe and the Mediterranean. Ancient Textiles Series 32, Oxford-Philadelphia 2018, Oxbow Books.

Sofaer J. R. Sofaer 2006: The Body as Material Culture. A Theoretical Osteoarchaeology. Cambridge 2006, Cambridge University Press.

Soffer et al. O. Soffer, J. M. Adovasio, J. S. Illingworth, H. A. Amirkhanov, N. D. Praslov und M. Street 2000: Palaeolithic perishables made permanent. Antiquity 74, 2000, 812–821.

Sommer C. M. Sommer 2010: Der soziale Sinn der Mode. In: A. Holenstein, R. Meyer Schweizer, T. Weddigen und S. M. Zwahlen (Hrsg.), Zweite Haut. Kulturgeschichte der Kleidung. Bern-Wien 2010, Haupt Verlag, 241–253.

C. M. Sommer 2012: Dress and Identity – A Social Psychologist's Perspective. In: S. Schrenk, K. Vössing und M. Tellenbach (Hrsg.), Kleidung und Identität in religiösen Kontexten der römischen Kaiserzeit. Publikationen der Reiss-Engelhorn-Museen Mannheim 47, Regensburg 2012, Schnell & Steiner, 257–263.

Sørensen M. L. S. Sørensen 1997: Reading Dress: the Construction of Social Categories and Identities in Bronze Age Europe. Journal of European Archaeology 5/1, 1997, 93–114.

M. L. S. Sørensen 2010: Bronze Age bodiness – maps and coordinates. In: K. Rebay-Salisbury, M. L. S. Sørensen und J. Hughes (Hrsg.), Body Parts and Bodies Whole: Changing Relations and Meanings. Oxford 2010, Oxbow Books, 54–63.

Spantidaki S. Spantidaki 2016: Textile Production in Classical Athens. Ancient Textiles 27, Oxford-Philadelphia 2016.

Spantidaki & Moulherat Y. Spantidaki und Ch. Moulherat 2012: Greece. In: M. Gleba und U. Mannering (Hrsg.), Textiles and Textile Production in Europe from Prehistory to AD 400. Ancient Textiles Series 11, Oxford 2012, Oxbow Books, 185–202.

Spindler K. Spindler 1995: The Man in the Ice: The Preserved Body of a Neolithic Man Reveals the Secrets of the Stone Age. London 1995, Phoenix.

Spindler et al. K. Spindler, E. Rastbichler-Zissernig, H. Wilfing, D. zur Nedden und H. Nothdurfter 1995: Der Mann im Eis. Neue Funde und Ergebnisse. (The man in the Ice, Vol. 2). Veröffentlichungen des Forschungsinstituts für Alpine Vorzeit der Universität Innsbruck. Bd. 2, Wien 1995.

Sporbeck G. Sporbeck 1996: Textilherstellung – Zu mittelalterlichen Spinn- und Webgeräten. In: U. Lindgren (Hrsg.), Europäische Technik im Mittelalter. Berlin 1996, Gebrüder Mann Verlag.

Stærmose Nielsen K.-H. Stærmose Nielsen 1999: Kirkes væv. Opstadvævens historie og nutidige brug. (Engl. Begleitheft: The loom of circe. The history of the warp-weighted loom and its present use). Forsøg med fortiden 6, Historisk-Arkæologisk Forsøgscenter, Lejre 1999.

Stauffer A. Stauffer 2002a: Tessuti. Abiti ceremoniali. Frammenti della cremazione. Catalogo. In: P. von Eles (Hrsg.), Guerriero e sacerdote. Autorità e communità nell'età del ferro a Verucchio. La Tomba del Trono. Quaderni di Archeologia dell'Emilia Romagna 6. Firenze 2002, Edizioni all insegna dell Giglio, 192–215.

A. Stauffer 2002b: Catalogo e analisi tecniche dei materiali. In: P. von Eles (Hrsg.), Guerriero e Sacerdote. Autorità e communità nell'età del ferro a Verucchio. La Tomba del Trono. Quaderni di Archeologia dell'Emilia Romagna 6. Firenze 2002, Edizioni all insegna dell Giglio, 216–219.

A. Stauffer 2012: Case Study: The Textiles from Verucchio, Italy. In: M. Gleba und U. Mannering (Hrsg.), Textiles and Textile Production in Europe from Prehistory to AD 400. Ancient Textiles Series 11, Oxford 2012, Oxbow Books, 242–253.

Stegmann-Rajtár S. Stegmann-Rajtár 1998: Spinnen und Weben in Smolenice-Molpír. Ein Beitrag zum wirtschaftlichen und religiös-kultischen Leben der Bewohner des hallstattzeitlichen „Fürstensitzes". Slovenská Archaeológia XLVI-2, 1998, 263–287.

Stika H.-P. Stika 1995: Ackerbau und pflanzliche Nahrungsmittel zur Keltenzeit in Südwestdeutschland. Archäologische Informationen aus Baden-Württemberg 28, 1995, 80–87.

H.-P. Stika 1999: Approaches to reconstruction of early Celtic land-use in the central Neckar region in southwestern Germany. Vegetation History and Archaeobotany 8, 1999, 95–103.

Štolcová & Zajonc T. Štolcová, J. Zajonc und K. Grömer 2021: Greetings from Nové Zámky – 40 years of textile research in Slovakia. Slovenská Archeológia, 69, Suppl. 2, 69–79

Stöllner Th. Stöllner 2002: Der prähistorische Salzbergbau am Dürrnberg bei Hallein II. Die Funde und Befunde der Bergwerksausgrabungen zwischen 1990 und 2000. Dürrnberg-Forschungen Bd. 3, Rahden/Westf. 2002, Verlag Marie Leidorf.

Th. Stöllner 2003: The Dürrnberg – an Iron Age Salt mining centre in the Austrian Alps – New results on its economy: A decade of research and results. Antiquaries Journal 83, 2003, 123–194.

Th. Stöllner 2005: More than Old Rags – Textiles from the Iron Age Salt-mine at the Dürrnberg. In: P. Bichler, K. Grömer, R. Hofmann-de Keijzer, A. Kern und H. Reschreiter (Hrsg.), Hallstatt Textiles. Technical Analysis, Scientific Investigation and Experiment on Iron Age Textiles. British Archaeological Reports International Series 1351, Oxford 2005, Archaeopress, 161–174.

Stöllner et al. Th. Stöllner et al. 2003: The Dürrnberg – an Iron Age Salt mining centre in the Austrian Alps – New results on its economy: A decade of research and results. Antiquaries Journal 83, 2003, 123–194.

Stradal & Brommer M. Stradal und U. Brommer 1990: Mit Nadel und Faden. Kulturgeschichte der klassischen Handarbeiten. Freiburg 1990, Heidenheimer Verlagsanstalt.

Sundström A. Sundström 2010: A Bronze Age Plaited Starting Border. In: E. Andersson Strand, M. Gleba, U. Mannering, C. Munkholt und M. Ringgaard (Hrsg.), North European Symposium for Archaeological Textiles X, Oxford 2010, Oxbow Books, 233–234.

Suter et al. P. J. Suter, A. Hafner und K. Glauser 2006: Lenk-Schnidejoch. Funde aus dem Eis – Ein vor- und frühgeschichtlicher Passübergang. Archäologie im Kanton Bern 6, 2005 (2006), 499–522.

Talaa D. Talaa 1991: Urgeschichtliche Funde aus Vösendorf. Vösendorf 1991.

Thiel E. Thiel 2000: Geschichte des Kostüms. Die europäische Mode von den Anfängen bis zur Gegenwart. Berlin 2000, Henschel Verlag.

Tidow K. Tidow 2005: Textilausrüstung. In: Hoops Reallexikon der Germanischen Altertumskunde 30, Berlin 2005, 370–372.

Timpe D. Timpe 1981: Das keltische Handwerk im Lichte der antiken Literatur. In: H. Jahnkuhn, W. Janssen, H. Tiefenbach und R. Schmidt-Wiegand (Hrsg.), Das Handwerk in vor- und frühgeschichtlicher Zeit, Teil I. Göttingen 1981, Van den Hoeck & Ruprecht, 36–62.

Tomedi G. Tomedi 2002: Das hallstattzeitliche Gräberfeld von Frög. Archaeolingua 14, Budapest 2002.

Toulemonde F. Toulemonde 2015: Plantes textiles et tinctoriales aux ages du Bronze et du premier Fer: Presence et absence des temoins carpologiques dans la moitie nord de la France. Avec la collaboration de M. Derreumaux, E. Neveu, B. Pradat, C.

Schaal, J. Wiethold et V. Zech-Matterne. Poster presentation, APRAB – Association pour la Promotion des Recherches sur l'Age du Bronze, Journee Thematique Textile. Musee des Antiquites Nationales, Saint Germain-en-Laye, France, 6th of March 2015.

Trachsel — M. Trachsel 2008: Ur- und Frühgeschichte. Quellen, Methoden, Ziele. Stuttgart 2008, Uni-Taschenbücher (utb basics).

Trebsche et al. — P. Trebsche, M. Pollak und H. Gruber 2007: Eisenzeitliche Hügelgräber im Attergau. Fundberichte aus Österreich Materialhefte A5, Sonderband, Horn 2007, Ferdinand Berger & Söhne.

Tuck — A. Tuck 2006: Singing the Rug: Patterned Textiles and the Origins of Indo- Metrical Poetry. American Journal of Archaeology 110, 2006, 539–550.

Turk — P. Turk 2005: Bilder aus Leben und Mythos. Ljubljana 2005, Slowenisches Nationalmuseum.

Ulanowska — A. Ulanowska 2016: Towards methological principles for experience archaeology. Prilozi Instituta za arheologiju u Zagrebu 33, 2016, 317–339.

A. Ulanowska 2018: Experimenting with loom weights. More observations on the functionality of Early Bronze Age textile tools from Greece. In: M. Siennicka, L. Rahmsdorf und A. Ulanowska (Hrsg.), First Textiles. The beginnings of textile manufacture in Europe and the Mediterranean. Ancient Textiles Series 32. Oxford und Philadelphia 2018, Oxbow Books, 2018.

Ulansowska & Siennicka — A. Ulanowska und M. Siennicka (Hrsg.) 2018: Tradition and Innovation in Textile Technology in Bronze Age Europe and the Mediterranean. Światowit LVI (2017), Warschau 2018, Institute of Archaeology.

Urban — O. H. Urban 2000: Österreichische Geschichte bis 15 v. Chr. Der lange Weg zur Geschichte. Die Urgeschichte Österreichs. Wien 2000, Carl Ueberreuter.

Vajanto — K. Vajanto 2014: Textile standards in experimental archaeology. MASF 3, 2014, 62–75

K. Vajanto 2015: Dyes and dyeing methods in the Late Iron Age Finland. PhD thesis University of Helsinki 2015.

Van Bommel et al. — M. R. van Bommel, I. Joosten und R. Hofmann-de Keijzer 2013a: Dyestuff, mordants and condition of an early wool textile from Pustopolje, Bosnia-Hercegovina. Report, Cultural Heritage Agency of the Netherlands and University of Applied Arts Vienna, April 2, 2013.

M. R. van Bommel, I. Joosten und R. Hofmann-de Keijzer 2013b: Dyestuff, mordants and condition of Bronze Age textiles from a copper mine, Mitterberg, Austria. Report, Cultural Heritage Agency of the Netherlands and University of Applied Arts Vienna, May 6, 2013.

M. R. van Bommel, I. Joosten und R. Hofmann-de Keijzer 2013c: Dyestuff, mordants and condition of Bronze Age textiles from a copper mine, Radfeld, Austria. Report, Cultural Heritage Agency of the Netherlands and University of Applied Arts Vienna, May 6, 2013.

Vanden Berghe et al. — I. Vanden Berghe, M. Gleba und U. Mannering 2009: Towards the identification of dyestuffs in Early Iron Age Scandinavian peat bog textiles. Journal of Archaeological Science 36, 2009, 1910–1921.

Van der Plicht et al. — J. van der Plicht, A. T. Aerts und H. J. Streurman 2004: Dating bog bodies by means of ^{14}C-AMS. Journal of Archaeological Science 31, 2004, 471–491.

Van der Sanden — W. van der Sanden 1996: Through Nature to Eternity: The Bog Bodies of Northwest Europe., Amsterdam, 1996, Batavian Lion International.

Van der Veen — M. Van der Veen, A. R. Hall und J. May 1993: Woad and the Britons painted blue. Oxford Journal of Archaeology 12/3, 1993.

M. Van der Veen 1996: The Plant Macrofossils from Dragonby. In: J. May (Hrsg.), Dragonby I. Report on Excavations at an Iron Age and Romano-British Settlement in North Lincolnshire. Oxbow Monograph 61, Oxford 1996: Oxbow, 197–211

Vandkilde H. Vandkilde 2007: Culture and Change in Central European Prehistory, 6th to 1st Millennium BC. Aarhus 2007, Aarhus University Press.

Verhecken A. Verhecken 2007: Relation between age and dyes of 1st millennium AD textiles found in Egypt. In: A. De Moor und C. Fluck (Hrsg.), Methods of dating ancient textiles of the 1st millennium AD from Egypt and neighbouring countries. Proceedings of the 4th meeting of the study group "Textiles from the Nile Valley", Antwerp, 16–17 April 2005, Tielt 2007, 214–228.

A. Verhecken 2010: The Moment of Inertia: a Parameter for the Functional Classification of Worldwide Spindle-Whorls. In: E. Andersson Strand, M. Gleba, U. Mannering, C. Munkholt und M. Ringgaard (Hrsg.), North European Symposium for Archaeological Textiles X, Oxford 2010, Oxbow Books, 257–270.

Vogelsang G. M. Vogelsang 1986: Meaning and Symbolism of Clothing in Ancient Near Eastern Texts. In: H. Vanstiphout (Hrsg.), Scripta signa vocis, Studies About Scripts, Scriptures, Scribes and Languages in the Near East, Presented to J. H. Hospers by his pupils, colleagues and friends. Groningen, 1986, E. Forsten, 265–284.

Vogt E. Vogt 1937: Geflechte und Gewebe der Steinzeit. Monographien zur Ur- und Frühgeschichte der Schweiz 1, Basel 1937, Birkhäuser.

von Duhn F. von Duhn 1927/1928: Pintadera. In: M. Ebert (Hrsg.), Reallexikon der Vorgeschichte, Bd. X, Berlin 1927/1928: Verlag Walter de Gruyter, 161.

von Eles P. von Eles (Hrsg.) 2002: Guerriero e Sacerdote. Autorità e communità nell'età del ferro a Verucchio. La Tomba der Trono. Quaderni di Archeologia dell'Emilia Romagna 6, Firenze 2002.

von Freeden & von Schnurbein U. von Freeden und S. von Schnurbein (Hrsg.) 2002: Spuren der Jahrtausende. Archäologie und Geschichte in Deutschland. Stuttgart 2002, Theiss.

von Holstein I. C. C. von Holstein 2013: An Introduction to Carbon, Nitrogen and Hydrogen Stable Isotope Provenancing for Archaeological Wool. In: J. Banck-Burgess und C. Nübold (Hrsg.), NESAT XI. The North European Symposium for Archaeological Textiles XI, 10–12 May 2011 in Esslingen am Neckar. Rahden/Westf. 2013, Verlag Marie Leidorf, 151–154.

von Holstein et al. I. C. C von Holstein, P. Walton Rogers, O. E. Craig, K. E. H Penkman, J. Newton und M. J. Collins 2016: Provenancing Archaeological Wool Textiles from Medieval Northern Europe von Light Stable Isotope Analysis (□13C, □15N, □2H). PLoS ONE 11/10: e0162330. https://doi.org/10.1371/journal.pone.0162330

Von Stokar W. von Stokar 1938: Spinnen und Weben bei den Germanen. Die Spinnfaser in germanischer Zeit. Leipzig 1938, Mannusbücherei 59, 103–134

Wagner-Hasel B. Wagner-Hasel 2000: Der Stoff der Gaben. Kultur und Politik des Schenkens und Tauschens im archaischen Griechenland. Campus Historische Studien 28, Frankfurt 2000.

B. Wagner-Hasel 2006: Gift Exchange: Modern Theories and Ancient Attitudes. In: S. Deger-Jalkotzy und I. S. Lemos (Hrsg.), Ancient Greece: From the Mycenaean Palaces to the Age of Homer. Edinburgh 2006, University Press, 257–269.

Wallerstein I. Wallerstein 1974: The Modern World-System: Capitalist Agriculture and the Origins of the European World-Economy in the Sixteenth Century. New York 1974, Academic Press.

Walton P. Walton 1986: Dyes in early Scandinavian textiles. Dyes on Historical and Archaeological Textiles 5, 38–41.

P. Walton 1988: Dyes and Wools in Iron Age Textiles from Norway and Denmark. Journal of Danish Archaeology 7/1, 1988, 144–158.

Walton Rogers P. Walton Rogers 1999: Farbstoffanalysen an Proben aus Eberdingen-Hochdorf und dem Hohmichele. Dyes in the Hochdorf Textiles and Report on Tests for Dye in Samples from the Iron-Age (Hallstatt) Site at Hohmichele, Germany. In: Banck-Burgess 1999, Hochdorf IV. Die Textilfunde aus dem späthallstattzeitlichen Fürstengrab von Eberdingen-Hochdorf (Kreis Ludwigburg) und weitere Grabtextilien aus hallstatt- und latènezeitlichen Kulturgruppen. Forschungen und Berichte zur Vor- und Frühgeschichte in Baden-Württemberg 70, Stuttgart 1999, Theiss, 240–246.

P. Walton Rogers 2001: Test for dyes. In: M. L. Ryder, The fibres in textile remains from the Iron Age salt-mines at Hallstatt, Austria, with a report on dyes by Penelope Walton Rogers. Annalen des Naturhistorischen Museums in Wien, Serie A 102, 2001, 223–244.

Wells P. S. Wells 2008: Image and Response in Early Europe. London 2008, Duckworth.

Wels-Weyrauch U. Wels-Weyrauch 1994: Im Grab erhalten, im Leben getragen – Tracht und Schmuck der Frau. In: A. Jockenhövel und W. Kubach (Hrsg.), Bronzezeit in Deutschland. Stuttgart 1994, Theiss, 59–61.

Whiting M. C. Whiting 1981: Die Farbstoffe in frühen Orientteppichen. Chemie in unserer Zeit 1981, 15, 6, 179–189.

Wiedmer-Stern J. Wiedner-Stern 1908: Das gallische Gräberfeld von Münsingen (Kanton Bern). Bern 1908, Grunau.

Wiegel B. Wiegel 1994: Trachtkreise im südlichen Hügelgräberbereich. Internationale Archäologie 5, Rahden/Westf. 1994, Verlag Marie Leidorf

Wild J.-P. Wild 1970: Textile Manufacture in the Northern Roman Provinces. Cambridge 1970, Cambridge University Press.

J.-P. Wild 1988: Textiles in Archaeology. Shire Archaeology 56. Aylesbury 1988.

J.-P. Wild 2003: Facts, Figures and Guess Estimates in Roman Textile Production. In: L. Bender Jørgensen, J. Banck-Burgess und A. Rast-Eicher (Hrsg.), Textilien aus Archäologie und Geschichte. Festschrift Klaus Tidow. Neumünster 2003, Wachholtz, 37–45.

J.-P. Wild 2012: England: Roman Period. In: M. Gleba und U. Mannering (Hrsg.), Textiles and Textile Production in Europe from Prehistory to AD 400. Ancient Textiles Series 11, Oxford 2012, Oxbow Books, 451–456.

Willvonseder K. Willvonseder 1963–1968: Die jungsteinzeitlichen und bronzezeitlichen Pfahlbauten des Attersees in Oberösterreich. Mitteilungen der Prähistorischen Kommission XI und XII, Graz-Wien-Köln 1963–1968.

Wincott Heckett E. Wincott Heckett 2007: Clothing Patterns as Constructs of the Human Mind: Establishment and Continuity. In: C. Gillis und M.-L. Nosch (Hrsg.), Ancient Textiles. Production, Craft and Society. Proceedings of the First International Conference on Ancient Textiles, held at Lund, Sweden, and Copenhagen, Denmark, on March 19–23, 2003. Oxford 2007, Oxbow Books, 208–214.

E. Wincott Heckett 2012: Scotland and Ireland. In: M. Gleba und U. Mannering (Hrsg.), Textiles and Textile Production in Europe from Prehistory to AD 400. Ancient Textiles Series 11, Oxford 2012, Oxbow Books, 428–443.

Wininger J. Wininger 1995: Die Bekleidung des Eismannes und die Anfänge der Weberei nördlich der Alpen. (The Man in the Ice, Vol. 2). Veröffentlichungen des Forschungsinstitutes für Alpine Vorzeit der Universität Innsbruck 2, 1995, 119–187.

/outers & Verhecken J. Wouters und A. Verhecken 1989: The Scale insects (*Homoptera coccodiea*). Species recognition by HPLC and diode array analysis of the dyestuffs. Annales de la Societe Entomologique de France (N.S.) 25, 1989, 393–410.

Wouters et al. J. Wouters, I. Vanden Berghe und M.-C. Maquoi 2002: Appendice 1. Analisi del colore. In: P. Von Eles (Hrsg.), Guerriero e Sacerdote. Autorità e communità nell'età del ferro a Verucchio. La Tomba del Trono. Firenze 2002, Edizioni all insegna dell Giglio, 220.

J. Wouters, I. Vanden Berghe, G. Richard, R. Breniaux und D. Cardon 2008: Dye Analysis of Selected Textiles from the Roman Sites in the Eastern Desert of Egypt: A Hypothesis on the Dyeing Technology in Roman and Coptic Egypt. In: J. Kirby (Hrsg.), Dyes in History and Archaeology 21, London 2008, Archetype Publications, 1–16.

Wülfert St. Wülfert 1999: Der Blick ins Bild. Lichtmikroskopische Methoden zur Untersuchung von Bildaufbau, Fasern und Pigmenten. Bücherei des Restaurators 4, Ravensburg 1999.

Wyss R. Wyss 1975: Der Schatzfund von Erstfeld. Frühkeltischer Goldschmuck aus den Zentralalpen. Archäologische Forschungen, Zürich 1975, Gesellschaft für das Schweizerische Landesmuseum Zürich.

Zech-Matterne & Leconte V. Zech-Matterne und L. Leconte 2010: New archaeobotanical finds of *Isatis tinctoria* L. (woad) from Iron Age Gaul and a discussion of the importance of woad in ancient times. Vegetation History and Archaeobotany 19/1, Wien 2010, Springer, 137–142.

Zeller K. Zeller 1980: Kriegswesen und Bewaffnung der Kelten. In: Die Kelten in Mitteleuropa: Kultur, Kunst, Wirtschaft. Salzburger Landesausstellung 1. Mai–30. September 1980 im Keltenmuseum Hallein Österreich, Salzburg 1980, Amt der Salzburger Landesregierung, 111–132.

jadtke & Kasperidus M. Zerjadtke und T. Kasperidus 2021: Zur Konstruktion des antiken Leinenpanzers. In: Experimentelle Archäologie in Europa 20, Jahrbuch 2021, 27–47.

Zhang et al. X. Zhang, D. Cardon, J. L. Cabrera und R. Laursen 2010: The role of glycosides in the light-stabilization of 3-hydroxyflavone (flavonol) dyes as revealed by HPLC. Microchimica Acta 169, 2010, 327–334.

Zimmer G. Zimmer 1982: Römische Berufsdarstellungen. Archäologische Forschungen 12, Berlin 1982, Gebr. Mann.

Zimmermann W. H. Zimmermann 1988: Frühe Darstellungen vom Gewichtswebstuhl auf Felszeichnungen in der Val Carmonica, Lombardei. In: Archaeological Textiles. Report from the 2nd NESAT symposium 1.–4. V. 1984. Arkæologiske Skrifter 2, Kopenhagen 1988, 26–38.

Zürn H. Zürn 1987: Hallstattzeitliche Grabfunde in Württemberg und Hohenzollern. Forschungen und Berichte zur Vor- und Frühgeschichte in Baden-Württemberg 25, Stuttgart 1987, Theiss.

Register

Historische Personen und Ethnien

Ortsregister*

* Länderkürzel: A Österreich, BG Bulgarien, BiH Bosnien und Herzegowina, CH Schweiz, CZ Tschechische Rep., D Deutschland, DK Dänemark, E Spanien, ET Ägypten, F Frankreich, FL Liechtenstein, GB Großbritannien, GR Griechenland, H Ungarn, I Italien, IND Indien, IR Irland, L Luxemburg, N Norwegen, NL Holland/Niederlande, RO Rumänien, RUS Russland (Föderat.), SK Slowakei, SLO Slowenien, TR Türkei.

Sachregister**

** Kürzel: N-Europa Nordeuropa, Z-Europa Zentraleuropa.

Verlagsprogramm des Naturhistorischen Museums Wien

Fundstücke

Kostbarkeiten der Jahrtausende

ISBN 978-3-903096-10-3 (deutsch)
ISBN 978-3-903096-11-0 (englisch)

€ 35,00 (Softcover)

Die Prähistorische Abteilung beherbergt eine der größten und vielfältigsten archäologischen Sammlungen Europas mit herausragenden Einzelfunden von internationalem Rang. **»Fundstücke«** führt durch die Ausstellung dieser wunderbaren Exponate.

Hallstatt 7000

ISBN 978-3-902421-62-3

€ 24,90 (Hardcover)

Hallstatt 7000 entführt Sie in die Welt der Salzbauern vor 7000 Jahren: das Salz hat in den prähistorischen Bergwerken viele organische Substanzen erhalten. Sie bieten uns heute einzigartige Einblicke in die Lebenswelt der Menschen von damals.

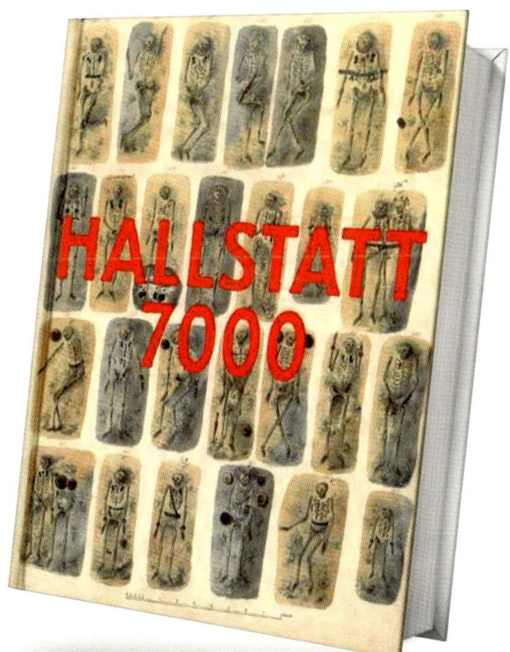

Kontakt:
Verlag Naturhistorisches Museum Wien, Burgring 7, 1010 Wien; Tel. +43 (1) 521 77-242, e-mail: verlag@nhm.at
Abbildungen ähnlich

Salz-Reich

7000 Jahre Hallstatt

ISBN 978-3-903096-42-4 (deutsch)
ISBN 978-3-903096-08-0 (englisch)

€ 24,20 (Softcover)

Über 50 Jahre nach Beginn der Bergwerksgrabungen im Hallstätter Salzbergwerk zeigt **»Salz-Reich«** die Geschichte der Einmaligkeit des archäologischen Erbes in Hallstatt. Dieses Erbe ist auch der Namensgeber für eine ganze Epoche der Urgeschichte: der Hallstattzeit!

Mensch(en) werden

ISBN 978-3-903096-02-8

€ 24,90 (Softcover)

Woher kommen wir? Wohin gehen wir? Diese uralten Fragen der Menschheit geht die Ausstellung der anthropologischen Abteilung auf den Grund. **»Mensch(en) werden«** dokumentiert diese Ausstellung und ihre wissenschaftliche Basis.

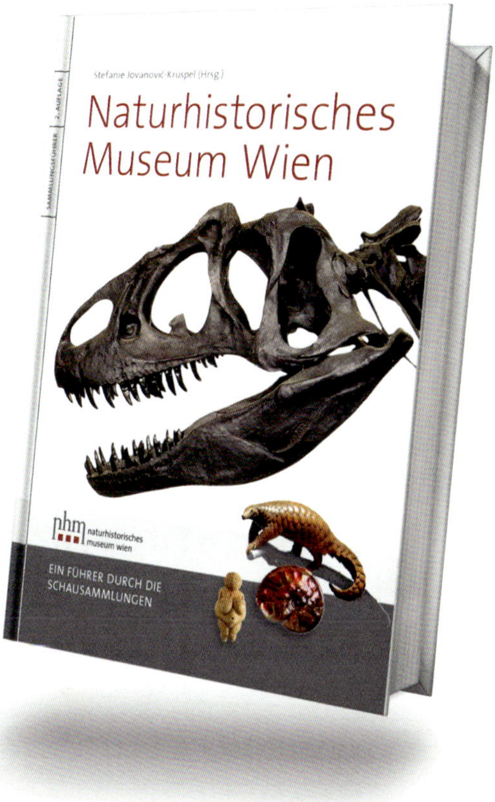

Naturhistorisches Museum Wien

Ein Führer durch die Schausammlungen

ISBN 978-3-903096-60-8 (deutsch)
ISBN 978-3-903096-63-9 (englisch)

€ 24,90 (Softcover)

Dieses Buch öffnet Ihnen die Tür zum **Naturhistorischen Museum und seinen Sammlungen**. Die „Venus von Willendorf", glitzernde Edelsteine, Dinosaurier, die größte Meteoritenschausammlung der Welt sowie seltene und ausgestorbene Tiere warten darauf, Ihnen ihre Geschichten zu erzählen.

Das Naturhistorische Museum

Baugeschichte, Konzeption & Architektur

ISBN 978-3-902421-79-1 (deutsch)
ISBN 978-3-903096-05-9 (englisch)

€ 24,90 (Softcover)

Das Naturhistorische Museum in Wien ist das erste konsequente Evolutionsmuseum! Seine Planungsgeschichte und realisierte **Architektur** werden in diesem Buch erstmals umfassend vorgestellt und illustrieren eine wenig bekannte Seite dieses Museums.

Kontakt:
Verlag Naturhistorisches Museum Wien, Burgring 7, 1010 Wien; Tel. +43 (1) 521 77-242, e-mail: verlag@nhm.at
Abbildungen ähnlich